全国高等学校城乡规划学科
专业竞赛作品集萃（第一辑）

社会调查（中山大学作品集）

林　琳　刘云刚　袁　媛◎主编

中山大學出版社
SUN YAT-SEN UNIVERSITY PRESS
·广州·

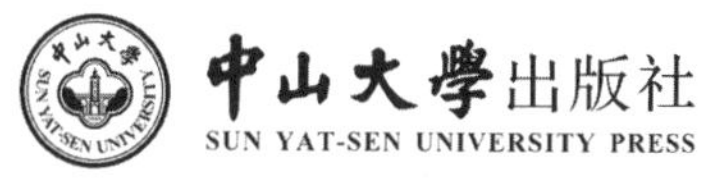

图书在版编目（CIP）数据

全国高等学校城乡规划学科专业竞赛作品集萃．第一辑，社会调查．中山大学作品集／林琳，刘云刚，袁媛主编．—广州：中山大学出版社，2020.3
ISBN 978-7-306-06702-9

Ⅰ．①全…　Ⅱ．①林…　②刘…　③袁…　Ⅲ．①城乡规划－建筑设计－作品集－中国－现代　Ⅳ．①TU984.2

中国版本图书馆CIP数据核字（2019）第199931号

Quanguo Gaodengxuexiao Chengxiangguihua Xueke Zhuanye Jingsai Zuopin Jicui Diyiji Shehuidiaocha Zhongshandaxue Zuopinji

出 版 人：王天琪
策划编辑：吕肖剑
责任编辑：王延红
封面设计：王　勇
责任校对：袁双艳
责任技编：何雅涛
出版发行：中山大学出版社
电　　话：编辑部 020-84111946，84111997，84110779，84113349
　　　　　发行部 020-84111998，84111981，84111160
地　　址：广州市新港西路135号
邮　　编：510275　　　　传　　真：020-84036565
网　　址：http//www.zsup.com.cn　　E-mail:zdcbs@mail.sysu.edu.cn
印 刷 者：广州一龙印刷有限公司
规　　格：787mm×1092mm　1/16　26.5印张　678千字
版次印次：2020年3月第1版　2020年3月第1次印刷
定　　价：88.00元

20 世纪 80 年代以来，中国经历了国家历史上，同时也是世界历史上最快速的城市化。相对于改革开放前，我国的城市发生了翻天覆地的变化，变得越来越复杂、多样和综合。城市的变化不断给我们的城市规划教育提出新的要求。中山大学的城市规划始于 20 世纪 70 年代，主要是城市地理和经济地理的学者参与城市规划与区域规划工作，同时在地理学科下培养城市与区域规划的人才。从 2000 年开始，中山大学正式建立城市规划本科五年制工科专业。在建设部统一指导下，培养具有美术、建筑、基础设施、经济、社会、地理、环境等多学科知识与技能的城市规划人才。

《全国高等学校城乡规划学科专业竞赛作品集萃》收录了自 2013 年以来中山大学城乡规划专业本科生参加竞赛的优秀作品，包括社会调查、交通创新和城市设计三大主题。这些作品较好地体现了中山大学城乡规划专业人才培养学科多样化和能力综合性的特点。希望借此作品集展示中山大学城乡规划专业学生培养的特色。

这些竞赛作品的形成、收集和整理，凝结了许多老师的心血和劳动。其中《社会调查》主要由林琳、刘云刚和袁媛三位老师负责，《交通创新》主要由周素红和李秋萍两位老师负责，《城市设计》主要由王劲、刘立欣和产斯友三位老师负责。城市与区域规划系的其他老师也对作品的出版提供了各方面的帮助和支持，谨向这些老师表示衷心的感谢！

薛德升

中山大学地理科学与规划学院院长

2018 年 4 月 18 日

目录
CONTENTS

前言

为提高学生理论与实践能力，培养学生关注社会问题的职业素养，2000 年首届全国高校城市规划专业课程作业评选正式开始，由建设部高等城市规划学科专业指导委员会举办。其中，课程作业评选包括社会调查报告、规划设计、交通竞赛等内容。到目前为止，该活动已经成功举办 17 届。在 17 年的发展探索历程中，社会调查报告的参赛院校参与度日益高涨，顺应国家发展和社会水平变迁，参评作业的数量和质量都得到了很大的提升，促进了城乡规划专业的教育质量、理论水平和实践能力的提高。

2005 年首次确定年会主题，自此，每年社会调查报告都围绕当年年会主题展开评选。年会主题可划分为四个阶段：① 2005—2006 年，城市规划教学，2005 年首次年会主题为“城市总体规划教学”，2006 年年会主题为“城市规划方法论”，主要围绕如何培养城市规划人才方面展开讨论；② 2007—2010 年，人文社会，2007 年开始转向关注城市规划对社会发展的影响，如“城市规划教育的人文关怀”“社会的需求，永续的城市”“城市的安全，规划的基点”“更好的规划教育，更美的城市生活”，都将重点放在“人”的身上；③ 2010—2011 年，城市转型发展，将关注点放在城市本身，研究创新城市、智慧城市的转型发展模式；④ 2012—2016 年，城乡互融，2012 年年会主题“美丽城乡，永续规划”首次提及乡村，将原本单一的城市规划扩展到城乡规划，并且连续四年强调“规划教育”，回归对城乡规划学科教育的讨论。

对过去 11 年获奖作品进行统计，我校共获得 32 项奖项：1 项一等奖，7 项二等奖，10 项三等奖，14 项佳作奖，获奖作品数位列全国第六。但一等奖数量偏少，故在保证量的同时，应逐步提升质的要求，争取更大进步。

自我校 2004 年参加社会调查报告作业评优竞赛起（2005 年未参赛），每年都有获奖作品。从数量和等级上来看，我校参与社会调查报告作业评优的历程可划分为三个阶段：① 2004—2007 年，起步阶段，该阶段获奖数量较少，每年获奖 0 ～ 1 项，其中 2005 年没有参赛，但质量较高，三份作品共有 2 项二等奖，1 项三等奖，属于尝试性、探索性阶段；② 2008—2011 年，波动下滑阶段，2008 年我校 5 份参赛作品共有 4 份获奖，成绩喜人，标志着我校社会调查报告作业评优进入新的篇章；但从数量上看呈波动状态，从等级上看呈下滑状态，二等奖、三等奖、佳作奖分别经历了“1 到 0”“1 到 0”“2 到 1”的下滑过程，2011 年仅获得 1 份佳作奖，是我校参赛以来最差的成绩，可见此阶段我校参赛经验仍不成熟，基础不扎实，才在 2011 年遭受“滑铁卢”；③ 2012—2016 年，稳步提升阶段，2012 年我校首次 5 份参赛作品全部获奖，标志着我校完成自我调整，迈入新的发展阶段，2012—2016 年获奖作品稳定在 3 ～ 5 份，其中 2014 年成绩突出，我校首次获得一等奖，并且还获得二等奖 1 项，三等奖 3 项，是我校参赛以来的最好成绩。经过十余年的摸索与创新，我校勇于克服困难，迎接挑战，学生专业知识和技能得到训练，作品质量不断优化，竞赛能力逐步提高。

根据每篇获奖作品的题目、关键词分类，下面我们将提取相关研究主题，对我校竞赛作品选题进行分析。以 2004 年我校三等奖作品《城市街道的“走鬼”——广州市新港西路街头流动商贩调查》为例，文章题目选择了“街头流动商贩”为研究对象，关键词为“城市街道、走鬼、流动商贩、调查”，试图探讨“走鬼”现象的基本特征、活动规律和形成原因，以解决“走鬼”现象带给城市的诸多问题，故归类为“城乡问题”。另外，若作品属于交叉选题，则每类分别计 0.5。根据上述方法，将我校 2004—2016 年共 1186 篇获奖作品划分为 7 大类，即居住及社区问题，城乡历史文化及保护、城乡问题、城乡开发建设、交通出行、城乡基础设施、社会群体与现象，并对每一大类进行数量统计。

可见，居住及社区问题（10.6%）、社会群体与现象（18.2%）、交通出行（18.2%）、城乡基础设施（16.7%）和城乡问题（13.6%）均是热门选题，共占总数的 77.3%。另外，城乡历史文化及保护也是我校传统强项，共占总数的 16.7%，而且共获一等奖 1 份（100%）和二等奖两份（28.6%）。城乡问题、交通出行和城乡基础设施也是我校研究重点，分别占二等奖数量的 35.7%、21.4% 和 14.3%。而社会群体与现象、居住及社区问题虽然获奖总数较多，但无一、二等奖，仍需继续提升作品质量。

通过对 2004—2016 年社会调查报告选题类型与时间进行交叉分析，可以看出历年来研究选题的发展趋势和差异。整体来看，社会调查报告作品选题随着时间推移逐渐走向多元化，研究重点也发生了转移。我校研究重点集中在城乡问题、交通出行和居住及社区问题上，这类选题逻辑清晰，与专业知识较为贴近，调查相对简单，属于我校传统强项。近年来，随着新型城镇化背景下规划对城乡关系、人文关怀方面的重视，研究重点扩展至城乡基础设施、社会群体和现象领域，作品结合社会学、地理学、城乡规划等多学科理论，对城乡中的外来族裔、少数民族和弱势群体进行研究。然而，纵观全国获奖名单，有相当一部分作品集中在城乡规划管理、规划设计、城乡生态及环境等方面，但我校作品鲜有涉及，相信那将是未来进一步发展的方向。

从对我校历年作品选题进行的归纳与思考可以看出，作品获奖等级高低与否与选题类型及其时效性并不存在严格的对应关系。换句话说，任何类型的选题都具备竞争力，关键在于研究对象、研究视角、研究方法、选题类型的拓展与创新。具体可总结为以下几点：①研究对象：从宏观向微观的拓展，进而细分至各类人群的现状及特征研究。②研究视角：从单一地点的研究向多个地点的对比研究过渡，或者从研究对象的某一时间界面研究发展成研究对象的时空发展历程与特征。③研究方法：除传统的统计分析、定性描述法外，逐步引入 AHP 法、ESDA 探索性分析等计量模型及生活日志、生命历程等质性分析方法。④选题类型：虽然任何选题类型都具备竞争力，但目前的选题交叉较少，仍有较多选题交叉的情况有待挖掘。实际上，选题类型扎堆的情况较为明显，主要集中在住区建成环境、某些基础设施的现状与测评上，更多的可能性有待尝试。

城乡规划社会调查的本质，是城乡规划及相关人员对城乡发展过程中各种现象、问题与群体的发现与探讨。上述获奖作品选题的归纳与分析是对过往城乡研究热点的总结，为将来作品的选题提供一个参考，但作品的水平高低并不完全取决于其选题、体裁、方法等，从更开阔的视野审视一个常见现象也可以得到新发现。思考的深度与广度才是评判作品好坏的首要标准。

1　公共服务及设施专题

一、选题分类

公共设施类型多样，有医疗、安全等保障人基本需求的设施，也有文化娱乐等满足人身心发展需求的设施，但任何设施的配置与布局向来是城乡规划及其公平性的体现与重要实现途径。我校作品对城乡基础设施也较为关注，获奖作品数量较多，共获二等奖2份，三等奖2份，佳作奖3份（见表1）。我校作品皆探讨了设施的配置布局现状及其影响因素，同时逐步对其背后的利益博弈进行剖析。

表1　"公共设施"类型获奖作品信息

年份	等级	作品名称	学生信息	指导老师
2006	二等	老人•广场——广州市海珠广场老人休闲活动现状与需求调查	邓超群、石莹怡、黄秋平、黄雯	黄代伟、林琳、魏清泉
2008	三等	"巧克力城"的困惑——广州登峰村非洲人聚居区的医疗服务状况调查	王思琴、余杰、关静雯、阮智炜	林琳、李志刚
2010	佳作	"边缘化"的公共服务——基于公共服务空间均衡的广州市逢源街居委会布局调查	李玉林、叶清露、刘臻、李天娇	林琳
2010	佳作	流动的草根文化空间——广州市萝岗区流动电影院调查	方凯伦、李弘超、吴翊朏	林琳
2012	佳作	别样小屋何以"点缀"羊城——广州市志愿驿站空间区位调查研究	丁俊、王新美、张亮亮、杨荟	林琳、李志刚
2013	二等	城市危情——珠江滨水空间安全性调查研究	古叶恒、刘怀宽、程佳佳、肖思敏	袁媛、林琳、袁奇峰
2016	三等	闹市里的净土？——广州北京路大佛寺宗教专有设施的公共性变化调查	徐辉、周炜洁、彭雪晴、林敏知	刘云刚、王劲、林琳

二、研究方法

基础设施的研究主要包括设施分布现状、影响因素及其优劣评价。针对其现状分析，多运用图示、统计分析及生活日志法反映设施分布与使用，进而通过定性描述及调研资料分析对设施分布的影响因素及优劣进行评价（见表2）。此外，随着技术水平的提高，缓冲区分析等计量分析方法也开始应用到设施现状及评价当中。

表2 “公共设施”类型获奖作品研究方法

作品名称	研究方法
老人·广场——广州市海珠广场老人休闲活动现状与需求调查	调研方式：实地观察、访谈、问卷调查 分析方法：统计分析、文献及访谈内容分析、活动日志、定性描述
“巧克力城”的困惑——广州登峰村非洲人聚居区的医疗服务状况调查	调研方式：实地观察、访谈、问卷调查、跟踪调查 分析方法：统计分析、文献及访谈内容分析、定性描述、生活日志
“边缘化”的公共服务——基于公共服务空间均衡的广州市逢源街居委会布局调查	调研方式：实地观察、访谈、问卷调查 分析方法：统计分析、缓冲区分析、文献及访谈内容分析、定性描述
流动的草根文化空间——广州市萝岗区流动电影院调查	调研方式：实地观察、访谈、问卷调查 分析方法：统计分析、文献及访谈内容分析、定性描述
别样小屋何以“点缀”羊城——广州市志愿驿站空间区位调查研究	调研方式：实地观察、访谈、问卷调查 分析方法：统计分析、文献及访谈内容分析、定性描述
城市危情——珠江滨水空间安全性调查研究	调研方式：实地观察、访谈 分析方法：统计分析、访谈及文献内容分析、定性描述
闹市里的净土？——广州北京路大佛寺宗教专有设施的公共性变化调查	调研方式：实地观察、访谈、问卷调查、跟踪调查 分析方法：统计分析、文献及访谈内容分析、定性描述、生活日志

三、研究结论

作品结论主要集中在各类设施的分布与使用现状、影响因素、利益博弈、改进建议上（见表3）。首先，通过实地调查与文献确定设施的分布；同时通过统计分析、定性描述、生活日志等方法评价其使用现状与效果。其次，依据访谈及文献内容总结其影响因素，对其背后的多元主体利益博弈与表现进行揭示。最后，对设施分布现状提出改进建议。

表3 “公共设施”类型获奖作品研究结论

作品名称	分布与使用现状	影响因素	利益博弈	改进建议
老人·广场——广州市海珠广场老人休闲活动现状与需求调查	广场设施特征			广场规划设计的改进建议
“巧克力城”的困惑——广州登峰村非洲人聚居区的医疗服务状况调查	医疗设施数量、分布与使用分析	穿插于分布现状部分		针对就医信息获取、就医成见与歧视和就医程序进行规范
“边缘化”的公共服务——基于公共服务空间均衡的广州市逢源街居委会布局调查	居委会分布、服务半径及可达性评价	穿插于现状部分		对居委会选址进行宏观及微观层面的调整
流动的草根文化空间——广州市萝岗区流动电影院调查	流动电影院数量、分布、服务效果与困境	流动电影院作用机制		针对流动电影院分布与运营方式进行改善
别样小屋何以“点缀”羊城——广州市志愿驿站空间区位调查研究	驿站数量、分布特征、类型与存在问题			针对三类区域的驿站设施数量、分布与运营现状进行改进
城市危情——珠江滨水空间安全性调查研究	救生设施的分布与供需状况	落水事故起因		救生设备配置调整
闹市里的净土？——广州北京路大佛寺宗教专有设施的公共性变化调查	设施使用人群		各类设施使用人群间的冲突	宗教设施规划建议

四、理论贡献

该类作品理论贡献在于：①研究内容的扩充。首先是研究对象的多元，既包括常见的广场、医疗设施、居委会等，也包括新兴的流动电影院、志愿驿站、滨水空间、宗教空间等；其次是研究内容的多元，对文化娱乐、医疗等各类设施的数量、分布、使用状况、影响因素进行了全面而细致的评价，同时揭示设施使用背后暗藏的多元主体利益博弈。②研究方法的创新。运用生活日志、缓冲区分析等新颖的研究方式对原有研究内容进行了更为深入的研究。

五、研究展望

有关基础设施的现状分析仍停留在统计描述与定性描述阶段，缓冲区分析等定量分析方法应用较少；对设施利益博弈方面的研究较少，有关设施使用的深层次利益博弈分析有待深化，需加强其理论基础。

老人·广场

——广州市海珠广场老人休闲活动现状与需求调查（2006）

一、调查背景、目的、意义

（一）调查背景

1. 城市公共休闲空间

近年来随着生活水平的提高，城市居民对提升生活环境质量越来越重视，为此，许多大中城市开始大规模兴建和改造城市公共休闲空间。广场是城市公共空间的重要组成部分，它们不仅为城市居民提供了休闲活动的场所，与人们的空间活动直接相关，而且是一座城市的特色风景之一。城市广场建设的数量、规模、布局、设计合理与否直接关系到人们的休闲生活质量高低，同时也是城市形象设计和建设的一个重要方面。

2. 老年人的孤独心理

城市广场设计的初衷是为全体市民提供一个公共的休闲空间，但在实际中，城市广场的使用者主要是老年人群。老年人有充裕的空闲时间，在室内容易产生孤独感。研究表明，我国有大约 1/3 的老年人存在失落、孤独、抑郁、焦虑等心理问题，因此他们大都不希望独自留在家里。顺理成章，城市广场成为他们的主要休闲娱乐场所之一。

3. 中国人口老龄化

值得关注的是，2000 年全国第五次人口普查显示：我国 65 岁以上人口已达 8811 万人，占总人口的 6.96%。人口抽样调查显示：2004 年我国 65 岁以上人口为 9857 万人，占全国人口的 7.5%；2005 年我国 65 岁以上人口 10055 万人，占全国人口比重已升至 7.7%。根据联合国制定的标准，65 岁以上人口占总人口的 7%，即为老年型人口结构类型，这意味着我国已开始迈入老年型社会。据估计，从 2020 年开始，中国将步入老龄化严重阶段；2050 年，中国将步入超高老龄化国家行列。所以老年人是目前社会一个庞大的值得关注的群体，关心老年人的生活和心理健康已成为当代社会生活的一项重要内容。

图 1　广场上的老人活动

TIPS

当 60 岁及 60 岁以上老年人口占总人口比例（即老龄化系数）达到 10% 以上时，该地区已步入老龄化社会。2005 年，广州市全市 60 岁及 60 岁以上的老年人约为 96 万人，占总人口的 13%，其中越秀区和荔湾区的老龄化系数都已达 20%，这表明海珠广场周边老城区老龄化程度“相当”严重。

（二）调查目的和意义

调查将从老年人这一城市弱势群体的角度出发去关注城市广场，探讨如何合理建设广场，使其不仅景观设计体现城市形象，也从内容和实质上满足主要使用群体——老年人的需要，并且更加关注加速增加的老年人生活和心理，使他们老有所乐。

二、调查时间、区域、对象、方法与思路

（一）调查时间

6 月 9 日，星期五，小雨转中雨，6：00—14：00（因为下雨，10 点后广场人员稀少）。

6 月 11 日，星期日，晴，6：00—14：00。

6 月 15 日，星期二，晴转阵雨，6：00—14：00。

6 月 23 日，星期五，晴，14：00—22：00。

6 月 24 日，星期六，晴，14：00—22：00。

（二）调查区域

海珠广场由海珠大桥引桥分开，由东、西两部分广场组成（见图 2）。我们选取海珠广场东广场作为调查区域（见图 3）。

1. 调查区域简介

海珠广场建于 1953 年，位于广州旧城中心轴线与滨江景观带的交点，是广州目前唯一的滨江广场，也是广州珠江边上最大的一块草地，占地 35 万平方米，地势平坦，视野开阔。海珠广场起初为景观性广场，后来改造形成了开放性的市民活动广场。海珠广场绿草如茵，每天各个时间段都吸引了附近众多市民，尤其是老年人锻炼、休息、聊天、唱歌……成为老年人消遣娱乐活动的主要场所。但是海珠广场同其他广场相比面积较小，而且设施简单，相对缺少，老人们最喜欢的健身设施也因为之前的管理不善，要么被一些缺乏社会公益心的人所偷窃，要么因为日久受损而得不到及时修理。还有很多设施都不能满足老人的需要。

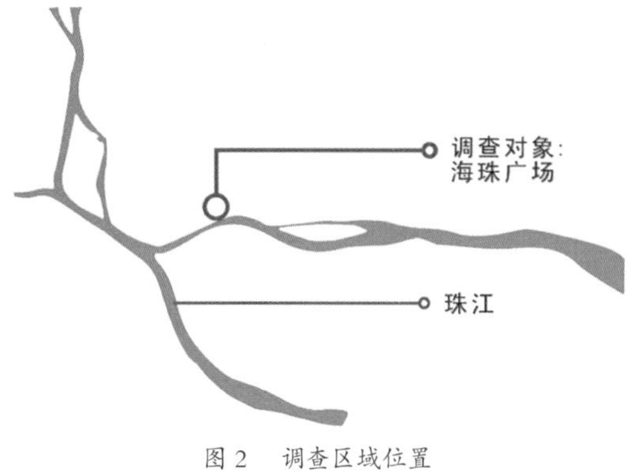

图 2　调查区域位置

2. 调研区域的选择理由

（1）两侧广场由于海珠大桥路口的分割而联系不紧密。

（2）两者的设施布置不同：西边主要为景观，树木都较为小型，可供活动的硬地面积不大。东边部分主要由绿地和三组大树下的硬地组成，可供活动的面积较大。

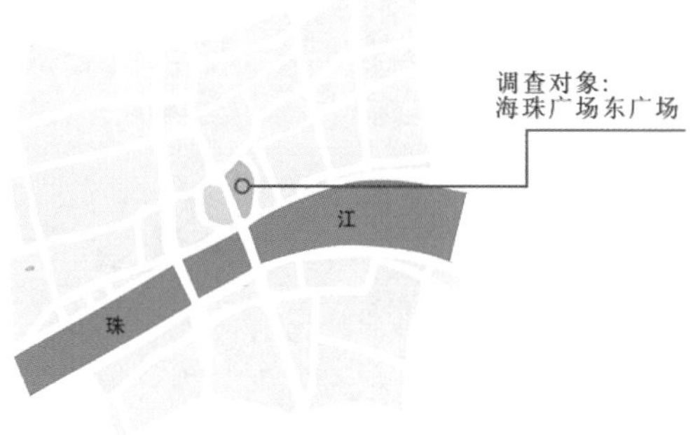

图 3　调查区域位置

（3）东广场为老海珠广场，西广场为新建的海珠广场，于是东广场成了老年人主要的活动场地。

（三）调查对象

（1）广场空间。

（2）广场活动人群。

（四）调查方法

本次调查使用的方法包括以下几方面。

（1）文献法：调查前查看了与城市休闲空间、老龄化、老年人心理等相关的文献资料。

（2）观察法：为本次调查较为主要的方法。直接观察广场人群活动状况以及广场空间布局、设施状况等。

（3）问卷法：本次调查共发放问卷 93 份，其中有效问卷 90 份。由于本次调查中观察法重要性显著，因此发放问卷数量不多。

（4）访谈法：对广场保安和部分活动人群进行访谈，主要针对在问卷发放过程中发现的新问题。

（五）调查思路（见图 4）

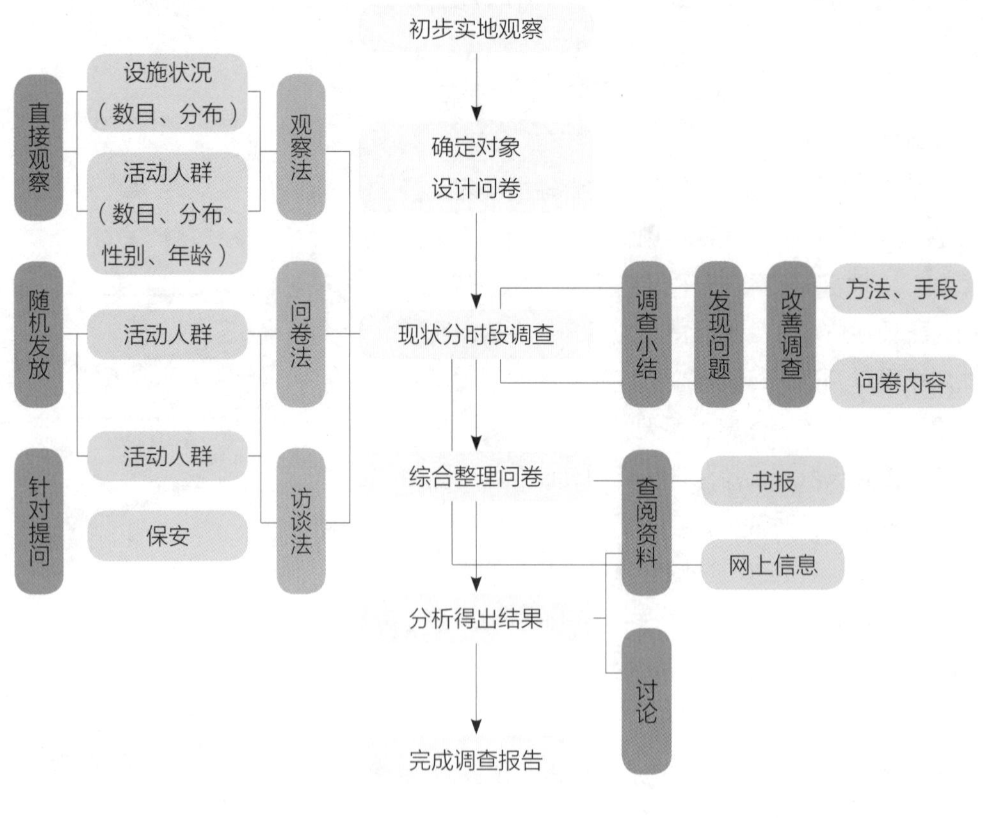

图 4　调查流程

三、调查过程

（一）现场观察

1. 广场现状

海珠广场东广场由五块大草地、三块大硬地、多组乔木和灌木组成（见图 5、图 6）。硬地上围绕树下的花基边可供市民休憩，草地边缘也有一定数量的弧形石凳。东面有一排“健身路径”，布置有 18 个健身设施。有东、西、南三个主入口，北面一个次入口。南入口旁是公交站，海珠桥脚有收费公共厕所一间。

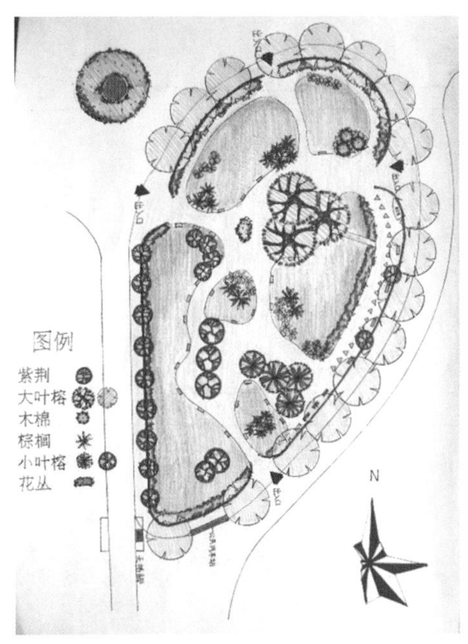

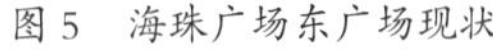
图 5 海珠广场东广场现状

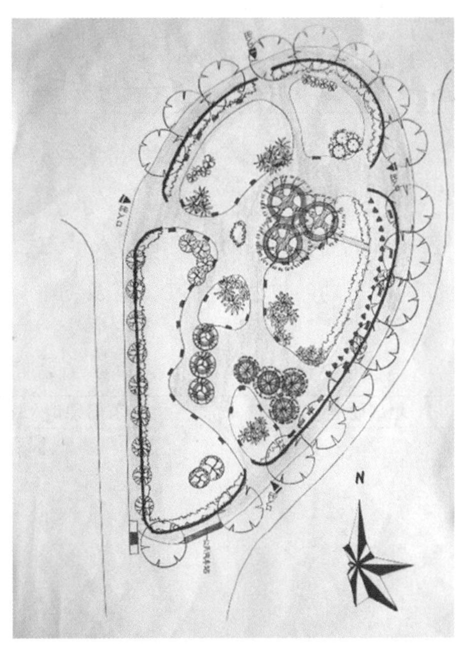

图 6 海珠广场东广场现状设施分布

2. 人群活动

据观察，广场一天内的人群主要活动如下。

6:00—9:00，晨练（慢跑、太极、体操、使用健身设施）。

9:00—11:30，团体演出（粤曲[①]、小型歌舞、交谊舞、扇舞、合唱[②]）。

11:30—14:00，午间休息[③]（聊天、阅读、下棋、观棋）。

14:00—17:00，粤曲表演及欣赏、下棋、观棋、聊天、纳凉、牌艺、打羽毛球。

17:00—22:00，下棋、观棋、使用健身设施、休息、看风景。

图 7 公园里老人合唱和粤曲表演

3. 活动人群分时段分布

我们将工作日和周末广场内分区、分时段活动人群分布情况用布点法作示意图见图 8（其中蓝色点表示老年男性、红色点表示老年女性、黑色点表示年轻人）：

注释：
① 粤曲演出每天都有，分早场和下午场，多个曲团轮换。上午为 9:00—12:00；下午为 14:00—17:00。
② 上午 9:00—11:30，人们在硬地大树下的围栏上挂上歌词，大家围着一起合唱。
③ 中午 13:00 左右午饭后，在广场的多为在附近工作下班了的年轻人或是情侣。

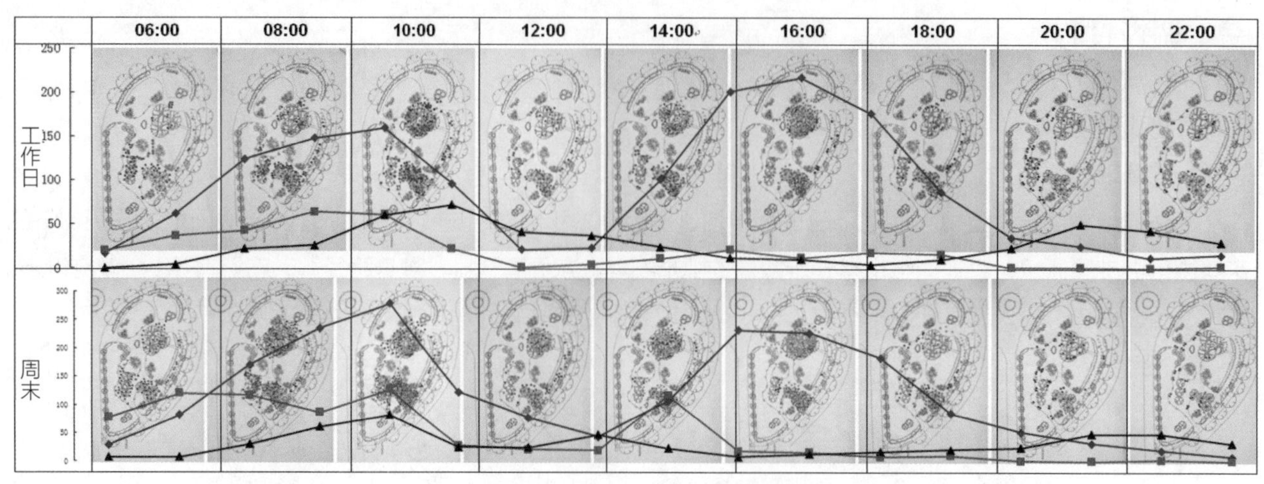

图 8　广场人群分布情况布点示意图

4. 老年人活动区域

经过观察记录，海珠广场东广场主要活动人群为老年人，同一时段老年人总人数是年轻人总人数的好几倍，老年人的主要活动范围可划分为四个区域，见表 1。

表 1 海珠广场东广场老人的主要活动

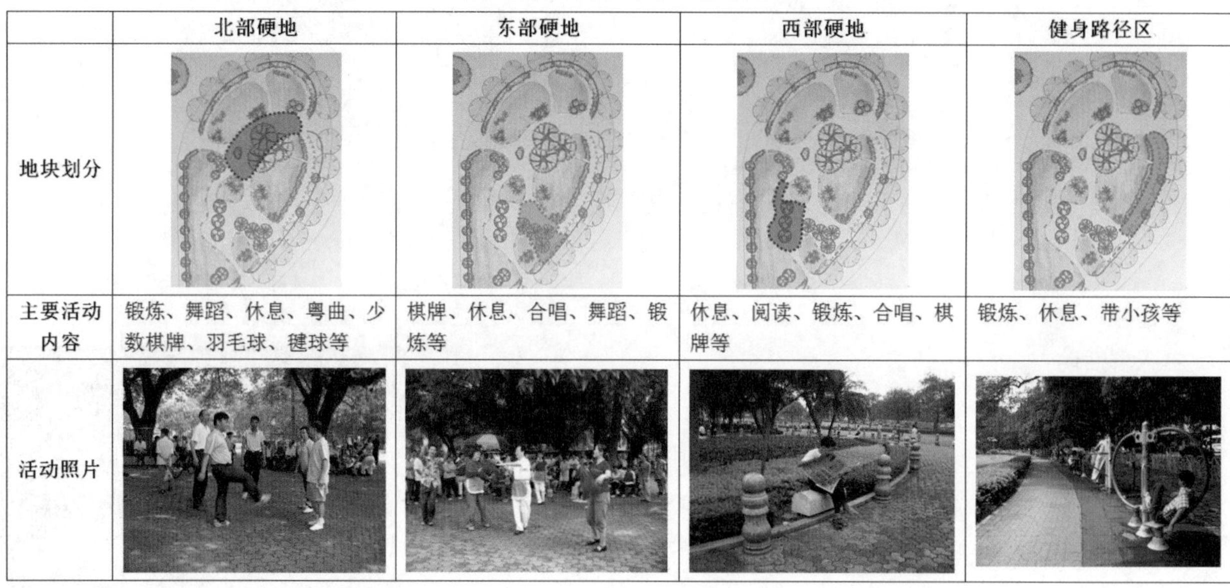

	北部硬地	东部硬地	西部硬地	健身路径区
地块划分				
主要活动内容	锻炼、舞蹈、休息、粤曲、少数棋牌、羽毛球、毽球等	棋牌、休息、合唱、舞蹈、锻炼等	休息、阅读、锻炼、合唱、棋牌等	锻炼、休息、带小孩等
活动照片				

5. 总结

（1）广场活动规律总体为：上午和下午人数较多，中午休息时间人数剧减。一天最高峰点在上午 10:00 左右。这时广场上人们的活动最丰富（跳交谊舞、扇舞、唱歌、歌舞表演、粤曲演出等），参与人数最多。下午人群主要可分为三种：① 听粤曲的，一般有 130 人左右。② 下棋、围观的，所占人数将近 100。③ 纳凉、聊天、打牌的，一般不足 50 人。

（2）老年人远远多于年轻人。老年人的活动时间集中于 7:00—11:00、14:30—18:00 两个时间段，一天呈现两个波峰（上午 10:00 和下午 15:00 左右）。老年人中，又属男性人数比女性人数多，上午 10:00 后女性人数开始减少，下午广场女性很少。年轻人的人流量变化曲线较平缓，变化不大。

白天老年人占绝大多数，只有少数的年轻人。早上来广场的年轻人基本上是上班前做做运动，中午 12:00

以后主要是下班路过休息。16:00 以后，年轻人人数逐渐增多。到 20:00 开始多于老年人，这时主要是情侣。

（3）北部硬地使用率最高，活动面积广、规模大、内容丰富，是老年人最主要的活动区域。东部硬地因为靠近生活性道路，下棋围观的人较多，还有小规模演出、合唱等，因而人数居多。树荫面积大也是聚集人气的重要原因。早上阳光还不是很强烈，西部硬地人相对多一些，之后由于树荫不足而人数减少。健身设施因为破坏严重，使用的人数受到限制，但早上使用的人数还是相对较多，而且主要为老年人。

（4）广场上老年人的活动性别差异明显。活动内容上女性明显比男性活跃：男性以静为主，主要是休息、下棋观棋、欣赏粤曲；女性以动为主，主要为唱歌、跳舞、健身操等。时段上：女性集中在 6:30—10:30，男性则集中在 7:00—11:30，14:00—17:00 两个时间段。范围上：女性遍及整个广场硬地，男性主要集中在北部硬地及东部硬地。

（5）广场白天人数远远多于夜晚。但根据对保安的访谈，平时，尤其是夏天的夜晚，广场也像白天一样挤满了纳凉、聊天、观风景的人群。由于调查时间是世界杯开赛期间，晚上人们留在家里看球赛，广场人很少，影响了统计结果。

（二）问卷调查与深入访谈结合

通过问卷调查和深入访谈，我们得出以下结论。

1. 海珠广场使用人群文化程度偏低（见图 9-a、9-b）

在抽样调查中，海珠广场使用人群中未受过教育的人群占 22%，比 2005 年统计的中国文盲率 5% 高出很多。从图 9-b 可以看出，这与海珠广场使用人群中老年人占较多数有关。从另一个方面也可以反映出海珠广场这一类城市开放型广场对弱势群体的吸引力。

2. 海珠广场使用人群中退休人员居多（见图 10）

抽样调查中，海珠广场退休人群占 61%，与下岗 / 离职人员加起来共占 70%，这也与海珠广场中老年人数量较多相关。退休人员相对有更多的闲暇时间参与娱乐休闲活动，因此，城市广场的设计中也应更多地考虑这部分人群的需求。

3. 广场使用人群较为固定，人群使用广场的时间也较为固定，广场对使用人群产生了归属感（见图 11、图 12、图 13、图 14）

被调查人群中，1 天来海珠广场 1 次或 1 次以上的占绝大部分，1 周来 1 次以上的则占多数。可见，海珠广场的使用人群较为固定，这有利于老年人在广场中形成一种归属感；活动人群大多是独自一人到来的，他们在这里可以融入广场的氛围之中，即使因为个性关系而不互相结交朋友或者交谈，对于消除孤独感仍会有很大帮助。

有一部分广场使用者住处附近是有类似的公园或者广场的，但他们

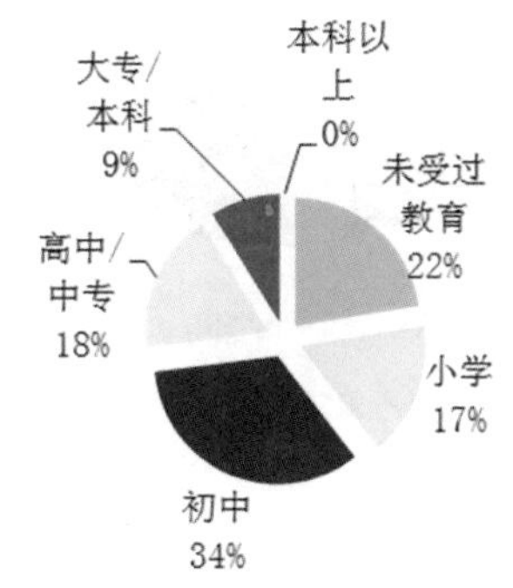

图 9-a　广场抽样人群文化程度

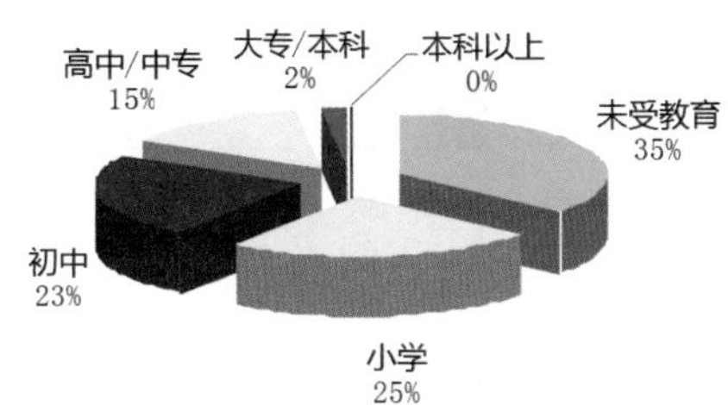

图 9-b　广场抽样老年人群文化程度

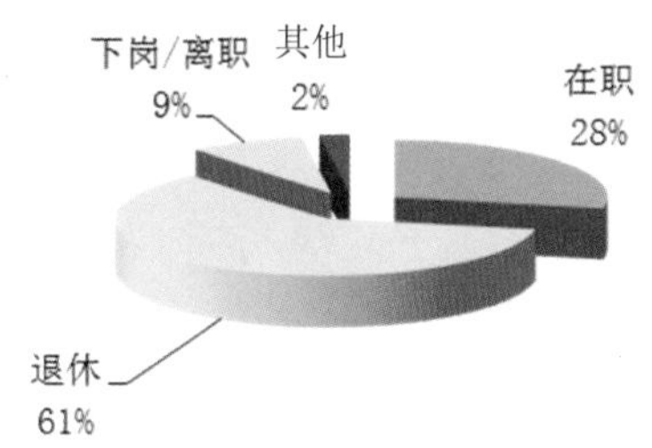

图 10　广场抽样人群就业状况

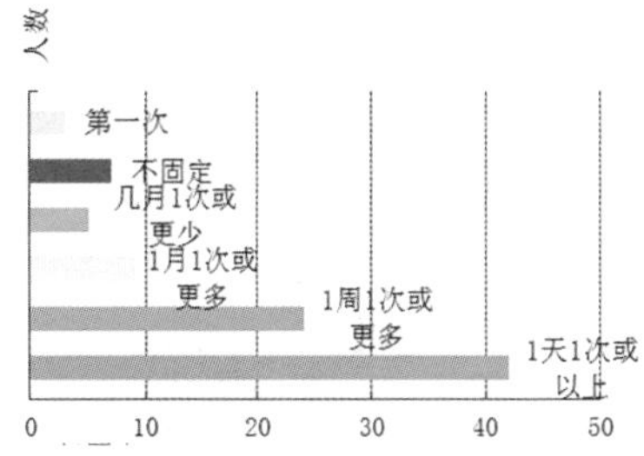

图 11　使用者对广场的使用频率

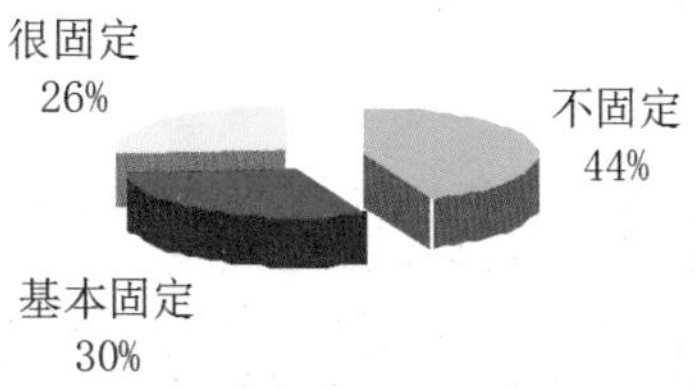

图 12　海珠广场人群使用时间固定性

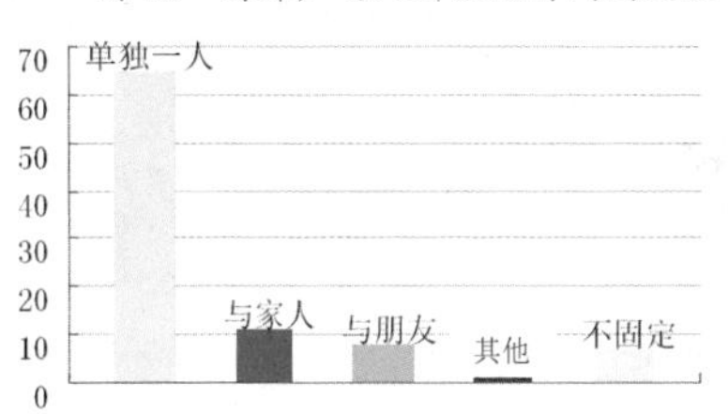

图 13　抽样活动人群到海珠广场的结伴方式

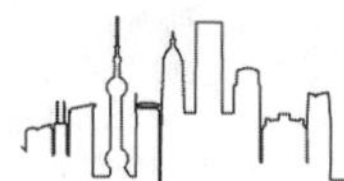

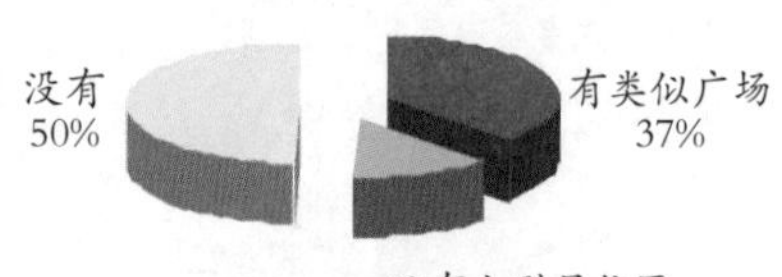

图 14　住所附近有无类似公园或广场

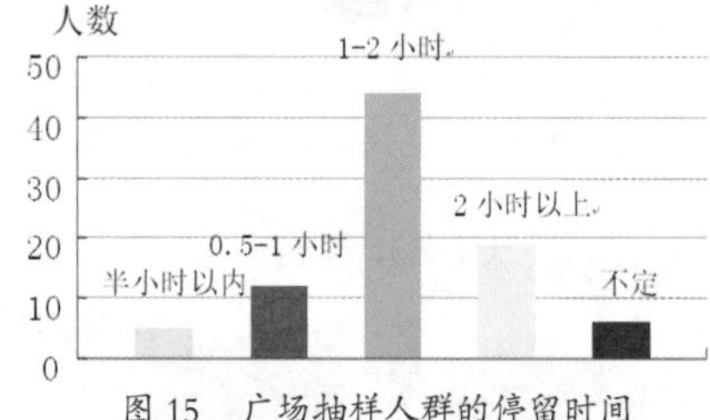

图 15　广场抽样人群的停留时间

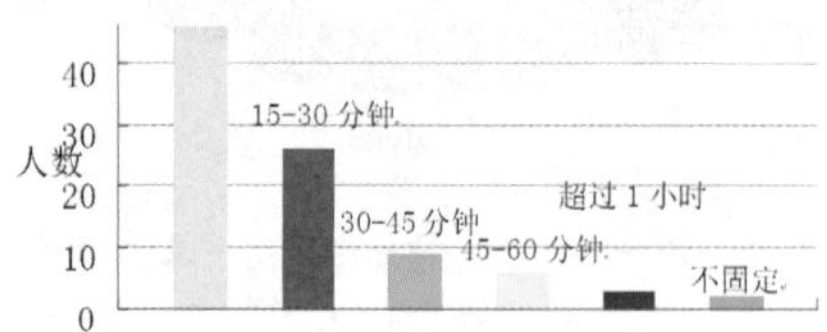

图 16　抽样人群到达海珠广场所花费的时间

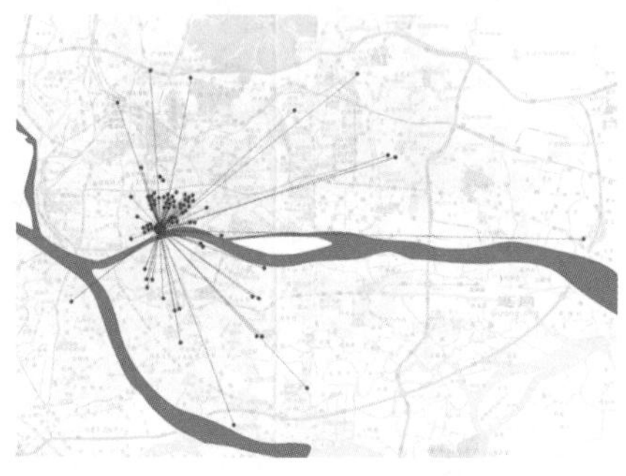

图 17　抽样人群居住地分布射线图

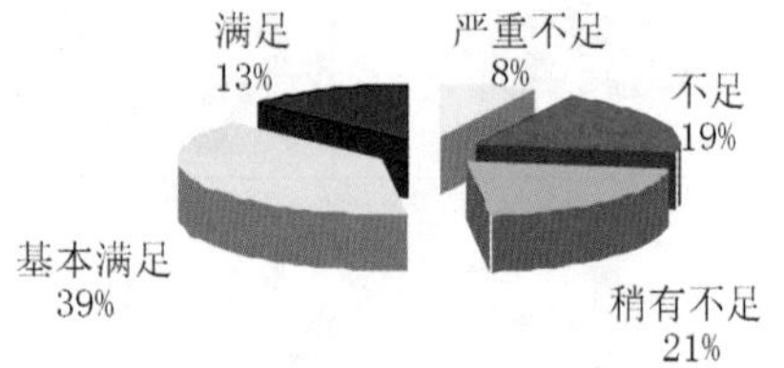

图 18　抽样人群对广场设施的满意程度

仍然选择来海珠广场，原因是这个广场的建设时间长，他们很早之前就与广场结下感情，这里还有很多熟悉的朋友；或者认为海珠广场比较热闹。可见海珠广场确实给予了使用人群很强的归属感。

4. 广场使用人群在广场中停留时间较长（见图 15）

被调查者中，有 51% 的人群会在广场中停留 1 ～ 2 个小时，22% 的人群则会停留 2 个小时以上。其中有个别被访者表示，除了吃饭和睡觉，其他时间几乎都是在广场中度过的。可见，广场中的大部分人对广场的依赖程度较高。

5. 广场使用人群居处一般离广场较近（见图 16、图 17）

被调查者中，50% 的人到达海珠广场所花费的时间在 15 分钟以内，另外 28% 的人花费时间稍长，为 15 ～ 30 分钟，这说明大部分人从住所到达海珠广场较为方便。但仍有部分使用者居住地离广场较远，个别被访者需要花费 1 小时以上才能到达广场。访谈过程中我们了解到，有的人是因为海珠广场有朋友或者这里的气氛较为热闹才会远道而来的，但有的人却是因为家里附近根本没有这种活动广场才不得不选择来到海珠广场。这一结果一方面反映了海珠广场的吸引力，另一方面则反映了广州市城市广场的不足与分配的不均衡性。

6. 广场使用人群对设施的满意度差异较大（见图 18）

从问卷统计结果我们发现，大部分人对广场设施满意度持有一种较平和的态度，39% 的人对广场内的设施表示基本满足，21% 的人认为稍有不足，但还存在 27% 的人认为设施不足。访谈过程中我们发现，即使是选择基本满足的人群，也只是因为他们本身很少用到广场内的设施，对其没有什么要求；而那些认为广场设施不足的人群，怨声很大，对广场的设计和管理很不满意。

座位

具体设施方面，被访者对广场内的凳子最不满意。广场内仅有 3 张有靠背的椅子（见图 19-a），还有大树下的花坛边缘，是老年人最爱的设施。草地四周布置了弧形没有靠背的石凳，对于老年人来说相当不舒适；而且由于外形看起来像棺材，老年人称这些弧形石凳为“棺材凳”

图 19-a　有靠背的椅子

图 19-b　石墩柱和“棺材凳”

（见图 19-b），有部分老年人宁愿选择坐在硬地上也不愿意坐弧形石凳。

健身设施

广场内的健身设施也是受非议较多的。在广场东侧有一排“健身路径”，设置了 18 种健身设施。由于以前管理不善，很多零部件已被偷走，加上一直没有人维修，设施破败不堪，只剩下几个可以使用（见图 20）。据了解，广场内的健身设施是由一间体育用品店赞助的，后来该店停止了赞助，政府也没有派人管理维修，所以情况一直没有好转。

硬地与草地

接受访问的非老年人一般认为广场中应该多增加花草与绿化，以美化景观，但老年人的需求却截然不同，大部分老年人认为，广场中应该增加更多的硬地以提供更多的活动场地。

公共厕所

广场附近最近的公共厕所位于广场东面的海珠桥脚，是一个收费公厕，但对持老人证的老人免费。在年轻人看来，也许还算方便，但老人们却有不同的感受。对于一些年迈的老人来说，公厕的距离还是比较远的，有的老人并不能够忍受那么长的一段路途，有时候只能就近“解决”。而对于一些低收入却没有去领取老人优待证的老人来说，公厕的费用能省就省，他们会选择去附近其他地方的附属厕所，但那些厕所都需要跨越马路，十分不方便。许多被访者认为，应在广场中增加一个免费公厕或者流动厕所。同时有老人反映，厕所都是蹲厕，希望有坐厕，因为有些老人家使用蹲厕不方便。

树荫和亭子

整个海珠广场没有一个亭子，来广场活动的人群都是依靠树荫遮阳遮雨的。广场中树荫还算比较多，但树荫下的座位却不是很多，许多座位都是暴露在太阳之下的，利用率比较低。被访者建议在座位旁多种树，同时已有的树荫下面则对应地添加座位。晴天树荫能够遮挡阳光，但雨天便会发现，广场中根本没有可以避雨的地方。如果是淅沥小雨，便可看见许多老人家冒着雨继续在广场中锻炼或者休息；但如果是倾盆大雨，广场中便空无一人了。大部分受访者认为，在广场内增添亭子是十分必要的，但个别人则表示亭子可能会吸引流浪汉。我们认为流浪汉问题应该通过管理手段解决，而亭子确实应该添置。

棋牌桌

广场上没有棋牌桌，老人家都是在凳子上铺开棋局：打牌的人都是自带报纸或者布在地面摊开直接开局，或是坐在摊开的报纸或布上，或是自带凳子，玩起来十分不方便。棋牌是老年人比较喜欢的娱乐活动之一，但是却没有相应的设施供老人家娱乐，许多老年人都反映希望增加棋牌桌。

坏了的健身设施

坐在栏杆上的老人

就地摆开牌局

杂乱不美观的垃圾桶

跨越栏杆的老人

图 20 公园及附近的乱象

栏杆石墩柱

这些石墩以前是用铁链连接，用来维护草地防止进入的，但是由于管理不善，铁链被缺乏社会公益道德的人偷了，老年人普遍认为这些石墩多余，没有必要设置，浪费金钱。

其他设施

据我们观察，广场中设施十分有限。访谈中我们了解到，广场以前是有洗手设施和饮水设施的，但后来都遭到破坏所以被撤走了，这些设施对于活动者来说却是很需要的。应该结合管理手段重新添置这些设施。另外，广场中本来路灯并不多，而且部分路灯的电线也给偷走了，导致晚上广场灯光比较昏暗。部分被访者还建议可以增加一些其他设施，如小型溜冰硬地、宠物厕所、报刊栏、小卖部、美观的垃圾桶、小花坛、雕塑、灯饰等。

还有受访者提出，因为广场本身面积不大，增添设施反而让广场显得更为狭窄拥挤，他们希望能够扩大广场整体面积，考虑到这一建议可行性不高，我们可以努力优化增添的设施质量并减少占地面积。

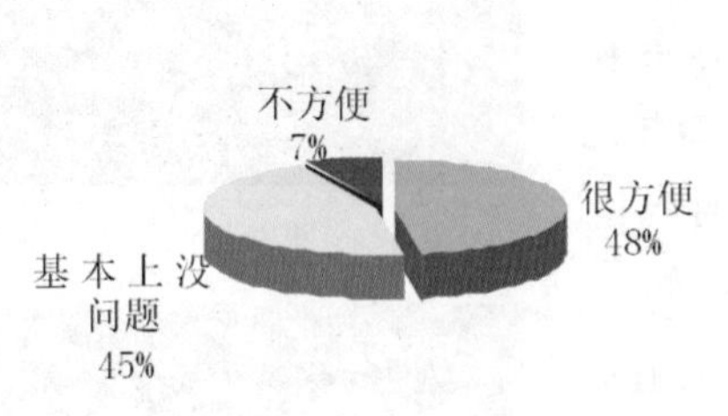

图 21　抽样人群对广场出入口方便性的满意度

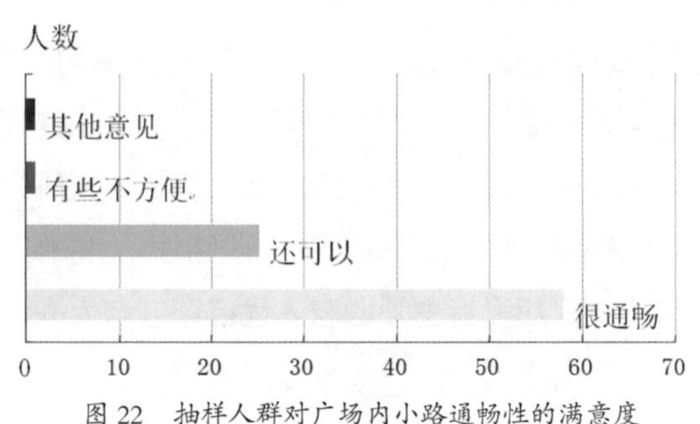

图 22　抽样人群对广场内小路通畅性的满意度

7. 广场出入口较为方便，内部小路通畅性较高

现在广场共有 4 个出入口，广场中的小路连通性也比较好。调查问卷显示，大部分人对广场出入口的便捷性以及内部小路的通畅性较为满意，但还存在 7% 的人认为广场的出入口不够方便（见图 21、图 22）。据我们观察，发现确实存在跨越栏杆出入的现象，这就证明广场局部地区出入还是不够方便。另外，广场北面原本没有入口，后来人为撬开了栏杆才形成入口，狭小而且不美观。

四、对广场规划设计的改进建议（见图 23、图 24）

（1）增加缺少的设施：风雨亭、免费厕所、靠背凳子、棋牌桌、路灯、花坛、饮水设施。

（2）加强对设施的维护，包括保护设施不被破坏和对损坏的设施及时维修。

（3）加强广场的卫生建设，对于随意乱扔乱吐的现象采取一定的监督和处罚措施。同时通过卫生的环境引导活动人群养成良好的卫生习惯。

五、总结

通过对海珠广场东广场上老年人的活动调查，我们发现在海珠广场上活动的老年人大部分都属于低收入阶层，他们的生活很大部分都是围绕公园和广场展开的，他们害怕孤独，希望通过在广场消磨时间的同时寻找精神寄托、驱赶孤独。他们大多数对广场的设施没什么要求，多有多用、少有少用、没有就不用。尽管如此，广场的设施从根本上说还是不能满足他们的需求，而且有些设施的设计不合理。我们设计广场的时候应该了解广场服务半径内的老年人群状况，有针对性地对不同的老年人群设计广场。同时，随着以后中国老龄化的继续，新生代的老年人文化水平提高了，社会经济发展了，他们对生活质量的要求也不断提高，城市广场的建设应该更加主动关怀老年人的真实需求，与时俱进，更加人性化。

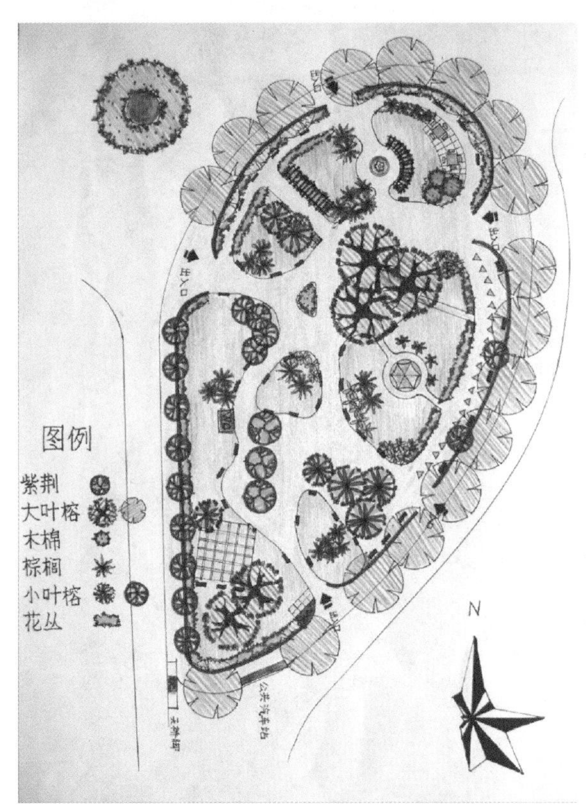

图 23　海珠广场规划设计总平面图

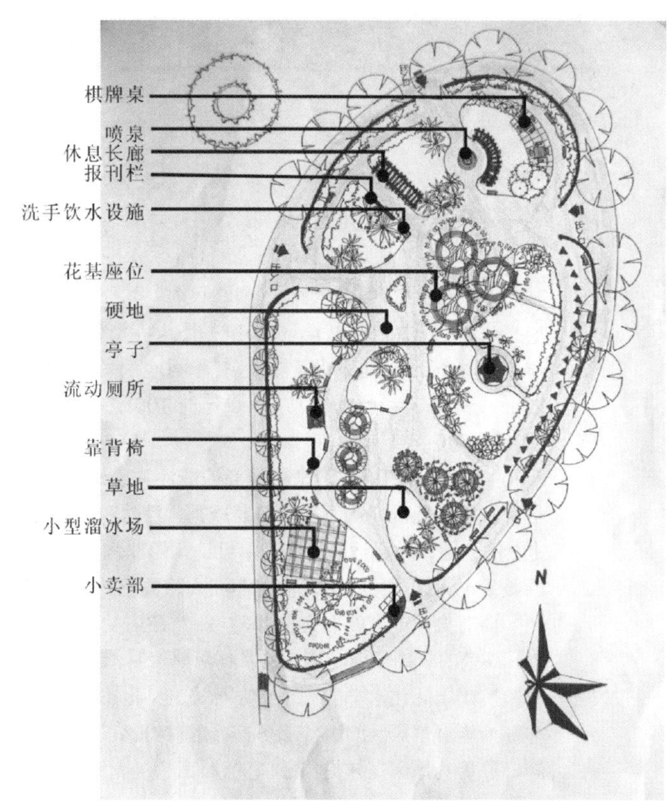

图 24　海珠广场规划设计设施分布

【参考文献】

[1] 海珠广场，中国广州网，www.guangzhou.gov.cn，2005–08–11.

[2] 2005 年主要人口数据，中国人口信息网，http://www.cpirc.org.cn/index.asp.

[3] 莫伯治，张培煊，梁启龙，等 . 广州海珠广场规划 [J]. 建筑学报，1959（8）.

[4] 孙敏明，李德友 . 海珠广场市民活动情况调查 [J]. 南方建筑，2001（2）.

“巧克力城”的困惑

——广州登峰村非洲人聚居区的医疗服务状况调查（2008）

广州登峰村非洲人聚居区的医疗服务状况调查

一、引言

（一）选题背景和意义

中非交往的历史长达千年以上，特别是 21 世纪以后，中非合作论坛已成功举办三届，中非两地的贸易额出现了井喷式发展（见图 2）：贸易额从 2000 年的 106 亿美元增加到 2007 年的超过 700 亿美元。

随着贸易的繁荣，来穗经商的非洲人也越来越多。据广州社科院城市管理研究所所长黄石鼎透露，目前在广州常住（6 个月以上）的外国人数已达 5 万，其中可统计的非洲人就有 2 万多。若包括数量不详的隐居群落，估计非洲人总数已达 20 万之巨。

面对如此庞大的黑人群体，广州市政府能否为其提供可靠、完善、高效的软硬环境支持，关系到两地贸易能否可持续发展，也是检验广州国际化水平的一个重要标准。因此，本调查旨在了解在穗非洲裔族群聚居区的医疗服务产品的供给情况，探讨其中存在的问题，分析其原因，并提出相应的建议。

（注：“巧克力城”之称引自《南方周末》2008 年 1 月 24 日，A7 版，作者：潘晓凌等。）

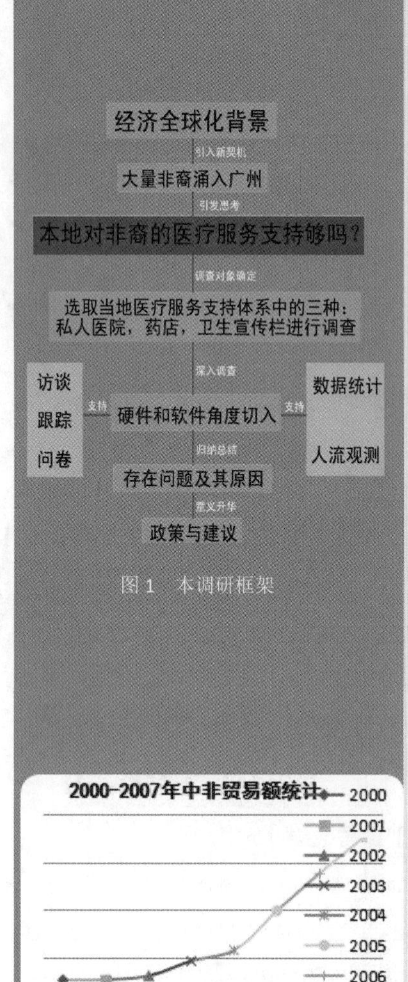

图 1　本调研框架

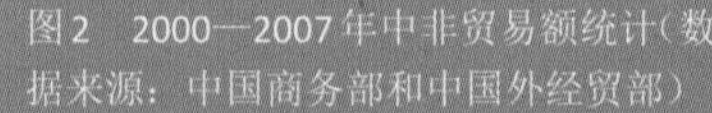

图 2　2000—2007 年中非贸易额统计（数据来源：中国商务部和中国外经贸部）

广州登峰村非洲人聚居区的医疗服务状况调查

（二）调研区域的选定

自1998年以来，来穗的非洲裔商人的足迹已广泛分布于广州各个贸易批发集散地。他们在广州主要聚居在五个片区，分别是“三元里片区”“环市东片区”“天河北片区”“二沙岛片区”和“番禺片区”。

“环市东片区”内的小北路附近形成了以非洲人为主的新型跨国族裔聚居区（见图3），主要由在穗经商的西非人构成，具有流动性和多样性的特征，这些非洲人集中在天秀大厦等大型中非贸易城，从事服装、玩具、电器等批发行业。该区域历史较长，人口比较集中，因此我们选定“环市东片区”内由童心路、环市东路、登峰直街所围成的登峰主要村域的非洲人聚居区作为本次调研的区域（见图4）。

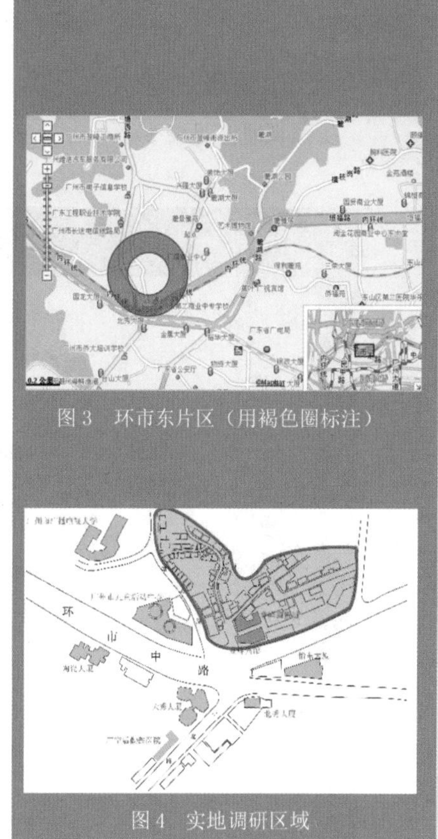

图3 环市东片区（用褐色圈标注）

图4 实地调研区域

二、调研方法、思路和过程

（一）研究方法和思路

（1）问卷调查法：针对非洲人设计《在穗非洲人医疗服务问题调查》，并将其翻译为英语、法语两个版本；针对登峰村居民设计《广州登峰村居民调研问卷》，对非洲人就医情况进行对比和深入分析。

（2）深入访谈法：与调研区域内非洲人、登峰街境外人员管理站工作人员、商铺老板、物业管理处负责人、专家学者及记者进行访谈；与非洲人进行了英法双语访谈，并在法语访谈中邀请到德国科隆大学学生Steffen和Janina协助。

（3）实地观察法：通过实地观察非洲人就医行为，获取感性认识；进行人流量统计并绘制人流量统计图。

（4）跟踪法：通过跟踪非洲人，探明其就医路线及程序，并对每个环节进行调研分析。

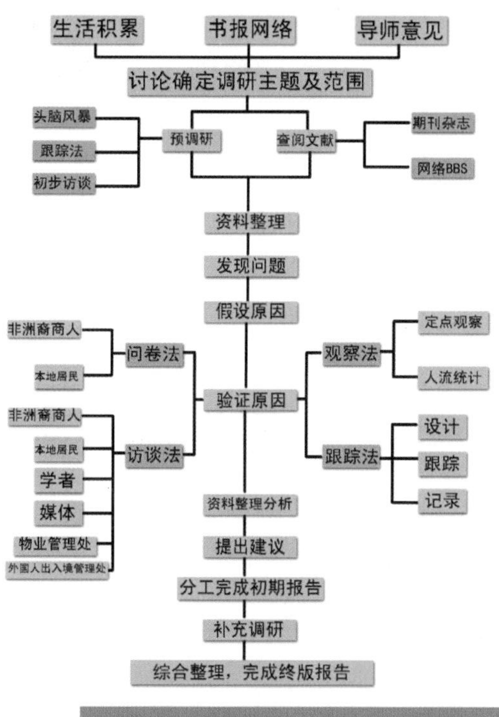

图5 思路流程

（二）思路流程图（见图5）

（三）调研过程

1.预调研（见表1）

表1 预调研流程

阶段	时间	思维过程	结论	方法
准备阶段	3月19日	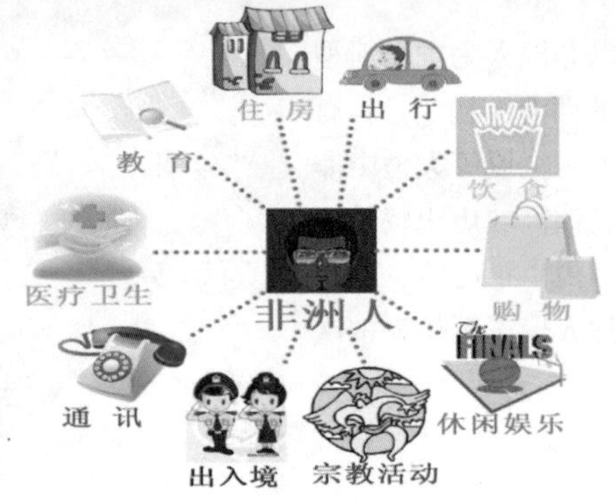 住房、出行、饮食、购物、休闲娱乐、宗教活动、出入境、通讯、医疗卫生、教育 — 非洲人	从非洲人的角度出发，设想他们在登峰街道生活和工作的各个方面，最终选取的研究方向有待进一步讨论	换位思考 头脑风暴
第一次筛选	3月20日	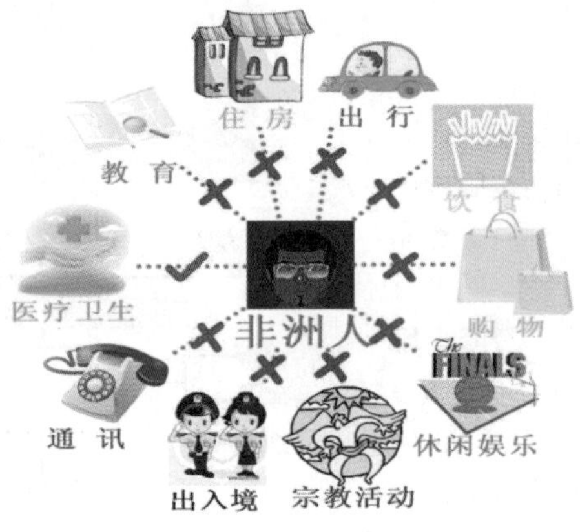 住房、出行、饮食、购物、休闲娱乐、宗教活动、出入境、通讯、医疗卫生、教育 — 非洲人（医疗卫生 ✓，其余 ✗）	通过访谈发现非洲人在医疗卫生方面存在很大困难，而在教育、住房、出行、饮食、购物、休闲娱乐、通讯方面都不存在困难，宗教活动、出入境方面大多避而不谈，因此，我们选定医疗卫生为我们的研究方向	访谈
第二次筛选	3月21、22日	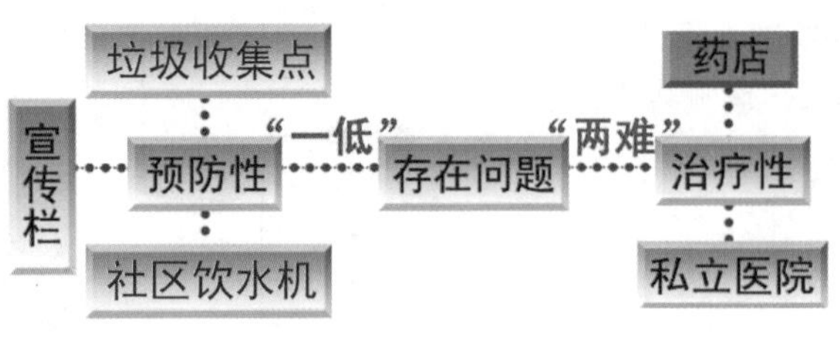 宣传栏、垃圾收集点、社区饮水机 — 预防性 —“一低”— 存在问题 —“两难”— 治疗性 — 药店、私立医院	登峰村现有的医疗卫生物品包括社区饮水机、卫生宣传栏、垃圾收集点、私立医院、药店。通过定点观察发现社区饮水机与非洲人关系不大，而垃圾收集点基本能满足要求，因此，我们把研究对象锁定为卫生宣传栏、私立医院、药店	观察 问卷 访谈 跟踪

广州登峰村非洲人聚居区的医疗服务状况调查

明确调查因素	3月23日	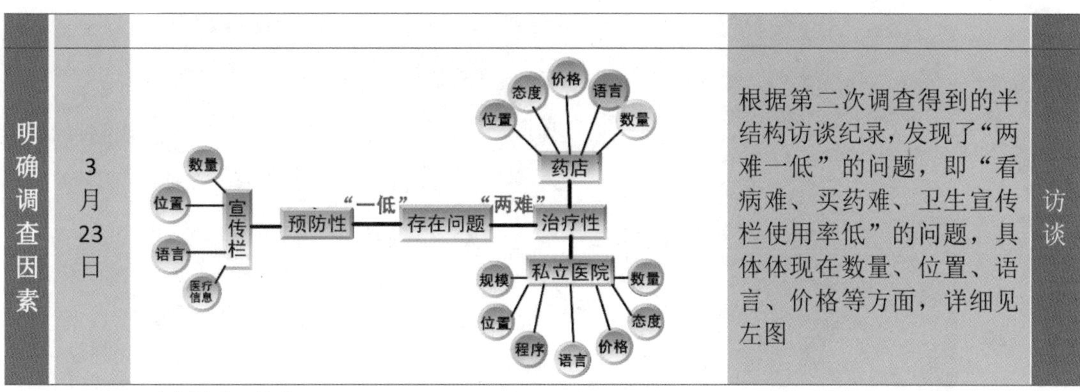	根据第二次调查得到的半结构访谈纪录，发现了“两难一低”的问题，即“看病难、买药难、卫生宣传栏使用率低”的问题，具体体现在数量、位置、语言、价格等方面，详细见左图	访谈

2．正式调研（见表2）

表2 调查过程与结论

阶段	时间	调查过程与结论	方法
提出问题原因	3月24日	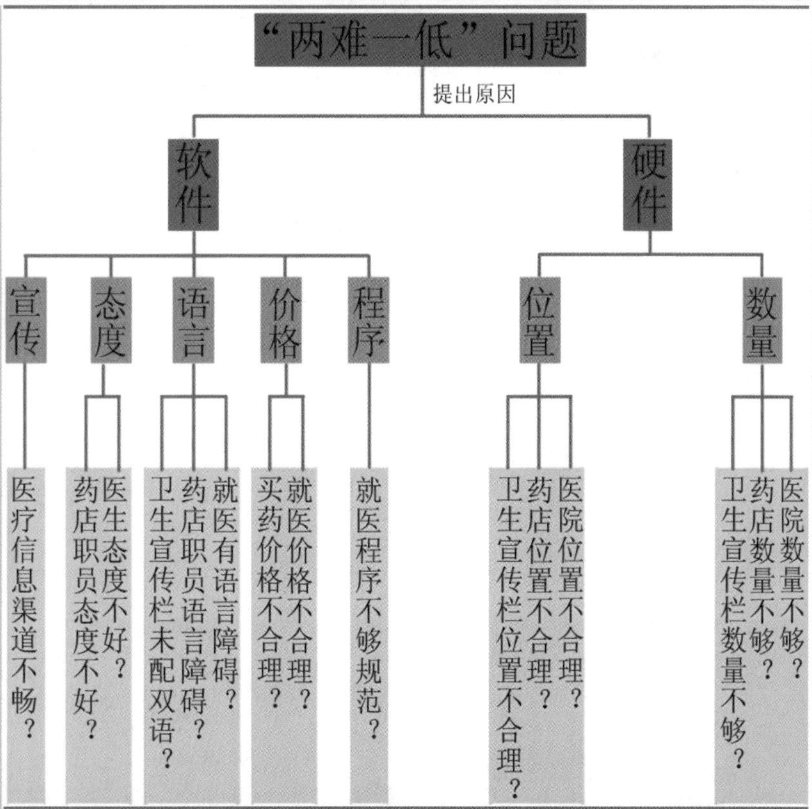 “两难一低”问题 提出原因 软件 宣传：医疗信息渠道不畅？ 态度：药店职员态度不好？　医生态度不好？ 语言：卫生宣传栏未配双语？　药店职员语言障碍？　就医有语言障碍？ 价格：买药价格不合理？　就医价格不合理？ 程序：就医程序不够规范？ 硬件 位置：卫生宣传栏位置不合理？　药店位置不合理？　医院位置不合理？ 数量：卫生宣传栏数量不够？　药店数量不够？　医院数量不够？ 通过预调研和设施分布图，设想导致问题的原因，分为两大类：硬件（三大因素）和软件（五大因素）。得到“提出问题”流线图，一共有15个假设原因	图示法 头脑风暴法

广州登峰村非洲人聚居区的医疗服务状况调查

阶段	时间	内容	方法
第三次调查准备	3月25日	从本地居民和非裔人两类人群着手，设计针对不同人群的问卷（非裔人问卷分为法语和英语两版）和结构式访谈提纲。请来德国学生以及法语系同学帮忙翻译和协助调查	头脑风暴法
第三次调查	3月26—30日	针对非裔人发放双语问卷 100 份，有效问卷为 66 份，回收率为 66%。针对本地居民发放问卷 70 份，有效问卷 50 份，回收率为 72%。同时对这两类人群，使用英语、法语和汉语进行了十个非结构式访谈和三个结构式访谈（一位华籍女士和两位非裔男士）。	问卷法 访谈法
调查资料整理	3月31日—4月2日	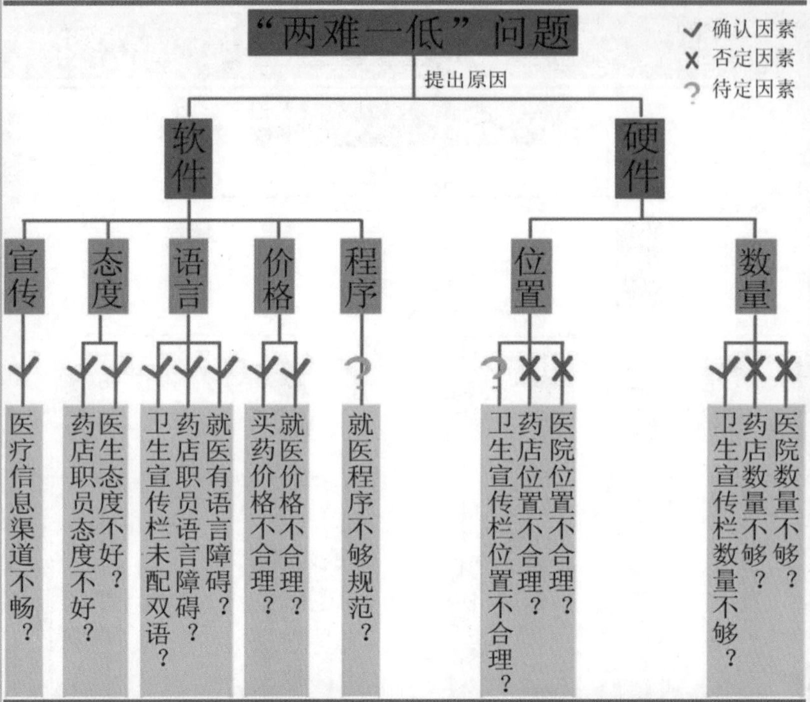 “两难一低”问题 ✓ 确认因素　✗ 否定因素　? 待定因素 提出原因 软件： 宣传：✓ 医疗信息渠道不畅？ 态度：✓ 药店职员态度不好？ ✓ 医生态度不好？ 语言：✓ 卫生宣传栏未配双语？ ✓ 药店职员语言障碍？ ✓ 就医有语言障碍？ 价格：✓ 买药价格不合理？ ✓ 就医价格不合理？ 程序：? 就医程序不够规范？ 硬件： 位置：? 卫生宣传栏位置不合理？ ✗ 药店位置不合理？ ✗ 医院位置不合理？ 数量：✓ 卫生宣传栏数量不够？ ✗ 药店数量不够？ ✗ 医院数量不够？ 对问卷和访谈进行整理分析，初步对假设原因进行确认。15 个因素中确认了 9 个，否定了 4 个，2 个有待进一步调查	图示法 统计法
第四次调查	4月4—11日、4月15—20日	对剩下的 2 个假设原因进行证明：在村内主要街道进行人流观测（详见下面的人流观测法说明），并对非裔友人 Fozzy 进行就医程序跟踪，找出非裔人就医与本地人的不同之处	头脑风暴法 人流观测法 跟踪法

广州登峰村非洲人聚居区的医疗服务状况调查

调查资料整理	4月21日	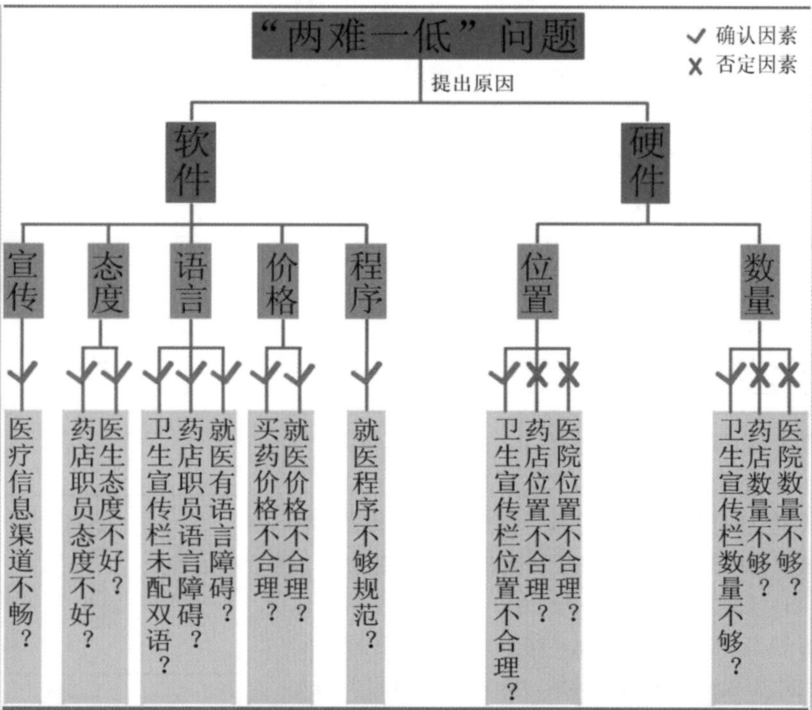 "两难一低"问题 ✓ 确认因素 ✗ 否定因素 提出原因 软件： 宣传：✓ 医疗信息渠道不畅？ 态度：✓ 药店职员态度不好？ ✓ 医生态度不好？ 语言：✓ 卫生宣传栏未配双语？ ✓ 药店职员语言障碍？ ✓ 就医有语言障碍？ 价格：✓ 买药价格不合理？ ✓ 就医价格不合理？ 程序：✓ 就医程序不够规范？ 硬件： 位置：✓ 卫生宣传栏位置不合理？ ✗ 药店位置不合理？ ✗ 医院位置不合理？ 数量：✓ 卫生宣传栏数量不够？ ✗ 药店数量不够？ ✗ 医院数量不够？ 对人流量进行数据统计，制作人流分布图。对就医程序进行图形绘制，确认剩下的2个假设原因是否成立，得到最终的"验证问题"流线图	统计法 图示法 数据分析法
后期工作	4月22—30日	根据预调研和正式调研得到的一手资料，对存在问题、深层原因进行分析，据此提出建议设想；绘图、完成报告	

2. 人流观测法说明

（1）空间选取。

将登峰村的三条主要街道分十二段。以主要影响人流进出的结点，广场以及叉路口进行切分，整个调查空间分为：12个线形以及2个点状空间。（见图6）

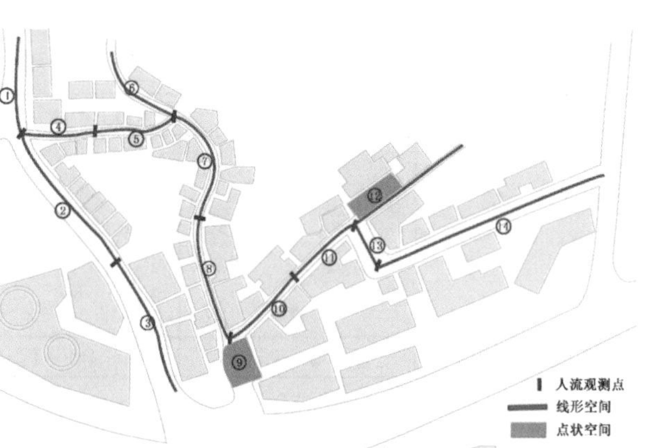

图6　街道线形空间、广场点状空间图

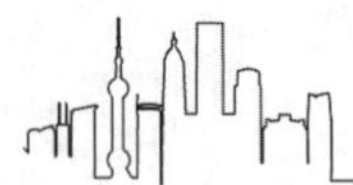

（2）时间。

4 月 4—11 日以及 4 月 15—20 日（中国进出口商品交易会（广交会）举办期间的 3 天。一天的时间段分为九段，从早上 9 点，到晚上 6 点，每一小时为一个单位。

（3）人员安排（见图 7）。

组员 A：负责路段 1，2，3。

组员 B：负责路段 4，5，6，7。

组员 C：负责路段 8，10 以及广场 9。

组员 D：负责路段 11，13，14 以及广场 12。

具体分配：将一个小时分为四段，组员 B、D 负责各自的四段。组员 A、C 负责三段后，最后一个时段选取人流量大节点进行二次观测。

（4）记录对象。

线型空间记录动态人流数，点状空间记录停留时间超过一分钟的静态驻足在广场上的非洲人数量。

（5）数据整理。

用 EXCEL 建立了数据库，将不同日期的各段时间的人流数加起来后平均，得到一天九段时间的平均人流数。

用不同粗细的线段代表线形空间人流，用圆点代表点状空间静态人数，由此绘制了分时段人流量。将数据叠加在一起，得到一天总的人流分布图（见图8）。

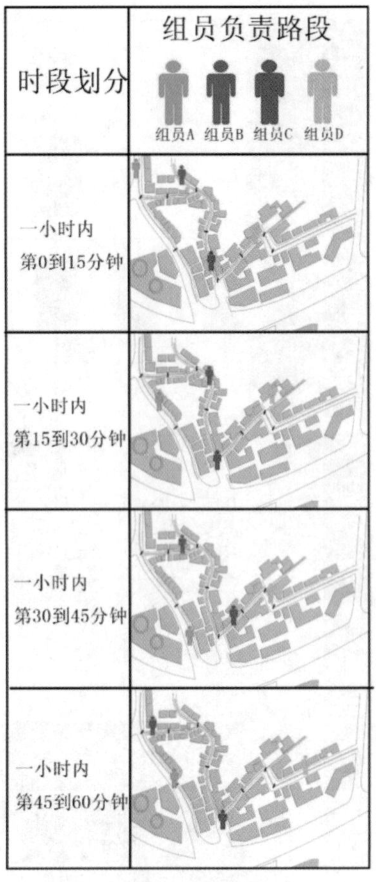

图 7　人员安排

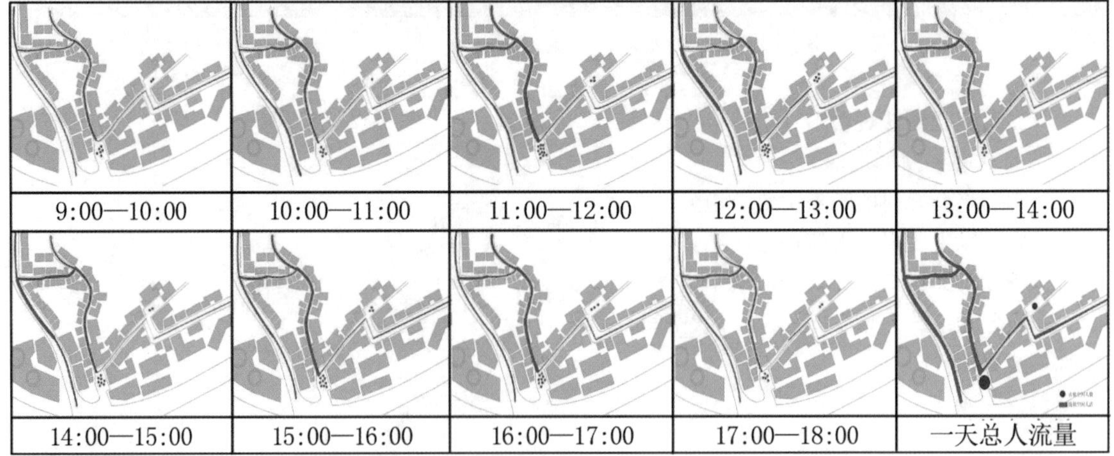

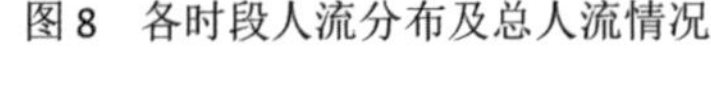

图 8　各时段人流分布及总人流情况

广州登峰村非洲人聚居区的医疗服务状况调查

三、调查研究分析

（一）医院、药店、卫生宣传栏的数量不足

1. 医院数量足够

目前，登峰村共有私立医院三家（村内无公立医院），分别是泰安诊所、合景专科医疗门诊部和童心医疗门诊部（见图 9）。调查问卷结果显示，82% 的登峰村非洲受访者表示看病方便，他们表示，医院的选择也较多，看病也无需等待。

2. 药店数量足够

300 多米长的主街上就有三家药店，大部门非洲人表示出门买药也十分方便（见图 9-a、图 9-b）。

3. 卫生宣传栏仅有一个，严重不足

卫生宣传栏在医疗就诊信息宣传方面起到了不可估量的作用，但登峰街的卫生宣传栏情况堪忧。

在调查范围内，卫生宣传栏的数量仅有一个（见图 9-c），不能满足当地非洲裔族群的需求；调查问卷显示，没有一位非洲人通过卫生宣传栏获取医疗信息（见图 9-d）。在访谈中，大部分非洲人表示不清楚当地是否设有卫生宣传栏。少部分知道附近设有卫生宣传栏的，也表示不清楚具体位置在哪里。

（二）医院、药店、卫生宣传栏的分布

1. 私立医院服务覆盖全村

假设人行走的速度为每分钟 60 米，以人行 5 分钟的距离（即 300 米）为半径，以医院所在地为圆心作圆（见图 9-e）。三所医院辐射范围可以覆盖全村。非洲人步行 5 分钟便可以到诊所就诊，所以，医院分布均匀合理。

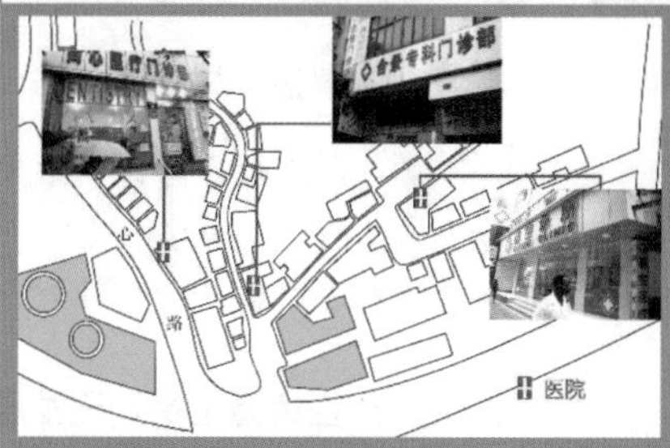

图 9-a　登峰村私立医院现状

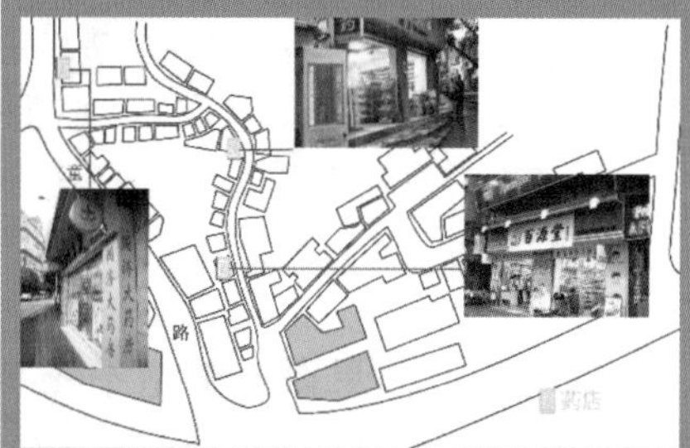

图 9-b　登峰村药店现状

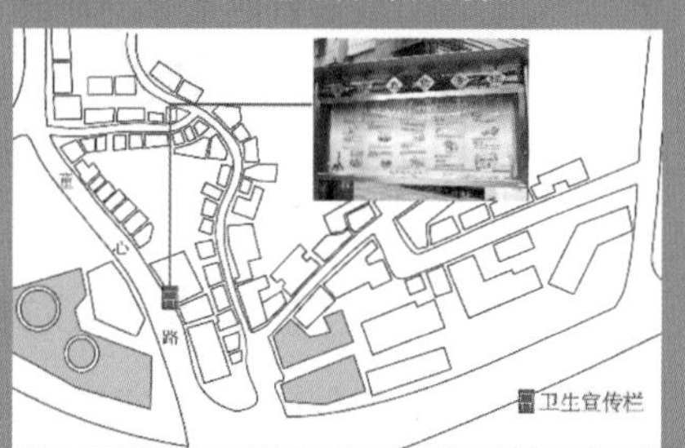

图 9-c　登峰村卫生宣传栏现状

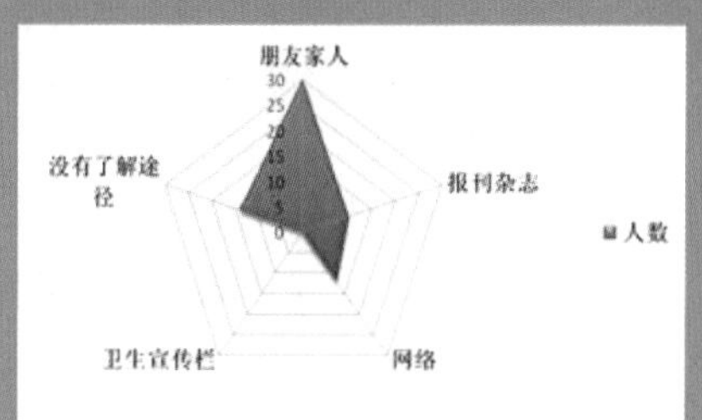

图 9-d　医疗服务信息来源

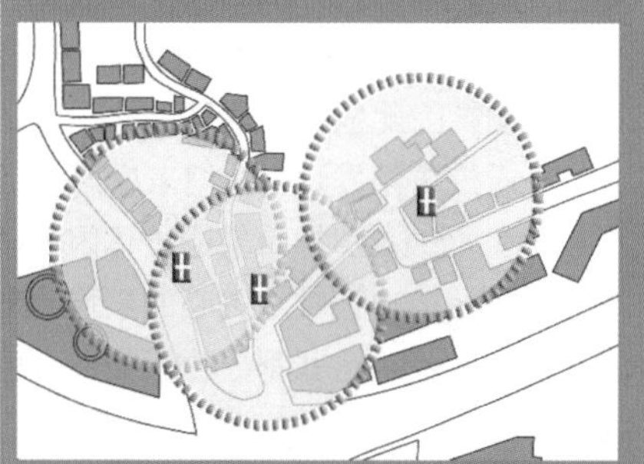
图 9-e　登峰村医院服务半径

广州登峰村非洲人聚居区的医疗服务状况调查

2. 药店服务覆盖全村

同理，以人行 5 分钟的距离（即 300 米）为半径，以药店所在地为圆心作圆（见图 9-f）。三所药店辐射范围可以覆盖全村。非洲人步行 5 分钟就可以买到药，所以，药店分布均匀合理。

3. 卫生宣传栏远离主街，无法覆盖全村

卫生宣传栏位于童心路旁远离登峰主街。从人流量分布图可以看出，童心路南段人流量相对较低，且位于登峰村外围，并非设置宣传栏的最佳区位（见图 9-g）。加之受到密密麻麻的登峰城中村建筑的阻隔，习惯在登峰宾馆活动的非洲人并没有多少机会经过卫生宣传栏的设置地点。

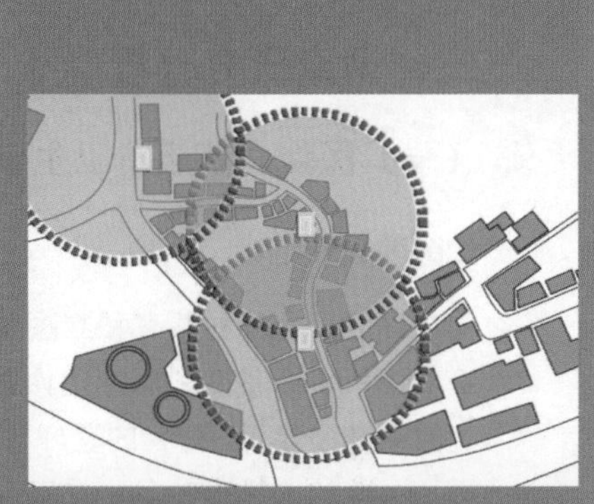

图 9-f　登峰村药店服务半径

（三）信息获取渠道不畅

调查问卷数据显示，66 位受访者中 14 人（21.2%）表示没有对医疗卫生服务的了解途径，30 人（45.4%）表示通过家人朋友了解医疗信息（见图 9-h），但其交往范围多限于本族群，所以其就医行为存在群聚效应，较为局限和盲目。

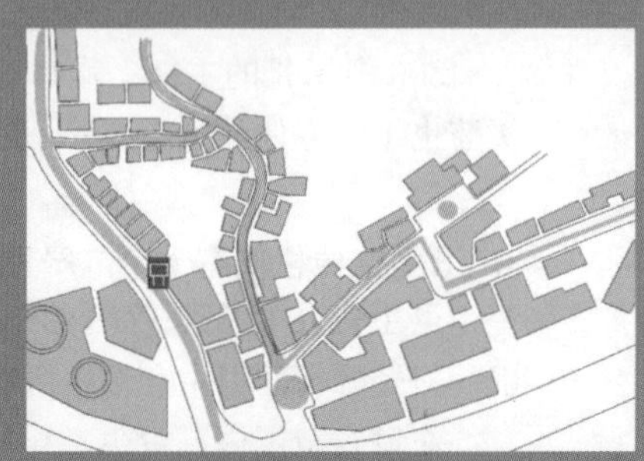

图 9-g　登峰村卫生宣传栏分布

1. 原因之一：非洲人与本地人存在语言障碍

由于非洲的许多国家曾是法国殖民地，大部分非洲人只懂法语不懂英语，而本地人懂英语的极少，懂法语的更少。作为信息流通渠道的电视、广播、杂志、报纸等只有汉语和英语，这导致非洲人比本地人有更少的医疗信息获取渠道。因此，登峰村宣传栏的作用就非常突出，偏偏这里的宣传栏又只有汉语且内容陈旧，把非洲人最后的医疗信息渠道都堵上了。

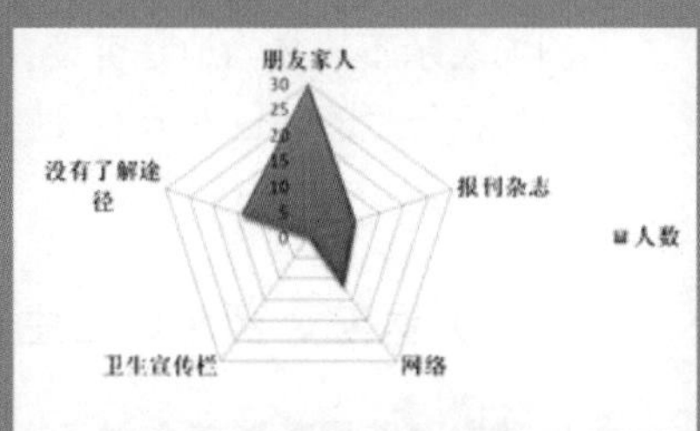

图 9-h　医疗服务信息来源

图 9　登峰村医疗服务状况

2. 原因之二：非洲人生活圈狭窄

具体体现在饮食、理发、休闲娱乐方面。由于非洲人饮食口味与中国人不同，喜好特殊香料，而本地人觉得其味道难以接受，所以非洲人一般不和中国人共餐；水热条件导致非洲人的发质和本地人不同，他们母国的传统文化又对他们的发型喜好产生影响，因此他们多数只去非洲人开的理发店；休闲娱乐方面，我们通过访谈发现，他们来广州的目的性和功利性很强，不像欧洲人和北美人那样希望通过休闲活动结交中国朋友、了解中国文化，经商是他们唯一关心的事情，偶尔的休闲活动也是在非洲朋友圈内进行。这些都导致了非洲人医疗信息的闭塞。

广州登峰村非洲人聚居区的医疗服务状况调查

（四） 歧视非洲人、态度恶劣

1. 药店、医院职员对非洲人的态度——厌恶与害怕并存

在调查中，我们特意观察了非洲人、欧洲人、本地居民在同一间药店里买药的情况，结果见表 3。

表 3 药店职员对欧洲人、本地人、非洲人的态度对比情况

对欧洲人	对本地居民		对非洲人
非常热情、友善	因人而异		厌恶与害怕并存
具体表现： 两个职员同时接待一位欧洲人，并尝试用“hello”“bye”等简单英语与其交谈	外表光鲜	外表一般	具体表现： 厌恶：捂鼻子、皱眉头； 害怕：低头不敢正视，因为非洲人的到来而不安，非洲人离开后马上擦手
	比较热情	比较冷淡	

问卷统计结果也反映出药店职员服务态度的差异：受访的 66 位非洲人中仅有 13 位表示满意，满意度仅两成；受访的 50 个本地居民中，27 个表示满意，满意度约 54%（见图 10）；由于登峰村欧洲人等白色人种较少，故不进行问卷调查。

医院现场观察所得结果与药店状况类似。

在问卷统计中，66 位受访者中 22 人（34%）表示了不满(见图 11)。

访谈中来自马里的 Fozzy 表示医院工作人员对他有排斥态度，不想接待他和他的朋友；中国人黄女士也讲述了她在住院期间目睹非洲人被区别对待的经历（见图 12）。

2. 厌恶与害怕背后的原因

（1）错误地认为非洲人野蛮落后。

由于电影、电视等大众传媒的片面报道，本地人对欧洲、北美文化比较向往，正面态度较强；而对于非洲文化了解较少，误解较多，有些人甚至把非洲与野蛮落后直接挂钩。

（2）错误地认为与非洲人接触会染病。

民间谣传使本地人把非洲人与艾滋病联系在一起，加上对艾滋病传播渠道一知半解，导致本地人害怕与非洲人接触，产生厌恶与不安情绪。

（3） 对非洲人身上的味道反感。

非洲人煮食所用的香料味道浓烈，加上他们身上的香水味道不受本地人欢迎，这更加导致了本地人的偏见。

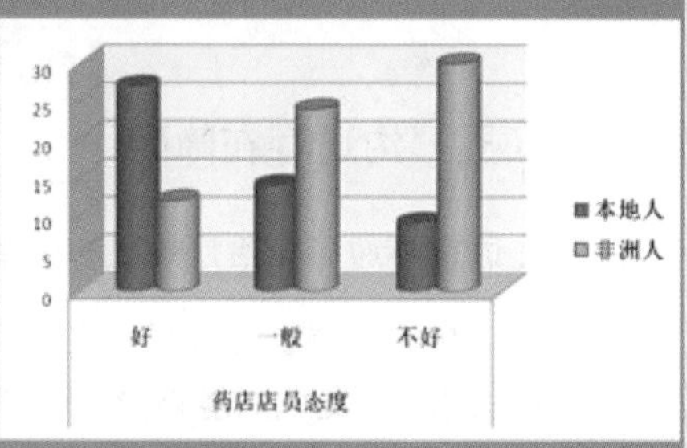

图 10 药店服务态度满意度

图 11 医院不满因素调查图

图 12-a

图 12-b

广州登峰村非洲人聚居区的医疗服务状况调查

（五）沟通存在障碍

1. 语言不通影响治疗效果和效率

我们在调查时遇到一位只听得懂法语的非洲病人，由于医生不懂法语，彼此间只能靠身体语言沟通，医生为了确认病症不得不进行多项检查，这让非洲病人显得非常不满和急躁。

2. 语言不通导致误解与矛盾

药店方面，接受采访的三家登峰村的药店，职员只懂简单的英语问候语，靠肢体语言沟通，使用计算器讨价还价。非洲受访者表示，他们难以向店员清楚传达他们的需要，所以有时会买错药；店员则表示非洲人喋喋不休，妨碍他们做生意。沟通障碍增加了非洲顾客和店员之间的误解。

（六）医疗费用不合理

1. 医生给非洲病人一次开 20 天的药

调查问卷显示，受访的 66 位非洲人中有 27 位表示就医价格过高是其就医的障碍，占 39%（见图 13）。在对中国人黄女士（其丈夫是非洲人）的采访中，她表示只要她丈夫单独去看病，医生就会夸大病情，然后违规操作开很长时间的药品，甚至一次开 20 天的药（按照规定只能开 7 天以内的药）。

2. 非洲人买药均价比本地人高 17%

由于非洲人不了解我国国内药品市场，也无法向消费者委员会投诉，药店职员会向其推荐价格贵的药品，并且即使是同一种药品，价格也会高于本地人的购买价格。为了验证这一说法，我们特意邀请非裔友人 Fozzy 协助我们进行药价调查。我们选取最常用的治疗头痛、感冒和拉肚子的三种药购买，对比同种药对非洲人以及本地人的价格差异，结果发现平均每种药的价格涨幅约为 17%，非洲人在买药过程中受到不公平对待。（见图 14）

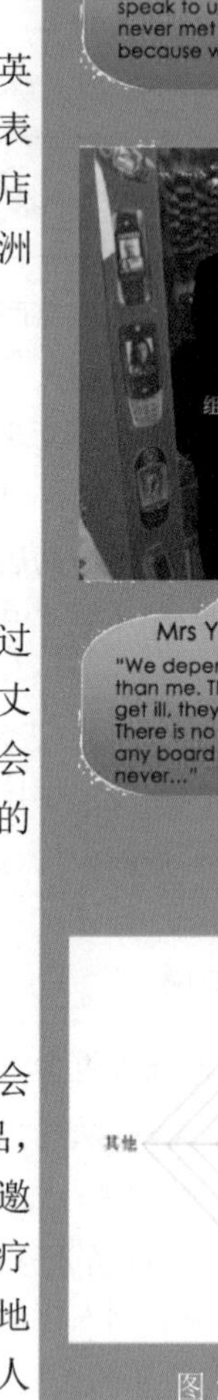

图 12-c

图 12-d

图 12　采访调查

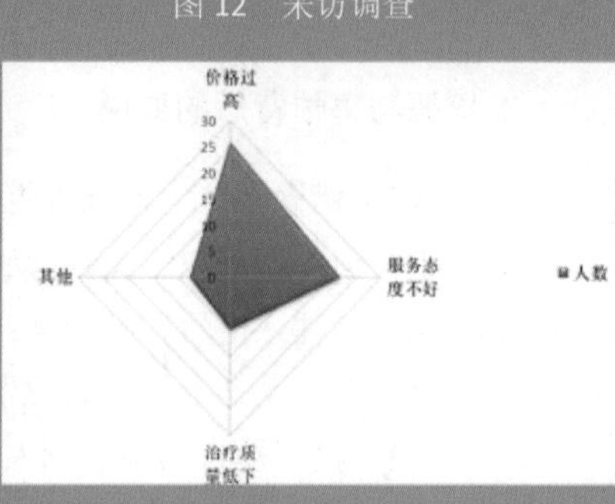

图 13　医院不满因素调查

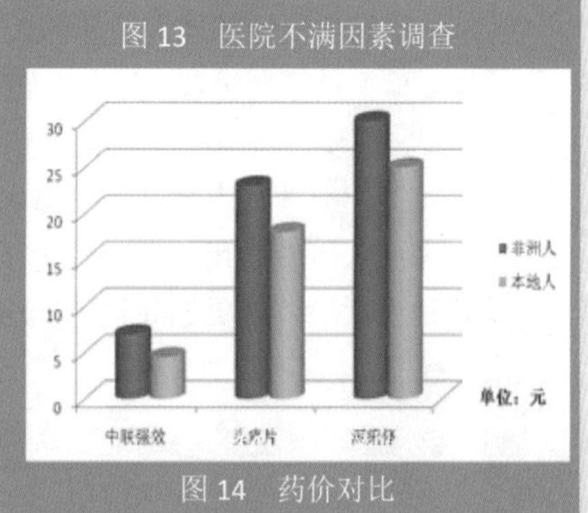

图 14　药价对比

（七）就医程序不规范（见表4）

表4 非洲人和本地居民就医程序对比

对象	流程图	总流程
非洲人	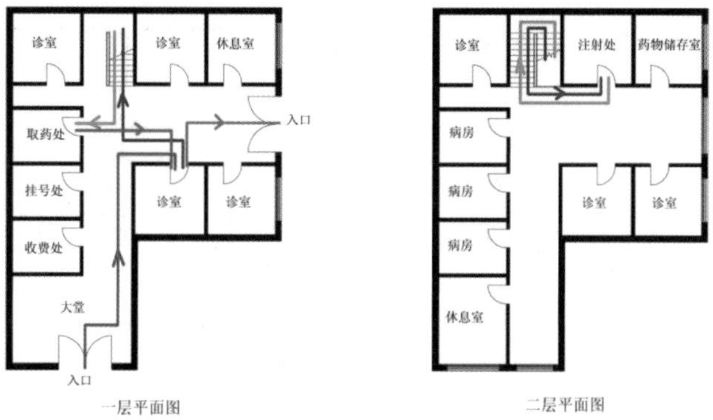 一层平面图（诊室、诊室、休息室、取药处、挂号处、收费处、诊室、诊室、大堂、入口、入口）；二层平面图（诊室、注射处、药物储存室、病房、病房、病房、休息室、诊室、诊室）	 交押金、诊断 → 注射 → 取药 → 取回押金 → 离开医院
本地居民	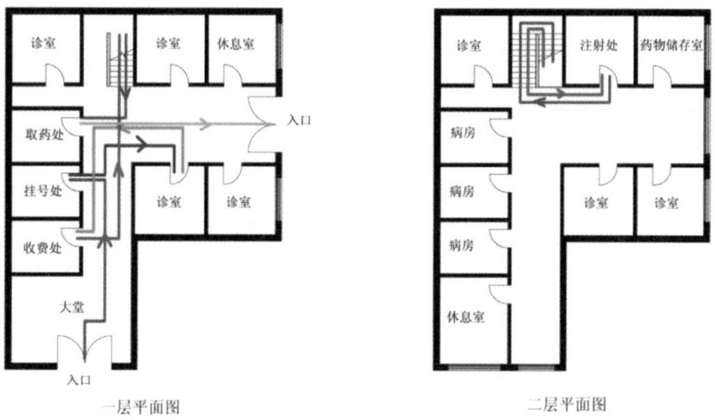 一层平面图（诊室、诊室、休息室、取药处、挂号处、收费处、诊室、诊室、大堂、入口、入口）；二层平面图（诊室、注射处、药物储存室、病房、病房、病房、休息室、诊室、诊室）	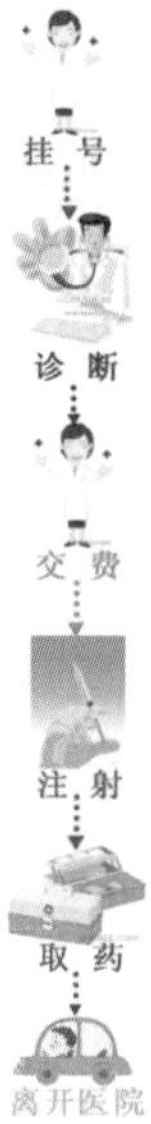 挂号 → 诊断 → 交费 → 注射 → 取药 → 离开医院

从表4可以看出，非洲人和本地居民的看病流程是不同的。其中最明显的不同在于流程的第一步。本地居民看病的第一步是挂号，而非洲人由于语言不通、对环境不熟悉，医院又没有相关指引，非洲人只能凭着装辨认出医生，因此就直接找医生；此外，医生由于对非洲人不信任，加上非洲人有好讨价还价的特点，医生为避免麻烦就先收取押金，且押金数额不固定，根据他们所带现金的数额来定，充分体现了程序的不规范。

四、建议设想（见表5）

表5　医疗服务改进前后对比

改进以前	改进以后
信息闭塞 渠道不畅 形式单一	**如何帮助非洲人获取医疗信息？** （1）在人流量大且处于道路节点的童心路、登峰村主街道的登峰宾馆广场、登峰宾馆后门广场及登峰主街和登峰横街交汇处新增4个英法双语卫生宣传栏 （2）在登峰宾馆前广场和合景医院前广场增设两个医疗卫生信息宣传点，发放英法双语宣传单 （3）建立登峰村社区BBS，为社区内非洲人及本地人提供交往平台
对非洲人存在偏见、态度恶劣	**如何消除成见，改变态度？** （1）社区组织非洲人和本地居民的交流活动，了解彼此文化，减少隔阂 （2）增设意见反馈箱，以非洲人需求为导向
就医程序不规范 语言沟通有障碍	**如何国际化就医程序？** （1）标识国际化，在医院内配备英文、法文标识 （2）增加导诊服务，如导诊员或导诊服务台，明确就医程序 （3）政府加大对医疗违规操作的处罚力度
价格故意抬高	**如何消除价格差异？** （1）药店药品明码标价、一视同仁 （2）消委会为非洲人增设投诉专线，把故意抬高价格的药店列入黑名单

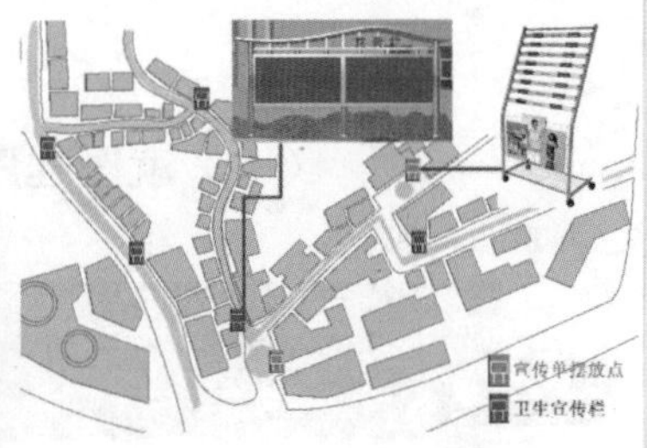

图15　宣传布点规划

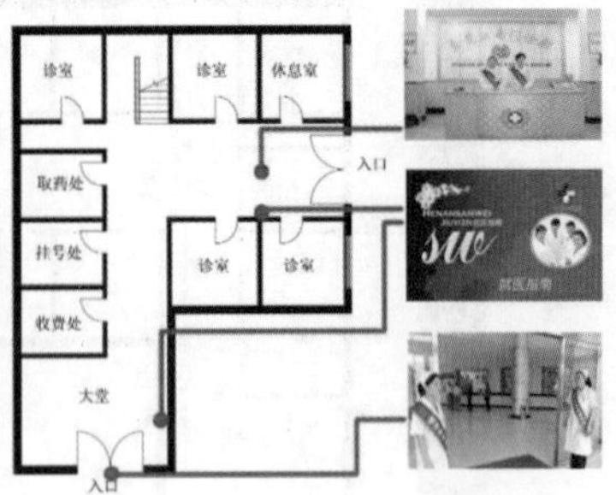

图16　医院服务改善建议

图17　导诊服务

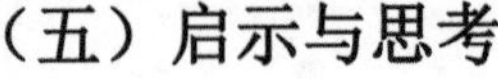

（五）启示与思考

在调研过程中，我们深深地感受到，城乡规划工作从空间技术层面向公共政策层面转变的必要性。另外，城乡规划必须与其他专业配合才能使其成果更合理更科学，在调查中我们发现，软件起着与硬件同样重要的作用，而以往的城乡规划调研多数只着眼于硬件研究，以至于调研结果与实际情况有偏差。因此，在全球化浪潮中，如果想成为世界城市，相应的城乡规划工作就应当更多地关注本地对外国群体的服务与支持，医疗改革也应考虑外国群体的需要，避免边缘化。走在登峰村街道上，看着非洲人无助的表情，我们不禁要问：世界城市，广州准备好了吗？

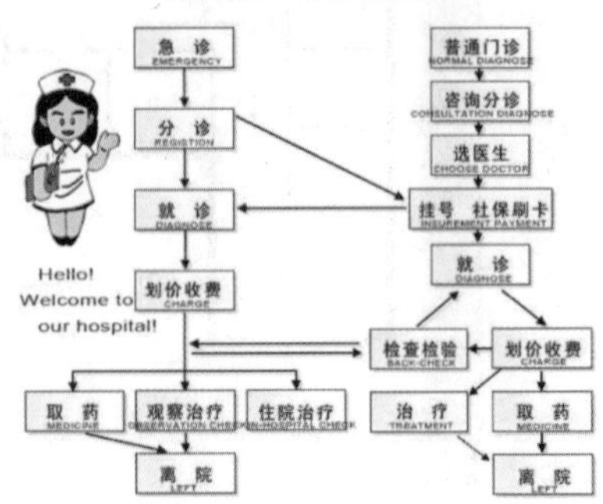

图18　就医流程（双语）

参考文献

[1] F. Boal (1976) Ethnic Residential Segregation, in D. Herbert and R. Johnston (eds). Social Areas in Cities Volume 1 Chichester: Wiley, 41-79.

[2] 胡鞍钢，胡琳琳. 中国宏观经济与卫生健康[J]. 改革，2003(2).

[3] 谢守红. 广州市外来人口空间分布变动分析[J]. 城市问题，2007(12).

[4] 李志刚，薛德升等. 广州小北路黑人聚居区社会空间分析[J]. 地理学报，2008(2).

评语：该作品选取了典型的黑人集聚区——登峰村作为研究地点，对非洲人在广州的就医行为进行调查，选题具有一定新意。调查结果有共性——思考外来人口特别是外国族裔的本地服务需求，也有个性——提出广州作为世界城市在城市规划上的要求。

"边缘化"的公共服务

——基于公共服务空间均衡的广州市逢源街居委会布局调查（2010）

一、调研的基本情况

（一）调研的背景、意义

居委会作为"群众自治性居民组织"，属于公共服务的范畴，正逐步成为城市社会服务的微观重心。这表现在：随着城市化进程的加快、老龄化社会的来临，居委会在维护辖区社会治安、落实居民最低生活保障等方面发挥着越来越重要的作用。

但是，伴随社会转型背景下的居委会职能的转变，也出现了如办公地布局混乱、居委会空间布局不均衡等诸多问题。这导致居民参与度低，对居委会了解少，缺乏"社区自治"特征。

居委会办公地是开展基层社区服务的具体的、有形的设施和场所，它是社区服务的物质基础，其空间布局是否均衡合理直接影响着社区服务职能的发挥。居委会空间布局均衡将有利于社区居民更好地利用社区资源、提高办事效率、增强居民地域感，从而真正达到社区"自治"。新加坡、日本、美国和加拿大等国的基层社区管理，在合理选址、完善社区资源及设施基础上，使社区服务更加完善、沟通更加有效，以有形的选址促进无形的职能发挥，值得我国借鉴。

目前，城市规划领域缺少对社区服务设施建设的理论研究和实践指导，尤其是居委会布局层面。本文通过对广州市逢源街居委会布局的调查，从空间规划的角度，创新性地探讨居委会空间布局的均衡问题，并延伸到对职能发挥的影响，提出布局合理化的改进措施。

（二）调研的范围

调查区域为广州老城区的荔湾区逢源街道，选择原因主要有以下几个。

（1）老城区社会问题突出，基层管理重要性显著：逢源街大部分建筑和设施老化，外来人口大量增加加大了基础设施和居住环境的压力，卫生、环境、交通、消防等问题突出。

（2）社区老龄化对居委会服务的需求突出：逢源街老龄人口比例高达 23%，社会保障压力加大。

（3）老城区混合性高，具有典型性：14 个居委会分布在传统民居、现代小区等不同地段，而且常住居民、外地居民混合，保证调查人群多样性。

（三）调查阶段及调查方法（见表 1、图 1）

1. 阶段一：发现问题（大部分居民不认可居委会的空间布局）

为期 5 天（2010 年 5 月 10 日—2010 年 5 月 14 日），通过访谈初步了解居民对各自所在社区的居委会位置的了解程度，调查发现居委会布局并不被社区大多数居民所认可。

2. 阶段二：调查问题（居委会空间布局不均衡）

为期 20 天（5 月 15 日—6 月 3 日）。

（1）现场观测。

表 1　现场观测方法及内容

方法	内容	图示
位置探寻	4 人分成 4 组，分别从逢源街的城市主干道和次干道出发，亲身体验并探寻 14 个居委会的具体位置	④ 富力东 隆城 富力西 华贵 惠城 公寿里 厚福 梁家祠 何家祠 泰兴 逢源北 马基涌 耀华 源胜 ③ ② ①
路线追踪	在上阶段调查的基础上，4 个人分别从各个社区的 4 个角落出发，感受路线的可达性和方便性，剔选路线欠佳的几个居委会	华贵社区 ① ② ③ ④
重点击破	体验剔选出的居委会的最远路线，4 人分别关注路线的不同角度：环境、路径、感受、距离（步测法）和时间	厚福社区 ①路径记录 ②距离和时间测量 ③环境体验 ④路线感受

（2）图上作业。

地域规模观察：在地图上观察各个社区居委会位置地域形状特征，探究是否存在形状不规则、割裂其他社区的布局问题。

合理半径绘制：以各居委会为中心，以合理辐射距离150米为半径，画出居委会理想服务范围，与居委会实际行政范围对比，并观察服务范围的真空和重叠。

（3）访谈与问卷调查——居民感知的居委会布局问题、影响及改进建议。

问卷内容涵盖以下三个方面：居民对居委会布局合理度的总体感知；现状布局下对居委会职能发挥影响的程度；居民建议的居委会最优布局地点。

第一轮（预调查）：完善问卷。

第二轮（正式调查）：在14个社区进行等距抽样，共发放问卷120份，回收114份，回收率为95%，男女比例1.2:1，传统居民区与居委会比例3:1。

第三轮（对比调查）：经上一轮调查，分别对位置不合理居委会和其他位置相对合理的居委会中居民进行随机抽样问卷调查。

3.阶段三：分析和解决问题（提出调整方案，评价预期效果）

为期6天（6月4日—6月10日）。

针对阶段二收集的资料，应用定量分析与定性分析相结合的方法对居委会布局进行宏微观的分析，发现其存在的问题，并提出解决方案，评价预期效果。

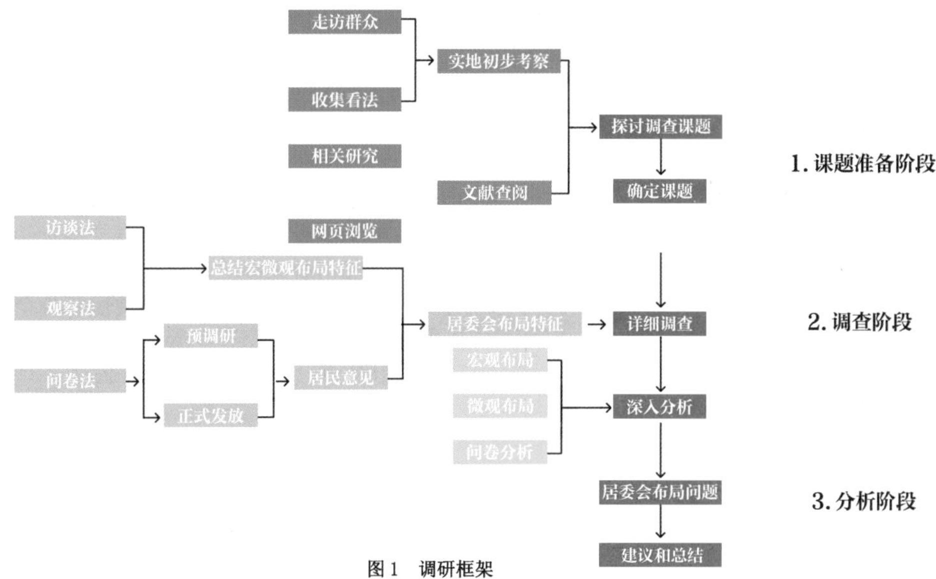

图1　调研框架

二、调查结果分析

（一）宏观观察

1.人多服务少——居委会数目少

根据2009年逢源街各居委会提供的常住人口统计情况，总人口6.5万，按照《广州市城市规划管理办法实施细则》每3000常住人口设1个居委会计算，应配套居委会22个，而实际只有14个（见图2）。

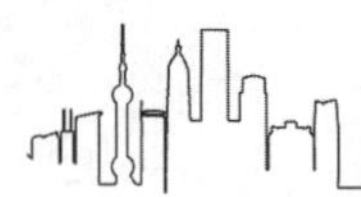

图 2　逢源街居委会分布

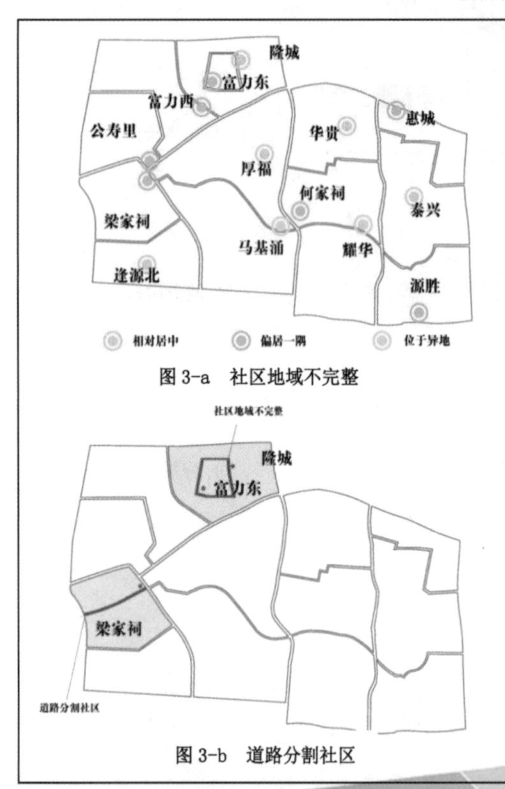

图 3-a　社区地域不完整

图 3-b　道路分割社区

图 3　逢源街社区分布存在的问题

2.位置多样化——居委会布局不均衡

逢源街分设 14 个社区，各社区居委会只有 5 个位置相对居中，其他 9 个偏居社区一隅，不便于实现管理的区域全覆盖和为全体居民服务，还有 2 个存在异地管理现象，其居委会办公点位于其他居委辖区内。

3.社区规模和形状迥异——地域不完整（见图 3）

道路对行政社区形成分割，破坏了社区的完整性，如荔枝湾路将梁家祠社区划分成为两部分；富力东整个社区位于隆城社区内部，将其划分成了两部分，破坏了地域的完整性。各居委会的地域形状迥异，不利于开展社区服务、资源的整合及居民参与。

05 调查结果分析

图 4　居委会办公地辐射范围
覆盖率 57.68%

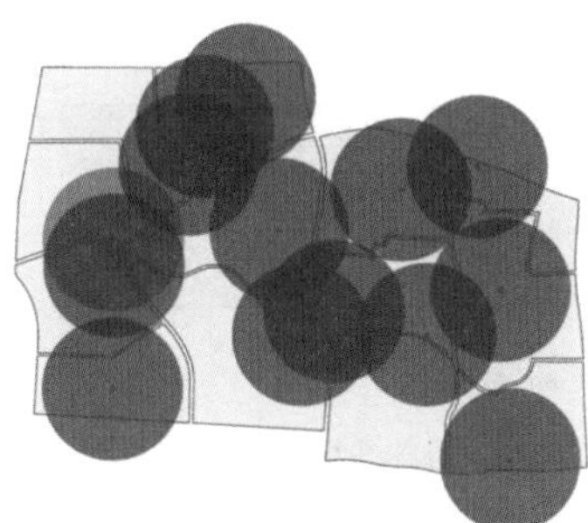

图 5　居委会办公地辐射范围重叠
重叠率 57.94%

4.辐射范围矛盾——覆盖率低，重叠率大

为便于居民使用，各级公共服务设施有其合理的服务半径。由于逢源街道位于历史悠久的荔湾老城区，是高人口密度、严重老龄化地区，因此，选择 150 米为居委会办公地的合理服务半径（见图4）。

一方面，几乎所有的社区居委会办公地辐射范围都不能覆盖整个社区，部分地区出现管理真空。运用 CAD 软件进行计算，得出覆盖率仅为 57.68%，这在一定程度上导致居委会办公效率偏低。另一方面，部分社区间的辐射范围重叠较多，重叠率高达 57.94%（见图 5）。总的来说，目前居委会的空间布局存在着资源浪费与欠缺的矛盾，导致社区功能低下。

5.闹市与公厕并存——周边环境差

居委会布局所在地的周边环境在一定程度上影响居民办事的频率和期望，周边环境越优越，对居民的吸引力越大。在逢源街，部分居委会周边环境较差，不利于居委会职能的有效发挥，如源胜居委会布置在公共厕所旁边，泰兴居委会布置在大型工艺品广场附近，人流庞杂，安全系数较低。

（二）微观观察

通过宏观观察，笔者发现逢源街社区居委会整体布局存在的问题。但仅仅从宏观层面的观察无法真正发掘各个居委会布局存在的问题。因此，笔者进行下一步调查，亲身体验走访 14 个社区的居委会，并观察可达性、道路交通、周边环境等问题。

1.居委会位置不合理——空间不均衡的具体感受

对于居委会的空间不均衡，各社区居民的具体感受主要表现在：居委会位于偏角，造成路线曲折与居民安全感低下；位于住宅小区内，造成部分居民办事不便；位于隐蔽位置，居民不易发现。

图 6-a

布局位置分类	社区
位于偏角	惠城、源胜、何家祠、公寿里、梁家祠、富力西、富力东、耀华、马基涌
位于小区	富力西、富力东、惠城
位置隐蔽	泰兴、源胜、梁家祠、隆城、公寿里

06 调查结果分析

图 6-b

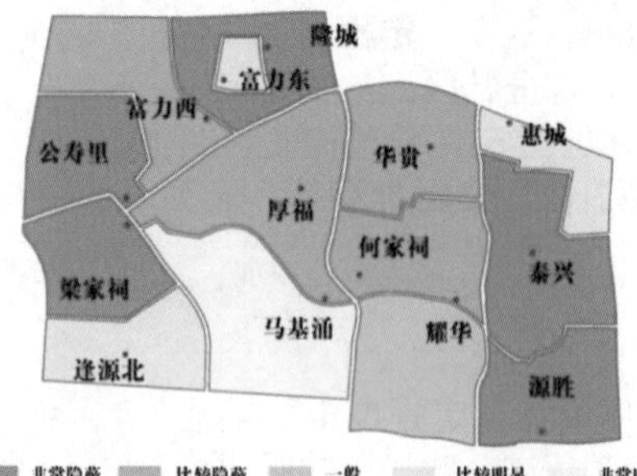

图 6-c

图 6　居委会分布图

注：星数越少位置越偏

图 7　居委会位于小区内

（1）位于偏角，距离较远：耀华、马基涌、公寿里、何家祠、源胜、惠城、梁家祠、富力西、富力东。

对这些位置偏角的社区居民进行抽样访谈，居民普遍反映办事不便。

社区	居民感受（访谈）
耀华	“我们这离居委会太远了，我年纪又大了，办事很不方便。”
公寿里	“挺偏僻的，像我们来这儿做事的外地人刚开始一般都找不到。”
马基涌	“有点远，有事都不想去，等着他（居委会工作人员）来上门。”

（2）位于小区，按服务对象分为三类。

社区	服务对象	居民感受（访谈）
富力东	本住宅小区居民	“办事挺方便的。”
富力西	本住宅小区及附近小区居民	**本小区：** “办事较方便。” “经常好多人在小区内来来往往，大门有跟没有一样。” **其他小区：** “办事不太方便，每次都要跑到别的小区，要是直接在我们小区里就好了。”
惠城	本住宅小区及传统民居居民	**本小区：** “我们反对设置在我们楼下，把居委会设置在这儿，我们这儿都成开放的空间了。” **传统民居居民：** “每次进去保安都要询问，而且还要保安开门，很不方便。”

（3）位置隐蔽，不易找到。

社区	位置	居民感受（访谈）
泰兴、源胜	曲折小巷中	“道路狭窄，在小巷内转来转去才到居委会。”
梁家祠	临时设置	“设置在旧祠堂内，很多人都不知道它搬到那儿去了。”
隆城、公寿里	大厦侧门	在某高楼侧门，访谈中居民表示不易发现，特别是外来人口

在上述观察与访谈的基础上，为进一步调查居委会位置带来的影响，分别对上述位置不合理居委会和位置合理的居委会中居民进行随机抽样问卷调查。

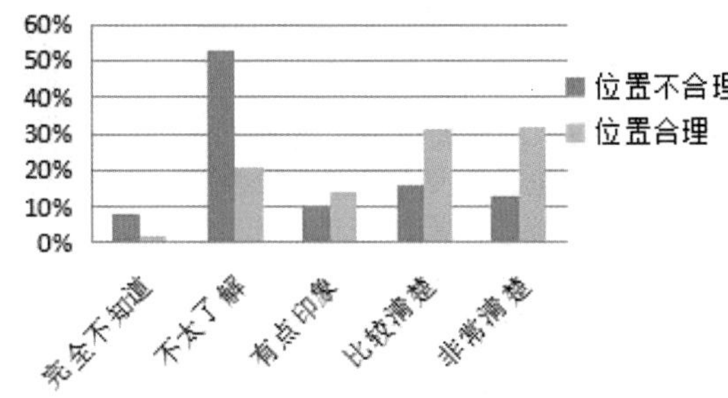

①居委会地址认知度（见图8）。

位置不合理：居委会位置了解度低

53%的居民对自己所在社区的居委会地址不太了解；8%的居民甚至完全不知道居委会的存在。

位置合理：了解程度较高。

大部分居民对居委会位置比较了解：32%的居民对居委会的位置非常清楚，31%的居民比较清楚。仅有2%的居民完全不清楚。

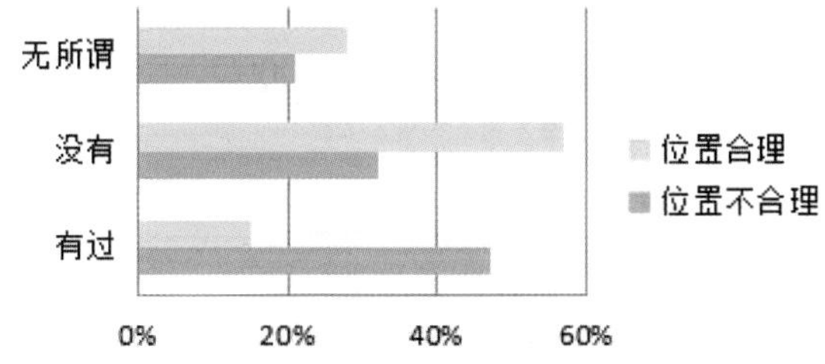

②是否因为居委会位置不好而不去居委会办事？

位置不合理：居委会位置不合理降低居民办事意愿。

47%的居民有过因为居委会位置不好而打消办事念头的经历。

位置合理：居委会位置合理居民办事意愿受其影响小。

57%的居民表示没有因为居委会位置不好而不想去办事。

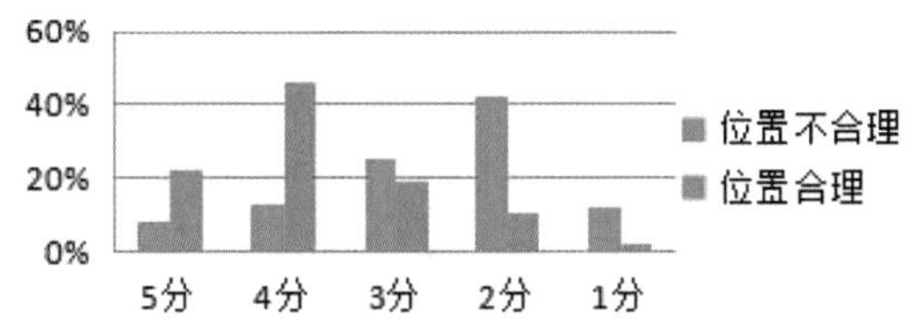

③居委会所处位置评分（见图9）。

位置不合理：对居委会位置评价较低。

分值集中在2分（很不满意）和3分（一般）上，5分（很满意）仅占8%。

位置合理：对居委会位置评价高。

分值集中在5分（很满意）和4分（较满意）上。

这在一定程度上反映了由于居委会布局的不合理导致居民对其布局了解度低，居委会服务人群比较狭窄，服务普及度低。

2.“行路难？”——交通与路线分析

（1）“主一次六”——与道路交通的联系（见图 10）。

将街道内的道路分成不同等级：双向四车道为主干道，双向单车道为次干道。主干道车流量大，且噪声大，次干道人车混行，噪声也较大。居委会靠近这些干道，一方面居委到达路径安全感低；另一方面比较吵闹，不利于办公。

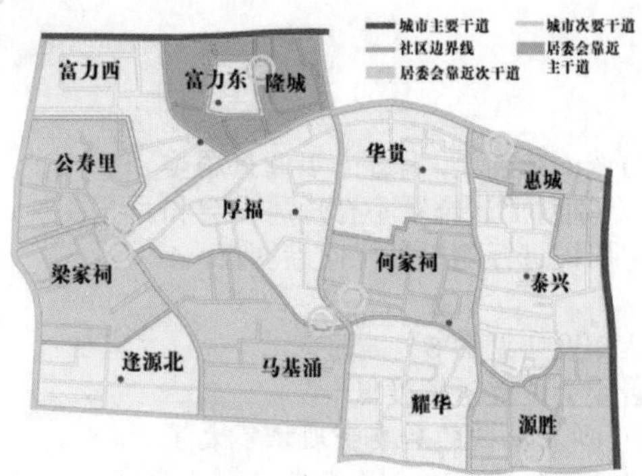

图 10 靠近干道的居委会

注：靠近主干道：隆城

靠近次干道：惠城、源胜、何家祠、马基涌、公寿里、梁家祠

（2）“七高四低”——门前道路人流量（见图 11）。

居委会门前道路的人流量也是衡量居委会路线好坏的方法之一。人流量高说明了解该位置和路过该位置的人多，有利于居民办事。笔者在居委会办公时间统计了各个居委会门前的人流量，如下表所示。

分类	人流量	社区
人流量高	每小时平均 100 人以上	惠城、耀华、马基涌、梁家祠、富力东、隆城、逢源北
人流量中	每小时平均 50～100 人以上	泰兴、厚福、何家祠
人流量低	每小时平均 50 人以下	富力西、公寿里、华贵、源胜

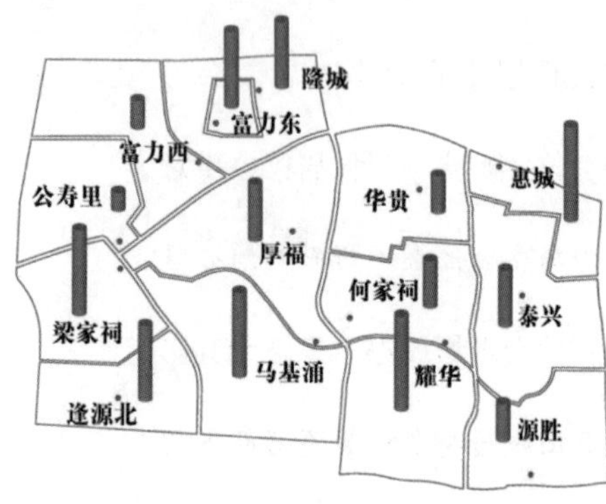

图 11 人流量空间分布情况

（3）“四密二疏”——居委会可到达道路密集度。

与居委会直接相连的道路密集度可以衡量出居委会与社区居民住所的联系程度。连接道路数目多说明其与社区居民住所联系更紧密，联系的居民更多，居民也更方便到达。

分类	社区
道路密集度高	华贵
道路密集度中	富力西、何家祠、厚福、马基涌、源胜
道路密集度低	逢源北、富力东、公寿里、惠城、梁家祠、隆城、泰兴、耀华

逢源北社区

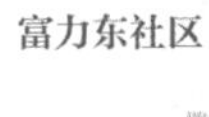

图 12-a 逢源北社区

泰兴社区

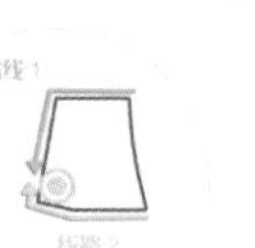

图 12-b 泰兴社区

富力东社区

图 12-c 富力东社区

公寿里社区

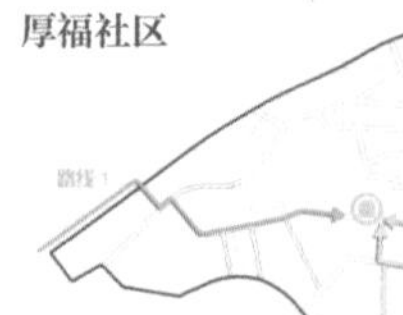

图 12-d 公寿里社区

厚福社区

图 12-e 厚福社区

华贵社区

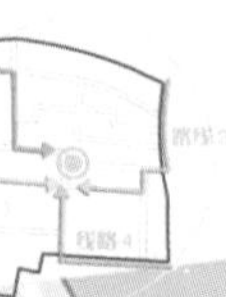

图 12-f 华贵社区

隆城社区

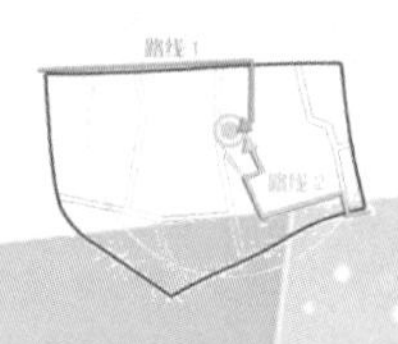

图 12-g 隆城社区

图 12 各社区的道路覆盖

09 调查结果分析

（4）“曲径·喧嚣”——最远路线感受。

在位置偏僻的居委会中，选取最远居民到达居委会的路线，笔者进行亲身体验，4 个人分别关注路线的不同角度：观察路线两边建筑和标识、记下路径、描述路线感受、步测路线距离、记录时间距离。

社区	路线图	最远路线（米）	路线感受	人性化设施
惠城	惠城社区	800	道路曲折，经过车流量较大的街道干道，灰尘弥漫	无
源胜	源胜社区	1000	道路曲折，要穿过拥挤、嘈杂的玉器市场	无
耀华	耀华社区	700	道路较宽，路线不曲折	有无障碍设施
何家祠	何家祠社区	850	道路狭窄，道路两边都是密集的旧房	无
马基涌	马基涌社区	900	经过曲折小巷和车流量较大的街道主干道，安全度很低	绿荫道
梁家祠	梁家祠社区	1000	经过萧条的古玩街，人员稀少	有指示标志
富力西	富力西社区	900	道路宽敞，但较曲折，人流、车流混合	无

10 调查结果分析

空间距离

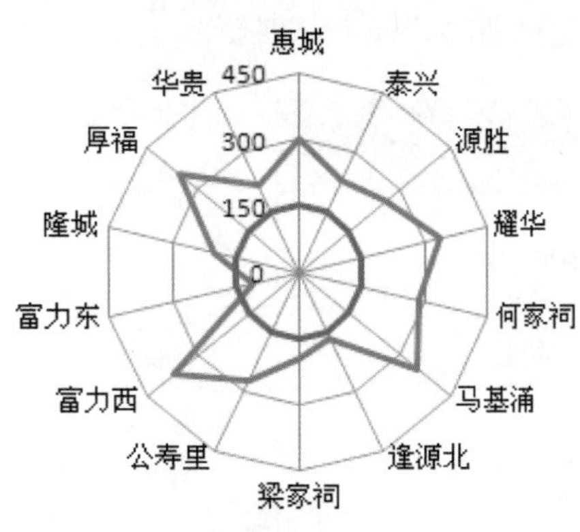

图 13　各居委会服务半径

便捷程度

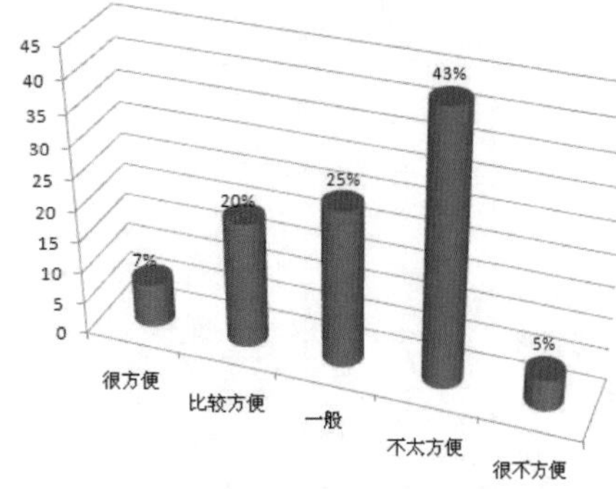

图 14　各居委会对居民来说便捷程度

时间距离

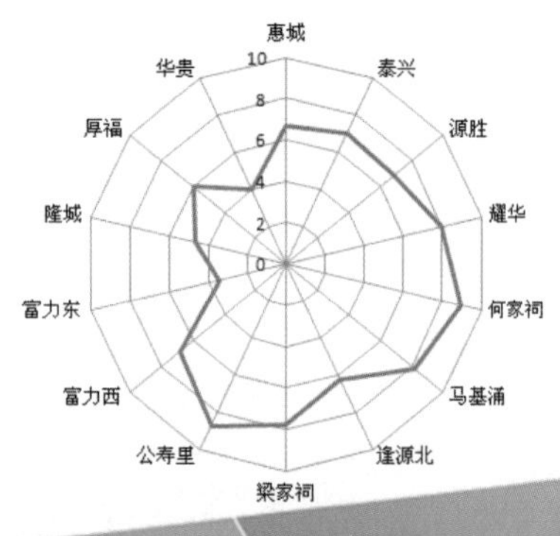

图 15　居民抵达居委会的时间距离

3.“时空结合”——可达性评价

居委会的布局不仅在位置上要保证服务均等化，同时也要具有较高的可达性。较高的可达性得益于空间布局的均衡和道路交通的便捷。可达性的衡量方法主要有距离平均值法、潜能模型、机会可达性以及加权平均出行时间法。本文运用交通成本（时间、距离）平均值法来衡量居委会的可达性，通过抽样计算各个社区最远居民点离居委会的空间距离和时间距离，得出平均值。

从空间距离来看，几乎所有的居委会都超出其理论上合理的服务范围（150 米），可达性不高（见图 13）。高达 43% 的居民感知居委会方便程度低（见图 14）；居民对其所属居委会的平均感知距离为 275.5 米，相对较远。尤其是马基涌、公寿里、何家祠、梁家祠四个社区，居民感知的平均距离在 300 米以上，可见居民认为布局不合理的问题最为显著。

从时间距离来看，居民到达居委会的平均时间很长，在 8 分钟左右，可达性较低（见图 15）。各社区时间感知不均衡，但普遍较长。

按照空间距离远近可以分为三类。

空间距离远近分类	社区
300 米以上	厚福、富力西、耀华、马基涌、何家祠
150～300 米	惠城、泰兴、源胜、逢源北、梁家祠、公寿里、隆城、华贵
150 米以内	富力东

按照时间距离长短也可以分为三类。

时间距离长短分类	社区
8 分钟以上	马基涌、耀华、何家祠、公寿里
5～8 分钟	惠城、泰兴、源胜、逢源北、梁家祠、富力西、厚福
5 分钟以内	富力东、隆城、华贵

综合对比空间距离和时间距离，考虑空间距离与时间距离的相关关系，若时间与空间正相关，说明所耗时间与空间距离相匹配，交通可达性一般；若成负相关，则交通可达性有高有低。空间远而时间短说明可达性高，空间近而时间长则可达性低（见图 16）。可将其归类为以下类型。

类型		社区	交通可达性
正相关型	空间远时间长	马基涌、耀华	一般
	空间中时间中	梁家祠、泰兴、源胜、逢源北	一般
	空间近时间短	富力东	一般
负相关型	空间远时间中	惠城、富力西、厚福	高
	空间中时间长	何家祠、公寿里	低
	空间中时间短	隆城、华贵	高

注：正相关型为时间距离与空间距离成正相关；负相关型为时间距离与空间距离成负相关

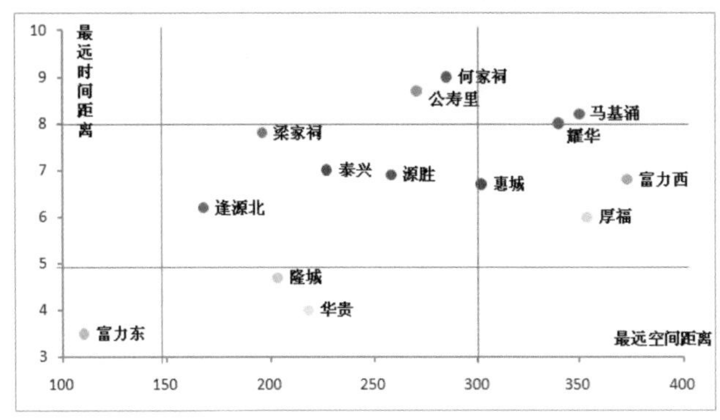

注：X 轴为空间距离（单位：分钟），y 轴为时间距离（单位：米）

图 16　时空距离坐标

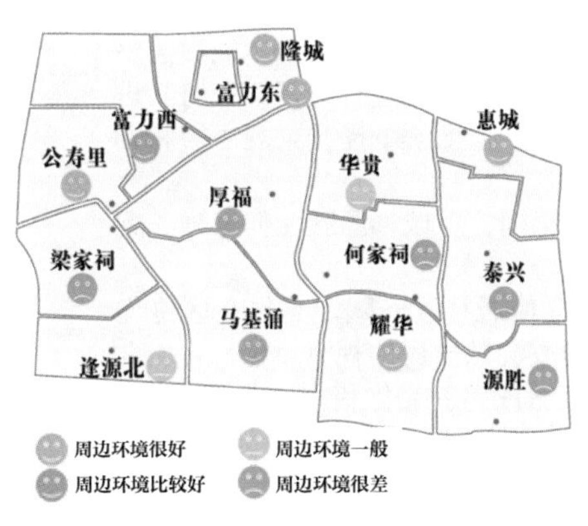

图 17　居委会周边环境

4.周边环境（图 17）

居委会周边环境也是居委会服务均衡和布局的要素之一。较好的周边环境往往给居民更舒适的服务感受。根据实地调查，将居委会的周边环境分为以下层次。

环境评价	社区
环境很好	隆城、富力东、惠城、耀华、公寿里
环境比较好	富力西、厚福、马基涌
环境一般	华贵、逢源北
环境很差	梁家祠（临时搬迁处）、何家祠（门前狭小）、泰兴（临近玉器闹市）、源胜（靠近公厕）

三、改进方案及建议

（一）规划选址的基本原则要求

在城镇化快速发展的时代背景下，居委会作为最基层的群众自治性组织和公共服务组织，其规划选址与空间布局不仅是物质环境建设和工程技术的问题，更重要的是应统筹人与社会的和谐发展，实现公共服务的空间均衡。根据国内外的经验以及逢源街的实际情况，我们因地制宜地提出以下几点空间布局原则。

（1）通达性：从公共服务空间均衡和管理使用方便的角度出发，居委会办公地应位于中心地带，并具有良好的交通条件，以利于其职能的发挥并体现便民性。

（2）地域完整性：有效开展社区服务，实现资源的整合利用，并提高居民参与度。

（3）可持续性：居委会要发挥其对社区建设的带动作用，就需要周边具备宽裕的发展空间，满足其自身发展与社区建设的可持续性。

（4）功能互补性：与街道办事处及其他居委会有方便的联系，以发挥更大的社会效益、提高社区活力。

12 改进方案及建议

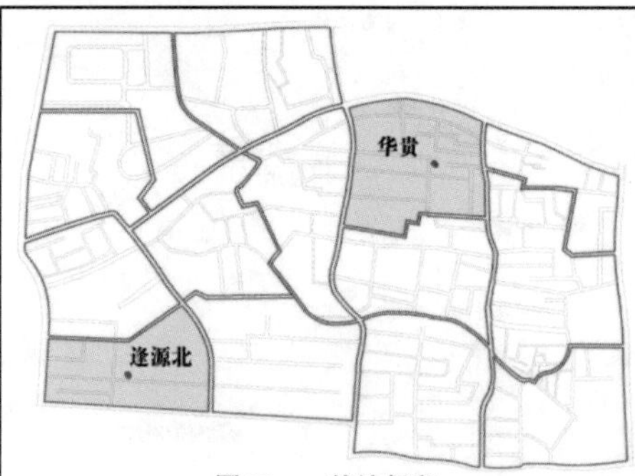

图 18-a　就地保留

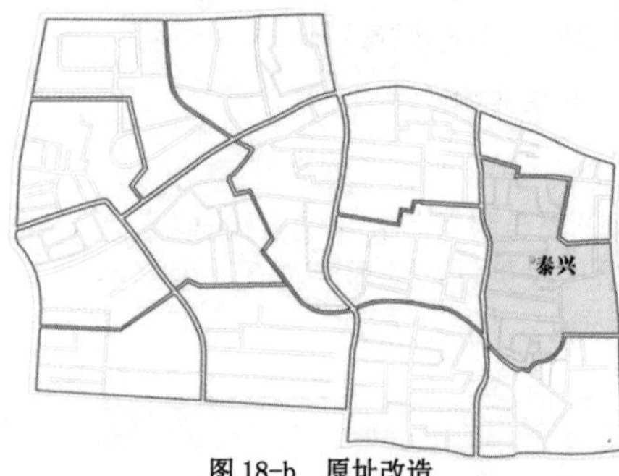

图 18-b　原址改造

富力西
惠城
何家祠
梁家祠
耀华
源胜

图 18-c　跳跃式搬迁

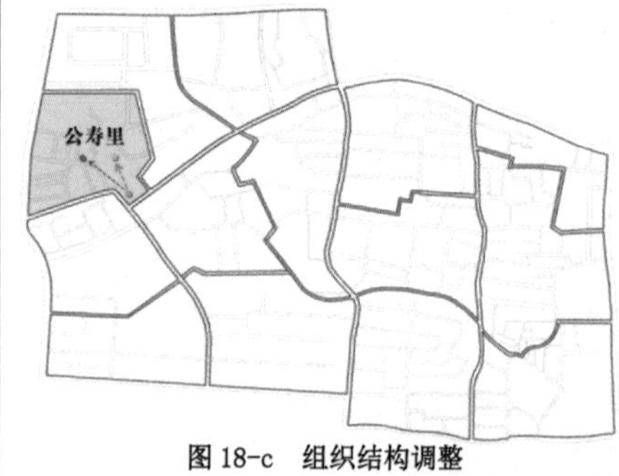

图 18-c　组织结构调整

图 18　各居委会空间布局调整

（5）导向性：居委会是体现城市建筑艺术的景观节点之一，宜与城市特色风貌相结合设置指示标识，提升城市形象，并应考虑当地传统风水观。

（6）规模合理性：确定合理的社区规模是居委会选址的前期工作之一。

（二）宏观层面——重新布局

综合考虑实地情况、居民意愿和公共服务空间均衡的布局原则，各居委会的空间布局可在以下几个方面做出调整（见图 18）。

（1）就地保留：逢源北、华贵。

以上 2 个居委会布局基本合理，原址与社区发展格局相契合，具有良好的区位条件和便民条件。

（2）原址改造：泰兴。

泰兴居委会位于社区中心部位，辐射范围基本能覆盖整个社区，但周边环境较恶劣，因此可在现有的基础上对其进行微观层面的改造，达到更新物质设施、提升景观风貌和办公环境等目标。

（3）跳跃式搬迁：梁家祠、惠城、源胜、何家祠、耀华、富力西。

以上 6 个社区的居委会偏居社区一隅，布局在区位偏僻、可达性欠佳的区域，居委会从居民的视野中淡出，加大了与居民的距离，脱离了社区成熟的文化和历史背景。在问卷调查和访谈过程中，63%的居民认为社区距离自己家还可以再近一些，67.8%的居民认为居委会所选位置道路通达性还可以提升，最好在较显著的区位。因此，应综合考虑中心性、便民性等原则及实际情况，对居委会进行搬迁，促进社区服务更好地开展和社区资源的有效整合。可将原居委会办公地建筑出售或租赁，用其资金搬迁到高水平的地址，或通过用地置换带动功能置换，形成居委会迁建的动力。

（4）组织结构重组：公寿里。

公寿里社区由西面大片的传统民居和东面富力广场的 S 区组成，目前居委会办公地介于小区与传统民居的隔离带，造成办公不便。因此，建议将公寿里居委会设在传统民居内部，在富力广场 S 区设立居委会小组。

13 改进方案及建议

（5）社区区划调整：隆城、富力东、厚福、马基涌。在对居民感知的居委会理想位置调查中，8%的居民认为自己所属社区居委会管辖范围应当调整，包括与其他社区边界界定、适当减小规模等方面。富力东社区位于隆城社区内部，将其划分成了两个部分，破坏了地域的完整性。因此，应将两个社区进行区划调整，合并为一个，以加强社区的地域性和认同感。另外，由于厚福与马基涌两个社区的范围过大，而且东部为宝盛园一期、二期所在地，因此考虑新增一个居委会，专门服务于宝盛园小区居民（见图19）。

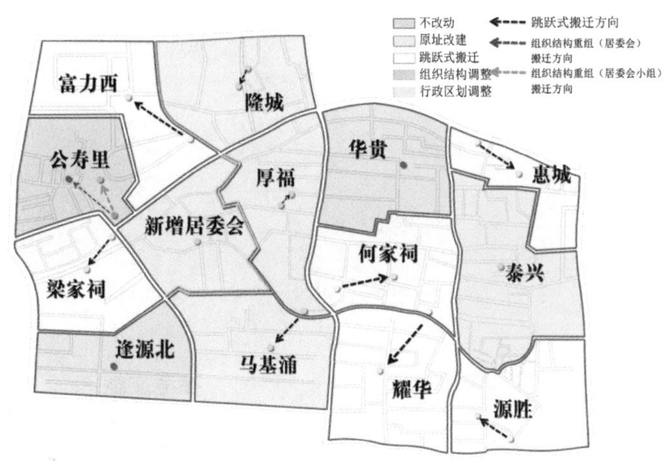

图19 调整方案

图20 CAD计算居委会覆盖率：87.23%

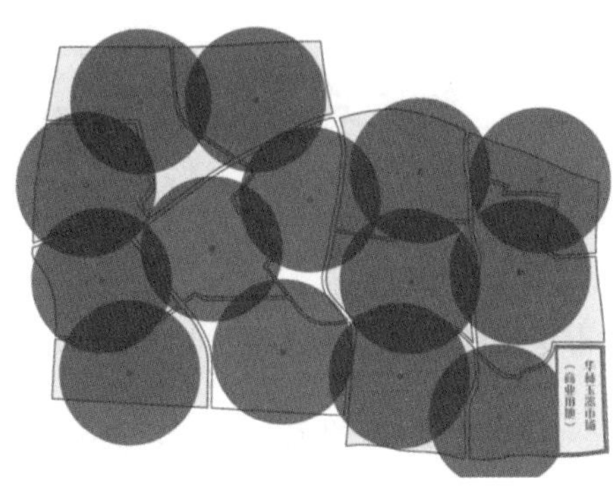

图21 CAD计算居委会重叠率：18.74%

根据以上方案进行调整后可得预期效果图，如图20所示，居委会的辐射范围大大增加，再次运用CAD软件进行计算，覆盖率由57.68%增加到了87.23%，重叠率由57.94%降低到18.74%（见图21）。因此，该方案能在一定程度上达到资源的有效整合，促进居委会职能的有效发挥。

从空间距离来看，各个社区居委会的最大服务半径虽然比合理服务半径略大，但大致趋同（见图22）；从时间距离来看，居民达到居委会的平均时间减少到了6分钟。综合考虑二者可以发现，居委会空间布局进一步均衡，可达性提高。

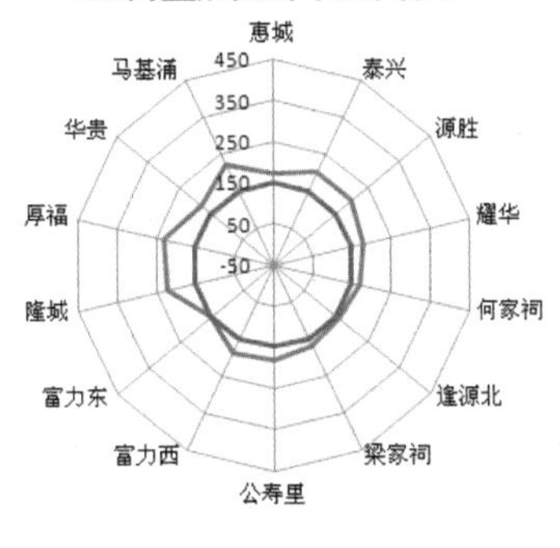

图22 经调整的空间距离

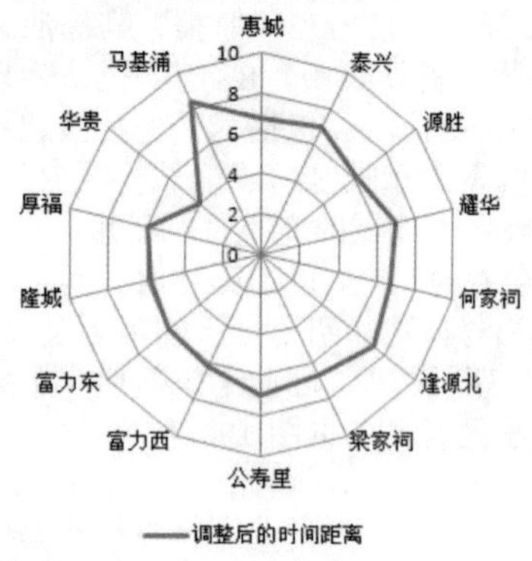

图 23　调整后的时间距离

（三）微观层面——局部调整

（1）空间塑造：各个社区应设置具有荔湾旧城岭南风格特色的指示牌，形成开放的、在社区空间中具有良好的可达性和清晰标识性的场所，做到各种空间之间的交流与融合。

（2）建筑形式：应强调居委会的庄重性、历史性的特点，体现荔湾旧城独特的性格特征。

（3）无障碍设置：在充分考虑旧城社区老年人、残疾人等弱势人群的基础上配备无障碍设施。立足于行政办公与市民服务两大基本功能，向综合性、便利性、功能复合性发展。

参考文献

[1]高世明，等. 基于城市更新的行政中心选址[J].规划师，2006（5）.

[2]胡纹.居住区规划原理与设计方法[M].北京：中国建筑出版社，2009.

[3]杨辰. 将选址问题引入居住区详细规划教学的尝试[J].规划师，2004（1）.

[4]戴琳琳.引入“社区”概念后居住区规划教学的若干实践与思考[J].规划师，2007（9）.

[5]陈静敏.“双向互动”机制——推动社区服务设施建设的根本途径[J].规划师，2002（9）.

[6]陈秀刚. 城市行政中心选址的原则探讨[J].规划师，2003（5）.

[7]刘君德. 城市规划・行政区划・社区建设[J] .2002（2）.

评语：居委会是公共服务的基本单元，其服务水平对居民的影响最为直接。该作品由浅到深，分析了逢源街居委会的布局特征，且自下而上提出了在城镇化快速发展的背景下，社区规划的改进方案及建议，具有针对性，有一定的现实意义。

流动的草根文化空间
——广州市萝岗区流动电影院调查（2010）

流动的草根文化空间
——广州市萝岗区流动电影院调查

一、绪论

（一）调研理论背景

1. 马斯洛需求层次理论

按照马斯洛需求层次理论，人的需求分成生理需求、安全需求、社交需求、尊重需求、自我实现需求五类，依次由较低层次到较高层次排列。某一层次的需要相对满足了，就会向高一层次发展，追求更高一层次的需要就成为驱使行为的动力。文化娱乐需求属于生理与安全需求之上的较高层次的需求。

图 1　流动电影院放映前现场

2. 公共服务均等化理论

基本公共服务均等化强调的是全体公民享有基本公共服务的机会应该相对均等。流动电影院作为一种政府意识推动下的公共服务产品，弥补了萝岗区文化娱乐空间的空白，形成了流动的草根文化空间。

图 2　流动电影院放映现场

3. 流动电影院

流动电影院指由政府推动或企业赞助，主要针对城市及其边缘地带中的流动人口，放映地点不固定，经济上具有无偿性的一种电影院形式（见图 1、图 2），它能够弥补公共服务的空白。流动有两层含义，第一是放映地点的流动，第二是观看电影的人群多数为城市的流动人口。

（二）调研目的与意义

关注外来工，关注流动影院，关注基本公共服务体系的构建，力求得出满足外来工文化娱乐需求的公共产品均等化策略。

（三）调研思路与流程

（1）调查方法。调研方法有问卷法、实地考察法、访谈法三种。前期问卷调查与广州市总工会配合派发 8000 份，有效问卷 6000 份，在此基础上，为了深入了解萝岗外来工娱乐文化生活情况，并与白领阶层对比，针对白领阶层和农民工各派发 40 份问卷，共 80 份，有效问卷 80 份，有效率 100%。

（2）提出问题。流动的草根文化空间能否满足外来工文化娱乐需求和公共服务设施均等化。

（3）分析问题。外来工的娱乐需求分析和流动电影院服务效果和运营模式分析（见图 3）。

（4）解决问题。结合相关理论、规划规范和文献资料，找到解决公共服务设施不均等的解决对策（见图 4、图 5）。

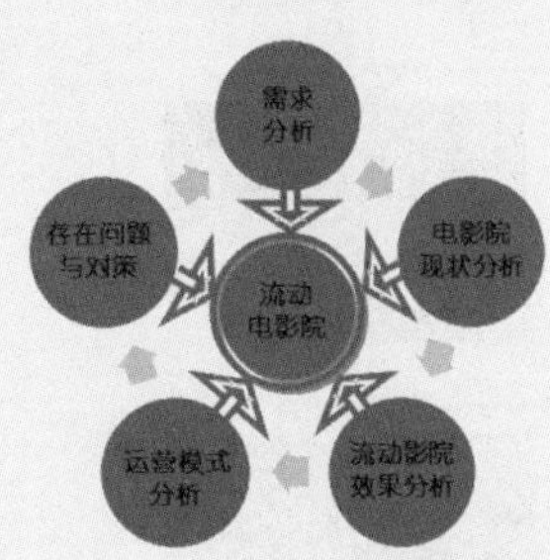

图 3　调研分析框架图

socaial reasearch on flexible cinema

流动的草根文化空间

——广州市萝岗区流动电影院调查

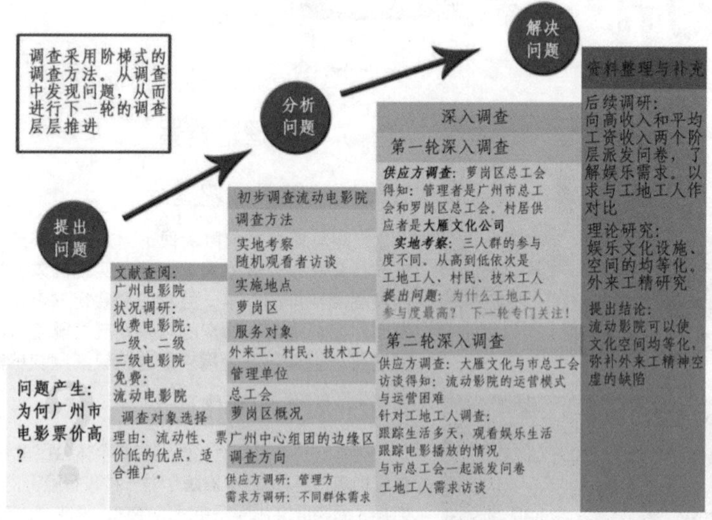

图4　调查过程思路概况

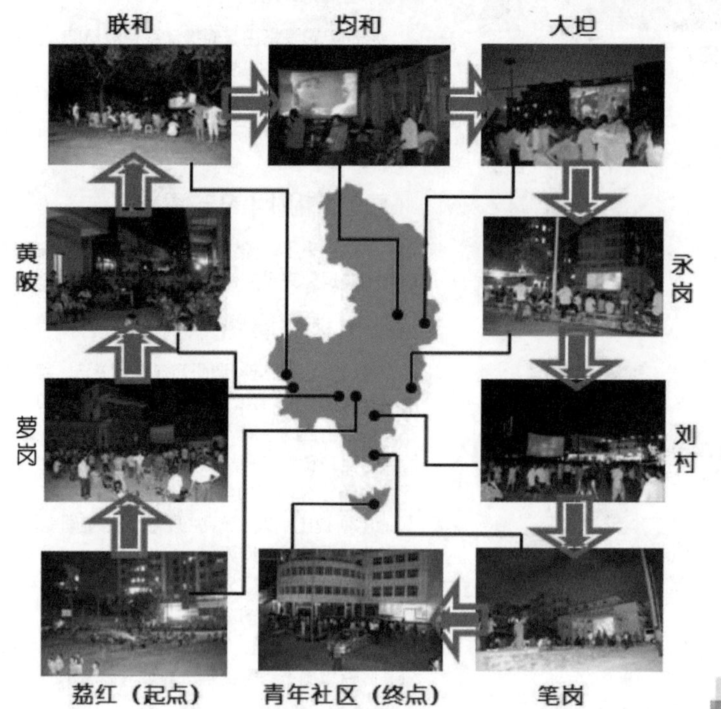

图5　调研路线

socaial reasearch on flexible cinema

流动的草根文化空间
——广州市萝岗区流动电影院调查

二、调研与分析

（一）外来工的细诉——生活在边缘

1. 调研区域

广州市萝岗区位于广州与东莞的交界处，辖区内有夏港、东区、联和、萝岗、永和5个街道和九龙镇。全区总人口为31.35万人，其中登记外来居住人口占总人口的49.6%。由于行政区建区时间较晚，且大部分社区由行政村实施“村改居”改制而来，因此公共服务设施较为薄弱。

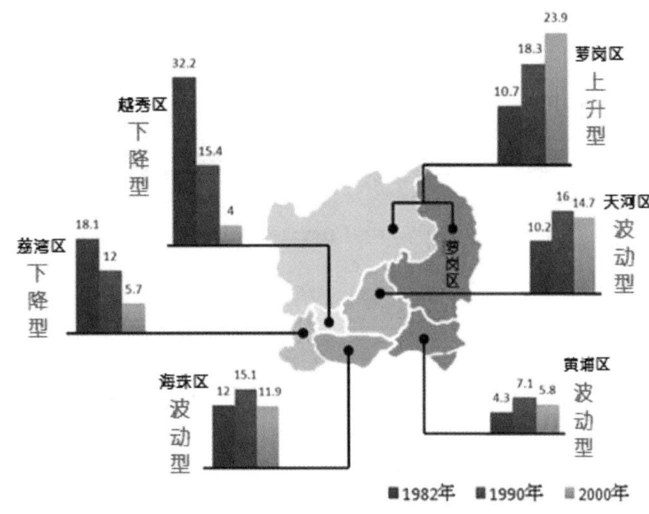

图6 外来人口变化情况

从图2-1可以看出，广州主要辖区从1982年到2000年将近二十年的发展中外来人口所占总外来人口的比例变化情况：九十年代开始，其余各区外来人口占总外来人口的比例都已出现不同程度的下降，但萝岗区的外来人口则相反，所占比例从18.3%上升到23.9%，可见萝岗区已经成为吸引外来人口的一个强大吸引点。

调研区域选择理由：

（1）萝岗区位于广州市边缘区，相对于中心组团，文化设施相对匮乏。（见图7）

（2）萝岗区是经济开发区，有众多工厂，也因此有大量的外来工人群。

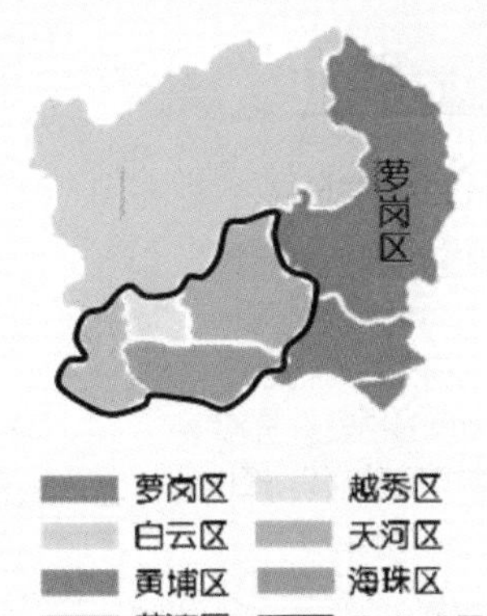

图7 萝岗区区位

2. 调研对象

（1）流动电影院空间。

（2）外来工人群。

（3）白领阶层（作为外来工的对照）。

socaial reasearch on flexible cinema

流动的草根文化空间
——广州市萝岗区流动电影院调查

（二）外来工的呐喊——我们渴求文化娱乐！

1. 工作强度大，我们无法娱乐

访谈小摘录：

"每天工作 8 小时 30 元，一个月也有八九百，每顿饭菜才 2 元，虽没什么肉，但能填饱肚子就不错了。"

——建筑工地工人

"我们哪有业余时间！"

——采访中一位外来工如是说

外来工的工资比社会平均水平低很多，与白领阶层的差距更大（见图 8、图 9）。倘若考虑工时的因素，不难发现，他们单位工作时间得到的工资水平处在社会各阶层金字塔的底层（见图 10）。这决定了他们可支配的娱乐消费收入少，而且娱乐时间严重短缺。由此可见，自身生活条件与外来工日益重要的文化娱乐需求之间的矛盾越来越突出。

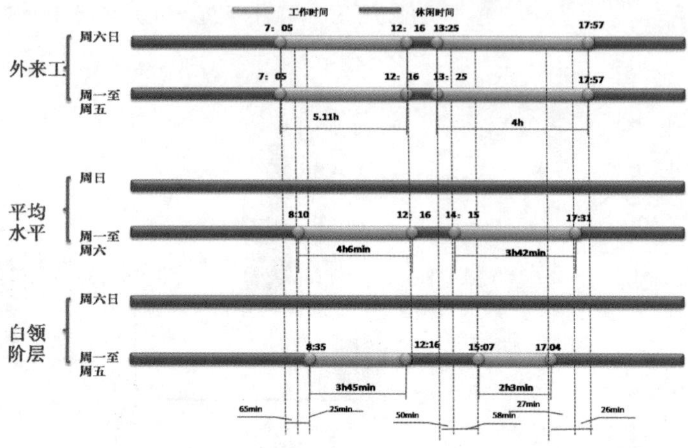

图 8　日常生活对比时间轴

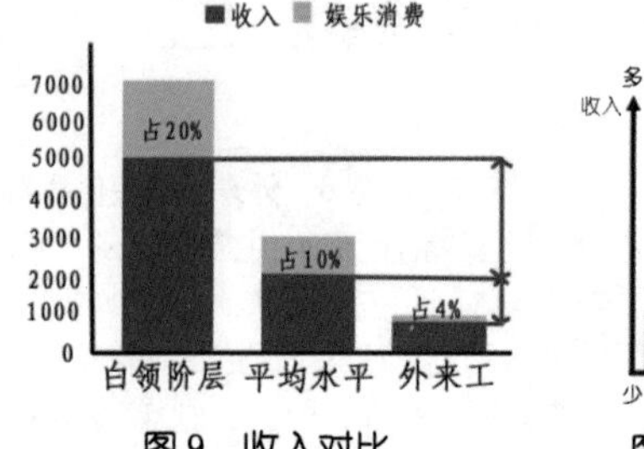

图 9　收入对比

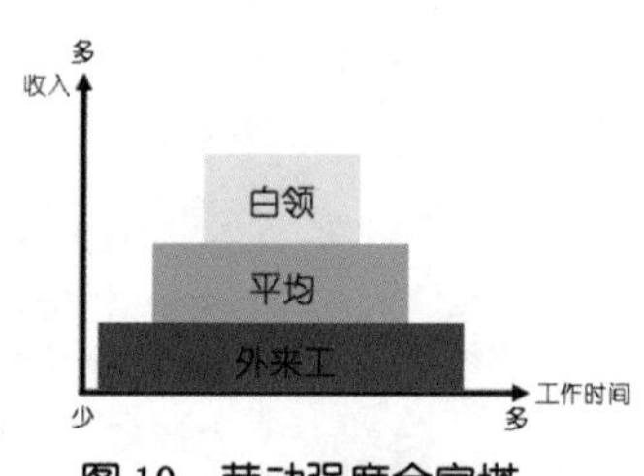

图 10　劳动强度金字塔

从现状看，娱乐文化服务的供给没有考虑到外来工的娱乐文化需求，只是满足了部分具有中高等消费能力的人的需求。以广州为例，电影院分为三级，平均票价要 50 元以上，外来工看几场电影，相当于没收了他们半个月的伙食费。如表 1 所示，处于第三级的平安影院都要 30 块左右。因此，看似完善的电影院体系根本不能满足萝岗外来工的需求。但是反观包括流动电影院在内的电影二级市场的折合票价只有 1.8 元，仅仅相当于外来工的饮料钱，相当划算，大大地提高了文化娱乐服务的经济可及性，同时也扩大了文化娱乐在社会人群中的覆盖面。

表 1　广州电影院等级票价

级别	代表影院	票价
第一级	飞扬电影院	80—100元
	天河电影院	70—80元
第二级	市二宫	50—70元
	UME电影城	60—80元
第三级	平安影院	30元

socaial reasearch on flexible cinema

流动的草根文化空间

——广州市萝岗区流动电影院调查

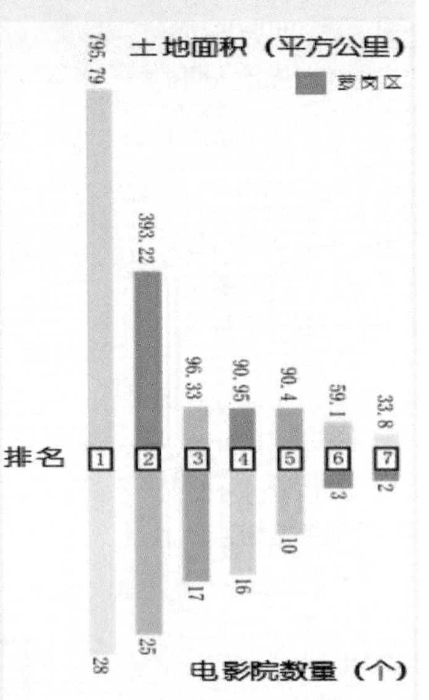

图11 电车客运量变化情况

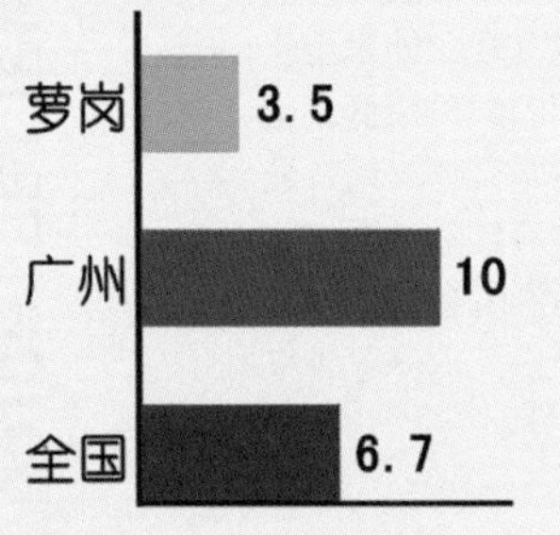

图 12 万人城镇居民拥有荧幕数量对比

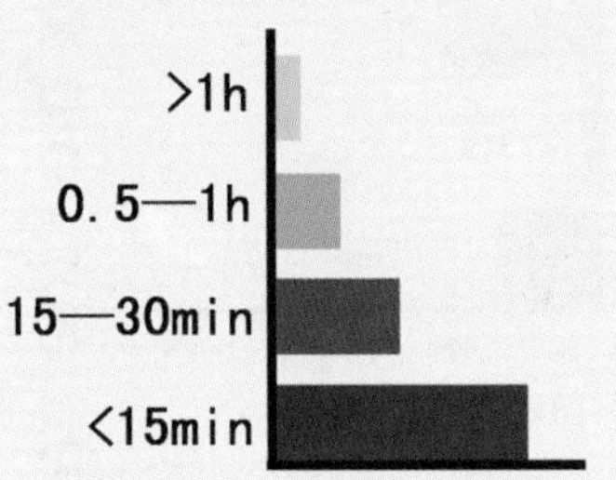

图 14 外来工期望到电影院单程时间

2. 公共设施不均等，我们不知何为娱乐

广州市文化娱乐设施存在分布不均等的问题。虽然萝岗区的行政面积在广州排第二，外来工数量众多，但电影院拥有数量却是最后一位，每万人拥有荧幕数远低于广州平均水平，明显不能为外来工提供足够的文化娱乐生活（见图 11、图 12）。

为了更加细致地了解外来工的文化娱乐生活，调查组专门跟踪了居住在越秀区的白领和住在萝岗区农民公寓的外来工各一人，得到其生活空间对比图（见图 13）。从空间活动上看到，白领的活动范围大，能享受到广州更多的娱乐文化设施，而外来工却因为收入低、设施的可及性差，不能享受到广州市中心区的娱乐文化服务，活动范围和娱乐生活受到大大限制。

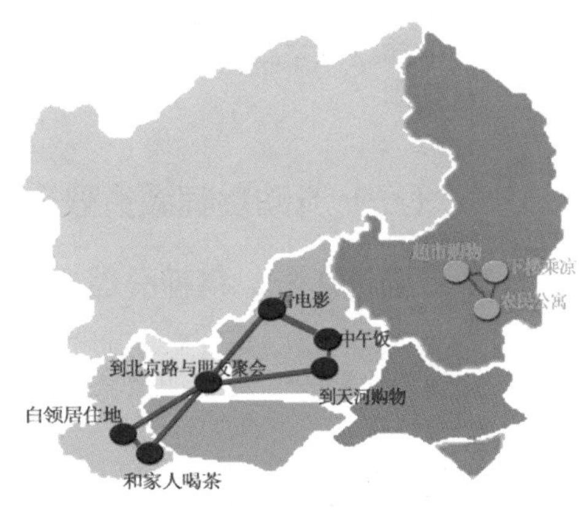

图 13 生活空间对比情况

从地理可及性的角度看，广州市大型电影院主要集中在中心城区，从萝岗到达这些地区最少要 1.5 小时的时间，十分不方便，且经常需要经过多次换乘。而从外来工观影的期望时间来看，60%的外来工期望的单程时间是 15 分钟以内，这与现实所需时间形成巨大反差，现实所需时间远远超出了外来工的期望范围（见图 14、图 15）。

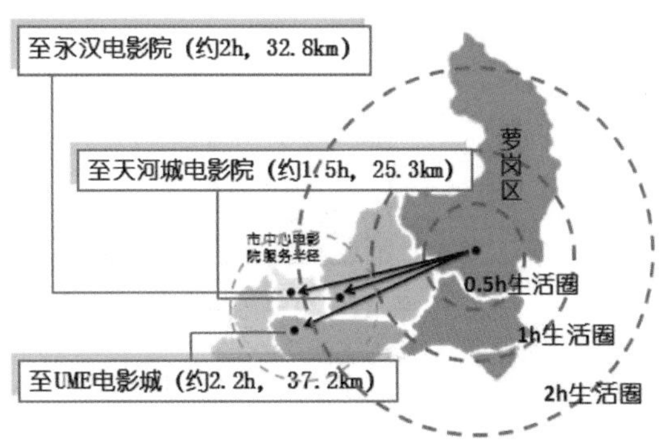

图 15 萝岗到广州电影院距离示意图

socaial reasearch on flexible cinema

流动的草根文化空间

——广州市萝岗区流动电影院调查

在枯燥无味的生活中，他们无奈地选择了看电视、运动健身等简单的娱乐方式（见图16）。甚至一些人经常打牌赌博，或者去收费较低的录像放映厅看录像。由此可见，在区域内建设电影院以满足人们的文化娱乐生活是相当必要的。

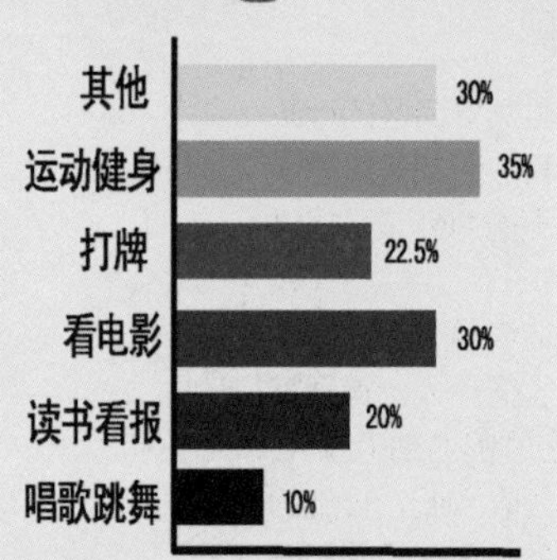

图16 外来工娱乐生活情况

3. 小结

外来工的需求与社会现实的矛盾可以从外来工自身生活条件与社会服务设施现状的供给来分析。外来工本身的工资不高，而且还要在城市安家，带小孩，导致了娱乐文化预算少之又少。过长的工作时间也导致外来工的娱乐生活严重匮乏。

从社会公共设施的供给来看，娱乐消费对于外来工这一群体来讲是一个较大的负担。空间上，萝岗位于城市边缘，娱乐文化设施严重匮乏，即使想娱乐也没有有足够的娱乐选择。因此，一种能够弥补文化娱乐服务空间分布不均的娱乐文化设施对于外来工来讲是相当必要的。

访谈小摘录：

“打工生涯太枯燥，下班以后更无聊，若能有个好去处，轻松愉快乐逍遥。”

——一位外来工自创的打油诗

（三）流动影院服务效果分析

1. 流动影院，精神良药

绝大多数人认为流动电影院的效果不错，可以促进与他人的交流，说明外来工对流动电影院满意度高(见图17、图18)。外来工生活环境差，工作强度大，长期处于疲惫状态又缺乏相应娱乐设施，电影或许不新，却提供了一个惬意的空间让他们三三两两聚在一起，有说有笑，成为单调生活中不可多得的一份轻松。这种流动的草根文化空间有效地满足了外来工的娱乐需求。同时，流动电影院会放映一些法律常识、安全生产等方面的宣传片，普及了文化常识，提升了外来工的综合素质。

反馈表摘录：

时间：2008年8月13日　影片：小鬼特种兵

我们全体工友非常感谢你们对我们的关心。你们到我们工地放映影片我们都很开心，希望你们可能多搞一些这样的活动丰富我们的业余文化知识。若有机会多放一些先进故事和一些生活安全常识。

——外来工观影后的感想和意见

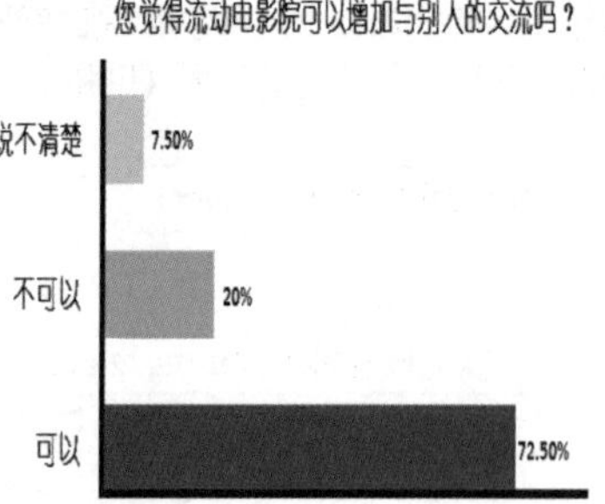

图17　流动影院对促进交流的作用调查

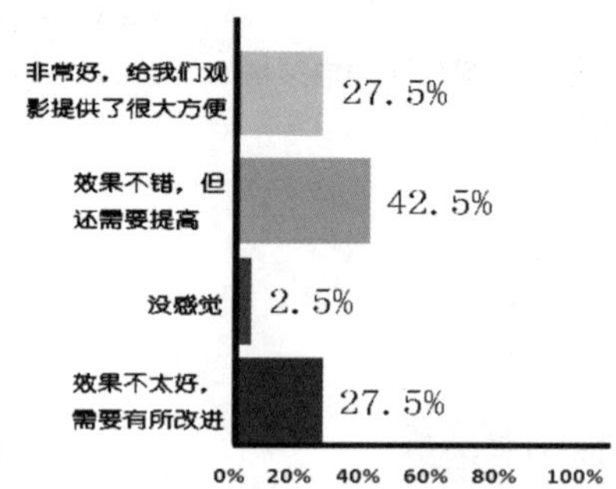

图18　流动影院评价

socaial reasearch on flexible cinema

流动的草根文化空间

——广州市萝岗区流动电影院调查

2. 流动影院，填补娱乐设施的空白

（1）分布范围广。

流动电影院的发展经历了四个阶段，由 13 处发展到 51 处，形成覆盖面广的流动影院体系（见图 19）。通过收集流动电影院负责单位的资料与实地考察，我们绘制出流动电影院的分布图，可以看出，流动电影院分布在萝岗区的各个村居内，分布范围广，覆盖了整个萝岗区的版面，其中，以九龙镇分布最密集（见图 20）。

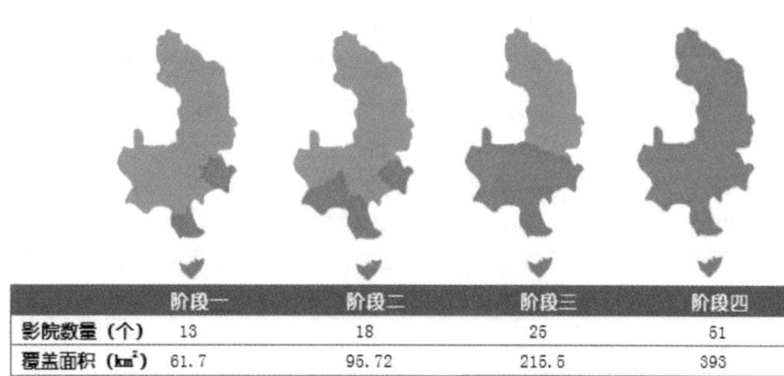

	阶段一	阶段二	阶段三	阶段四
影院数量（个）	13	18	25	51
覆盖面积（km²）	61.7	95.72	215.5	393

图 19 流动电影院历史演变情况

九龙镇 永和街
联和街 东区
萝岗街 夏港街

图 20 流动电影院分布情况

（2）服务范围适中，布点合理。

我国对电影院的服务半径并无明确的规定，根据经验，配置在居住区内的电影院建议服务半径为 800～1000 米，配置在居住小区内的电影院建议服务半径为 450～500 米，结合一个村居的面积大小和流动电影院在实际播放过程中的经验，我们定出服务半径 600 米，算出每个流动电影院辐射范围为 1.13 平方公里，总的覆盖辐射范围为 35.04 平方公里，将近萝岗区 1/10 的面积。萝岗区内各片区中，九龙镇每百平方公里流动电影院数为 17.7，为最密集的地方，其次是在永和街道，为 12.1，在联合街道，夏港街道每百平方公里流动电影院数较少，仅为 6.3。

总的来说，流动影院布点合理，可以弥补文化娱乐服务空间上的空白。

流动的草根文化空间
——广州市萝岗区流动电影院调查

(3) 流动影院，特殊的草根文化空间。

放映过程中，人与人之间的交往增多，形成一个多变、复杂的文化交流空间，有利于人际交往。放映设备、屏幕、观众座位，这构成了流动影院的开放性空间。一般都是由一面围合的广场空间、两面街道围合的巷道空间或者公寓楼、工地铁皮屋包围的三面围合空间，组成特定的草根文化空间。由于这种简单的空间组合模式区别于一般的电影院四面围合的空间模式，流动电影院才可以方便地变换空间，满足流动人群的不断交往需求（见图 21）。

流动电影院的空间消费人群知识水平较低，空间具有使用无偿性，表面上呈现无序性，但其中也蕴含着一个隐形的秩序：这是由非制度形式形成的。就好比人们在观看过程中，还是会注意到不要挡到后面观影人的视线，离开也有秩序地从两侧离开。

市场下的商业电影院等其他文化空间使用上具有有偿性，空间消费过程呈现明显的组织性，有序性。但流动电影院对于文化服务产品的消费过程是通过人作为单体与其他单体再与文化产品共同交流而实现的，不像其他大部分文化消费空间只存在人与文化产品的单向交流中。

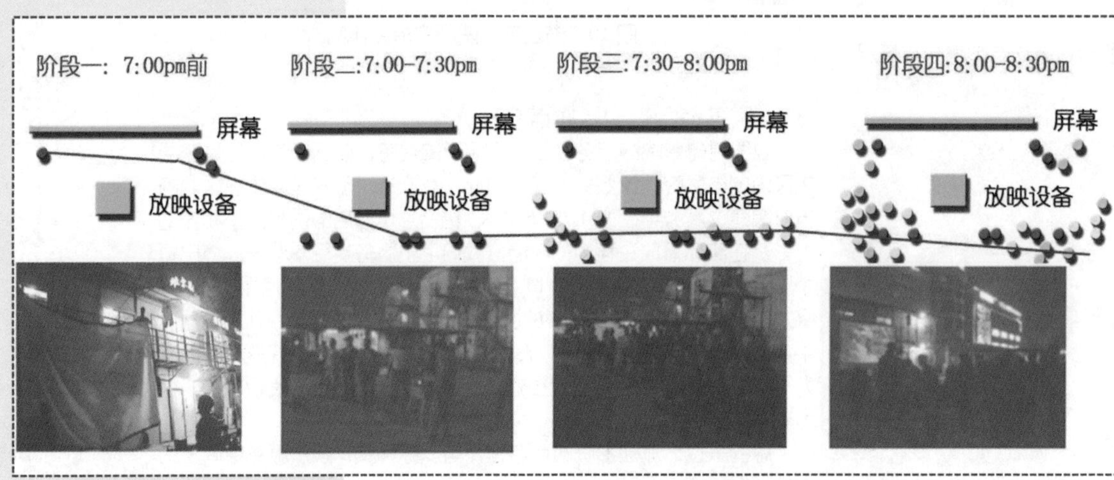

图 21　流动影院人群空间变化情况

socaial reasearch on flexible cinema

3. 小结

流动电影院有广阔的市场和特征性强的人群特点，由于其流动性和灵活性，能够满足分布广泛的外来工文化娱乐需求，弥补固定影院的缺陷，对于实现基本公共服务均等化的目标有重要作用。

（四）流动影院的运营分析

1. 需求与供给的动因分析

从需求角度而言，根据马斯洛的人类需求五层次理论，文化娱乐需求属于较高层次的需求。外来工虽然为社会弱势群体，但金字塔需求中最基础的生理需要和安全需要都能得到相应的满足，需求是层层递上的，于是外来工便会产生享有上一级需求层次的需求动机。应该认识到经济物质层面发展固然重要，但是精神文化层面的发展才是一个现代社会所真正需要去弥补重视的。

从供给角度而言，萝岗开发区原有文化娱乐服务供给十分不平衡，调查中 12.2%的外来工在文化娱乐的预算支出低于 20 元/月，如此低的支出水平更决定了后期的供给平衡应该由政府的补贴和非营利性结构来协调供给，是需要，也是必要。

2. 流动电影院作用机制

萝岗区流动电影院的运营分为“政府主导，企业运营”和“工会自主运营”两种模式，分别由萝岗区政府和萝岗区总工会负责（见图 22）。在实际操作中，工会、企业、政府也同样存在着经验、信息的交流，彼此的播放对象也有交叉的部分，如企业也会在某些时段去到工地播放，不单单针对村民。在长期的合作中，政府、企业、工会三者会形成一定的稳定合作关系。

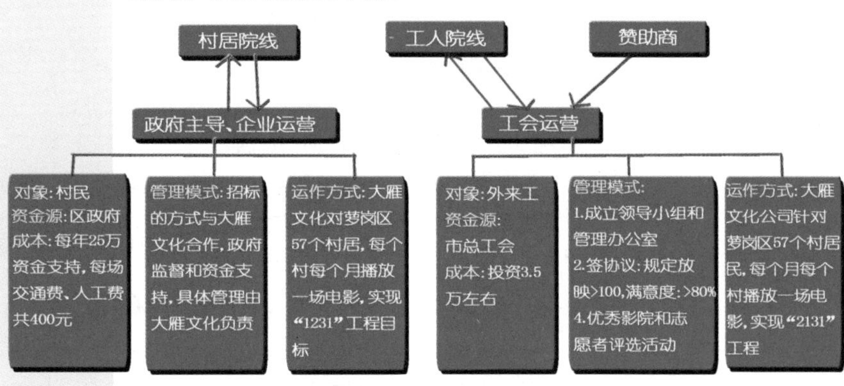

图 22　流动影院运营情况

（五）流动电影院运营困境

1. 公共服务供给的生存空间

流动电影院没有形成有组织的网络和销售渠道，没有形成规模，

流动的草根文化空间

——广州市萝岗区流动电影院调查

没有组织一个销售渠道，片源和收入都非常不稳定，所以没有相对比较稳定的基础阵地，生存稳定性不强。

2. 公共服务供给的财政问题

资金供给不稳定——现今的流动电影院是由企业赞助的，是一项由政府组织的福利事业。每年要花费 25 万的资金用于电影播放，是一笔不小的财政支出，企业从中获利甚少。何以继续吸引企业的关注，得到其他企业的继续赞助，这是流动电影院需要担忧的问题。

规模效应尚未形成——由于流动电影院影响力不够大，难以吸引市场投资以形成社会化的市场网络，未形成一定的规模，因此尚未达到一定的社会经济效益。

访谈小摘要：

“虽然所做的是利民的公共事业，但其是否能生存下去是我们亟待解决的问题。每年花费大量的资金用于放映电影，这样维持一、二年可以，但长久下来不是办法，必需找到合理运营模式和面向市场的渠道。”

——广州市工会负责人

三、对策与措施

电影作为文化产业的一部分属于公共服务的范畴，而在构建和谐社会的大背景下建立均等化的基本公共服务体系对缩小城乡差距、构建和谐社会、维护社会的公平正义有着至关重要的作用。因此，不同等级电影市场的建设是实现基本公共服务均等化目标的客观要求。

（一）理想模型

不同等级电影市场的建设是实现基本公共服务均等化目标的客观要求。根据市场原则下的克里斯塔勒的中心地理论，我们提出构建合理公共服务体系的理想模型。如图 3-1 所示，电影院可以弥补中心组团边缘地带此类公共服务设施的空白，与市中心各级电影院构建具有系统性、等级性的公共服务供给网络。

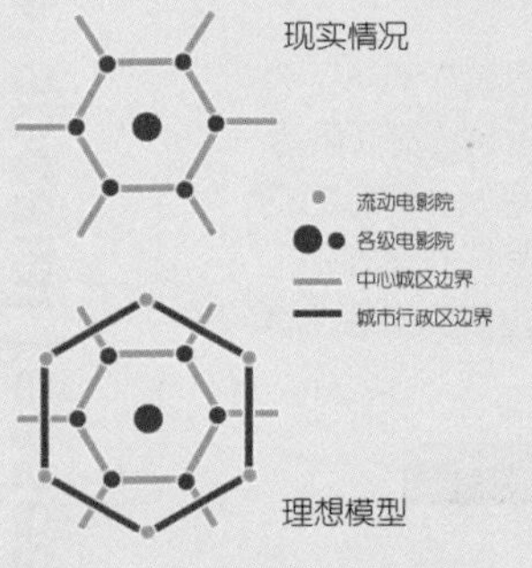

图 23　电影院理想模型

（二）改进措施

1. 增加流动电影院的附加值

政府可以通过与院线的合作进行一定的政策、法律、安全生产、计划生育等宣传教育，这样既扩大了流动影院的服务范围又为政府施政提供了有利平台，提升了流动电影院的影响力和附加值。

2. 政府、社会、市场相互配合，良性互动

在公共产品供给上，要走出单纯依靠政府的误区，建构政府、市场、社会三者良性互动的综合框架。在市场经济的前提下，以市场带动政府公共事业的发展，为其提供经济基础；同时，政府放映电影作为一种良好的宣传手段，为企业搭建平台、扩大其市场，不同企业针对不同人群进行有针对性的宣传，两者在互惠互利的前提下满足了社会大众的文化娱乐需求；还可以考虑结合其他现今存在的公共政府产品如“农村书屋”、“全城信息化”等交叉宣传，利用平面，立体，网络的多种方式一起构建社会公共服务体系。

socaial reasearch on flexible cinema

流动的草根文化空间

——广州市萝岗区流动电影院调查

3. 政府给予政策上的优惠

在政府、市场、社会的互动过程中，在具备一定市场发展潜力的地区，政府可以给予提供技术和资金支持的企业一定的政策优惠，以促进企业的发展，同时带动了社会公共服务的发展，达到双赢的目的。

参考文献

[1]杜伟，檀秋文. 众说二级市场[J]. 当代电影, 2009(3).
[2]潘雯. 对基本公共服务均等化的理论解读[J]. 科学与管理, 2009(4).
[3]张彦，吴淑凤. 社会调查研究方法[M]. 上海：上海财经大学出版社，2006.
[4]孔祥伟. 社区公共生活与公共空间的互动[D]. 中国优秀硕士学位论文全文数据库, 2005(6).
[5]张雷宝. 公共基础设施服务均等化的理论辨析与实证考察[J]. 财贸经济，2009(2).

评语：该作品调查外来工的娱乐需求和娱乐文化空间使用情况，结合马斯洛需求层次理论和公共服务均等化理论，有一定的学术性，且娱乐文化空间选取了“流动电影院”，与外来人口同样具备流动性，但其联系不足，这一流动的人地关系仍有深化空间。

别样小屋何以“点缀”羊城

——广州市志愿驿站空间区位调查研究（2012）

别样小屋何以“点缀”羊城

——广州市志愿驿站空间区位调查研究

一、绪论

（一）调研背景

镂空窗、飞檐、青瓦、石刻……亚运期间，羊城内星罗棋布着600个极具岭南风情的“西关小屋”，向市民和八方游客提供交通指引、赛事咨询等服务，在提供具有实用价值咨询的同时成为亚运宣传的窗口，也吸引着更多的人投入志愿服务。亚运后，“西关小屋”大门紧闭。在北京奥运期间，京城也有不少与“西关小屋”功能相似的志愿服务站点——“蓝立方”。随着奥运会的结束，站点也被撤除。关于西关小屋何去何从人们诸多猜疑：原址开放、转换服务功能或者集体消失……

图1　志愿驿站

2012年3月5日，广州首个志愿行动服务日，广州市团委当日宣布广州亚运遗产，分布在全市的150个“西关小屋”正式更名为“志愿驿站”（见图1），以“政府统筹规范管理、社会组织自发申请承接、志愿者自愿参与日常服务”的运行模式进入常态化运行，并将其功能重新定位为城市文明形象的推广中心、政府公共服务的便民窗口、市民奉献爱心的集散平台和青年社会参与的实践基地。

（二）调研目的

“志愿驿站”作为亚运后遗留下的公共建筑，其体量虽小，但作用巨大。它的存在不仅可以让人感受到一个城市的热情、开放和包容，而且有助城市形象的推广及提升，体现城市的人文关怀。而如何使其发挥最大的效用，站点的合理布置尤为重要。为此，本小组希望通过调查广州志愿驿站达到以下目的。

第一，从城市规划的角度，探究广州市志愿驿站的空间分布特征、区位选择的影响因素以及其站点布局的合理性，找出其存在的问题，通过合理的改进措施加以优化，总结站点最优布置的原则和方法。

第二，从城市发展、运营管理的角度，探究广州志愿驿站的运营管理现状及其功能与服务的空间匹配性，分析存在的问题，为广州志愿驿站的发展与改善提出建议。

二、调研方案

（一）调研范围

广州市志愿驿站主要集中分布于广州市中心城区，本调研选取北京路步行街、荔湾湖公园、广州东站三个区域进行深入调查，并选取海珠广场进行个案分析（见图2）。

图2　调研范围

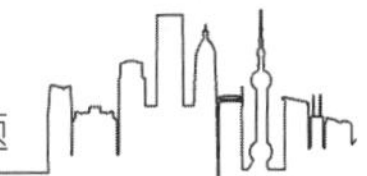

图 3　调研对象

图 4　微博访谈

（二）调研对象

市民：路人、游客等流动人群，附近商铺、报刊亭等“静态”人群。

志愿者：在岗志愿者、临时志愿者。

驿站管理者：团市委领导、驿站站长（见图 3）。

（三）调研方法

本调研采用文献法、参与观察法、实地考察法、定量分析的问卷调查法以及定性分析的访谈法，对志愿驿站进行全面深入的调查，三个区域共发放 240 份问卷，回收 233 份，回收率达 97.1%；访谈人数共计 58 人。具体调研过程见表 1。

表 1　调研过程

调研阶段	调研时间	调研分工	调研地点	调研过程
前期准备	5月6日-10日	A: B:	海珠区、越秀区 荔湾区、天河区等	根据网上搜集到的志愿驿站地点，抽样前往不同地区踩点，确定调查可行性。
初步调研	5月15日 17：30-20:30	A: B;	北京路 天字码头	考察驿站周边环境和空间布置情况；访谈驿站周边5人及值班的志愿者1人，了解驿站运营状况。
	5月19日 9:00-12:00	A: B:	三元里 海珠广场	考察驿站周边环境和空间布置情况；A组访谈三元里驿站周边6人，了解驿站运营状况。B组参与海珠广场驿站志愿服务，深入考察驿站运营及参与者的需求状况。
	5月20日 14:30-17:00	A: B:	荔湾湖、 广州东站	考察驿站周边环境和空间布置情况；访谈驿站志愿者4人，周边5人，了解驿站运营状况。
深入调研	5月23日 9:30-12:00 15:00-18:00	A: B: C: D:	北京路商业步行街	针对流动人群（路人）随机发放问卷80份，访谈商铺店主、保安、志愿者等共22人。
	5月26日 9:30-12:00 15:00-18:00	A; B: C: D:	荔湾湖景区	在不同区域针对流动人群（路人）随机发放问卷80份，访谈商铺店主、居民、志愿者等共21人。
	5月30日 9:30-12:00 15:00-18:00	A: B: C: D:	广州东站	针对流动人群（路人）随机发放问卷80份，访谈商铺店主、停留人群、志愿者等共20人。

（四）调研技术路线（见图 4）

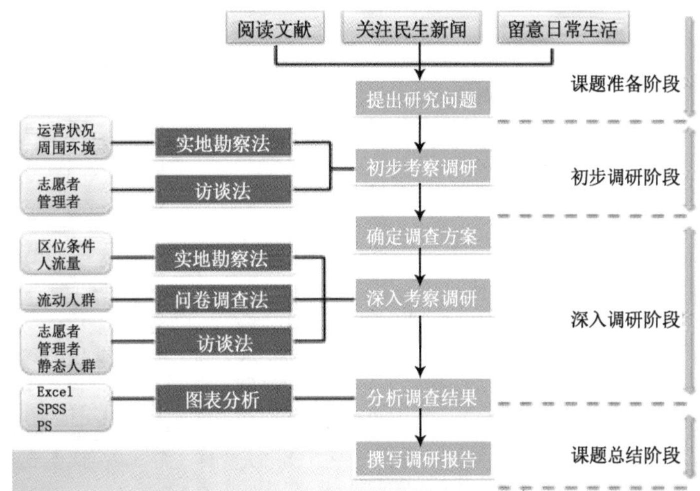

图 4　调研技术路线

三、调研分析

（一）广州市志愿驿站的空间分布特征

1.总体分布不均

从全市来看，志愿驿站的空间分布不均（见图5）。以广州环城高速公路为界，环内志愿驿站的数量远多于环外，北环高速路附近相对环外其他区域较为密集。整个广州市志愿驿站的空间分布呈现北部多南部少、中心多周边少的特征。

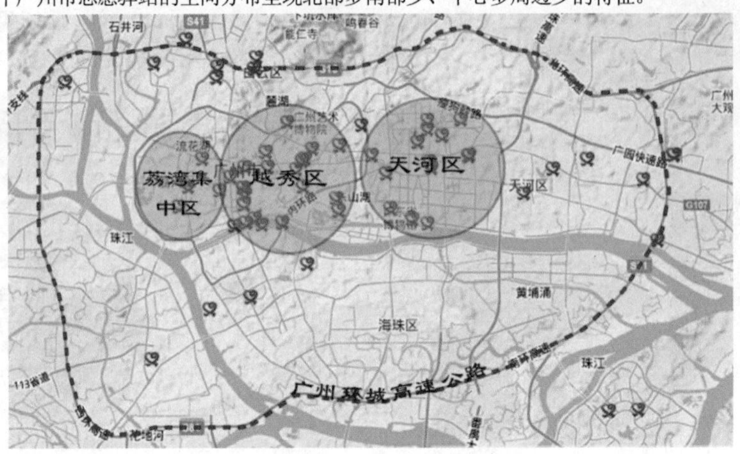

图5　广州志愿驿站的空间分布

2.各区数量差距大，老城区集聚明显

广州市志愿驿站的空间分布存在明显的区域差异，主要集中在荔湾、越秀、天河等老城区和中心城区，数量较多、密度较大。越秀区数量最多，达34个（见表2）。

老城区和中心城区集中了行政办公、教育、医疗、休闲娱乐等多项城市功能，商圈、景点、交通枢纽分布较多，人流量较大，驿站分布较多。而花都、南沙、黄埔等地区经济、交通、旅游等欠发达，人流量较少，驿站数量也较少。

表2　广州各区志愿驿站数量（单位：个）

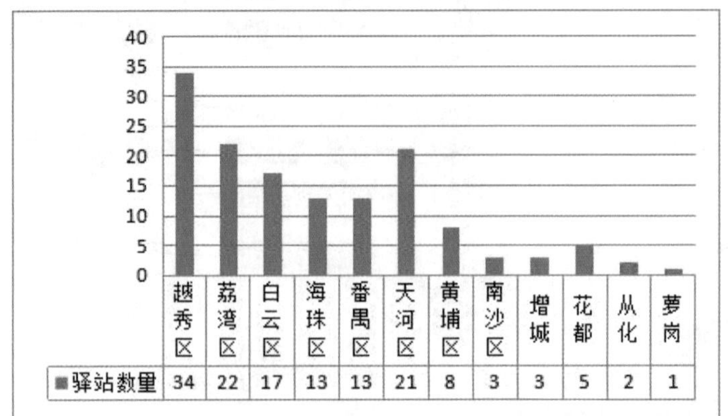

	越秀区	荔湾区	白云区	海珠区	番禺区	天河区	黄埔区	南沙区	增城	花都	从化	萝岗
驿站数量	34	22	17	13	13	21	8	3	3	5	2	1

3.三种空间类型

驿站的地理位置不同，服务内容和功能也不同。小组根据人流量、驿站 300 米内的商铺数、景点数、客运站数以及服务功能五个变量，将全市 143 个志愿驿站通过聚类分析分成三类；并根据每一类的主要特征和相似点，概括为商业、旅游、交通三种空间类型（见表 3）。

表 3　广州志愿驿站分类

类型	主要特征	样本数目
商业空间类	商业活动频繁，往来购物人流量大，驿站主要以城市产业品牌展示、问路咨询、社会秩序维护为主	32 个
旅游空间类	举办活动较多，驿站主要以宣传旅游景点、传统文化、美食，以及发布、更新城市旅游、 文化文娱活动预告等内容为主	51 个
交通空间类	人流周转量大，驿站主要以解决往来人群的问路咨询乘车指引、交通信息发布为主。	60 个

（二）三种区域的志愿驿站空间区位分析

1.调查区域筛选

针对商业、旅游、交通三种驿站空间类型，分别选取北京路步行街、荔湾湖景区、广州东站进行详细分析与调查（见图 6），三者不论地理位置还是承载功能，都具有极大的代表性。

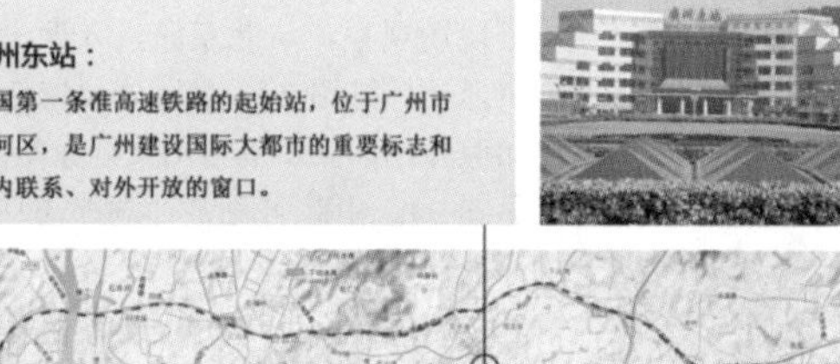

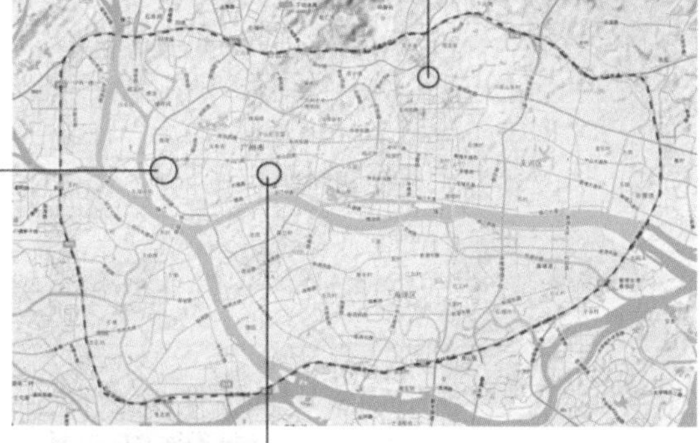

图 6　典型区域选择

• 北京路商业步行街共发放问卷 80 份，回收 77 份，有效率 96.25%，访谈区域内商铺店主、保安、志愿者等静态人群 22 人。

2.北京路步行街

（1）驿站空间现状。

图 7　北京路步行街志愿驿站分布情况

图 8　志愿驿站被遮挡

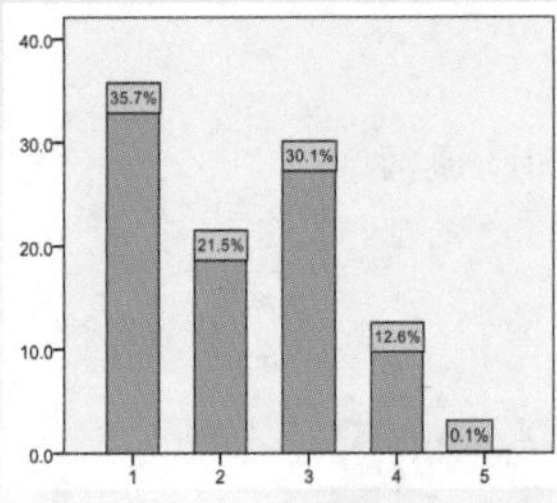

图 9　志愿驿站醒目程度评分

（2）问题探究。

1）可视性较差，空间位置不醒目。

据现场观察，从北京路进入西湖路不易发现志愿驿站的位置，驿站被旁边的彩票销售亭所遮挡（见图 8）；且所处位置较偏，距北京路步行街主轴较远（约 100 米），不易到达；知道驿站的人中有 57.2%给驿站的醒目程度评 2 分及以下，评满分（5 分）的寥寥无几（见图 9）。由此可见，西湖路志愿驿站的空间位置不够醒目，可视性较差。

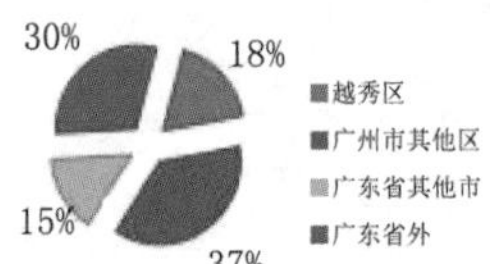

图 10　北京路步行街人流来源

2）数量缺乏，空间服务范围小。

大多数受访者表示，经常有人向他们咨询周边的购物点、交通等信息，他们虽然愿意帮助，但对工作会有所干扰，特别是生意好的时候，有时也有心无力，希望能增加志愿驿站来帮助解决这些问题。

> “志愿驿站可以为路人解决这些问题（主要是问路），但数量有点少了，那个驿站（指现有的西湖路驿站）离这里有点远，所以就来问我们了……”
>
> ——某奶茶店店主(5 月 23 日上午)

行街呈带状延伸，长度较长（纵向约 600 米），人流量特别大（据统计，90 分钟内人流量达 12239 人次），约 82%来自越秀区外（见图 10），所需志愿服务量较大并以问路咨询最多。目前，区域内只有一个志愿驿站，其空间服务范围较小，服务半径只有 120 米左右（以多数专门到志愿驿站咨询服务的人的最远距离估计），无法覆盖整个步行街（见图 11）。

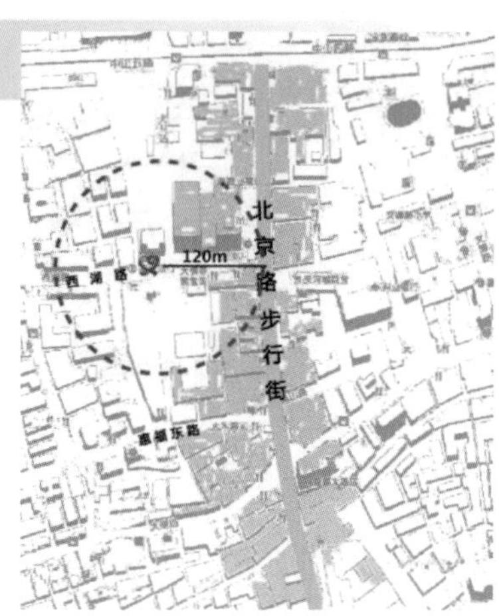

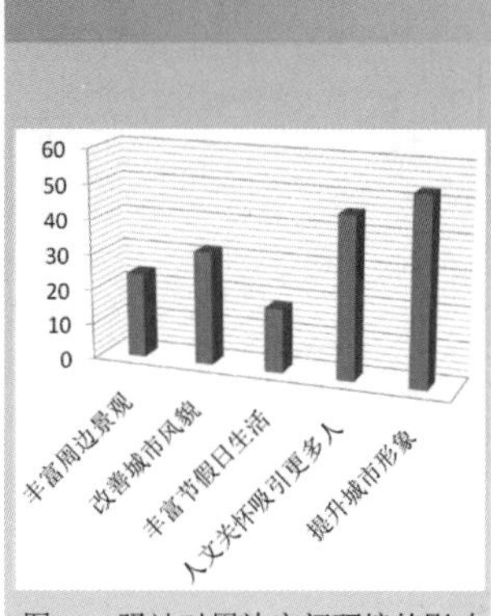

图12　驿站对周边空间环境的影响

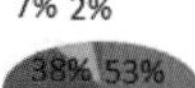

图13　对志愿驿站服务的评价

3）服务效果显著，但部分功能匹配度不高。

在志愿驿站对周围空间环境影响的调查中，排在前三位的依次是提升了城市形象、人文关怀吸引游客、改善了城市风貌（见图12），且91%的被访者认为驿站提供的服务很有效或比较有效（见图13）。可见志愿驿站在提升城市形象、帮助路人解决实际问题等方面具有非常重要的作用。

西湖路志愿驿站提供的服务主要是问路咨询、公益宣传和一些便民服务，而路人更多的是想了解商铺的购物信息，驿站在这方面比较缺乏。活动特色也不鲜明，与周围的商业空间氛围在功能上匹配度不高。

> "来这里的主要是问路，也有很多人问商场的东西价格怎么样、质量怎么样，熟悉的我们倒是知道，但其他的就不是很清楚了，我们之后会想办法完善这些信息……"
>
> ——某志愿者（5月23日下午）

图14　志愿驿站关门

4）志愿者数量不足，运营管理存在问题。

西湖路志愿驿站的志愿者以在校学生居多，周一至周五很少有时间到驿站服务，只有周末才能开展活动，经常出现由于志愿者没时间或人数不够而无法正常运行和迟到早退的现象。

> "这个小屋（志愿驿站）经常都不开门的，偶尔有人来，来一下就走了，周末一般倒是有人会弄会弄一些活动……"
>
> ——某彩票经营者（5月15日傍晚）

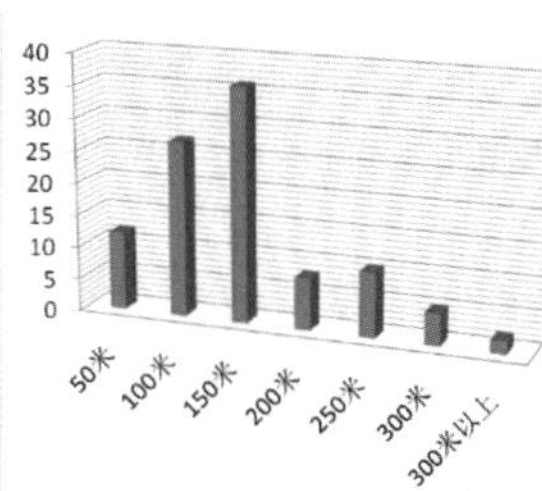

图16　在北京路寻求志愿服务所能接受的最大距离

（2）改进策略。

1）适当增加志愿驿站数量，优化调整空间布局。

惠福东路与北京路的交接处是北京路步行街的出入口位置，场地宽敞，可视性好，人流量大、容易聚集，且静态人群被路人咨询的频率较高，故可在此设立一个志愿驿站。原西湖路志愿驿站空间位置较偏，可考虑将其移至北京路步行街主轴上靠近中山四路的位置，此处道路宽阔，人流量大，便于开展宣传活动。

为使驿站的服务范围尽可能地覆盖整个北京路步行街，结合当前驿站的服务半径以及人们能够接受的寻求服务的最大距离（见图15），两处驿站的空间距离应保持在300米左右并均分布于步行街上。

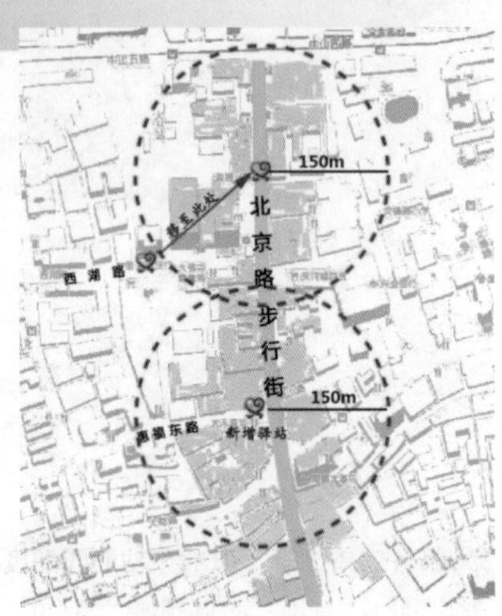

图 15　北京路步行街志愿驿站改进方案示意图

2）按需增加服务内容，重构驿站功能。

西湖路志愿驿站除原有功能外，还应增加周边商场的购物信息查询、广州文化宣传等服务内容；新增驿站的主要功能可定位于交通指引（见表 4）。同时，每个驿站应结合周边的商业氛围定期开展特色服务活动，打造“一站一特色”。

表 4　西湖路志愿驿站前后功能对比

原有功能	新增功能
问路咨询	商业购物信息查询
公益宣传	语言翻译
便民服务	商业特色活动

3）完善管理机制。

制定专门的工作管理方案，做好志愿者团队建设。多招募对北京路商圈熟悉的退休人士，同时加强志愿者的培训，考核与激励并存，发展专业的志愿服务。

3.荔湾湖景区

（1）驿站空间现状。

• 荔湾湖景区共发放问卷 80 份，回收 78 份，有效率 97.5%，访谈景区内商铺店主、居民等共 21 人。

荔湾湖景区包括荔湾湖公园、荔枝涌、西关大屋、仁威庙等景点。景区内有两个志愿驿站——位于公园东门往内 200 米处的荔湾湖公园站和泮塘路仁威庙前的仁威庙站（见图 16）。

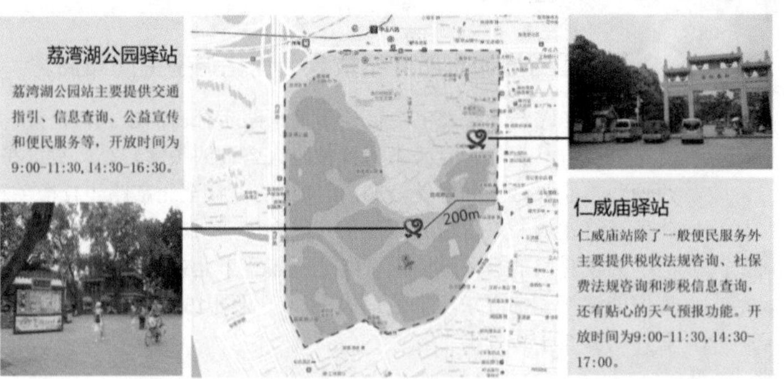

图 16　荔湾湖公园志愿驿站分布

（2）问题探究。

1）驿站选址与景区人群密度不匹配，服务半径较小。

荔湾湖景区所辖面积约 0.4 平方千米，虽然两驿站可视性较强，但未能与景区内人群密度相结合。景区内人流集聚区主要有中心广场、文塔、粤剧表演场（见图 18）。荔湾湖驿站位于公园中心区域的圆形广场，所处位置是人流集聚的场所，区位选址合理。仁威庙驿站虽然人流量大，但人群停留量小，驿站服务半径较小。

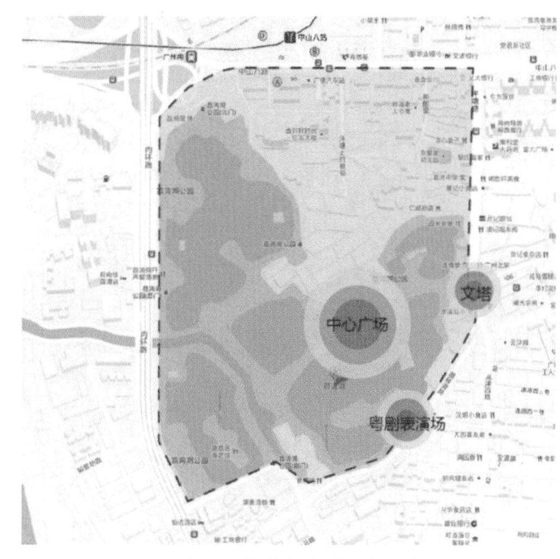

图 17 荔湾湖公园人流集聚区

35
30
25
20
15
10
5
0
很有效 比较有效 一般 基本无效 无效

图 18 路人对驿站服务评价

1% 6% 9% 6% 78%
提高可见性
增加数量
增加服务内容
增加开设时间
其他

图19 路人对荔湾湖驿站的建议

2）功能匹配性差，与景区功能缺乏互动。

荔湾湖驿站提供的服务多是旅游路线咨询，举办的宣传活动较少，未能与周围的优良环境及深厚的广府文化达到互动，且现有服务内容不能满足游人多方面的需求，功能匹配性差，一半以上的受访者认为本区域的驿站提供的服务作用不大（见图 19）。

3）管理力度不足，基础设施有待改善。

荔湾湖驿站经营情况不容乐观，小组分别在周三、周六两次前往，均未见其开放。据访谈得知，负责本驿站的志愿者组织管理不力，在人员安排上出现偏差，导致志愿者服务时间未能协调好，78%的受访者认为有必要增加开放时间（见图 20）。仁威庙驿站是从荔湾湖公园南边搬迁而来，暂无水电供应，基础设施不足（见图 21）。

图 20 仁威庙驿站供电设施不完善

（3）改进策略。

1）根据人群停留量调整优化驿站空间布局。

景区驿站应考虑将其布置在能够吸引人并具有较大空间辐射效应的景观节点处，呈不均匀分布。根据荔湾湖公园人流集聚情况，可将仁威庙驿站进行重新选址（如图 22）。

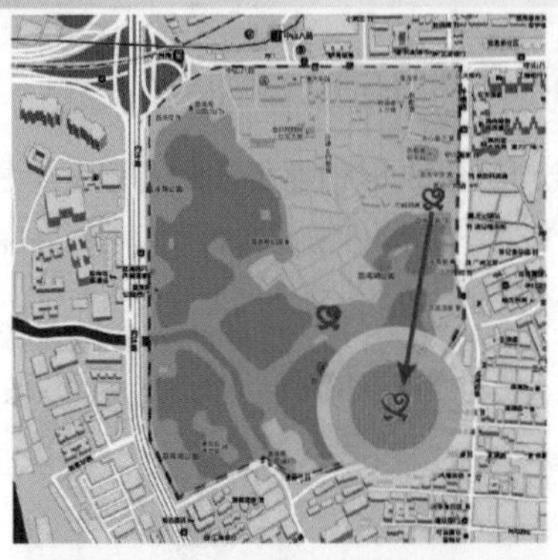

选址①：
荔湾湖公园南门粤剧表演场对岸的小空地。在白天，这个剧场经常有粤剧表演，因此人群停留量较大，再者，此处位于T字形交叉路口上，周围不仅有荔湾博物馆，更有西关大屋旧址，且沿河布置一排西关特产小店，吸引了众多游客。可视性也较好，无其他视线遮挡，且驿站本身的造型也来自西关大屋的建筑特色，可以说安排于此正是返璞归真。

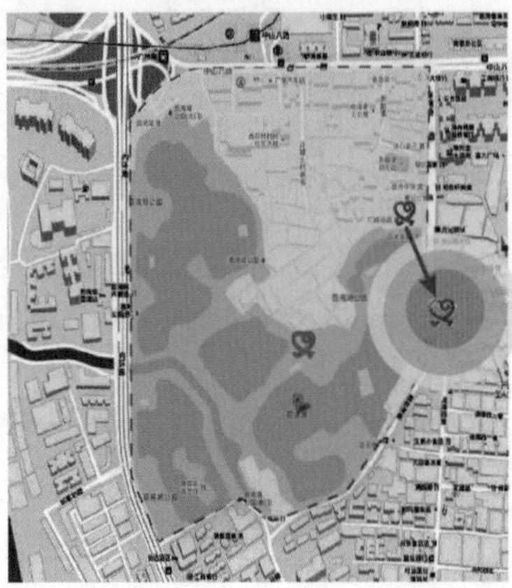

选址②：位于文塔处。文塔位于东门与南门之间，周围有河涌经过，沿河商铺林立，桥梁众多，水乡特色尽显。且文塔本身是一个显著地标，游人均会在此停留拍照，靠近荔枝湾正式入口，适合给初到此处的游客介绍荔湾涌的机会，符合驿站设立初衷。

人群密度：
核心集聚区
相对密集区
人流疏散区

图 21　仁威庙驿站重新选址方案

2）结合景区地域特点，开展特色活动。

结合各景点特征，增设驿站功能，宣传介绍景区特色、推广广州传统文化，例如举行画展、照片展览，举办美食活动等，在丰富市民的日常生活、吸引游客的同时也美化了城市街道，增添了城市活力。

3）重建管理体系，完善基础设施。

管理者应联系街道办事处，改进驿站各项基础设施，保证水电供应。同时，制定专门的工作管理方案，加强对志愿者的培训，做好志愿者团队建设，让驿站按规定时间开放，有效运营。

4.广州东站

（1）驿站空间现状。

广州火车东站位于天河商圈北部边缘，周围500米的区域内有一个志愿驿站——火车东站志愿驿站，位于火车东站南出站口林和中路旁边。驿站目前服务内容主要有语言翻译、行路指引、旅游信息等城市信息咨询以及免费提供充电和饮水。开放时间为周一到周五下午13:30—16:30，周末及节假日时间为上午9:30—12:00，下午14:00—16:30。

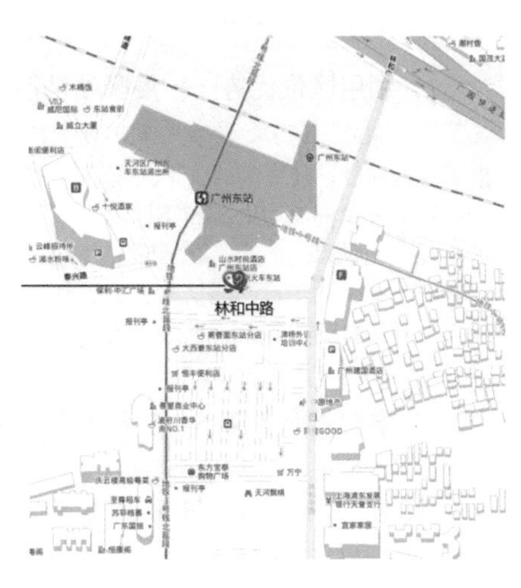

图 22　广州东站志愿驿站分布

（2）问题探究。

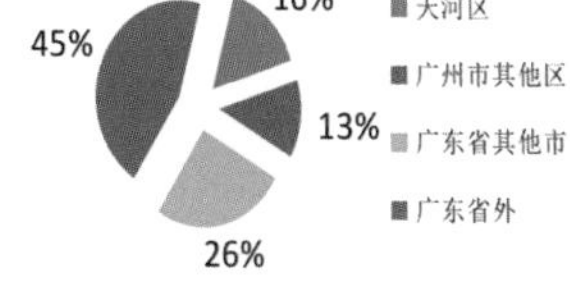

图 23　路人对东站驿站的区位评分

1）可视性强，空间区位条件好。

火车东站志愿驿站位于广州地铁 3 号线火车东站的 I、G 出口附近（见图 22），此处场地宽阔，醒目程度高，可视性强，98.7%的受访者给该站的空间位置醒目程度评了 3 分及以上，其中评 5 分的人数占 57.3%（见图 23）。

另外，驿站位于连接广州中心城区天河城的林和中路的一个十字路口处，附近 300 米范围内有客运站、地铁站、公交站等多个交通节点，从驿站到各个节点均比较便利，空间区位条件较好。

2）区位优势发挥不足，空间影响力小。

16%
45%
13%
26%
■ 天河区
■ 广州市其他区
■ 广东省其他市
■ 广东省外

图 24　火车东站人流来源

虽然驿站的空间区位条件较好，但驿站本身并没有利用这一优势扩大其空间影响力。火车东站的人流量较大，流动人群中有 45%来自外省，26%来自广东省其他市（见图 24）；超过一半（约 52%）的人不知道广州志愿驿站（见图 25），认知度较低。

志愿驿站所提供的基本是交通指引和免费充电、饮水等常规服务（见图 26），功能较单一，没有形成驿站的特色服务与活动，吸引力不够，影响力较小。

> “这边的人都很赶时间，匆忙而过很少停留关注的，举办的活动效果不是特别好，参与的人也不是很多。”
>
> ——某志愿者（5 月 30 日下午）

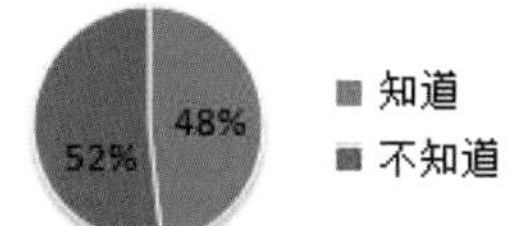

图 25　火车东站路人对志愿驿站的认知度

3）志愿者储备不足，服务能力较弱。

驿站志愿者基本来自某学院青年志愿者协会，现有志愿者 28 名。由于平时学生需要上课，只有周末才有充足时间，故平时在岗的志愿者数量较少且经常出现关门现象，服务时间较短。志愿者储备的不足也导致了驿站举办活动和提供服务的局限性，举办的活动较少，规模较小，参与人数不多，并且人数有限也导致了服务能力较弱。

> “这边早上很多人啊，特别是八九点钟的时候。它应该开的，那样会有很多人来询问。”
>
> ——某停留的路人（5 月 30 日下午）

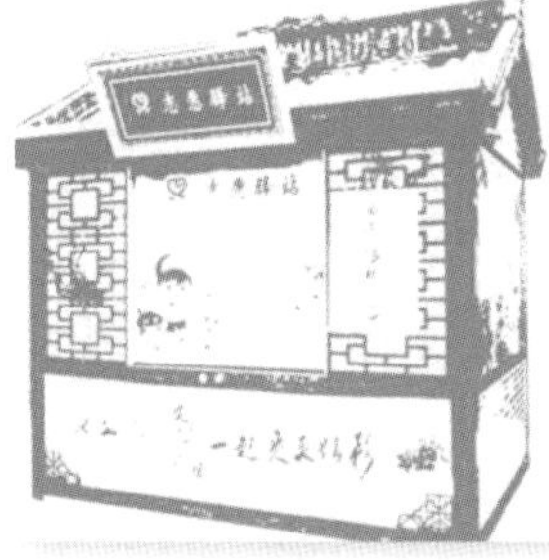

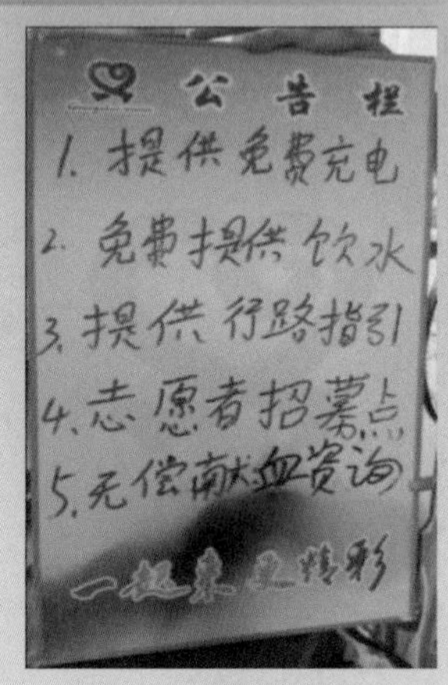

图 26　火车东站志愿驿站提供的服务

（3）改进策略。

1）利用区位优势，扩展驿站功能，打造驿站特色。

火车东站志愿驿站应充分利用其优越的区位条件，通过一定的宣传标识和宣传活动提高其认知度，使更多的外地人了解其服务功能和内容，从而服务更广大的人群。

针对大量的流动人群和不同的需求，驿站除必要的交通指引和一般的便民服务外，可增设羊城景点、广府文化展示等功能，用图片、画展等形式吸引人们的注意，让来自外省的人感受到羊城的热情与人文关怀，进而了解羊城、了解志愿驿站，从而把火车东站志愿驿站打造成除常规西关小屋服务功能外的专业推广广府文化、广州城市形象的窗口（见图 26）。

2）增加志愿者储备，提高服务能力。

火车东站志愿驿站的志愿者除在校大学生外，还应招募对火车东站附近比较熟悉的社区居民、退休人士等，积极拓展志愿者的储备并提高其素质。另外，还应适当增加服务时间，增加每次值班的人数，从而提高其服务能力。

（三）成功个案分析——海珠广场志愿驿站

海珠广场志愿驿站是越秀区 34 个驿站中运营效果较好、人数较多、活动较丰富的驿站。从 2 月试运行以来，连续两个月被评为优秀志愿驿站，其志愿者人数日益增多，服务流程渐渐成熟，得到了广大市民与游客的认可。本小组对其进行了深入的调查，总结其成功要素，为其他驿站提供借鉴的经验（见图 27）。

区位条件优越

位于广州市越秀区起义路缤缤时装广场门口，临近广州宾馆对面，地铁海珠广场站B3出口正对面，交通方便，临近商业购物中心，人流量大地理位置优越，可视性良好，可达性高。便于服务活动的宣传及开展 。

服务内容多样、匹配性高

核心定位：城市形象推介、城市信息问询、媒介素养教育宣传、民生公共服务、社区延伸服务。 利用区位、志愿者等优势，因地制宜，服务他人与当地特色相结合，打造驿站特色。

志愿者资源丰富

现有志愿者 100 多人，其中长期普通志愿者有40名左右，由12个社区志愿者构成，还有广州市第一中学等多所中学学生志愿者队。由于宣传力度大，活动内容丰富多样，该驿站吸引了大量热心市民、学生等积极参与，为驿站开展各种特色活动提供了良好的人力保障。

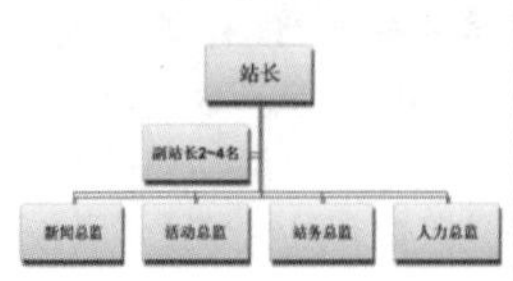

组织管理有效

组织架构严密合理，除了常规服务，还通过实地和微博、QQ等网络宣传手段，组织活动“有形、有声、有新、有色”，吸引了大量热心市民、游客等积极参与。据访谈得知，站长现在有三个QQ，三个微博，粉丝数从6000到1万人不等，工作尽职尽责，耐心地解答所有人的问题。为更多的人了解驿站、认识驿站、加入驿站提供了良好的途径。

图 27　海珠广场志愿驿站

四、总结

（一）调查结论

第一，广州市志愿驿站在全市的总体空间分布不均，各区数量差距大，聚集现象明显，大多聚集于越秀、荔湾和天河等老城区和中心城区。根据驿站所处的地理位置和服务功能，可分为三类：商业空间类、旅游空间类、交通空间类。

第二，通过对不同类型志愿驿站的空间区位和功能服务分析，综合提出的改进策略，针对不同的驿站类型总结出以下布置原则（见表5）。

表5　志愿驿站布置原则

志愿驿站类型	布置原则	示意图
商业空间类	a.可视性强、位置醒目 b.均匀分布，服务半径覆盖整个区域 c.易接近，可达性好 d.服务功能与周边商业氛围相匹配	商 业
旅游空间类	a.人群停留量较大的景观节点处，可分布不均匀 b.空间位置方便开展与游客互动的活动 c.可视性与展示性较好 d.开展与景区相结合的特色服务活动	景点
交通空间类	a.布置在地铁出入口、车辆换乘、客运站等交通节点处 b.位置醒目且在外观上能明确展示其功能 c.驿站与志愿者数量充足，满足高需求人群	客运站

第三，广州市志愿驿站的运营管理机制还不成熟，存在志愿者数量不足、空间分配不当、驿站内部设施不完善，以及部分驿站与周围空间功能不匹配等问题，志愿驿站在以后的发展中还需在运营管理方面不断完善。

（二）展望

志愿驿站从一个附属于亚运会的临时设施，到目前转化为常态化的广州市志愿服务载体，经过近两年的时间，已从一个单纯的服务站点转化为具有广州特色的城市符号。它的出现，深刻地体现了一个城市对外来者的包容与人文关怀；其具有广府特色的西关大屋造型，体现了广州悠久的文化传统，丰富了城市景观；附着于其上的志愿活动，不仅加强了城市的精神文明建设，更拓展了城市生活，增强了城市活力，提升了城市的文明形象。

广州作为全国推行志愿服务的先行者，其志愿驿站的服务体系模式为其他城市提供了很好的借鉴经验，若得以推广，我国的志愿服务事业将更好、更快地发展，从而推动文明和谐社会的建设。

参考文献

[1]吴志强，李德华. 城市规划原理：4 版[M]. 北京：中国建筑工业出版社,2010.

[2]吴增基，吴鹏森，苏振芳. 现代社会调查方法：3 版[M].上海：上海人民出版社，2009.

[3]冯健. 城市社会的空间视角[M]. 北京：中国建筑工业出版社，2010.

[4]李明华. 广州的新名片[J]. 广州调研，2009（11）.

[5]王焕清. 亚运会志愿者工作与广州志愿服务事业新发展[J]，中国青年研究，2010（4）.

[6]林洁，韩欢. 广州探索“后亚运”志愿服务常态化[N]，中国青年报，2011-02-28.

评语：“区位”是地理学研究传统之一，一般而言大尺度的区位研究较多，而该作品以“志愿服务站点”为研究对象，属于小尺度的区位研究，选题较有新意，也与社会调查的研究尺度相契合，通过调查最终划分为商业空间、旅游空间、交通空间三类区位类型，有一定的学术意义。

城市危情
——珠江滨水空间安全性调查研究（2013）

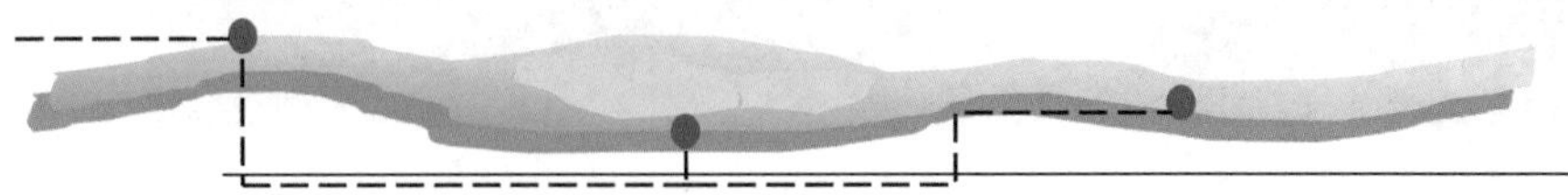

城市危情
——珠江滨水空间安全性调查研究

一、绪论

（一）调研背景

图1　市民自发悼念郑益龙

近年来，滨水岸线住宅和滨水休闲设施的巨大市场需求导致许多城市出现了“滨水开发热”现象，城市滨水区开发导致的安全事故也日益增加。据广州水警统计，珠江前航道2012年共落水167人，平均不到3天就有一起事故。2013年武警郑益龙、中士邱兴和下水救人而英勇牺牲的悲剧敲响了滨水区安全的警钟（见图1、图2），也唤起社会各界对滨水空间安全性的重视。

（二）调研目的

图2　珠江滨水区

以珠江前航道为例，通过实地考察、深度访谈、新闻资料收集等方法实现如下调研目的（见图3）。

第一，寻找落水事故的常发地点和区域。

第二，分析各类救生设施的供需状况。

第三，了解局部高危区事故发生的原因。

第四，提出改善城市滨水空间安全性的规划建议。

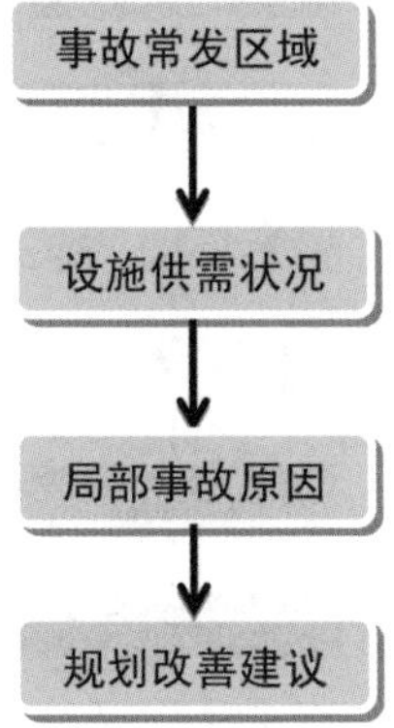

图3　调研目的推进

二、研究设计

（一）概念界定（见图4）

图4　滨水空间分类

（1）城市滨水空间：指市内陆域与水域交界场所，可分为一线滨水空间、二线滨水空间和码头。

（2）一线滨水空间：陆地延伸到水域供人们观水、戏水的空间。根据断面差异分为亲水平台和亲水广场。

（3）二线滨水空间：与水域接壤的陆地，供人们休憩娱乐的空间，包括滨江广场、临江酒吧街、江心岛。

（4）码头：跨越一线和二线滨水空间，由一条从岸边伸往水中的长堤及水上作业空间组成的构筑物。

（二）研究范围

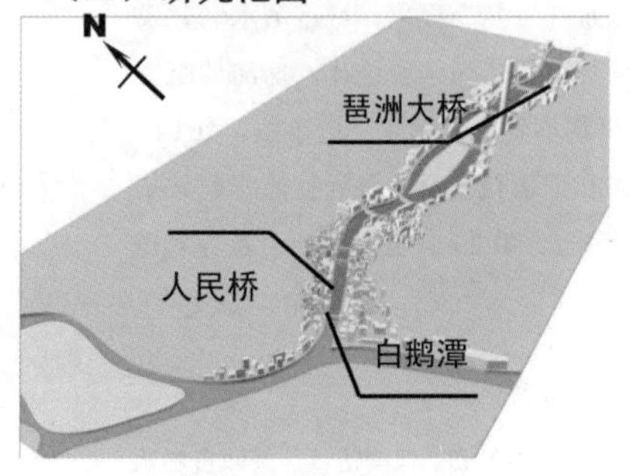

图5　研究范围

研究范围西起人民桥、东至琶洲大桥，河道总长14.2千米，河道水深2～15米，宽200～400米，河道极端流速达每秒3～4米（见图5）。除亲水平台或下江梯级外，该河段岸线均设有花岗岩或铁锁链护栏，高约1米。

（三）技术路线（见图6）

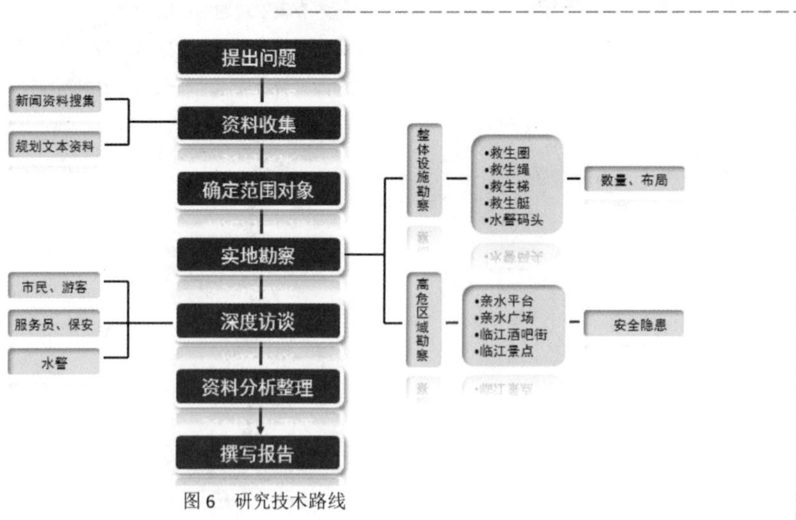

图6　研究技术路线

（四）研究方法

1.新闻资料搜集法

通过网络搜集 2005 年以来珠江前航道落水事件新闻，记录事发时间、地点和原因。

2.实地考察法（见图 7）

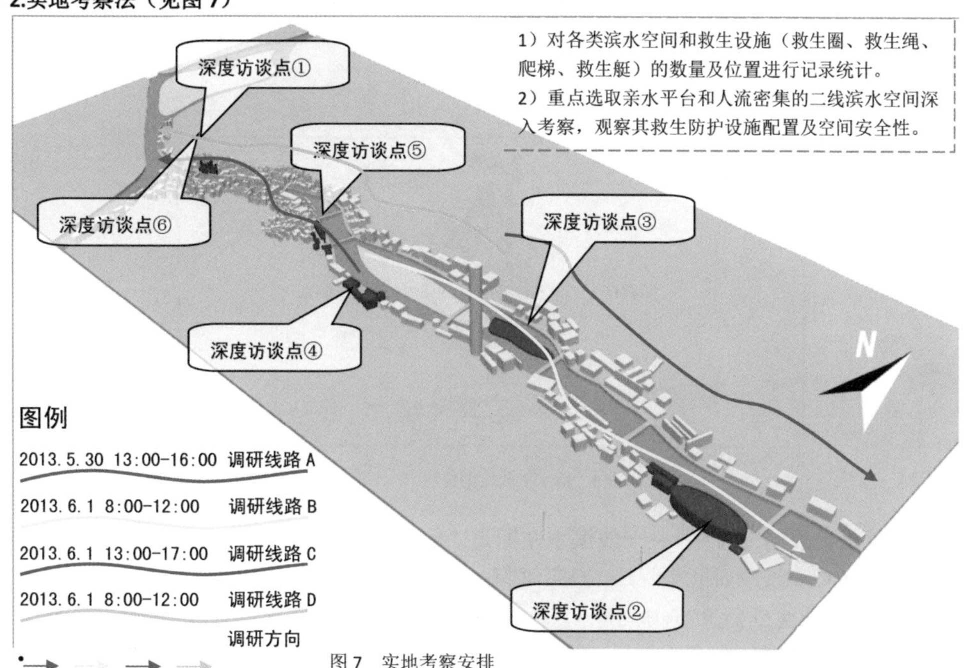

图 7 实地考察安排

3.深度访谈法

对在滨水空间活动的市民、游客、服务人员、安保人员及水警人员等进行面对面半结构式访谈（见表 1）。

表 1 访谈结果整理

深度访谈点	时间	地点	访谈人物	访谈内容
①	2013.6.1 14:00-16:30	西堤亲水平台	市民（5 男）	亲水平台救生设施需求
②	2013.6.9 20:30-21:30	珠江琶醍酒吧街	酒吧顾客（1 男 1 女）、服务员（2 男 2 女）、物管安保人员（2 男）	落水事故介绍、设施配备情况、建议
③	2013.6.9 15:00-16:00	海心沙	保安（2 男）、市民（5 男 2 女）	同上
④	2013.6.9 17:00-18:00	某码头广场	市民（1 男 1 女）	同上
⑤	2013.5.31 14:30-15:10	海珠桥旁	市民（1 男）	亲水平台救生设施需求
⑥	2013.6.13 15:00-17:00	广州市公安局水上分局	秘书处工作人员（3 男）	警方施救方法、流程、现有设施和力量、建议

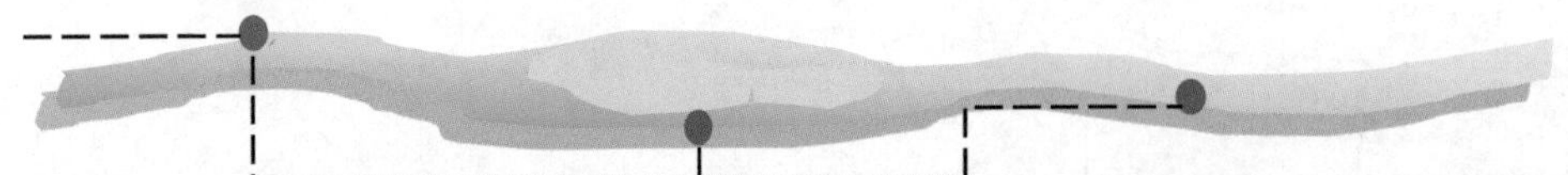

三、调研发现

（一）落水事故的原因——主、客观因素相互作用

在落水事故原因中，轻生、打赌为主观行为，难以预防；失足、醉酒既受主观因素影响，也有客观因素“推波助澜”，如防护救生设施配置不足、江边景观安全性低等（见图8），可以通过规划加以改善。

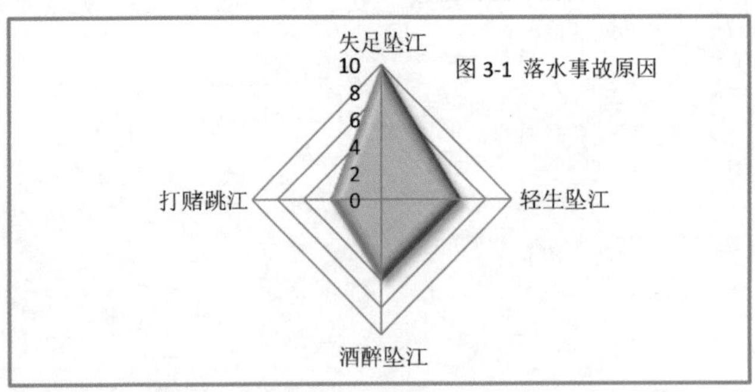

图 8 落水事故原因统计

（二）落水事故的分布——一线滨水空间是“元凶”地

根据2005年来的新闻报道及访谈结果，我们对不同滨水空间落水事故数进行统计（见图9），发现研究范围内共有8个一线滨水空间（见图10），其中①、⑥、⑧号为亲水广场，其余为亲水平台，一线滨水空间的事故发生率最高，次数高达14起。二线滨水空间（见图11）包括二沙岛、海心沙、珠江琶醍酒吧街等，是事故的次高区，达10起；码头共有13个，有赖于齐全的救生防护设施，虽数量较多，但事故发生少，仅有2起，是相对安全区。

究其原因，南方城市与水有不解之缘，不少市民也是游泳能手，再加上夏季来临，每天下午4点，一线滨水空间成为游泳爱好者的集聚地。部分游泳者下水前热身运动没做好而导致突发性痉挛，从而引发安全事故。

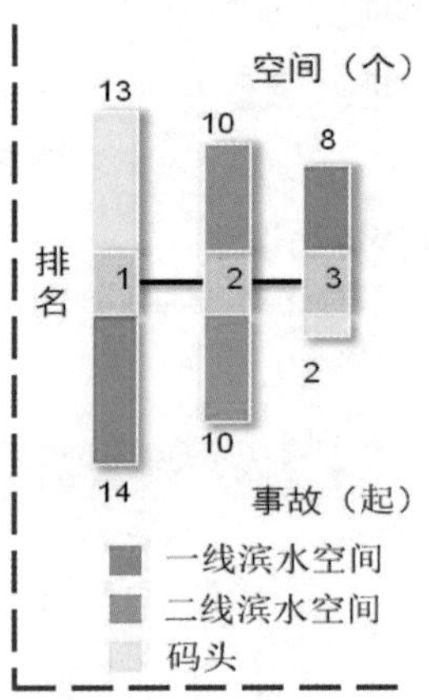

图 9 滨水空间和落水事故的数量对比

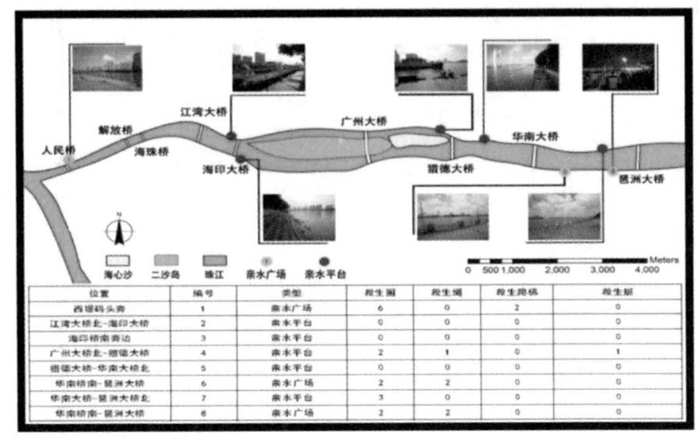

位置	编号	类型	救生圈	救生绳	救生爬梯	救生艇
西堤码头旁	1	亲水广场	6	0	2	0
江湾大桥北-海印大桥	2	亲水平台	0	0	0	0
海印桥南旁边	3	亲水平台	0	0	0	0
广州大桥北-猎德大桥	4	亲水平台	2	1	0	1
猎德大桥-华南大桥北	5	亲水平台	0	0	0	0
华南桥南-琶洲大桥	6	亲水广场	2	2	0	0
华南大桥-琶洲大桥北	7	亲水平台	3	0	0	0
华南桥南-琶洲大桥	8	亲水广场	2	2	0	0

图 10　珠江前航道一线滨水空间及救生设施分布情况

图片来源：小组成员用 Arc GIS、Arc Map、Photoshop 绘制

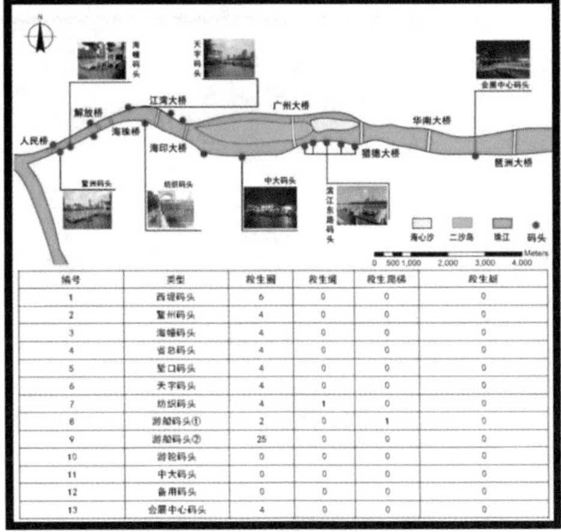

编号	类型	救生圈	救生绳	救生爬梯	救生艇
1	西堤码头	6	0	0	0
2	[illegible]洲码头	4	0	0	0
3	海幢码头	4	0	0	0
4	省总码头	4	0	0	0
5	堑口码头	4	0	0	0
6	天字码头	4	0	0	0
7	纺织码头	4	1	0	0
8	游船码头①	2	0	1	0
9	游船码头②	25	0	0	0
10	游轮码头	0	0	0	0
11	中大码头	0	0	0	0
12	备用码头	0	0	0	0
13	会展中心码头	4	0	0	0

图 11　珠江前航道码头分布情况

图片来源：小组成员用 Arc GIS、Arc Map、Photoshop 绘制

（三）救生设施的供需状况

自救、他救是两种最常见的救生方式。自救指直接利用周边设施进行救助，他救指向负责水上治安的水警求助。

1.自救设施的供给——圈绳搭配，覆盖不全

2013 年 6 月，广州市水务局组织编制了《珠江两岸救生设施设置方案》（后文简称《方案》），要求东至琶洲大桥、西至珠江隧道、南至鹤洞大桥，总长 16.88 千米的珠江两岸沿堤岸线平均每 100 米设救生圈和救生绳 1 套，遇亲水平台加装 2 套救生圈和救生绳，遇码头时在码头两侧堤岸分别加装 1 套救生圈和救生绳（见图 12）。

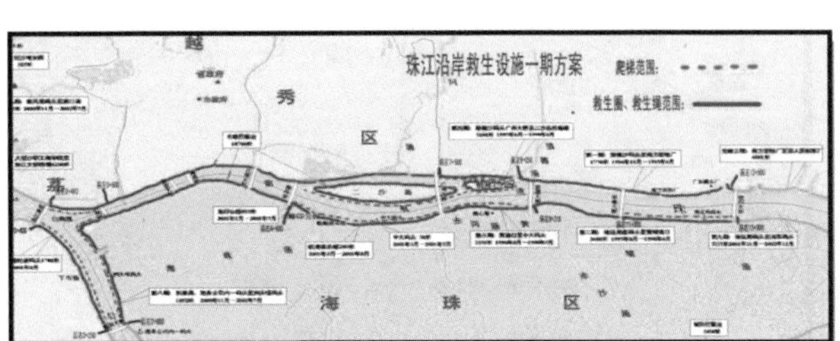

图 12　广州市珠江两岸救生设施设置方案

资料来源：珠江两岸救生设施设置方案（征求意见稿）

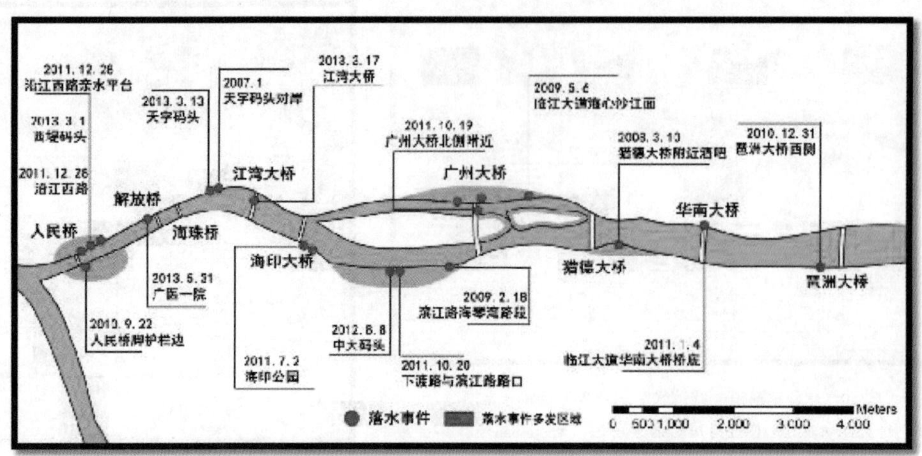

图 13　2005 年至今珠江前航道落水事故分布情况

图片来源：小组成员用 Arc GIS、Arc Map、Photoshop 绘制

按照《方案》中每个亲水平台救生设施配备标准，本小组把 8 个一线滨水空间现阶段自救能力分成绿、黄、红三级。绿级配有 2 套救生圈及救生绳；黄级配有自救设施但未达到《方案》标准；红级完全未配备自救设施。由图 13 界定事故频发区域，发现自救能力弱的滨水空间与事故多发区域重合（见图 14），这说明自救设施不足是导致落水者溺水身亡的主要客观原因。值得注意的是，黄级空间多缺乏救生绳，如①号及⑦号有救生圈而无救生绳，水流湍急时抛入水中的救生圈多顺江流漂走，溺水者即便得到救生圈，岸上市民也无法将其拉回岸边。救生绳虽不及救生圈起眼，但在提高自救设施性能时却更为有效。

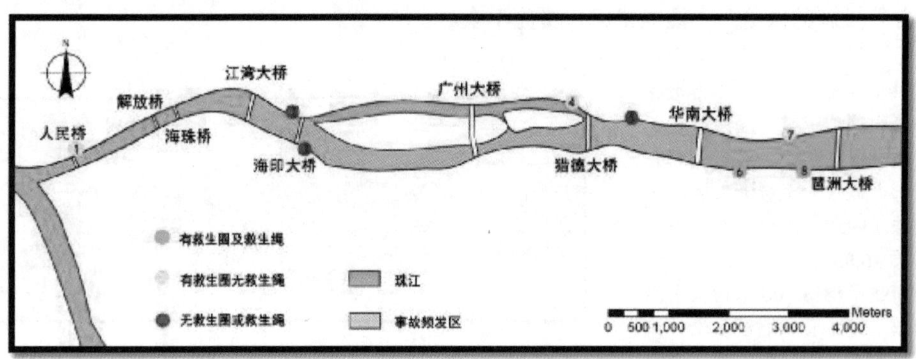

图 14　珠江前航道事故频发区与自救设施分布匹配情况

图片来源：小组成员用 Arc GIS、Arc Map、Photoshop 绘制

除自救设施（救生圈、救生绳）及救生艇外，救生梯也是一种辅助性救生设施（见图 15）。珠江前航道一线滨水空间平均相距 1520 米，以 400 米为大部分市民体力上限所能承受的平均游泳距离，发现仅 52.6%的落水者有可能游到距离落水点最近的上岸平台（见图 16）。为此，《方案》中提出“在栏杆或沿堤岸线位置平均每 100 米间距设置救生爬梯 1 座，遇码头时在码头两侧堤岸上加装一座救生爬梯”，把各落水点距上岸平台的最远距离缩小到 50 米（见图 17）。

实地调查发现，海心沙北侧救生爬梯间距过疏，相隔 200～250 米；江湾大桥—海印大桥河段两岸、猎德大桥南桥底、华南大桥北桥底为救生爬梯设置空白区域（见图 18）。

图 16　未设救生爬梯时救生覆盖区

图 15　救生爬梯

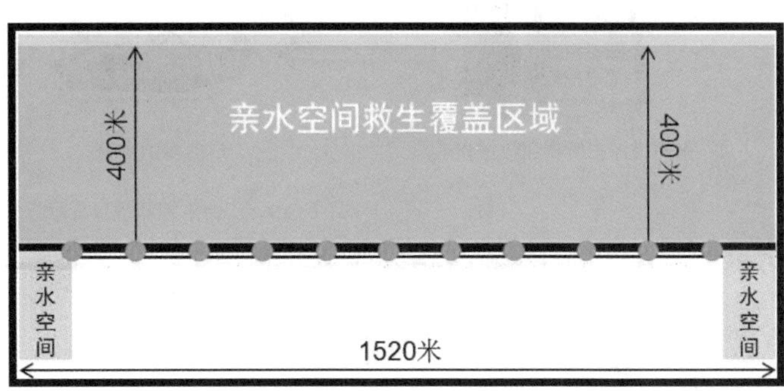

图 17　增设救生爬梯时救生覆盖区

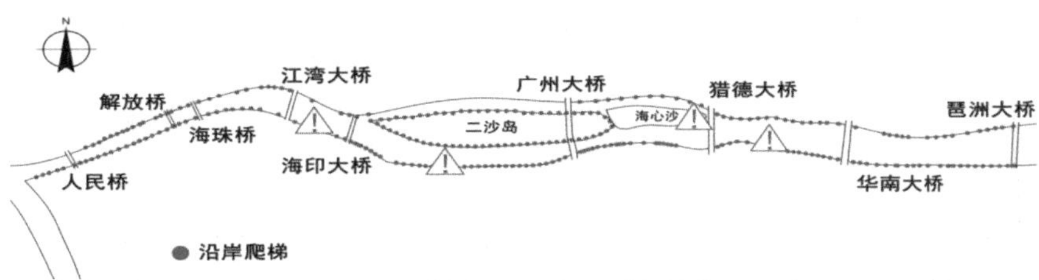

图 18　救生爬梯分布情况

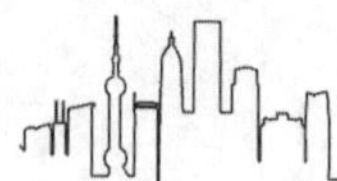

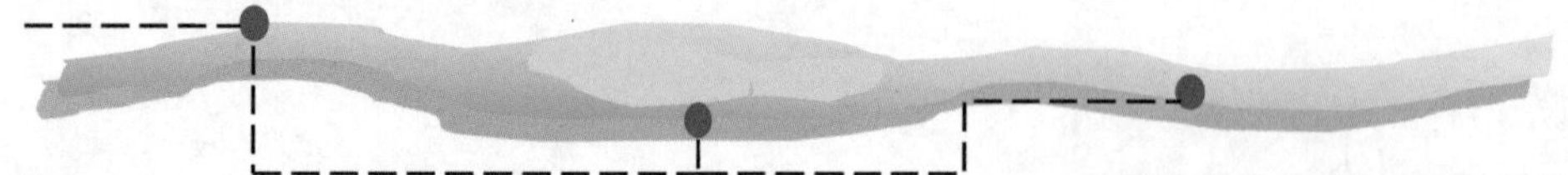

2.他救设施的供需——水警救生，鞭长莫及

当事故发生地周边没有救生设施时，市民多会求助于广州水警。调查河道由海幢码头和二沙岛码头负责救援。当110报警大厅接到“有人落水”的救助电话后，会通过GPS定位离事故点最近的执勤快艇。若事故地点周围没有执勤快艇，110报警大厅会指令东河道派出所水上民警驾驶停靠在海幢码头的快艇赶赴现场（见图19）。110报警中心在接到报警电话后3分钟内即启动救生艇赶赴现场营救，不识水性的人落水后黄金救援时间亦为3分钟，5分钟后基本没有救援希望，这说明广州水警启动快艇后最多仅有2分钟时间赶赴事故现场。取海幢码头快艇时速60千米/时，二沙岛码头摩托艇时速100千米/时，可计算海幢码头、二沙岛码头救生艇救援覆盖范围（见图20）。

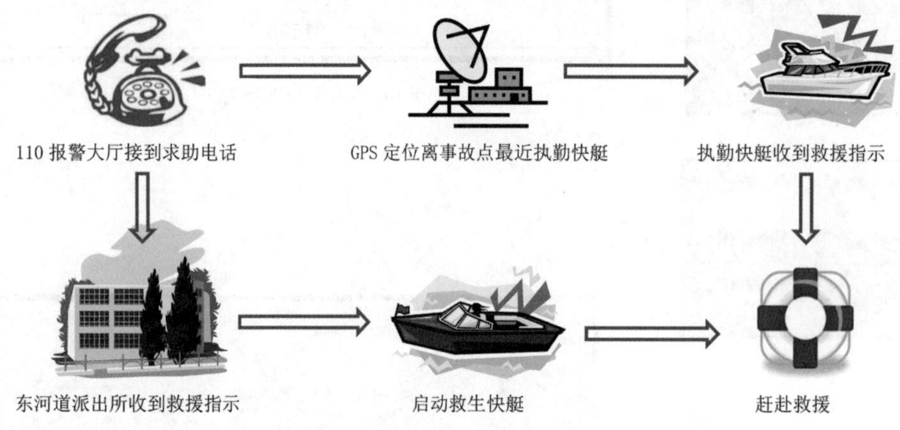

图19　广州水警救援过程示意图

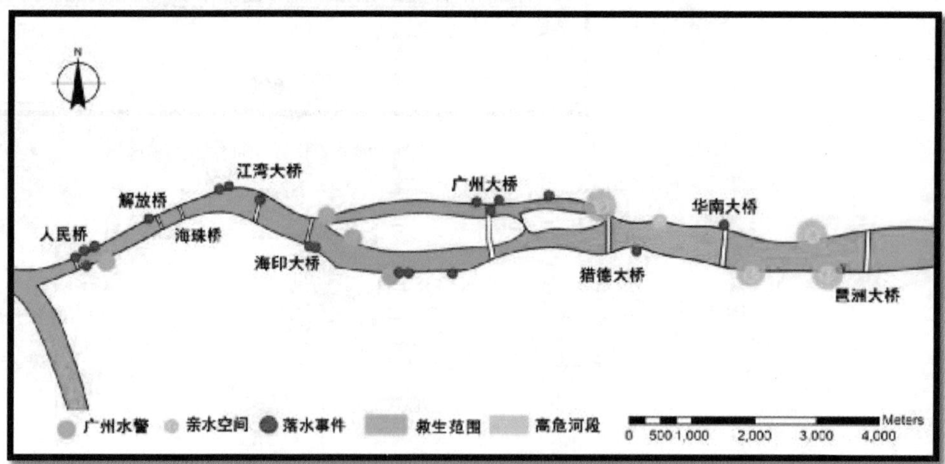

图20　珠江前航道各类他救设施救生范围

图20表明，猎德大桥以东河段超出广州水警救援范围，若发生落水事故，广州水警将无法在黄金救援时间内抵达现场。

叠加自救和他救设施的覆盖范围，得出珠江前航道救生设施供给能力总体分布（见图21），发现猎德大桥—华南大桥段为前航道救生能力最弱区域，而位于该区域的珠江琶醍，也是落水事故频发的区域之一。

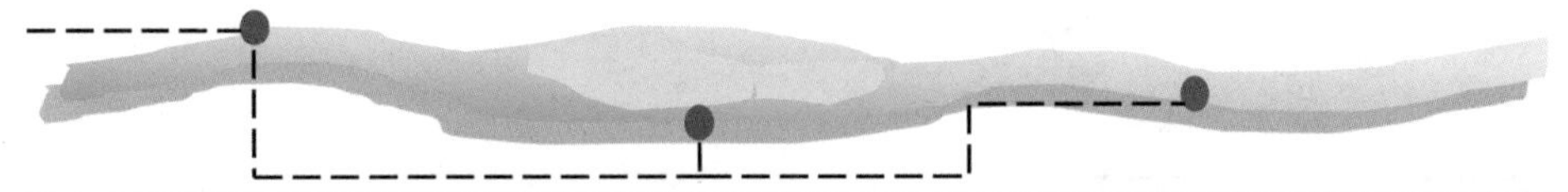

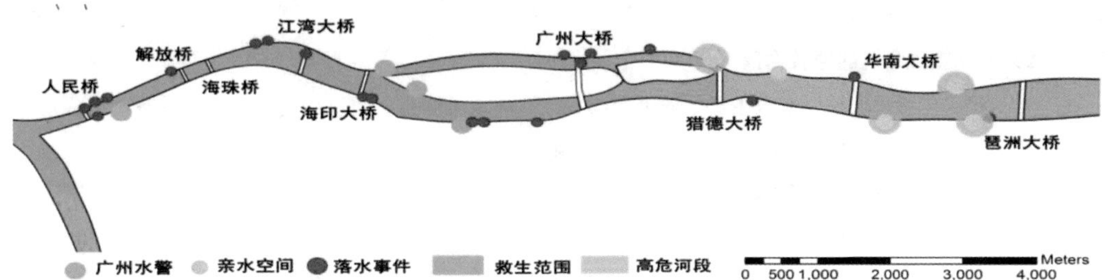

图 21　珠江前航道救生设施供给能力总体分布情况

（四）局部高危区安全性分析：珠江琶醍——“酒乱情迷”的危险地带

从设施环境和行为两个角度，以珠江琶醍酒吧街为高危区的代表，对其安全性进行更深入的探讨，以此为提高珠江前航道安全性建言。珠江琶醍酒吧街是一个以啤酒文化艺术为主的滨水休闲空间，调查发现，空间环境的安全隐患及顾客的行为失控是落水主要原因。

1.酒后行为失控——引发险情

酒吧为满足客人亲近江景的需求，紧靠江边护栏设置餐桌。客人喝醉后神智不清，身体摊在护栏上。琶醍护栏高度未达到安全要求，事故发生几率大增。

2.救护设施失范——阻碍救助

调查发现，酒吧专用救生设施数量不足且布置不规范，沿酒吧街 200 米江岸线上仅有 3 个救生圈，摆放位置被桌椅或码头铁架等物体遮蔽，加上夜晚江边灯光昏暗，事故中往往不能及时使用这些设施。

四、结论及建议

（一）调查结论

第一，失足、醉酒导致落水虽属主观原因，亦有客观因素的“推波助澜”，如防护救生设施配置不足、江边景观安全性低等，可通过规划手段预防。

第二，珠江前航道大部分亲水平台和广场的自救设施（救生圈、救生绳）配置未达到规划标准。河道虽有水警等他救力量和爬梯等辅助性救生设施覆盖，但救生盲区（猎德大桥—华南大桥段）依然存在。

（二）改善建议

1）完善亲水平台和亲水广场的救护设施。

一方面，增加平台和广场上的救生设施；另一方面，在亲水平台阶梯临江面、亲水广场临江面

增设规范美观的防护设施。

2）增强救生盲区的他救力量。

建议将猎德大桥以东救生盲区的废弃码头改造成水警驻点，用以停放救生艇等设备，增强该河段的他救力量，更好保障滨水区活动人群的生命安全。

3）扩大设施的救生范围和能力。

救生绳是容易被忽视的自救设施，但实际上它却能扩大救生圈的救生范围及能力。访谈中不少市民建议两岸应增设救生绳、长竹竿等救生设施。

4）对局部高危区环境和活动加强检查约束。

一方面，制定严格的滨水区景观安全控制方案，对滨水休闲娱乐场所的环境安全加强检查；另一方面，对江边占道经营、非法捕捞、酒后失控、翻越护栏等危险行为加以执法约束。

参考文献

[1]焦胜．城市滨水区的复兴——以长沙沿江风光带为例 [J]．南方建筑，2000 (4).

[2]陈伟．城市经营中的滨水区开发与经营[J]．规划师，2004(8).

[3]孙施文，王喆．城市滨水区发展与城市竞争力关系研究 [J]．规划师，2004(8).

[4]许珂．浅析城市滨水区旅游功能的开发[J]．规划师，2002(4).

[5]王晓鸣，李国敏．城市滨水区开发利用保护政策法规研究——以汉口沿江地区再开发为例[J]．城市规划，2000(4).

[6]陈伟，洪亮平．公私合作进行滨水区开发——以美国托莱多市为例[J]．国外城市规划，2003(2).

[7]王悦，张磊，李隽诗，李晓军．南京市外秦淮河滨水驳岸景观设计安全性研究——以草场门至清凉门段为例[J]．建筑与文化，2012(4).

[8]蒋娟娟，蒋建武．城市滨水空间亲水性设计[J]．中外建筑，2009(10).

[9]樊平．浅析现代城市亲水空间的营造[J]．城市 2012(7).

[10]戴海新，姜大荣．上海徐汇滨江亲水平台设计[J]．水运工程，2013(1).

闹市里的净土？
——广州北京路大佛寺宗教专有设施的公共性变化调查（2016）

闹市里的净土？
——广州北京路大佛寺宗教专有设施的公共性变化调查

一、引言——世已桑田，心未沧海

（一）调研背景

佛教作为我国五大宗教之一，对城市的影响长达千年。自古以来，佛寺就有都市与山林之分，但作为宗教场所的差异并不明显。发展到当代，都市佛寺的世俗化、社会化已成为主流。原本佛寺单一的信仰空间，融入了功能多元的公共活动空间，都市佛寺将以更加开放的姿态面对市民，以新的角色步入城市舞台。

开放的都市佛寺作为自下而上形成的一种特殊的多功能文化设施，其宗教性如何保持，如何满足社会的多元需求，如何平衡信仰功能和社会公共功能等问题成为目前宗教专有设施规划所探讨的热点。

都市佛寺： 根据现代都市特点及需求，以都市寺院为主要活动场所。不仅是佛教徒的信仰活动场所，也是重要的文化传播中心，并在一定意义上成为市民文化生活的公共空间。

（二）调研目的与意义

从不同人群的认知、态度、需求入手，结合关联空间，以广州大佛寺为案例对都市佛寺的现状、矛盾、优劣进行全方面的调查，以此为都市佛寺的未来发展，甚至城市文化设施规划提供依据与可能。

主要调研问题有：

（1）都市佛寺的功能特点、服务人群及其态度。

（2）不同人群、空间特点，及两者的联系、矛盾与平衡。

（3）都市佛寺与城市空间的互动关系。

（4）宗教专有设施与公共文化设施之间的关系。

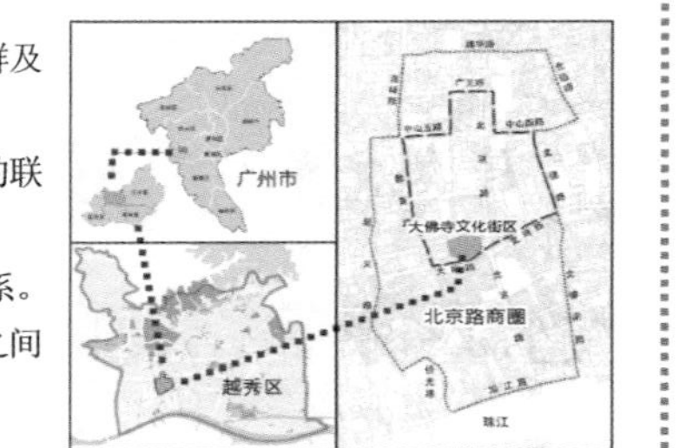

图1　大佛寺区位

（三）调研区域与对象

调研区域为广州市老城中心区越秀区北京路商圈的大佛寺街区（见图1），对象见图2。

普通大众	法师、居士、信徒	相关学者	各兴趣团体	游客	周边店主	规划局、佛协、民宗委

图2　调研对象示意图

（四）调研方法（见图3）

（1）文献分析法　查阅书籍、论文、报刊新闻等获取都市佛寺和大佛寺的相关资料。

（2）跟踪调查法　对寺内信徒、各兴趣团体、游客一天的活动进行记录，分析其空间使用的特点及与空间的联系。

（3）实地踏勘法　实地走访大佛寺及其相关寺庙，记录其功能分布，观察人群特征。

（4）问卷调查法　预调研时针对普通大众发放228份问卷，其中有效问卷218份；正式调研时针对与大佛寺活动相关者共发放问卷254份，有效问卷247份。

（5）深度访谈法　对住持、广东佛教协会副会长、广东民宗委委员、广东宗教研究院学者、某高校哲学系教授等，采用结构式和半结构式访谈，获取其不同的看法。

查阅媒体资料
挖掘社会热点
学习调研理论
背景资料收集
政府相关部门
民间协会
法师、居士
学者
访谈
普通信徒
游客
周边店主
参加活动市民
问卷
跟踪
寺内外空间使用情况
其他寺庙情况
实勘
前期准备
研究范围、方法确定
获取现状资料
整理归纳资料
深度调研
数据处理
总结特点、原因机制
讨论选题
提出问题
对象选取
初步调研
文献查阅
对比已有研究案例
都市佛寺的讨论兴热
关注宗教空间利用
闹市里的净土？
文化设施规划
佛教信仰空间
公众对佛寺的认知现状
相关部门提供（史料等）
知网检索

图3　调研技术路线

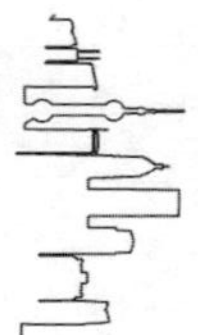

闹市里的净土？

——广州北京路大佛寺宗教专有设施的公共性变化调查

表 1　调查进度

时间	调查地点	调查对象	调查方式	调查内容
5.6	大佛寺	普通信众	观察、访谈	预调查阶段，大致了解岭南佛教的情况，找到调查研究的切入点
		法师		
	北京路	周边商铺、路人		
5.7	广东省佛教协会	林滨主任、法师	访谈	
5.21	大佛寺	信徒	观察、访谈、问卷	观察大佛寺平时的人流情况，收集不同人群的基本信息，访谈各种类型的人群
		居士		
		法师		
		寺内活动的普通民众		
5.22	北京路	游客、店主、附近居民		
5.28	广东省民族宗教事务委员会	林委员	深度访谈	通过访谈政府宗教文化设施规划管理部门，获悉佛教空间管理情况；
	广州市规划局越秀分局	郭局长		
5.29	广东省宗教研究院	王维娜博士		访谈相关研究学者，了解其对佛教信仰空间公共化转向的看法；
6.2	某高校	某高校哲学系冯教授		
6.4	大佛寺	讲座教授龚隽		访谈住持等寺庙管理人员，了解其基本运作情况
6.10	海幢寺	光秀法师（住持）		
6.11	广东省佛教协会	副会长惟信法师		
6.17-6.18	大佛寺	青年读书会成员	参与式跟踪调查、问卷	通过跟踪寺内不同人员一段时间内的活动轨迹，标记不同群体对信仰空间、公共活动空间的使用状况；参与旁听讲座、活动，参与体验不同空间的使用状况
		心理咨询中心民众		
		义工部志愿者		
		图书馆自习民众		
		康复社成员		
6.26	大佛寺	青年读书会会长如因	深度访谈	通过访谈大佛寺社会公共活动空间管理人员，获悉其日常使用、管理情况
		华侨物业杨先生		
		图书管理员李小姐		

二、问题的由来——万发缘生，皆系缘分

（一）都市佛寺发展历史——宗教性和公共性的演变（见图 4）

自汉代佛教传入中国时，便有了广义上的都市佛寺。

1.从单一的宗教服务到多样的文化、社会活动

南北朝，佛教因君王偏好而兴盛，佛寺为政府提供政治象征意义的宗教服务。

到唐宋，佛寺兼具研究、翻译、艺术活动等功能，并出现面对一般市民的“俗讲”，成为市民文化娱乐的重要公共空间。

2.从盛行“佛事”、社会文化活动衰废到整体衰败

宋明以后，佛教衰微，文化功能几近淹没，佛寺盛行荐亡、超度等“佛事”，甚至呈现鬼神化倾向。

至明清时期，僧尼众多，却素质低下，无法从事文化活动，佛寺多以经忏为务，以攀附官场、争取钱财为荣。

抗战和“文革”时期，社会动荡，佛寺几近衰废。

3.新时代新机遇新常态，社会化、公共化发展方向

改革开放后，宗教信仰自由，佛教重新“起航”，同时一种更社会化、公共化的都市佛寺也随着城市化进程“应运而生”。

“都市佛寺”出现
汉代
带政治色彩的宗教服务
南北朝
丰富的社会文化活动
唐宋
“佛事”盛行，趋迷信、钱权
宋末、明
佛寺衰废
抗战、“文革”
新机遇现代化、社会化
改革开放至今

图 4　都市佛寺历史演变

（二）公众认知现状——认知悖于现实和意愿

预调研阶段，针对公众对都市佛寺的认知，对市民随机发放问卷 228 份，其中包括信徒 27 份，对佛教感兴趣的非信徒 121 份，对佛教不了解的非信徒 70 份。

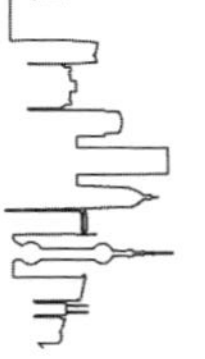

闹市里的净土？

——广州北京路大佛寺宗教专有设施的公共性变化调查

1.不了解者认知——都市佛寺功能人群单一

在对佛教不了解的非信徒当中，有约70%的人认为都市佛寺是较为单一的宗教功能场所（见图5-a），其主要的服务对象局限于拜佛、念佛的人群。

2.感兴趣者认知——都市佛寺功能人群多元

与不了解者认知相反，对都市佛寺有一定接触的人群中，有超80%的人认为都市佛寺除了宗教功能外，还承担着其他社会、文化功能（见图5-b），并且除信徒外，有很多普通市民也会参与其中。

3.非信徒期望——佛寺保持宗教性并承担社会功能

区别于纯净的信仰空间和文化设施，有超55%的非信徒认为，都市佛寺应该是一个宗教场所，但希望承担一些社会功能，使普通市民也能在里面参加活动（见图6）。

4.受访者意愿——有意参与寺庙社会文化活动

所有的受访者中，有超过85%的人有意参与图书馆、讲堂、茶室等空间活动，其中有31%表示肯定会参加（见图7）。

总结：普通大众对都市佛寺的认知与其发展现实和人群参与意愿相悖。

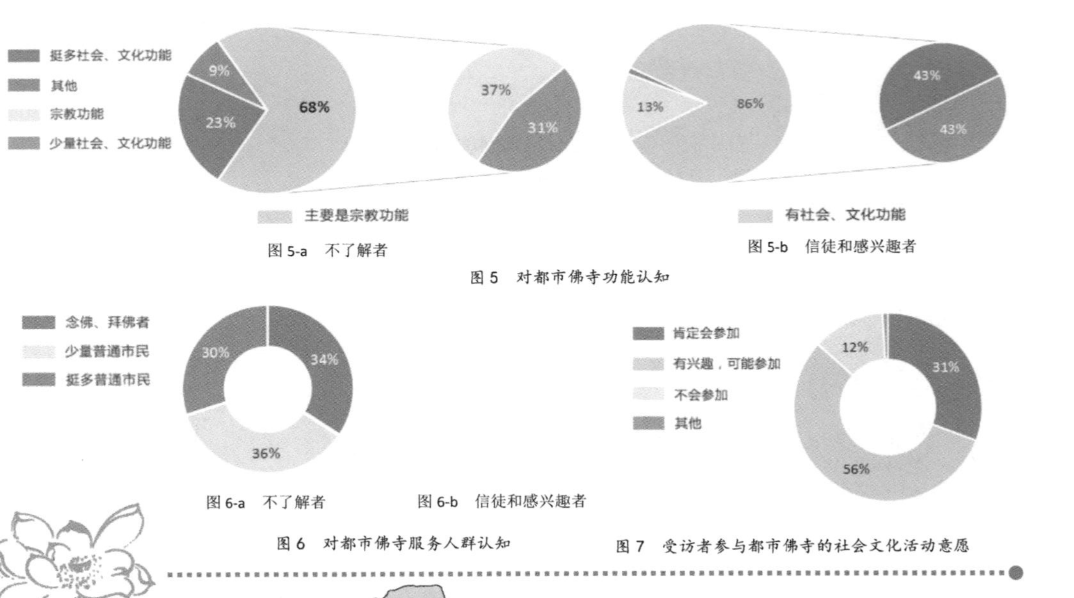

图5-a 不了解者　　图5-b 信徒和感兴趣者

图5 对都市佛寺功能认知

图6-a 不了解者　　图6-b 信徒和感兴趣者

图6 对都市佛寺服务人群认知

图7 受访者参与都市佛寺的社会文化活动意愿

（三）调研对象特征——大佛寺影射都市佛寺（见图8、图9、图10）

历史声望兼有：大佛寺始建于南汉，有千余年历史，是广州佛教的五大丛林之一。

立于闹市之中：大佛寺位于广州著名的北京路商圈，周围商业繁荣，人流密集。

积极寻求发展：大佛寺于近年陆续创办了图书馆、佛教艺术团、研究中心等，并组织了各类佛学或国学讲座、夏令营、公益活动等。

出现新的转变：大佛寺于2016年1月落成了一座九层高的现代化“弘法大楼”，使得其空间格局、功能分布、人群构成以及与周边的关系都发生了变化。

图8 广州佛寺现状空间分布

图9 大佛寺内部实景

图10 大佛寺印象词频分析

闹市里的净土？
——广州北京路大佛寺宗教专有设施的公共性变化调查

三、宗教活动人群——蝉噪林逾静，鸟鸣山更幽

（一）住持——主导寺庙多元发展（见图11）

1.住持理念引导寺庙发展方向

住持除指导寺庙的日常事务管理外，其发展理念直接影响寺庙的方向。如与大佛寺客观条件相近的海幢寺，依然维持着传统发展模式，便是其住持不同的发展理念起了重要作用。

2.住持对外关系影响活动建设

从大佛寺法师了解到，住持与高校教授、佛协、民宗委等相关方的私人关系，在推动大佛寺的各项社会、文化活动中提供了较大便利。

3.弘扬佛法要适应现代社会

大佛寺住持的发展理念是“恪守传统弘妙法，努力创新兴文化”，认为都市佛寺要适应现代社会的需求，从文化、社会等多方向进行弘法。

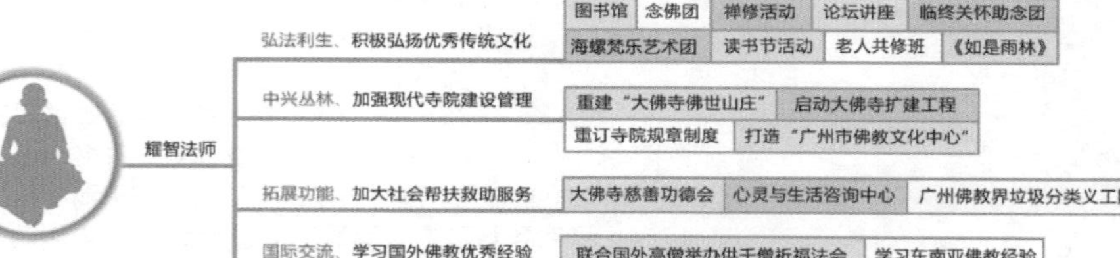

图11 大佛寺住持主导开展活动

> 在新时期，我们有新使命、新担当，我们应该为远绍如来、近光遗法，为服务社会、利益众生做出佛教弟子应有的贡献。
>
> ——大佛寺住持耀智大和尚

> 现代化功能建筑成为佛教建筑是趋势。现在寺庙普遍的情况是一个功能对应一个殿堂，这种现象太过浪费，为节省用地，保持绿化和空地量，最好将功能集合在一栋大楼里。
>
> ——海幢寺住持光秀法师

（二）僧人——支持寺庙公共开放

僧人是大佛寺的常住人群，居住在佛寺两侧的不对外开放的厢房，信仰场所也相对封闭。他们主要负责主持法事等宗教活动，日常活动也在寺内，十分依赖于各类功能空间（见图12）。

1.闹中修行以得静

僧人认为不只深山老林里的寺庙才是清净的佛寺，清净与否在于人心，即使在闹市中修行也可得静。

2.多元开放易弘法

弘法大楼建成后，建筑体量变大，功能多元，人流增加。僧人认为这能吸引很多对佛教、对大佛寺不了解的人，利于弘法。同时认为佛寺在都市里有必要功能多样，满足不同人群需求。

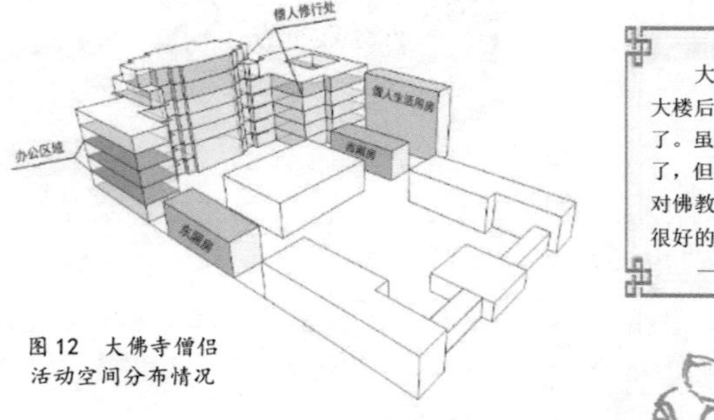

图12 大佛寺僧侣活动空间分布情况

> 大佛寺建了弘法大楼后，人流量是变大了。虽然我们工作量大了，但是能够吸引很多对佛教不了解的人，是很好的。
>
> ——大佛寺僧人A

（三）居士——保持本心兼收并蓄（图13）

居士指信仰佛教的在家教徒，他们在佛寺内主要参与拜佛、念佛、禅修等修行提升活动，使用其信仰空间。他们来寺院的频次较高，对不同寺庙有自己的偏好。

访谈发现，居士们希望佛寺能够感化到更多民众，但是同时普遍偏好利于修行的安静环境。平衡两者，他们都希望佛寺能够在发展趋向于多功能的同时保持信仰方面的纯洁性（见图14）。

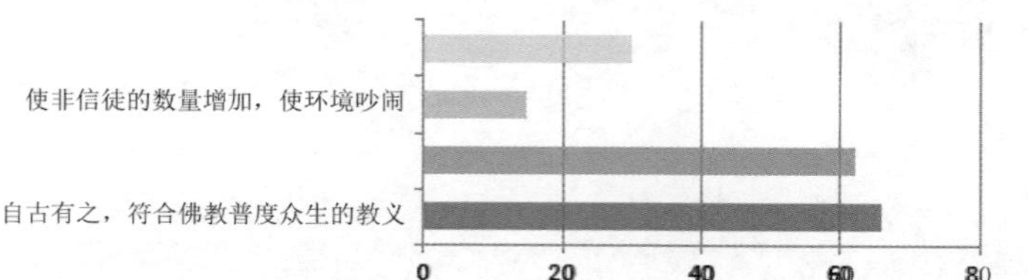

图13 大佛寺居士对都市佛寺的态度

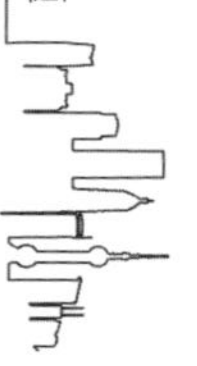

闹市里的净土？
——广州北京路大佛寺宗教专有设施的公共性变化调查

> 太多功能对于大部分信众来说作用不大，这样只会使现在城市人的心更加散乱。太多活动只能让信众走走场子，对于修心意义不大。像大佛寺一样就挺好的，但是又稍稍觉得功能太多了，有点乱，不知道该选择哪一种修行方式！
>
> ——常来大佛寺的居士 A

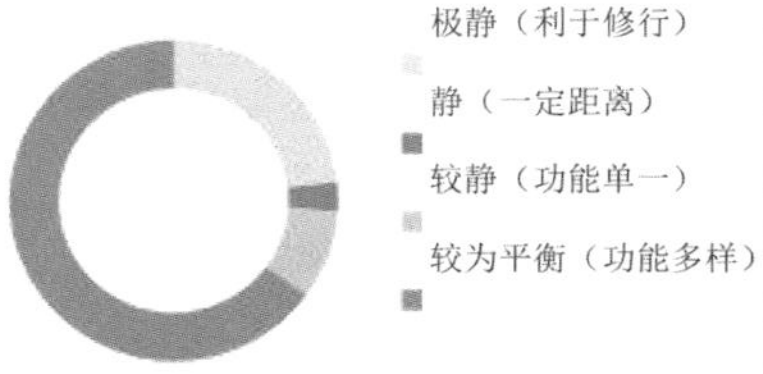

极静（利于修行）
静（一定距离）
较静（功能单一）
较为平衡（功能多样）

图14　居士对都市佛寺公共性的观点

极静（利于修行）
静（一定距离）
较静（功能单一）
较为平衡（功能多样）

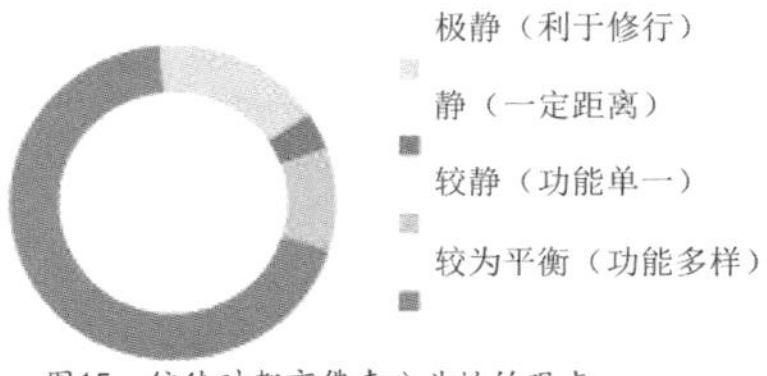

图15　信徒对都市佛寺公共性的观点

（四）信徒——参加公共活动提升修养（见图 14）

大佛寺良好的区位和交通条件不仅吸引了附近信徒，也拥有一批虔诚信徒跨越了距离限制（见图 15、图 16）。普通信徒不定期来拜佛、祈福、参加法会、听讲座、图书馆学习佛法等，而虔诚信徒定期来念佛诵经、禅修等（见图 17）。在大佛寺内，他们除了使用寺院信仰空间外，也较多地使用其他社会功能空间（见图 18）。

信徒介于居士和普通市民之间，是一个很大的群体。他们认为多功能的佛寺满足了多方需求，比起居士更能接受这种变化，也对多功能的寺庙表示支持。信徒对同时具备修行和弘法功能的都市寺庙很期待。

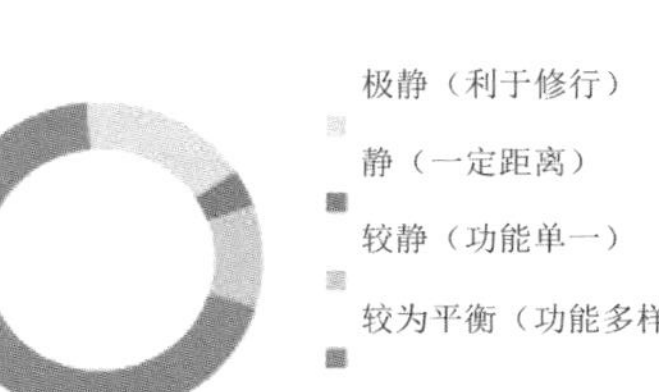

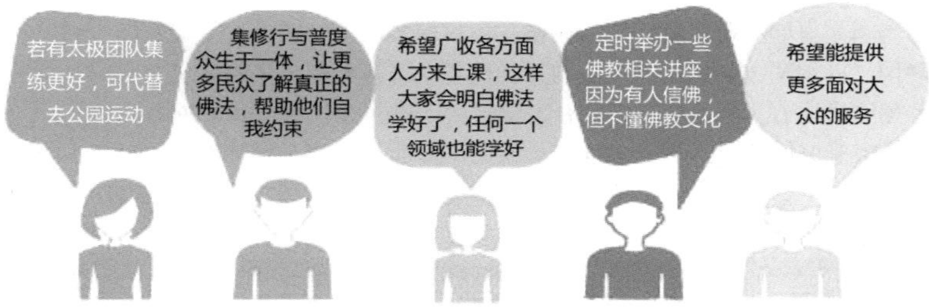

图 16　参加宗教活动的信徒观点

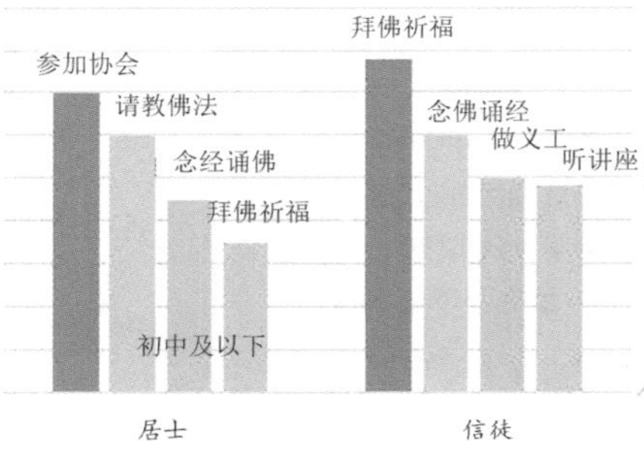

参加协会
请教佛法
念经诵佛
拜佛祈福
初中及以下
居士
拜佛祈福
念佛诵经
做义工
听讲座
信徒

图17　居士和信徒参加的主要宗教活动

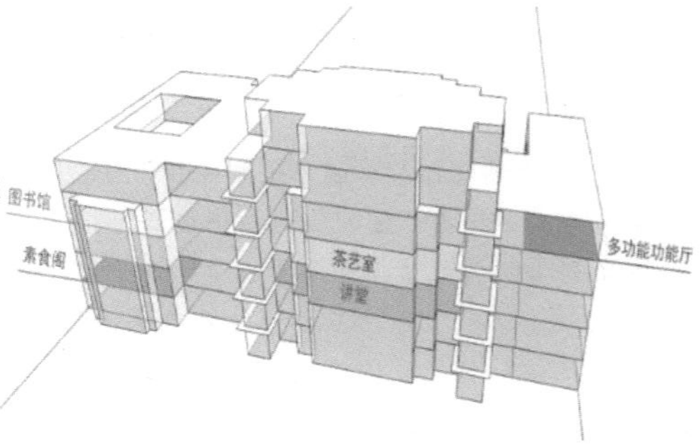

图书馆
素食阁
茶艺室
讲堂
多功能功能厅

图18　不同社会活动分布空间

四、社会活动人群——菩提本无树，明镜亦非台

（一）兴趣团体——渴求多元活动空间

1.青年读书会成员——提倡思想交流

青年读书会成员参与每周一次的青年读书会，与学者分享探讨经典书籍。其人群特征是对佛教文化感兴趣且文化水平较高，普遍达到本科及以上（如图 19），大部分为佛教徒（见图 20）。目前大佛寺只开展了一期青年读书会活动，希望第一期成员可以成为接下来几期读书会的组织者。

调查发现，该人群需要专门的讨论活动空间，才能够满足阅读分享与探讨的需要，同时需要避免大佛寺内宗教活动及其他社会活动造成影响。该人群对于佛教文化的认识较深，深切希望都市佛寺可以提供足够的空间保障思想交流功能的正常运行。

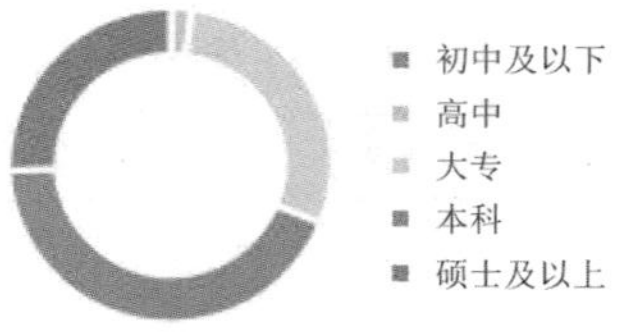

初中及以下
高中
大专
本科
硕士及以上

图 19　青年读书会成员文化程度

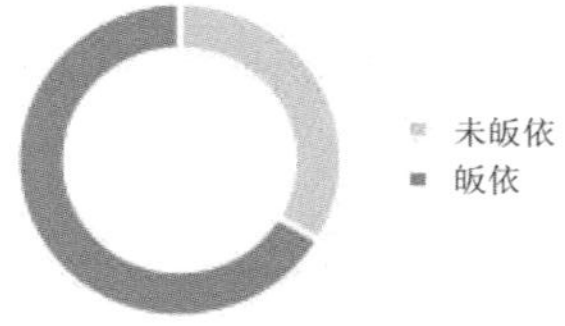

未皈依
皈依

图 20　青年读书会成员皈依佛教情况

闹市里的净土？
——广州北京路大佛寺宗教专有设施的公共性变化调查

2.善友康复社成员——希冀康复关怀

善友康复社成员定期参大佛寺举办的善友康复社活动和茶话会，其人群特征是自身或家中有亲人患有癌症，需要找寻心灵上的慰藉，从而辅助医学治疗。

该人群大多身体欠佳，交谈时可能会涉及病情等个人隐私，因此需要私密程度较好的交流空间。他们强烈希望大佛寺能够从都市佛教的角度提供更深层次的康复关怀，甚至是临终关怀，使城市居民在身体抱恙时可以得到心灵上的安慰。

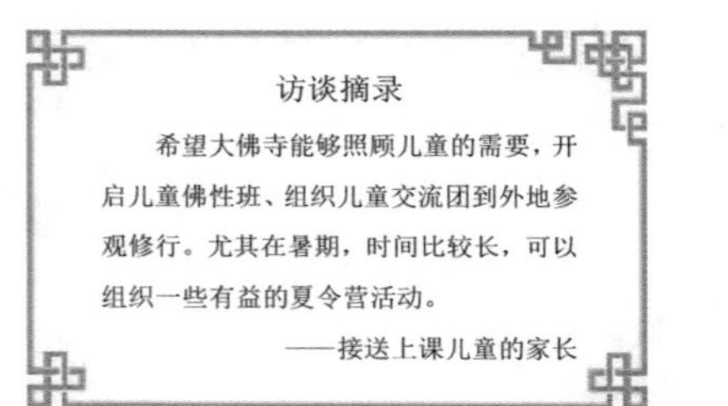
访谈摘录

希望大佛寺能够照顾儿童的需要，开启儿童佛性班、组织儿童交流团到外地参观修行。尤其在暑期，时间比较长，可以组织一些有益的夏令营活动。

——接送上课儿童的家长

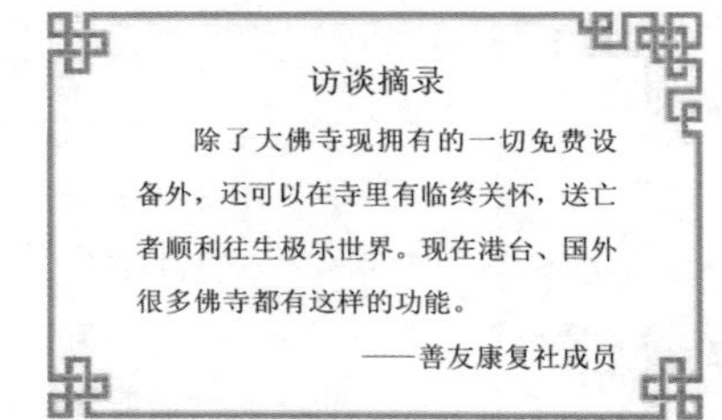
访谈摘录

除了大佛寺现拥有的一切免费设备外，还可以在寺里有临终关怀，送亡者顺利往生极乐世界。现在港台、国外很多佛寺都有这样的功能。

——善友康复社成员

3. 儿童经典学习班——呼唤社会教育

适龄儿童可以参与大佛寺国学经典、著作讲习的课程或学习古琴弹奏，或在假期参与大佛寺举办的国学夏令营。

该人群的主要需求为公共性较好的讲学空间，满足儿童学习的同时保证亲子活动的有序开展。调查中该人群反映出对都市佛寺社会教育功能的呼唤，希望大佛寺能够多开展针对青少年的讲习活动，传播佛教中的人生哲理，兴趣团体活动空间公共性对比见图 21。

图 21　兴趣团体活动空间公共性对比

（二）讲座学者——研究传道惠及民众

讲座学者是在大佛寺定期开展公益讲座的社会学者或高校教授，与大佛寺合作进行相关学术研究。

其参与方式主要是共建共筹，开展以下主要活动（见表 2），通过养生、经典等讲座弘法和教化民众。

表 2　学者在大佛寺开展的活动

主要功能	活动空间	活动形式及频率	活动对象
开展佛教文化系列讲座	多功能讲学厅	每周一次，学者向观众讲解社会热点话题	全体市民
与青年读书会合作	图书馆或多媒体会议室	每周一次，学者与读书会会员共同品读佛学经典书籍	青年读书会成员
佛教文化学术研究	学术研究中心	不定期，学者及高校学生与僧人合作研究佛学经典	学者、高校学生、大佛寺僧人

1.文化系列讲座——拓展佛教应用领域

讲座话题将佛教文化与其他领域结合。讲学空间公共性较强，欢迎且需要来自社会不同阶级的市民参与。此外，在图书馆每周还会举行面向全体青年读书会成员的经典品读活动。

2.经典文化研究——提升现代佛学水平

高校在大佛寺设立学术研究中心，主要人群为高校师生及大佛寺内研习佛家经典的僧人。研究空间相对私密，保证学者、学生与寺院内僧人可以进行交流，同时有足够空间进行佛教经典的储藏。

都市寺庙应该开展有深度的活动，学术体系应该体现和社会其他阶层的往来，古时候也是这样的。但不是每个点都可以合作，找到佛寺和其他领域契合的点才能形成良性合作氛围。

——某高校哲学系龚教授

闹市里的净土？

——广州北京路大佛寺宗教专有设施的公共性变化调查

3.都市佛寺双向需求的体现

大佛寺需要和学术界合作，将都市佛教的精神内涵世俗化，更利于在当下进行社会弘法；高校与大佛寺合作则可以更方便地参与佛学研究，且将研究成果第一时间通过讲座的形式使市民受益。

（三）附近居民——休憩社交习以为常

在对大佛寺的实地探访中，我们发现在大佛寺内有部分在此休憩的附近居民（见图22），他们不一定有信仰，只是将这里作为一个休憩场所，经常在这里进行社交活动。主要活动空间是大佛寺内的庭院。

这类居民人群的主要需求是希望大佛寺的休憩空间能够得到保留，大佛寺由于区位限制，空地不多，但是为数不多的空地是重要的室外空间，是个休闲健身的好地方（见图23）。

图22　榕树下休憩的民众

图23　参加太极健身的民众

（四）观光游客——盼望旅游文化展示

在北京路历史文化核心区中，大佛寺是仅次于北京路步行街的旅游目的地（见图24）。游客进入大佛寺参观游览，主要活动为参观大佛寺的建筑空间或在寺内商店购买商品（见图25）。

该人群的主要需求为旅游文化展示空间及一定的休憩空间，同时需要较为明确的指示游览路线，从而帮助该人群在脑海中形成较为清晰的大佛寺意象地图（见图26）。

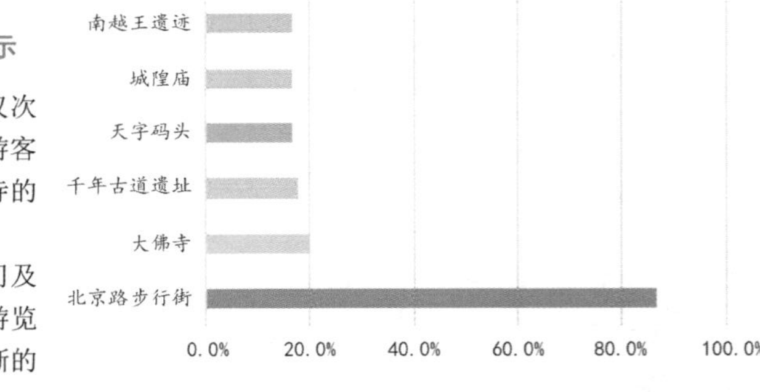

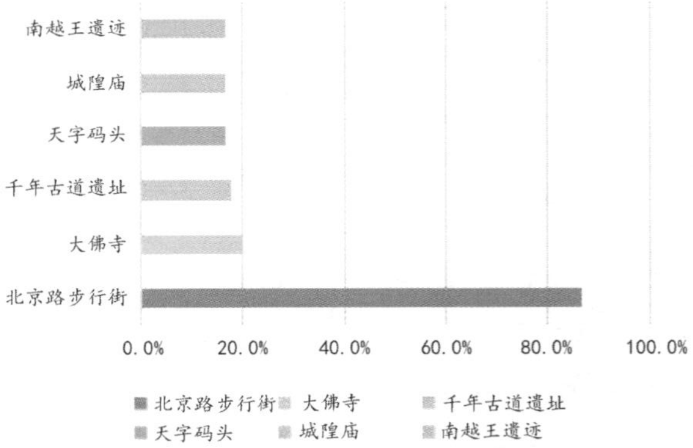

图24　游客在北京路历史文化核心区的旅游目的地偏好

我家里人是佛教信徒，之前在我们那边有听过耀智大和尚讲经，算是慕名而来吧。这次刚好来到广州这边，就过来大佛寺了，感觉真的功能很多啊，我挺希望佛寺都能这样的。

——广东佛山游客

我是跟着家人一起过来的，本来在北京路上游览的，看到那幢大楼，听到有诵经的声音，发现有好多人，香火很旺。打听了一下好像是在搞一个大型活动，还有很多志愿者在那里帮忙。看了一圈，觉得还挺不错的。

——浙江温州游客

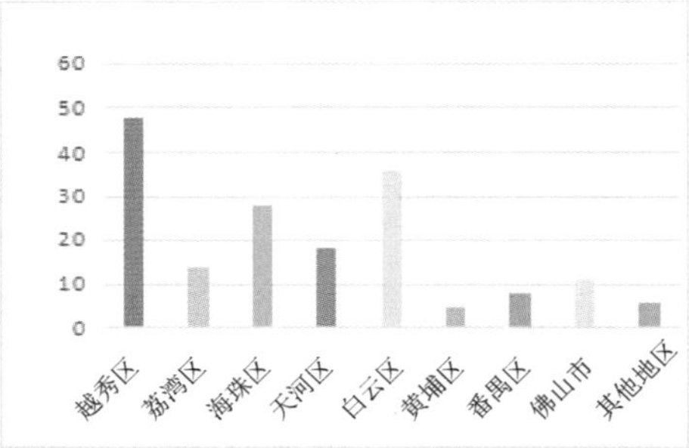

图25　大佛寺观光客来源

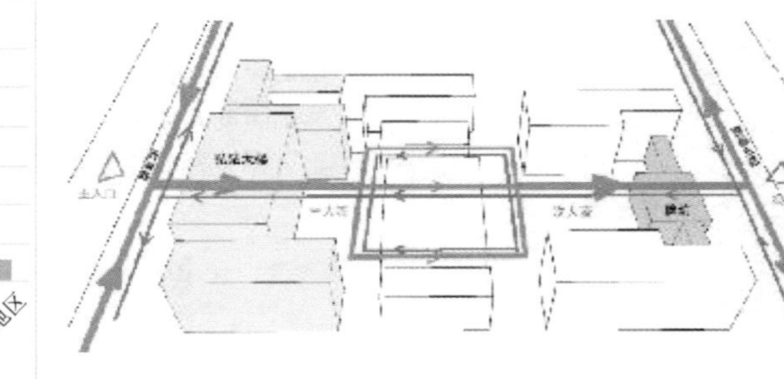

图26　大佛寺游客参观流线

闹市里的净土？
——广州北京路大佛寺宗教专有设施的公共性变化调查

五、闹市与净土的平衡——一方一净土，一念一清静

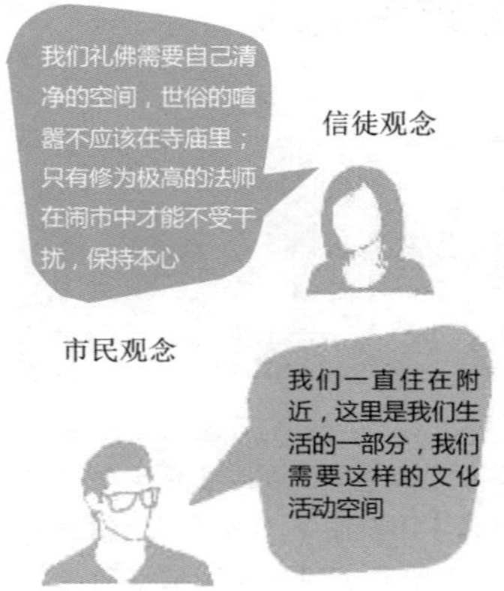

我们礼佛需要自己清净的空间，世俗的喧嚣不应该在寺庙里；只有修为极高的法师在闹市中才能不受干扰，保持本心
信徒观念
市民观念
我们一直住在附近，这里是我们生活的一部分，我们需要这样的文化活动空间
图 27　信徒、市民的观念差异

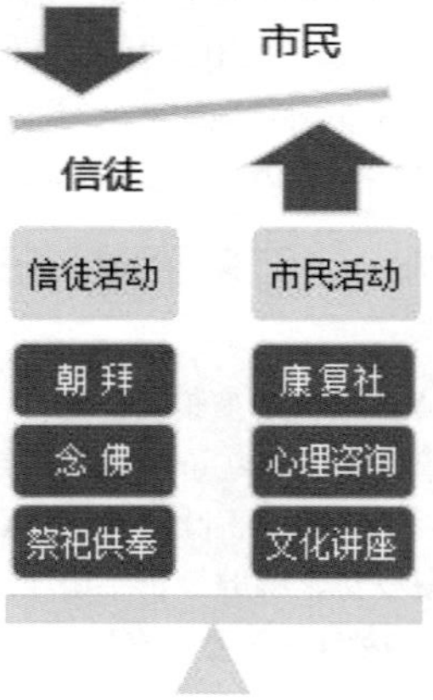

市民
信徒
信徒活动
市民活动
朝 拜
康复社
念 佛
心理咨询
祭祀供奉
文化讲座
图 28　信徒、市民的需求平衡

（一）信徒 vs 市民
——平衡需求矛盾和观念冲突

在预调研中，部分信徒认为佛寺应该是纯粹、安静的信仰场所，而这与非信徒所希冀的社会活动相矛盾，对一些世俗化、商业化趋势的佛寺而言，这一矛盾更加明显（见图 27）。

深入调研之后，我们发现与预期不同，大部分信徒（63%）都希望都市佛寺在保持修行空间安静的同时，积极承担社会功能，普度众生，弘扬佛法；修为高者认为应在闹市中修行。因此信徒与市民的观念矛盾并不显著（见图 28），同时大佛寺将不同人群的使用空间和活跃时间错开，满足了双方动静需求的平衡（见图 29）。

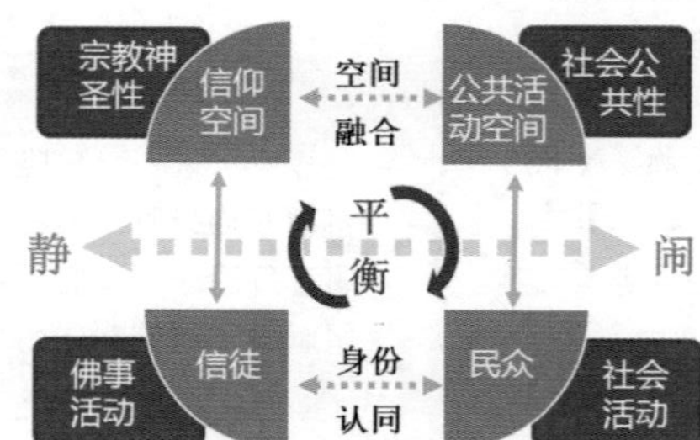

宗教神圣性
信仰空间
空间融合
公共活动空间
社会公共性
静
平衡
闹
佛事活动
信徒
身份认同
民众
社会活动
图 29　信徒、市民的冲突平衡

（二）信仰空间 vs 公共空间
——分异到融合

大佛寺的信仰活动空间主要有朝拜、祭祀供奉、念佛等厅堂。其作为宗教场所长期以来的服务人群为僧侣、信徒，因此原有空间具有一定的极化与隔离，与服务大众的公共空间形成分异。

而目前，大佛寺以开放的姿态面对市民，提供了较为丰富的公共活动空间，包括善友康复社（面对癌症病人）、心理咨询中心、社区图书馆、名人讲堂等。在单一的信仰功能中加入公共活动功能，使原来分异的两种不同属性的空间相融合（见图 30）。

（三）宗教空间 vs 城市空间
——相互渗透

大佛寺为省级文物保护单位，在规划修订时作为专有宗教设施而与周边用地分隔开来。但面对周边商业渗透、市民需求的变化，大佛寺以开放的公共空间来积极回应。其本身作为一个“开放院落”，是与周边城市街巷相互渗透的结果，如图 31。

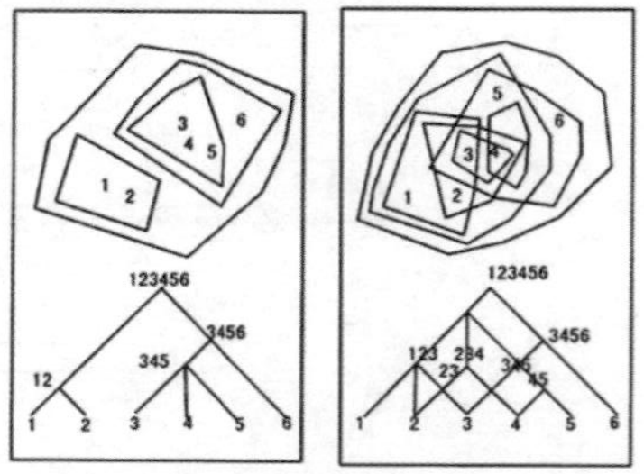

123456
3456
345
12
123
234
23
1 2 3 4 5 6
图例　活动空间—12　信仰空间—3456

图 30　从分异的树形到融合的半网络关系

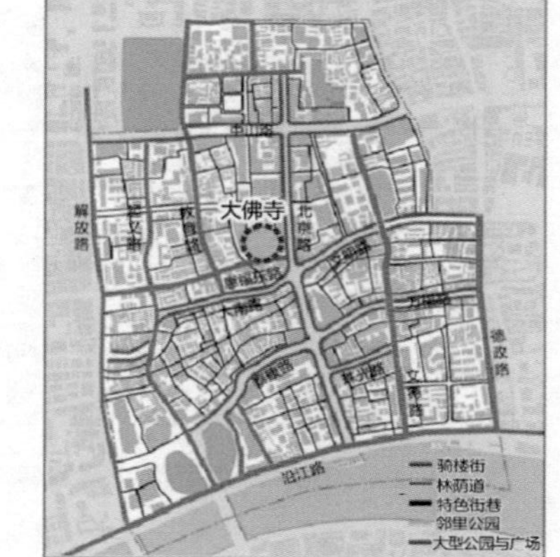

大佛寺
沿江路
骑楼街
林荫道
特色街巷
邻里公园
大型公园与广场
图 31　大佛寺周边街巷肌理

我家在这里卖礼佛用品已经十多年了，每天路过的路人数都数不尽，少数专门来拜佛的人才会来买香烛啊。平时生意一般，买的人少，逢年过节来买的人很多……大佛寺已经成了北京路街区旅游的一个重要景点了，很多人只是过来看看。

——大佛寺旁礼佛用品店陈阿姨

信徒自然都是在寺里面吃素斋，对我们的生意没什么影响。倒是有很多来听讲座的人中午会在我们这里吃饭，下午继续去听另一场。我没生意的时候也会去大佛寺的图书馆看报，哈哈……

——大佛寺门口小吃店李老板

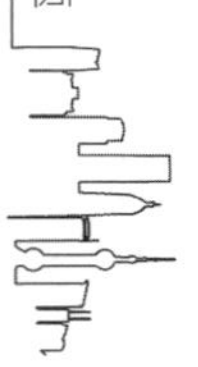

闹市里的净土？
——广州北京路大佛寺宗教专有设施的公共性变化调查

（四）专有宗教设施 vs 公共文化设施——自下而上地补充

1.专有设施零散，公共设施缺乏

如图 32 所示，大佛寺所在街区虽然有较多零星分布的专有文化设施，但面向所有市民的公共文化设施严重不足，难以满足周边居民日常的公共文化活动需求。

2.公共设施以公园、广场为主，高品质精神文化设施缺乏

如图 33 所示，大佛寺周边街区主要的公共文化设施主要是公园、广场等基本休憩空间，缺乏图书馆、讲堂、学习交流、心理咨询空间等高品质精神文化设施。

3.开放公共设施吸引人气，佛教光大弘法普度众生

大佛寺作为宗教专有文化设施，向社会开放的公共活动空间在很大程度上为周边市民补充了高品质的精神文化活动设施。另外，大佛寺在吸引人气的同时扩大了自身宗教的影响力，从而得以向更多的市民弘扬佛法，净化都市人心。

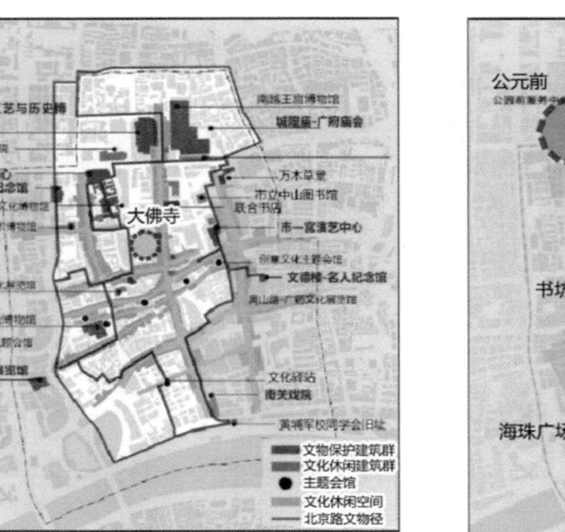

图 32　大佛寺周边街区文化设施分布

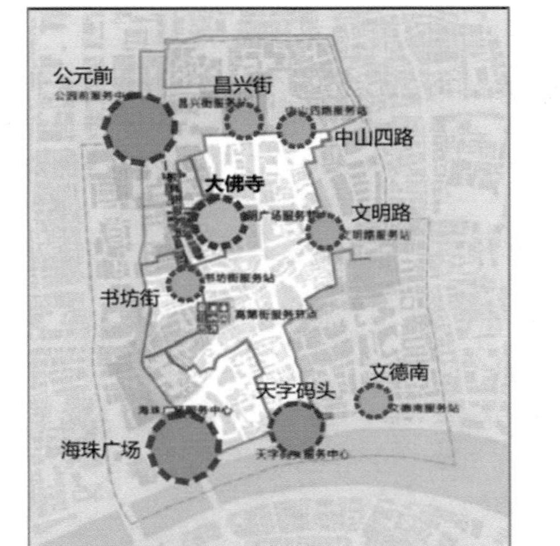

图 33　大佛寺周边街区公共文化设施分布

> 我觉得好啊！平时老伴去听法师讲经，我就自己在图书馆看报。以前都没有看报的地方，让我们这些不信佛的也方便啊……有时也会听大教授讲养生方法……发现他们（佛教徒）也不只是整天烧香拜佛嘛……
>
> ——家住附近的李大爷

> 北京路是广州历史文化老街区，在新一轮规划时，我们有家设计单位就提出了"市与寺共生"的理念。在老街区用地紧张、公共设施不足的背景下，新建公共文化设施非常困难，对专有设施进行存量改造、开放一部分给公众确实是新的出路。
>
> ——越秀区规划局郭局长

4.存量专有设施更新是新规划的出路

新型城镇化建设的新时期，新的规划回归理性，存量规划成为主流。在公共文化设施长期短缺的背景下，尤其是像北京路这样的老城区，规划部门自上而下地对已有专有设施进行存量改造，把握好特定群体需求与公共需求之间的平衡，是新规划的方向和出路。

（五）宗教纯洁性 vs 世俗公共性
——保持圣神性，适应社会需求

大佛寺专有设施的公共化并没有削弱宗教的神圣性，反而在新时代背景下扩大了佛教的影响，成为岭南佛教在市场经济中生存、发展的一种有效途径，同时也体现了佛教信仰空间的仪式感与象征符号转换、再生产过程。世俗化的背后，不仅仅是市场规律在起作用，它还包含了宗教、民俗、空间需求等多种复杂的要素，但仍然保持着宗教本身的神圣性。

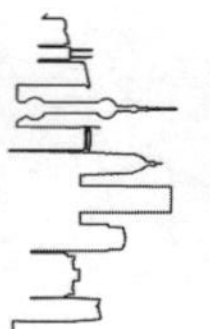

六、结论与规划建议

（一）结论

1.公共性变化满足都市不同人群的多元需求

在都市佛寺发展过程中，不同群体对宗教空间和公共空间有着不同的理解和行为模式，不同的需求造成了其对空间使用的不同行为。宗教活动人群大多对都市佛寺公共性增强表示肯定，其中信徒除传统礼佛外也积极参加其他社会文化活动；对于社会活动人群，都市佛寺的公共性变化为其增加了可选的公共活动空间及涵盖多方面的高品质精神文化活动。

2.净土和闹市亦可以平衡

宗教的神圣性和世俗公共性并不完全对立，宗教不是脱离世俗而单独存在的，它是一种复杂的社会文化现象。我们所调查的大佛寺是岭南佛教在当代社会环境中与市场化、城市化和全球化对话的结果，也是宗教的神圣性与世俗化辩证统一取得平衡关系的一个范例。在当今的时代背景下，都市佛寺以更加开放的公共性回应闹市已成为一种潮流。

（二）规划建议

1.都市佛寺规划的启示——公共性弹性是都市佛寺规划的方向

新常态下，传统文化的传承发生了变革，都市佛寺在城市化长期的渗透过程中产生了公共性的转向，世俗化、社会化已成潮流。在新的需求下，其空间格局和用地性质产生了更多的弹性。新的规划应当充分考虑其自身发展诉求，适度地开放一定的公共活动空间供市民使用，同时平衡好与周边既有公共文化设施的关系。

2.存量规划的启示——盘活专有设施，补充公共设施

在我国公共文化设施短缺的背景下，尤其在老城区增量规划陷入困境时，对已有的某些专有设施的适当开放，在盘活专有设施的同时缓解公共设施的压力，是当下存量规划的重要出路。专有设施管理者自下而上地开放，提高人气，扩大自身影响力；政府规划部门自上而下地引导，提供经费支持，结合既有特色打造高品质文化设施。如宗教场所的公共性开放本就符合教义；大学校园的开放充当起社区公园的角色，更进一步；封闭居住小区的开放促进交通微循环等。

参考文献

[1]费孝通.文化的生与死[M].上海：上海人民出版社，2009.

[2]亨特.宗教与日常生活 [M].王修晓译，北京：中央编译出版社，2010.

[3]李伟云.广州宗教志[M].广州：广东人民出版社，1996.

[4]简•雅各布斯. 美国大城市的死与生[M].南京：译林出版社，2005.

[5]觉醒. 人间佛教的新形式[D].上海：复旦大学，2011.

[6]谢和耐.中国世纪的寺院经济 [M].耿升，译. 上海：上海古籍出版社，2004.

[7]陈竹，叶珉. 什么是真正的公共空间?——西方城市公共空间理论与空间公共性的判定[J]. 国际城市规划，2009（3）.

[8]黄瓴，赵万民，许剑峰. 城市文化地图与城市文化规划[J]. 规划师，2008（8）.

[9]杨保军. 城市公共空间的失落与新生[J]. 城市规划学刊，2006（6）.

2　历史文化专题

一、选题分类

“历史文化”一直是城乡规划关注的重要议题之一，我校该类获奖作品主要集中在2012—2015年。近年来，我校在“历史文化”方面的参赛作品成绩较好，共获得二等奖2份，三等奖1份，佳作奖2份（见表1）。从类型上来看，既有关注城市历史文化变迁与保护，也有探讨村镇传统文化的原真性。从时间上来看，近年来有从单一城市文化研究到城乡文化互融的研究转向，与我国城市化发展历程相一致。

表1　“历史文化”类型作品信息

年份	等级	作品名称	学生信息	指导老师
2012	三等	城市收藏品——城市动态历史空间调查——以广州“老字号”电车为例	王楚涵、卢芳、沈欣、余亦齐	李志刚、林琳、林耿
2012	佳作	水上疍家何处寻——广州疍民文化遗存状况研究	黄嘉玲、王韬、韦悦爽、李洋	林琳、李志刚、李诗元、司徒尚纪
2013	佳作	宗族文化的“前世今生”——广州赤沙村八大宗族聚落文化现状调查	李思颖、李欣怡、李晨曦、刘扬	林琳、袁媛
2014	二等	西关梨园情——私伙局与老街区共生关系之调查	廖沁凌、甘有青、林殷、朱楠	李志刚、翁时秀、司徒尚纪、林琳
2015	二等	“伪真实”中的“真遗产”——广州番禺沙湾古镇传统飘色的原真性再造调查	江璇、高文韬、龚晓霞、麦荣智	王劲、周素红

二、研究方法

由于历史传统文化通常以某种物质、事件或仪式为载体出现，如广州的电车、私伙局、飘色活动等，因此实地观察其载体对于理解历史传统文化的内涵、变迁尤为重要。另外，调研不同利益群体的态度、意愿和感知，对历史传统文化的保护也有重要意义，在这层面上需要多运用访谈和问卷调查法。因此，由表2可见，实地观察、访谈和问卷调查是“历史文化”类型选题常用的基本方法。

近年来，“历史文化”类型作品的研究方法也在不断深化。在对“地”的研究上，出现了感知地图法和引入了地理信息系统的空间地图分析；在“人”的研究上，深化访谈的内容，专门进行口述历史来收集历史资料。

表2　“历史文化”类型获奖作品研究方法

作品名称	研究方法
城市收藏品——城市动态历史空间调查——以广州“老字号”电车为例	调研方式：实地观察、访谈、问卷调查 分析方法：统计分析、文献及访谈内容分析、定性描述
水上疍家何处寻——广州疍民文化遗存状况研究	调研方式：实地观察、访谈、问卷调查 分析方法：统计分析、文献及访谈内容分析、空间制图分析、定性描述
宗族文化的“前世今生”——广州赤沙村八大宗族聚落文化现状调查	调研方式：实地观察、访谈、问卷调查 分析方法：统计分析、文献及访谈内容分析、定性描述
西关梨园情——私伙局与老街区共生关系之调查	调研方式：实地观察、访谈、问卷调查 分析方法：统计分析及访谈内容分析、定性描述
“伪真实”中的“真遗产”——广州番禺沙湾古镇传统飘色的原真性再造调查	调研方式：实地观察、访谈、问卷调查、 分析方法：统计分析、文献及访谈内容分析、空间地图分析、定性描述

三、研究结论

“历史文化”类作品的研究结论主要集中在：①发掘某类历史传统文化的内涵；②理解某类历史传统文化的变迁；③揭示某种文化现象的内在机制（见表3）。具体而言，作品首先利用实地观察和意象分析反映历史传统文化的内涵；其次基于访谈内容及实地观察资料理解某类历史传统文化的变迁及特征；最后结合理论分析文化现象的内在机制。

表3　“城乡历史文化及保护”类型作品研究结论

作品名称	发掘某类历史传统文化的内涵	理解某类历史传统文化的变迁	揭示某种文化现象的内在机制
城市收藏品——城市动态历史空间调查——以广州“老字号”电车为例	电车的意象六要素		动态历史空间与老城格局的契合关系
水上疍家何处寻——广州疍民文化遗存状况研究	疍民文化内涵	疍民文化演变	
宗族文化的“前世今生”——广州赤沙村八大宗族聚落文化现状调查		宗族文化变迁的表征	宗族文化变迁的内在机制

西关梨园情——私伙局与老街区共生关系之调查			私伙局的运行机制； 老街区和私伙局的互动促进机制
“伪真实”中的“真遗产”——广州番禺沙湾古镇传统飘色的原真性再造调查			传统飘色的空间生产机制

四、理论贡献

综合来看，我校“历史文化”类型作品的理论贡献在于：①拓展历史传统文化的内涵。研究不仅仅停留于传统的建筑等物质性历史文化方面，也从宗族、记忆等非物质性文化入手进行研究；另外强调历史传统文化的动态性，积极从时间尺度研究其演变。②新理论、新技术的应用。近年来，积极运用空间生产理论解释文化现象的内在机制，并辅以空间分析，是对历史文化研究的理论创新和技术尝试。

五、研究展望

综合来看，“历史文化”类作品应遵循“是什么—怎么变—为什么”的逻辑主线，解决历史传统文化的内涵、历史传统文化的变迁、文化现象的内在机制三类问题。目前我校优秀作品一般只涉及一到两个方面，仍有完善和进步的空间。另外，我国正处于全球化和新型城镇化两大时代背景下，本地历史文化如何在全球文化席卷的浪潮中幸存，乡村传统文化如何结合城市文化共同发展，将是未来研究的重要方向。

城市收藏品

——城市动态历史空间调查——以广州“老字号”电车为例（2012）

城市收藏品

城市动态历史空间调查

一、调研背景、意义及目的

（一）调研背景

2012年3月25日，广州市电车公司被授予“老字号”称号（见图1），成为老广州一个新的历史符号。与此同时，上海决定取消运营了30年之久的55路公交（见图2），这件事在微博上引起了强烈的反对，无数乘客在微博上讲述自己与老公交的故事，55路不仅是他们的交通工具，也承载着他们满满的记忆。

随着广州的不断发展，旧城改造已然成为城市发展不得不面临的一个问题，伴随着旧城更新的是城市历史的保护问题（见图3），然而这个问题不论是在广州，还是在全国其他地方，都处理得不尽如人意。

图1　“老字号”广州电车

（二）调研意义

1. 城市研究新领域：动态历史空间

在历史文化保护中，古建、古街等静态历史空间的保护备受关注，然而类似电车这类基于自身运行而产生的动态历史空间却往往被人们所忽视，此方面的研究较少。当代城市社会研究正从静态转向动态，这说明此类研究将成为城市空间研究的前沿领域，而城市规划作为与这一问题存在紧密联系的综合性学科，有责任去丰富这一领域的研究。

图2　上海55路电车站牌

2. 城市规划新视点：保护城市文脉

旧城保护一直面临着完善城市功能与保留历史文脉的两难处境，引入对动态历史空间的保护为更好地保护旧城历史文化提出了一种新思路。与此同时，现今的城市规划工作往往偏离人的生活，对生活方式的延续关注不够，历史电车线路承载着城市生活文化的基因，对它的保护也体现了对人居生活方式的关注。

图3　恩宁路拆迁

3.城市旅游新模式：打造城市收藏品

动态历史空间是展现城市文化的一个鲜活窗口，是一个城市的记忆载体，将它打造成城市收藏品，为感受城市魅力提供了新途径，也为发展城市旅游提供了新模式。

（三）调研目的

本研究选取历史电车线路这一动态历史空间代表为研究对象，通过对广州历史电车线路的研究，了解并回答如右所示问题。

（1）动态历史空间包含哪些要素？

（2）动态历史空间的保护价值？

（3）如何更好地进行动态历史空间的保护？

二、调研方法及思路

（一）调研线路的选取

广州电车于1960年通车运营，20世纪80年代之前只有4条线路，现存线路共14条。101、102、103、104路电车线路从最初的4条线路演变而来，主要在老城区行驶。其中起止点为文化公园与东山口的102路电车线路完全保留原始线路，未作改动，因此我们选取其为主要调研线路。

（二）调研与分析流程

1. 调研技术路线（见图4）

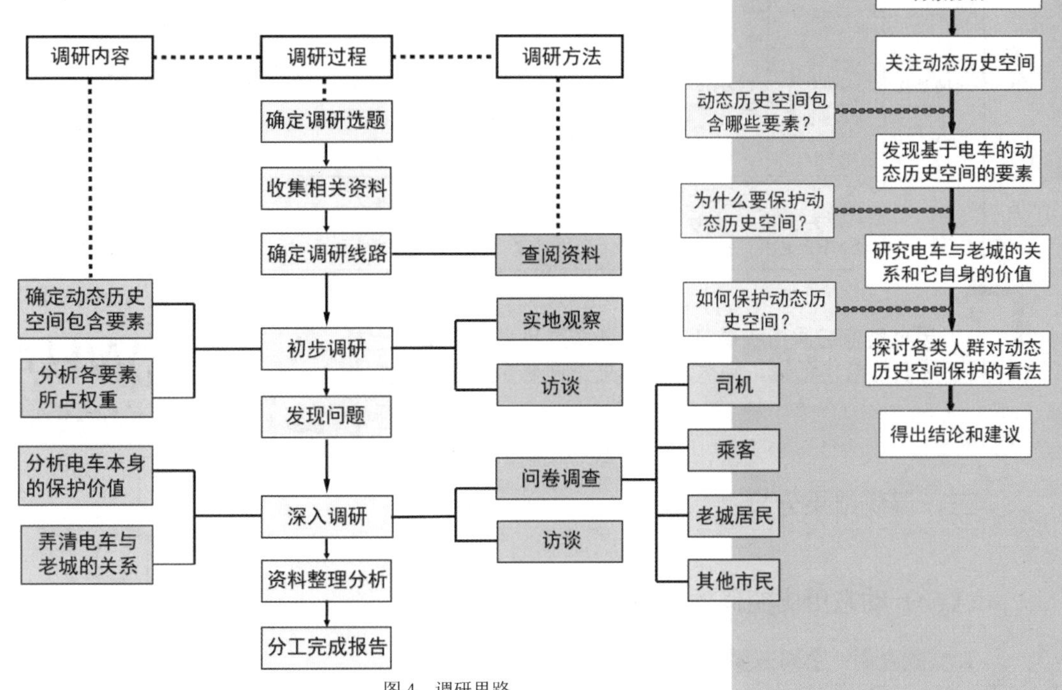

图4　调研思路

本次调研于2012年5月在广州进行。针对乘客、司机、市民发放问卷，以实地发放问卷为主，并引入网络问卷的方式，共发放问卷260份，回收233份，有效问卷217份；同时，对政府、电车公司、市民等多方进行访谈，录音并整理记录，提炼有价值的信息。

2. 具体调研过程（见表1）

表1　调研过程

调研内容	时间安排	调研方法	具体安排	备注
电车体验	半天 （5月6日上午）	四人分为两组，分别从两个方向乘坐电车，每组负责一侧景象	A 东山口—文化公园 B 文化公园—东山口	记录车内外可直观观察情况，拍摄照片
针对性访谈	两天 （5月9~10日）	四人分为两组，分别进行对电车公司及相关学者的访谈	A 电车公司 + 学者1、2 B 政府部门 + 学者3、4	主要依据访谈提纲进行提问，重点了解他们对电车历史空间的见解
随机访谈	一天 （5月14日）	四人分四个区随机访问路人	A 荔湾区　C 海珠区 B 越秀区　D 天河区	主要了解提及电车市民的不同反应，提取关键词
问卷调查	半天 （5月19日上午）	四人分为两组，分别前往东山口总站和文化公园站，向司机发放问卷	A 东山口总站 B 文化公园总站	
	一天 （共进行两次：工作日、双休日各一次） （5月20~21日）	四人分时间段乘坐电车，在车上向乘客发放问卷	A 8:00 — 9:30 B 11:00 — 12:30 A 14:00 — 15:30 B 17:00 — 18:30	到达终点站后乘坐反方向车折回，每人乘坐两次全程，一次乘车全程历时约40分钟
	半天 （5月22日上午）	四人分四个区随机向路人发放问卷	A 荔湾区　C 海珠区 B 越秀区　D 天河区	

历史动态空间同古建筑、古街道这类历史静态空间一样，承载着人们的集体记忆，那么动态历史空间包含何种要素？

三、调研结果分析

（一）动态历史空间的构成

1. 文献查阅：空间三要素

整理相关领域部分学者研究（John Urry，Wellman，孙施文，柴彦威）发现：电车沿着线路的运行形成的是一个穿梭在老城中的动态空间，沿着这个线路，人们从电车内观察电车外的老城，获得一个连续的、不断流动的景观变化（见图5）。因此动态历史空间的构成要素不仅有电车的行驶线路，还有电车主体以及线路周围的空间标志及功能（见图6）。

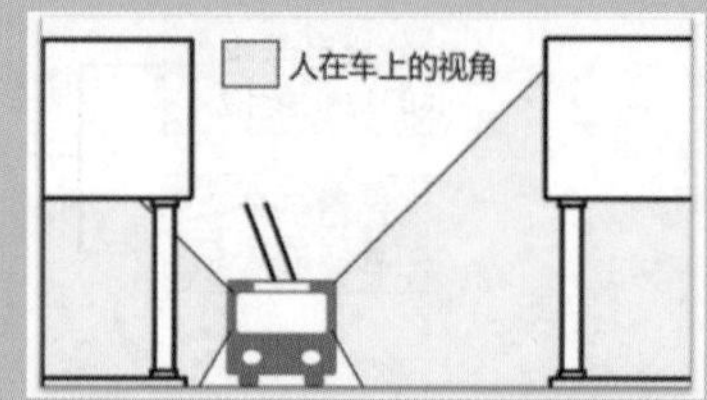

图5　动态历史空间示意图

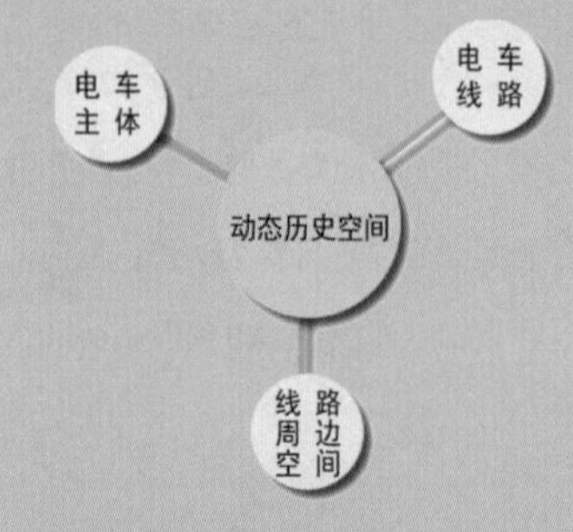

图6　动态历史空间三要素

2. 人群访谈：意向六要素

对访谈者关于问题“提及电车，您第一个想到的是什么？”的答案进行整理，提取关键词，见表 2。

表 2　电车关键词表

选项	小计	比例
电车的两个辫子	29	69.05%
马路上的电线	15	35.71%
长长的中间带通道的车	10	23.81%
东山口总站，西门口等站名	25	59.52%
南方大厦、烈士陵园、农讲所、中山医	20	47.62%
骑楼	20	47.62%
去某地的常用交通	17	40.48%
去某地干什么事	23	54.76%
自己常坐的某辆车	13	30.95%
本题有效填写人次	42	

对访谈者用词进行归纳整理，可以发现电车作为动态历史空间的 6 个主要意象要素为电车外观、行驶路线、线路名称、站点名称、沿线景观和沿线用地功能，如图 7、图 8 所示。

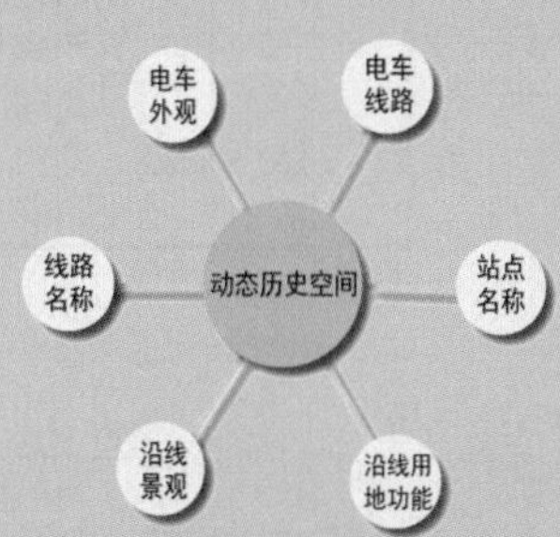

图 7　动态历史空间意象六要素

图 8　电车意象六要素

针对不同人群（普通市民、电车乘客、电车司机）发放问卷，检验上述六要素重要性（见图 9），发现无论是市民、乘客，还是司机，对于这六要素重要程度的判断，选择“非常重要”和“比较重要”选项的都达到 50%以上，因此将这六个要点作为电车的意象要素是合理的。

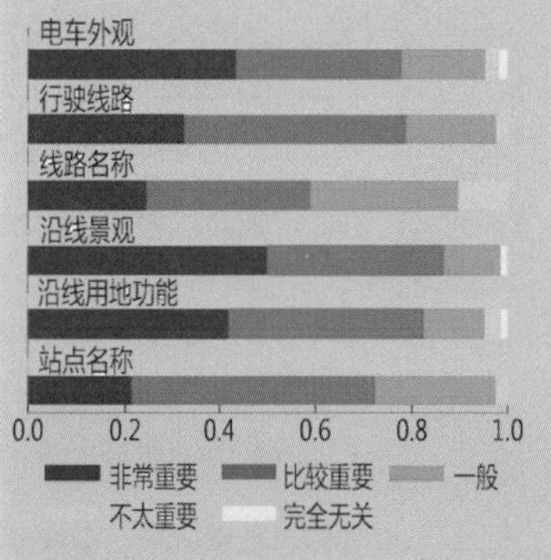

图 9　六要素重要性验证

3. 定量分析：三大核心载点

历史电车线路在老城区诞生并与之共同成长，因此，我们猜想，在上述六要素中与城市相关的最为核心的要素，即沿线用地功能、沿线景观和行驶路线三要素。

赋值表达式
非常重要=5
比较重要=4
一般重要=3
不太重要=2
完全无关=1

通过 SPSS 软件计算主成分系数验证上述猜想（见图 10）。

成份得分系数矩阵

	成分	
	1	2
电车外观	-.168	.517
行驶路线	.382	-.016
路线名称	.057	.395
站点名称	-.048	.430
沿线景观	.399	-.107
沿线用地功能	.432	-.059

提取方法：主成分
旋转法：具有 Kaiser 标准化的正交旋转法。
构成得分。

图 10　SPSS 分析图

由成分得分系数表得到两个主成分的具体表达式：

F_1 = -0.168 电车外观 + 0.382 行驶线路 + 0.057 线路名称 - 0.048 站点名称 + 0.399 沿线景观 + 0.432 沿线用地功能

F_2 = 0.517 电车外观 - 0.016 行驶线路 + 0.395 线路名称 + 0.430 站点名称 - 0.107 沿线景观 - 0.059 沿线用地功能

表3　总方差解释表

成分	特征值			被提取的载荷平方和			正交旋转平方和		
	总数	% 方差	累积值 %	总数	% 方差	累积值 %	总数	% 方差	累积值 %
1	2.452	40.870	40.870	2.452	40.870	40.870	2.060	34.339	34.339
2	1.348	22.473	63.342	1.348	22.473	63.342	1.740	29.003	63.342
3	.695	11.583	74.926						
4	.599	9.978	84.903						
5	.532	8.867	93.770						
6	.374	6.230	100.000						

抽取法：主成分分析

由解释的总方差表（见表 3）得到两个主成分的加权系数：

F = 2.452/(2.452 + 1.348) × F_1 + 1.348/(2.452 + 1.348) × F_2=0.645 ×F1+0.355×F2=0.075 电车外观 + 0.241 行驶线路 + 0.177 线路名称 + 0.122 站点名称 + 0.219 沿线景观 + 0.300 沿线用地功能

动态历史空间（电车）= 0.300 沿线用地功能 + 0.241 行驶线路 + 0.219 沿线景观 + 0.177 线路名称 + 0.122 站点名称 + 0.075 电车外观

由上式可知，在动态历史空间的六个构成要素中，最主要的是沿线景观、沿线用地功能和行驶线路（见图 11），与我们的猜想一致。

图 11　电车意象六要素权重雷达

4. 小结

电车作为动态历史空间的一个代表，其意向要素包括外观、路线、线路名称、站点名称、沿线景观以及沿线用地功能；其中最重要的是沿线景观、沿线用地功能和行驶路线这三大要素，并且它们都与城市有着密切的关系。

城市收藏品 城市动态历史空间调查

厘清动态历史空间要素后，我们自然而然地想到，为何我们要保护电车这种动态历史空间呢？下面具体分析电车作为动态历史空间值得保护的原因，并着重分析其与老城区的关系。

WHY

（二）动态历史空间的保护价值

1. 电车本身保存了老城的时代风貌

从 1960 年第一辆电车开通至今，电车车型为了顺应时代发展的需求做出了一定改变，但其最重要的标志——“长辫子”、架在空中的电线、集电杆——依旧保留，这些元素保存了 20 世纪后半叶老广州一个时代的风貌（见图 12、图 13）。

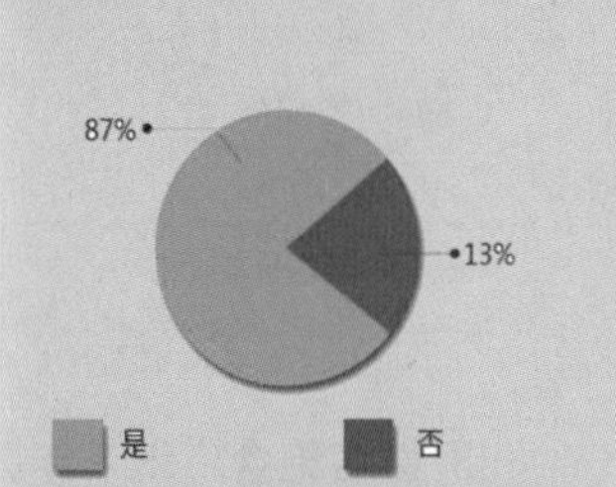

图 12　您是否认为电车是老城的一个符号？

图 13　20 世纪 60 年代至今电车的变化

2. 沿线城市景观具有广州历史特色

102 路沿线遍布广州的历史建筑（见图 14），以传统骑楼为代表（见图 15），与南方大厦、北京路口等标志性建筑共同还原了广州老城区的历史风貌，而电车为载体的动态历史空间为人们提供了一个绝佳的视角来感受广州，随着电车的前进，近现代广州发展历程中各时期的城市景观渐次展现（见图 16），犹如一次时光之旅。

大于100年　60~100年　20~60年　小于20年

图 14　102 路周边建筑历史分布情况

城市收藏品

城市动态历史空间调查

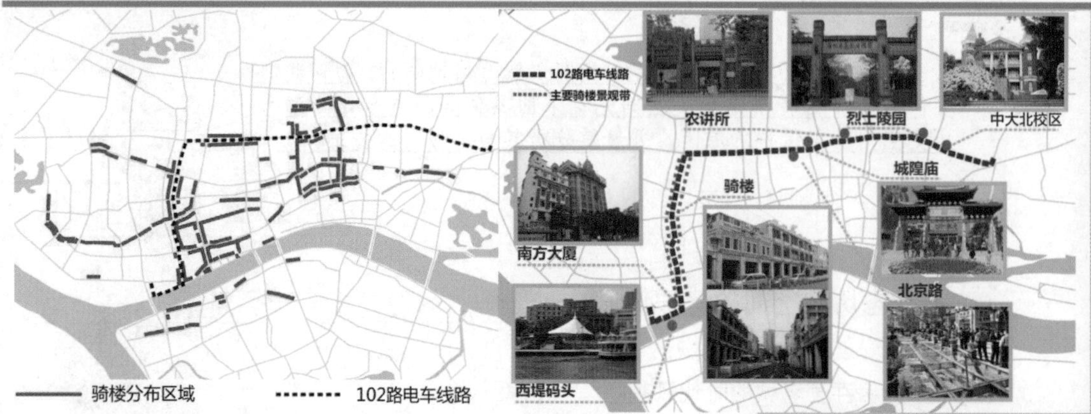

图 15　广州骑楼分布

图 16　102 路沿线景观

3. 站名饱含广州千年历史

部分站名从古沿用至今，饱含一个地方的历史文化，另有部分站名则随着城市发展大事而演变，见证了城市历史的发展。同时人们对老城区的认识和空间分布的感知，有很大一部分是靠站名帮助来完成的，即地名三个属性中的指位性，如到达农讲所，人们会很明确地知道东边是大东门（见图 17），西边是财厅，从而加强了对老城的认知。

图 17　广州建城时的西门和东门分布

表 3　102 路线路站名表

站名	得名时代	历史	
大东门 西门口	唐朝	广州古城，南面临江，东西北被城墙包围，东起“大东门”，西至“西门口”，北至“小北门”，而今大东门、西门口都是线路上的站点	
大新路	明朝 清朝	明朝末年改名的大新路，在清初就有了“珍奇多聚大新街，翡翠明珠次第排”的记载	
财厅	民国	位于北京路北端的财厅是一幢仿欧洲古典建筑风格（穹顶）的砖、木、钢筋混凝土结构大楼，建于民国，作为广东省财政厅大楼的功能延续至今	

4. 沿线空间节点构成了广州近代发展的缩影

作为中国近现代化的先驱，广州在中国的近代史上有着不可磨灭的地位，其中一些对广州繁荣起到里程碑式作用的空间节点均分布在 102 路沿线（见图 18）：十三行商圈、北京路商圈、东山口地区历史名校、中山路行政中心与医疗中心、人民路传统居住区等。这些空间节点如同广州近代历史的缩影，向乘客叙述着广州的发展。

图 18　广州主要城市空间

5. 电车站点分布密度合理、尺度宜人

在调查中，选择“线路站点与出发点距离较近”和“线路站点与目的地距离较近”的总和达到 84.44%。另外，15.56%的人选择“没有进出地铁站的麻烦”，因而电车站点具有相对方便的特点（见图 19）。

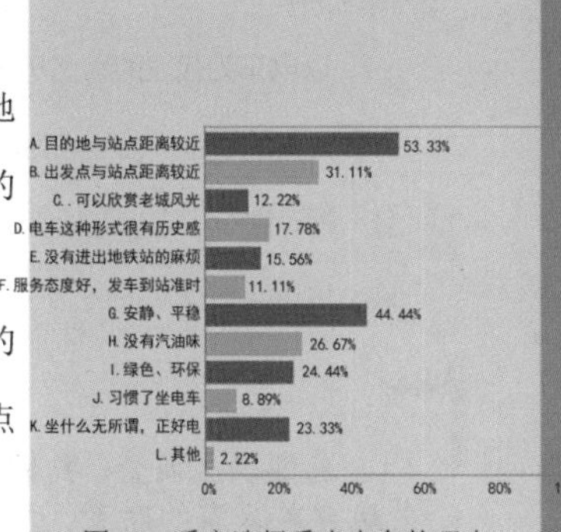

图 19　乘客选择乘坐电车的理由

由于电车站点平均距离为 600 米，因此，我们选取 300 米为每个站点的服务半径，分析其周边的用地功能（见图 20）。由图可知 102 路线路的站点位于各主要用地功能节点位置，与老城主要也是最好的就医、上学、购物、休闲等功能区契合度极高。

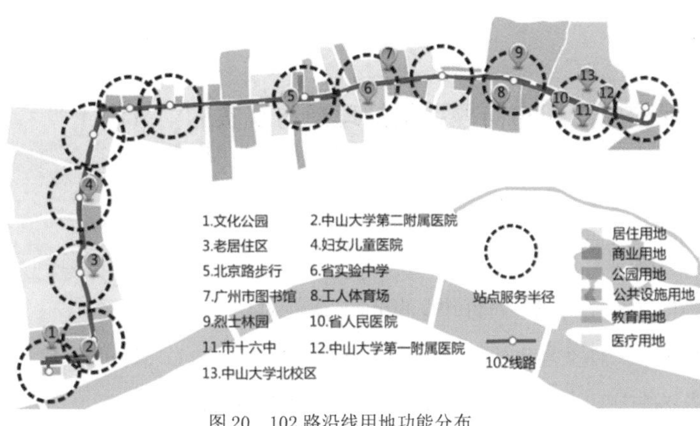

图 20　102 路沿线用地功能分布

6. 行驶线路延伸以满足老城居民出行

广州的老城区集中在东山区、越秀区、荔湾区，一条中山路成为当时贯穿城市的主要轴线。20 世纪 60 年代启动的第一批线路，以两纵两横的形式串联起当时的东山区、荔湾区和越秀区，并以中山路为主要行驶路线。随着城市南北向的扩展，线路也随之向北向南延伸，扩大了两纵两横的覆盖范围，满足了老城区居民的出行需求，并且使老城与新城紧密联系起来（见图 21、图 22）。

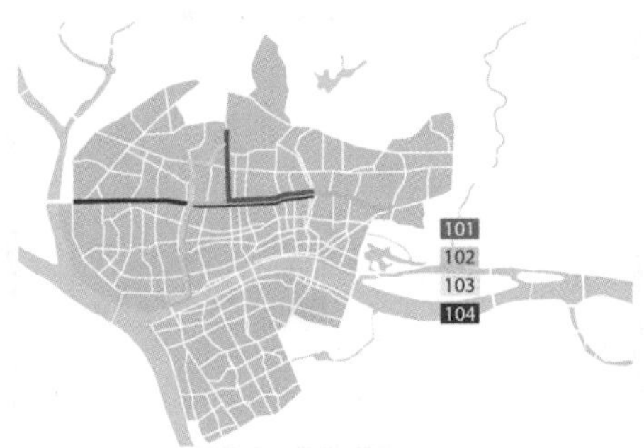

图 21　60 年代广州市域及电车线路图

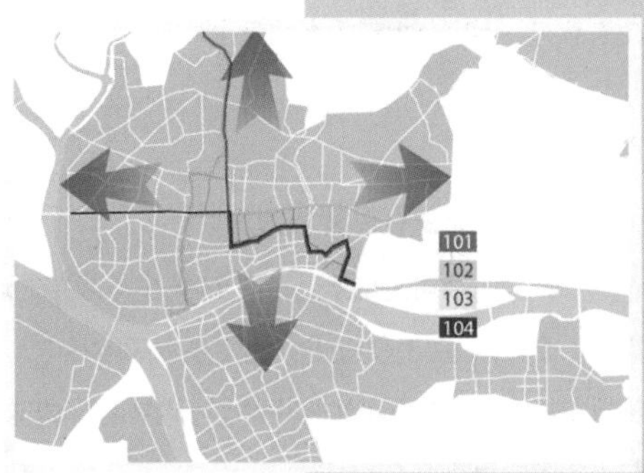

图 22　90 年代广州市域及电车线路图

7. 小结

以电车为代表的动态历史空间之所以需要保护，是因为这种历史空间与老城有着紧密的联系，已经成为老城的组成部分，就像西安的古城墙是历史古城的符号一样，缺少了它也就缺少了古城的韵味，所以保护历史动态空间也就是保护老城的历史与文化。

通过以上调查，我们看到，以电车为代表的历史动态空间与老城有着紧密的联系，这种空间已经成为老城历史文化的符号之一。那么对于这样一个空间，我们应该怎样保护呢？

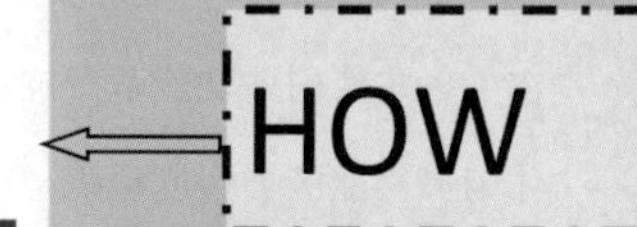

（三）动态历史空间保护中的现实问题：保护理想与现实的博弈

1. 电车乘客

（1）便捷与舒适是搭乘的原因。

电车乘客大部分是在老城区生活、工作或上学的居民。电车的便捷和舒适是绝大部分乘客选择搭乘的主要原因，只有少部分人表示是因为电车的历史感让他们更倾向于乘坐，因此当问及以牺牲电车历史感为代价来提高电车的功能性时，仅有27.8%受访者持反对态度（见图23）。对于老城居民而言，电车长期以来一直是他们日常出行的首要选择。

（2）渴望保存历史感但不愿为其买单。

同时，多数乘客表示希望电车的历史感得到保护，因为它是老城的文化符号。但是，当问及“能否接受为了保护电车的历史感而适当提高票价”，87%的乘客都选择了“不能接受”（见图24）。他们认为，电车现在的票价是支撑它依然受到大众欢迎的重要原因之一，而保护电车历史感所要承担的成本，应该由电车公司和政府承担，不应分担在乘客的身上。

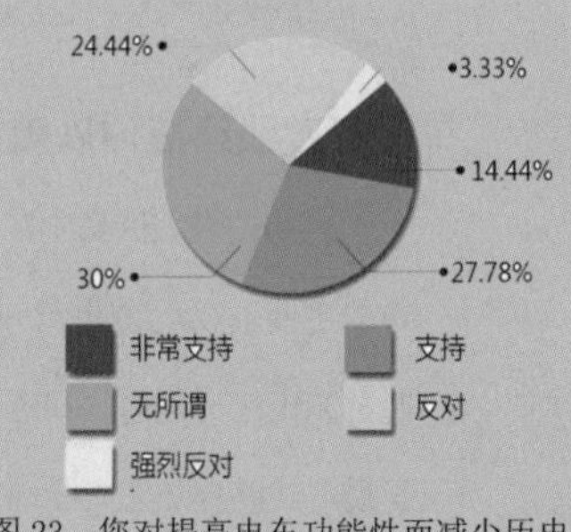

图23　您对提高电车功能性而减少历史感的态度

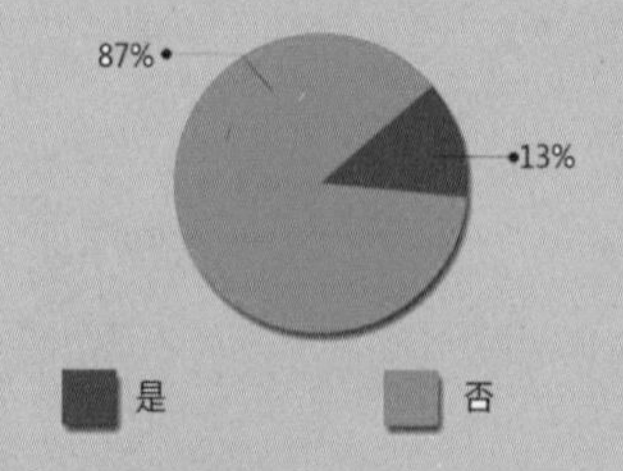

图24　您是否愿意为了保护电车的历史感而适当提高票价？

2. 电车公司

（1）企业生存以营利为先。

广州电车公司是广州现存的14条电车线路的运营单位，在2012年荣获“老字号”企业称号。作为企业，它主要考虑的是电车为公司所带来的效益，这关系到电车本身的生存。虽然它获得了“老字号”的殊荣，但是这一头衔并未给电车带来实际的利益。

（2）公用事业无力承担历史感保护。

此外，电车作为一种非盈利性质的公用事业，其票价必须稳定在一定水平，不得随意提高。电车公司在这种条件下，已无力对电车及其线路的历史感进行专门的保护。他们希望政府加大对电车事业的扶持，对电车所承载的历史感进行保护。

3. 政府部门

政府有关部门首先是肯定了电车及其线路的历史价值，肯定了电车与老城区的重要关系；其次，他们倡导企业应该自主创新，在谋求发展的同时承担起相应的社会责任，保护好电车的历史价值；再者，他们呼吁民间力量对广州老电车进行保护；最后，他们承诺今后将重视动态历史空间的保护问题。

4. 小结

（1） 电车的功能性是它维持生存的根本，是它依然受老城居民喜爱的主要原因。

（2） 其历史感虽牵动着人们对历史的记忆，但无论是乘客还是电车公司都不愿为其承担额外的费用。

（3） 政府部门认识到电车于老城的重要意义，将考虑对动态历史空间进行保护。

电车公司某负责人：

我们是从企业的生存与发展的角度考虑问题，一旦某条电车线路的交通需求减少，收益下降，那么它的存在就直接受到了威胁。与广州其他的“老字号”一样，电车公司面临着生存的困境，希望政府加大对电车事业的扶持，保护这一古老的交通工具。

政府有关部门负责人：

电车线路的保存与变更，一直是交委、规划部门及电车公司等共同研究决定的。现在更加以人为本，有市民听证会，广泛听取民意。将旧城改造、电车线路和发展旅游业结合起来考虑，打造城市名片，符合科学发展观的思路。

四、结论与建议

（一）结论

1. 动态历史空间具有重要保护价值

动态历史空间与城市中的其他历史空间一样，具有保护的价值。要同时从外观、线路、线路名称、站点名称、沿线景观、沿线用地功能六个方面去考虑如何保护它。

2. 动态历史空间与老城格局高度契合

以电车为代表的动态历史空间之所以能够延续其功能，是因为它本身的空间符合老城的空间格局，满足老城发展以及市民的需求。因此，这种动态历史空间如同基因一样嵌入老城之中，成为老城不可分割的一部分。所以我们在保护旧城时需要有新的思路，认识到保护动态历史空间其实是保护老城十分重要的部分。

3. 历史空间保护，要从保护其功能入手

我们在调查中发现，“老字号”电车不同于其他历史遗存，它不仅没有丧失运输的功能，并且与时俱进，不断适应城市发展的需求（见图25、图26）。功能的延续是历史空间能够保留下来的深层原因，只有让历史空间维持它的功能性，它才能在这个飞速发展的时代被保留下来。今后我们在动态历史空间的保护工作上，需要从它的功能入手，在旧城的保护上，同样要从此入手。

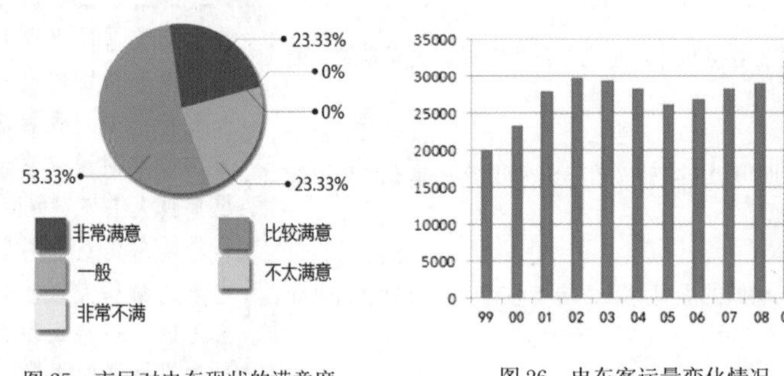

图25　市民对电车现状的满意度　　　图26　电车客运量变化情况

4. 保护历史要从需求入手

在考虑对动态历史空间的保护时，要考虑不同利益群体的诉求。在强调历史价值保护的同时，不能忽视电车对社会的服务职能，更不能忽视电车公司的生存问题。

（二）建议

1. 收藏视角：旧城保护与动态历史空间的相依相存

我们的调查证明，广州电车的发展与城市的发展步调是一致的，电车线路与老城格局契合度极高。而电车与老城历来具有互为特色、互相依赖的关系，二者的结合即为一种动态历史空间。因此，政府与规划者在进行旧城改造、旧城翻新和旧城保护时，一定要将电车与老城的关系纳入考虑范围，从而更好地对动态历史空间进行保护。

2. 收藏方式：将电车打造成一个流动“博物馆”

（1） 电车公司每天在特定时间加开“历史班次”，每天三班，每次一趟来回，发车时间分别为10:00、15:00、20:00。

（2） 仿照老电车样式，让其按原线路行驶，车厢内外皆装修如旧，并加入电车历史图片展示等（见图28）。

（3） 随着电车的行驶，车厢内播放相关视频和历史概况介绍。

（4） 在起讫点设置文化展示橱窗，展现电车及其沿线变革情况以及相关老故事、老用具等。

“历史班次”可以吸引怀旧的乘客和旅游者乘坐，还可以成为城市一道独具特色的风景线，更能激发人们保护历史文化的热情。

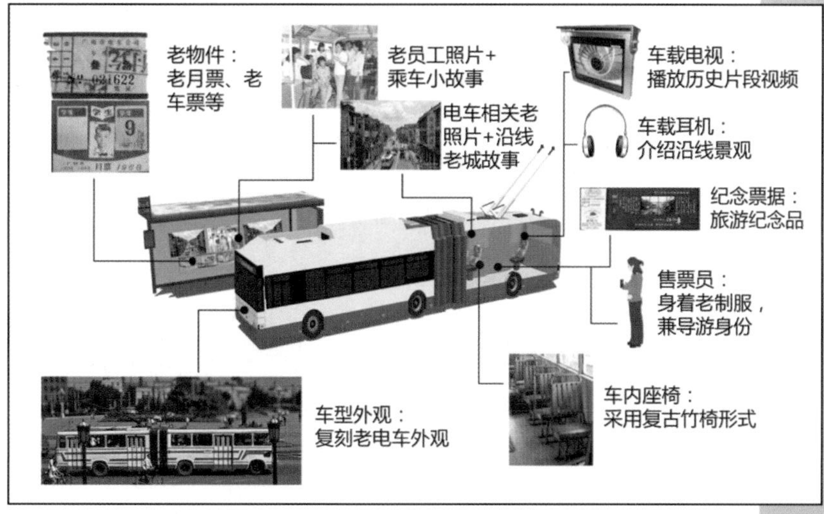

图28 电车“博物馆”意象图

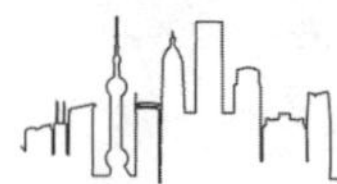

3. 收藏保证：在电车线路的规划、变更中引入“公众参与”

通过调查我们得知，不同人群看待电车及其线路的角度不尽相同，不同的利益主体有不同的诉求，政府、规划者和电车公司不能仅考虑经济效益而随意更改、取消电车线路，而应给予公众发言权，重视公众的集体记忆和特殊需求，从而更为人性化地进行线路的规划与调整。

参考文献

[1]孙施文. 城市规划哲学[M]. 北京：中国建筑工业出版社, 1997.

[2]冯骥才. 城市为什么要有记忆[J]. 艺术评论，2006(6).

[3]张剑. 保存广州城市记忆工程的思考[J]. 广东档案, 2007(5).

[4]杨俊宴，吴明伟. 城市历史文化保护模式探索[J]. 规划设计，2004(4).

[5]沈丽珍，顾朝林. 流动空间模式研究[J]. 城市规划学刊，2010(5).

[6]柴彦威. 认知地图空间分析的地理学研究进展[J]. 人文地理，2007(5).

水上疍家何处寻

——广州疍民文化遗存状况研究（2012）

水上疍家何处寻——广州疍民文化遗存状况研究

一、绪论

（一）调研背景

疍民，史称蜒、疍，是对在沿海港湾和内河上从事渔业及水上运输，并以船为家的族群的称谓，与“水上居民”同义（见图1）。自汉晋以来，我国的巴蜀、江淮、岭南及闽浙地区，都有蜒（疍）民分布，其中以福建、广东、广西三省（区）沿海及江河港市最为集中（见图2）。在20世纪30年代，广州每10个人中就有1个是疍民。由于独特的生产生活方式，疍民的文化风俗也表现出鲜明的岭南水文化特性，如习水驾艇、舟楫为家、唱咸水歌谣、婚丧礼俗等。

新中国成立前疍民一直受到陆上社会的排斥，随着时代的变迁，疍家赖以生存的水环境也发生了巨大改变。20世纪60年代，在政府政策指引下，广州市区水上居民陆续搬迁到岸上入籍居住，成为城镇居民，目前定居在陆上的疍民已与其他陆地居民没有多大的差别，仅在郊区还有少数以渔业为生的疍民分布。

图1　浮家江海的疍家人

图2　不同空间尺度沿海疍民分布聚居点

（二）调研意义

作为时代的见证和特殊族群符号，疍民文化有保护的必要。充满水环境烙印的疍民文化具有重要的内涵，却面临着消亡的危险：首先，诉说着疍民生活的咸水歌，已被列为广东省级非物质文化遗产（见图3），但现实中知晓咸水歌者却越来越少；其次，充满历史记忆的疍艇、艇仔粥成为媒体渲染的主题，实际中却少有保存；再者，疍民的艇、船屋、窝棚及水栏等传统民居建筑，记载着人类对水环境适应的文化内涵；最后，疍民受水环境的负面影响，也是疾病地理学的研究对象，学术价值不容小觑。然而目前疍民文化遗存在城市开发之中岌岌可危，对疍民文化遗存现状的研究迫在眉睫。

此外，我们希望通过对广州疍民文化遗存现状的调查，获得保护模式方面的启发，加强现代城市规划对传统非物质文化的重视。

（三）调研目的

从人地关系角度出发，提炼文化习俗的客观认同感知要素体系，结合深度访谈等方式对珠江沿岸水上居民的文化风俗遗留现状进行调查。

广东省第二批省级非物质文化遗产名录
（共104项）
12　咸水歌　广州市、东莞市沙田镇

图3　咸水歌被列为广东省级非物质文化遗产

（四）调研地点

滨江社区：位于广州旧城区，城市化进程较高，属珠江两岸城市重点开发地块，疍民聚居于政府安置性单位楼，其生活受城市政策和文化建设影响较大。部分疍民已在旧城改造中搬迁。

新洲渔民新村：位于城市边缘，是水上居民20世纪70年代末自发上岸聚居形成的广州地区规模最大、最完整的渔村。疍民居住于低层平房，以从事浅海渔业为主，又有“广州最后渔村”之称（见图4）。

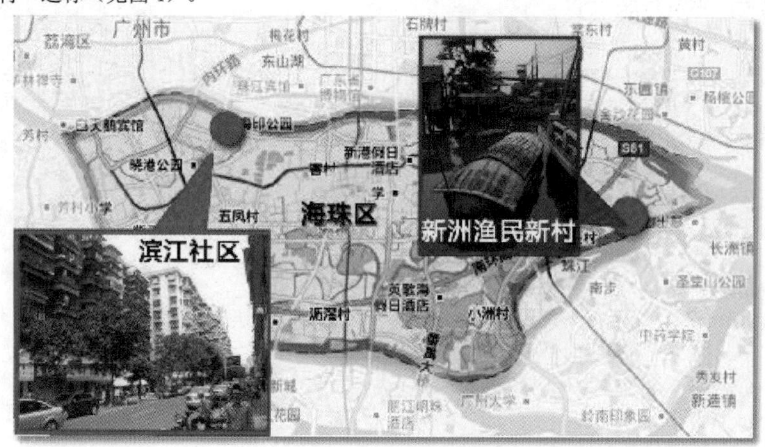

图4 调查地点分布情况

（五）调研对象

调查对象为滨江与新洲两地的水上居民族群。根据年龄我们将水上居民分为三代：第一代是60岁以上，安置之前有长期在水上居住经历的疍民；第二代为40～60岁，有短暂的水上居住的经历，安置后大部分时间居住在陆地；第三代在40岁以下，多为上岸后出生，长期居住在城市（见图5）。

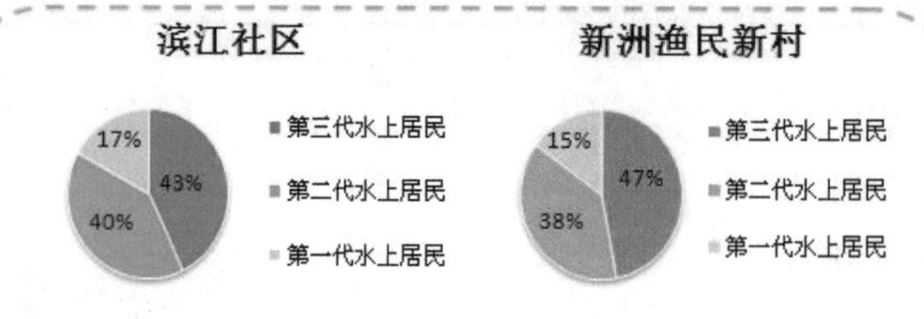

本次调查问卷数据大致反映了水上居民年龄结构：70岁以上为主的第一代水上居民人数占少数，第二代水上居民人数占绝大多数，第三代水上居民也相对较多；第一代经历过水上居民和安置上岸两种生活的水上居民人数已慢慢减少，第二代与第三代水上居民是现有水上居民的主要人群成分。

图5 两地调查疍民概况

（六）调研框架（见图6）

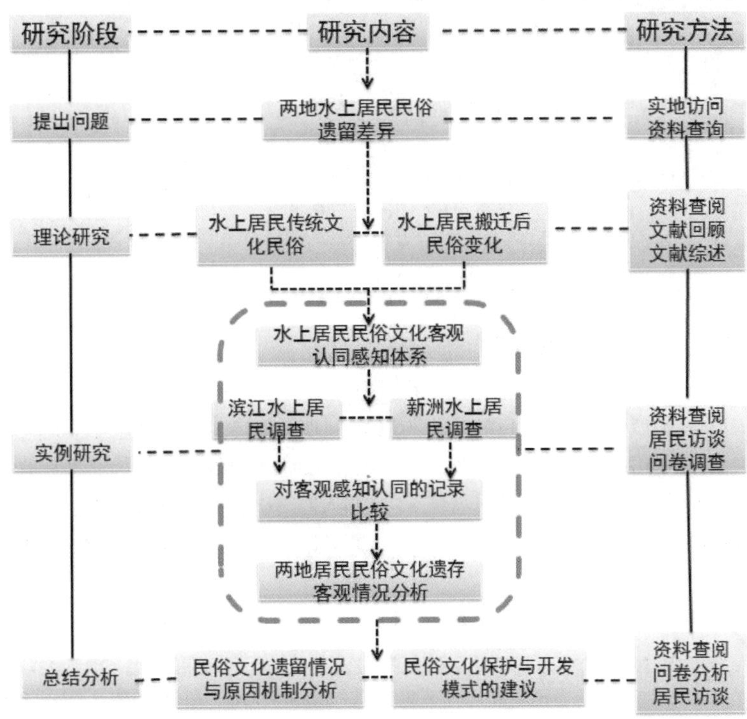

图6　调研框架

（七）调研方法

调研主要采用访谈法、调查问卷法、观察法、文献综述法等。此次调查共发放问卷72份，回收72份，有效问卷67份。

调查问卷和访谈主要从以下几方面考察疍民文化风俗留存情况：基本情况、风俗习惯保存情况、职业或教育代际情况、身份认同、邻里交往、文化遗存态度。

二、调研分析

（一）物质文化从简和符号化

物质文化元素在疍民生活中逐渐淡出，主要取决于疍民自身态度，当物质的使用功能渐渐弱化，而保存意识又仅存于少数疍民群体的时候，物质文化便会在现代化的冲击之下慢慢瓦解。

1. 饮食喜好——作为怀旧符号进入寻常百姓家

遗

问题：您是否保留了上岸前的饮食喜好？

为适应水上劳作的工作方式和营养的需要，疍民拥有自己的传统饮食喜好，包括制作盘糕（俗称“疍家糕”）、艇仔粥、鱼干等（见图7、图8）。

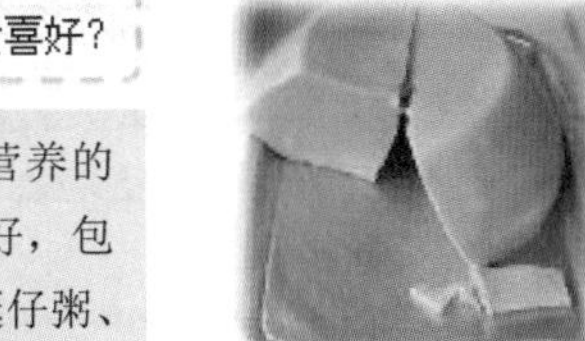

图7　盘糕

图8　艇仔粥

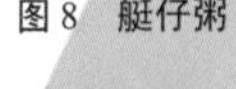

水上疍家何处寻——广州疍民文化遗存状况研究

存

随着可替代食品和制作材料的改进，部分工序烦琐的疍民特色食品已逐渐淡出，两地疍民自制特色食品的习惯现少有保留，只有少数人偶尔制作盘糕以“怀旧”，或于节日制作送礼。艇仔粥也已作为一种怀旧符号流于市场。

滨江社区目前保留的疍民饮食习惯带有明显的“怀旧性”，根据个人社会经济属性不同，其具体遗存情况有所差异，通常自觉保留饮食喜好的有一定经济基础。

样本 1，女，42 岁：“盘糕通常都是过年弄来送礼的，放在海鲜汤里就变得很好吃了，而且现在超市都有卖这个啊，可能是因为陆上人后来觉得好吃也弄吧，弄这东西超级花功夫的，不过有时自己闲着会弄下艇仔粥，很好吃的啊，现在很少弄咯，而且已经不是那个味了。”

2. 传统服饰——箱底的襟衫裤

遗

原生态传统疍家衣服与旧时大襟衫相似，为阔大袖口，宽短裤脚的黑布斜襟样式。都有戴斗笠的习惯（遮风挡雨）。

存

两地疍民多认为传统服饰不再实用而少有保留。仅有滨江地区部分中老年疍民有所留存，不到总人数的 10%，少数人甚至能清晰记得衣服的款式、制作方式。问及保留的原因，他们均表示传统服饰是祖传遗产，具有历史见证价值。

样本 2，女，87 岁：“以前的衣服都丢了，地方不够放嘛，不过我还清楚记得那些样式呢，以前的背带、头巾是自己弄的，为了不用经常洗都做成深蓝色、黑色。还有大襟衫，裤头都是用布条缠起来的，以前边个有钱啊，吃都冇得吃啊，简单弄橡皮筋弄起来啦”。

3. 生产工具——消逝的水艇水栏

问题：您是否保留了上岸前使用的工具（生产工具）？

遗

水上劳作的生产方式使疍民生产工具具有强烈特殊性。疍民的传统生产工具主要包括沙盘、竹笼、渔网、船桨等，而水艇、水棚、水栏更成为疍民文化的代表性景观。

存

滨江地区居民主动收藏传统生产工具多看中其珍藏性。他们反映大部分铜质器皿和船艇在上岸后不久便被政府博物馆征收，只有质量较好的仍在使用，且功能已发生转变，主要用于糕点制作等，也有个别疍民还将船板船桨存于家中。

而新洲疍民则看重实用性。由于不少家庭还从事渔业，大部分器皿都有保留并在使用（见图 9），如打渔用的尖顶帽、竹笼等。

样本 3，男，滨江疍民，62 岁：“现在的船板还在家铺成地板呢，觉得用着舒服，而且这些东西都是古董嘛，不过以前不知道，很多都被收走了。”

图 9　新洲渔民新村疍民日常捕鱼工具

（二）精神文化淡化和世俗化

疍民上岸之后受岸上生活方式影响，婚丧习俗、歌谣、信奉神祇等方面较之原有传统疍民习俗已简化了不少，其独有的精神文化方式正在慢慢淡化。

1. 婚丧习俗——盛大场面难复现

问题：您是否保留了原有的婚丧习俗？

遗

疍民通常根据夜晚水流方向选择夜间嫁娶，新人在嫁娶时还会“打轰轰”“喊叹情”，作为向亲友表示依恋之情的象征，因为在旧时的盲婚哑嫁的制度下，出嫁在他们看来是快乐人生的终止。接着男方宴请亲朋好友三天三夜。第二天女方会有“回脚步”。丧葬方面，如有人去世，则会“哭叹”一

存

目前滨江地区疍民的婚丧习俗大部分已与岸上居民无异。

但新洲地区的疍民做丧事的“叹”“哭”还有所保留，由于程序过于烦琐，这种习俗已经被职业化和专门化。而“打轰轰”“回脚步”等婚俗也逐渐从简。

样本 4，女，滨江疍民，68 岁：“以前结婚可热闹啦！新娘会穿红袍绿裙和凤冠，不过是纸做的，玩新娘的时候，会把新娘抛到男方的船，看新郎有没有接住……不过现在没有这套啦，现在都在酒楼里面随便吃顿就算啦”。

样本5，女，新洲疍民，54岁：“以前的人（疍民）过世会哭啊唱啊，还一定要女的唱，说是要把魂都唱到阎罗王那里去，这样才安心，而且死了人是不吉利、不能出身（打渔）的，现在的话一般也不会出身（打渔），好像现在村里有那种专门帮人哭叹的人。”

2. 歌谣——咸水歌几成绝唱

问题：您是否会听/唱咸水歌？

遗

疍民传统歌谣“咸水歌”指疍民在田间、船上、基围、沙堤、树下等地的对歌，是祖祖辈辈流传下来的民歌，并成为当地劳动人民集体创作来表达自己的思想感情和愿望的一种艺术形式，是重要的非物质文化遗产。许多广府民间童谣前身都是咸水歌（见图 10）。

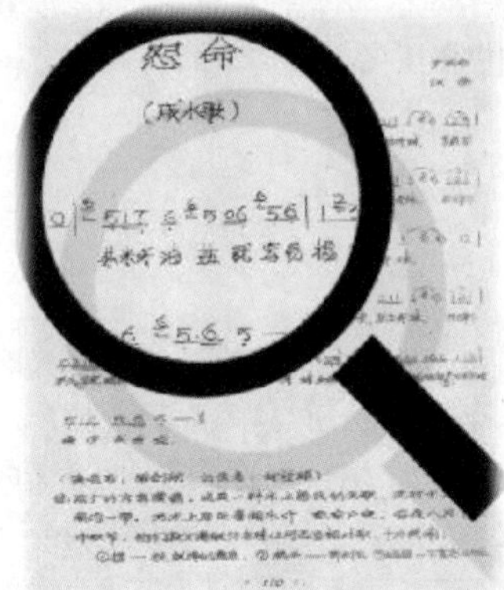

图 10　咸水歌曲谱

存

所有疍民都听过或者唱过咸水歌，老年疍民过去经常唱。如今会唱咸水歌的群体已越来越少，滨江街道仅 13% 的疍民有时唱，会的也不常唱了；同时老年人多不堪回首从前饱受歧视的生活场景，一般不主动唱，只有偶尔回忆时哼唱；近来在滨江文化站的组织下，中、老年疍民有时也有参加“咸水歌节”（见图 11），但次数还非常少。在新洲地区如今已没有疍民会唱咸水歌了，无论是上岸还是未上岸的疍民均已完全改变了（见图 12）。

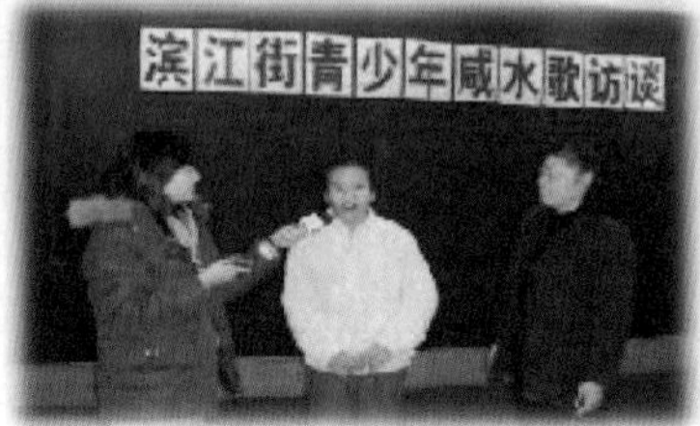

图 11　咸水歌访谈

图 12　两地疍民对咸水歌的习得程度比较

3. 特殊禁忌与行为习惯——从迷信走向开放

问题：您是否有以下禁忌（吃鱼不翻身、忌说“翻”“沉”）？

遗

疍民的一系列禁忌主要是针对水上生产方式的风险性发展来的，如吃鱼不翻身、吃鱼不撮鱼头鱼尾、忌说“翻”“沉”等。疍民也形成一套适应水上的生活习惯，如喜欢盘腿而坐，把婴儿背到背面，这对婴儿腿部的成型有一定负面影响，这样的习惯甚至也传给了陆上居民。

存

两地对“翻”“沉”还是相当避讳的疍民占绝大部分。但由于社会观念转变，“吃鱼不翻身”这种迷信传统在逐渐淡化（见图 13）。

其他生活习惯包括盘腿坐、背面背婴儿等，两地保存程度亦有所差异，同样表现为滨江较少保留，新洲的渔民多有保留。

样本 6，男，50 岁：“吃鱼当然不能翻身啦，而且不能到处戳，这是老爸教的嘛，以前不遵守还会被打。”

滨江社区

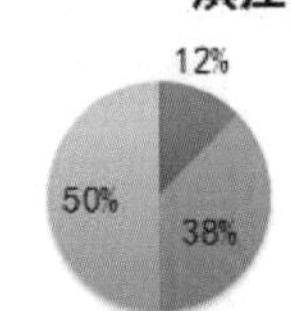

新洲渔民新村

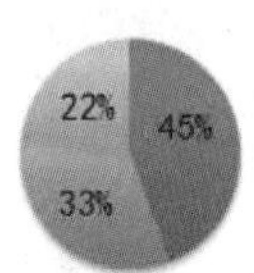

图 13　两地疍民禁忌留存情况比较

4. 信奉的特殊神祇——与岸上神灵逐渐融合

问题：您是否有传统祭拜的神祇？

遗

疍民除信神信鬼之外，对其他吉凶风水之事亦非常迷信，且每次祭拜比陆上人更为隆重。大部分疍民都信奉龙母、蛇神，每年春节、五月、七月各家各户老年人会筹集资金烧“海神衣”祭拜海神（见图 14）。还有“做神功”答谢神明庇佑的仪式，通常三五年一次。

存

两地的神祇信奉情况有差异，滨江目前信奉特殊神祇的人群较少，仅占 11%。他们因不再出海打渔的缘故，没有必要信奉水上神祇以求出入平安，少数人仅仅将其作为祖传的信仰。

新洲信神的比例则达到 37%（见图 15），从事打渔的大部分疍民仍会信奉龙母，烧“海神衣”的活动也在持续进行。

图 14　龙母信奉

滨江社区

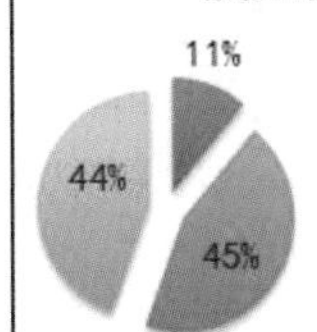

新洲渔民新村

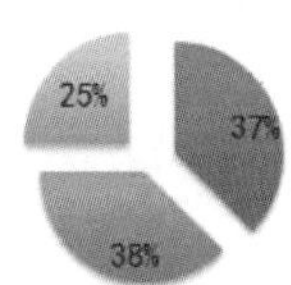

图 15　两地信奉特殊神祇情况

5. 特殊节庆——少有但隆重

问题：您是否有传统节庆？

遗

与陆上人相比，疍民无太多特色节庆，但其态度、仪式具体方式与陆上人有较大差异。如新年有特殊拜祭活动，端午同附近水域疍民共同组织“扒龙舟”比赛等。

样本 7，女，80 岁：“以前新年还要请南巫专门拜祭，初二是吉日，那天必定会买猪头猪头，有头有势的意思嘛”。

存

滨江街道已没有任何特殊传统节庆活动。

但在新洲，端午节是该地疍民的一大特色节日（俗称“龙船节”），村内专门成立了“龙船会”，每年端午就会与附近水域的疍民们互相往来，并设宴请其他水域的疍民到此，俗称“走亲戚”，但仅限于目前仍在水上工作的疍民组织之间，已上岸外出打工或从事其他工作的疍民很少有参加（见图 16）。

图 16　新洲龙船节船桨

（三）两地调查结果比较分析（见表 1）

表 1　两地调查结果

		滨江地区	新洲地区
物质文化	饮食	盘粉、艇仔粥	盘粉、鱼干
	衣着	部分人保留	极少数人保留
	器具	船桨、船板置于家中，仅保留质量较好的工具	基本有保留传统器具
精神文化	咸水歌	从前会唱，极少数现在偶尔唱	绝大多数以前就不会唱
	婚丧习俗	丧事哭、叹	婚嫁大摆酒席，丧事哭、叹
	宗教	无特殊信仰神祇	多信龙母、海神
	禁忌	“翻”“沉”话语忌讳	吃鱼忌讳翻身、“翻”“沉”话语忌讳
	动作习惯	中老年人都有盘腿习惯	
文化认同		较高	较低
文化遗存态度		较积极	较消极

（1)滨江地区——带纪念性的主动遗存。滨江地区在城市化进程中处于核心的地理位置，现代化程度较高，疍民在政策引导下上岸，其生活渐与周边陆上居民融为一体，疍民文化一方面受现代化的冲击而殆尽，另一方面转化为缅怀过去的符号而被保留，其物质和精神文化在濒危中挣扎。

（2）新洲地区——带功能性的被动遗存。新洲地区处于边缘位置，保持着原始的乡村风貌，疍民文化受现代化冲击较弱，但由于从历史到现代的社交范围都较为局限，其整体保护意识较弱，大部分疍民文化的遗存都由其功能性和实用性驱动。

总体来说，两地居民对自身习俗和文化的认知度和身份认同不高，对文化关注度较低。另外，个人社会属性也影响到民俗的认同和遗存。

三、影响因素分析

功能性的文化消失原因在于疍民生产方式的转变，多体现在物质文化方面。由于疍民的文化独特性是建立于水上生产的基础上的，因此疍民后期上岸很大程度地使其文化特色弱化。例如，安全的陆地建筑使水棚、水栏、水艇等水上居住形式失去必要性，陆地生产使包头布、背带等特色服饰和水上工作器具被遗弃，而上岸后女性地位比之前上升，这也使女子出嫁的“哭嫁”习俗不再流行。

根基性的文化淡化主要是由于疍民群体社会观念的变化，多体现在精神文化方面。疍民对自身文化认同越弱，文化遗存就越稀少。

（一）滨江社区

1. 生产方式：脱离水上劳作环境

20 世纪 60 年代的水上居民的强制性上岸政策是使生产方式转变的主要原因，水上居民不得不采取与岸上居民相同的生产方式。

2. 社会观念：弱化的身份认同

影响文化留存现状的因素主要是居民早年的观念与态度。

由于滨江社区位于城市中心，水上居民在上岸前曾遭受严重歧视，造成了持续一生的影响。20 世纪 50 年代前出生的老年人多表示自己是城市居民，相当一部分不愿承认自己是疍民，为了融入社会，他们选择隐藏身份，不再保留原有文化习俗。

上岸后直到 20 世纪 80 年代很长一段时期内，20 世纪 50—60 年代出生的第二代疍民对身份和文化的认同度也不高。政府针对疍民的政策重点放在改善生活条件上，刻意引导其转变生活方式，对文化保护并未给予重视。初等教育的普及也使第二代疍民文化观念更容易受到主流价值观影响。

20 世纪 70 年代后出生的疍民缺乏水上经历，对疍民文化更不甚了解。而市场经济带来日趋世俗的社会观念，使这一代人对经济利益的诉求远超过精神文化的诉求（见图 17）。

> 样本 8，男，62 岁：（滨江文化长廊）这些雕塑都是亚运会之后才修建的，以前都没人重视。当时政府安排我们和岸上人一起工作嘛，而且都说水上那些习惯是落后的、不好的。
> 滨江文化站谢站长：20世纪六七十年代政府都提倡水上居民和岸上人过一样的生活，他们不觉得水上生活是什么光荣的事情，所以说那些旧衣服、旧工具呀还有哭嫁呀那些习惯都没有了，咸水歌也没人唱了。

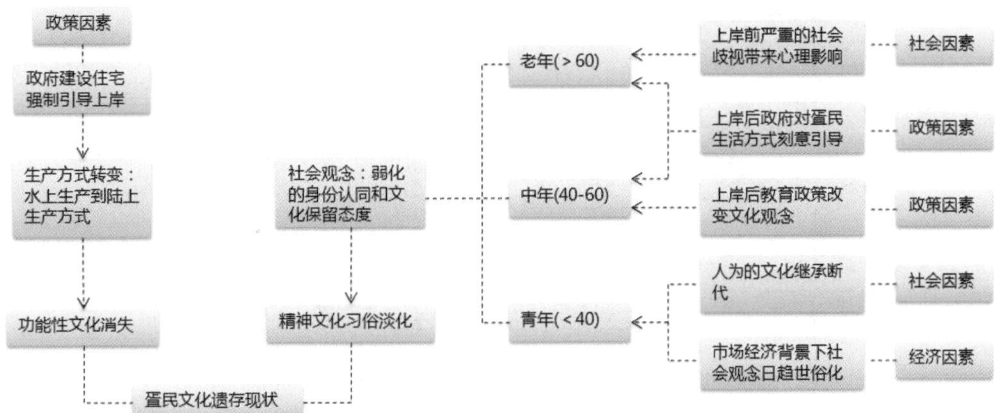

图 17　影响滨江社区疍民文化遗产因素作用机制

（二）新洲渔民新村

1. 生产方式：逐渐脱离水上劳作环境

新洲疍民在 20 世纪 80 年代后陆续上岸，多数是在经济利益吸引下自发转变生产方式，例如外出打工，到现在仅有少部分人仍从事渔业或相关行业。

2. 社会观念：长期的低度身份认同

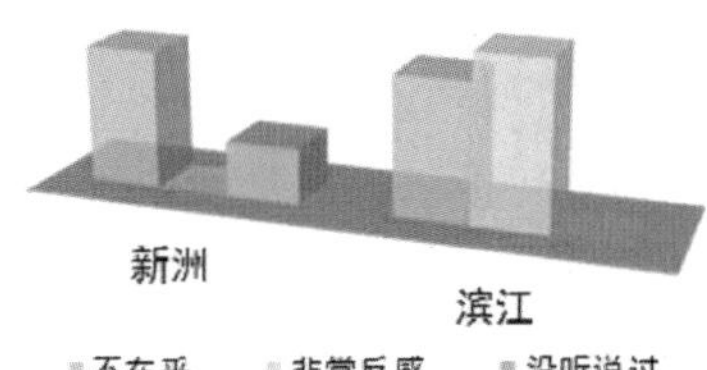

图 18　两地对“疍民”称呼态度比较

新洲远离城区，疍民可生产范围广，人均收入较岸上农民高，历史上受到的歧视也较少（见图 18），各年龄段的疍民长期都对自身身份抱有较弱的认同度和对自身文化较低的认知程度（见图 19），其社会观念也受市场经济的支配而日趋世俗化。

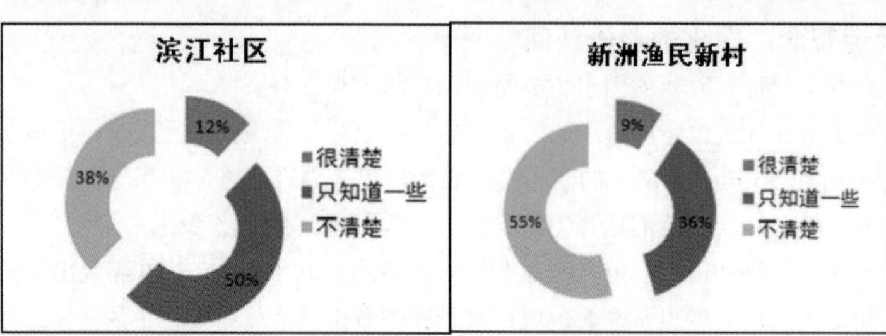

图 19　两地疍民对自身文化了解情况对比

由于地处偏远、无政策照顾，生活困苦的疍民首先考虑如何提高自身经济水平。在自身传统文化方面，他们既没有系统的认识，更无从谈保护意识。新洲疍民的自身身份认同感和文化态度没有明显的年龄区别（见图 20），态度多显示消极，这极大地促使现代文化的介入和传统文化的消亡（见图 21）。

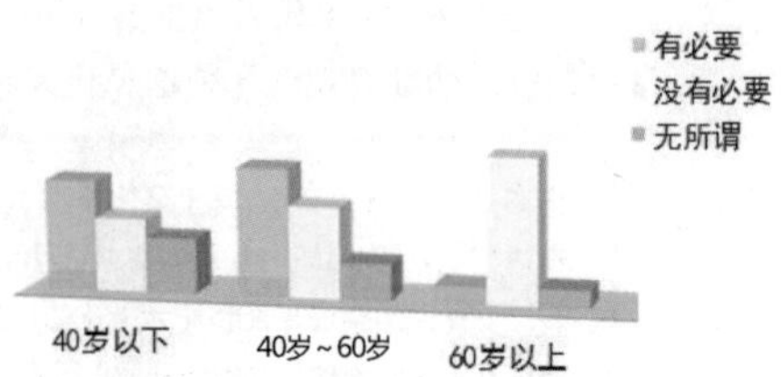

图 20　新洲渔民新村不同年龄段疍民对疍民文化保留态度

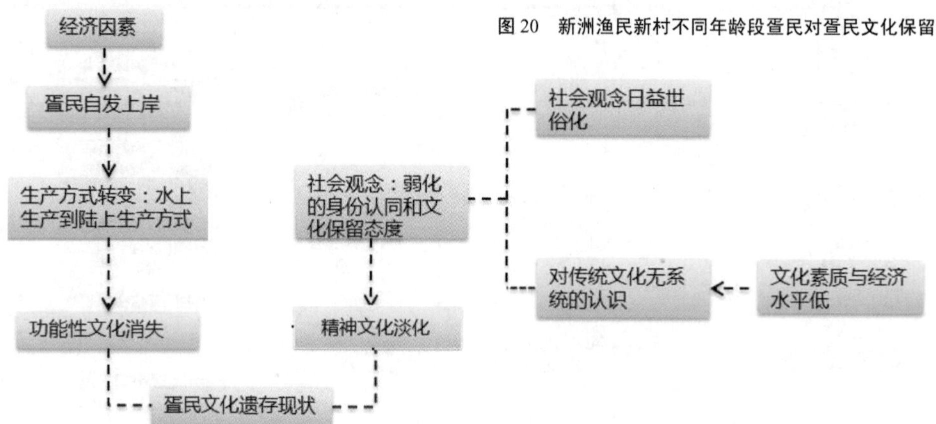

图 21　影响新洲渔民新村疍民文化遗存主要因素作用机制

四、发展趋势分析

近年来随着经济发展，政府对历史文化的重视程度有所提高。2004 年起政府开始着手保护，当年滨江街获得“广东省民族民间艺术之乡”称号，2007 年咸水歌入选广州市首批、广东省第二批非物质文化遗产名录。

目前一批滨江水上居民已有所觉醒，重新建立对自身文化的认同感。尤其是 50—60 年代出生的第二代疍民在认为自己是城市居民的同时，也不否认

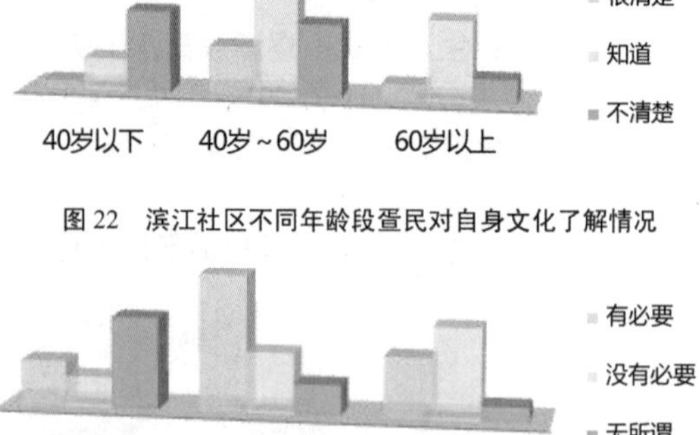

图 22　滨江社区不同年龄段疍民对自身文化了解情况

图 23　滨江社区不同年龄段疍民对疍民文化保留态度情况

自己的水上居民身份，对疍民文化有一定认识且多认为有保留的必要（见图22、图23）。主要是他们多具有初中或以上文化程度，易受政府政策的影响，形成文化保护的意识。

但是在城市文化建设日渐重要的背景下，政府对传统文化的保护并不到位，仅是将其列入了非遗名录，流于表面，脱离广大的群众。滨江社区的疍民仅是唤起了精神上的需求，却缺乏合适可行的传承方式，加之生活窘迫（见图24），更缺乏传承的物质基础。而新洲渔民新村目前仅有少量水上劳作人群保留有部分疍民文化特征，对本身文化了解程度和态度都不容乐观，一旦现代化机械操作完全取代渔民的传统劳作方式，其文化丧失将更为迅速。

图24　滨江社区疍民窘迫的生活现状

滨江文化站谢站长：政府对水上居民文化保护的投入太少了，上面申报了非遗项目就完事了，根本没采取什么措施。就修了没多少人看的文化长廊；"咸水歌"小学教材里面才有，大人们都接触不到。(滨江水上居民民俗）博物馆完全是我们街道办自己投资建设的；咸水歌大赛全都是我们街道自己组织的，现在没有经费很难开展下去。

五、总结与建议

保护文化最根本的在于提高疍民的生活水平，文化是生命体，疍民在经济基础的保证之上，才能加强对族群和传统的认同，并使文化自觉、自尊、自强。鉴于目前疍家文化在城市化发展中受到冲击且日渐式微，我们有必要加强保护。针对滨江社区和新洲渔民新村这两种城市化进程不同的地区，可采取不同的模式。

（一）滨江地区："舞台化"模式（见表2）

表2　舞台化模式

地区开发现状	城市化程度高
文化遗存状况	物质文化遗存较少，精神文化遗存较多
疍民文化保存态度	态度积极，有较高认同度
文化保护思路	仿照历史，重现疍民文化
具体措施	（1）文化恢复与重构：如各类节庆、表演和活动场所打造，如疍民的水上婚礼，江边的水上旅游市场，融入盘粉、艇仔粥，干栏风格等产品
	（2）组织民间活动：如博物馆、展览馆、咸水歌比赛、渔民生活摄影比赛，以及各学科对疍民文化保护的交流活动

（二）新洲渔民新村："原生态"模式（见表3）

表3 原生态模式

地区开发现状	城市化程度低
文化遗存状况	物质文化遗存和精神文化遗存均较多
疍民文化保存态度	态度消极，有较低认同度
文化保护思路	划出文化生态保护区，开发体验式旅游，展现文化原真性
具体措施	（1）保留原生风貌：政府提供资金补贴和政策支持，为物质和精神文化的整体保存予以可能
	（2）疍家渔村生态游：吸收疍民在体验渔民生活中扮演重要角色，如经营餐饮、住宿，表演传统捕鱼术等

图25 新洲渔民新村与滨江社区对比

参考文献

[1] 詹坚固，林济.建国后党和政府解决广东疍民问题的举措及成效 [J].华南师范大学学报，2004(5).

[2] 吴水田，司徒尚纪.疍民研究进展及文化地理学研究的新视角 [J].热带地理，2009(6).

[3] 蒋炳钊.疍民的历史来源及其文化遗存[J].广西民族研究，1998(4).

[4] 陈光亮.岭南疍民的经济文化类型探究[J].广西民族研究，2011(2).

[5] 叶显恩.明清广东疍民的生活习俗与地缘关系 [J].中国社会经济史，1992(1).

[6] 唐国建.从“疍民”到“市民”:身份制与海洋渔民的代际流动[J].新疆社会科学，2011（4）.

[7] 张银锋.族群歧视与身份重构:以广东“疍民”群体为中心的讨论 [J].中南民族大学学报(人文社会科学版)，2008（28）.

[8] 杜芳娟,朱竑.贵州仡佬族精英的民族身份认同及其建构[J].地理研究，2010（11）.

[9] 阙祥才，桂胜.民俗文化：现状与对策：基于湖北省利川市的实证研究[J].湖北社会科学，2008（11）.

[10] 黄淑娉. 广东族群与区域文化研究[M]. 广州: 广东高等教育出版社, 1999.

[11] 陈序经. 疍民的研究[M]. 上海: 商务印书馆, 1946.

[12] 马戎.民族社会学：社会学的族群关系研究[M].北京大学出版社，2006.

[13] 王佩军.民国广州的疍民、人力车夫和村落：伍锐麟社会学调查报告集 [M].广州：广东人民出版社,2010.

评语：疍民，是广州特殊的少数群体，代表着一种前城市化时期的文化、价值观和生活形态。该作品抓住了这一点，试图探讨疍民文化风俗留存情况，但疍民文化这一研究对象对于一个社会调查而言，难度较大，难免掉入资料堆积的陷阱，文化分析的部分较少。

宗族文化的“前世今生”

——广州赤沙村八大宗族聚落文化现状调查（2013）

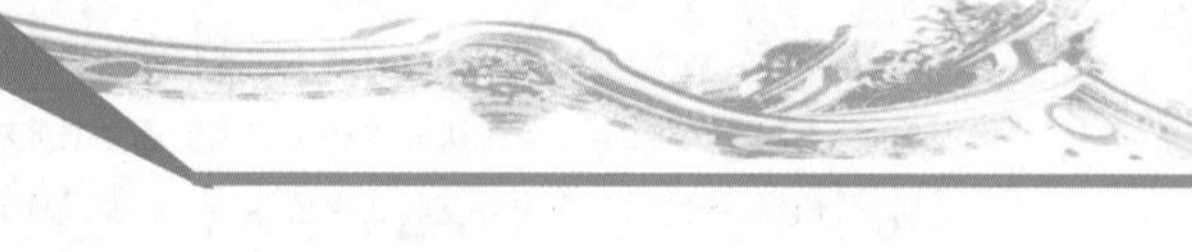

广州城市空间「南拓」

海珠区为「南拓」重要节点

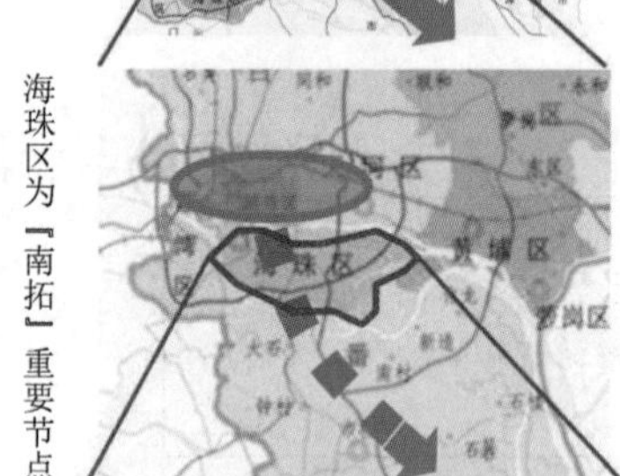

赤沙村

赤沙村四片区

图 1　研究地点区位及分区

一、前言

（一）研究背景及意义

21 世纪以来，广州全面实施“南拓、东进、西联、北优”的空间发展战略，海珠区作为“南拓”的重点发展区域，城中村改造逐步推进，部分祠堂遭遇拆迁重建，地方宗族文化面临严重危机。以祠堂为切入点了解各宗族的起源发展，探究宗族文化变迁的表征和内在机制，提出相关建议，对于具有丰富历史文化内涵且面临改造命运的城中村具有指导意义，可以使宗族文化在现代社会更好地延续和发展，使城中村的文化保护与城市更新之间取得更好的平衡。

（二）研究案例及方法

赤沙村（2002 年成为赤沙社区）位于广州市海珠区官洲街道，分为南约、东约、西约和北约四个片区（见图 1）。现有八大宗族，共 10 座祠堂。相关机构已经着手编制城中村改造规划，初定将祠堂拆迁重建。综上，选择赤沙村作为研究地点具有迫切性和必要性。

本研究主要采用访谈法、问卷法和直接观察法。根据资料收集、现场勘查、初步调查情况拟定访谈提纲和调查问卷；正式调查阶段于两个工作日和两个非工作日各分四个时间段，在八座祠堂内及周边发问卷、做访谈。据各宗族人口规模，对本族居民进行配额抽样，非本族居民偶遇抽样。共派发 160 份问卷，回收率 100%，其中有效问卷 150 份；访谈样本共 56 份，其中本族居民 39 份。

二、赤沙村宗族发展概况

赤沙村是一个典型的杂姓聚落，现存有莫、简、陈、黄、徐、冯、潘、郭共八大宗族（见表1）。

表1 八大宗族的起源

宗族	迁入时间	起源
莫氏	约1000年	世居今河北涿县一带，其中一支由河北先后迁江西、福建，后代莫用公之子愚公迁居番禺横沙，后代一支迁往赤沙
冯氏	约1200年	世居北平，始祖翼之字廷弼，赤沙村冯氏属三子攀龙分支的后裔
简氏	约1264年	属简文会（南汉乾亨四年状元）支系
徐氏	约1338年	受封于徐，其中一支于宋绍兴年间（1132—1162年）移居广东南雄珠玑巷，后因战乱南下赤沙
郭氏	约1500年	分上郭、下郭，上郭人因宋代战乱避难，从山西南下，先在广州芳村东滘，不久迁至赤沙；下郭人原在东莞，后迁至圩步沙，鸦片战争期间遭火烧，便搬至赤沙
陈氏	约1713年	原居河北陈县，宋仁宗时因战乱迁到广东南雄珠玑巷。元初南迁顺德、南海、番禺各地，后部分迁至赤沙
黄氏	约1738年	原居南雄珠玑巷，后一支迁居番禺化龙镇，其中黄家振及其父迁至赤沙。黄家振育有三子，形成三个房份
潘氏	未知	远祖是由河南入闽的第一代殷皇公，官封“潮州别驾”，赤沙潘氏是福建闽侯县南通镇瓜山村思字辈的后裔

资料来源：《赤沙村史》及访谈。

八大宗族聚居在一定地域范围内，莫氏是赤沙村人口最多的宗族，祠堂数量和建筑面积也最大，而冯氏是聚居人口密度最大的宗族（见表2、图2）。

表2 八大宗族规模和祠堂规模

宗族	人口（人）	用地（万平方米）	祠堂面积（平方米）	祠堂数量
莫氏	1000	8.5	450	3
冯氏	700	3.1	170	1
简氏	300	3.9	120	1
徐氏	500	4.4	200	1
郭氏	400	2.8	150	1
陈氏	700	4.0	170	1
黄氏	600	4.2	250	1
潘氏	120	3.8	150	1

资料来源：访谈及实地测量。

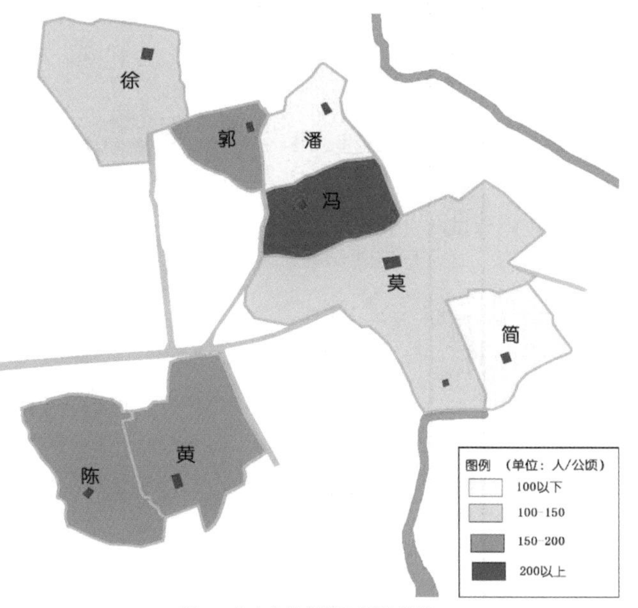

图2 八大宗族规模和祠堂规模

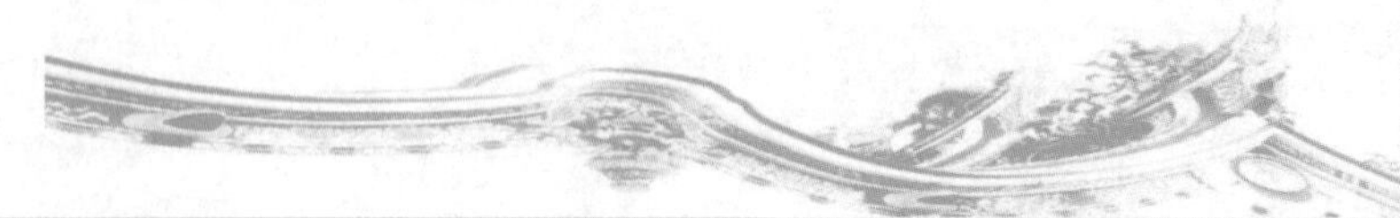

八大宗族聚落空间发展阶段如图 3 所示。

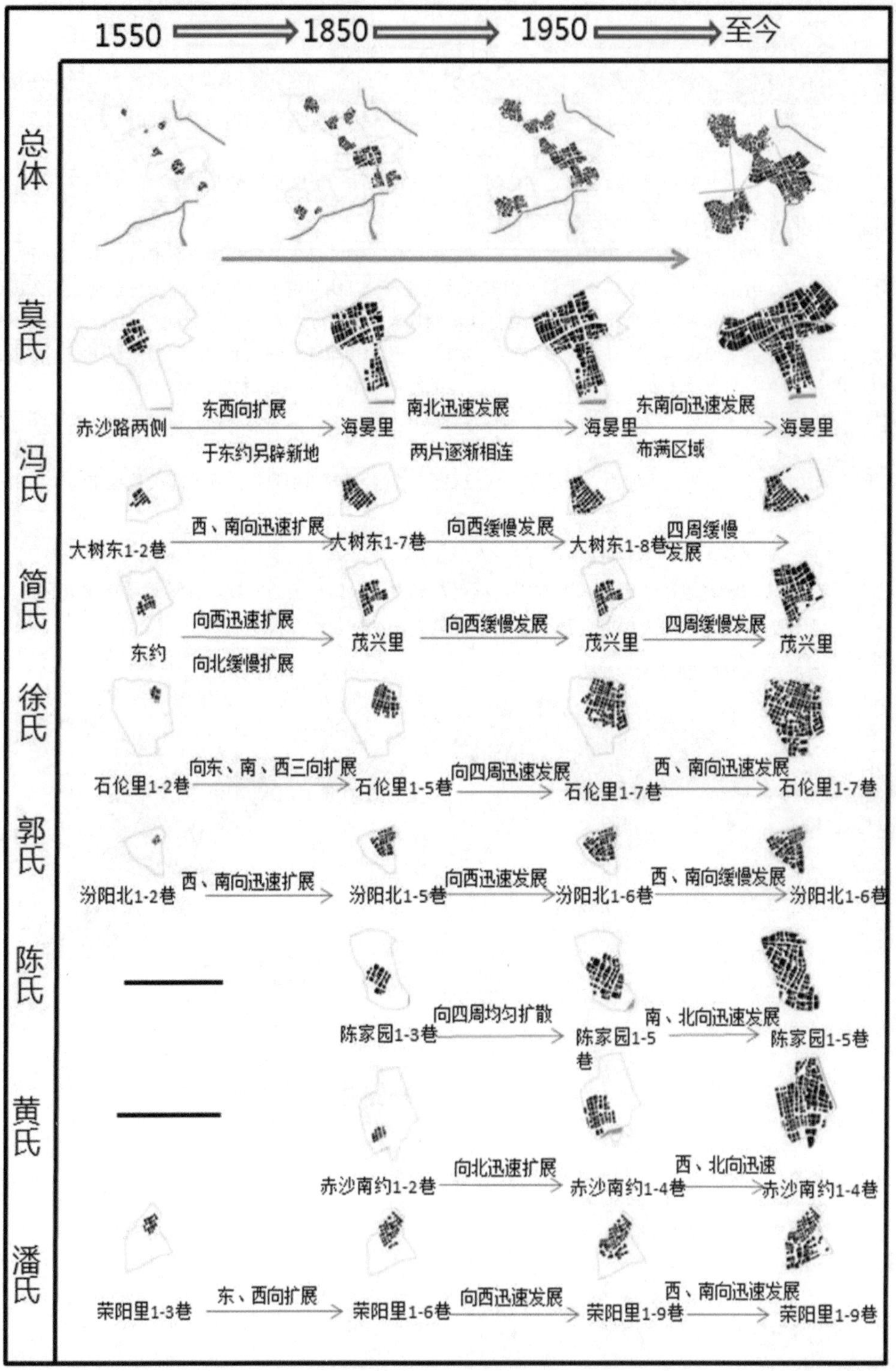

1550 ⟹ 1850 ⟹ 1950 ⟹ 至今

总体

莫氏
赤沙路两侧 —东西向扩展 于东约另辟新地→ 海晏里 —南北迅速发展 两片逐渐相连→ 海晏里 —东南向迅速发展 布满区域→ 海晏里

冯氏
大树东1-2巷 —西、南向迅速扩展→ 大树东1-7巷 —向西缓慢发展→ 大树东1-8巷 —四周缓慢发展→

简氏
东约 —向西迅速扩展 向北缓慢扩展→ 茂兴里 —向西缓慢发展→ 茂兴里 —四周缓慢发展→ 茂兴里

徐氏
石伦里1-2巷 —向东、南、西三向扩展→ 石伦里1-5巷 —向四周迅速发展→ 石伦里1-7巷 —西、南向迅速发展→ 石伦里1-7巷

郭氏
汾阳北1-2巷 —西、南向迅速扩展→ 汾阳北1-5巷 —向西迅速发展→ 汾阳北1-6巷 —西、南向缓慢发展→ 汾阳北1-6巷

陈氏
——
陈家园1-3巷 —向四周均匀扩散→ 陈家园1-5巷 —南、北向迅速发展→ 陈家园1-5巷

黄氏
——
赤沙南约1-2巷 —向北迅速扩展→ 赤沙南约1-4巷 —西、北向迅速→ 赤沙南约1-4巷

潘氏
荣阳里1-3巷 —东、西向扩展→ 荣阳里1-6巷 —向西迅速发展→ 荣阳里1-9巷 —西、南向迅速发展→ 荣阳里1-9巷

图 3　八大宗族空间发展阶段

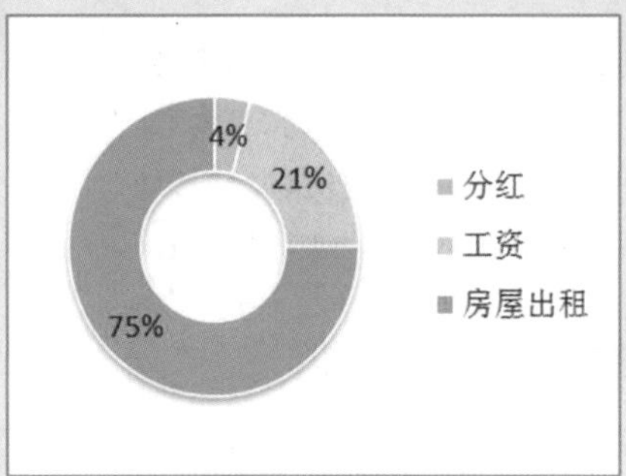

图 4　族人全年收入构成

图 5　潘氏、郭氏、黄氏祠堂外观

三、宗族文化变迁的表征

（一）族田、族产的消失

赤沙村各宗族曾拥有族田、族产，作为本族共同财产，用于修建祠堂、举行祭祀、解决族人经济困难等。土地改革后，宗族失去族田。现赤沙村共有十二个经济联社，集体土地承租的年末分红成为族产的主要来源。但在个人收入中，族人以工资收入为主（见图 4），可见族产的重要性已大为降低。

（二）祠堂的保存与维护

作为宗族的重要象征实体，各宗族祠堂均被保留至今，但各宗族对其祠堂的重视程度存在明显差异（见表 3）。黄氏、陈氏、简氏十分重视祠堂的保护，如 2009 年，黄氏宗族成员联合广州其他黄氏族人共 460 人筹资重修黄氏宗祠。而其余宗族对祠堂重视程度低，或外观破旧，或被现代建筑取代（见图 5）。

表 3　各宗族祠堂信息一览

宗族	祠堂	始建时间	重修时间	建筑层数、结构、风格	保存情况
陈氏	陈氏宗祠	戊辰年春（1868）	1992	一层，木石结构，传统建筑	保存较好，外观较破旧
黄氏	黄氏宗祠	道光十六年（1836）	2009	同上	保存好，外观新，保留传统岭南建筑符号
莫氏	观寿莫公祠	道光二十八年（1848）	2001	两层，砌体结构，现代建筑	保存差，外观破旧，环境卫生差
简氏	简氏宗祠	道光十九年（1839）		两层，砌体结构，传统建筑	保存较好，外观较新，保留传统岭南建筑符号
潘氏	敬德潘氏公祠			两层，砌体结构，近代建筑	保存一般，外观较破旧
郭氏	郭氏祠堂			一层，砌体结构，现代建筑	同上
徐氏	靖日徐公祠		1996	同上	同上

数据来源：实地勘查。

（三）祠堂的功能转变：功能性活动 → 娱乐性活动

过去的祠堂主要进行功能性活动，包括祭祀、教化、调解纠纷、财产分配等宗族事务。而今祠堂活动除清明祭祀、过年聚会和偶有婚丧嫁娶外，仅剩日常休闲娱乐活动（见表 4），且祠堂举办的大型活动的参与人数越来越少，日常活动也以外地人居多（见图 6）。祠堂功能的转变反映出其在宗族中重要性的降低，与整个中国社会宗族观念消退的大环境相符。

表 4　八大家族宗祠传统与现在功能对比

姓氏	传统	现在			
		大年初一	清明	婚庆	国家法定假日
莫氏	祭祀、教化、调解纠纷、财产分配、休闲娱乐、婚丧礼仪等	祭祀，聚餐	祭祖	—	—
冯氏		祭祀	祭祖	—	端午划龙舟
简氏		—	祭祖	—	—
徐氏		祭祀	祭祖	—	—
郭氏		—	祭祀	—	—
陈氏		祭祀，聚餐	祭祖	7 月 2 日、7 月 25 日	元旦由社区组织歌舞表演，端午划龙舟
黄氏		上午舞狮，中午斋宴，晚上荤宴	祭祖	2 月 14 日、4 月 15 日	中秋聚餐，端午划龙舟
潘氏		—	祭祀	—	中秋聚餐

资料来源：访谈各祠堂主要负责人。

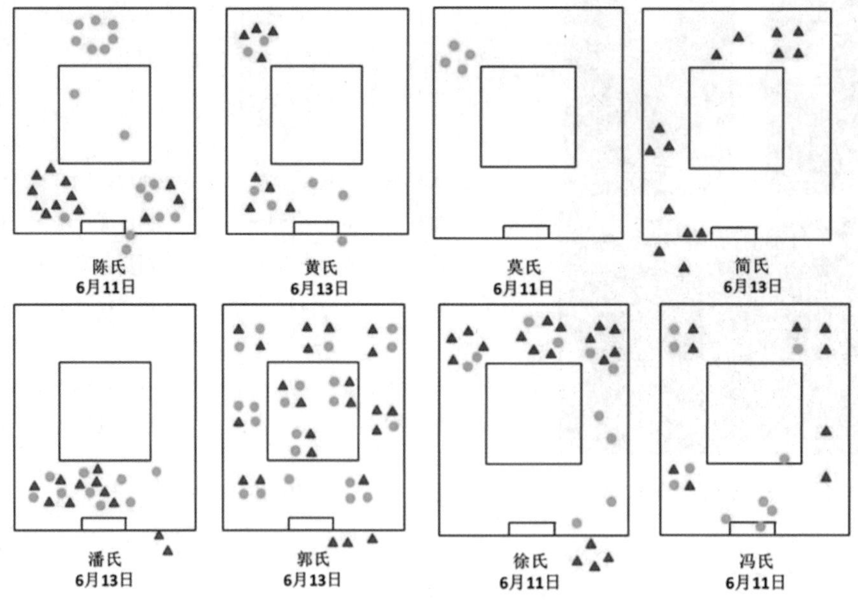

图 6　八大祠堂某日 14:00 活动人员构成

注：▲外地人，●本族人

（四）宗族间竞合关系的转变

历史上赤沙各宗族地域上彼此分离，少有纷争，更无合作。赤沙村历史上宗族矛盾并不凸显，仅是通过建立围墙宣告本族的权力范围。公社化运动中多宗族组合成生产队，再到现在合办经济联合社，合作逐渐密切。某宗族举办活动时也常邀请其他宗族参加。而各宗族也出现了权力地位的差异，权力关系主要表现在经济社干部竞选上。如陈氏与黄氏组成第二经济分社，经济分社领导往往是规模更大的黄氏当选。

（五）宗族社会包容性增强

不仅是宗族之间合作加强，其包容性的增强还体现在对待外地人普遍和睦友善，但仍存在一定差异。如黄氏祠堂会欢迎附近外来工子女来祠堂玩耍，而靖日徐公祠却不容许任何无关社会车辆停到祠堂前空地，该空地停放的小轿车均为在祠堂打麻将的人所有，可见徐氏仅是为获得经济收益而提供服务。另外，从各祠堂族人对待本小组成员采访的态度差异，也可以看出各宗族对陌生人的包容程度。

（六）宗族观念弱化

86%的族人对本宗族历史文化有很少了解，且62%表示并不太感兴趣。对于祠堂拆迁重建的态度（见图7），仅30%持反对意见，14%因有经济补偿而赞同，56%表示重建就好，不在乎其位置和材料。在对本宗族的归属感问题上（见图8），28%的族人归属感非常强烈，72%比较强烈。族人的宗族观念存在着明显的代际分化。中老年人仍热衷宗族活动，年轻一代兴趣则明显下降。

可见，族人的宗族观念虽有所弱化，尤其体现在对宗族历史文化的忽视，但其内心仍保留着对本宗族的归属感和基本的文化认同。

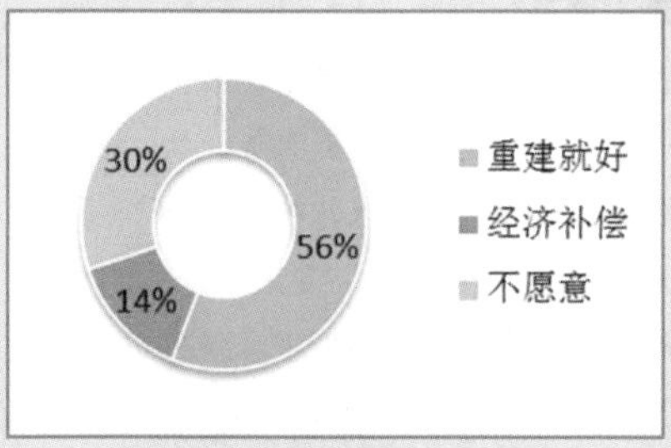

30%
56%
14%
重建就好
经济补偿
不愿意

图7　本族人对祠堂拆迁重建的态度

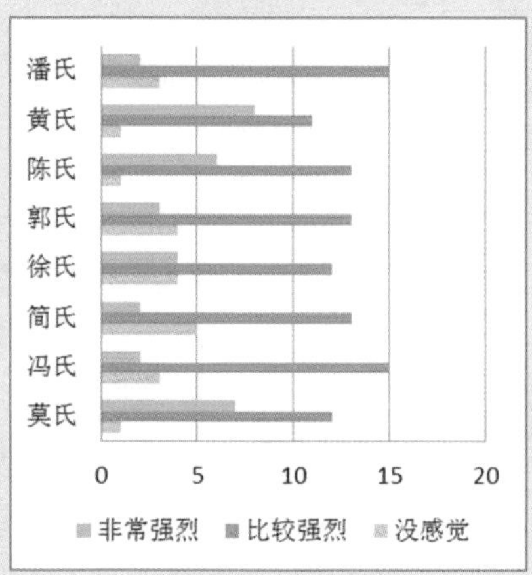

图8　族人对本宗族的归属感

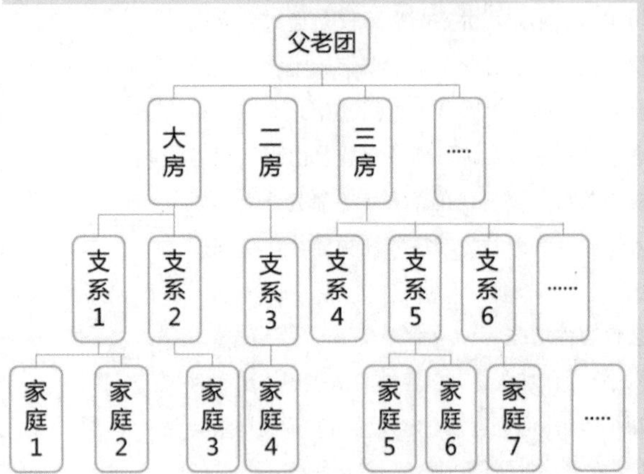

图 9　传统宗族社会四级结构

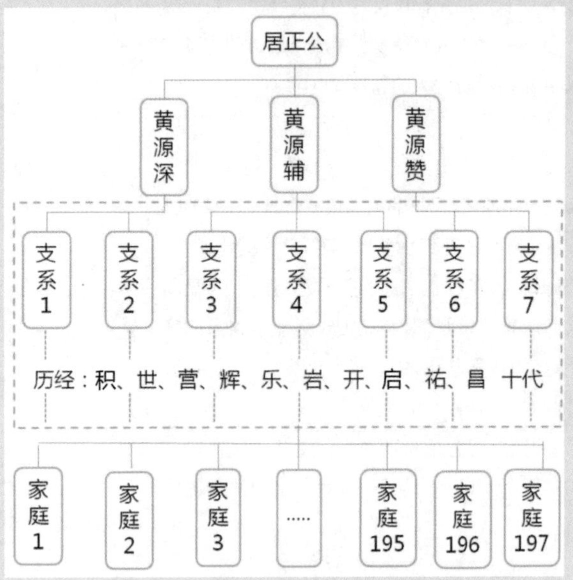

图 10　黄氏宗族社会结构

四、宗族文化变迁的内在机制

（一）宗族内部社会结构转变

1. 结构层次简化

过去，赤沙村各宗族“宗族—房份—支系—家庭”四级社会结构非常明晰。“父老团”代表宗族做重要决策，传达通知时普遍沿四个层次运行，将消息传至家庭（见图 9）。既提高了组织管理效率，又有利于增强宗族凝聚力。如黄氏由居正公三子黄源深、黄源辅和黄源赞分为三房，下分共七支系，历经十代发展至今共有 197 个家庭（图 10）。随着家庭数量增多，“父老团”可由有名望的家庭直接产生。传达消息则转为贴公告为主，家庭直接获取宗族信息，形成了“宗族—家庭”二级结构。但贴告示相比口谕强制性有所降低，加上一子婚后另立家门，家庭对宗族各项事务具有更大的自由空间，与宗族的关联则由紧密变得松散，宗族凝聚力减弱。

2. 长老权力移至新兴精英

过去宗族内部论资排辈，权力多集中在最年长的老人手中，长老可以裁决一切宗族事务，具有极高的威望。随着社会发展，老人传统、守旧的观念已无法胜过科学技术，把握市场变化规律，老人失去了支配年轻人的力量。权力更多掌握在基层干部、经济能人、文化精英等新型精英手中。如参与“黄氏宗亲网”组织管理的黄志荣，年仅 40 岁，已在宗族网站管理、弘扬宗族文化上颇有贡献，得到了族人的普遍认同和赞许。随着阶层观念淡化，礼法约束减弱，年轻人与老年人相处更加随意和融洽。

黄氏：移动之前来修了座信号塔，像一把刀一样插在祠堂门口，肯定破坏风水啦，我们就在屋顶修了个孙猴子拔掉那个定海神针，这样风水就保持了。

徐氏：池塘填了就填了，没关系啊，现代谁在意这些哦，都是向“钱”看。

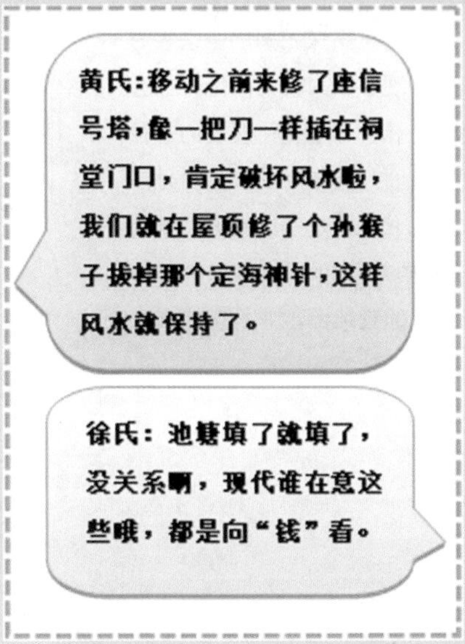

图 11　宗族负责人对待风水的态度

（二）地缘关系的断裂

过去自给自足的农村生活环境为血缘关系网络构建提供了良好的客观条件。然而在城市化的浪潮下，乡土性淡化，宗族的地缘关系面临断裂的危险。简氏、冯氏、黄氏和陈氏迁入赤沙村时均依河而建，但现河涌已消失。历来祠堂的修建讲究风水，“面水”是祠堂遵循的原则，20 世纪 90 年代前赤沙村 10 座祠堂前的广场外均保存着 50～100 平方米不等的池塘。而今均已被填，风水受到破坏，多数族人虽表示惋惜，却也顺应发展。宗族传统风水观念已普遍减弱，但各宗族仍有所差异（见图 11）。

（三）血缘纽带的松懈

随着计划生育政策的实施，宗族人口增长明显减缓，加上越来越多的家庭为谋发展已搬离赤沙村，各宗族的规模呈现出逐渐收缩的趋势。

过去的农业经济模式形成了以血缘关系为基础的社会关系网络，加上国家对人口迁移流动的限制，为宗族文化的传承提供了小环境。而随着众多青年人外出务工，宗族内出现了业缘关系、同学关系等非血缘关系网络，为个人发展提供了更多的机会，导致血缘关系纽带日渐松懈，对个体的控制力不断减小，对宗族意识的培养造成严重影响。

五、总结与展望

（一）宗族现状，亦忧亦喜

探究宗族文化变迁的表征和内在机制发现：①宗族文化的诸多实体象征如族产、祠堂等都已经或行将消失；②祠堂建筑保护得不到普遍重视；③宗族活动由功能性向娱乐性转变；④年轻一代的宗族观念淡化；⑤宗族内部结构层次简化；⑥地缘和血缘关系有所松懈。同时，由于宗族间合作增多，社会包容性增强，新宗族文化形式出现，族人对宗族的归属感和基本文化认同仍然存在，宗族最高权力握于新兴精英阶层手中，宗族仍能在当今社会环境中继续存活。传统宗族文化虽逐渐消失，现代宗族文化仍能继续焕发光彩。

（二）宗族未来，何去何从

过去宗族作为乡村的权力组织，实行乡约民规，管理一方土地。而在现代社会，共产党组织深入基层，宗族力量必然会弱化。宗族的命运更体现了国家权力向地方社会渗透的过程。宗族文化的变迁是社会环境变化发展的一种表现，是政治、经济、文化等方面共同作用的结果（见图12）。在“后宗族时代”，“去权力化”仍是宗族发展不变的趋势，将宗族的概念从“政治共同体”转向“血缘共同体”，将宗族文化凝聚到中国传统文化的延续上，才是宗族未来的发展之路。

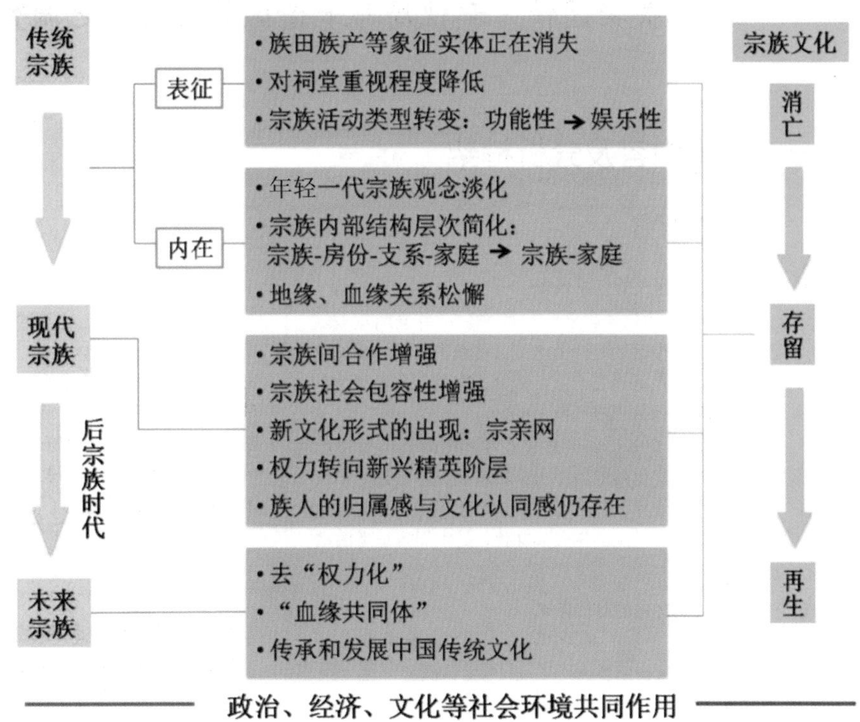

图 12　宗族文化变迁的特征与趋势

参考文献

[1] 张振金. 赤沙村史[M]. 北京：中国文史出版社，2004.

[2] 莫里斯・弗里德曼. 中国东南的宗族组织[M]. 刘晓春，译. 上海：上海人民出版社，2000.

[3] 朱虹. 乡村宗族文化兴起的社会学分析[J]. 学海，2001(5).

[4] 张邦卫. “后家族时代”与浙江祠堂文化的传播策略[J]. 浙江传播学院学报，2012(5).

[5] 宋言奇，张建华. 近 30 年来皖中村落宗族的复兴与衍变：以舒城县山七镇牌坊村为例[J]. 当代中国史研究，2010(9).

[6] 谢建社. 变迁中的农村宗族研究综述[J]. 湖南文理学院学报，2003(5).

[7] 朱华友，陈宁宁. 村落祠堂的功能演变及其对社会主义新农村建设的影响：基于温州市莘塍镇 50 个祠堂的整体研究[J]. 中国农村观察，2009(2).

[8]黄炯. 湘东泉村宗族的社会结构与变迁[D]. 北京：中共中央党校，2004.

[9]黄明明. 城市化进程中的村落宗族文化变迁：以烟台市黄家疃村为例[D]. 沈阳：辽宁大学，2011.

评语：宗族文化是我国传统文化的重要基础，该作品以此为研究对象值得鼓励，特意选取了有八大宗族的赤沙村为研究地，十分具有代表性。但同时也由于宗族数量繁多，给调查和分析造成了很大的难度，且难以把握其核心问题，该作品只能分析其文化现状，保持结构完整清晰。

西关梨园情
——私伙局与老街区共生关系之调查（2014）

西关梨园情 · 私伙局与老街区共生关系之调查

一、调查内容及分析框架

（一）调查背景

1.现实背景，守住西关的红豆残香

私伙局是岭南特色非物质文化遗产——粤剧的重要载体。而广州西关老街区既是西关老屋、传统街坊等物质文化遗产的集中地，也是粤剧艺术家和观众云集的地方，粤剧的中兴繁盛时期是在西关形成和发展的。

然而泛滥而无营养的新城建设正在吞噬着西关宝贵的建筑遗产；另外现代化浪潮的冲击令粤剧如风中残烛，私伙局在市井的热情也逐渐消褪。西关老城面临巨大的文化危机，如何让市井街坊关注并复兴其文化，是本调查思考的重要问题。

粤剧（Cantonese Opera），又称“广府大戏”，源自南戏，自明朝嘉靖年间开始在两广出现，是糅合唱念做打、乐师配乐、戏台服饰、抽象形体等等的表演艺术。被喻为“南国红豆”。

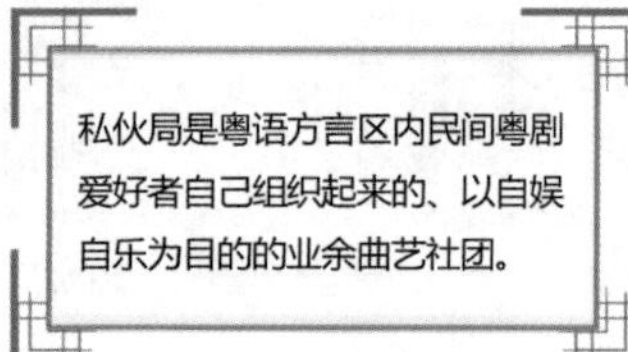

2.理论背景，认识文化的唇亡齿寒

目前我国的城市文化遗产保护多数仅关注物质或非物质方面，缺乏文化保护的整体性思维，对文化间的关联关注较少。探讨两者联动保护模式将可以为城市文化遗产保护提供新的思路。

（二）调查问题及目的（见表 1）

表 1　调研问题及目的

调研问题	调研目的
荔湾区老街区私伙局现状	发现私伙局与老街区的共生互进关系
分析老街区与私伙局互动作用因素	探讨私伙局与老街区共生互进关系机理
抽象老街区与私伙局共生互进关系要素	探索物质遗产与非物质遗产联动保护模式

（三）调查地点及对象

调查区域：主要调查区域为荔湾区的珠江北岸，核心调查区为《广州市历史文化名城保护规划草案（2012 年）》所划定的荔湾区历史城区（见图 1），与素称“西关”的荔湾老区高度重合，传统街区风貌保存较好。

调查对象：荔湾区主要私伙局的运行机制和活动安排，重点调研其所在街区的活动场地、交通环境、人际网络、建筑状况、文化情感。

西关梨园情·私伙局与老街区共生关系之调查

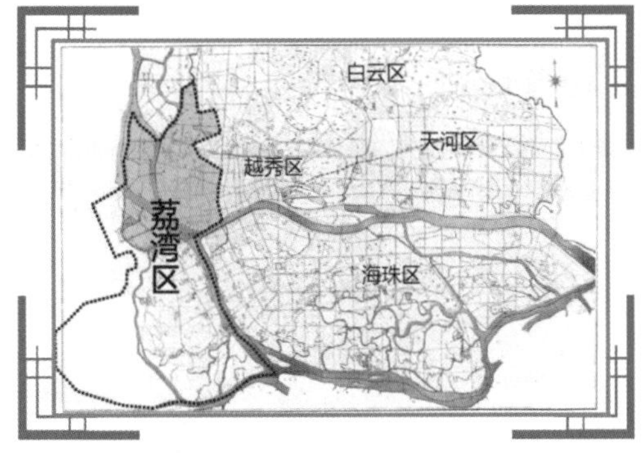

图1　调研区域

（四）调查框架（见图2）

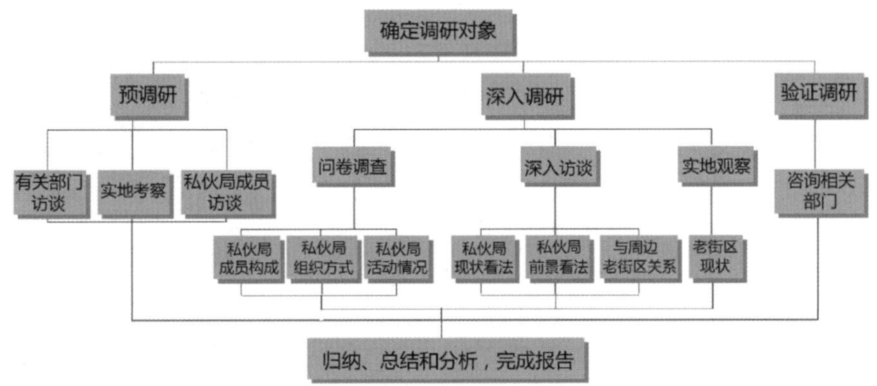

图2　调查框架

（五）调查分析方法

本调研采取查阅文献、问卷调查、访谈及实地观察等方法收集基础资料。其中采访相关部门共4次，实地采访单个私伙局共15次，电话采访私伙局25次。向成员发放问卷212份，有效问卷198份。在阅读大量文献资料的基础上，小组通过叠图分析及进行数据分析，并整理访谈原话，生成报告。

西关（英：West Suburbs，粤：Sai Gwan），是老广州人对位于荔湾区，北接龙津路，南濒珠江，东至人民路，西至荔枝湾，明清时期地处广州城西门外一带地方的统称。

西关梨园情·私伙局与老街区共生关系之调查

（六）调研安排（见表2）

表2 调研安排

调研时间	调研地点	调研对象	调研内容		备注
4.21	荔湾区曲艺家协会	黄沙曲艺团负责人	问卷、访谈		初步了解私伙局的活动状态，观看私伙局表演《三娘教子》
5.08	荔湾区文学艺术界联合会	文联工作人员	访谈		
	广州市振兴粤剧基金会	基金会负责人	访谈		
	八和会馆	八和会馆工作人员	访谈、观察		
	逢源街文化站	文化站管理人员	访谈、观察		了解文化站私伙局人员基本构成以及表演情况
5.12	荔湾区文化馆	文化馆馆长	访谈		
5.15	新荔枝湾涌大戏台	荔湾区职工艺术团负责人	问卷、访谈、观察		观察该私伙局场地周围空间，观看私伙局表演《再世红梅记》等，初步了解该私伙局
5.19	文化公园	黄沙曲艺团负责人	问卷、访谈		了解公园私伙局情况，观看私伙局表演《三下南唐》等
5.21	八和会馆	八和金珠戏曲艺术团	访谈、观察		
5.22	逢源街文化站	雄风粤剧团团长	访谈、观察		深入了解文化站私伙局人员基本构成以及表演情况
5.26	文化公园	黄沙曲艺团负责人	问卷、访谈		了解公园私伙局情况，观看私伙局表演《白蛇新传》等
6.06	龙津中路世纪广场	荔湾区曲艺家协会秘书长	访谈		进一步搜集私伙局资料，对荔湾区私伙局有进一步了解
6.07	新荔枝湾涌大戏台	荔湾区职工艺术团负责人	问卷、访谈、观察		观察该私伙局场地周围空间，观看私伙局表演《寒宫取笑》等，深入了解该私伙局
	丽安大厦19楼	丽安大厦私伙局负责人	访谈、观察		
	湖畔乐社负责人家中	湖畔乐社负责人	访谈、观察		了解私人住宅私伙局情况
6.08	东方宾馆	荔怡曲苑负责人	访谈、观察		
	东方宾馆	香港粤剧曲艺协会负责人	访谈、观察		
6.10	沙面公园老干部活动中心	荔湾区政协曲艺团1组	问卷、访谈、观察		
6.12	三连直街宜和乐苑	宜和乐苑负责人	问卷、访谈、观察		观察私伙局场地周围空间，观看私伙局表演《洛水情梦》等
6.13	沙面公园老干部活动中心	荔湾区政协曲艺团2组	问卷、访谈、观察		

西关梨园情·私伙局与老街区共生关系之调查

二、私伙局的基本情况

（一）私伙局的运行机制

成员构成：私伙局内人员一般包括负责人（团长或社长）1 名、财务管理人员 1 名、乐师 5 到 10 名、资深及一般演唱者各若干名。

资金开销：主要在租借场地、电费、乐师工资等方面，资金来源包括政府资助、成员集资及社会人士捐助等。

（二）私伙局的活动场地和时间安排

56 个私伙局中 41 个有固定活动场地，共有 33 个固定开局地点，分为四种不同类型的活动场地利用形式（见图 2）。由图看出，超过 90%的私伙局在室内场地活动，受天气影响较小，时间较为固定；超过 70%的私伙局依靠会员制集资租用场地活动，自发性及组织特性较强，但其活动受到场地租金的制约较大。

据对荔湾区曲艺协会名录整理及实地走访，荔湾区仅登记在册的私伙局就有 56 个，成员共 775 人，其中 7 个停止活动。

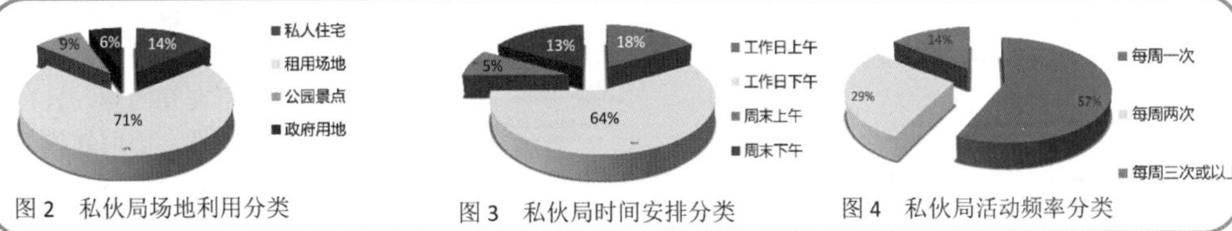

图 2　私伙局场地利用分类　　图 3　私伙局时间安排分类　　图 4　私伙局活动频率分类

另外，不同私伙局活动时间安排存在一定差异，多数为一周活动一次，时间集中在下午（见图 3、图 4）。

（三）私伙局的分布状况

通过叠加《广州市历史文化名城保护规划草案（2012 年）》中“历史文化街区规划总图”与荔湾区私伙局开局点分布图（见图 5、图 6），可以看出荔湾区私伙局在历史文化街区内的分布数量相对较多、密度相对较高。

总体而言，荔湾区内以珠江为界，私伙局分布呈东北多西南少的特征，63.6%的私伙局活跃于荔湾的历史城区，与旧时西关地区重合度较高；47.36%的私伙局活跃于历史文化街区内，其中的 77.8%更是落址于历史文化街区核心保护区。

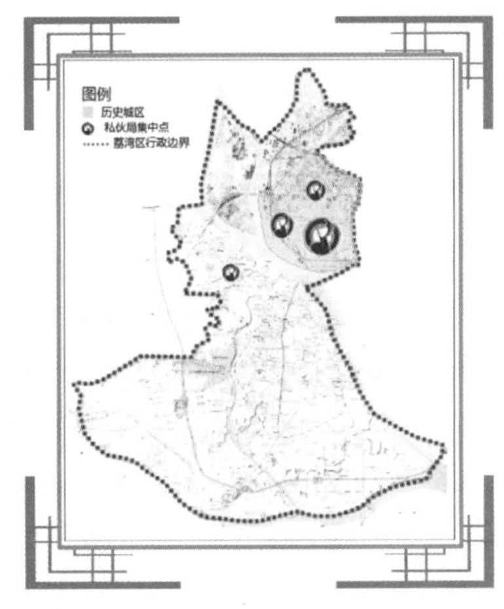

图 5　荔湾区内私伙局分布

整个历史文化街区在珠江北岸呈自西向东的带状分布，私伙局亦随之发生带状集聚，各历史文化街区带之间私伙局大致均衡分布，没有个别街区存在私伙局高度集中的现象。

图 6　历史城区内私伙局分布

可见，私伙局的开局点不仅偏好历史城区，更与更为微观、更具体化的历史文化保护街区紧密结合。可初步推断私伙局和老街区之间可能存在共生性的、相互促进的有机关联。

三、老街区对私伙局的促进作用

（一）以低层空间促进私伙局开放——高处不胜寒

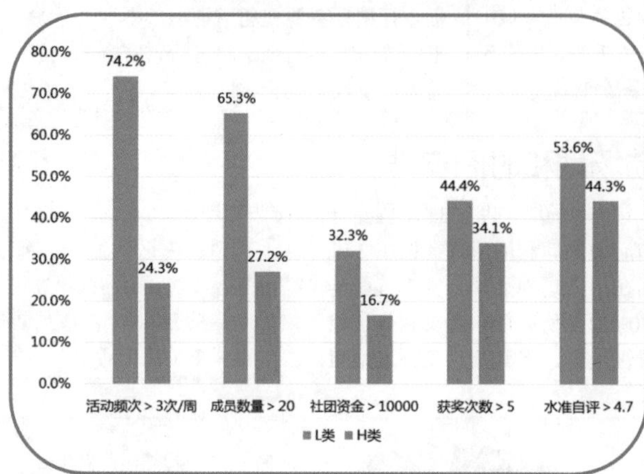

图7　不同活动空间私伙局活跃程度对比

定义层高≤4的私伙局为L类，＞4的私伙局为H类，84.6%属L类，其中66.5%位于首层；15.4%属H类。问卷数据如图7所示，可见L类明显比H类更活跃。

原因在于低层的开放性，私伙局越处在低层，对外会越开放，这意味着私伙局对公共人群的视听输送也更为强烈。音乐艺术是对交互需求极强的艺术，开放的私伙局拥有更多艺术受众，与他们的交互有利于宣传自身，亦有利于吸纳更多爱好者加入。反之，高层私伙局与街区人群交互困难，只有参与者而缺乏观赏者，因而导致其封闭与退化（见图8）。为控制变量，以区位上高度临近的黄沙曲艺团一组和二组为典例，数据对比见表3。其中位于高层的第一组，许多同一层的工作人员甚至都不知道它的存在（见图9、图10）。

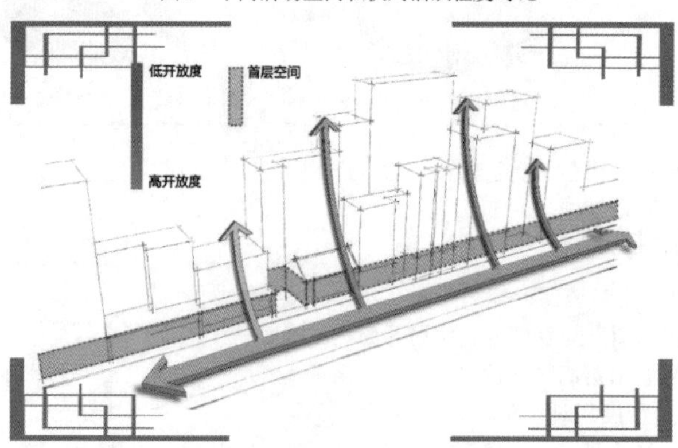

图8　高低层空间开放性情况

历史街区的保护要求对周边的建筑层高进行严格控制，由此可提供大量的低层空间。因此，老街区的私伙局会在纵向空间上往低层集聚，从而对公共空间的开放性性得到加强，最终促进其发展。

对比项	黄沙曲艺团一组	黄沙曲艺团二组
位置	艾美宾馆6层	逢源文化站首层
活动频次	一周一次	一周四次
演唱水平（成员自评，取平均分）	4.12	4.74
知晓度（随机调查周边200m的人群是否知道该局）	15%知道	82%知道
听觉输送力（测算不能听到表演声音的临界值）	约80米	约20米
是否可视	否	是

表3　典型不同活动空间私伙局活跃程度对比

据《广州市历史文化名城保护规划》规定：核心保护范围建筑住宅不超过4层，办公不超过3层。

西关梨园情·私伙局与老街区共生关系之调查

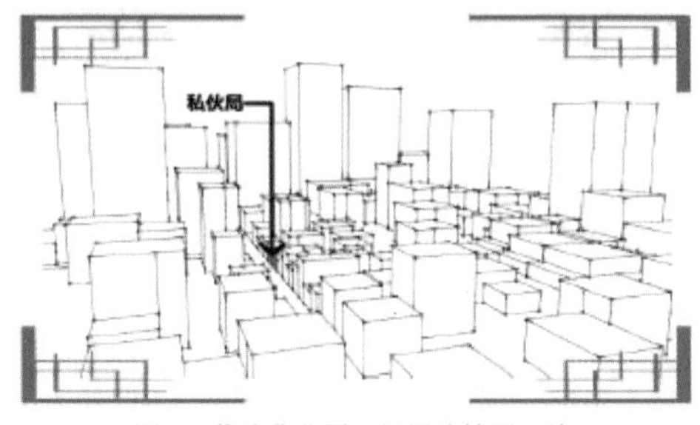

图9 黄沙曲艺团二组周边楼层环境

图10 黄沙曲艺团（左一组，右二组）

（二）以慢行交通留住私伙局观众——信步望梨花

本调查对15个私伙局所在街区的慢行率（%）进行了测算，依数值区间划分为四类，并对反应私伙局活跃程度的活动次数、演唱水准、人员数量三个指标进行问卷统计。如图11所示，结果表明私伙局越是在慢行率高的环境下，其活跃指标越高。

慢行交通（slow traffic），指的是以步行、自行车等为主的慢速交通方式。定义：慢行率=非机动车车流/总交通流

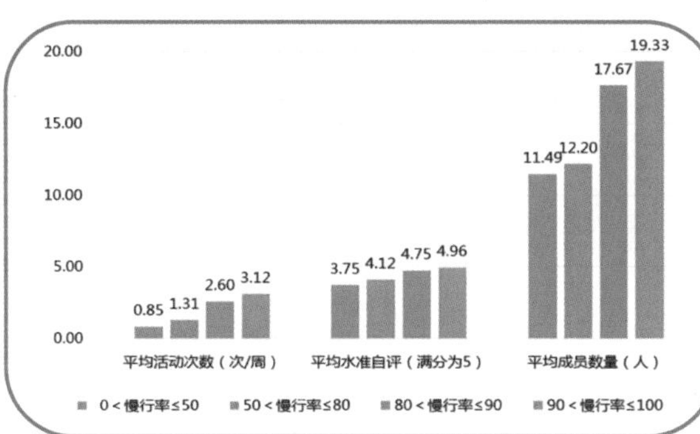

图11 不同速率交通环境内私伙局活跃程度对比

老街区街道较窄，许多街巷不适合机动车快速通行；另外老龄化情况相对严重，其行动会增大对车流的阻碍，因而客观上促进了慢行交通的形成。受众只有在慢速或静止的情况下才可能接受私伙局的视听输送（见图12），并且需要一定的时间消化信息。因此慢行交通对私伙局的促进作用有三方面：首先，增加可能停驻的人流量，一定程度上保障受众的数量；其次，保障人流的停驻时间，保证受众的有效性；最后，营造慢节奏的环境，给人以心理暗示，促进受众认同同样是慢节奏的粤剧。

以荔湾湖为例进行分析，测算其慢行的人流交通。以其中的湖畔乐社所在地为截面位置，测算的结果如图13所示。得益于慢行交通流，人们停下看戏的现象非常普遍，该乐社观众人数及类型均较多，受到干扰少，听时十分投入。

“好多人会停下来看我们的表演，就算是不停下来也会边走边看几眼。有些人在这里看了几个小时，一聊才发现听不懂，但是也很认真听，经常会捧场。”

——湖畔乐社负责人何先生

图12 停下来观赏私伙局的人群

西关梨园情·私伙局与老街区共生关系之调查

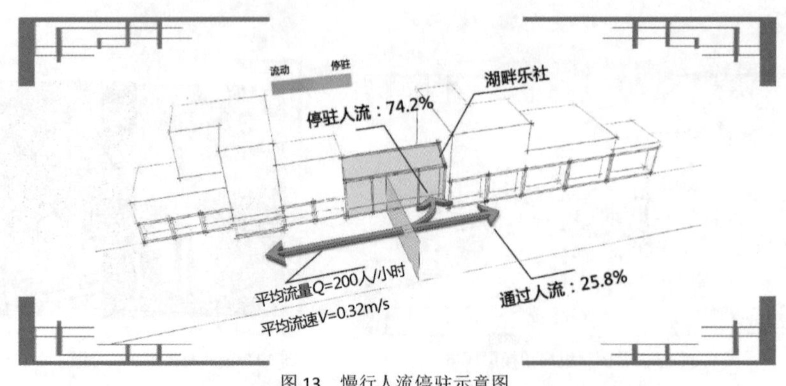

图 13　慢行人流停驻示意图

（三）以街坊意识推动私伙局形成——茅檐喜并居

过去，各地商人云集于西关，打破原有的地缘隔离，挑战传统的乡缘和宗族意识，发展出广州这座城市所特有的街坊情感。如今，老街区街坊意识仍然浓厚，这使每一个街坊成员都成为人际网络的一部分。人际网的信息流推动区内同种爱好的人群集聚，从而促进私伙局这类城市社团的成型。

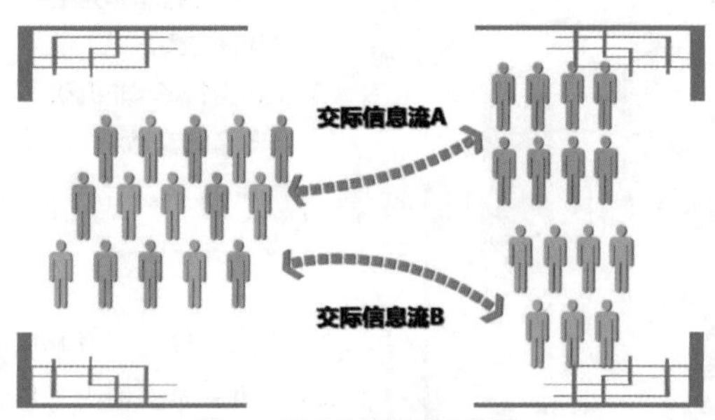

图 14　城市社团形成示意图

由问卷统计数据得到，老街区和非老街区的两种私伙局，其人际关系构成如图 15 所示，可见街坊关系是私伙局的主要人际关系，老街区在这方面占的比重更大。

图 16 为对宜和乐苑周边的邻里关系网的记录。记录了包括店铺、私伙局、民居等的人际信息。这种庞杂的街坊人际网络在老街区非常常见，相对于邻里关系，街坊关系的影响范围更大，空间效应更显著。

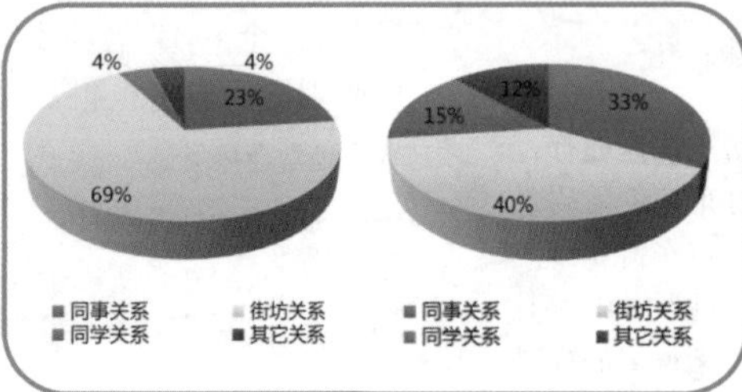

图 15　新（右）老（左）街区私伙局内成员关系对比图

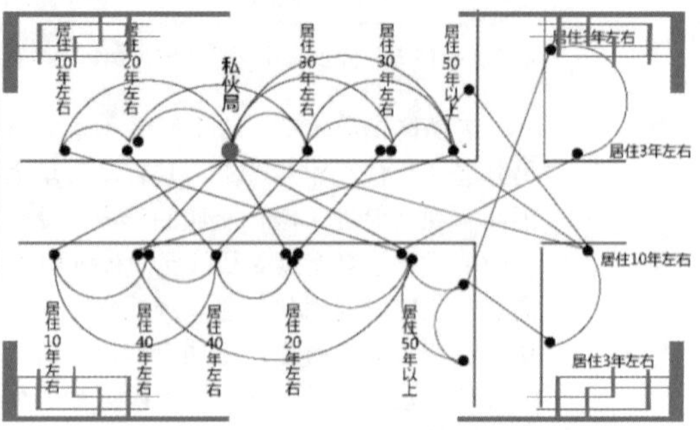

图 16　宜和乐苑街坊关系网

街坊关系还强调心理距离，如丽安大厦私伙局成员因搬家已不具实际街坊距离，但感情在，故活动组织照常，且活动的位置在原街区。可见老街区借其强烈的街坊意识在维系庞杂的人际网络，并借此促进私伙局的形成和发展（见图 17）。

“大家住在同一个地方，街坊之间有感情，也会相互知道谁唱得比较好。”

——荔湾区文化馆负责人

图 17　私伙局成员准备演出

西关梨园情·私伙局与老街区共生关系之调查

四、私伙局对老街区的促进作用

（一）构筑文化情感，推动文化保护——不辞长作岭南人

子曰：“兴于诗，立于礼，成于乐。”艺术可以给人带来感动，进而影响人的行为，最终成就人完美的人格。私伙局作为音乐艺术，会促进老街区文化情感的构筑。对于文化受众，艺术的感动会落实到保护的行动上，因此会对建筑遗产的保护起到促进作用。构筑文化情感体现在以下两方面。

其一，带有文化符号的人群被筛选和吸引（见图18）。对于私伙局，有粤文化认同感的人群可进入性更强。同时，私伙局本身作为文化微空间也会对该类人群产生引力，促进其集聚。达到一定比重即影响街区的审美倾向和行为方式，进而营造出街区的文化氛围。

其二，同调反应给人心理暗示（见图19）。同调理论，即在周围人群的普遍行为下，少数不具普遍性的人会心理失衡，称同调压力。压力产生趋同性，最终结果是群体表现统一特征。据此，街区不适应粤文化的人会在同调压力下产生认同文化的冲动。

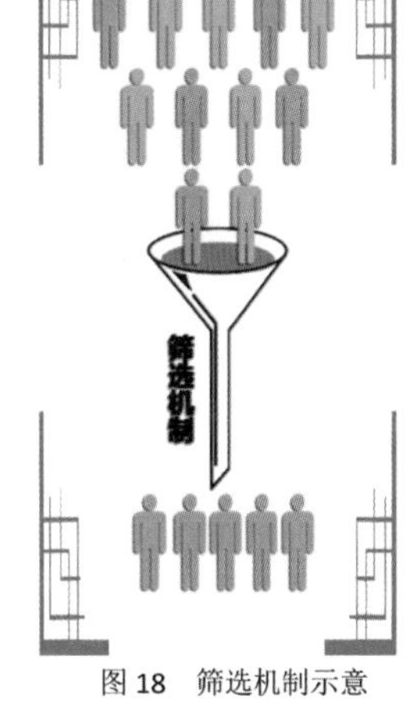

图18　筛选机制示意

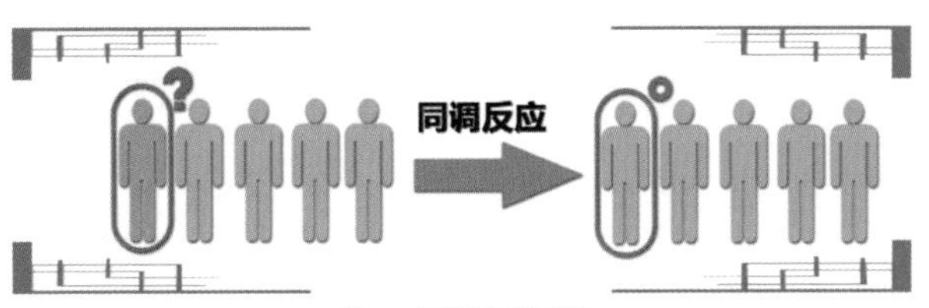

图9　同调反应示意

参与私伙局的人们会参与建筑遗产的保护和再利用，调查中发现许多西关大屋在私伙局的频繁活动使用中直接或间接得到保护。典例为宜和乐苑，一位香港老倌买下了三连直街的一间破旧的西关大屋，花重金安装隔音设施、装饰室内，作为宜和乐苑活动场地，西关大屋由此焕然一新。

祠堂常用于私伙局活动，珠江北岸的马氏祠堂为典例。在城市化对传统宗族空间的冲击下，许多祠堂现状堪忧，而马氏祠堂因为私伙局活动得到保护。

著名的八和会馆位于恩宁路的一栋西关大屋内，因历届会员的努力，现已是市级文物保护单位，建筑状况良好，成为全广州最重要的粤剧活动场所之一。大量的曲艺爱好者集聚，为建筑保护提供了很多资助。

八和会馆（Cantonese Artist Association Opera）是由邝新华、独脚英、林之等粤剧艺人所建立粤剧同人的行会组织。这个会馆加强了戏行中人的团结，保障戏班营业正常开展，在清朝解禁粤剧后回复戏班事业。

“它们（私伙局和老建筑）同为传统的东西，私伙局在老建筑里面开局更有亲切感。”

——私伙局成员

西关梨园情·私伙局与老街区共生关系之调查

（二）营造交往空间，增进街区活力——四海之内皆兄弟

私伙局成员构成多元，职业构成超过五个行业的私伙局占总数的85.71%。老街区内各职业的人以粤剧为纽带聚集于私伙局，职业藩篱完全消解，促进了不同人群的交往。以下饼状图为分布于老街区和非老街区的两类私伙局的职业构成统计，图20为六个典型私伙局的各职业人数。由此可见私伙局职业构成呈现出多样性（见图21），并且老街区更为显著。

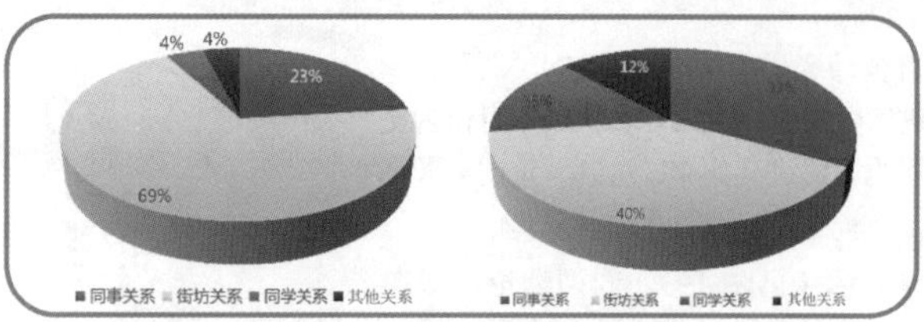

图20　新老街区私伙局成员职业构成对比

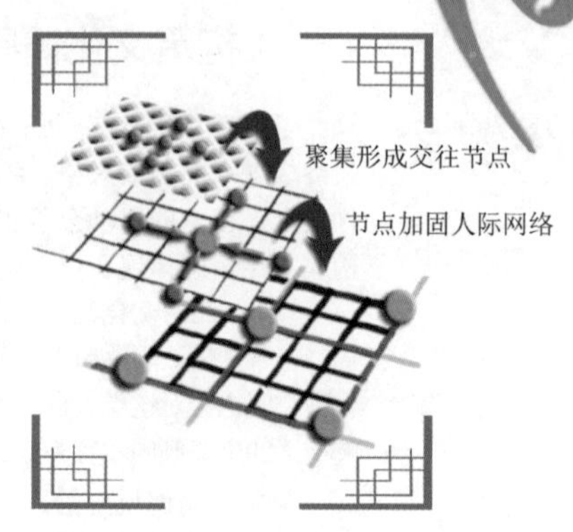

图22　老街区人际网络示意

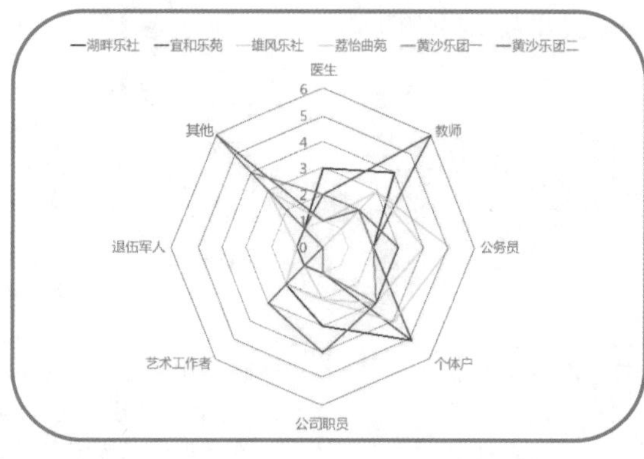

图21　典型私伙局成员职业构成比较（个数）

"私伙局里大家互相尊称哥姐，不会在意你原来是什么职业。"
——区职工艺术团负责人杜先生

私伙局活动空间固定，对街区人群有集聚效应，再加上人群构成的多元性，会发展成老街区的重要的交际场所，促进人际网络结点的产生（见图22），有的私伙局甚至进一步发展成传统文化的交流中心。结点的形成可加固街区的人际网络，营造重要的交往空间，打造街区礼乐仁和的氛围，增注街区活力。

（三）宣传文化遗产，塑造街区形象——岭南情画卷中展

1.唱词宣传

图23所示为用搜索引擎对粤剧唱词的搜索，针对结果制作的词频图。一些粤剧的唱词中，会加入一些老街区特有的元素，如古建筑名称、老街区旧时生活状态等。听者在欣赏私伙局演唱的过程中可以与词作者进行交流，其中传唱的老街区内容与流露出来的感情会被听者感受，老街区的历史文化因此得到宣传。

西关梨园情·私伙局与老街区共生关系之调查

2.表演宣传

老街区一些具有特殊历史文化感的场所，如西关老屋、传统游园等，常有私伙局在其中活动。小组就“荔湾区私伙局”关键词进行网络搜索，对相关程度前30篇的报道及前10篇文献，参考内容分析法，整理得到出现频次较高的私伙局（见表4）。

可以看出，知名度较高的私伙局大多选择上述有特殊历史文化感的场所，媒体在报道私伙局活动的同时也间接向公众宣传了其活动场所的风貌。同时，上述私伙局的活动目的并不仅限于自娱自乐，或多或少带有宣传目的（见表5）。

它们既吸引众多游人造访历史文化场所，也向游人生动地重现私伙局这一传统文化活动形式。无论是吸引游人游览场所，还是呈现私伙局表演，都有利于对外宣传老街区的风貌。

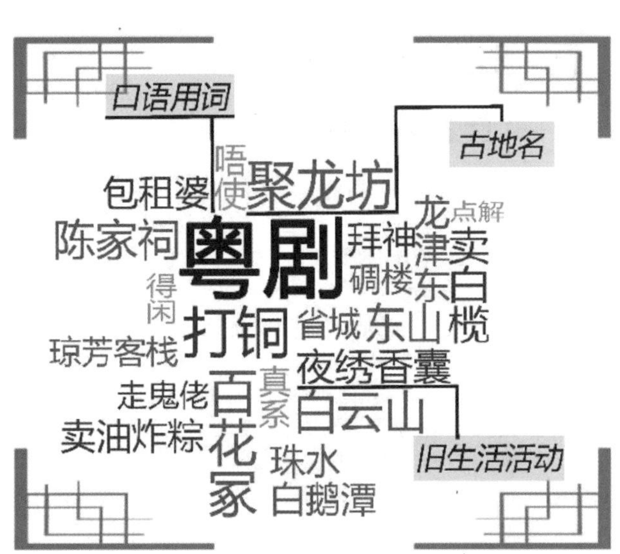

图23 粤曲粤剧词频

表4 老街区私伙局报道整理

名称	次数	地址	内容摘录
宜和乐苑	5	三连直街西关老屋	“趟栊门、满洲窗，这栋西关大屋名叫“宜和乐苑”……有名的私伙局…… 最多名人来撑局”
醉月音乐社	4	宝源路民居	“漫步在宝源路旧民居建筑群，两边全是静谧的西关大屋，阵阵悠扬的弹唱声飘来，路人不禁驻足欣赏，乐声之外，偶尔有几阵爽朗笑声传出。此处，正是西关历史最悠久的传统私伙局——醉月音乐社所在。”
荔湾区职工艺术团	2	新荔湾涌大戏台	“是‘荔枝湾大舞台’的主力粤剧团队……”
荔湾区政协曲艺团	1	沙面公园老干局	“在一楼大堂里，就已经能隐约听到传来的阵阵丝竹之声，煞是热闹……”

表5 老街区私伙局活动地点及目的

私伙局	活动地点	活动目的
荔湾区政协曲艺团	沙面公园	自娱自乐；筹款助学
宜和乐苑	三连直街私人老屋	自娱自乐；交流表演
荔湾区职工艺术团	新荔湾涌大戏台	自娱自乐；宣传广州形象

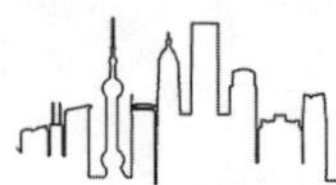

五、对遗产保护的启示

（一）联动保护模式

城市规划工作中的物质遗产保护主要在于保护建筑，而保护存在以下两方面问题：一是忽视活力因子的导入；二是即使导入活力因子，也过度商业化。而非物质遗产保护的问题在于欠缺载体，过于注重形而上的宣传。因此联动保护或可推动二者的共同发展。

私伙局与老街区的互动中可总结以下规律。

（1）物质和非物质遗产间以文化受众为媒介相互促进，这是联动发展的纽带。

（2）物质遗产影响非物质遗产以客观要素为主，如建筑遗产主要通过场地、交通、邻里条件等影响非物质遗产的文化活动。

（3）非物质遗产加诸物质遗产的影响偏主观性，通过心理影响行动，促进人保护遗产，同时活动本身会令物质遗产焕发更多生机。

物质文化遗产（Cultural Heritage）即传统意义上的“文化遗产”，根据《保护世界文化和自然遗产公约》，包括历史文物、历史建筑、人类文化遗址。

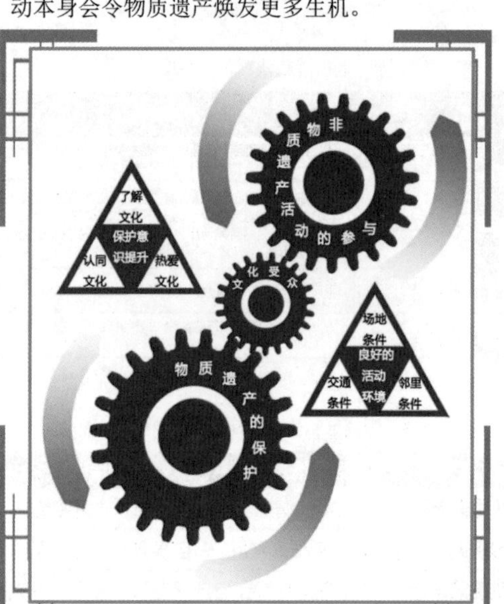

图 24　双遗产联动保护模式

根据联合国教科文组织《保护非物质文化遗产公约》定义：非物质文化遗产(Intangible Cultural Heritage)指被各群体、团体、有时为个人所视为其文化遗产的各种实践、表演、表现形式、知识体系和技能及其有关的工具、实物、工艺品和文化场所。

据此，提出联动保护模式见图 24：物质遗产通过提供良好的活动环境促进文化受众参与到非物质文化遗产的活动中，这增强了受众的文化情感，进而可推动其保护物质遗产的行为。物质遗产受到良好的保护会令模式的“8”字形循环持续下去。

（二）模式的评价与修正

该模式的局限和不足如下：

（1）遗迹类遗产和文物类遗产难适用于该模式；不具组织性的非物质遗产活动，亦难适用于该模式。

（2）受众基数和质量的不足将影响适用性。受众可能人数不足起不到纽带作用，也可能对遗产施加的影响易表现出麻木和抗拒。

模式可做的修正如下：

（1）遗址及文物两类遗产可进行文化活动空间的营造，比如修建博物馆、纪念馆等，借此进入联动发展模式；非物质遗产活动可借鉴私伙局的形式，组织城市社团，从而进入联动发展。

（2）可加大宣传以吸引更多、更优质的受众人群。

西关梨园情·私伙局与老街区共生关系之调查

六、总结

私伙局与老街区之间完美的共生互动是百年来粤剧在西关兴盛之关键。作为非物质文化遗产，西关的老街区促使私伙局向更为开放的低层空间集聚，并营造慢行交通环境和街坊人际意识，促进私伙局的形成和发展；而作为非物质文化遗产活动，私伙局以文化情感推动人们对老街区的保护行为，以交往空间增注街区活力，以艺术内涵宣扬街区形象，从而促进老街区的发展。二者之间的共生机理作为传统文化发展的优秀典例具有许多借鉴意义，联动保护模型的提出正是基于对共生机理的推广性提炼。我们应当认识到，城市文化并不是孤立发展的，各种文化共同存在，城市构筑的是一个文化的有机体，以整体性思维看待文化保护，是一种更加辩证而全面的思路，这值得更多规划师修正和探索。

参考文献

[1]联合国教科文组织大会.保护世界文化和自然遗产公约.1972.
[2]广州市规划局.广州市历史文化名城保护规划.2012.
[3]简·雅各布斯.美国大城市的死与生[M].南京：译林出版社，2006.
[4]戴元光.传播学研究理论与方法[M].上海：复旦大学出版社，2003.

“伪真实”中的“真遗产”

——广州番禺沙湾古镇传统飘色的原真性再造调查（2015）

“伪真实”中的“真遗产”——广州番禺沙湾古镇传统飘色的原真性再造调查

一、引言

（一）调研背景

飘色是广东民间一种流动舞台上的戏剧造型艺术。沙湾飘色以色柜为展示舞台，由4～8人抬一色柜，色柜上站立一个8～10岁的古装儿童——即“屏”，“屏”上再站立一两个2岁左右的古装儿童——即“飘”。飘色是以“屏”和“飘”的扮相、姿态、服饰及道具有机结合组成造型来表现某个故事、传说、戏曲和风俗内容。迄今已有2700多年历史，于明代传入广东，落户今广州番禺沙湾。故番禺沙湾古镇的飘色有着悠久历史，在岭南地区影响力深远。飘色有三个要素（见图1）。

1.色梗

传统的沙湾飘色造型一般采用上下两部分的形式。连接下部“屏”和上部“飘”的构件就是色梗。

2.色柜

色柜是飘色巡游艺术中人物造型的表演台，为了配合飘色的人物造型，艺人会以山水鸟兽、花草鱼虫、民间故事等图画装扮色柜，造型古朴大方。

3.色芯（仔）

指那些装扮成故事人物，在色梗上演出的小演员。

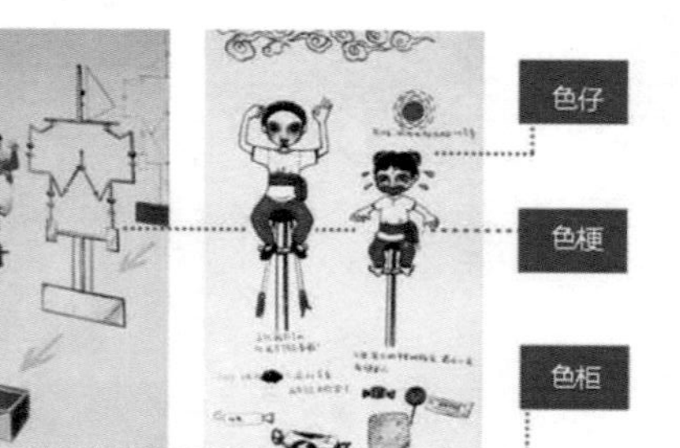

图1　飘色三要素

在遗产保护和旅游规划领域，原真性是一个重要概念：一方面，遗产地的核心价值在于其对过去文化传统与场景的真实再现；另一方面，不少游客正是基于对过去的怀念和对真实的寻找而去遗产地旅游。然而随着旅游开发的推进，越来越多的遗产原真性成了被“舞台化”的“伪真实”。在旅游商业开发的背景下，沙湾飘色的原真性如何再造，如何在“伪真实”中体现“真遗产”，是本小组旨在探究的问题。

> **对原真性的理解：**
> “原真性”是对英文单词“Authenticity”的中文翻译术语，概念的本意是表示真的、原本的、忠实的，而非复制的、虚伪的。在释义中包括“original”（原初的）、“real”（真实的）和“trustworthy”（可信的）三层含义。20世纪70年代后，原真性的概念延伸到文化遗产保护和旅游规划领域。

（二）调研目的及意义

本次调研从原真性再造的角度出发，对沙湾飘色的各主体利益相关方和客体观光客以及沙湾古镇的建成环境进行了调查研究，希望达到以下目的。

（1）调查沙湾飘色不断演进过程中“商业化”与“原真性”的博弈。

（2）基于不同角度对沙湾飘色异化的原真性及原真性再造进行探寻。

（3）在旅游开发背景下对沙湾飘色的妥善保护与合理开发提出建议。

图2　沙湾区位

（三）调研区域及对象

1.调研区域

本调研以番禺区沙湾镇作为调研区域（见图2）。沙湾镇地处珠江三角洲中部，是一个有着800多年历史的岭南文化古镇。2010年，沙湾古镇入选“番禺十大城市名片”。

2.调研对象

（四）调研分析方法

（1）文献综述法。查阅书籍、论文、报刊新闻等，获取沙湾飘色的相关资料。

（2）实地调查法。实地观察沙湾飘色经过的路线，获取意象感知。

（3）问卷调查法。本次调查针对沙湾居民和游客总计发放问卷211份，其中有效问卷198份。

"伪真实"中的"真遗产"

——广州番禺沙湾古镇传统飘色的原真性再造调查

(4) 访谈法。对沙湾镇居民、游客、飘色艺人、旅游开发公司及飘色协会负责人、沙湾镇政府工作人员和广东省宗教文化研究院学者等，根据调查需要进行结构式和半结构式访谈，获取关于沙湾飘色的一手资料。

(5) 空间分析法。从沙湾古镇的市镇肌理、街道尺度、景观节点等方面入手，分析建成环境及其变迁与沙湾飘色间的相互作用。

(6) 空间生产理论。法国哲学家列斐伏尔(H. Lefebvre) 1974 年出版的名著《空间的生产》提出关于空间的三重概念，即空间的再现、再现的空间、实际的空间。

（五）调研框架（见图 3）

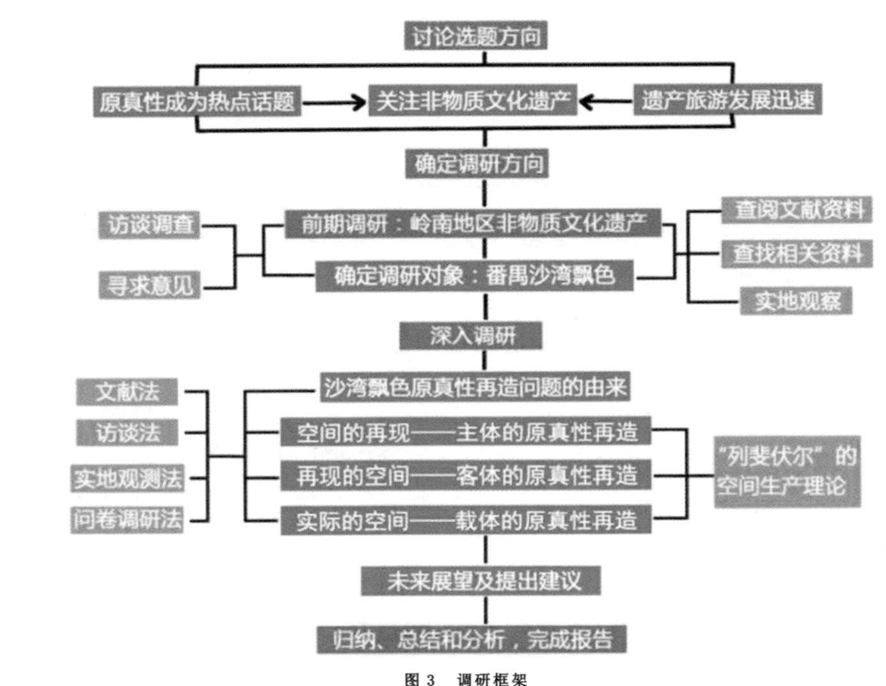

图 3　调研框架

二、问题的由来——飘色原真性的演化

（一）传统飘色文化起源及原真性形成

1.起源基础

沙湾自身的宗族文化衍生出团结互助和神明信仰的传统，在番禺古地丰富民俗的熏陶下，产生了沙湾飘色这种融合宗族、音乐、戏剧、杂技等多元文化的特色民间艺术。

2.起源发展

沙湾飘色的起源发展历程如图 4 所示：经历了外地传入—本地融合—创新独立三个阶段。

3.初始原真性

沙湾飘色的原真，就像包容万千的民俗万花筒。如图 5 所示。

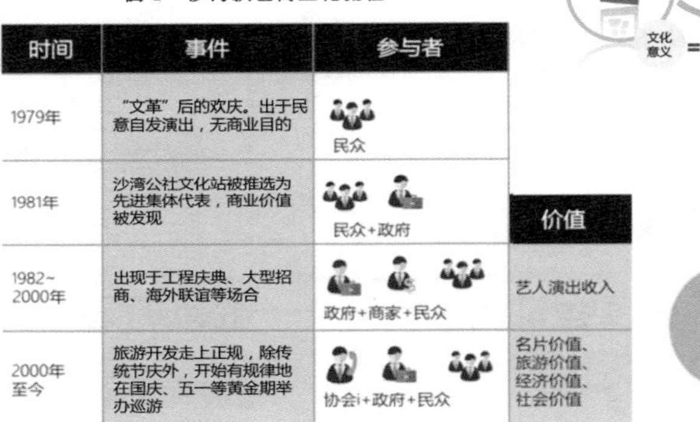

图 4　起源发展流程

（二）商品化发展及原真性异化

1.商品化历程

改革开放后，飘色文化的开发和商品化经历了以下流程（见表 1）。

图 1　沙湾飘色商业化流程

时间	事件	参与者	价值
1979年	"文革"后的欢庆，出于民意自发演出，无商业目的	民众	
1981年	沙湾公社文化站被推选为先进集体代表，商业价值被发现	民众+政府	
1982~2000年	出现于工程庆典、大型招商、海外联谊等场合	政府+商家+民众	艺人演出收入
2000年至今	旅游开发走上正规，除传统节庆外，开始有规律地在国庆、五一等黄金期举办巡游	协会+政府+民众	名片价值、旅游价值、经济价值、社会价值

“伪真实”中的“真遗产”

——广州番禺沙湾古镇传统飘色的原真性再造调查

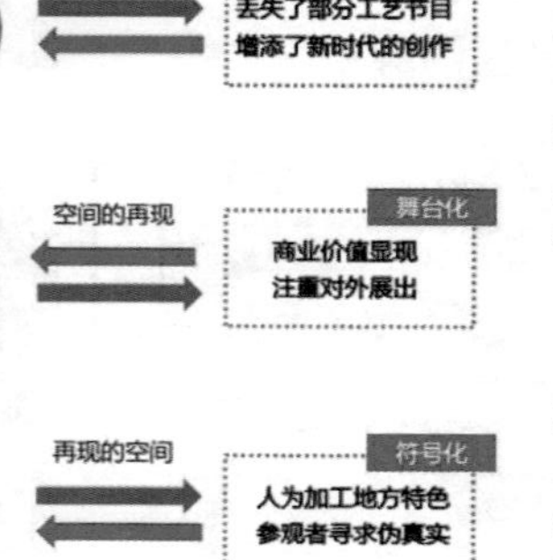

图 6　原真性异化过程

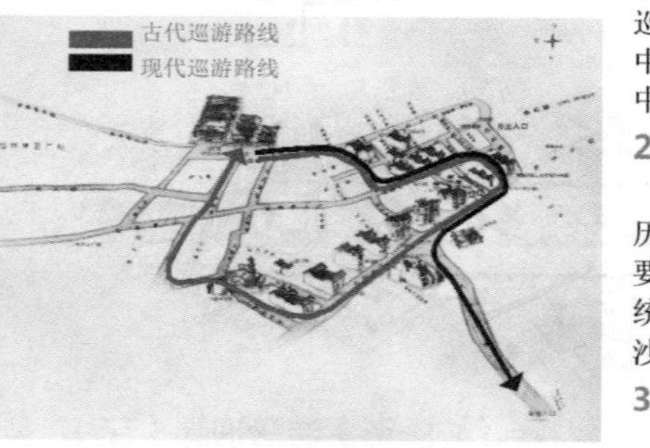

图 7　巡游路线变化

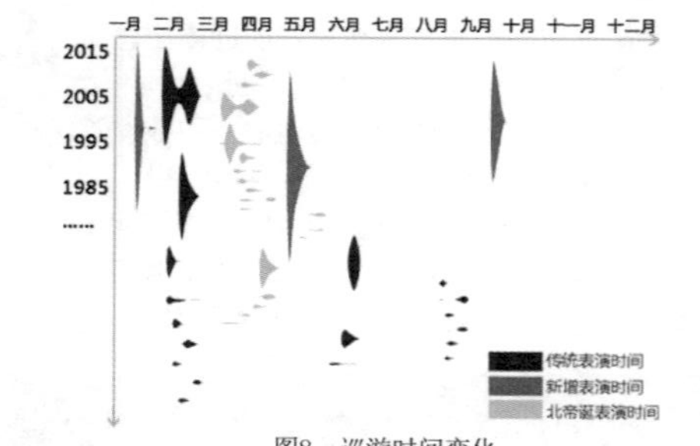

图8　巡游时间变化

2.原真性异化历程

沙湾飘色在逐渐被发掘出商业价值的同时，也带来了原真性的异化。与以上流程对应，原真性的异化也经历了三个阶段，如图 6 所示。

（三）原真性的再造与文化复兴

1.沙湾飘色的巡游路线

沙湾飘色一般只在沙湾古镇内部巡游，路线连年改变，但都会经过镇内一些重要节点，如留耕堂、清水井、院士纪念堂。在开展大型活动，例如 2008 年第七届中国民间艺术节时，巡游会进入新城，当年的路线为沙湾镇政府—中华大道—大巷涌路—市良路—沙湾大道—中华大道。如图7所示。

2.沙湾飘色的时间安排

传统的沙湾飘色活动会在春节和每年农历三月初三“北帝诞”期间进行，而在一些重要的法定节日，如传统节日端午、中秋和非传统节日劳动节、国庆节等，沙湾古镇也会举行沙湾飘色活动。如图 8 所示。

3.沙湾飘色的题材变化

飘色题材由传统神话传说变得更具时代气息、更加丰富多彩。如图 9 所示。

这种再造在一定程度上损害了文化的本真，如图 10 所示。但也大大促进了文化的传承和发展。下面将详细讲述这种另类文化复兴的过程和效用。

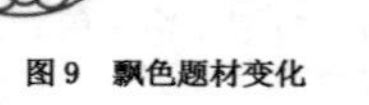

图 9　飘色题材变化

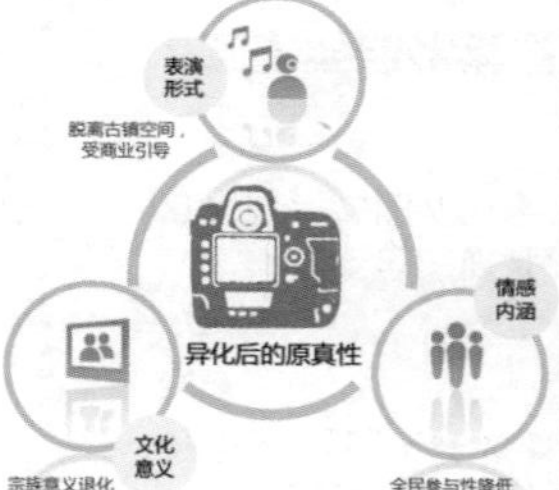

图 10　原真性异化结果

三、空间的再现——主体的原真性再造

在实际旅游经营中展现的文化，是在对当地原真文化进行选择、提炼、添加甚至是创造后形成的。这在形式上体现了列斐伏尔空间生产理论中的“空间的再现”。在这个过程中，文化遗产的原真性发生了异化，表现出来一种文化的“舞台性”。而在“空间的再现”过程中，进行再造的主体是“人”，包括乡贤艺人、当地居民、政府管理者、旅游开发者等。

本部分分别从这几个方面入手，对他们的利益关切和具体行动进行调查，得出沙湾飘色“再现的空间”对原真性的再造情况。

（一）乡贤艺人：自下而上自发组织

1.乡贤与飘色协会

2012 年，一些在镇政府和各企事业单位任职的沙湾本地人士和活跃的飘色艺人（即传统意义上的“乡贤”），组织成立了沙湾飘色协会。协会担负着对外促进飘色传承、发扬，对内优化飘色组织和资源管理的职责。协会 2012 年成立后，统筹管理，招商集资，扮演组织者角色，兼任创作者，性质为民间组织。

> “协会没有成立时，表演器材归村里私人保管，每条村分管不便，老艺人去世后，发展传承也会由此受限”。
>
> ——飘色协会负责人黎伟明

> 问：后继无人、成本上升等问题会不会对飘色的传承有影响？
>
> 飘色艺人：肯定有影响啊，只不过现在政府和协会那边会主要来着手解决这些事，资金投入也不少，所以不需要我们来操太多心，小朋友（即担任“色芯”的小演员）也会有协会那边介绍，他们宣传搞得好，现在小孩子的父母也更愿意送他们来锻炼一下。所以现在如果有演出也更容易把它办好，因为不需要像前几年考虑那么多成本的问题。
>
> ——飘色艺人访谈记录

“伪真实”中的“真遗产”

——广州番禺沙湾古镇传统飘色的原真性再造调查

2.活跃艺人

针对近年来出现的传统飘色艺术缺乏传人、成本上升等问题，大部分艺人在飘色协会的帮助下获得了有力支持。

（二）当地居民渴望受益，支持传承

在对当地居民的问卷调查结果进行分析后，我们发现这样的现象：当地人对待飘色原真性的态度并非单一化的，其中大多数居民喜爱飘色艺术并希望保留其原汁原味（见图11、图12）。同时也有人希望借旅游开发的东风增加家庭收入、提高生活水平。

实际上这从侧面反映出舞台化原真性的经济价值和文化价值一样，皆为当地人民的真实诉求。

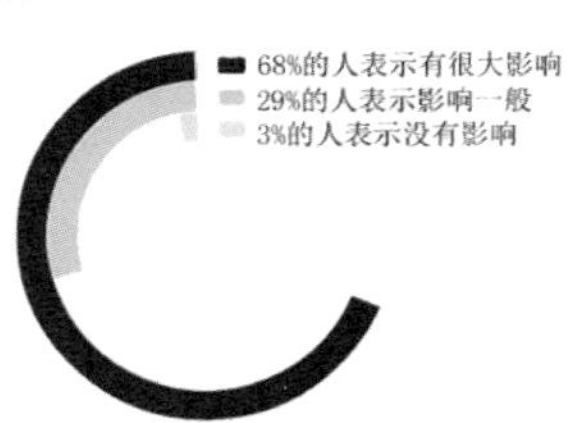

图11　当地居民对旅游开发的态度

图12　当地居民对飘色的喜爱程度

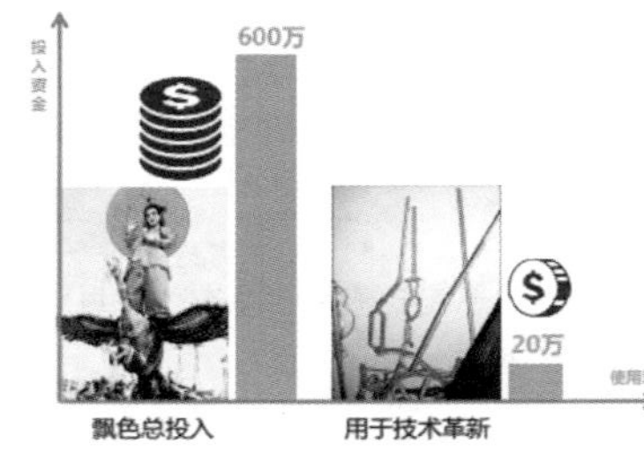

图13　政府对飘色的资金投入

（三）管理者自上而下提供支持

1.政策支持

在政府的政策推广下，有飘色巡游的节庆增加，有利于飘色艺术的推广，同时也帮助形成具有沙湾特色的节庆文化。

2.资金支持

改革开放以来共计投入约600万元，用于飘色演出技术革新的直接投入20万元（见图13）。

（四）开发者：商业开发规划与宣传推广

针对原真性与商业化旅游开发的矛盾问题，旅游公司方认为它们有其存在的合理性，因为他们同样为飘色的保护和推广做出了自己的贡献（见图14）。

图14　旅游开发分区

> “实际上我们公司对沙湾的投入很大，对飘色更是完全的净投入状态，毕竟这么珍贵的文化遗产也是发展旅游不可多得的宝贵资源，我们希望有更多人能够认识到”。
>
> ——旅游公司工作人员访谈

图15　旅游公司投入收益情况

(1)资金投入方面。对于统筹开发整个沙湾古镇旅游业的公司而言，飘色是难得的亮点，但为了保证飘色巡游的原真性，旅游公司在飘色活动的组织中处于净投入状态（见图15）。

(2)开发方式方面。沙湾古镇旅游景区挂牌后，飘色活动规模控制在10板色内。在留耕堂广场划分区域收取门票，而在古镇内其他地点则可免费观看巡游。

综上所述，各方利益主体对飘色的再造反应见表1。

表1　各利益主体的态度行为

主体名称	态度和行动
乡贤和艺人	统筹管理，招商集资。 扮演组织者，兼任创作者。
当地居民	渴望受益也支持传承。
管理者	自上而下提供资金和管理支持。
开发者	商业开发规划与宣传推广。

“伪真实”中的“真遗产”

——广州番禺沙湾古镇传统飘色的原真性再造调查

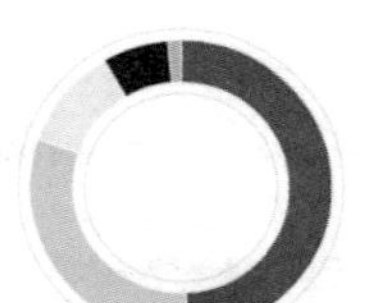

图 16 游客对飘色表演的满意度

文化作用（纪念北帝诞）>商业作用（旅游开发）
商业作用（旅游开发）>文化作用（纪念北帝诞）
两者大致相当

图 17 游客对飘色作用的看法

飘色保持得原汁原味
基本保持，但有商业化的味道
说不清楚
只保持形式，受到较大商业开发

图 18 当地居民对飘色的喜爱程度

图 19 游客对飘色原真性的看法

四、再现的空间——客体的原真性再造

（一）游客自身——符号消费

在对游客问卷分析中我们发现，游客对飘色的满意度大于其对沙湾古镇的满意度（见图 16）。这说明对于游客个体而言，沙湾飘色深受喜爱，甚至强于商业化开发过度的沙湾古镇。实际上，这种自身感受就是游客对文化遗产的“符号化”消费行为，“满意”表明他们想象中的“再现的空间”得以落地（见图 17）。

不是所有的文化遗产都能够吸引大量外来游客，而这在客体角度能够说明沙湾飘色艺术表演对外来者的魅力很大，是出众的旅游资源（见图 18）。

（二）游客群体——相互影响

在对游客进行了简单地“原真性”概念普及之后，我们请游客立即做出对“飘色原真性气息如何”的主观评价（见图 19）。

结果显示，若从游客群体的角度出发，对飘色表演的评价较高。但实际上，游客作为客体缺乏对飘色的客观了解，他们所肯定的，只是一个比较符合预期的“再现的空间”，是一种对传统文化“符号化”的整体认知。

（三）遗产学者——呼唤回归

在与遗产保护学者交流访谈及进行文献综述后，我们发现，当前遗产保护和旅游规划学界普遍认为舞台化原真性再造模式并非完全不可取，但要注意以下三点。

1.文化层面的诉求应多于纯粹经济利益的追求

区域经济利益的积累可能是很迅速的，但是传统文化形态遭到破坏后是很难再建构的。

2.民俗文化是不断变化的，它的传承就是在变异和不断再生的形式

在合理范围内，政府和学界不应过多干预，而是将其向延续原真性的方向引导，使其依靠自身力量自我演化，如此才能历久弥新。

3.文化的开发必须与保护相结合

所有旅游规划项目都要遵守《非物质文化遗产保护法》提出的生产性保护的方针，使非遗保护和旅游规划合理结合，在原真性的基础上更好地呈现出来。

> “做旅游规划的人会探讨本真的原真性和舞台化的原真性的关系，甚至涉及旅游的本质的问题，是为了追求旅游的本真。只要一有旅游开发，原本的本真就不存在了，旅游就被打造成了服务的产品。所以我们需要找到旅游和文化本真之间的平衡。”
>
> ——广东省宗教文化研究院研究学者王维娜

五、实际的空间——载体的原真性再造

（一）沙湾城市肌理与飘色原真性

1.原真飘色特点：走街串巷，深入乡镇

(1)深入乡镇。传统沙湾飘色巡游路线尽可能地串联每个村的主要街巷。以北村为例，“三街六市”中的车陂街和安宁市就是传统巡游的必经道路。

(2)走街串巷。传统巡游会深入居住区内部，从网状的建筑肌理中迂回行进，达到全民参与，全乡欢庆的效果。

深入肌理
必经主道

图 20 沙湾飘色巡游肌理

2.现代城市肌理对原真性的改造

古镇开发，肌理改变。走出古镇，进入新城。

实质：

（1）沙湾飘色巡游路线增长——为适应从古镇到新城干道的新巡游路线，飘色板数增加，规模增大。

（2）沙湾飘色巡游路线简化——缩减了很多深入民居的支线，飘色的亲民性和邻里凝聚效益减弱。

（3）沙湾飘色巡游的公开性变化——由开放私密空间组合转化为纯开放空间，由自娱活动变成展示性质的舞台表演。

“伪真实”中的“真遗产”
——广州番禺沙湾古镇传统飘色的原真性再造调查

（二）沙湾街道尺度与飘色原真性

1.原真飘色特点：小尺度、多围合

（1）小尺度。传统飘色多为一屏一飘或一屏两飘，这是根据古街巷尺度确定的（见图21）。沙湾古镇的街巷分为外部大街和居民街巷两种，宽度不超过4米。今天我们看到的安宁西街20～40米，是经商业开发过的，尺度大大增加（见图22）。

（2）多围合。传统街巷两侧的民居建筑营造出适宜的围合感，既能营造丰满热闹的氛围，又不至于让人感到局促压抑。

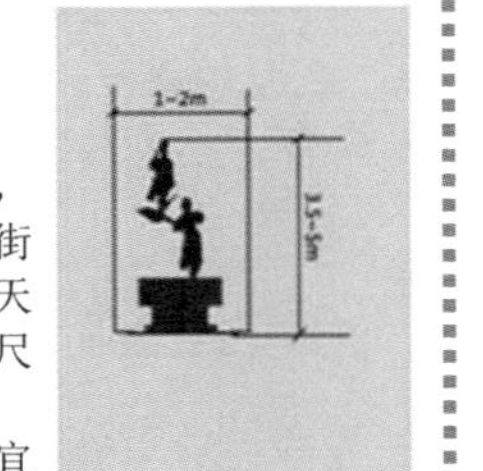

图21　传统飘色尺度

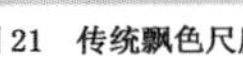
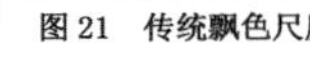
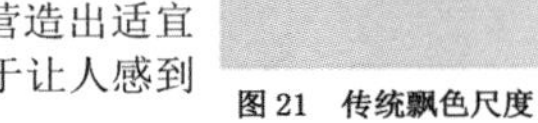

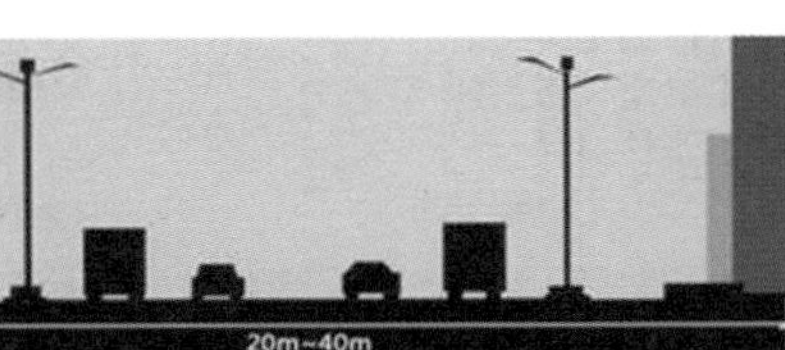

图22-a　　图22-b

图22　街道尺度古今对比

2.现代城市街道对原真性的改造

大尺度，少围合，多平直，少曲折，无停留。

实质：

（1）沙湾飘色巡游街道尺度变大。表演者和观众距离拉大。为使城市干道周边居民可以清楚地看到飘色表演，飘色板数、演员人数、高度、宽度均增加。

（2）沙湾飘色巡游停留空间缺失（见图23）。巡游途中无停留，众人只能走马观花，使得飘色趣味性降低。

图23　观众视线古今对比

（三）沙湾景观节点与飘色原真性

1.原真飘色特点：民间信仰、宗族传承、特色广场空间

（1）民间信仰。传统沙湾飘色为纪念北帝诞辰，故必经留耕堂、北帝祠等重要节点。

（2）宗族传承。宗族理念根深蒂固，路线必经各大宗祠和大家宅院。村镇中心古塔和入口古树也是必经节点。

图24　小广场平面图

（3）特色广场空间。传统飘色街巷交汇处或始末端的小广场（见图24），是飘色巡游中的重要停憩空间。这种较为私密的围合空间可作为巡游前器材组装、演员化妆的准备场所，也可作为多家多户聚集起来观看表演的小剧院。

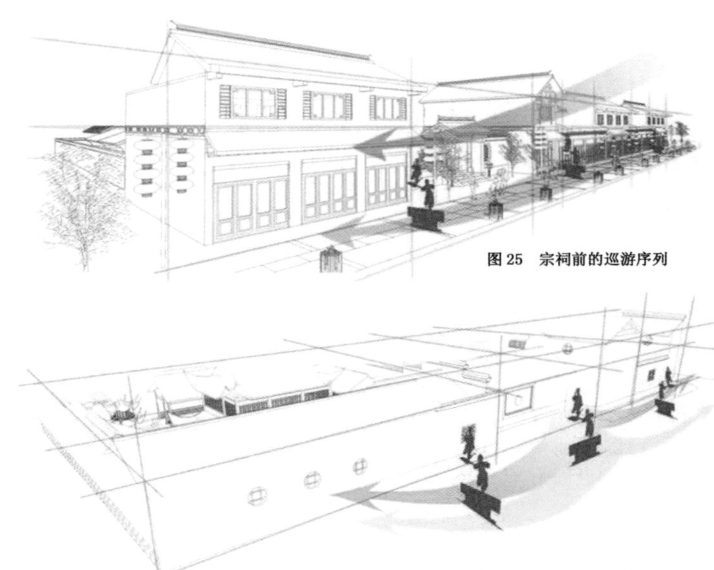

图25　宗祠前的巡游序列

图26　主要街巷的巡游序列

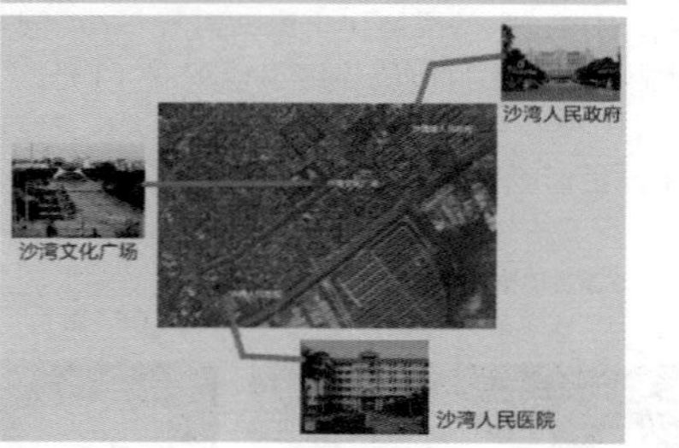

图 27　飘色巡游节点古今对比

2.现代巡游节点对飘色原真性的再造

现代巡游逐渐将城市公共服务节点、行政节点纳入路线中，如沙湾文化广场、沙湾文化公园、沙湾镇政府等城市景观。大型商业活动时期的飘色巡游则更加偏离传统。

实质：

沙湾巡游节点内涵变化——由体现民间信仰变为公共需求主导和商业主导，更加具有现代社会的活动特征。

六、调研结论与启示

（一）不同利益群体对飘色原真性再造的行为差异

在遗产旅游活动中，不同利益群体对文化遗产旅游原真性有着不同的理解和行为模式，不同利益导向下的群体对飘色原真性理解的差异导致了不同利益群体对沙湾飘色这一文化旅游产品开发的不同行为。如果能够保证"保护性开发"的方针，高质开发，那么在这种良性互动过程中，飘色这一非物质文化遗产就将不断被建构成"符号化的原真遗产"或"舞台化的原真遗产"，实现遗产旅游商业化时代的原真性再造。

（二）"舞台化"与"符号化"亦有其需求和价值

沙湾当地居民和游客分别体现出对"舞台化"和"符号化"原真性的不同需求，前者希望自己家乡的文化遗产在通过"舞台化"让更多人了解的同时，能够为自身带来合理的经济收益；后者则通过"符号化"的原真性满足自己旅游出行的需要，即便并不了解飘色艺术的实质，但依然能够感受传统文化的魅力。总的来说，这些需求和价值也应该得到正视。

（三）沙湾与飘色相互依存

沙湾飘色根植于中国文化与岭南文化的深厚土壤中，渗透在沙湾人民的日常生活中，又以民俗年节祭祀庆典为载体，逐渐成为沙湾地区不可分割的一部分。沙湾飘色走街串巷，其巡游的规模、形式、路线与沙湾古镇的肌理、街道尺度、节点空间的分布相互关联、相互影响，在沙湾古镇空间引导下形成，具有明显的地域性特征。

【结语】

目前看来，旅游开发和非物质文化遗产保护的原真性之间有着相互作用的关系。保护与旅游开发是否可以实现双赢的结果，取决于一个"度"。因此，这就决定了对非物质文化遗产的开发是要在"保护"和"开发"的这两个关系中找到一个关键的平衡点。将保护非物质文化遗产和旅游开发进行有机结合，可以使非物质文化遗产在现代社会依然保持原有的生机和活力，从这个角度上促进传统文化复兴。所以说，保护性的旅游开发是非物质文化遗产原真性得以延续的必然选择。

3 特殊经济现象专题

一、选题分类

我校在“经济空间”方面的参赛作品成绩较好，共获得二等奖 1 份，三等奖 3 份（见表 1），其中 2004 年我校首次在社会调查单元获奖，选题类型便是“经济空间”。值得注意的是，我校关注的重点是非正式经济，如小贩、天光墟、淘宝村等，覆盖了大部分的非正式经济类型。研究普遍关注商业空间的现状特征，并对其发展历程、存在必要性、发展合理性方面做出了具有深度的思考。

表 1 “经济空间”类型获奖作品信息

年份	等级	作品名称	学生信息	指导老师
2004	三等	城市街道的“走鬼”——广州市新港西路街头流动商贩调查	方晓宜、罗诗媚、周子廉、姚苑平、温莉	林琳
2009	二等	空间的政治——广州新港街城管、小贩的生态空间调查	陈昊、关志强、黄浩伦	刘云刚、李志刚
2014	三等	夹缝之墟 天光而息——广州市西门口天光墟底层市场调查	刘慧、王哲夫、宋佳颖、魏相谋	袁媛、李志刚、林琳
2014	三等	淘宝村的虚实空间——广州市犀牛角村电商环境调查	杨佳意、罗璇、张济婷、郑立丰	林琳、袁奇峰、袁媛

二、研究方法

有关商业空间的一切探讨都建立在空间的使用人群、设施类型的基础上。此外，出于不同的研究目的，还可增加空间发展历程、存在性等分析内容。针对不同研究内容，作品采取了特定的研究方法。在空间使用人群、设施/商品类型、发展历程等方面，多运用实地观察、问卷调查、访谈的方式收集资料，运用统计分析及定性描述对资料进行整理分析；对虚拟空间的研究还新增了网络观察的调研方式（见表2）。空间存在合理性方面，除去传统的定性描述外，还尝试引入定量系数的计算，这对研究的深度及逻辑有着长足的提高。

表2 “经济空间”类型获奖作品研究方法

作品名称	研究方法
城市街道的“走鬼”——广州市新港西路街头流动商贩调查	调研方式：参与观察、实地观察、访谈 分析方法：统计分析、文献及访谈内容分析、定性描述
空间的政治——广州新港街城管、小贩的生态空间调查	调研方式：实地观察、访谈、问卷调查、跟踪调查 分析方法：统计分析、文献与访谈内容分析、定性描述、GIS分析
夹缝之墟 天光而息——广州市西门口天光墟底层市场调查	调研方式：实地观察、访谈、问卷调查 分析方法：统计分析、文献及访谈内容分析、依赖系数计算、定性描述
淘宝村的虚实空间——广州市犀牛角村电商环境调查	调研方式：实地/参与观察、访谈、问卷调查、网络观察 分析方法：统计分析、文献、访谈内容及网络资料分析、定性描述

三、研究结论

作品结论主要集中在经济空间的四个方面：①空间发展历程；②使用人群；③设施/商品类型；④存在必要性（见表3）。首先，通过文献及访谈资料梳理经济空间的发展历程。其次，通过统计分析与调研确定空间的使用人群特征及设施现状。最后，通过定性描述及计量系数对空间合理性、必要性等方面进行拓展研究。

表3 “经济空间”类型获奖作品研究结论

作品名称	空间发展历程	使用人群	设施/商品类型	存在必要性
城市街道的“走鬼”——广州市新港西路街头流动商贩调查		流动摊贩人群特征，活动规律		流动摊贩的必要性
空间的政治——广州新港街城管、小贩的生态空间调查		小贩空间分布特征		自发形成的动态生态平衡制度化、合法化
夹缝之墟 天光而息——广州市西门口天光墟底层市场调查	天光墟发展历程	人群活动时空特征及构成	商品类型	依赖系数计算
淘宝村的虚实空间——广州市犀牛角村电商环境调查	淘宝村发展历程	电商人群构成及行为特征	电商及配套设施分布与构成	定性描述

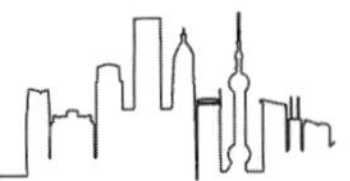

四、理论贡献

该类作品理论贡献在于：①研究内容的扩充。基于访谈、网络 / 实地 / 问卷调查，作品对非正式经济空间使用主体构成、现状特征做出了详尽的分析，充实了有关经济空间的认识。②研究方法的创新。在设施去留问题上，定量方法的引入为后续研究拓展了新思路，与定性分析的解释相结合使得作品的科学性大幅上升。

五、研究进展

有关经济空间的研究仍停留在统计描述阶段，定量分析方法及内容有待改善；同时研究内容较多集中在设施 / 商品类型及使用人群构成现状两大部分，对其影响因素及相关作用机理解释不够深刻，有待深入。

城市街道的“走鬼”
——广州市新港西路街头流动商贩调查（2004）

在广州、香港等地区，“走鬼”是指流动商贩违法摆卖时，为逃避城管执法人员的清理惩戒而相互招呼走脱的暗语，后来被人们当成流动商贩的代名词。事实上，广州“走鬼”的经营活动已形成一个特殊的零售市场，直接影响着部分广州市民的生活。他们往往沿街占道经营，给城市市容环境、交通、商业秩序等带来一系列问题。城市化地区、特别是城市中流动人口多的地区，如“城中村”等，“走鬼”出没频繁，执法部门屡禁不止。“走鬼”已经成为城市商业活动规范化发展、城市空间有序利用的制约因素，成为城市发展中的难题。

广州市是珠江三角洲地区的中心城市，流动人口多。“走鬼”的活动相当典型。“走鬼”虽是地方称谓，但“走鬼”现象却不是广州所特有。对这一城市问题进行调查研究，极具普遍的现实意义。

“走鬼”的基本特征和活动规律有哪些？对城市造成哪些影响？如何对待和处理？带着一系列疑问，我们开始了此次调查。

一、资料与方法

（一）调查方法：以抽样调查法和局外观察法为主

（二）研究对象、时间和地点

1. 调查研究

（1）时间：2004 年 7 月 2—11 日。

（2）地点：广州市新港西路。

（3）对象：调查地段内街头流动商贩与附近居民。以偶遇方式进行抽样。流动商贩回答样本 122 份，居民回答样本 51 份，有效样本数分别为 116 份和 49 份，样本有效率分别为 95.1%、96.1%。其中流动商贩有效样本中，男性 61 人，女性 55 人，没有明显性别偏向。

2. 局外观察法

（1）时间：2004 年 7 月 10 日 7—23 时。

（2）地点：新港西路中大公车总站。

（3）对象：在该点经营的流动商贩。以局外观察法记录 17 个整时点数据，记录时未引起注意。

（三）研究主要变量

1. 抽样调查

对流动商贩调查的变量主要有性别、年龄、就业状况、教育程度、家庭规模、月均收入、经营类别、历史、现状、计划、缘由和心理状况指数等共 26 个。问卷经过预调查，其中三题被修改。

对附近居民调查的变量主要有对流动商贩出售商品的评价与购买偏好、经营活动的评价、对城管执法行为的态度与看法等共 10 个。

2. 局外观察

局外观察的主要变量有观察时间、该时点流动商贩人数、性别构成、摊点数、经营类别共 5 个变量。

（四）相关说明

新港西路相关路段是城市干道，处于广州老城市中心区边缘。周边高校和“城中村”密集，人流车流集中，“走鬼”活跃。局外观察所选区域是“走鬼”重要的集聚点，最长直线距离不超过 30 米，临近高校及大型布料市场主入口。选点具有代表性。

由于研究区域集中在新港西路，样本难免具有地域的局限性。偶遇抽样是非概率抽样，不可避免地存在一些缺陷。

（五）资料分析

本文以定性和定量相结合进行分析。采用 SPSS 软件对资料进行频数分析、统计描述分析、交互列联表分析。从流动商贩的群体特征、定点个案研究结果以及周边居民与流动商贩关系三方面进行描述和解释。所有工作均由本小组 5 位本科生完成。

二、结果与分析

（一）“走鬼”及其流动经营的基本特征

1. 主体人群特征

（1）主体人群特征一：以年轻人和较低文化素质人群居多。

调查对象的年龄段在 14 ～ 69 岁之间，平均年龄为 35 岁，其中 40 岁的人最多，占 13.8%。14 ～ 40 岁的人数占调查人数的 79.3%（见图 1），表明“走鬼”的主力群体为年轻人。

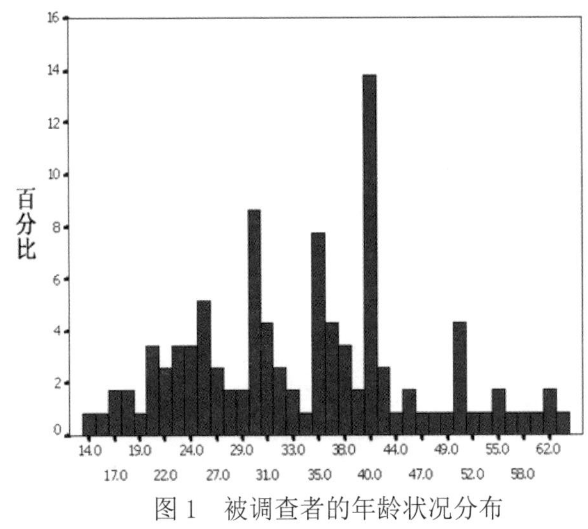

图 1　被调查者的年龄状况分布

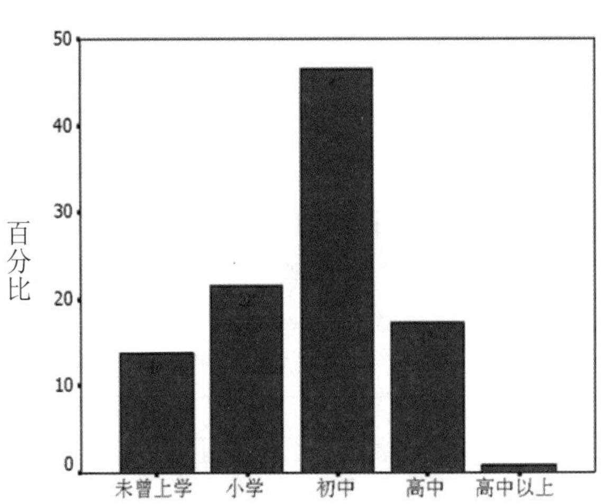

图 2　被调查者的文化程度分布

从文化程度上看（见图 2），“走鬼”中初中文化水平或以下的约占 83%。这种文化层次，在就业竞争激烈的广州较难找到合适的工作。

（2）主体人群特征二：外省无业者和下岗者占绝大多数。

表 1　被调查者的籍贯分布情况

		频数（次）	百分比（%）	有效百分比（%）	累积百分比（%）
有效	本市	9	7.8	7.8	7.8
	本省其他市	32	27.6	27.6	35.3
	外省	75	64.7	64.7	100.0
	总计	116	100.0	100.0	

表 2　被调查者的就业状况分布情况

		频数（次）	百分比（%）	有效百分比（%）	累积百分比（%）
有效	下岗	27	23.3	23.3	23.3
	停薪留职	2	1.7	1.7	25
	退休	2	1.7	1.7	26.7
	无业	74	63.8	63.8	90.5
	其他	11	9.5	9.5	100.0
	总计	116	100.0	100.0	

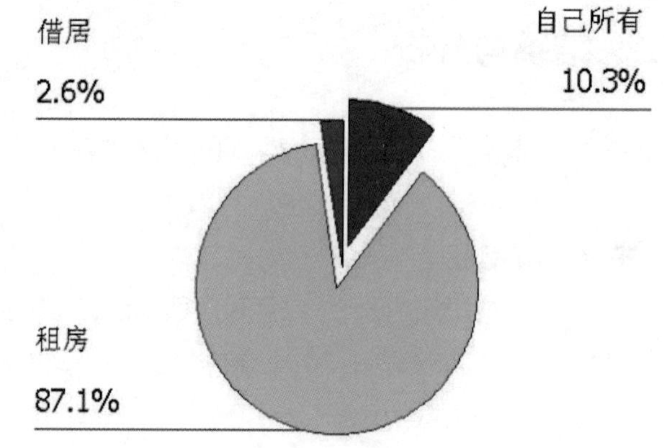

图 3　被调查者的住房类型

统计所得，调查地段内流动商贩以外省籍居多，占 64.7%，而本省其他市和本市的则分别占 27.6%、7.8%。其中，目前无业者占 63.8%，下岗者为 23.3%，他们共同占了总数的近九成。可见，样本总体呈现出较为明显的群体特征——以外省无业者和下岗者为主体。

流动商贩的家庭人口规模在 6 人以内的占 82.6%，其中 3、4、5 人所占的比例最高，各占 20% 多，表明平均负担系数较大。其中，租房的占 87.1%，自己有房的占 10.3%，借居的仅为 2.6%，可见租房子住的占绝大多数；而且，自己有房的大多是本市人口（只占调查人数的 7.8%）。另外，从数据可知，流动商贩月收入在 800 元以下的占了 72.2%，在 1200 元以内的就占了 95.7%。这样的收入，对于大多数流动商贩来说，除了要交纳房租与应付日杂外，还要供养家人，甚至供孩子上学，家庭经济状况估计是比较紧张的。若不幸因碰上城管而被没收货物，可能血本无归，生活更为困难。

表 3　被调查者的月均收入状况表

		频数（次）	百分比（%）	有效百分比（%）	累积百分比（%）
有效	低于 400	34	29.3	29.6	29.6
	400 ~ 800	49	42.2	42.6	72.2
	800 ~ 1200	27	23.3	23.5	95.7

1200 以上	5	4.3	4.3	100.0
合计	115	99.1	100.0	
缺失 系统	1	9		
总计	116	100.0		

（3）主体人群特征四：地缘特征凸现。

表 4　不同籍贯在不同收入水平的比率分布情况

籍贯	收入水平比率分布表				总比率
	低于 400 元	400 ～ 800 元	800 ～ 1200 元	1200 元以上	
本市	0.44	0.22	0.33	0.00	1
本省其他市	0.31	0.44	0.19	0.06	1
外省	0.27	0.45	0.24	0.04	1

从表 1 可知，外省的流动商贩占绝大部分，而本省其他市和本市的相对较少。通过分析，可知被调查者呈现出较为明显的地缘特征，具体表现为以下三个方面。

第一，本市型。在 9 个籍贯为本市的样本中，有 8 个年龄在 35 ～ 62 岁，说明大部分是中老年人。从表 4 可看到，本市的流动商贩，低收入者（低于 400 元）比率比其他都高，而高收入者（高于 1200 元）比率则比其他都低。但是在 800 ～ 1200 元收入水平上的比率要比其他的高，这可能反映了本市流动商贩收入总体偏低又相对不均的特点。

第二，外省型。从事流动商贩的，外省居多，主要是因为他们相对本市居民更难找到工作，而这种流动买卖不需要交租金，经营较自由，更易支配时间，尽管净收入偏低，但仍有不少外省人选择从事该工作。与本市的不同，外省籍流动商贩呈现出数目众多、年龄结构多样化的特点。

第三，本省外市型。他们的经营方式和规模与外省的相似，只是中高收入者所占比率较低。

（5）主体人群特征五：男女差异明显。

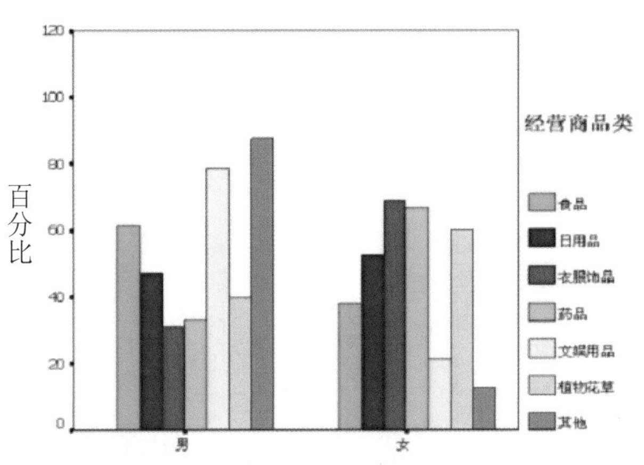

图 4　被调查者的性别分布情况

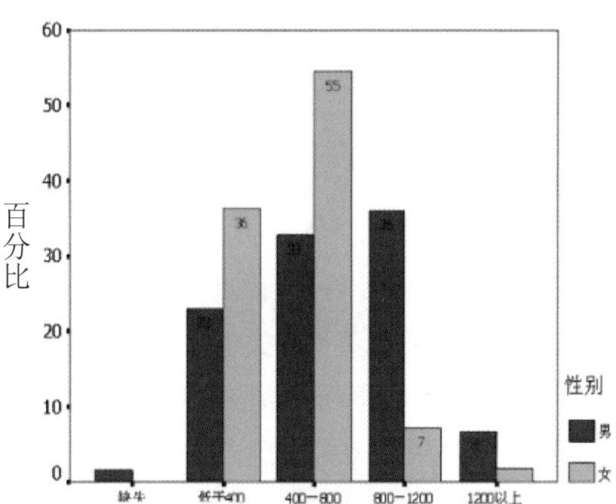

图 5　被调查者的月均收入分布情况

表5　日均工作时间与性别交叉列联表

			性别		总值
			男	女	
日均工作时间	小于4小时	数量	5	5	5
		在日均工作时间里的比重	50.0%	50.0%	100.0%
		在性别里的比重	8.5%	9.1%	8.8%
		总比重	4.4%	4.4%	8.8%
	4～8小时	数量	12	20	32
		在日均工作时间里的比重	37.5%	62.5%	100.0%
		在性别里的比重	20.3%	36.4%	28.1%
		总比重	10.5%	17.5%	28.1%
	8～12小时	数量	24	17	41
		在日均工作时间里的比重	58.5%	41.5%	100.0%
		在性别里的比重	40.7%	30.9%	36.0%
		总比重	21.1%	14.9%	36.0%
	大于12小时	数量	18	13	31
		在日均工作时间里的比重	58.1%	41.9%	100.0%
		在性别里的比重	30.5%	23.6%	27.2%
		总比重	15.8%	11.4%	27.2%
总值	小于4小时	数量	59	55	114
		在日均工作时间里的比重	51.8%	48.2%	100.0%
		在性别里的比重	100.0%	100.0%	100.0%
		总比重	51.8%	48.2%	100.0%

从经营商品看（见图4），食品、文娱用品的经营者男性居多；衣服饰品和植物花草经营者女性居多。日用品经营中则男女较平均。

从收入水平看（见图5），女性的月收入总体比男性低，91%在800元以下，其中400～800元/月的占女性总数的一半以上。而男性中有56%月均收入在800元以下， 800～1200元/月的占男性总数的37%，比同水平的女性多出30%。

从工作强度看（见表5），男性流动商贩的工作时间明显比女性长，每天工作8小时以上的占70%以上，而女性则占50%左右。究其原因，可能是中年妇女除了工作外还要照顾家庭，所以尽管工作时间比男性少，但其劳动强度可能不比男性小。

2. 经营活动特征

（1）选择商品特征：经营品种繁多且成本低廉。

从图6中看出，经营商品种类繁杂，其中以食品、衣服饰品、日用品居多。所经营商品不但是周边居民倾向购买的，还是成本较低，容易摆摊和卷席逃走的。

流动商贩启动成本都比较低，600元以下的居多，多是自我积蓄（见表6）。其中缘由，大概是一方面自身经济实力弱，另一方面顾客对流动商贩出售的贵重物品信心不足，

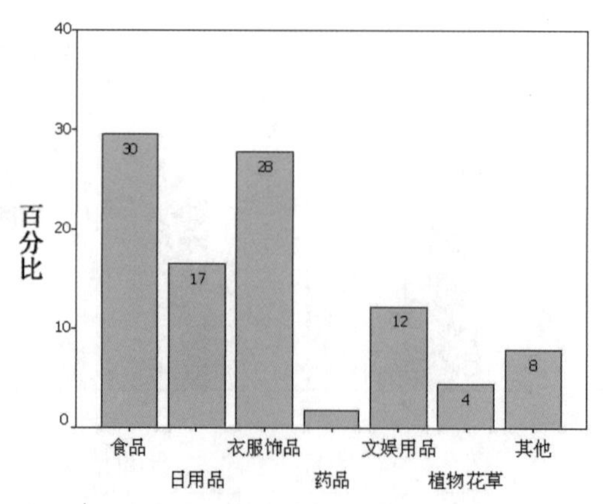

图6　被调查者经营商品类别分布

故流动商贩经营的往往是比较廉价的货物。

表 6　被调查者的启动成本分布

	频数（次）	百分比（%）	有效百分比（%）	累积百分比（%）
有效　低于 400 元	44	37.9	38.3	38.3
200 ~ 600 元	47	40.5	40.9	79.1
600 ~ 1000 元	14	12.1	12.2	91.3
1000 元以上	10	8.6	8.7	100.0
合计	115	99.1	100.0	—
缺失　系统	1	0.9	—	—
总计	116	100.0	—	—

（2）经营地点特征：人流量大的地段。

在选择经营地点的调查中，选择人流量大的占 51.7%，选择同类经营者聚集的占 19%，选择城管管不到的占 14.7%，选择离住处近的占 36.2%。可见，对于他们来说，顾客才是最重要的。尽管选择城管管不到的只有 14.7%，但并不说明城管工作力度低。据调查，流动商贩一天一般会遇上城管人员好几次。他们有不少人认为：几乎所有地方城管部门都管得很严，所以他们选择经营地点时，较少考虑城管因素，而更多地注重顾客因素，只要有利可图，他们愿意冒被抓的危险。

（3）经营时段特征：早出晚归，高峰时段明显。

表 7　被调查者的日均工作时间分布

	频数（次）	百分比（%）	有效百分比（%）	累积百分比（%）
有效　小于 4 小时	10	8.6	8.8	8.8
4 ~ 8 小时	32	27.6	28.1	36.8
8 ~ 12 小时	41	35.3	36	72.8
大于 12 小时	31	26.7	27.3	100.0
合计	114	98.2	100.0	—
缺失　系统	2	1.8	—	—
总计	116	100.0	—	—

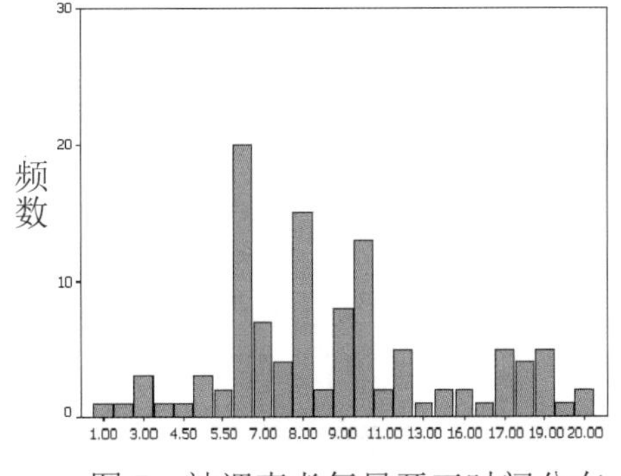

图 7　被调查者每日开工时间分布

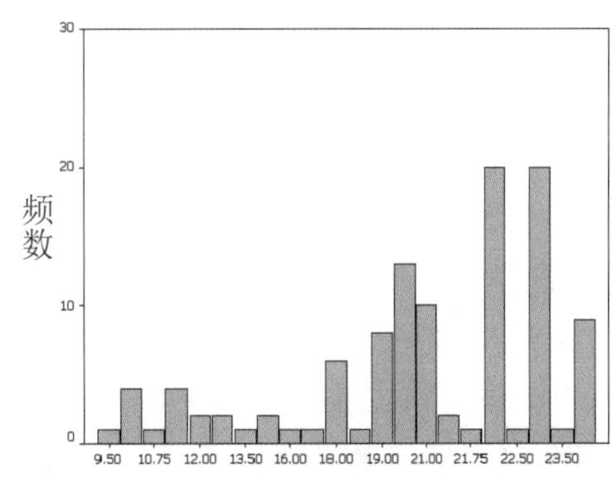

图 8　被调查者每日收工时间分布

从表 7 看出，流动商贩的工作时间往往较长，工作强度较大。小于 4 小时的只占 8.8%，大于 8 小时的超过 60%，是流动商贩的主要部分。他们一般早出晚归，从事流动买卖是他们生活的唯一来源。

在调查地段内，流动商贩开工和收工时间较集中。从图 7 和图 8 可以看到，每天开工时间集中在 6 点到

10点间，其中6点、8点和10点分别形成三个小高峰——6点达到最高峰，主要是卖早餐和水果蔬菜的；8点次之，10点最小，主要是卖日用品和衣服饰品。收工时间则集中在22点到24点间，其中在22点达到高峰。这种规律分布，再次反映了流动商贩工作强度大、时间长的特点。

（4）时空对应特征：相对稳定性。

表8　被调查者从事该业时间分布

	频数（次）	百分比（%）	有效百分比（%）	累积百分比（%）
有效　小于8年	31	26.7	26.7	26.7
半年到1年	19	16.4	16.4	43.1
1～2年	16	13.8	13.8	56.9
2年以上	50	43.1	43.1	100.0
总计	116	100.0	100.0	—

表9　在当前地点经营时间

	频数（次）	百分比（%）	有效百分比（%）	累积百分比（%）
有效　10天以内	21	18.1	18.1	18.1
10～30天	9	7.8	7.8	25.9
超过1个月	29	25.0	25.0	50.9
超过1年	57	49.1	49.1	100.0
总计	116	100.0	100.0	—

人们普遍以为“流动商贩”具有很大的流动性，随市场供需而移动。但数据表明，在观察地段内，流动商贩的经营活动具有时空的相对持久性。从时间上看（见表8），近一半流动商贩的经营活动在2年以上（其中大部分是三四年以上的）；从空间上看（见表9），将近半数的流动商贩已在当前地点或其附近经营超过1年。所观察地段，地处城中村外围和高校附近，有着较大的市场支撑，供求关系显著，能够吸引流动商贩长期在该地段经营。总的来说，从业时间长的流动商贩，在当前地点经营的时间也长。需指出，他们较少拥有固定的顾客。只有32.8%被调查者做熟客生意，主要是经营食品类的，特别是经营早餐的。

（二）地段定点分时段特征

本定点实地研究的观察时间为某天7～23时的整点时间。通过对观察所得数据进行统计分析，我们将从以下几个方面对该点进行描述与分析。

1. 总人数在时点上呈集中分布

下午1点钟人数最多，达33人，并向两端逐渐减少，7时、22时和23时人数最少，为0人。均值16.8人。在一天各个时间点上，流动商贩人数呈单峰集中分布趋势。

2. 各时点上男女人数的变化相似

在调查的该天，男性商贩总人次为160，多于女性的125。但他们的变异系数（标准差/均值）分别为0.745和0.741，说明男女在观察时段内，各自人数的变化幅度极其类似。同时，从图9也可以看出，男女人数在时点上的分布基本上是同增同减的。

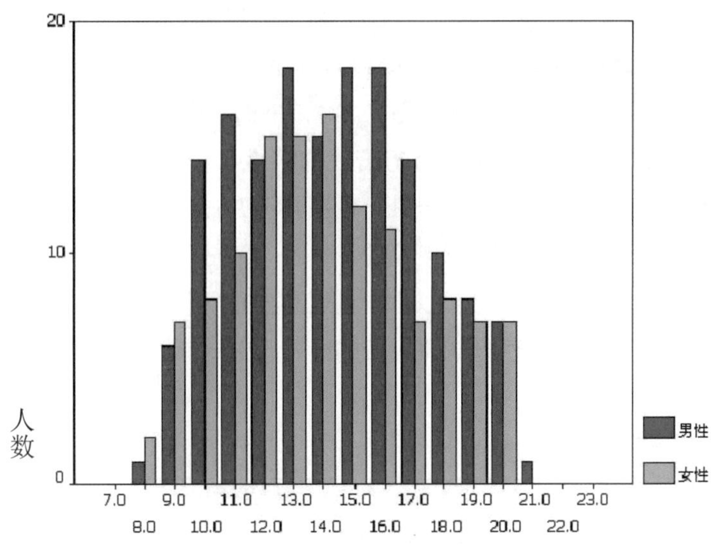

图 9　被调查者时间点上男女的差异分布

3. 各个类别商品的经营人次和各时点的人数分布差别较大

如表 10 所示，观察时段内，经营食品的人次最多，占总人数的 37.3%，其次为衣服饰品，占 25.8%，药品最少，仅为 0.7%。各类商品的经营人数在观察时段内波动幅度的差异也较大，这可以由它们各自的变异系数的差别得到证明。变化最大的是药品，变异系数接近 3，其次是植物花草，约 1.7，而其余的日用品、食品、衣服饰品和文娱用品则较为稳定，也较接近，都处在 0.85 左右的水平。

表 10　各类商品的统计差异

	出现时点数[a]	最小值	最大值	占总数比[b]	变异系数[c]
日用品	12	0	8	19.01%	0.9128
食品	12	0	13	37.32%	0.8440
衣服饰品	12	0	11	26.76%	0.9624
药品	2	0	1	0.70%	2.8144
文娱用品	12	0	5	14.44%	0.8036
植物花草	5	0	2	2.11%	1.7176

a 出现时点数：指观察时段内出现该商品的时点数。
b 占总数比：指观察时段内该商品的经营总人次与所有经营人次的比。
b 变异系数 = 标准差 / 均值。

根据分析，还可以看出，在下午 1 点至晚上 8 点食品经营人数较多且变化不大，该时段 8 时点的经营人次占了经营食品总人次的 85%。而衣服饰品经营人数在早上 10 点出现最大值，一直到下午 3 点钟才开始出现明显的下降，6 点内的人次和占了经营该项总人次的 75%。

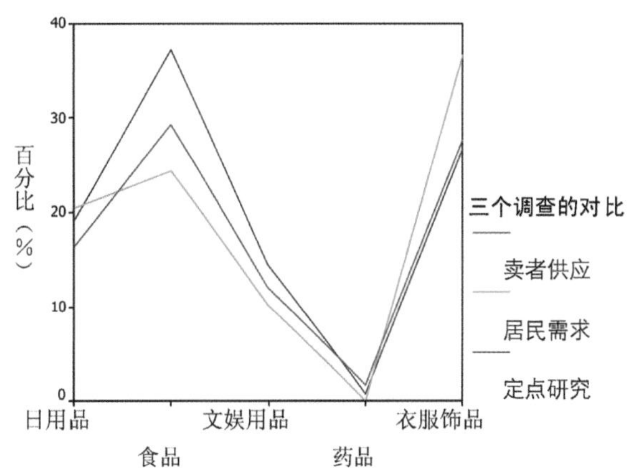

图 10　被调查者贩卖商品类别分布

4. 各类商品经营者的比例与商贩、居民调查中的比例具有相似性

我们将居民调查中对某项商品有需求的居民占调查居民总数比例、商贩调查和定点实地调查中各类商

品经营人数的比例放到一起进行处理，得出图 10。红绿蓝三根线分别代表居民、商贩和定点的比例，可以直观地看出，三线具有很强的一致性。因此，由这个事实可以推测出如下两点，一是我们所选的点具有代表性，二是对于流动商贩与周边居民来说，他们的供求关系是比较成熟的，也就是说基本上“供对所求”。

5. 流动商贩的经营与城管部门的执法行为具有游击战的特点

该地点是所研究区域中人流、车流量很大的一处，也是城管执法部门严管的一个地点。一般情况下，城管每天都会在此处对流动商贩的经营活动进行多次的清理。然而，在图 9 中，并没有出现由于城管部门的执法行为而造成的人数大起大落。虽然这其中也与我们仅记录整点的数据，不一定能够刚好遇上城管部门的清理活动有关，但也正好说明，城管部门的执法行为与流动商贩的经营活动具有游击战的特点，即城管来了商贩跑，城管走了商贩继续回来经营。

6. 空间的集聚性与空间转移的迅速性

我们选定该点进行实地研究，是基于流动商贩经营活动具有明显的空间集聚性的考虑。但是，只要超越了我们所选点的范围来观察，我们又发现一个有趣的现象。在上面图 9 中我们看到了流动商贩在晚上 8 点至 9 点间出现了人数锐减的情况，但从前面的分析我们知道，这个时间段并不是流动商贩收工的高峰。经过扩大观察范围，我们似乎找到了这个问题的答案。在距离选点 200 米左右的一个公车站周围，出现了流动商贩的一个新集聚点。他们沿着人行道摆摊，延续了 50 米左右（见图 11）。通过细致观察，其中不少经营者即为原先在我们选点的地方摆摊的商贩。而且我们通过对周边商铺经营者的采访得知，这种现象已经持续很久了。他们转移地点的重要原因之一，是原地点在稍晚的时候灯光严重不足，新地点由于沿街商铺林立显得灯火辉煌，而且靠近一个小车站，于是他们便在短短的时间内，迅速地完成经营活动的空间转移与重新集聚。

当然，也必须承认一点，这只是一个点、一个时段的调查，具有很强的随机性。

图 11　新的小贩聚集地带

（三）周边居民的调查分析

经过统计分析，我们发现调查地段内流动商贩与周边居民之间存在着以下两个特点。

1. 周边居民的需求：廉价方便

调查显示，有 75.5%的受访者曾买过周边流动商贩的商品，而且当商品合适时，有 83.7%的被访者更倾向于购买。这表明，调查地段附近流动商贩经营活动的时空持久性，与周边居民需求的持续存在性有密切关系。如前文所示，调查地段附近为高校和多个城中村外围，居住着较多的中低收入者，他们对廉价商品的较大需求，与流动商贩的供给在“量”上基本一致。

从“质”上分析，周边居民需求和流动商贩供给在结构上也基本一致。被采访居民倾向购买的商品，以廉

价的衣服饰品（40%）、食品（26.7%）和日用品（22.2%）居多；而流动商贩经营的商品中，也以这三种商品居多，这表明在商品类型上供需基本一致（见图 10）。

2. 周边居民的态度：理解

第一，经营商品评价。近八成的附近居民认为商品便宜但质量没有保证，说明居民明白流动商贩经营的商品性价比低，在支付较低价钱的同时也必然冒一定的风险。

第二，经营活动对居民生活的影响。有 24.5% 的居民认为带来了方便，有 20.4% 的认为造成了困扰，但有超过一半的居民（占了 53.1%）则认为两者影响均有。带来便利的因素中，价格便宜的占了 42.5%，方便的占了 50%，而服务多样化仅占了 2%；而造成困扰的，则主要集中在占道经营影响交通（28.6%）和影响市容卫生（36.7%）两个方面。因此，若我们能在影响交通和市容卫生两方面找到解决的途径，或许流动商贩的问题就迎刃而解了。

第三，流动商贩是否应该持久经营。在调查中，表示可以或者完全理解流动商贩经营活动的居民共有 98%，这表明虽其经营活动在某种程度上对居民生活造成了影响，但居民还是能体谅流动商贩生活的难处。有 63.7%的受访居民认为应该让流动商贩在周边继续经营，但同时有 75.5%的受访居民倾向于认为城管部门应该对流动商贩适当管理。他们一般认为流动商贩经营活动需要规范引导，宜疏不宜堵，83.7% 的受访者认为应该集中经营和管理就充分体现这一点。

三、小结与讨论

通过以上分析，我们得出以下结论。

1.“走鬼”群体的基本特征

（1）“一高一低”。高流动、低学历。

（2）“一大一小”。工作强度大、经营商品小。

（3）“一多一少”。家庭人口多，收入少。

2.“走鬼”的活动规律

（1）“朝六夕十”。在时间上“走鬼”活动具有明显的规律性，早上 6 时为“走鬼”开工高峰时点，晚上 10 时为收工高峰时点。

（2）“此起彼伏”。不同商品在时间分布上也具有明显的规律性，即不同商品具有不同的高峰时点，如衣服饰品的高峰时点为 10 时，日用品的为 13 时，食品的高峰从 13 时至 20 时持续较高，最大值出现在 19 时。

（3）“依求而供”。“走鬼”提供与居民需求相一致的商品。

（4）“立合立分”。一方面，“走鬼”与城管执法人员的对立具有游击战的特点，城管来了立即走，城管走了立即回；另一方面，“走鬼”的空间集聚相当迅速，且空间的转移与重新集聚也相当迅速。

（5）“动中有静”。在高流动中，“走鬼”又往往具有时空的相对稳定性，即他们往往围绕某一区域的几个地点稳定地流动。

3.“走鬼”的形成原因

（1）“有人买有人卖”。由于“走鬼”兜售的商品廉价，还可以讨价还价，离居住区近，购买方便，附近居民乐此不疲，也促进了“走鬼”市场的形成。

（2）“人多市少”。新港西路离城市商业中心区相对较远，公共服务设施配套不足，该地段也是广州市“城中村”较集中的区域之一。据附近居民反映，市场离居住区都较远，而且商品种类单一，特别是一般日常用品，

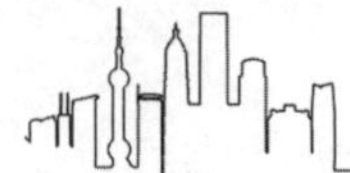

有时要走很远的路才能买到，故购买“走鬼”的小商品也就很自然了。

（3）“生活所迫”。大部分的“走鬼”都是生活所迫，选择街头摆卖。

4. “走鬼”带来的城市问题

（1）交通阻塞。“走鬼”多选择人流量大的人行道甚至是机动车道边摆摊，对交通影响极大。

（2）破坏商业秩序。“走鬼”的流动经营，一个重要的问题就是偷税漏税，出售假冒伪劣商品，滋生非正规市场，对城市商业秩序造成恶劣影响。

（3）环境卫生。脏乱差，噪声污染。

（4）市容形象。人流密集区多是城市商业繁华地带，也往往是反映城市景观面貌的重要区域，“走鬼”的无序局面常常破坏城市的市容形象。

四、我们的建议：“以疏代禁”——“走鬼”不再走！

因此，针对调查的新港西路，结合广州市“城中村”问题，我们的思路和建议是以疏导为主，不是一味地取缔和禁止。

城市规划与管理部门可根据实际情况，选择一些合适的地点或路段，出台相关政策，有条件地疏导流动商贩规范化经营，既可引导和激励其买卖活动的规范化，使流动商贩能安心经营，周边居民生活得到便利，又最大限度地降低他们对城市的负面影响，有效地处理城市快速发展时期出现的特殊问题。

最后需要指出的是，本报告只是针对广州市新港西路进行调查分析并提出解决思路。然而每个城市的流动商贩问题都存在差异性。因此，本文提出的建议具有地域的局限性。即使如此，该调查结果仍具有一定的参考价值，特别是对流动商贩的分析结论，具有一定的代表性，有助于了解流动商贩的基本情况。同时，对现阶段“以人为本”的城市规划实践也具有一定的指导意义。

评语： 作为我校首份获奖的作品，该作品从弱势群体入手，分析了流动摊贩人群特征、经营活动特征和居民态度，并且最终得出“以疏代禁”的建议，虽然没有明确指出流动摊贩作为非正式经济活动的社会意义，但不失为一份结构完整、调研充分的经典调查报告。

空间的政治
——广州新港街城管、小贩的生态空间调查（2009）

一、调研背景

（一）背景

在金融危机席卷全球的形势下，中国经济不可避免地受到一定的波及。尤其是以招外商引外资发展起来的地区，如珠三角，成了中国经济在金融风暴中的风向标。以我们身处的城市——广州为例，在这样宏观的背景下，最显著的体现就是就业率的下降，失业队伍日益庞大，就业形势十分严峻。于是，部分失业人员自谋创业，但由于自身能力不足，只能从事最简单最低成本的工作——摆摊，他们需要生存下去。然而，《广州城市管理条例》明确规定要整顿擅自摆摊设点的流动商贩，没收无证商贩的商品并处以罚款。在这样的城市管理体制下，小贩由于影响社区环境和城市交通，受到居民投诉，面临城市管理者“追捕”和处罚的处境。

查处违法无照小贩的工作属于工商部门负责，而他们将这“硬骨头”委托给城市管理队伍，将城管人员推到了两难的处境。一方面，城管按照管理条例执法，必须清查无证商贩，否则就引起部分居民的不满，被投诉成不称职、行政不作为；另一方面，城管在处理小贩时，难免出现身体接触，更有甚者，媒体故意放大城管的暴力执法，导致民众眼中城管的形象就是一帮有执法牌照的流氓地痞，到处欺压百姓。

现实中城管殴打小贩、小贩刺伤城管等事件不绝于耳，媒体报道他们间的肉体暴力，却无形中对他们施加精神暴力，他们都是现实中的受害者。

（二）调研目的

没有深入的调查，就没有发言权。只有真实、全面地了解城管和小贩这两个群体，才能更好地缓解他们之间的矛盾，提出一些切实可行的建议。所以我们以实地调研为基础，从地理的角度出发，结合城管与小贩之间“猫和老鼠”的生态关系，分析城管与小贩在空间上的势力分布、利益划分区间以及两者“追与逃”的线路，总结出两者的生态空间状况。

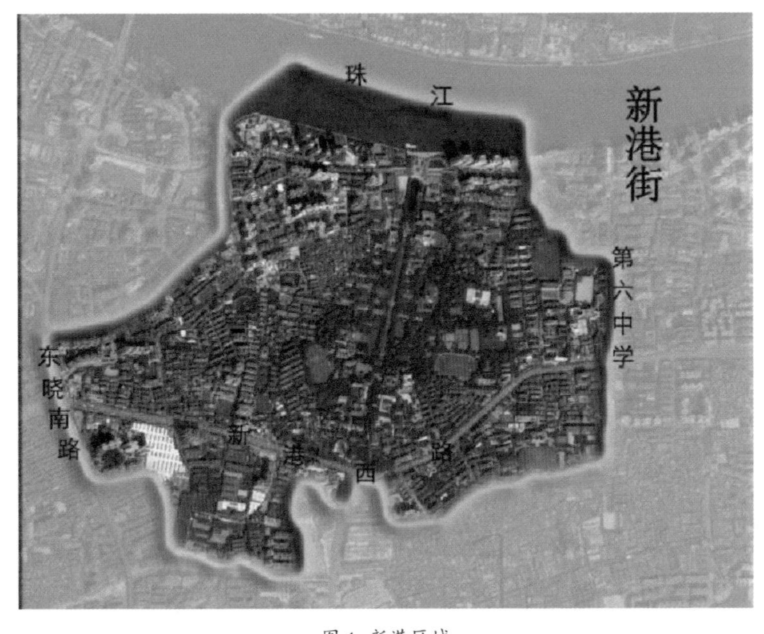

图 1 新港区域

（三）调研区域（见图 1）

本次调研选取的区域为广州市海珠区新港街道。区域总面积 3.85 平方公里，范围北至珠江中轴线，南至新港西路，东至第六中学，西至东晓南路。

（四）调研对象

城管——新港街城管中队、新港街道办事处的相关人员；

小贩——区域内活动摊贩。

（五）调研思路

本次调研主要采取的方法有：

访谈法——深入访谈小贩群体以及城管人员。

观察法——多次观察小贩的活动以及城管执法活动。

参与观察法——直接参与城管、公安和工商的联合执法行动。

然后结合相关政策与文献资料，通过对调研结果的分析，构建空间模型，总结归纳，对城管与小贩两大主体进行剖析，反映其空间争夺情况，并提出相应建议。

（六）调研框架（见图 2）

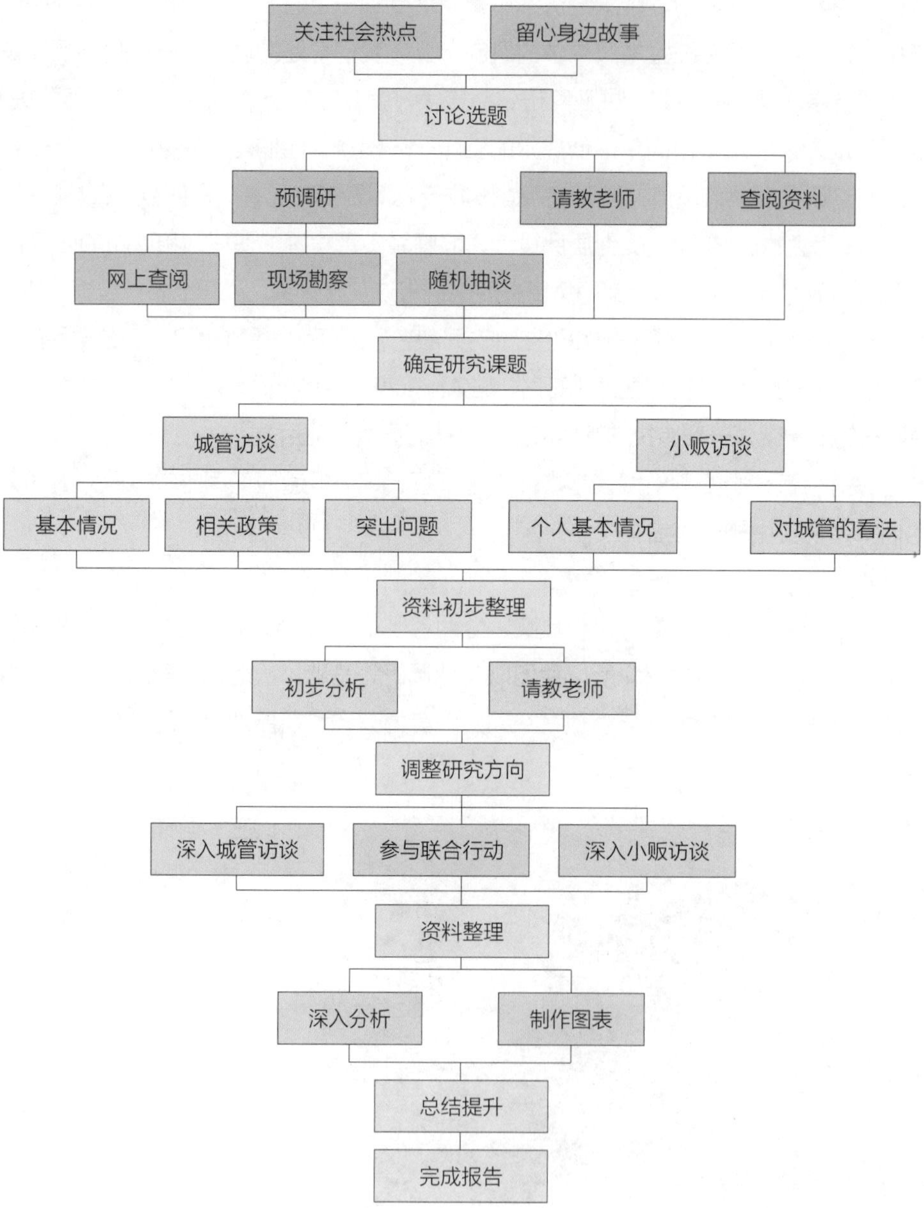

关注社会热点
留心身边故事
讨论选题
预调研
请教老师
查阅资料
网上查阅
现场勘察
随机抽谈
确定研究课题
城管访谈
小贩访谈
基本情况
相关政策
突出问题
个人基本情况
对城管的看法
资料初步整理
初步分析
请教老师
调整研究方向
深入城管访谈
参与联合行动
深入小贩访谈
资料整理
深入分析
制作图表
总结提升
完成报告

图 2　调研框架

二、思路与方法

（一）组织架构与职责（见图 3）

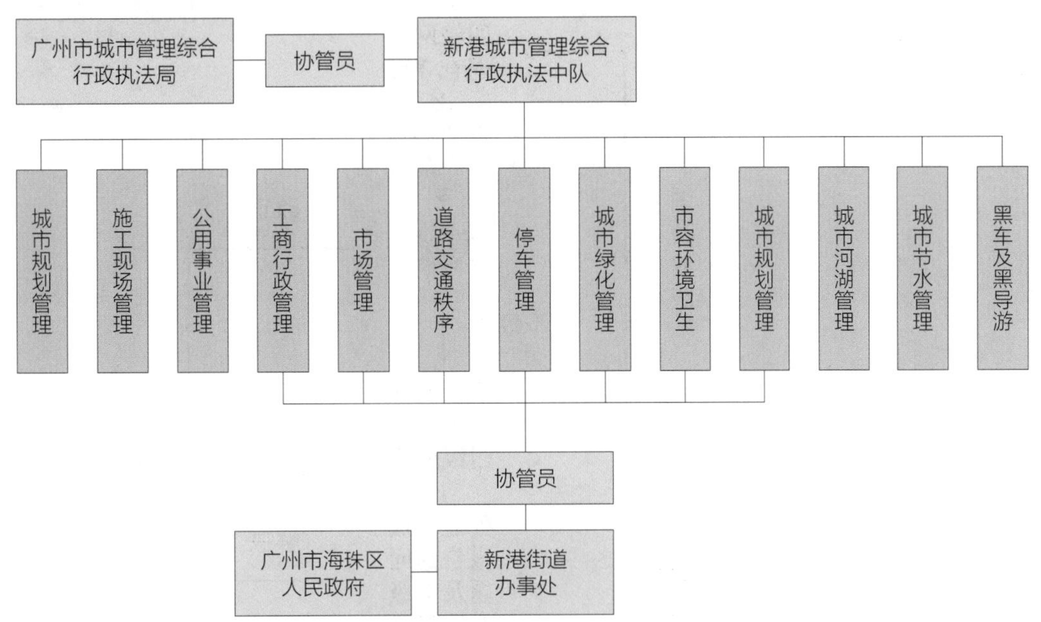

图 3 新港街道办事处的城市管理科组织架构

新港街道，城市管理的工作由两个部门协同完成：一是新港街道办事处的城市管理科职员，负责统筹管理日常工作；二是广州市城市管理综合执法局海珠分局属下的新港城市管理综合行政执法中队，负责执法工作，两者分管的部分相辅相成（见图 4）。

协管员隶属街道办事处城市管理科，本质上属于街道办雇佣的办事人员，没有执法权。在城管中队只有 7 名正式执法队员，无法顾及新港街道内各项城市管理工作，街道办事处为了配合城管中队的执法工作，在编制外招收了 50 名协管员，由城管中队领导，对街道办事处负责。

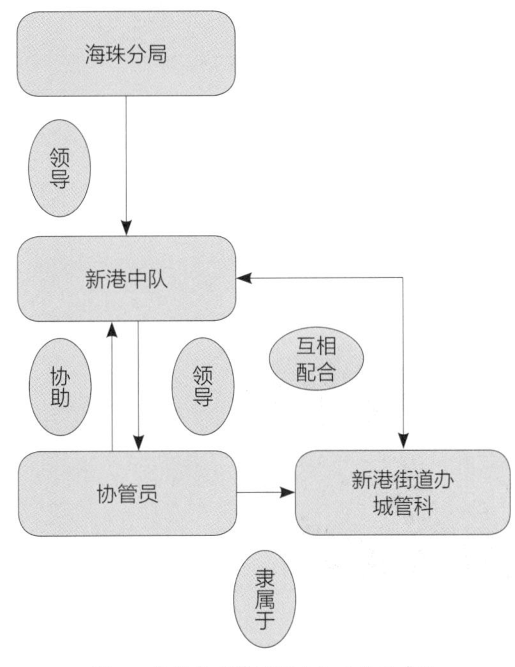

图 4 新港城市管理综合行政执法中队

（二）执法流程（见图5）

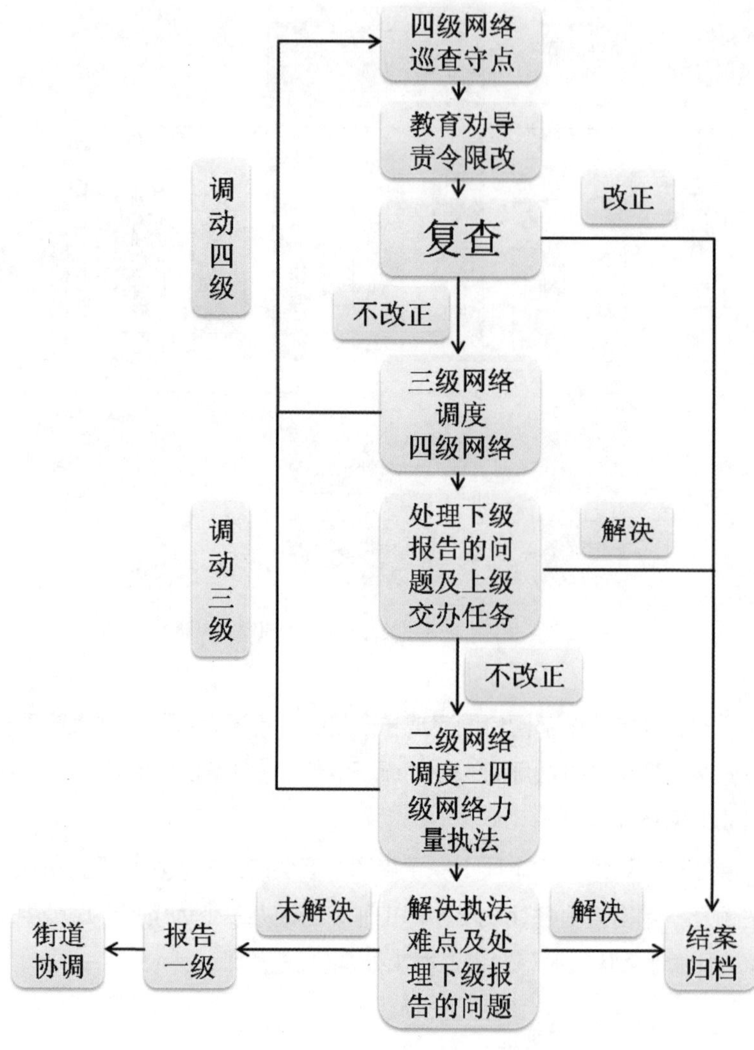

图5　新港中队执法流程

新港中队执法组织包括四层网络：四级网络是指协管人员，三级网络是指正式的城管队员，二级网络是指城管中队的领导，一级网络是指海珠区城管分局（见图6）。

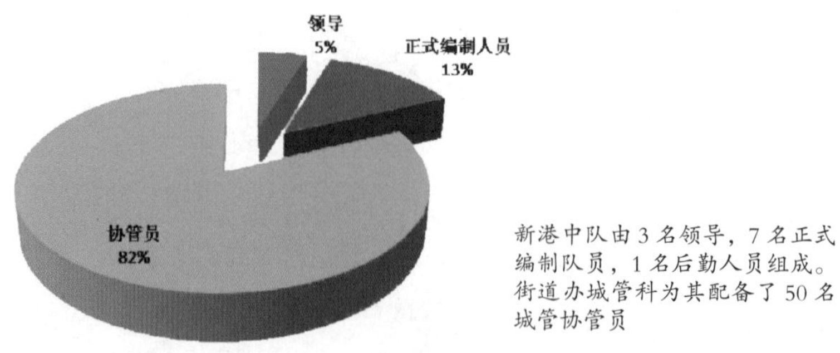

图6　新港中队人员构成

（三）城管空间控制力分析

通过 5 月 10 日、12 日与 16 日全天对城管出巡次数的记录（城管队伍来回巡查记两次），得出的数据如图 8 所示，以巡查的次数反映城管检查力度的大小，抽象成城管在该空间内控制力的强弱（见图 9）。

图 7　居委会派出的治安巡逻员进行工作

（1）以滨江东路、新港西路、各大高校校区围合的空间城管控制力最强。由于滨江东路、新港西路是城市的主干道，交通便捷与否会对城市的正常运转造成一定的影响，这里的秩序关乎千万人的利益，也就得到各方的重视与维持，包括城管。

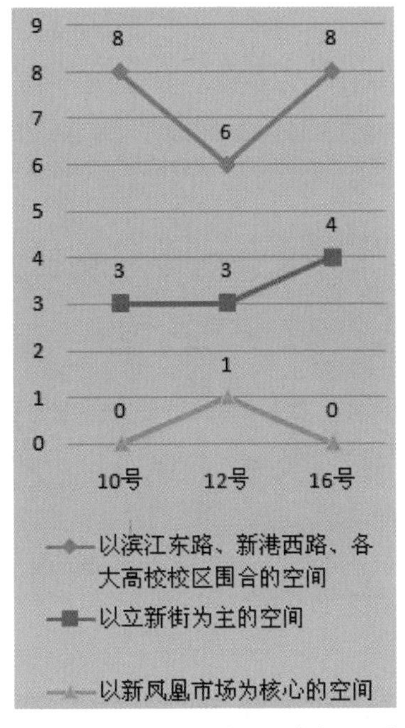

图 8　居委会派出的治安巡逻员进行工作

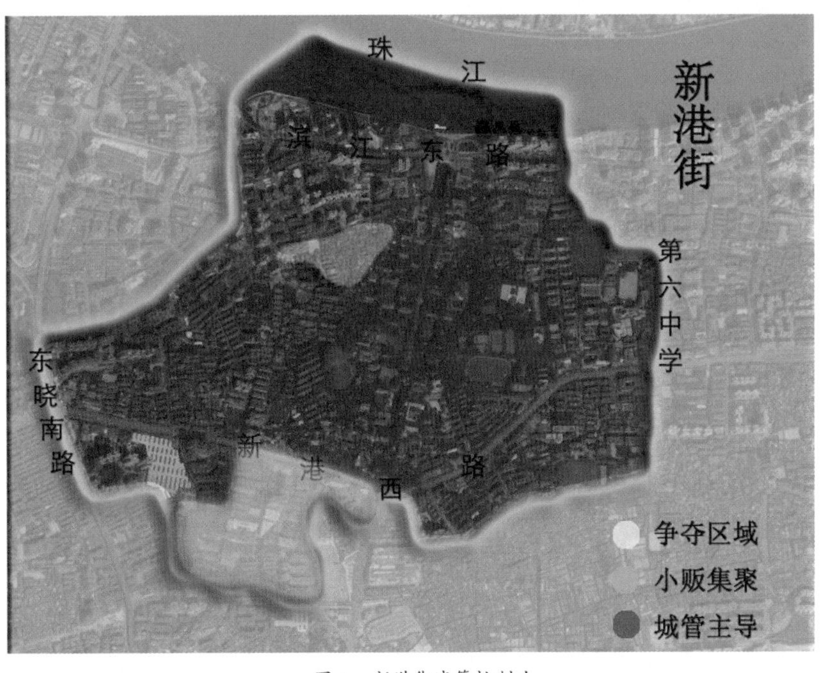

图 9　新港街城管控制力

（2）新港西路以南，以立新街为主的区域城管控制力次之。在立新街这种居住区级道路旁的居民是矛盾的，一方面他们需要城管来维持干净卫生、顺捷通畅、治安良好的街道秩序，另一方面又排斥执法人员对其便利生活粗暴的干扰。在此街道上，城管中队的执法者、街道办事处的协管员、居委会的居民巡逻队协同管理。

（3）以新凤凰市场为核心的地区城管的控制力最弱。这个地区主要管理者是工商部门下属的市场管理员，对市场进行日常模式化的管理，城管只是在发生特殊事件时起到辅助管理的作用。

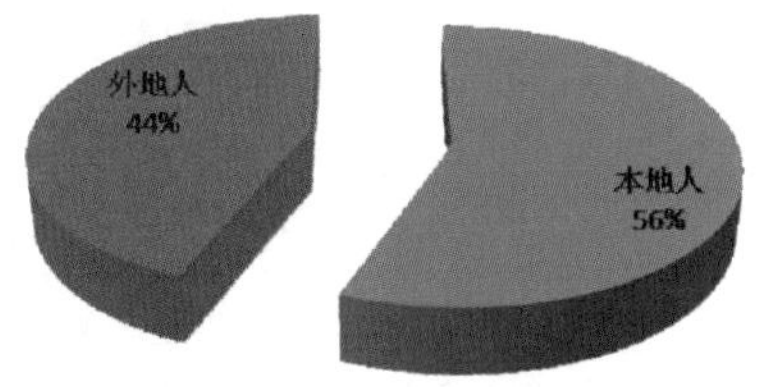

图 10　新港街小贩地域分布

注：据实地考察，区域内一天约有 50 名小贩（部分为流动小贩），调研期间共访谈了 41 名小贩，其中本地人 23 人，外地人 18 人

（四）小贩调研情况与分析

1. 小贩群体调查情况

小贩群体来源：56% 来自本地，44% 来自外地（见图 10）。其中外地小贩主要来源于湖南、河南和新疆三地。

小贩摆摊时间：大多数小贩会在 16:30 到 19:30 摆摊。

小贩摆摊地点：83% 的小贩在相对稳定的位置摆摊，17% 的小贩流动摆摊。

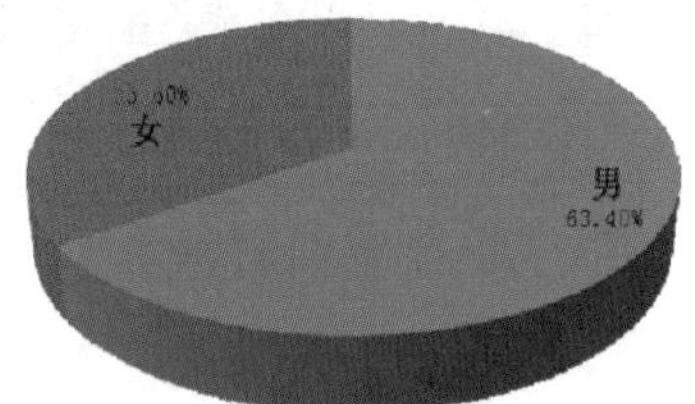

图 11　新港街小贩性别分布

注：男性 26 人，女性 15 人

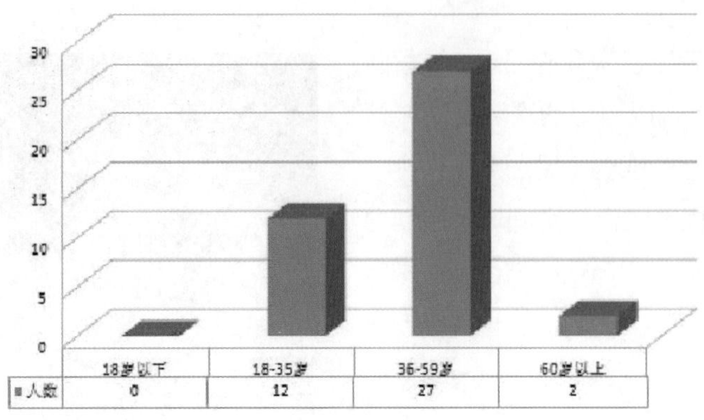

图 12　小贩年龄结构

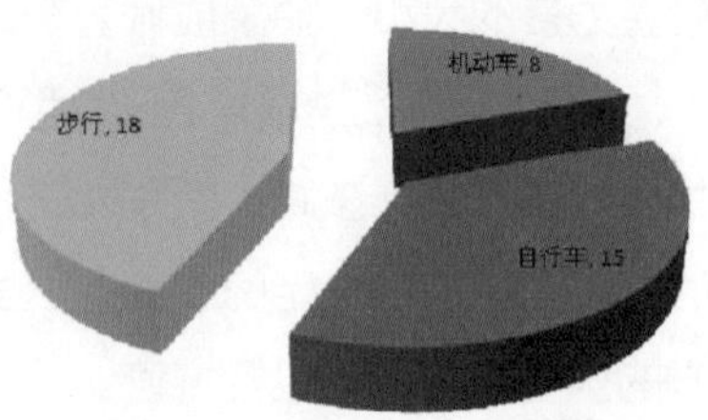

图 13　逃跑工具

小贩群体成分：男性占 63.4%，女性占 36.6%（见图 11）。其中 65.9% 为 35 ~ 59 岁的下岗工人（见图 12）。

小贩摆摊经营情况：街上人流很多，但光顾的人比较少，主要客户是当地的居民。

小贩群体收支：主要依靠贩卖小商品和蔬果赚取微薄的利润，月收入 800 ～ 1100 元，支出主要是日常生活性消费，收支基本平衡。

小贩摆摊风险：城管不定时进行巡查，一旦被抓，不仅罚款 200 元，还没收货品。

小贩逃跑工具：19.5% 机动车，36.6% 自行车，43.9% 步行（见图 13）。

小贩摆摊技巧：城管来了——跑，城管走了——回。

小贩摆摊组织：本地小贩一般无组织，外地小贩通常有组织，并且组织架构严密、成员分工明确、收益平均分配、风险共同承担，更有甚者，组织成员协同阻碍城管执法。

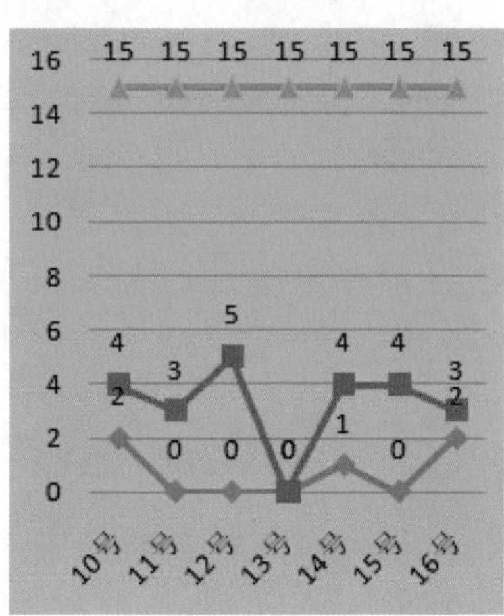

图 14-a

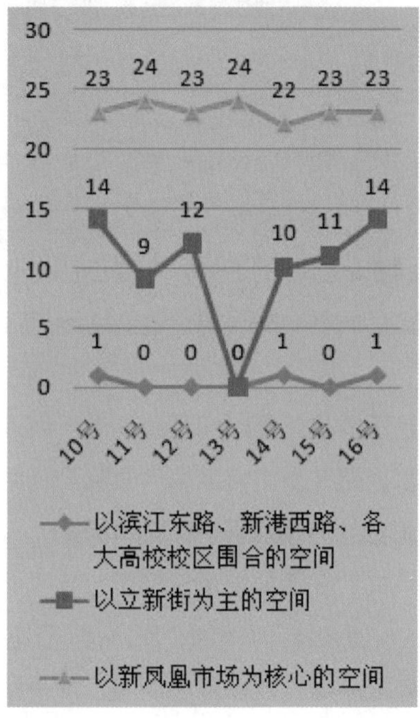

图 14-b

图 14　小贩活动时间统计

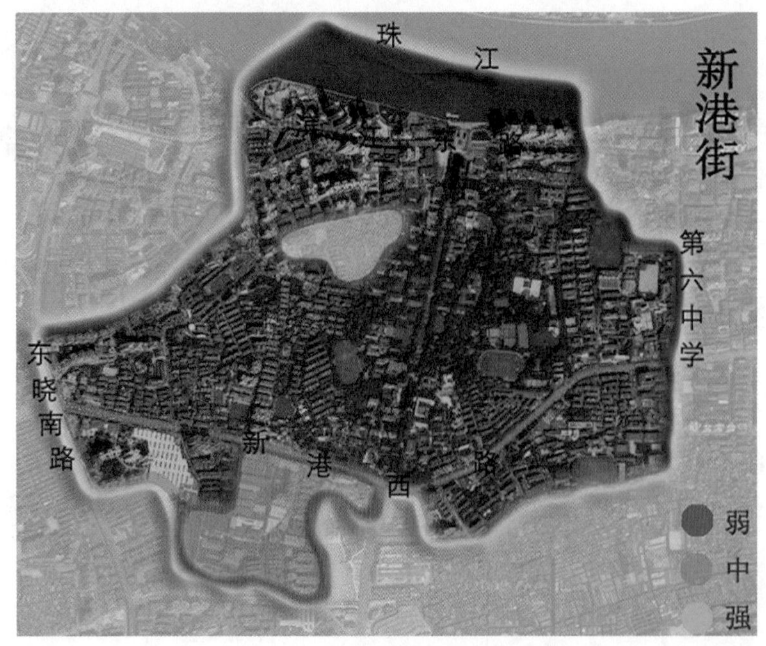

图 15　小贩空间占据情况

2. 小贩空间占据程度分析

通过5月10日—5月16日整星期全天候对新港区域内小贩群体的观察，记录其整体活动时间的长短（单位：小时）、数量的多少，得出的数据如图14所示，以该两因子乘积的比例反映出小贩对空间的占据程度，得出图15。

（1）低。由于滨江东路、新港西路是城市的主干道，车流量大，客源较少，小贩经营利润较低，且受各方管理人员严格管制。

（2）新港西路以南，以立新街（见图16）为主的区域小贩占据程度一般。在立新街这种居住区级道路旁的居民是矛盾的，一方面他们需要小贩为其提供新鲜廉价的小商品，另一方面又对小贩经营所造成的环境污染、道路阻塞表示不满。在此空间小贩经营虽然面临一定风险，但能以最小成本获得可观的收益。

图16 立新街

（3）以新凤凰市场为核心的地区小贩占据程度最高。该区域小贩在交纳固定租金的前提下，能够获得较为安稳的经营环境，仍有一定的收益。

（五）生态空间分析

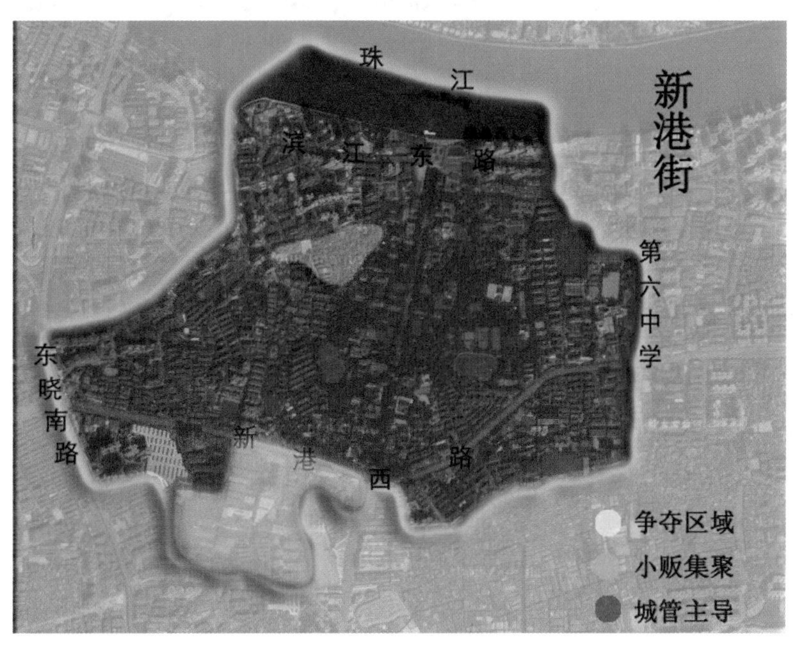

图17 新港街生态空间

将图9与图15的色块按其纯度的比例融合在一起得到图17。由上文可知红色区域是由滨江东路、新港西路以及各大高校校园、居住小区组成，城管的势力是主导的；绿色区域是以新凤凰市场为核心的空间，小贩得以安稳地生存和发展；黄色区域以立新街为主，在这个空间里，城管和小贩相互竞争、相互妥协，演绎着猫和老鼠的故事。

立新街与新港西路相接，道路宽10米，为居住区级道路。立新街是一条布匹商业步行街，人流集聚，商业繁华，且附近的居民大多是工薪阶层，来往人群以及常住居民对小贩市场存在一定的需求，为小贩的生存提供基本的保障。立新街地处新港街道管辖区域的边缘地带，且居民区内有相当复杂的巷道网络，便于小贩躲避城管的管理，使小贩拥有了与城管竞争空间的依仗。

2.3.2 立新街小贩空间分布分析

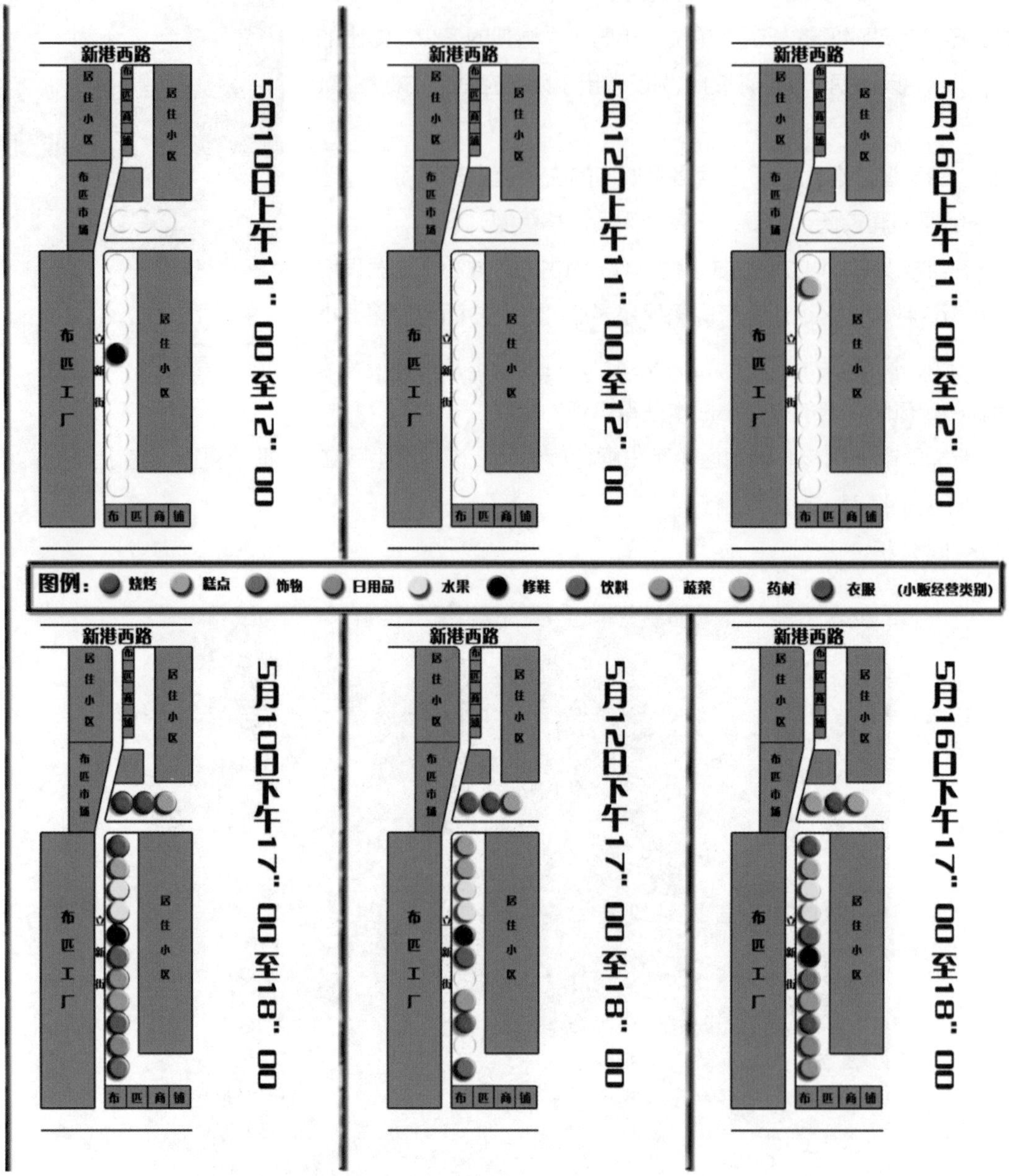

图 18　立新街小贩分布情况——3 天上午、下午对比

1. 一天小贩空间分布分析

为了系统地了解立新街生态空间结构，我们小组抽取了 5 月 10 日（周日）—5 月 16 日（周六）7 天时间对立新街进行连续的调查以及记录。

通过对 5 月 10 日、5 月 12 日、5 月 16 日 3 天上下午的小贩分布观察，我们得出了立新街小贩在一天中活动的规律：在上午时间内小贩的数量极少，出现的小贩一般是修鞋匠；但 16: 30 后，街上小贩的种类、数量明显增加，小贩几乎布满整条街道（见图 18）。

形成这种空间格局的主要原因是小贩主动避开城管的巡查，错时活动。

城管一般会在上午 11 点以及下午 3 点左右进行例行巡查，同时立新街居委会也派出治安巡逻员进行街道巡查，治安巡逻员的上班时间为 9:00—15:00。大部分小贩顾及二者的巡查，采取主动回避方法。

另外，16:30 后这段时间是人们下班回家的高峰时期，此时立新街的人流量特别大，存在巨大的市场需求，小贩选择在这个客源量大的时间摆摊以寻求更大的利益。

由于前面所说的两个原因，他们通常上午提取货物，准备材料，下午在立新街经营摆摊，于是形成了上午准备、傍晚之后摆卖的小贩群体生活习惯。

2. 一周小贩空间分布分析

通过对 5 月 10 日（周日）—5 月 16 日（周六）17:00—18:00 的观察对比得出立新街小贩在活动期间的规律（见图 19）。

小贩经营品种繁多且成本低廉，以食品、水果和日用品居多。小贩都有习惯的摆摊地点，每天都在相对固定的区域内摆摊，同类型的小贩趋向于集中经营。每天小贩的种类以及数量变化不大，周六及周日小贩的种类最齐，数量最多。

小贩所经营商品主要为周边居民服务，食品、水果和日用品等都是居民需求量较大的商品，因此这些类型的小贩更能盈利。

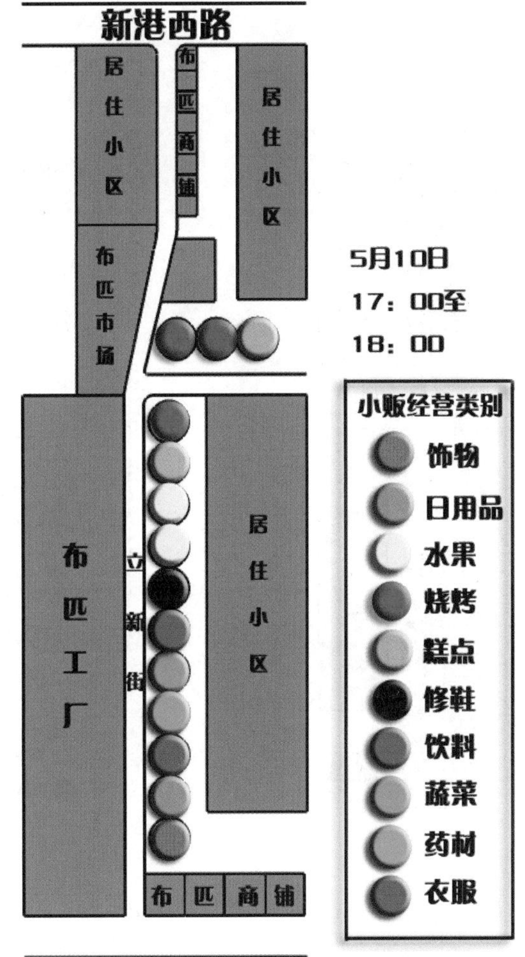

图 19-a

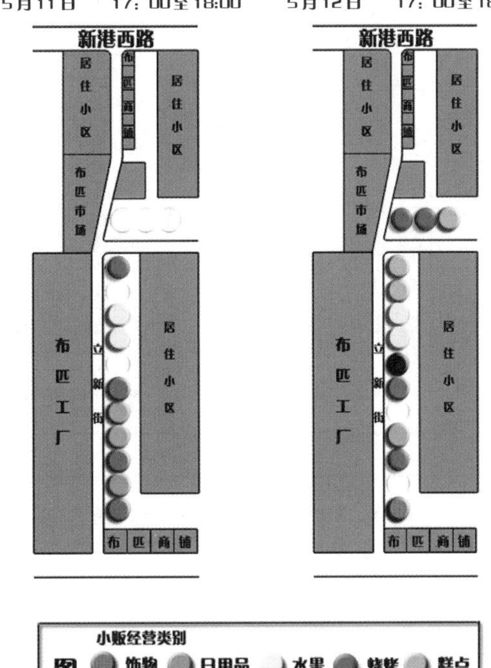

图 19-b

一般情况下，17:00—18:00 是小贩的主要活动时间，该时间段客流量大，所以每天小贩数量都比较平均。

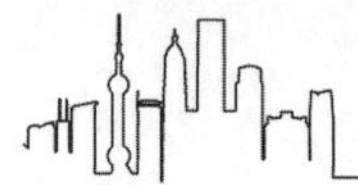

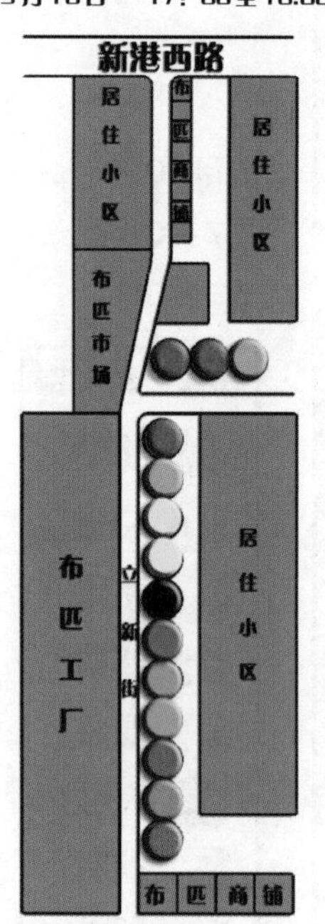

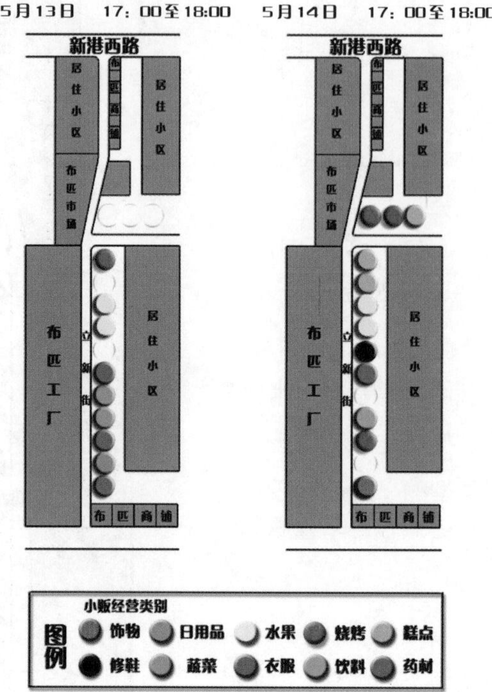

图 19-c

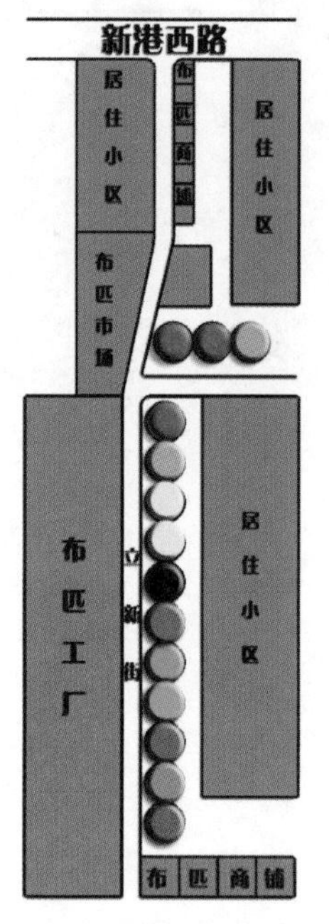

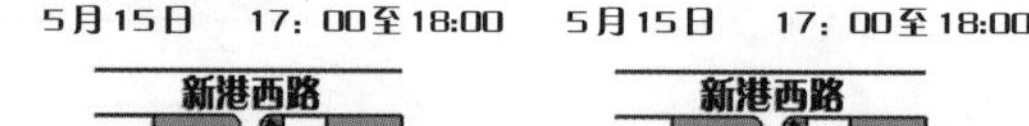

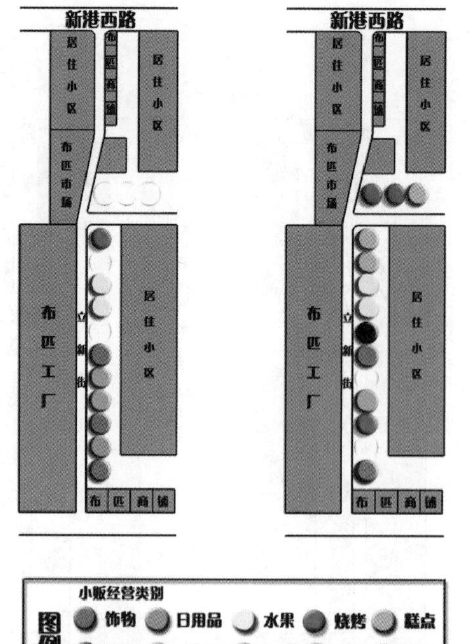

图 19-d

形成这样的空间格局的主要原因是小贩要与城管错开活动时间，避免发生矛盾。

小贩们习惯于经常活动的空间，久而久之在经常摆摊地区划分出自己的势力空间，这些地点对于他们经营以及逃跑有利。同类小贩对于客户和位置有着相同的需求，聚集一起经营能让他们团结力量，形成一定势力。

图 19　一周小贩空间分布

注：周六、周日的这段时间是客流量的顶峰，城管一般情况下放假。所以周六、周日的小贩种类最齐，数量最多。

3. 立新街城管与小贩生态空间关系——以一天时序为轴

（1）小贩回避城管。

15:00 之前城管与协管员对立新街进行巡逻管制，同时居委会派出治安巡逻人员协助城管对立新街进行巡查管理，这段时间立新街几乎没有小贩出现，属于小贩主动回避城管的阶段。同时，位于新凤凰市场的小贩数量较多，且每天都在固定摊位，保持固定数量。

图 20　小摊贩

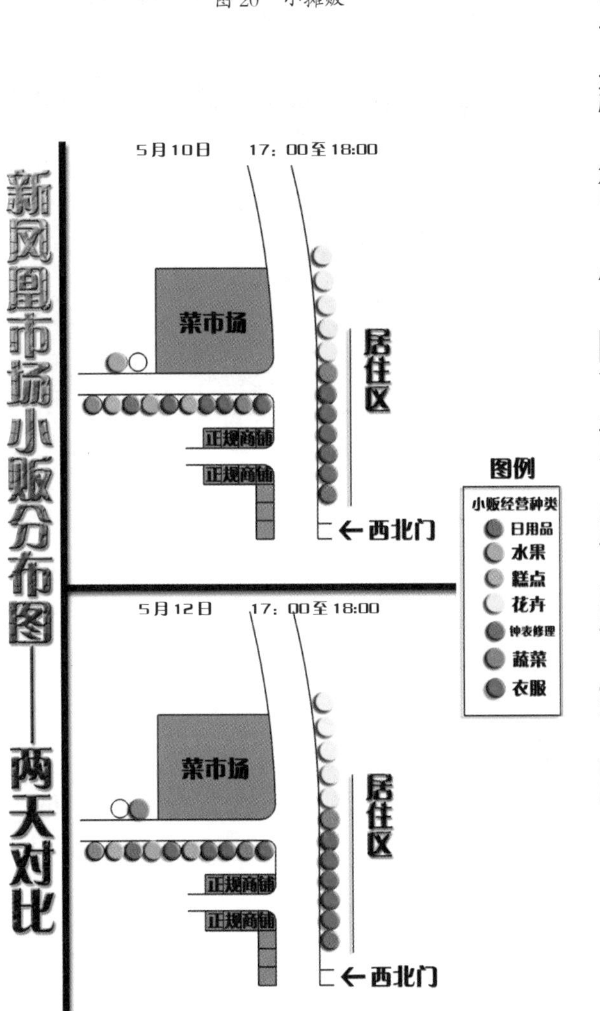

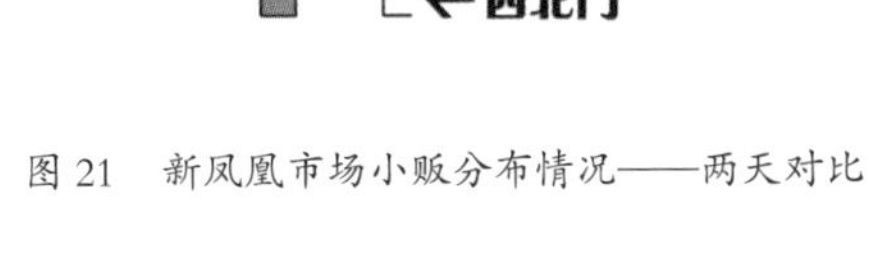

图 21　新凤凰市场小贩分布情况——两天对比

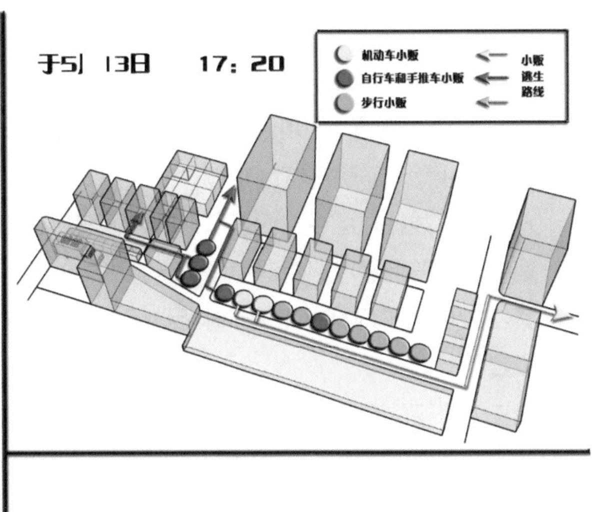

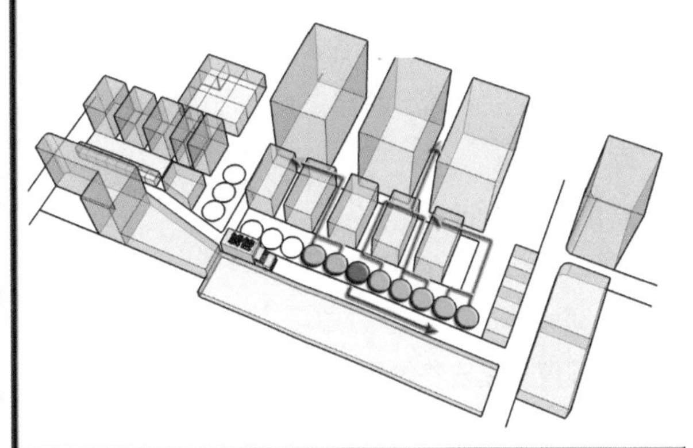

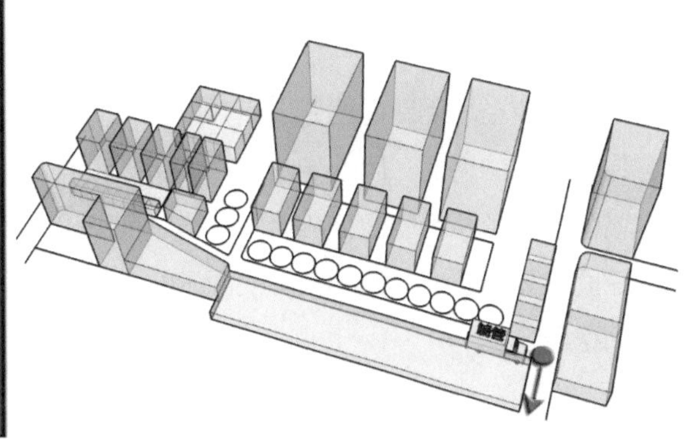

图 22　立新街小贩逃跑路线

（2）城管小贩竞争空间。

15:00—19:00 是城管与小贩发生矛盾的主要时间段，城管巡查至此小贩会选择逃跑，通过对小贩的访问我们总结出几种小贩的逃跑路线并模拟成追捕路线图（见图 22）。

我们将小贩逃跑方式分成了机动车、自行车以及步行三种方式，并分别对应黄色、红色、绿色三种颜色。当城管巡查车刚出现时，位于路口首先发现城管的小贩开始逃跑，他们以机动车以及自行车为工具逃跑，这部分小贩要求等级较高、比较宽敞的道路，他们会沿主路以及部分支路逃走；当城管驶近至路口时，依靠步行的小贩开始逃跑，他们行动较为灵活，对道路要求不高，所以会躲进旁边的居住区内；依靠自行车逃跑的小贩灵活性较差，相对机动车速度较慢，如果没有处在好的位置（如图 23 中间位置的自行车小贩），就很容易被城管抓住并处罚。

从追捕路线模拟图中我们可以得到以下信息。

第一，城管追逐小贩时对道路要求较高。

第二，使用不同交通工具的小贩逃跑路线不同，但各自遵循一定规律。

第三，小贩的空间分布与小贩的逃跑方式有很大关联——灵活性好的在街道内部摆摊，机动车以及自行车类在道路交叉口摆摊。

（3）小贩占据空间。

19:00 之后立新街天色渐黑，虽不利于经营，但由于管理人员下班休息，仍有部分烧烤、卖小日用品的小贩自备灯源经营。

图 23 使用机动车、自行车及步行的小贩

三、调研总结

通过对新港街道实地的调研访谈，我们认识了新港街城管和小贩这两大群体，知道了城管工作的辛劳与辛酸，也知道了小贩渴望的仅仅只是安稳地生存下去。他们共同活动在新港街道这片空间里，他们之间存在着天生的矛盾、利益的冲突、空间的争夺，同时又不断地寻求着相互理解、相互退让、相互妥协，他们有着一定的余地达到共存的状态。

如果将新港街道比作一个家，以滨江东路、新港西路、各大高校校区围合的空间就像是家里的大厅，在这里出现的老鼠既找不到食物，又会被猫捕杀，收益太低，风险太大；以新凤凰市场为核心的地区就像是家里的宠物笼，生活在此的老鼠只需要付出一定的租金，失去一定的自主，就能换来较安稳的经营环境，风险不高，仍有相当的收益；而新港西路以南，以立新街为主的区域就像是家里的厨房，老鼠们很容易在此找到食物，但又容易受到猫的追捕，风险与收益并存，猫和老鼠的生存斗争在这里进行着……

城管与小贩两者就像猫和老鼠一样，在新港街道这个家里争夺着生存空间。他们在整体空间资源的利用上通过空间的划分、在具体的空间资源分配上通过时间的分割来避免冲突，谋求同存，自发地形成一种动态平衡的空间格局。

四、建议

通过对新港街道城管与小贩调研访谈，结合当下各地的城管小贩问题，我们认为，基于中国现阶段的国情，流动小贩这个群体不可能完全不存在，城管作为维护城市秩序的一线执法人员也必然会得到社会上、法律上的认可，猫和老鼠的故事也必将在一段相当长的时间内在中国城市的各个不同空间里上演。

而在新港街道这个空间里，我们发现了猫和老鼠之间自发形成的动态生态平衡，因此我们提出的思路是将城管和小贩之间自发形成的动态平衡制度化、合法化。

具体的做法有以下几种。

首先，将城管的身份法律上予以承认，城管的职责与权限法律上给以明确的界定。

名正方可言顺，城管在执法工作过程中得不到民众的支持、小贩的认可，很大程度上是因为城管的执法权没有得到法律的支持，城管的处罚措施民众不了解，日益增强的维权意识导致民众对城管抱以怀疑的态度。

其次，根据实际情况，在制度上规定流动摊贩允许经营的地段以及允许经营的时段。

允许经营的地段宜为道路等级不高、道路周边居民点聚集、在特定时间内道路出行以慢行交通为主、周边另有道路可替代此道路的城市交通功能。允许经营的地段可根据实际需要变动，而允许经营的时间应在一定的区域范围内统一。

通过对新港街道城管、小贩以及部分居民需求的调查，在新港街道区域内，我们认为立新街以及新凤凰市场周边的小区间道路较为适合小贩经营，而小贩的经营时间可规定为 5:00 到 8:00，16:00 到 22:00。

再次，制定流动摊贩在特定地段合法经营所必须遵守的准则，由城管负责监督。

根据对城管的访谈，我们了解到新港居民对小贩的意见大多集中于治安、交通、环境卫生几项。由此应制定出相应的规章制度，使小贩与居民的矛盾能在一定程度上得到缓解。

最后，城管对区域内的流动小贩应采取劝导的方式，使之了解新港街道管理小贩的模式以及允许经营的地段与时段，将其引入规范化管理。

对于不合作的流动小贩，城管应加大打击力度，依据法律以及规章制度对其处罚并教育。

【参考文献】

[1] 张占彪，薛萍 . 城市社会学 [M]. 长春：吉林大学出版社，1997.

[2] 夏书章 . 行政管理学 [M]. 太原：山西人民出版社，1985.

[3] 姜明安 . 行政执法研究 [M]. 北京：北京大学出版社，2004.

[4] 秦甫 . 城市管理行政执法手册 [M]. 北京：中国建筑工业出版社，2004.

[5] 本书编写组 . 相对集中行政处罚权工作读本 [M]. 北京：中国法制出版社，2003.

[6] 孙如林，刘旺洪 . 法治政府论 [M]. 北京：中国法制出版社，2005.

夹缝之墟　天光而息

——广州市西门口天光墟底层市场调查（2014）

夹缝之墟　天光而息

——广州市西门口天光墟底层市场调查

一、调查背景、目的和意义

（一）调查背景

车水马龙，灯红酒绿的广州城，是一座现代化的繁华都市。当白天的车流人群逐渐散去，夜间的霓虹灯光逐渐熄灭，一个只有在凌晨之后天亮之前才开市的市场开始了它的骚动，这个“日落而作，日出而息”的市场便是天光墟（见图1、图2）。除了特殊的时间与空间之外，市场的独特之处还有使用人群——他们来自城市的最底层，身处繁华地，却在夹缝中求生，靠天光墟获得基本生活所需或赚得基本的开销。

城市的发展趋势是走向多元，这必然带来人群收入的分异，由此引发其对时间、空间等多样化市场的需求。而城市规范化管理使底层人群赖以生存的市场面临被打击与取缔的处境，他们的生计和消费空间受到挤压，生活变得更加艰难。

天光墟：源自粤语“天光”，即是一种凌晨开档、天亮收档的集市。传统的天光墟分两种：一是专业性较强的古董、旧书市场，消费主体来自不同社会阶层；二是极端底层的杂货市场，主体为社会收入极低的底层群体，区别于流动摊贩和跳蚤市场等日光市场，时间、商品特殊，该性质的集市广泛存在于广州、香港、北京、南京等地。广州现存较为典型的天光墟有四个，分别是海珠中路旧书墟、文昌北路古玩玉器墟，荔湾路电子天光墟及西门口天光墟。西门口天光墟属于第二类市场。

图1　天光墟现场照片

（二）调查目的

本次调研探究广州市西门口天光墟时空特征、人群特征和交易内容的特殊性，分析其形成原因以及底层人群对其使用和依赖程度，挖掘其存在的合理价值，以期为底层人群的消费空间管理提出借鉴。

（三）调查意义

1.现实意义

社会发展层面：城市规划的人本主义思想呼吁加强对城市底层人群的关注，体现人本主义关怀。

城市管理层面：促进各阶层之间相互尊重和理解，使城市管理灵活化、人性化。

个人需求层面：理解底层群体的心理和行为特征，挖掘市场存在的价值，对保留底层人群的生计和消费空间，解决部分低技能人员就业问题并缓解其生活压力有重要现实意义。

2.理论意义

目前学术界多集中于流动摊贩的研究，缺少对底层人群为主体以及黑夜市场的研究及其价值的挖掘。本文对自发形成的底层人群的市场进行调查，将在一定程度上补充对底层消费空间研究的不足。

图2　天光墟意象图

夹缝之墟 天光而息

——广州市西门口天光墟底层市场调查

二、调查思路和方法

（一）调查区域

本次调研区域为荔湾、越秀两区行政区划交界的人民北路，具体为人民北路—净慧路路口以南约250米路段（见图3、图4）。

图3 调研区域

（二）调查对象

本文研究西门口天光墟市场的时空特征、商品特征、买卖双方的社会、经济和行为特征。研究的人群主要是底层群体，极少部分收藏爱好者调研时将其排除。

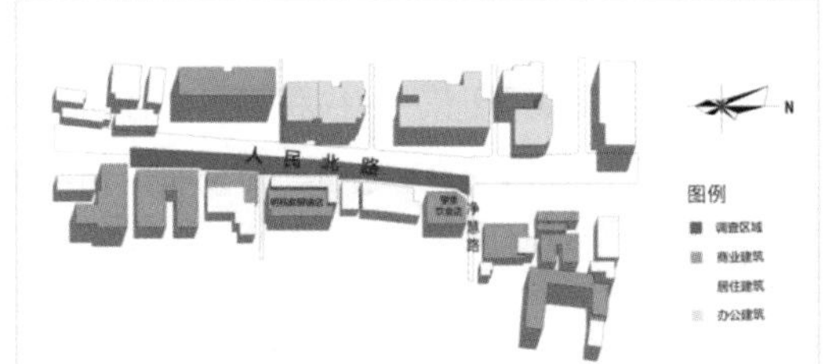

图4 街道放大图

（三）技术路线（见图6）

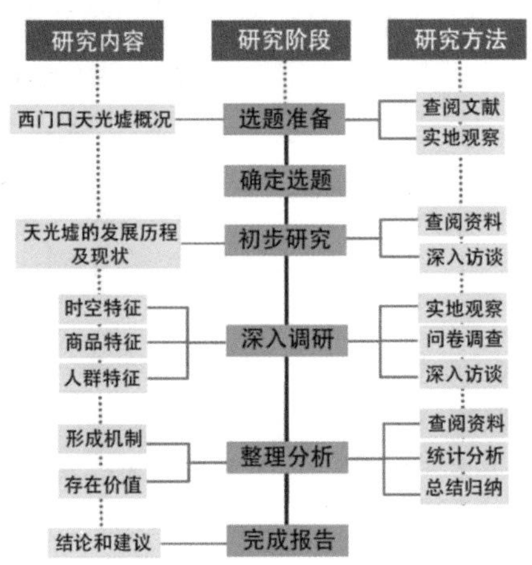

图6 调研结果

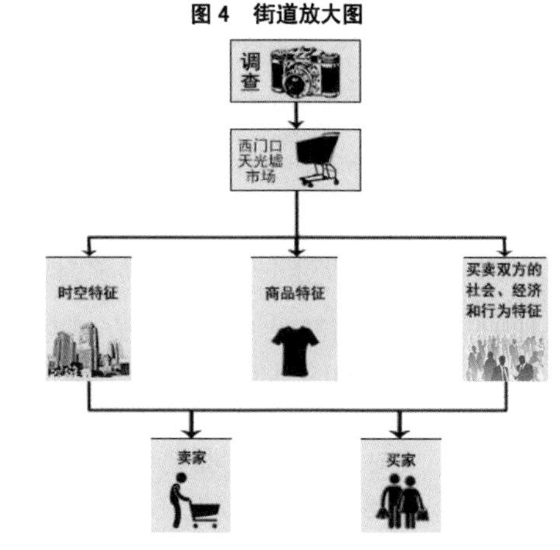

图5 调查对象

表1 调研流程及方法

调研阶段	调研时间	调研方法	调研分工	调研地点	调研过程	调研内容
前期阶段	4月9日-10日	文献查阅法 实地观察法 访谈法		荔湾区西门口一带	查阅相关新闻报道，文献《荔湾区志》	了解西门口天光墟概况、前往实地踩点、确定调研可行性
初步调研	4月22日 4:00-8:00	实地观察法		西门口天光墟	乘坐30路夜班车到达，观察现状特征并拍照记录	西门口天光墟时空特征、商品特征、人群特征
	5月2日 2:00-8:00	访谈法		西门口天光墟	随机访谈了解	了解西门口天光墟的人群活动特征，共访问买家和卖家12名
深入调研	5月16日 15:00-18:00	访谈法		广州某旧书屋	向旧书店店主进行半结构式访谈	西门口发展历程
				西门口周边区域	随机访谈市民	了解居民看法和态度，共访问9名市民
	5月23日、5月2日、6月3日、6月10日 3:00-8:00	问卷调查法 深入访谈法		西门口天光墟	发放问卷（当面访问）并根据其回答内容进一步访谈	深入了解西门口天光墟的人群基本特征、活动特征、空间使用情况、人群对其依赖程度。获得有效问卷63份、录音26份
	6月11日 12:00-13:00	电话访谈法		-	通过电话向梁立然记者了解情况	向老人报记者梁立然进一步了解天光墟情况及其对天光墟评价

（四）调查方法

本调研采用文献查阅法、访谈法研究天光墟发展历程；利用实地观察法描述其主要特征；对人群特征采用问卷调查法与深入访谈法（见表1）。

夹缝之墟 天光而息

——广州市西门口天光墟底层市场调查

三、夜幕之中——西门口天光墟前世今生

（一）前世之容——天光墟发展历程

1.萌芽时期——缘何凌晨开市

明代开始，天光墟出现在广州城城门以西，即今西门口地铁站附近（见图7）。由于城内用地饱和，在西门口外形成了城外市场。天光墟最初以肉菜市场为主，人们为了买到新鲜便宜的肉菜而起早赶墟，加上广州天气炎热，买卖双方都希望趁早完成买卖，在这种互动机制下，墟市时间越来越早。

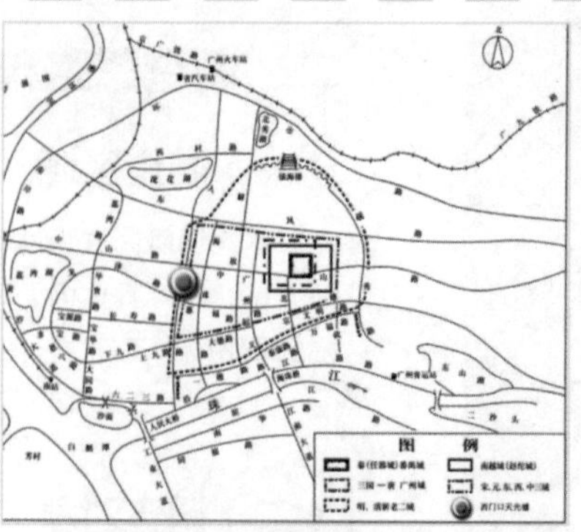

图7 明代天光墟区位

2.繁荣时期——底层群体互利共生

天光墟在民国中期（20世纪20—40年代）达到鼎盛。天光墟从最初的肉菜或古玩市场转变为综合性二手市场，其位于城西烂马路（今中山七路，见图8），卖家与买家都是附近穷人，靠收购转卖废品维生。当时买卖和使用二手货被认为是不光彩的事，所以他们凌晨到达天光墟，天亮离开。另外，极为低廉的生活用品也满足了当地贫民的需要。买卖的相互需求使得天光墟达到繁荣。

图8 民国时期的中山七路

3.消亡时期——城市管理压制

新中国成立后，广州市政府对烂马路进行修缮，并加大对城市巡查执法的力度，天光墟逐渐消失。

4.重生时期——底层需求重唤

衰落的天光墟在经历了一段时期的蛰伏后重新拆分成几个专业市场并迁往其他不同地方，形成广州现存的四大天光墟（见图9）。

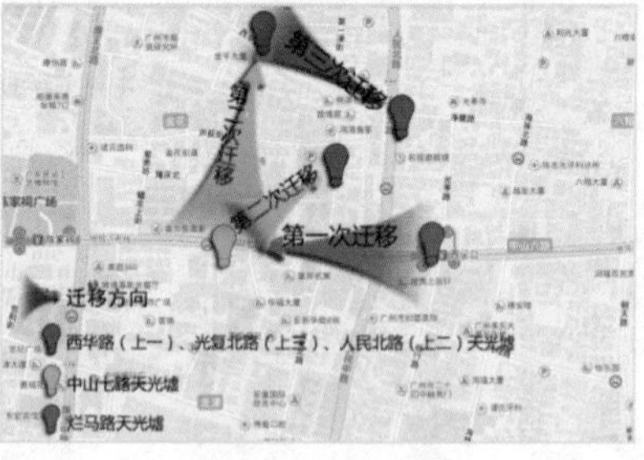

图9 位置迁移示意

西门口天光墟重新出现于20世纪80年代，在附近多个地点辗转迁移。从最初的西门口外中山七路，先后迁往光复北路与西华路，再停留在人民北路。主要经营各类收购与拾荒所得的生活用品，是一个极端底层的二手交易市场。绝大部分卖家与买家为城市的底层人群。该时期天光墟重生有两个原因。

（1）人群基础。广州有大量外来人口和本地底层群体，其中文化水平低下、缺乏劳动能力的人需要依靠该市场生存。

（2）区位因素。宏观区位因素：在行政区划上，人民北路属于荔湾、越秀两区的交界处，（见图10）是城市管理行政执法的灰色地带与“真空区”，摊贩靠着与越秀、荔湾两区城管执法人员“打游击”，在夹缝中求得生存。微观区位因素：人民路高架桥可供摊贩锁三轮车、堆积货物，在雨天提供交易空间；附近的寺庙与公园提供免费斋饭与露宿场地；欧家园旧货市场与便利店提供废旧商品（见图11）。

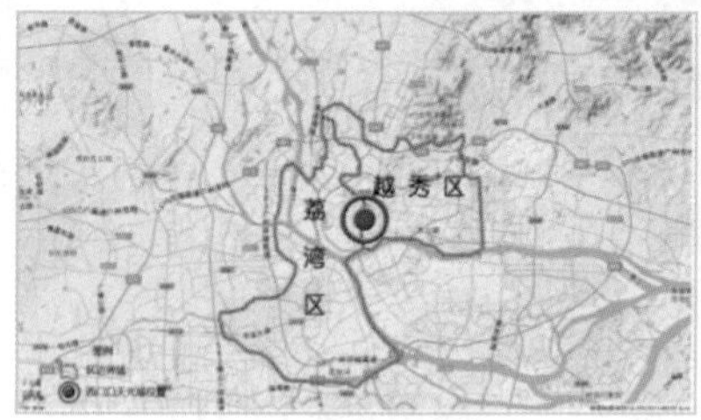

图10 宏观区位

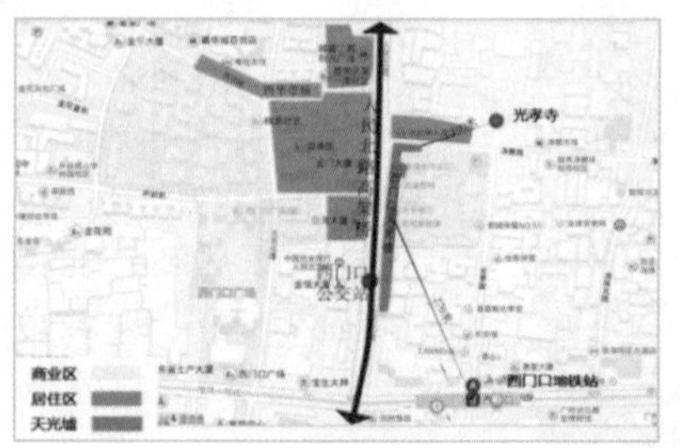

图11 微观区位

夹缝之墟 天光而息

——广州市西门口天光墟底层市场调查

（二）今生之景——西门口天光墟现状特征

1.夜幕微光——人群活动时间特征

西门口天光墟开市时间在凌晨3～4时。4时摊位全满，买卖双方开始交易。4～5时达到顶峰。7时，摊贩陆续收摊离开。8时左右全部散去，当天的交易结束（见图12）。

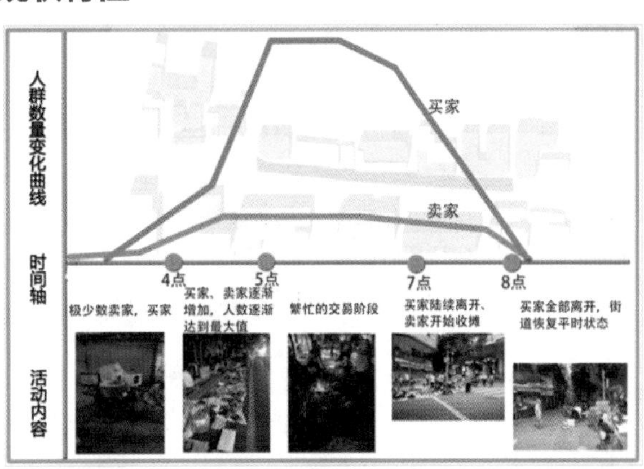

图12 人群活动时间特征

2.各行其道——人群分布空间特征

总体布局：摊位大致分为三排，空间组织多样，疏密有致。交通组织简单，摊位可达性强（见图13）。

局部布局：天光墟内部摊位及人流空间分布主要有三类（见表2）。

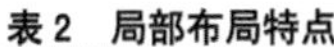

表2 局部布局特点

位置	布局特点
沿城市道路分布	沿平整的直线路段整齐排布，流线简单，组织有序。缺点是占用城市道路，靠近车行道一侧的摊位危险性较高，但由于该路段凌晨交通量不大，所以较少造成交通拥堵
拐角处和人行道内处	零散分布，布局散乱，容易聚集较多的人群进行购买
沿墙壁分布	分布在人行道内侧，不易受外部干扰，安全性最强

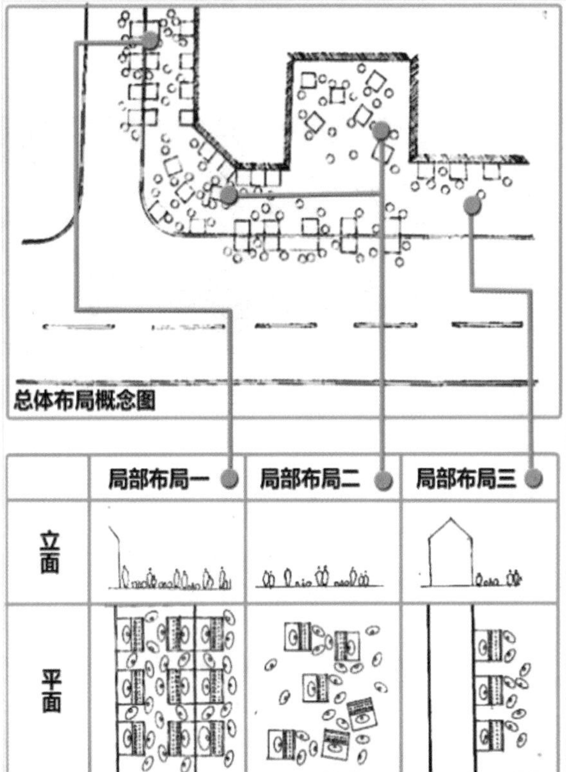

图13 空间布局

3.廉价超市——商品特征

（1）种类多样。商品类型包括衣物、电子产品、药品、食物等，基本上都是旧物。其中衣物和食物占较大比例，基本可以满足底层人群的日常需求。

（2）质量参差不齐。根据观察，二手旧货质量不一，存在一定的剩余使用价值。其中食品和药品类大多为过期产品。根据访谈，不同买家对同一商品质量的判断不一，并根据自己的辨别购买。买家最优先考虑的不是质量问题，而是满足基本需求。

（3）价格低廉。与普通市场相比，天光墟商品价格极低（见表1）。

（4）商品来自废品回收和拾荒所得。大部分商品来自废品收购、拾荒、旧货市场的分拣与回收；食品药品主要来自商家对一般商店的过期食品药品的收集（见图14、图15）。

表3 价格对比表

种类	图片	名称	天光墟	超市价	批发价
食品		喜士多锦绣肉丁饭盒	2元/盒	13.5元/盒	8.9元/盒
		嘉顿瑞士卷	1元/包	3.8元/包	2.8元/包
		康师傅方便面	1元/包	4.5元/包	2.46元/包
药品		小柴胡颗粒	5元/盒	20元/盒	15.5元/盒
衣物（杂牌）		牛仔裤	5~10元/条	30~50元/条	8-20元/条
		拖鞋	5元/双	12元/双	8元/双
		上衣	1-5元/件	30~50元/件	20~35元/件
电子		诺基亚N96	30元/台	500元左右	298元/台

图14 商品来源

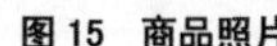
图15 商品照片

买家杨先生：质量有好有坏，看你会不会挑，上次买了个电饭煲，在一般的商店要几十块钱，在这里10块钱，省了不少，拿去洗洗就能用了。

4.底层人群集中——人群特征

（1）基本特征。

摊贩：男性•中年•低学历•低收入（见图16）。

天光墟摊贩主要有三类：拾荒者、废品回收者、旧衣物倒卖者。摊贩以40～60岁的男性为主，学历基本在初中或以下。摊贩有无职业者大约各占一半。大多数人均月收入低于800元，收入小于等于支出，没有结余。

底层群体中男性多为家庭主体，体力劳动方面较女性强，且由于天光墟特殊的时间和环境所限，因此摊贩多为男性；40～60岁人群劳力水平与40岁以下相比较低，正规就业的难度更高，但仍承担家庭重担，因此摊贩主要以40～60岁的群体为主；摊贩的文化程度低决定其就业层次的低端性；有无职业不能直接影响，而是间接影响其收支情况，

图16 摊贩主特征

夹缝之墟　天光而息

——广州市西门口天光墟底层市场调查

其中低收入以及支出较多者因为经济拮据而成为天光墟摊贩。

购买人群：男性•中年•低学历•低收入。

购买者以40～60岁男性为主，学历在初中或以下。购买者有无职业者各占一半。大部分购买者家庭人均月收入低于1200元，收入约等于支出，没有节余。

现有的文化程度将很大程度影响了他们的就业层次，导致收入水平较低，因此天光墟的廉价商品对他们有较大吸引力（见图17）。

（2）行为特征。

摊贩：拾荒者•废品回收者•旧衣物倒卖者。

天光墟在摊贩一天生活中占有重要地位。调查发现，三类摊贩一天行为路径分别如表4和图18、图19所示。

购买者：人群种类多元。

购买人群组成较为多元，包括流浪者、打工者、当地居民等，他们的共性是收入低。他们凌晨四五点来到天光墟进行消费，主要购买商品依自身需要而定。天光墟对他们来说是一个廉价集市，能满足普通的日常需要。

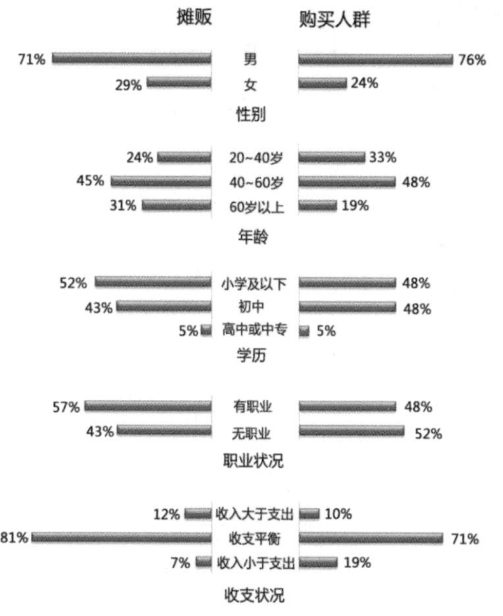

图17　人群基本特征

表4　摊贩活动特征

人群	活动特征
拾荒者	约凌晨两点半最先到达天光墟，8点左右离开。白天以拾荒为生，并在寺庙领取斋饭与露宿。夜间贩卖拾荒所得，得到少量收入，勉强支持生活。在天光墟的所得几乎是所有经济来源
废品回收者	多为打工群体，白天进行高强度的体力劳动，工作不稳定，收入较低。利用夜间几个小时的时间在天光墟摆卖白天回收的少量物品，得到一些收入补贴生活。在天光墟的收入是他们的日常经济收入来源之一
旧衣物倒卖者	以贩卖旧衣物为主，可单件出售，也可成斤贩卖。白天在欧家园旧货市场进行旧衣物回收挑拣，晚上拿到天光墟贩卖，主要来自河南（珠江以南）

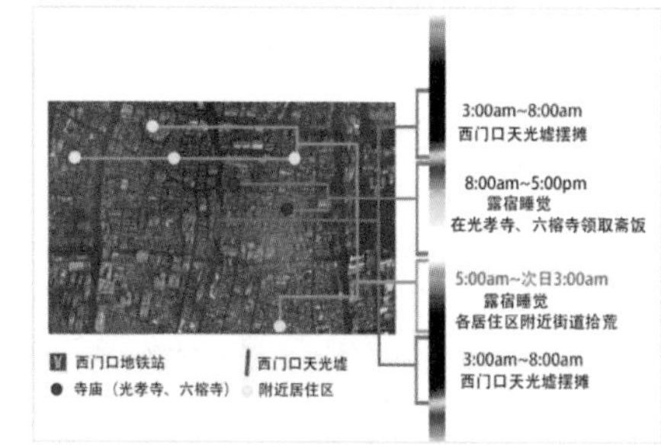

图18　拾荒者活动路径

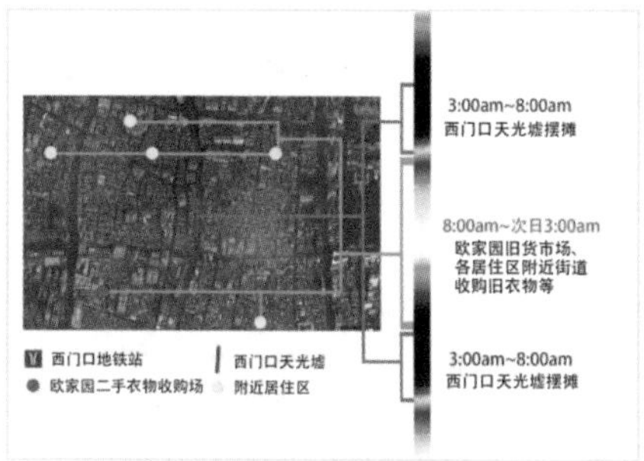

图19　旧衣物倒卖者活动路径

四、面纱之下——西门口天光墟形成原因

（一）底层集聚——市场基础

从人群特征和访谈可知，天光墟的使用人群大多属于底层群体，其中一部分人长期依赖寺庙斋饭为生。一般在光孝寺与六榕寺两座寺庙周围活动，附近有较多宽敞的公共空间提供露宿，也有免费斋饭的领取点。

底层群体的集聚对西门口附近摆摊谋生的空间与提供生活日用品的市场产生需求，为西门口天光墟空间的选择提供人群基础，对西门口天光墟的形成产生推力。

西门口地处荔湾老城区，根据广州贫困空间分布的研究，它属于内城核心区和外围区，是老城的商业区、居住区，混杂部分工业，被称为“绝对贫困人口高度集中的贫困区”，因此，西门口天光墟所处街道是广州贫困阶层高度集聚的区域之一。

（二）历史承脉——时空选择

根据问卷调查结果，大部分使用人群表示不愿意改变时间地点（见图20、图21）。根据访谈结果，部分摊贩倾向于不改变时间地点的原因为“担心改变时间地点后就没人来了”，也存在部分买家认为“这是祖传下来的传统，没有必要改变”。

由此可见，天光墟使用人群对于天光墟时间与空间的路径依赖是使得天光墟的开市时间设于4点左右，开市地点位于西门口附近，并且能够比较稳定延续的重要因素。

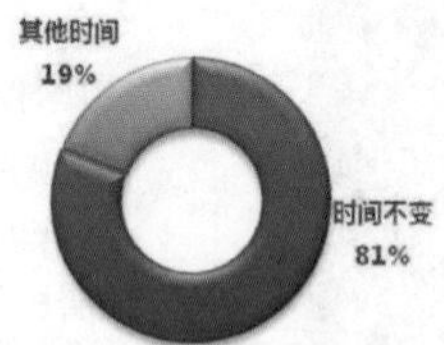

图20　摊贩的时间倾向

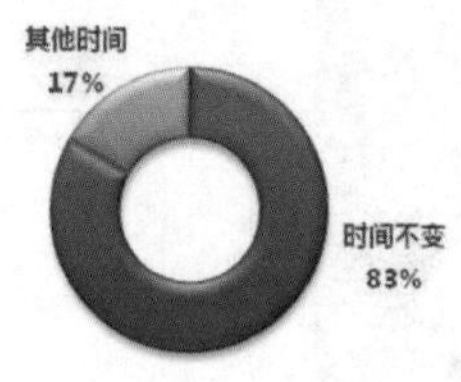

图21　购买人群的时间倾向

（三）黑夜屏障——底层人群的自尊

访谈发现，天光墟的使用人群虽贫穷，但仍希望有尊严地生活（见图22）。人群消费体现了他们对自己的定位与评价，他们希望获得与自己认同的社会中低层尽量接近的社会地位。但在白天消费二手商品会损害个体在公众面前的自尊和对自我的认同，因此为了在获得必要的生活用品的同时维护自我形象，他们倾向于在黑暗中消费，天光墟特殊时间下的环境使他们的自我认同不仅停留在维持温饱的社会底层，而是提高到和普通市民一样有社会尊严地活着。由此验证了马斯洛的需求理论，人除了基本的生理需求之外，也有自尊的需要以及其他需要。

根据消费社会学，消费作为认同的行为和符号，个体认同涉及个人的自我形象（我这样看自己）和公共形象（他们这样看我或我在他们心目中的形象）

买家张先生：假如天光墟改成白天开市，我应该就不会来了，还是四五点好，要是白天就不好意思来买这些东西了。

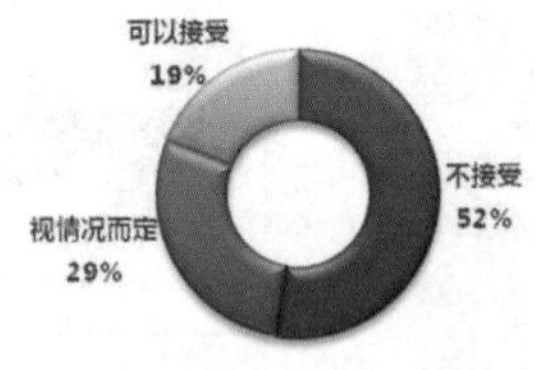

图22　是否接受免费的固定摊位

上述因素作用于时间和空间两方面（见图23）。底层人群集聚导致对天光墟西门口这一地域的选择，历史延续使时间与空间得以延续，同时，底层群体对自尊的需求一定程度上决定了天光墟的开市时间。

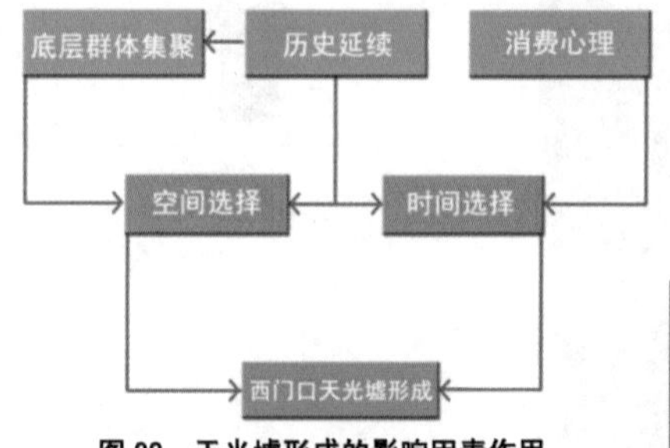

图23　天光墟形成的影响因素作用

夹缝之墟 天光而息

——广州市西门口天光墟底层市场调查

五、需求之声——西门口天光墟存在价值

（一）生活之需——人群对天光墟的依赖程度

1.摊贩：解决生计作用较大

针对摊贩对天光墟存在的必要程度、天光墟被撤的影响、天光墟收入占个人总收入比重以及在天光墟摆卖的频繁程度4个因子进行分析，计算个体对天光墟的依赖程度。主要方法是对4个因子进行赋值，并计算其平均值，以此衡量个体对天光墟的依赖程度（见图24）。

依赖程度=Ave（存在的必要程度+天光墟被撤的影响+1/2天光墟收入占个人总收入比重+摆卖频繁程度）

计算得分显示，摊贩总体对天光墟的平均依赖程度为3.33，样本得分范围为1.38～4.63。其中超过总体平均值的人数占61.9%。

从图25可以看出评分在3～5分中占的比例较大，说明大部分摊贩对天光墟的依赖程度较大，天光墟在解决了他们的生计问题方面起了较大作用。

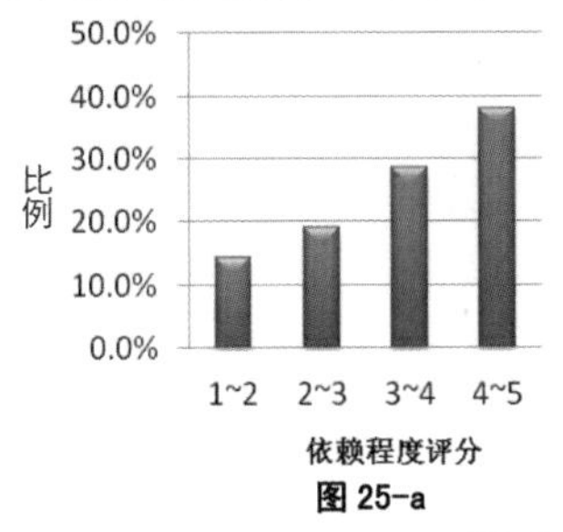

图25-a

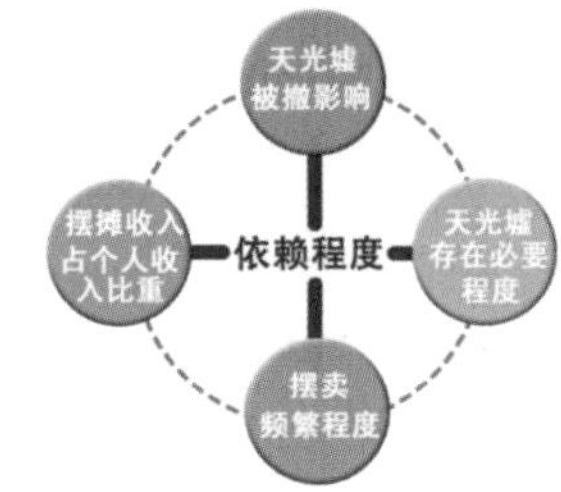

图25-b

图25 摊贩依赖程度评分分布

因子	内容	赋值
天光墟存在必要性	很大	5
	较大	4
	一般	3
	较小	2
	没有	1
天光墟被撤的影响	很大	5
	较大	4
	一般	3
	较小	2
	没有	1
天光墟收入占个人总收入比重	全部	10
	九成	9
	八成	8
	七成	7
	六成	6
	五成	5
	四成	4
	三成	3
	两成	2
	一成或以下	1
在天光墟摆卖的频繁度	一周7次	5
	一周5~6次	4
	一周3~4次	3
	一周1~2次	2
	一周不到1次	1

图24 摊贩依赖程度赋值表

2.购买人群：缓解经济压力作用较大

选取天光墟存在必要程度、天光墟被撤的影响、天光墟满足日常生活需要的比重及来天光墟购物的频繁程度4个因子，计算个体对天光墟的依赖程度（见图26）。

依赖程度=Ave（存在的必要程度+天光墟被撤的影响+天光墟满足日常生活需要的比重+购买的频繁程度）

购买者对天光墟的平均依赖程度为3.10，样本得分范围为1.50～4.75，超过总体平均值的人数占52.3%。

购买者对天光墟的依赖程度集中在2～4分。大部分人的依赖程度水平集中在一般水平上下，天光墟在一定程度上解决了他们的生活需要（见图27）。

从调查结果看来，买家对于天光墟的依赖程度不如摊贩高。但根据访谈可以发现大多数买家对天光墟有着较好的评价，消费商品对于经济压力的缓解作用是相当明显的。

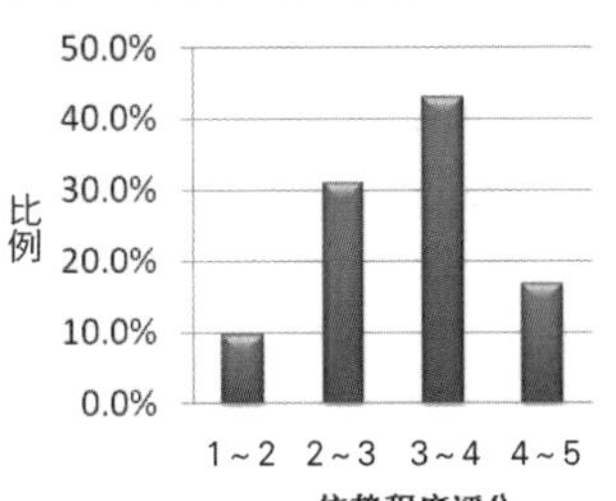

图27-a

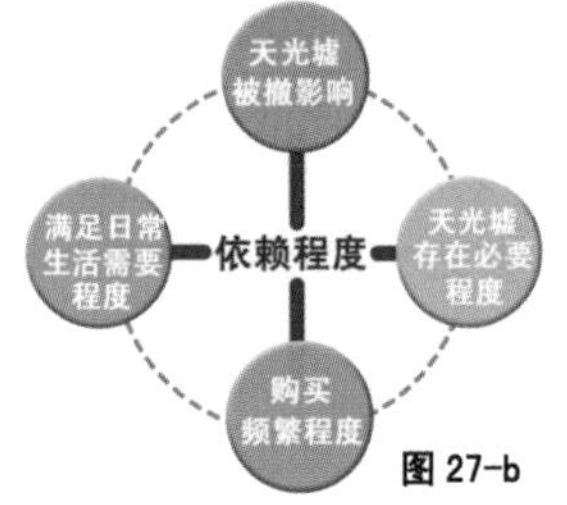

图27-b

图27 购买人群依赖程度评分分布

因子	内容	赋值
天光墟存在的必要性	很大	5
	较大	4
	一般	3
	较小	2
	没有	1
天光墟被撤的影响	很大	5
	较大	4
	一般	3
	较小	2
	没有	1
天光墟满足日常生活需要的比重	很大	5
	较大	4
	一般	3
	较小	2
	没有	1
来天光墟购物的频繁程度	一周7次	5
	一周5~6次	4
	一周3~4次	3
	一周1~2次	2
	一周不到1次	1

图26 购买人群依赖程度赋值表

（二）存在之利——人群对西门口天光墟的评价

1.摊贩——成本低、时间合适

访谈发现摊贩对天光墟的评价较高。天光墟对于他们而言是一个较好的谋生场所，评价如下。

（1）成本低。所售商品来自废品回收站、废品收购和拾获，所需成本很低或不需要成本。且天光墟没有租金要求，对于低技能的底层人群，可负担起成本。

（2）时间合适。对于白天有其他职业的摊贩，凌晨摆卖很好地利用了空余时间，且该时间基本不会受到城管管制，不用担心被驱赶。

卖家陈先生：这里适合我们这些人啊！比如我白天要打工，现在出来摆摊能利用点空余时间多点收入，而且卖的这些东西多是从废品站里收来的，本钱低，没钱人只能靠这个啦！

买家陆先生：来这里的都是我们这些穷人，买不起市面上的东西，这里虽然都是些旧东西，但也能勉强填饱肚子，维持生活，没了它，日子就更难过了，这里还是挺好的！

2.购买人群——廉价超市、质量较差、时间合适

购买者对天光墟的评价较高，天光墟是一个较好购买生活所需的地方，为他们节省了一部分生活开支，减轻了生活压力。同时，天光墟的缺陷也不可避免，购买者的评价总结如下。

（1）天光墟商品种类多，价格便宜，可满足底层人民最基本的日常生活需要。

（2）由于食品和药品多是过期物品，近一半人认为质量较差。

（3）时间合适。对于白天需要工作的人来说，凌晨适合购物；且出于自尊的原因，这些人不愿在白天购买天光墟的商品，天光墟特殊时间所营造的环境为他们提供了心理上的庇护。

附近早餐店主：天光墟对我们没有什么影响，他们摆摊比较早，等我开门了，他们也走了。

附近居民王先生：天光墟比较安静，晚上基本不会受到这里的噪声影响。

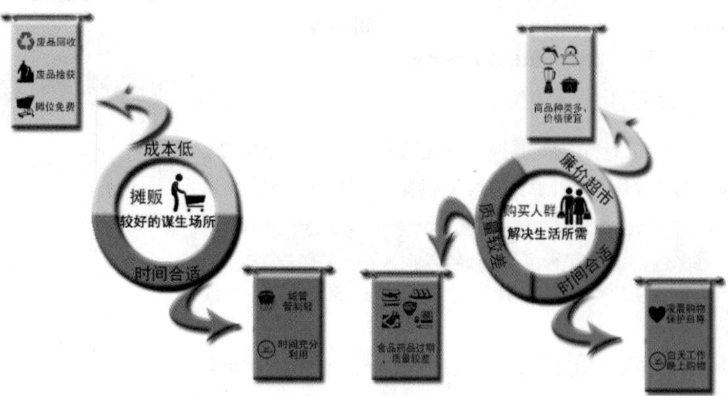

图 28　天光墟存在价值图解

3.相关人士意见——有存在价值（见图 28）

对市民访进行谈发现，大多数人表示由于时间特殊，噪声并不严重，天光墟并不会影响到日常生活。

《老人报》记者梁立然对天光墟进行了长期的研究。他表示西门口天光墟虽然存在着一定程度的质量安全问题，但仍然有存在意义。

西门口天光墟里的人，包括买家和卖家绝大部分是社会底层的人，这里为他们提供了一个维持生活的场所。一些技能低的穷人靠捡破烂为生，捡来的东西拿到这里卖能增加点收入，同时也满足了另外一些穷人的需求，他们同样为了维持生活，来买这些质量差但非常廉价的东西。总的来说，这里对维持穷人的基本生活是有一定价值的，政府应对其灵活管理。

——《老人报》记者梁立然先生

夹缝之墟 天光而息

——广州市西门口天光墟底层市场调查

六、结论与建议

（一）调研结论

1.天光墟具有时间、空间、使用主体和商品性质的四重边缘性

西门口天光墟的时间在凌晨，地点在行政区划的交界地带，市场的使用人群是城市的底层群体，所售商品极其低端。它的形成受到多方因素的交互影响，包括对于时空选择的历史性延续、城市底层人群集聚与底层人群的自尊心理需求等影响。

2.天光墟满足底层人群生活与自尊需求，有其存在的合理价值

西门口天光墟是繁华大城市的另一面，具有不同于流动摊贩和跳蚤市场等日光市场的凌晨市场特征，在边缘时间与边缘地点为边缘人群提供廉价商品，既为一部分底层群体解决了生计问题，又满足了底层群体心理上对自尊的需求，有其存在的合理价值和现实意义。

（二）相关建议

1.规划为底层人群提供相应的生计和消费空间

伴随着大城市人群的分异与多元化，建议在城市公共服务设置上，充分考虑底层群体的空间分布、生活需求、行为特征和心理需要，适当设置符合该群体需求的消费空间和设施。如在社会底层聚集的区域设置符合该群体消费水平的商业服务设施，设置为其服务的回收物品利用站点等。

2.城市管理采取人性化、多样化的措施

城市管理上，对底层群体市场采取包容和合理引导措施而非强制取缔，对其中存在的问题进行规范化引导，帮助其健康发展。政府可制定旧物回收政策，实行半规范化的监管，妥善解决其中存在的安全与卫生隐患。

参考文献

[1]王宁.消费与认同：一个消费社会学的分析框架的探索[J].社会学研究，2001(1).

[2]徐泽岭.贫困消费和生态消费关系研究[D].吉首：吉首大学，2012.

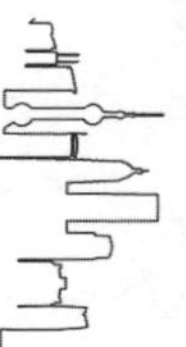

淘宝村的虚实空间

——广州市犀牛角村电商环境调查（2014）

淘宝村的虚实空间——广州市犀牛角村电商环境调查

一、引子

（一）调查背景：批发市场“触电”网销、电商集聚城中村

“千年商埠”广州，是全世界最密集的服装批发市场群落之一。随着网购兴起，“白马”“十三行”“沙河”等各大服装批发市场开始直接向电商供货（见图 1）。转变背后隐藏着一个有趣现象：大量淘宝服装卖家集聚在各大服装批发市场附近的城中村内，形成了独特的“淘宝村”。

在网络上以关键词“广州、淘宝村”进行搜索，共找到 11 个基于淘宝村建立的 QQ 群（见表 1），对应 5 个初具规模的“淘宝村”。这些“淘宝村”在广州核心区内，以“十三行”“沙河”“广大鞋城”批发市场为中心，形成了三大电商集聚板块（见图 2）。

网购市场交易规模

26%　网购服装

74%　其他网购

电商：电子商务缩写或指从事电子商务工作的人，本文指后者。

在老牌服装市场——白马市场的展区，负责人汇报表示，近年来白马刚刚试行网购网销，对有形线下市场形成补充，不过今年网上行销成绩刚刚够10万，而线下则有100亿。闻听此言，陈建华立即表示，要尽快地“触网触电”。

陈建华还特地停步强调，所有的传统专业市场，在转型升级过程中，一个是本身的质量和服务，更重要的是要尽快利用互联网和电商模式，进行转型升级。

图 1　白马服装市场“触电”新闻

表 1　QQ 群信息统计

序号	群名称	地点	群号	群规模	简介
1	犀牛角村淘宝人大本营	白云区犀牛角村	244931646	859/1000	无
2	犀牛角网店卖家交流群	白云区犀牛角村	205460439	1107/2000	本群欢迎各位住在犀牛角村的淘宝商户加入，大家一起交流分享淘宝销售经验！
3	龙洞淘宝村	天河区龙洞村	261608547	424/500	广州龙洞开淘宝店创业的人士交流。分享网店运营技巧，推广网店资源和优质快递共享！
4	岑村淘宝买卖交流群	天河区岑村	67310725	358/500	广州岑村社区www.gzcencun.com，本群作为岑村淘宝商家信息互享！非岑村的勿入！
5	岑村淘宝联盟	天河区岑村	20074672	219/500	岑村淘宝的XDJM的交流群
6	沙河村淘宝卖家	荔湾区沙河村	131716921	995/1000	广州桥中沙河村，仿牌女鞋厂家，淘宝卖家，交流互助群，找货源，供货，沟通
7	沙河村淘宝卖家	荔湾区沙河村	287867983	500/500	沙河仿牌女鞋行业交流，在沙河做淘宝的朋友或者做仿鞋厂的朋友欢迎加入，交流讨论！
8	石井广大鞋城淘宝交流群	白云区石井镇	253414701	382/500	本群已加满请加2群 石井，广大，国大，锦东，沙河，红星，环晋
9	广州石井淘宝交流	白云区石井镇	113525018	399/500	广州白云区石井镇淘宝交流，石井广大鞋业销售交流
10	狮岭电商淘宝运营交流	花都区狮岭镇	82952798	859/1000	无
11	花都狮岭淘宝交流群	花都区狮岭镇	251307629	1107/2000	欢迎在花都的淘宝掌柜加入

白云区

石井村

广大鞋业

犀牛角村

沙河服装

岑村

沙河村

十三行服装

广大鞋业板块

沙河服装板块

十三行服装板块

图 2　广州市淘宝村板块

（二）调查对象——犀牛角村：规模大、发展历程长、区位条件优越

1.犀牛角村淘宝电子商务规模大、具有典型性

通过 QQ 群人数得知，在上述淘宝村中，位于沙河服装市场旁的犀牛角村规模最大、最为典型。通过对房管处工作人员访谈得知，犀牛角村内“聚集了约 3000 户、9000 名淘宝电商”；根据《湖北日报》《南方日报》报道，“在淘宝网上以关键词‘女装、广州’搜索，80%的网店来于此”。

2.犀牛角村淘宝电商集聚，发展历程长

通过访谈和新闻得知，村内淘宝产业的发展历程分为两个阶段。

(1)2007 年开始形成。犀牛角村淘宝产业发端于 2007 年年初，湖北孝感市汉川区中洲农场人“80 后”王磊到犀牛角村开淘宝店。此后，来自湖北的电商不断通过农村传统的熟人社会“一带十、十带百、百带千”的模式，集聚在犀牛角村中。

(2)2011 年后快速发展。从 2011 年开始，犀牛角村从事淘宝的电商人数大量增加，出现运营者和运货者的分工。同时，电商之间出现层次分化，少数元老级的电商转向开网上商城、房产出租、入股其他行业等。

3.犀牛角村区位条件优越：物流基础好，交通便捷，租金低廉

7 年间，4000 多名中洲农民来到广州犀牛角村，相关产业配套如快递店、图片设计等服务不断集中完善。（见图 3）

图 3　犀牛角村区位条件

淘宝村的虚实空间——广州市犀牛角村电商环境调查

（三）调查方法：资料搜索、实地观察、深度访谈、问卷调查、参与观察

（1）资料搜集。以“广州、淘宝村”等作为关键词搜索新闻和文献，共得到12,700,000 多个记录；搜索 QQ、微博和贴吧等社交平台，加入其中 9 个规模较大的 Q 群（见表 2）。

（2）实地观察。记录犀牛角村的快递店和相关店铺分布；观察电商的行动规律，访谈快递店店主了解电商规模；记录村内快递店和相关店铺的位置数量（见图 4）。

（3）深度访谈。访谈居委会、房管处工作人员、村长以及快递店工作人员（见图 5）。

（4）问卷调查。访谈式问卷，共发放问卷 60 份，60 份有效，有效率为 100%。

（5）参与观察。加入电商网络社交平台，对电商群体的网络社交活动进行观察，并对社交记录进行数据统计分析（见表 3）。

访谈对象　　　期望获取的信息

当地居委会工作人员（居委会）→ 犀牛角村基本状况、淘宝发展及经营状况、淘宝产业规模

当地房管处工作人员（房管处）→ 犀牛角村外来人员居住状况、淘宝发展及经营状况、淘宝产业规模

犀牛角村村长 → 犀牛角村基本状况、淘宝产业发展及经营状况、淘宝产业现状

快递店工作人员 → 淘宝货运状况、淘宝产业发展状况、淘宝店主收、发货规律

图 5　访谈对象

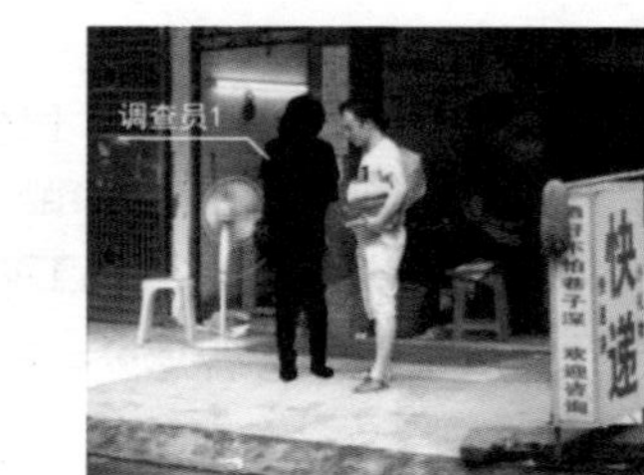

图 4　实地调研照片

表 2　加入 QQ 群基本信息及分工情况

群名称	群号	群规模	建立时间	组员分工	加入时间	获得的信息量
犀牛角村淘宝人大本营	244931646	859/1000	2013-3-27	四人同时加入	2014-4-17	180 条/天
犀牛角网店卖家交流群	205460439	1107/2000	2012-5-15	四人同时加入	2014-4-18	211 条/天
龙洞淘宝村	261608547	424/500	2013-1-29	两人加入	2014-4-17	112 条/天
岑村淘宝买卖交流群	67310725	358/500	2012-7-23	两人加入	2014-4-17	104 条/天
岑村淘宝联盟	20074672	219/500	2013-7-8	两人加入	2014-4-18	97 条/天
河沙村淘宝卖家	131716921	995/1000	2013-4-25	两人加入	2014-4-17	133 条/天
河沙村淘宝卖家	287867983	500/500	2013-5-30	两人加入	2014-4-18	101 条/天
石井广大鞋城淘宝交流群	253414701	382/500	2012-6-4	两人加入	2014-4-18	129 条/天
广州石井淘宝	113525018	399/500	2013-1-23		2014-4-18	156 条/天

淘宝村的虚实空间——广州市犀牛角村电商环境调查

表 3　调查过程

调查阶段	调查时间	调查分工	调查地点和对象	调查方法	调查内容
前期准备	4.10—4.17	搜集新闻 搜集文献		资料搜索法	搜集有关新闻报道和文献，了解广州淘宝村的基本情况和相关理论
	4.17—4.20	加入Q群 搜集微博、贴吧		资料搜索法	搜集各大社交平台上的有关淘宝村的信息，加入Q群进行观察，确定调查对象
初步调查	4.13	记录快递店和相关店铺 记录其他设施	犀牛角村主要街道；快递店店主	实地观察法 访谈法	观察犀牛角村特征，记录快递和相关店铺分布，访谈快递店店主了解电商规模。
正式调查	5.15	同时行动	犀牛角村居委会、房管处、村委	访谈法	访谈居委会、房管处的工作人员和村长，了解犀牛角村淘宝产业的发展过程
	5.27	两人一组分头行动	犀牛角村的电商	实地观察法 问卷调查法	记录村内快递和相关店铺的位置和数量，向电商发放20份访谈式问卷，回收20份。
	6.2	两人一组分头行动	犀牛角村的电商	问卷调查法	了解电商的基本情况，向电商发放11份访谈式问卷，回收11份。
	6.14 6.15	两人一组分头行动	犀牛角村的电商	问卷调查法	了解电商的基本情况，向电商发放29份访谈式问卷，回收29份。
	4.20—6.15	Q群参与式观察 1人分析记录	QQ 群中的聊天记录	关键词分析法	了解电商的虚拟空间情况，用Stru-Freq Tool软件分析聊天记录，归类出关键词。

（四）调查过程和调查技术路线：抽丝剥茧

抽丝剥茧为本次调查思路的主要特征。基于电商信息化特征，我们分为五个阶段步骤（见图 6）。

确定课题 —关键词搜索→ 找出广州 5 个淘宝村 —关键词分析→ 确定犀牛角村为调查对象 —Q群规模分析→ 调查总结出淘宝村的三个空间要素 —实地观察、软件分析→ 分分析总结各要素的具体特征。

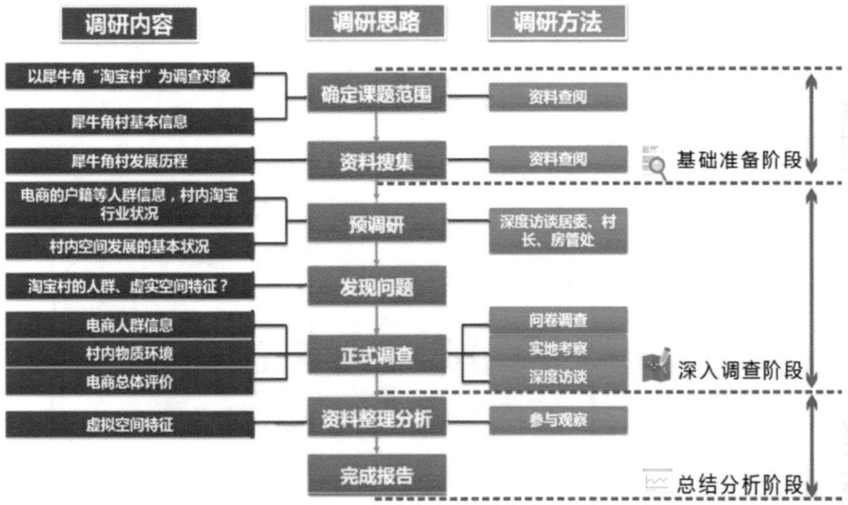

调研内容
以犀牛角“淘宝村”为调查对象
犀牛角村基本信息
犀牛角村发展历程
电商的户籍等人群信息，村内淘宝行业状况
村内空间发展的基本状况
淘宝村的人群、虚实空间特征？
电商人群信息
村内物质环境
电商总体评价
虚拟空间特征

调研思路
确定课题范围
资料搜集
预调研
发现问题
正式调查
资料整理分析
完成报告

调研方法
资料查阅
资料查阅
深度访谈居委、村长、房管处
问卷调查
实地考察
深度访谈
参与观察

基础准备阶段
深入调查阶段
总结分析阶段

图 6　调查技术路线

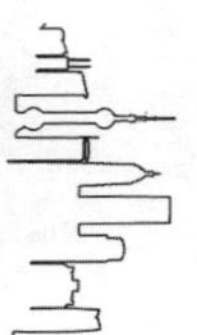

淘宝村的虚实空间——广州市犀牛角村电商环境调查

二、淘宝村的空间要素：电商主体、实空间、虚空间

分析犀牛角村的淘宝 QQ 群的聊天记录，得出 21 个关键词，可总结为三个犀牛角淘宝村的空间承载要素：电商主体、实体空间和虚拟空间。

为了验证我们的分析，我们在预调研阶段随机采访 20 名犀牛角村的淘宝电商，让他们说出对犀牛角村的印象。提取的关键词及比例，如表 4 所示。

表 4　电商形容犀牛角村的关键词

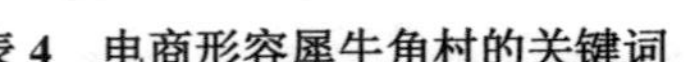

项目	小计	比例
淘宝	8	40%
快递	5	25%
湖北人	4	20%
湖北餐馆	2	10%
总计	20	

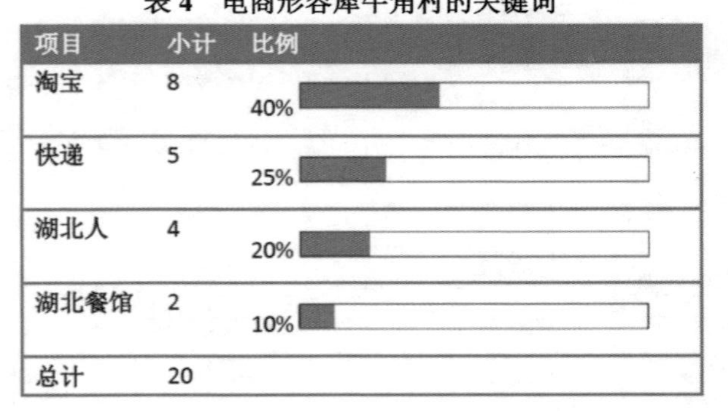

通过分析表 4 和图 7 可以看到，选择电商主体，物质空间两个要点作为犀牛角淘宝村的空间要素是合理的。而虚拟空间不是最主要的要素，只是作为有一定影响力的要素参与淘宝电商环境中。

图 7　淘宝村空间要素词频分析

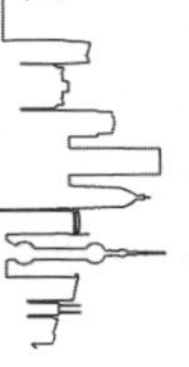

三、空间主体—淘宝电商：新生代农民电商、湖北、有技能、无经验

（一）淘宝电商主要是新生代农民电商

通过问卷调查得知，犀牛角村内的淘宝电商群体主要由“80 后”“90 后”构成，平均岁数为 28 岁。被调查者中，60%拥有农村户口，2/3 拥有高中及以上学历，且有将近 2/3 的人未婚。

上述淘宝电商群体的基本信息符合新生代进城务工人员 1980 年之后出生、具有农业户口（或由于城市化原因而“农转非”）、在城市从事非农劳动、受教育水平较高、多数未婚等特征。由于从事电子商务，因此将他们称为新生代农民电商。

（二）淘宝电商多来自湖北省

问卷数据显示，76.7%的电商来自湖北省，其中天门市和孝感市的人居多，分别占 17%和 20%，这说明犀牛角村电商具有地域特征，而且乡缘关系强。此外，10%的受访者来自广东省，13.3%来自其他省份（见图 9）。

问卷调查显示，来自孝感市的人中，38%来自汉川区。进一步访谈揭示了背后的原因：先进入者利用乡缘关系将亲人、朋友带入淘宝村，后者利用同样的方式拓展村内电商关系网络。在这种“一带十、十带百、百带千”的进入模式下，淘宝村出现独特的乡缘关系嵌入现象，最终形成了树状社会空间结构（见图 10）。

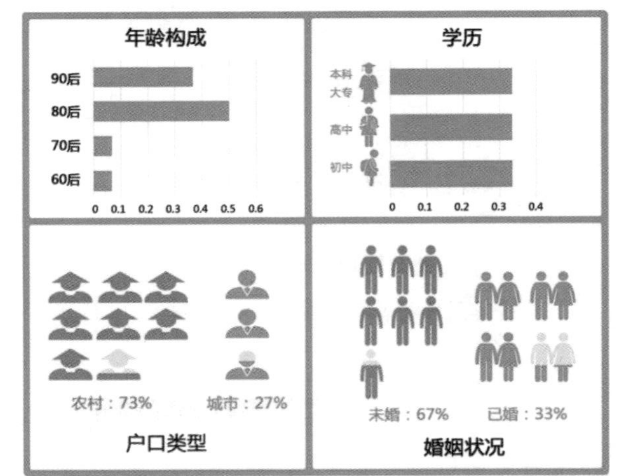

图 8 淘宝电商人群特征

图 9 淘宝电商来自地区示意图

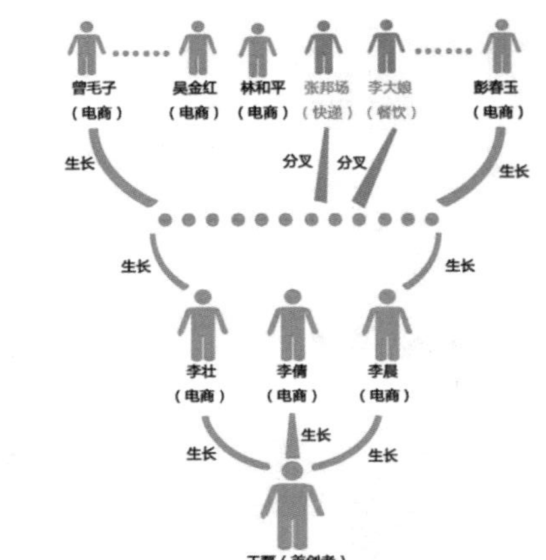

图 10 树状社会空间结构示意图

（三）淘宝电商有一定的电脑技能基础

大部分淘宝电商从事淘宝前具备一定的电脑技能基础，超过一半的人能熟练浏览网络、编辑文字，但只有 6.7%的电商能熟练掌握如网页设计、图片设计这些专业技能。从事淘宝行业后，电商的基础电脑技能与专业技能的熟练运用程度均大幅上升（见图 11）。

（四）具有相关工作经历的淘宝电商不多

由调查问卷得知，村内淘宝电商曾从事批发、工厂工人、餐馆管理、汽车美容、仓库管理人员、会计、农业、厨师、电子加工、文员、客服、淘宝分销、服装加工、司机等职业。其中，26%的人拥有与淘宝工作相关的工作经历（从事过服装、客服工作），超过 70%的淘宝电商在入行前没有相关淘宝工作经验（见图 12）。

（五）小结

犀牛角村淘宝电商特征比较明显，主要是单身青年，年龄集中在 20～30 岁，来自农村，有较高学历，是新生代进城务工人员中有代表性的一个群体；大多数来自湖北，具有鲜明的地域特征和乡缘关系；在从事淘宝前，较少电商有与淘宝行业相关的工作经验，但都掌握基本的电脑技能；从事淘宝行业后，基本电脑一技能水平有所提高，但掌握如网页设计、图片设计等专业技能的不多，这说明淘宝行业进入门槛低，容易创业。

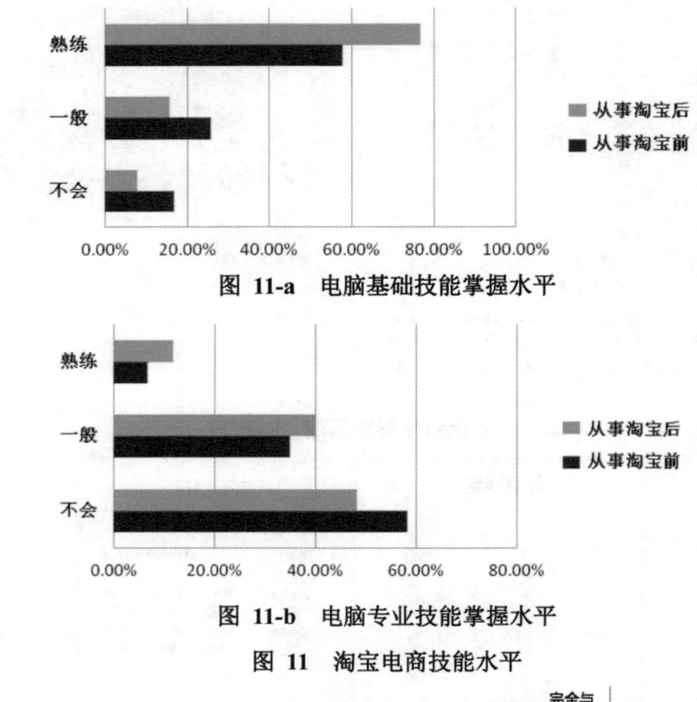

图 11-a　电脑基础技能掌握水平

图 11-b　电脑专业技能掌握水平

图 11　淘宝电商技能水平

完全与淘宝行业无关 26%
工作经历类型
与淘宝行业相关工作 74%

图 12　淘宝电商工作经历

淘宝村的虚实空间——广州市犀牛角村电商环境调查

四、实空间

（一）淘宝产业链在城市中形成“点—轴”结构

从整个城市空间上看，淘宝村与城市中的供货点、收货点形成“点—轴”结构。

通过问卷统计可知，犀牛角村的进货点主要是沙河服装批发市场，而快递货件集中后放置在白云区太和镇物流园，由此再发往目的地。由图 13 可知，沙河服装批发市场、犀牛角村、太和镇物流园都临近沙太路分布，通过沙太路串联，具有非常便捷的交通联系。在空间上形成“点—轴”状。

（二）淘宝村集聚了产业链中销售环节相关配套

淘宝服装电子商务产业链包含服装生产、批发、物流、仓储、销售、发货等多个环节。

犀牛角村的产业位于淘宝产业链的销售环节上，在实体店的基础上，拓展了女装的销售市场。产品摄影、图片设计、快递公司、包装服务、淘宝培训班以及生活上的各类配套设施等，均围绕销售环节集聚在犀牛角村，形成完整的产业联系（见图 14）。

图 13　淘宝电商进货点

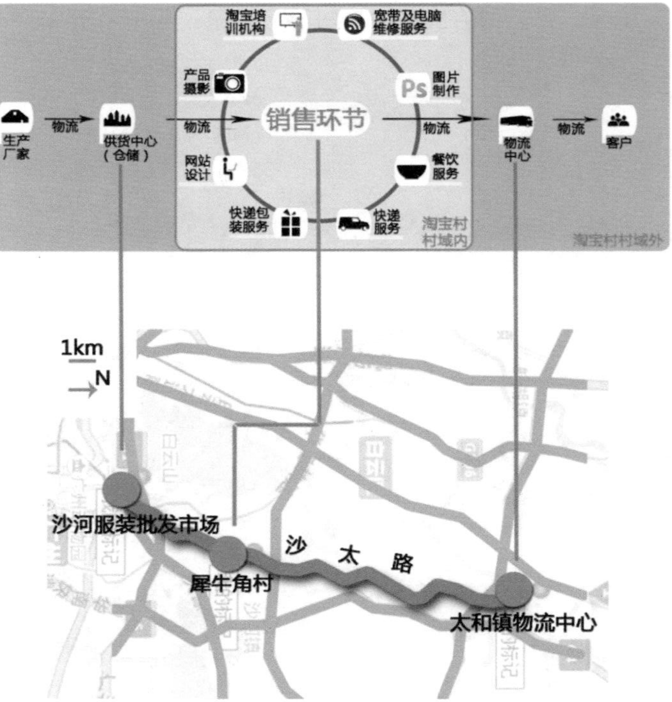

图 14　淘宝电商产业链

1.快递价格低廉，物流、货运系统发达

实地调研发现，犀牛角村具有数量众多的快递店与快递收发点，其中中通、圆通等知名快递公司在村内设有多处快递点，一些不知名的快递公司亦在村内设点（见图 15）。通过访谈得知，村内的快递价格较其他地方低廉，大部分快递公司在 2013 年上半年的发货价格为每单 7 元，下半年变成 6 元，而在 2014 年已经跌至 5 元。低廉的快递价格使犀牛角村形成了发达的物流与货运系统（见表 5）。

表 5　快递店分类表

类型	著名快递公司				超市等其他店铺作为代理收发点			各类不出名的快递店			
店名	中通	圆通	申通	韵达	快递之家	代理店	路边代收点	百利电通	阿杰快递	百口通	金泽快递
数量	11	3	2	1	2	5	多家	1	1	1	1

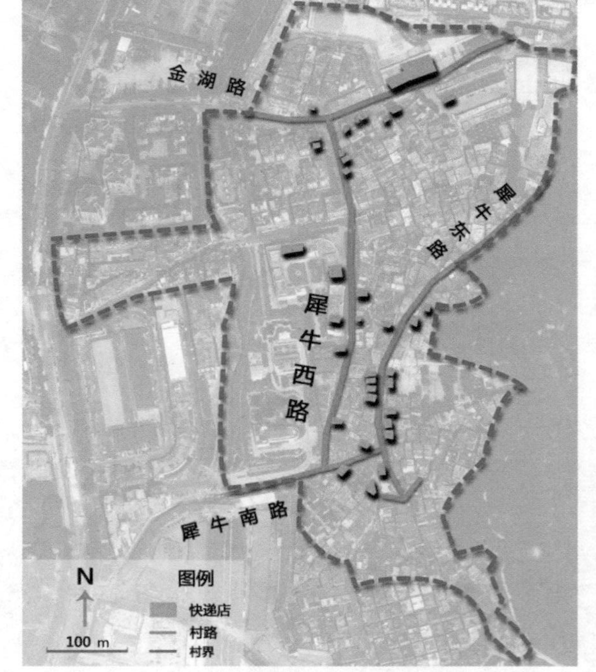

图 15　犀牛角村快递店分布

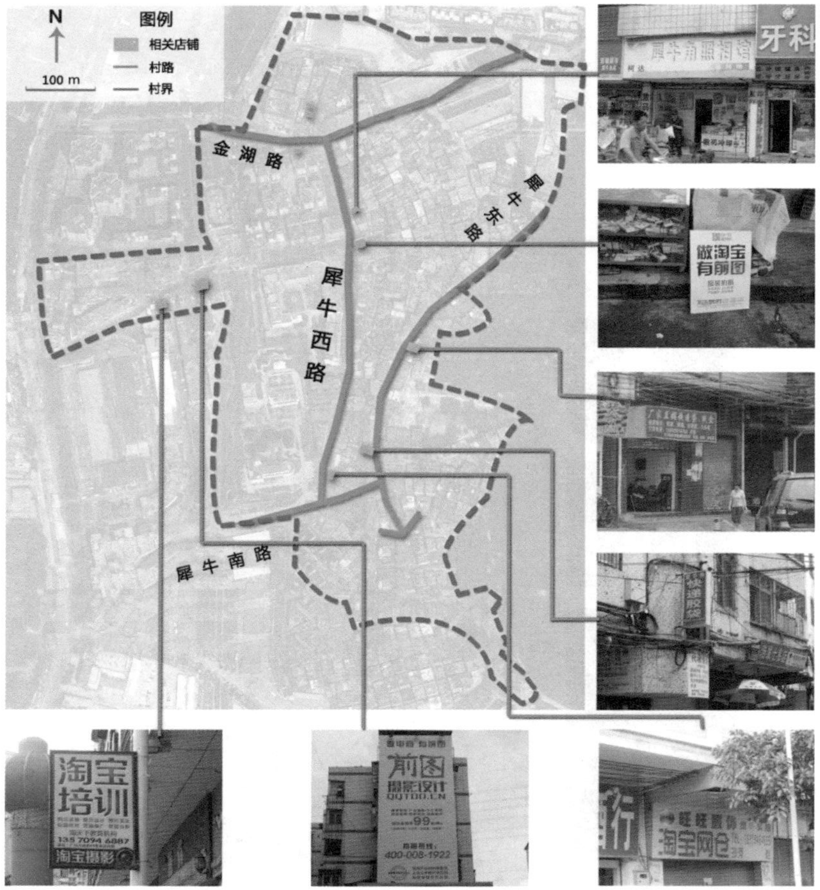

图 16　犀牛角村相关产业分布

2.电脑维修、宽带服务完善

电商运营依赖电脑和网络。经调查，犀牛角村内相关服务完善，包括电脑销售与维修、宽带安装等服务。调查中还发现，村内中国移动 10M 宽带价格为 920 元每年，较广州城区价格低廉（见表 6）。

表 6　宽带价格对比

广州城区宽带价格					犀牛角村宽带价格
广州珠江宽频	中国电信	中国联通（与网通合并）	广东长城宽带	中国铁通（与中国移动合并）	中国移动
2380 元/年	4056 元/年	4560 元/年	1580 元/年	1440 元/年	920 元/年

3.摄影、快递包装等相关服务业发达

经营淘宝网店需要对样板进行摄影、对货物进行包装等配套服务。实地考察发现，犀牛角村中设有文印店、照相公司、包装公司、图片设计公司、淘宝产业培训机构，发达的配套服务业为淘宝电商提供了强有力的支撑（见图 16）。

淘宝村的虚实空间——广州市犀牛角村电商环境调查

图 17　犀牛角村餐饮分布情况

湖北味道老板娘：“这些湖北饭店很多都是湖北人开的，因为来这里做淘宝的湖北人多嘛，我就是跟着老乡过来的，我儿子就在做淘宝。”

4.餐馆迎合淘宝电商口味

犀牛角从事淘宝行业的人大多来自湖北。为迎合电商口味，村中湖北风味餐馆较一般城中村多，共有 20 家，菜单上均有热干面等湖北特色食品（见图 17）。

（三）小结

综上，在城市中，犀牛角村作为女装淘宝产业链的销售环节，与供货点、收货点在城市空间中形成“点—轴”结构；在村内，犀牛角村良好的物流、餐饮、电脑服务等行业共同构成了兼具低成本和便利两大优点的“生存环境”，这对于电商们来说是相当“宜居”的。从犀牛西路沿街景观可以看出，犀牛西路的店铺基本涵盖了电商工作生活所需服务（见图 18）。

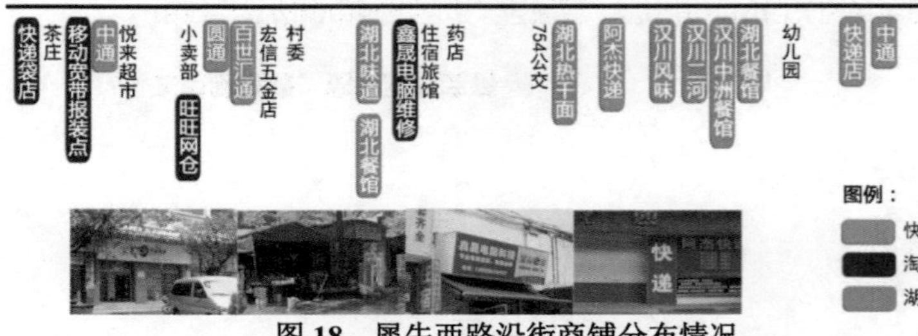

图 18　犀牛西路沿街商铺分布情况

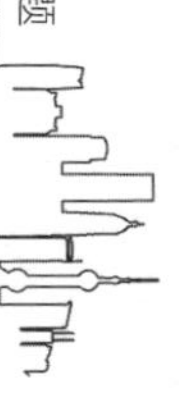

淘宝村的虚实空间——广州市犀牛角村电商环境调查

五、虚空间

（一）虚拟空间构成多样：犀牛网、赶集网、阿里旺旺、QQ 群

犀牛角的淘宝电商除了在实体空间上的集聚，还会在网络上形成独特的虚拟空间。通过实地调研和问卷调查，我们作出淘宝电商一天活动时间图（见图 19），发现他们活动时间有 72%在虚拟空间上（见图 20）。他们在犀牛网、赶集网等生活服务网站上发布招聘、房屋租赁等信息，利用阿里旺旺、QQ 群等社交平台进行与工作、生活相关的信息交流（见图 21）。

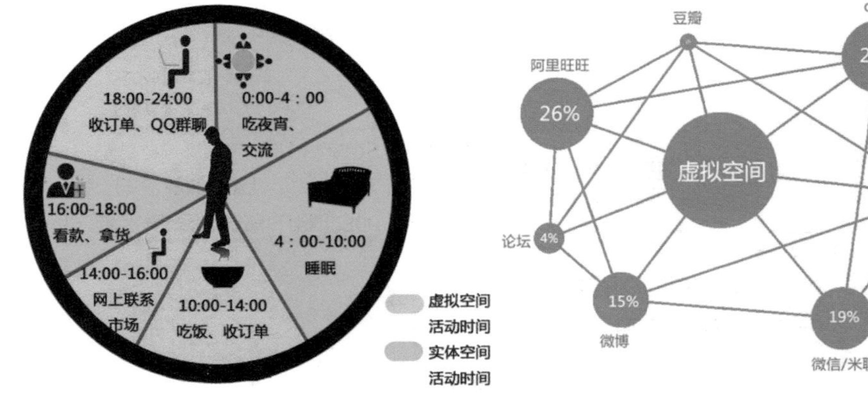

图 19　淘宝电商一天活动时间

图 20　虚拟空间所占比重分析

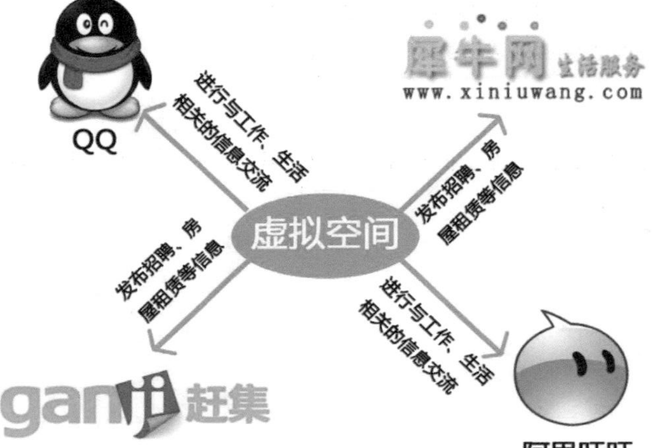

图 21　虚拟空间构成

（二）QQ 群为虚拟空间中最活跃的部分

在虚拟空间中，QQ 群是最活跃的部分。根据问卷调查，36.7%的电商参与了基于犀牛角村建立的 QQ 群。通过 QQ 搜索和访谈，我们发现目前有两个规模较大的基于犀牛角村设立的 QQ 群，分别为“犀牛角网店卖家交流群”和“犀牛角村淘宝人大本营”。两个 QQ 群的基本信息如表 7 所示。

表 7　QQ 群信息统计

QQ群名称	建立时间	群成员数	管理员数
犀牛角网店卖家交流群	2012-5-15	1092	9
犀牛角村淘宝人大本营	2013-3-27	819	2

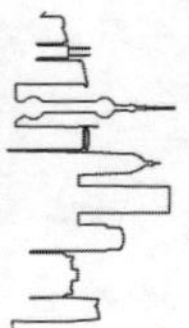

（三） QQ 群聊天内容与工作、生活息息相关：淘宝、买卖租赁、配套服务

考虑到两群的同质性，我们将两群 5 月 16 日至 6 月 1 日的聊天记录合并在一起，得到有效聊天数量为 4570 条。利用北京语言大学汉语国际教育技术研发中心开发的 Stru-Freq Tool 软件对聊天记录进行词频分析，经过人工剔除无效信息后，归类出聊天记录中的关键词。据此概括出以 QQ 群为代表的虚拟空间具有以下主要功能。

1.交换与淘宝相关的信息

在与淘宝相关的词中，“店”“刷”“款”“单”“爆”“货”“客服”“投诉”“平台”“销量”出现的次数位列前十（见图 22）。由此看出，在交换与淘宝相关的信息方面，具体内容有。

（1）销售信息与经验。“店”“刷”“款”“单”“爆”作为出现频数排在前列的词，反映出群成员之间经常利用此平台分享淘宝销售信息与经验（见图 23）。

（2）发布招聘与应聘信息。群成员利用此平台发布招聘与应聘信息，其中针对客服的招聘与应聘信息最多，因此“客服”一词作为另一个高频词出现（见图 24）。

根据问卷调查，超过 80%的人认为通过 QQ 群可以获取淘宝行业的信息，证明 QQ 群在电商的工作中承担着重要的信息交换功能。

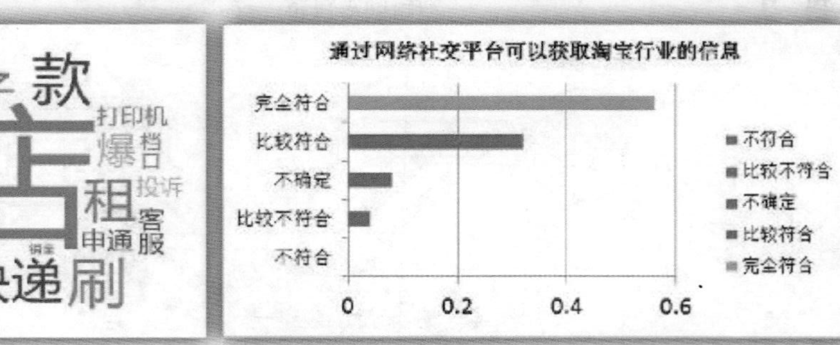

图 22　高频词

图 23　通过网络社交平台可以获取淘宝行业的信息

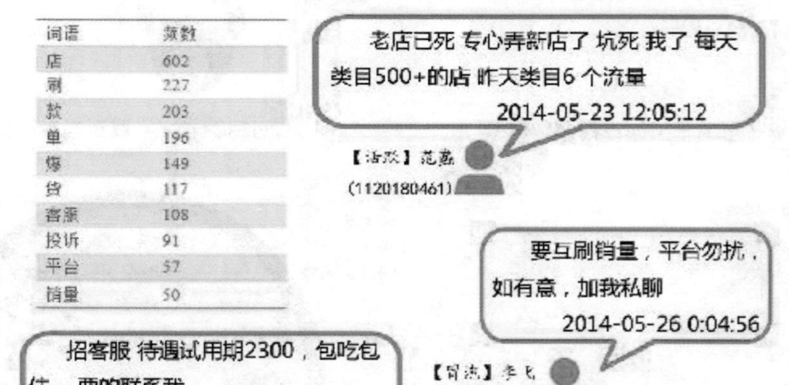

词语	频数
店	602
刷	227
款	203
单	196
爆	149
货	117
客服	108
投诉	91
平台	57
销量	50

图 24　通过网络社交平台发布招聘与应聘信息

2.买卖、租赁信息

“租”“房子”“打印机”“洗衣机”“热水器”“显示器”等词语的出现意味着 QQ 群还有发布买卖、租赁信息的功能。有进入村内从事淘宝行业意愿的群成员通过聊天咨询村内租房情况，村内的人也会利用此平台进行二手商品的买卖（见图 25）。

3.淘宝配套产业信息

“快递”“申通”“档口”“圆通”等词经常出现，说明 QQ 群的另外一个功能是交流村内淘宝配套产业的信息。淘宝店主利用 QQ 群了解快递的发货价格与速度，相互交流如快递包装袋质量等配套产业的信息（见图 26）。

（四）虚拟空间具有“微尺度”的特点：基于犀牛角村建立

所分析的两个 QQ 群的名称均含有“犀牛角村”，且所分析的聊天记录中“犀牛角”一词共出现 246 次，反映出 QQ 群与犀牛角村紧密相连。此外，还可在“犀牛网”上，交流与村子息息相关的淘宝、招聘求职、快递、房屋销售等生活服务信息。

由此看出，淘宝村的虚拟空间基于地方建立，具有“微尺度”的特点。

（五）小结

虚拟空间是犀牛角淘宝村空间的独特要素。一方面，电商行业具有独特的网络工作特点，促使了虚空间的形成；另一方面，虚空间打破了实空间的界限，加速了村内生活、工作信息的传递，进而反作用于实体空间。

虚拟空间中，QQ 群最为活跃，它为成员提供了交流平台。在平台上，成员们交流与淘宝相关的信息，兼有买卖、租赁信息和村内淘宝配套产业信息。

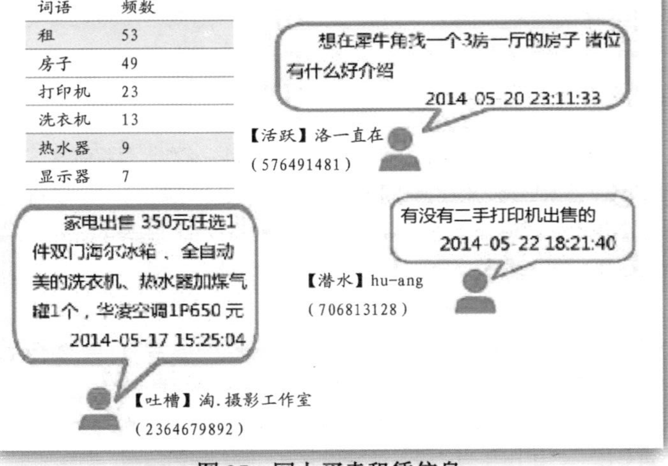

词语	频数
租	53
房子	49
打印机	23
洗衣机	13
热水器	9
显示器	7

图 25 网上买卖租赁信息

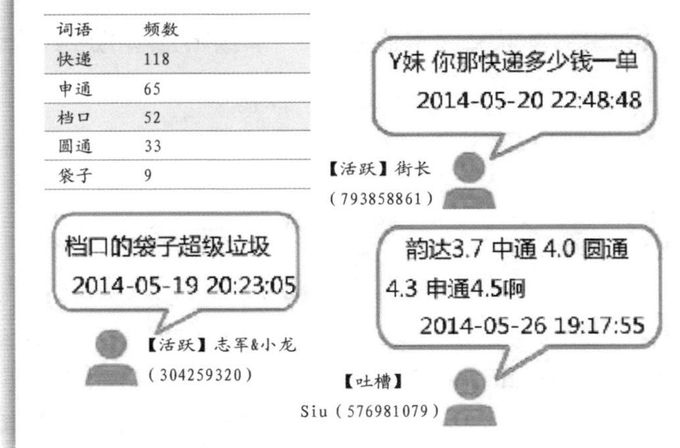

词语	频数
快递	118
申通	65
档口	52
圆通	33
袋子	9

图 26 与淘宝配套信息

六、结论与思考

（一）淘宝村电商主要是新生代农民电商

犀牛角村电商属于第二代进城务工人员，具有与第一代进城务工人员不同的特征。第一代进城务工人员为了摆脱耕田种地的低收入生活，从农村来到城市，凭借吃苦耐劳的精神从事工作强度大的体力活。

而第二代进城务工人员受教育程度更高，更向往自由，更注重效率，也更加渴望财富。在父辈没有为他们积累足够进城资本的前提下，他们通过亲朋好友的介绍，利用自己掌握的电脑基础技术，从事门槛低、较自由、收益大的电子商务行业，以一种不同于第一代进城务工人员的方式生活在城市之中。

（二）淘宝村空间要素相互作用（见图 27）

1.淘宝电商是实空间与虚空间的偶合体

虚空间与实空间的相互作用是通过电商来实现的，每个电商都是信息链上的重要环节。一方面电商利用虚空间提供的信息组织实空间的社会经济活动；另一方面电商将实空间的物质信息反馈到虚空间中。

2.虚空间对实空间淘宝产业集聚有促进作用

虚空间与犀牛角村紧密相连。虚空间加速了信息的交流互动，进而反作用于实空间，并促进产业发展。

3.实空间是虚空间信息的基础

虚空间的建设和信息来源离不开实空间作为基础支撑，虚空间的信息变化是实空间物质变化的反映。

图 27　虚实空间的互融

（三）新型城镇化模式——电商集聚而成的淘宝村

城中村的发展有着市场机制的内在动力，由大量外来人口的工作和生活的巨大需求所推动。原村民自发利用城市的优越区位，依靠出租自建房分享城镇化成果。各类“保姆村”“同乡村”等都是城中村的代表形式。

城中村的发展也面临着瓶颈。随着珠三角产业升级转型、原有的加工制造产业或逐渐衰落，或转移到其他地区，外来务工人员也随之转移，造成城中村衰落。

在此背景下，淘宝村成为城中村优化发展的新模式。这种新模式顺应网络交易的趋势，依托大城市的批发市场、物流，结合了城中村低成本优势和信息化电子商务，形成了职住平衡、生产销售服务一体化的经济体，具有实现人的城镇化、集约高效、环境友好、城乡一体化发展的特点，符合新型城镇化的要求。

淘宝村的虚实空间——广州市犀牛角村电商环境调查

参考文献

[1]王缉慈.超越集群:中国产业集群的理论探索[M]. 北京:科学出版社,2010.
[2]钱俭,郑志锋. 基于“淘宝产业链”形成的电子商务集聚区研究:以义乌市青岩刘村为例[J]. 城市规划,2013（11）.
[3]梁晓莹, 汤炜玮,刘定旭,孙卫华. 四千 80 后汉川老乡驻扎广州“淘宝村”年赚 30 万[N]. 湖北日报, 荆楚网, 2014-3-13.
[4]张钊. 犀牛角村的淘宝人生[N].南方都市报,2014-5-5.

评语:电商是互联网时代催生的重要产物,不仅体现着虚空间的蔓延,也影响着物质环境的实空间。该作品以“虚实”概念为切入点，探讨了淘宝村的电商环境，背后隐含了电商、城中村、非正式经济、外来务工等众多议题，其“空间”的概念略有保守，可进一步拓展。

4 街道与交通出行专题

一、参赛选题

我校在“街道与出行”方面的参赛作品成绩较好，共获得二等奖 2 份，三等奖 2 份，佳作奖 3 份（见表 1）。“街道与出行”作为城市要素流动的基础支撑，一直是城市规划、地理研究的重要方面，我校获奖作品主要围绕某类出行方式的运行现状、城市交通价值、出行安全等展开研究。但同时容易与另一单元“城市交通出行创新实践竞赛”选题雷同，且实践性弱于后者，因此近年来成绩一般。

表 1 “街道与出行”类型作品信息

年份	等级	作品名称	学生名称	指导老师
2007	二等	“优待”与“忧虑”——以 16 路公交车为例调查高峰时段老年人乘车出行冲突现象	柯登证、李雯婧、钟燕芬、陈仲强	林琳
2008	佳作	解密“广州巴格达”——南岸大街犯罪情况调查	冯艳君、刘卓君、陈嘉平、董昕	郭红雨
2008	二等	水上巴士 何去何从——广州水上巴士低效度问题调查	关金平、刘静文、王炼军、钟永浩	林琳、朱竑
2009	三等	流动的公共空间——广州市支线巴士社会价值调查	叶宝源、王怡蕾、董蓓蓓	刘云刚、林琳
2011	佳作	羊城限行 何去何从——广州居住区亚运前后停车与出行比较调查	钟珊、王迪、胡淑娟	林琳、司徒尚纪
2012	佳作	漫漫上学路 何以谓欣然——外来工子女上学路途状况调查——以华怡小学为例	曾志鹏、黄耀福、吴佳蕾、郑玥	李志刚、林琳
2014	三等	夜归途，“危”风起——惠州 DP 半岛夜间出行安全性调查	陈博文、陈俊仲、林曼妮、肖雨融	林琳、周素红、袁媛

二、研究方法

这一类作品类似于城市规划中的交通调查，其研究方法也是交通调查中常用的实地观察法和访谈法，分别进行交通量统计和居民态度访谈，并通过可达性分析、空间制图等形式表现（见表2）。另外，研究者亦可通过参与观察法，切身体验某类交通出行方式的优劣。近年来，定量分析方法有借助地理信息系统进行空间分析的倾向，而定性分析方法则较少有突破。

表2 “街道与出行”类型获奖作品研究方法

作品名称	研究方法
“优待”与“忧虑”——以16路公交车为例调查高峰时段老年人乘车出行冲突现象	调研方式：实地观察、参与观察、跟踪调查、问卷调查 分析方法：统计分析、定性描述
解密“广州巴格达”——南岸大街犯罪情况调查	调研方式：实地观察、参与观察、问卷调查 分析方法：统计分析、定性描述、犯罪模型构建
水上巴士 何去何从——广州水上巴士低效度问题调查	调研方式：实地观察、问卷调查、访谈法 分析方法：统计分析、文献及访谈内容分析、SWOT分析
流动的公共空间——广州市支线巴士社会价值调查	调研方式：实地观察、参与观察、问卷调查 分析方法：统计分析、定性描述
羊城限行 何去何从——广州居住区亚运前后停车与出行比较调查	调研方式：实地观察、访谈法 分析方法：统计分析、定性描述
漫漫上学路 何以谓欣然——外来工子女上学路途状况调查——以华怡小学为例	调研方式：实地观察、访谈法、问卷调查、参与观察 分析方法：统计分析、定性描述、可达性分析、主成分分析、手绘意向图
夜归途，“危”风起——惠州DP半岛夜间出行安全性调查	调研方式：实地观察、访谈、问卷调查 分析方法：统计分析、文献及访谈内容分析、空间制图

三、研究结论

“街道与出行”类作品的研究结论主要集中在三个方面：①街道/出行特征与影响因素；②街道/出行的优化措施；③街道/出行的空间价值。(见表3)具体而言，作品首先利用实地观察，对某类交通方式的线路、站点、运行时间、交通量以及站点周边用地情况进行统计分析，再通过问卷调查和访谈获取居民出行规律，结合两者发现冲突问题，提出交通出行的优化措施。另外，作品亦有从定性角度出发，探讨交通出行方式的空间价值。

表3 “街道与出行”类型作品研究结论

作品名称	街道/出行特征与影响因素	街道/出行的优化措施	街道/出行的空间价值
“优待”与“忧虑”——以16路公交车为例调查高峰时段老年人乘车出行冲突现象	老年人出行规律； 16路车公交站点周边用地状况	时间和空间上的解决方法	
解密“广州巴格达”——南岸大街犯罪情况情况调查	犯罪状况分布与影响因素		
水上巴士 何去何从——广州水上巴士低效度问题调查	水上巴士出行特征	水上巴士改善建议	

流动的公共空间——广州市支线巴士社会价值调查	460路支线巴士运营情况	基于460路支线巴士的“新460模式”	460路支线巴士作为公共空间的社会价值
羊城限行 何去何从——广州居住区亚运前后停车与出行比较调查	交通量变化特征 居民出行态度	“单双号”限行的条件和普适性	
漫漫上学路 何以谓欣然——外来工子女上学路途状况调查——以华怡小学为例	交通出行时空特征、出行方式、可达性、满意度、手绘意向图	出行路线调整与管理部门建议	
夜归途，“危”风起——惠州DP半岛夜间出行安全性调查	出行环境特征、社会因素和外部管制	七个路段的安全提升策略和新路段的规划建议	出行的守望效应、暗色通道和安全路径

四、理论贡献

综合来看，我校“街道与出行”类型作品的理论贡献在于：①积极运用定性方法进行案例研究。一般而言，交通出行研究容易陷入交通调查的怪圈，多数仅采用定量方法分析，而我校作品将交通出行视为流动的公共空间，探讨其社会价值。②本地化研究。我校“交通出行”作品选题紧贴广东省地方发展背景，如广州特色水巴、亚运会对交通出行的影响等，是对地方案例研究的重要补充。

五、研究展望

“街道与出行”研究包括出发地、出行过程、目的地共三方面的研究，即“两点一线”，而我校作品主要集中于对出行过程的研究，专门对端点的研究较少。另外，随着社会主义市场经济体制和互联网的深入和推进，我国交通出行也出现了专车这种新的形式，大大改变了以往城市居民出行特征，其积极作用和安全性的矛盾引起了强烈的社会讨论，值得深入探讨与研究。

“优待”与“忧虑”
——以 16 路公交车为例调查高峰时段老年人乘车出行冲突现象（2007）

“优待”与“忧虑”

以16路公交车为例调查高峰时段老年人乘车出行冲突现象

一、调查背景

（一）广州人口老龄化问题严峻

2006 年年末全市户籍人口中，65 岁及以上的老年人口为 74.01 万人，占全市常住户籍人口的比重为 9.77%，比 2005 年上升了 0.09 个百分点，高于全国老年人口比重(7.9%)1.87 个百分点。2010 年，广州市 60 岁以上的老年人口约 105.4 万人，突破 100 万大关；到 2030 年广州老年人口将突破 200 万，在 2035 年左右估计会突破 230 万而达到顶峰。但是，广州市养老机构、老年服务配套设施严重不足，人口老龄化问题十分严峻。

（二）《广州市老年人优待办法》的实施

《广州市老年人优待办法》于 2001 年 9 月开始启动，60 岁以上的老年人可享受半价或免费乘坐公交车的待遇。老年人优待证的颁发为老年人出行带来了很多方便，目前享受政府优待的 60 岁以上的老人，几乎都是计划经济时代献身广州经济建设的，他们退休早，退休金较低，政府的优待办法可以帮助他们提高生活和生命质量。

（三）老年人乘车与上班上学人流冲突

有司机提出广州本来交通堵塞拥挤已随处可见，而推出 60 岁以上老人免费乘公交，老人们会不会因为免费而增加乘坐公交的次数？这会不会给公交带来更大压力？

每天早晨 7 点至 9 点以及下午 5 点至 6 点半，是一天当中交通最拥堵的时段，同时也是市民乘坐公交车的高峰期。而老年人乘坐公交车，也更多地集中于早高峰。大量老年人在上班高峰期乘车出行，使交通挤上加挤，这延长了上班族花在路上的时间。

（四）调查所选线路概况

广州市 16 路公交车连接了珠江南面的老城居住区与珠江北面的综合服务区，沿途经过医院、公园、商业街等站点，是上班族乘车的热门路线，同时也吸引了大量老年人乘坐，是高峰期老年人乘车与上班、上学人群冲突比较明显的线路。

二、调查思路、过程、方法

（一）调查思路（见图 1）

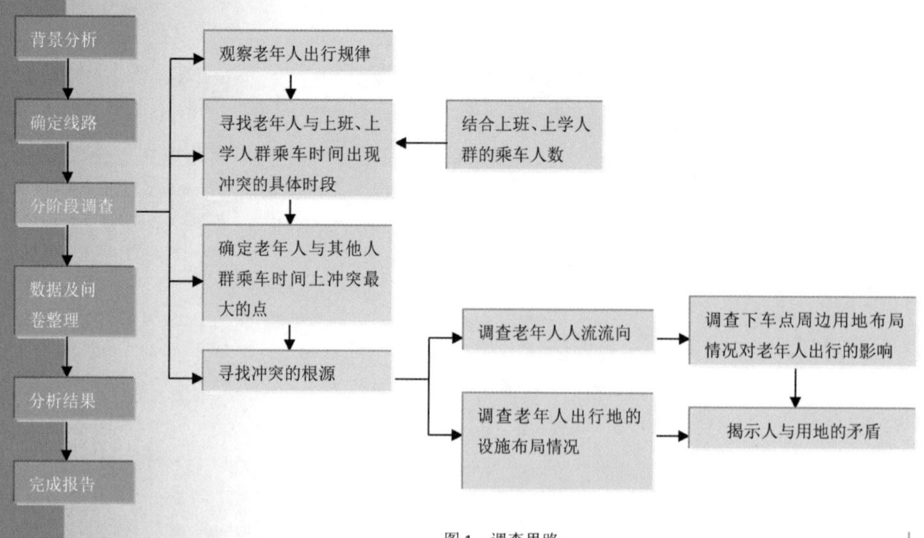

图 1　调查思路

“优待”与“忧虑”

以16路公交车为例调查高峰时段老年人乘车出行冲突现象

（二）调查过程与方法

1.第一阶段调查过程（见表 1）

表 1　第一阶段调查内容

阶段	方法	图示	备注	出行时间
全天调查	四人分成 3 组(前两个时段各 1 人，夜晚时段 2 人)，从早上 7 点～晚上 8 点半自总站出发，轮流接力乘车进行人流统计	A B C 图例 ●凤凰岗总站 ●动物园总站 7:00 9:30 11:30 14:00 16:00 18:30 20:30	调查一天中人群出行的变化	4 个全天（星期一、二、五、六）
半天调查	上一阶段调查确定上午为高峰期后，将四人分为两组，从早上 7 点～11 点半自总站出发，轮流接力乘车进行人流统计	A B 图例 ●凤凰岗总站 ●动物园总站 7:00 8:15 9:30 10:30 11:30	进一步调查高峰冲突点，统计上下车的人流	一周共 7 天，时间段缩短为 7 点到 11 点半
峰值点调查	经上阶段调查，把峰值点确定在早上 7 点～9 点。于是从早上 7 点开始每隔 15 分钟有一人从总站出发坐车进行统计	A 7:00 8:15 9:30；B 7:15 8:30 9:45；C 7:30 8:45 10:00；D 7:45 9:00 10:15；图例 ●凤凰岗总站 ●动物园总站	确定高峰期乘车人群密集的班次，为改进发车频率提供依据	一周挑选 4 天统计(周一、三、五、日)

2.第二阶段调查过程

表 2　第二阶段调查内容

2天	为调查老年人乘车出门的步行距离，我们选取了16路车沿线的几个站点，对下车老人进行跟踪记录，通过对记录的整理，可以大致推算出对老年人而言公交站点的服务半径。	跟踪记录
3天	根据上一阶段的调查结果，调查各站点服务半径内土地利用情况	观察、拍照
2天	调查始发站土地利用情况，并对周围的服务设施设置情况进行评估。通过问卷及访谈了解老年人乘车出行的目的以及对居住地相关设施的满意度。	观察、拍照 问卷、访谈

三、调研与分析

（一）冲突的表象——高峰期拥挤的公交车

通过对各类人群不同时段乘坐 16 路公交车人数的统计，我们发现如下现象。

1.一周的人数变化规律——较平均，但周五出行量大

从一周抽样的四天所统计的数据来看（见图 2），老年人群出行的数量变化不大，人数维持在 200 人左右；而其他人群的出行量在周一和周五人数最多，而周二和周六人数稍有下降。可见在星期一与星期五最容易出现老年人与其他人群的乘车冲突现象。

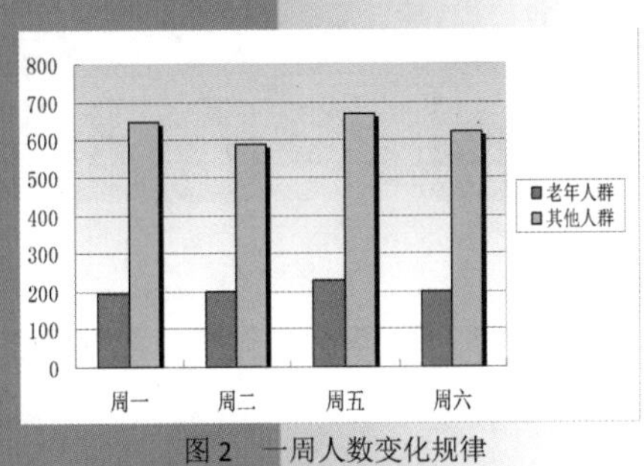

图 2　一周人数变化规律

“优待”

以16路公交车为例调查高峰时段老年人乘车出行冲突现象

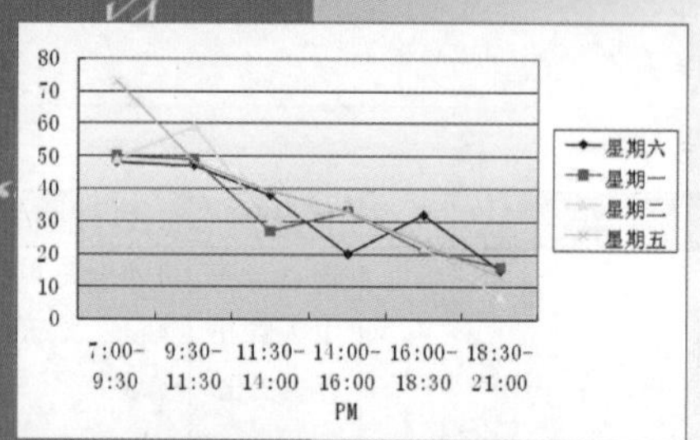

图3　老年人出行周变化规律

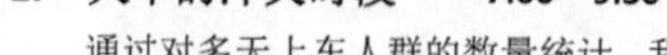

2.一天中的冲突时段——7:00—9:30

通过对多天上车人群的数量统计，我们可以看出老年人乘车人数（见图3）随着时间的推移而逐渐降低。在7:00—11:30这段时间老年人乘车人数最多，到了中午以后其乘车人数逐渐降低。

从平均日各时段不同人群乘车比例（见图4）来看也呈现这个规律，7:00—9:30这个时间段里，老年人乘车人数占总人口的近40%，由于此时正是上班的交通高峰期，所以相对于早上工作和上学的乘车人群来说必然造成影响。

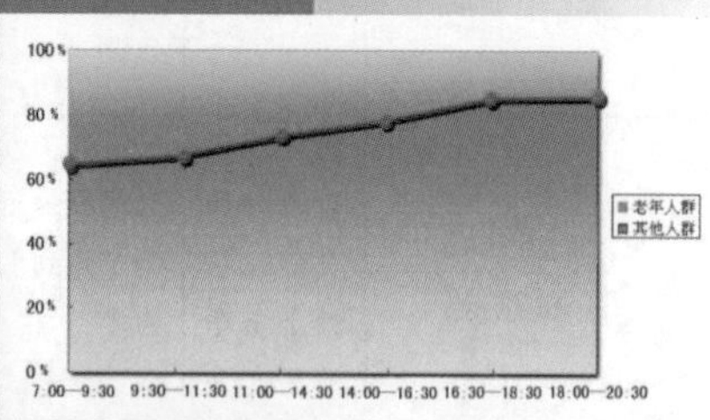

图4　一周抽样四天各时段不同人群乘车人数

3.峰值冲突点分析

老年人群的乘车比例（见图5）一直高于30%，比例最高的时间段出现在7:00—8:00这一小时内，达到40%，随后有所下降，到了10:00—11:00这个时间又是一个老年人乘车的高峰期，但此时已经过了上班高峰期，因此并不存在冲突。为了更准确地调查老人与上班人群的乘车冲突时间，我们对7:00—8:00的峰值时段做了更深入的调查。从图表可以看出。

（1）工作和上学人群在周一到周五早上的乘车出行量较大，而到了周日，他们早上的乘车出行量明显有所降低，出行的高峰时段相对后移。

（2）老年人群出行量随着时间变化不大。

（3）从平均日不同人群的出行量（见图6）来看，可以看出在7:15左右出发的那班车乘车人数较多，是上班上学的人群出发的高峰时段。早上乘车的高峰时段从7:15开始到8:30左右结束，同时这个也是老人与其他人群乘车冲突最大的时间段。

周一、周二、周三、周日不同出发时间人群的出行数量见图7、图8、图9、图10。

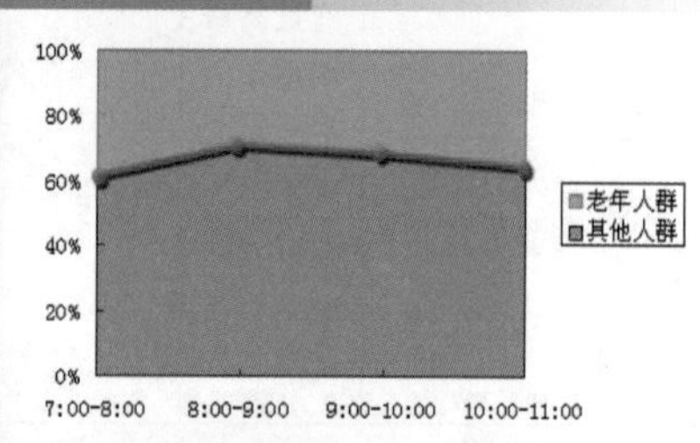

图5　上午不同人群乘车比例

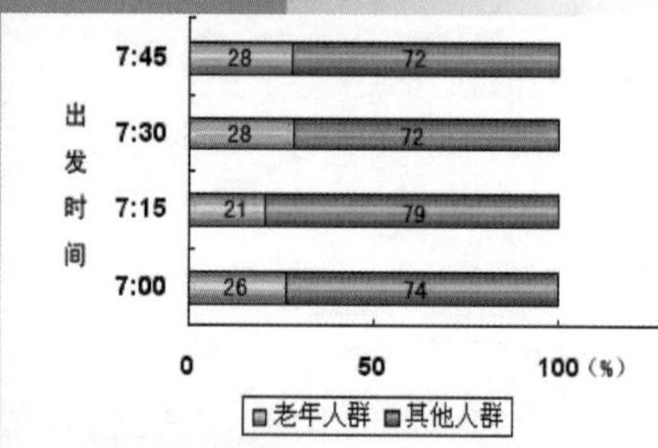

图6　高峰期各时段平均出行人数

小结：据资料显示，广州60岁以上的人口占总人口的12%左右，通过对16路车的调查显示，在上班高峰时段内老年人乘车的比例远大于其人口比例。可见，在老人优待证的政策出台后也出现了一些负面的影响——老人与上班人群的冲突问题。

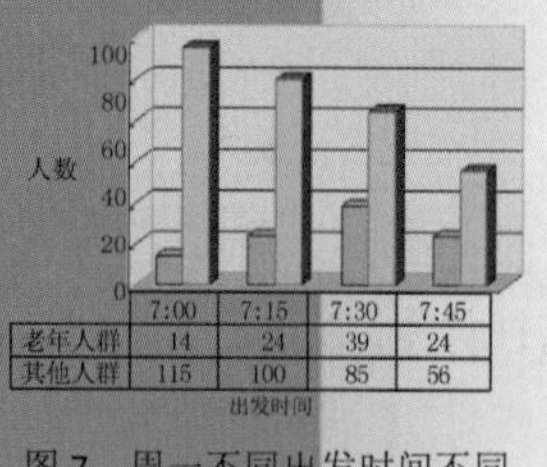

	7:00	7:15	7:30	7:45
老年人群	14	24	39	24
其他人群	115	100	85	56

图7　周一不同出发时间不同人群的出行数量

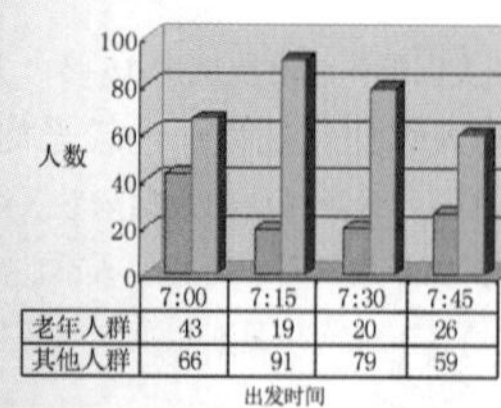

	7:00	7:15	7:30	7:45
老年人群	43	19	20	26
其他人群	66	91	79	59

图8　周二不同出发时间不同人群的出行数量

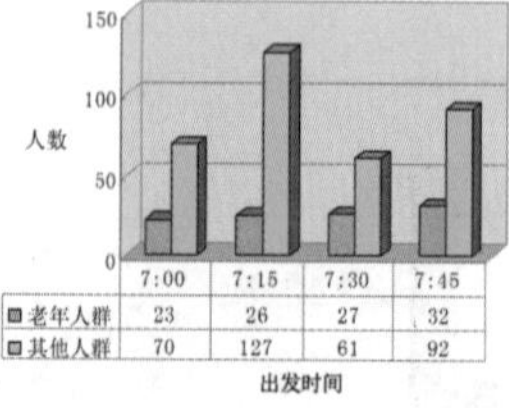

	7:00	7:15	7:30	7:45
老年人群	23	26	27	32
其他人群	70	127	61	92

图9　周三不同出发时间不同人群的出行数量

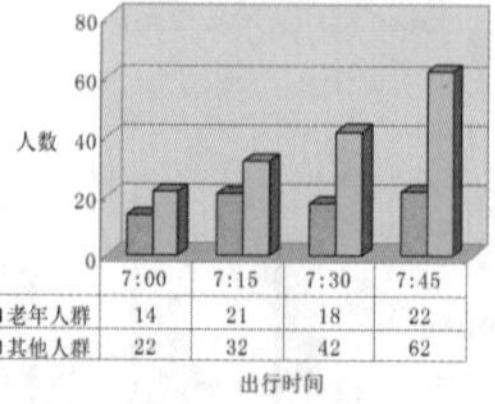

	7:00	7:15	7:30	7:45
老年人群	14	21	18	22
其他人群	22	32	42	62

图10　周日不同出发时间不同人群的出行数量

“优待”与“忧虑”

以16路公交车为例调查高峰时段老年人乘车出行冲突现象

（二）冲突的“真面目”——揭示内在问题

1.哪些老人成为高峰期出行的主要群体？——距离起点站500米范围内居住的老人群体

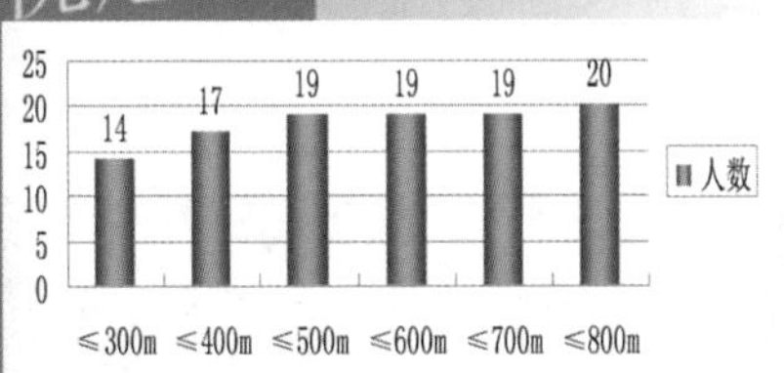

图11　不同距离老人出行人数

为更好地确定土地利用的功能布局对老年人乘车的影响，本次分析首先以跟踪调查的方法确定老年人的乘车距离，推算出公交车站点对老年人的服务半径；在公交车站点服务半径的范围内对土地利用进行调查，尝试从功能布局方面分析影响老年人出行的规律。我们采用跟踪调查的方法，抽取5个站点对下车的老人共20名进行跟踪调查，结果显示95%的老年人步行到公交车的距离小于500米（见图11），公交车站对老年人的服务半径可确定为500米。

凤凰岗老年人乘公交车出行目的

图12　凤凰岗老年人乘公交车出行目的

2.老人为什么要在高峰时段出行？

老年人由于生理的原因，生物钟提前，他们一般都习惯早睡早起，早晨起来后一般都会外出活动；环境上，早上上班高峰时段的阳光和气温比较适宜，是老年人外出的良好时机。因此，老年人高峰时段出行与其生活规律紧密相关。

3.老人住家附近缺什么？——老人住家附近缺乏满意的配套设施（以凤凰岗为例）

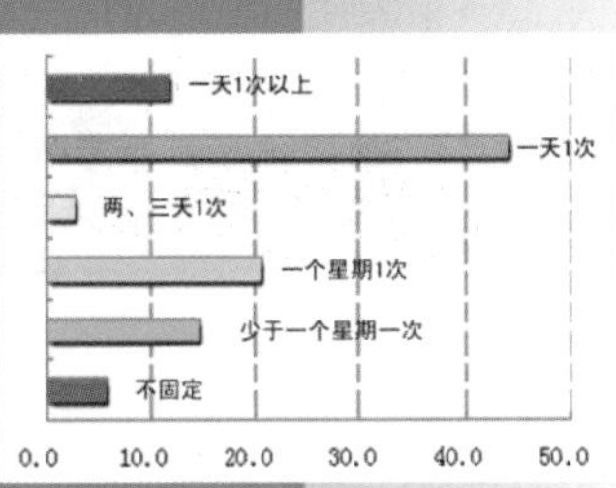

图13　老年人出行频率

（1）凤凰岗概况。

凤凰岗位于广州海珠区西北角，原是广州的老工业基地，现为人口密集的老城居住区。调研区域内的居住人口约为6万人。

（2）出行意愿调查。

1）出行目的（见图12）。

近半数老年人乘坐公交车出行是为了外出活动，其次为看病（19%）、买菜（15%）和喝早茶（13%），从另一个侧面反映出该地缺乏公园、广场等健身、娱乐场所。

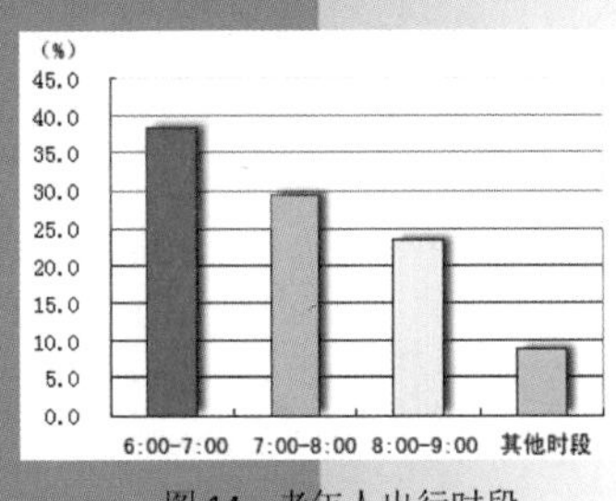

图14　老年人出行时段

2）出行频率（见图13）。

凤凰岗老人出行的频率非常高，44%的老年人每天出行一次，每天出行一次以上的老年人也占了13%，过半数的老年人每天乘坐公交车出行。

3）出行时段（见图14）。

38%的老年人早上7:00前已经乘坐公交车出行，老人出行的高峰实际上与上班上学的高峰时段错开了，但仍有29%的老年人选择在早上7:00到8:00的高峰时段出行。

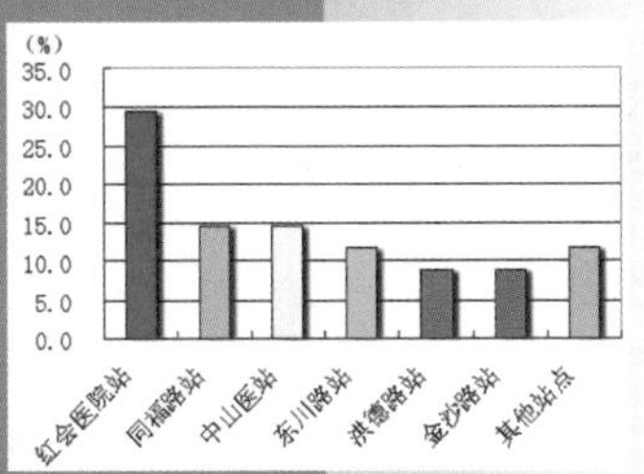

图15　老年人下车站点分布

4）下车站点（见图15）。

起点站坐车的老年人下车站点集中在市红会医院，比排第二位的同福路站、中山医站高出15%。

小结：凤凰岗是16路车的起点站，老年人乘车都有座位，高峰时段也不担心；老年人出行目的主要为外出晨练，时间集中在上班上学的高峰时段并有较高的出行频率，这些都是造成乘车冲突的直接原因。

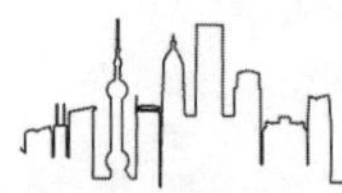

“优待”与“忧虑”

以16路公交车为例调查高峰时段老年人乘车出行冲突现象

（3）规范达标情况。

为了解凤凰岗地区出现大量老年人高峰时段出行的原因，我们根据中华人民共和国《城市居住区规划设计规范》的标准对该地区与老年人生活相关的设施进行调查。结合老年人对公共服务设施的需求，我们选取了医疗卫生、文体、商业服务、社区服务和金融邮电 5 类设施进行实地调研，如表 3 所示。

表 3　各类服务设施设置情况

设施分类		医疗卫生（含医院）	文体	商业服务	社区服务	金融邮电（含银行、邮电局）	公共绿地
设计规范最低标准（平方米/千人）	建筑面积	78	125	700	59	20	1.5 平方米/人
	用地面积	138	225	600	76	25	
凤凰岗实际情况	分布图						
	达标状况	不达标	基本达标	达标	不达标	达标	不达标
	现状	建筑面积与用地面积均不达标	社区内的文化活动中心主要为棋牌室，全部是收费服务	社区内商业服务设施较齐全	有 3 处社区服务站但规模较小，建筑面积与用地面积不达标	社区内有齐全的银行服务点，但无邮电局所	新建小区绿地不对外，旧城区只有一处公共绿地

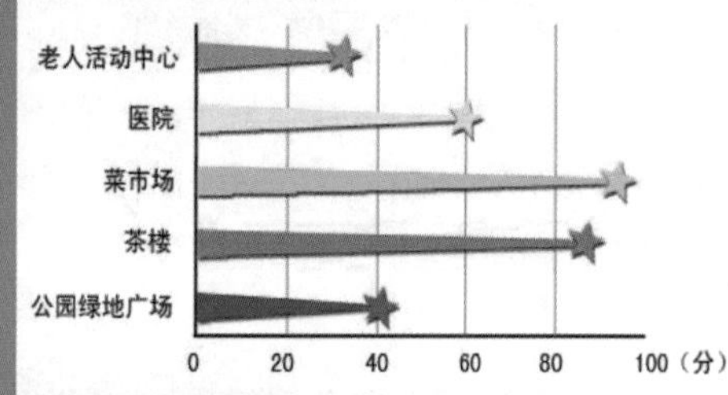

图 16　老年人对设施的满意度

（4）老年人的满意度（见图 16）。

老年人对凤凰岗的菜市场和茶楼的评价比较高，分别为 95 分和 87 分；对医疗设施的评价则刚好及格，最不满意的是该地的老年人活动中心（36 分）和公园绿地广场（41 分）。五项指标里有三项不及格，反映出老年人对该地区的相关设施并不满意，间接反映了老年人出行的动因。

图 17　沿路可见的流浪狗

（5）实地调查发现问题。

1）要收费的老人活动中心。

凤凰岗的老年人活动中心要收费，6 元每小时的收费标准对于大部分老年人来说只能望而却步。老年人活动中心实际上成为老年人消费的场所，并没有真正成为大众老年人休闲娱乐之地。

2）环境卫生与出行。

凤凰岗内街边生活了许多流浪狗（见图 17），流浪狗除了对过路人的安全构成危险外，还会因排便而产生卫生问题。环境卫生的问题使得部分老年人宁愿坐车外出也不愿意留在凤凰岗活动。

“优待”与“忧虑”

以16路公交车为例调查高峰时段老年人乘车出行冲突现象

图 18　黄沙空地

图 19　无休憩设施，人们都坐在路边休息

3）黄沙空地=晨练场所。

凤凰岗内并无免费开放的健身场所，锻炼身体的老年人只能够到凤凰岗西北角的一片黄沙空地上进行晨练。空地上无任何设施，运动过程中容易飞溅起尘埃，对老年人呼吸道造成影响（见图 18）。

4）休憩设施与出行。

凤凰岗居住区内严重缺乏休憩设施，路边没有一处供人休息的座椅。早上，凤凰岗肉菜市场附近的花坛边、树墩旁坐了许多聊天的老年人，是凤凰岗特有的“景观”（见图 19）。

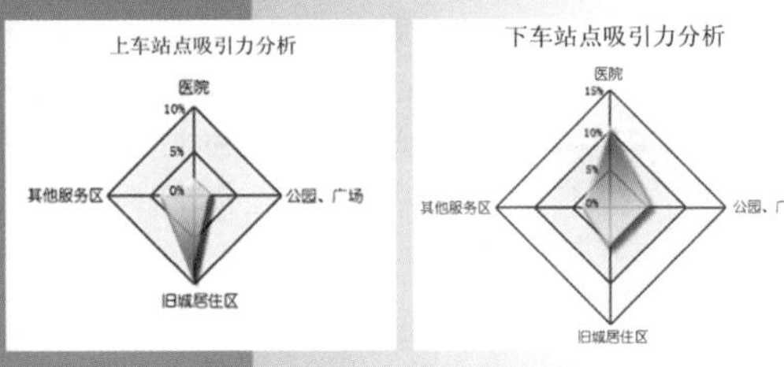

图 20　上下车站点吸引力分析

4.吸引老人的是什么？——相对完善的配套设施引导老年人向沿线流动

通过对各个站点主要的服务设施和用地状况进行分类，我们发现上午高峰时段老年人在老城区上车的平均人数最大（平均每个站点上车的老人人数占总数的 9.5%）；老年人下车的站点中，医院具有非常高的吸引力，其余站点（其他服务区、老城区和公园）的吸引力约为其二分之一。引力分析图间接反映了老年人出行的需求问题（见图 20）。

（1）用地功能布局概况（见图 21）。

本次调研以 16 路公交车沿线的土地利用布局为切入点，结合人流乘车量进行分析，尝试从中发现土地利用与出行的相互关系。本次调研将公交站点服务范围内的土地利用进行调查，将土地划分为居住区（根据建筑以及设施的状况将居住区划分为二类和三类居住区）、公共服务设施、公园广场三大类。

珠江把广州市区分割为河南片区和河北片区，从土地利用布局来看，本次调查线路经过的区域，河北片区用地主要以商业金融和新建住宅小区为主，服务设施较完善；河南片区主要为老工业区转移后遗留下的老城区住宅。

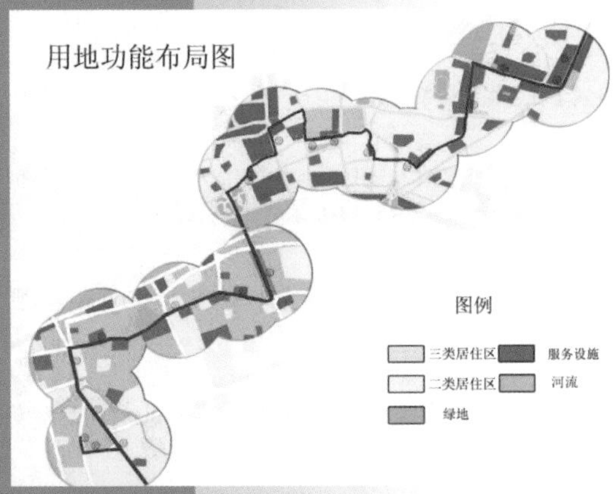

图 21　用地功能布局

（2）各类型用地对老年人出行的影响。

为反映各个站点附近居住、绿地、商业、公共服务设施的数量和规模与老年人出行的关系，本次调研对各个站点内以上四类用地的规模进行统计，并求出其占该类用地总规模的比例，以绝对连续符号（圆形）表示其规模大小。

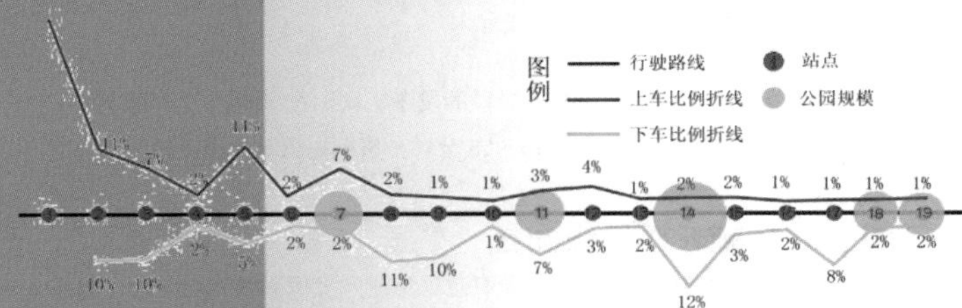

图 22　公园广场分布与老年人上下车关系

（各数字代表站点如下：1—凤凰岗，2—沙园，3—金沙路，4—梅园西，5—革新路口，6—洪德路，7—同福西，8—市红会医院，9—市二宫，10—江南大道北，11—万福东，12—越秀南，13—东川路，14—中山医，15—东山口，16—农林下路，17—执信中学，18—黄花岗，19—动物园）

1）公园分布与老年人出行。

公园、广场是老年人早上晨练和进行交流互动的地方，调查表明大型公园、广场对老年人的出行具有非常明显的吸引力，而小型公园对老年人出行没有直接影响（见图 22）。

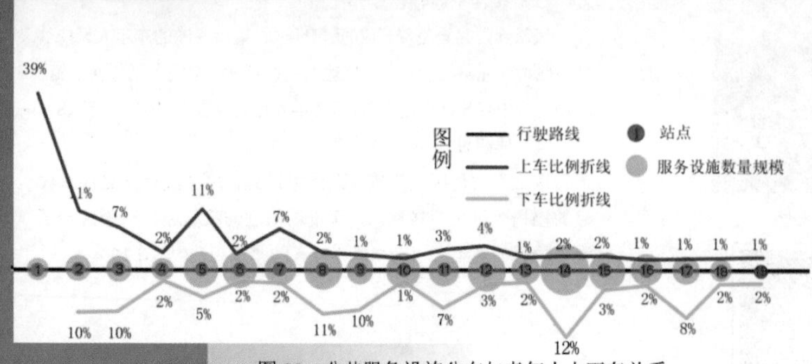

图 23　公共服务设施分布与老年人上下车关系

2）公共设施分布与老年人出行

公共服务设施密集的地区往往成为老年人下车的地点。由于其自身特殊的生活特点，老年人具有较多的时间参与各种闲暇活动；另外，老年人的生理问题使他们经常进出医院，这些都使得老年人集中在医院、休闲娱乐设施和商业附近的站点下车（见图 23）。

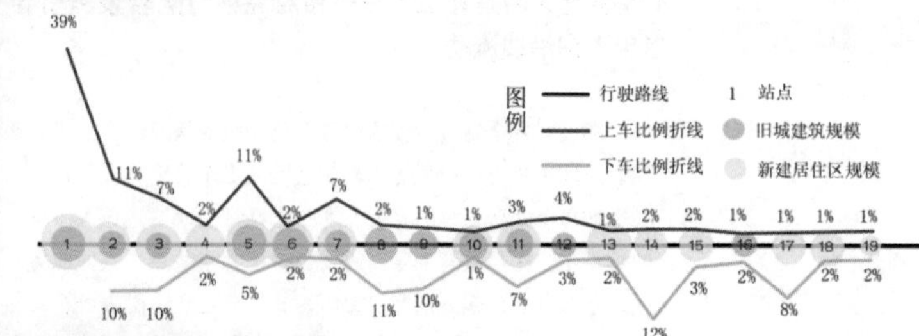

图 24　居住区分布与老年人上下车关系

3）居住区分布与老年人出行。

居住小区的用地分布对出行的影响并不十分突出，河南片区沿线的居住区数量和密度相当，但起点站的乘车人数却是最大的（高达 39%），其他居住区站点的乘车人数都无法与之比拟。起点站出现大量的老人出行，与其内在功能结构有一定的关系（见图 24）。

（三）问题的根源

1.政策原因

（1）免费乘车。解决了老年人乘车的经济问题，增加了老年人出行的意愿，调查显示，44％的老年人增加了出行次数。

（2）资金缺乏。16 路沿线公共设施服务属于社会福利体系中的一部分，政府是主要出资人，但是目前政府的投入不能满足老年人的需求。

（3）管理缺乏协调。对于老年设施的建设，各级政府部门未能建立起全方位、成形配套的法规体系和管理体制，管理部门间缺乏协调性，工作归属关系不明确，老年人的需求得不到具体落实。

2.技术原因

用地紧张。16 路沿线通过的老城区，建筑密度高，区内几乎没有空地提供公园和室外活动设施，用地的紧张使得该地进行相关服务设施的建设遇到极大的困难。

3.人为原因

部分老年人（38.2%）不愿意避开高峰时间段出行；老城区内部分居民缺乏公共卫生意识，对社区环境的营造缺乏主人公意识。

四、冲突的解决方法（见图 25）

（一）时间方面

1.调整发车的频率

公交公司在操作上可适当调整各时段的发车班次，在早上出行的高峰时段（7:15—8:00），发车班次由原来的 10～15 分钟一班缩短到 5～10 分钟一班，增加发车的频率。

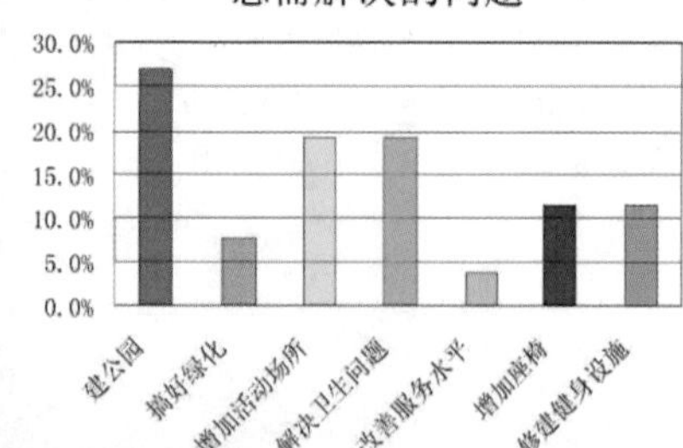

图 25　急需解决的问题

2.建议老人尽量避开高峰时段出行

调查显示，过半数的老年人表示会有意识地避开上班高峰时段出行，但部分老人不一定了解交通信息，故需要有关部门大力宣传，适当疏导，以便老人能方便顺利地出行。

3.开通老年人专线

对老年人口密集地区和特定的时段，开通免费的老年人专线，专线途经主要的公园和医院等服务区域。

“优待”与“忧虑”

以16路公交车为例调查高峰时段老年人乘车出行冲突现象

（二）土地利用方面

图 26 设施改善后的出行变化

1.增加公共绿地

对于老年人来说，早上外出活动、锻炼身体的比例高达 51%，对公园广场的需求大。凤凰岗西北部沿江的空地是老年人早上锻炼的主要场所，但其环境较差，无任何绿化设施。在目前旧城改造未实施、土地利用紧张的情况下，对该空地做简单的修整也是一种解决办法。

2.提供免费的文娱活动场所

凤凰岗的老年人活动中心收费标准高，把许多老年人拒之门外。凤凰岗社区内的街道办应该按照居住区设计规范的规定建设并提供免费的老年人活动场所。

3.加强社区管理

有关方面应该加强对老城区内的卫生管理，为广大老年人提供干净舒适的生活环境，解决老年人因为对区内卫生状况不满而乘车外出活动的问题。

4.改善后的出行量变化

81%的老年人表示，若该地区的基本服务设施得到改善，将减少乘公交车出行（见图 26）。因此，改善地区的服务设施对减缓老年人高峰时段乘车冲突问题有非常显著的影响。

五、思考与总结

（一）思考

调研过程中我们发现这样的问题：部分设施虽然满足《城市居住区规划设计规范》的要求，但老年人仍然十分不满意（老年人活动场所设置达标，但老年人对其评分不及格）；部分设施虽然达标，但老年人仍然选择乘车到其他区域使用该设施（商业设施规模达标，但是老年人宁愿出行到其他地方购买生活用品）。这使得我们不得不关注以下两个问题。

1.《城市居住区规划设计规范》是否有待进一步完善？

在人口老龄化严重的地区，规范定下的标准已不适应老年人的需求。地方有关部门可以考虑对老龄化严重的地区确立地方配套指标，在《城市居住区规划设计规范》中作为新的内容加以补充，因地制宜，并在人口老龄化不断发展的今天相应地调整指标以适应实际情况。

2.《城镇老龄设施规划设计规范》何时正式出台？

对老年人的需求而言，居住区设计规范涉及的内容相对粗略，对设施的内容无更细致的明确要求，即使设施达标了也不能满足老年人的实际需求，对老年人的需求缺乏考虑，部分老年人需要的设施并没有反映在居住区设计规范里，目前针对老年人的《城镇老龄设施规划设计规范》自 2003 年推出征求意见稿后至 2007 年已经 4 年，但正式版本仍未出台，随着老龄化进程的加速，《老龄设施规划设计规范》的正式出台迫在眉睫。

（二）总结

通过对高峰时段老年人乘坐 16 路公交车出行状况的调研，我们充分了解到高峰时段老年人乘车与上班、上学人群的冲突问题，调查走访老城区也使我们更深刻地体会到作为未来的城市规划工作者，我们要走的路还很长，无论是规划还是管理，许多问题需要考虑、协调和解决。我们希望通过此次调研，能够唤起社会对老年人的关注，在以后的规划设计和制定政策、规范的时候充分考虑老年人的利益，为老年人创建舒适和谐的生活环境。

【参考文献】

[1]孟红莉.社区文化活动设施怎么建[J].社区工作，2007（5）.

[2]王雪峰，吕树庭.广州市城区老年人体育生活的现状及未来走向研究[J].体育科学，2004（24）.

评语：该作品从公共交通冲突的问题出发，并且抓住老年人这一特殊的使用群体进行社会调查，通过老年人出行特征和公交沿线土地的时空分析，发现了老年人与上班族公交出行冲突的时空内因，并提出对应的解决方法，进一步思考《城市居住区规划设计规范》城镇老龄设施规划设计规范》等设计规范的优化可能性，较具创新性，值得学习。

解密“广州巴格达”
——南岸大街犯罪情况调查（2008）

引言

在城市中存在着某些区域，其犯罪率高于城市的其他地区，如西方国家的贫民窟，中国南方城市的城中村，而理论界对这些地区空间形态的研究多为概括其特点及其特点形成的原因，但针对其中的空间形态中的犯罪问题探讨以及在该空间条件下的可防卫空间的研究还比较欠缺。而且本调查区的情况与其他地方有所区别，主要表现为其犯罪数量以及频率高，空间上呈现封闭特点，犯罪沿着南岸大街向外扩散。那么，它是如何形成的？其中是否有特殊的影响因素作用？以下，我们将从社会学的观点以及空间的视觉进行研究。希望本调研能为城市中犯罪理论与可防卫空间理论的在实际生活中的情况提供较多的补充。并为改善城市的安全性及创造宜居城市提供前期调研工作。

文章的第一部分将对城市犯罪现象及可防卫空间的国内外理论进行系统评述，第二部分是调查方法及其过程，第三部分是对调查区域的确定以及调查区域犯罪现象的情况分析，第四部分是探讨犯罪的影响因素与形成机制，第五部分是总结。

一、文献综述

（一）城中村犯罪情况研究

城中村是普遍认同的城市中犯罪的高地，这与本调查区有共同之处，相关研究有助于本调查的开展。

城中村是中国一个典型的空间形态，国内外探讨关于城中村空间形态特点的研究非常多。如蓝宇蕴教授认为城中村空间形态存在“非理性的空间结构状态，公共空间及其设施的残缺性与匮乏性，以及孤岛型的城市空间结构状态”三大显著特点。针对这些空间问题产生的原因，她强调任何空间结构与社会活动及关系有着密不可分的双向联系，而城中村无疑是“与弱势社会群体相关联的城市空间实体”，因此，弱势群体的大量聚集是城中村空间形态形成的一个重要原因。此外，黎云等学者也指出城中村的空间形态具有封闭性的特点，但其强调这一封闭的特点是一个被动式的“被挤迫过程”，由于受宅基地范围、经济成本及法律法规等因素影响，房屋建设在垂直方向上的发展受到限制，建筑便谋求向街巷上空横向扩展，这就造成了城中村中高容积率、高密度的空间形态特点。

总体而言，目前我国对城中村空间形态的研究多为概括其特点及其特点形成的原因。这些讨论主要针对城中村空间的共性，并就经济、社会等因素进行综合探讨。针对城中村空间形态中的犯罪问题探讨以及在该空间条件下的可防卫空间的研究还比较欠缺。

（二）可防卫空间理论

本调查区与一般城中村特殊之处在于其特殊的空间构成，我们将从空间的角度进行详细的分析，而犯罪行为与空间的关系的相关研究在雅各布斯、纽曼的研究中最为有代表性，我们将深入研究这两个理论，并从中抽取有利于我们调查的要素。

1.学术背景与社会背景

（1）雅各布斯。20世纪中期，美国愈演愈烈的城市郊区化带来了城市的衰败，引发城市犯罪率的大幅上升，一些学者开始研究城市环境与城市犯罪之间的联系。社会学家雅各布斯在《美国大城市的死与生》中对城市容易产生犯罪的因素进行了探讨，她认为被遗弃的城市街道是最容易发生犯罪的地方。针对这种街道的空间特点，她在书中提出了几种对策，分别是：其一，明确划分公共空间与私人空间；其二，建筑面向街道，使街道处于居民或行人的视线之中；其三，街道应处于一种连续使用的状态中，以增加被观望性，主张商店、夜总会、酒店等延长夜间营业时间，以吸引更多的人参与活动，从而达到遏制犯罪的目的。总体而言，雅各布斯认为人的监视能力是抑制犯罪发生的最有效手段，这种手段越多，“观望”强度越大，控制犯罪的能力也就越强，此观点为之后的可防卫空间理论提供了一个理论基础。

（2）纽曼。20世纪60年代中期，建筑师纽曼认为，在低层住宅里，由于较少的居民使用门厅、楼梯及过道等半公共区域，居民彼此间容易熟悉，也容易激起管理和监视这类空间的责任感，有效地防范了犯罪的发生。而高层住宅为数众多的居民很难产生维护管理室外空间的责任感，为犯罪分子提供了可乘之机。另外，纽曼在1980年出版的第二本有关可防卫空间理论的书中，主张社区的居民身份地位应该“同质、均匀”，以利于增强居民的领域控制感而形成“共同利益社区”来防范犯罪，在纽曼参与的众多社区改建中，都可以明显看出他对街道封闭模式的偏爱。

2.理论内容

尽管建筑物本身不是犯罪的诱因，纽曼坚持认为通过一定的建筑、环境设计可以预防犯罪的发生，这些建筑、环境设计要素可大致分为以下几个方面。

（1）领域。领域需要有明确的边界和归属，创造出由公共领域到私人领域的层次与界定。从私密空间到半公共空间再到公共空间，空间对犯罪的控制力逐渐减少。同时运用象征性的或实际性的景观障碍强化领域标识，产生易被感知的“领土感化力”，激起居民的物主所有权感。

（2）监视。分为人工监视（闭路电视）与自然监视，这样使潜在的犯罪分子能感受作案的风险。

（3）意象。公共住房、廉租房的特殊形式容易使居民产生卑微感，不能有效地参与维护活动，同时其简略的建筑形象使居民容易处于被隔绝与被侵害的状态。因此有必要改变公共住房建筑与环境在居民与外来者心中所产生的意象，减少或避免公共住房的“污名”。

（4）环境。指居住区周围的社会环境，强调居住区应建在城市中安全的地带，远离犯罪高发地区。

3.我国关于可防卫空间的理论研究

从可防卫空间在我国的研究情况可以看出，目前研究主要分为两个方面。一方面是通过具体的实例来对可防卫空间理论中的基础理论进行求证或质疑，如华中科技大学的刘成教授针对杰斐利的犯罪防预性环境设计(CPTED) 进行了探讨。CPTED 是从空间环境角度来分析犯罪的产生因素和预防机制，其中提到了光线、公共空间、遮挡物及一系列城市设计要素。其基本是延续了可防卫空间理论中的观点。但他指出这种只重视空间的犯罪定义存在一定的不足，他认为 CPTED 的关于环境空间的设计方法，只是限制了犯罪条件, 为罪犯制造了犯罪障碍，但最终能否真正制止犯罪行为还是主要取决于公众对犯罪行为的态度和罪犯对环境的感知能力，而这两者都与公众素质、教育程度等社会因素而非物质环境因素相关。因此，他在可防卫空间理论中注入了社会学的因素。另一方面则主要对居住区、公共空间及街道的防卫空间的城市设计手法等进行探讨。如朱玉兰、刘峘、汪磊在《基于犯罪预防的城市居住空间规划途径探讨》一书中从宏观、中观、微观三个层面探讨如何通过城市规划、居住区规划和城市设计等一系列手段来减少居住空间的犯罪率，而赵丛霞、周鹏光则从街道的设计要素，包括街廊、街道界面、街道断面、街道附属物等方面来分析如何降低街道空间的犯罪率，并希望将其纳入城市设计导则中进行相关控制。

二、调查过程及方法

（一）调查过程

1.查阅资料，学习文献

通过报刊以及网络了解有关广州南岸大街犯罪现象的情况。

2.实地勘察，感性认识

在第一轮调查中，我们采用摄影、速记的方式记录下南岸大街周边的现状，对南岸大街有了初步的感性认识，并为进一步制订工作计划做准备。

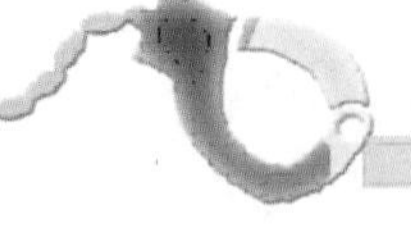

3.问卷调查，获取数据

在调查中，随机对当地居民、路人、地摊档主以及商铺档主发放问卷。

4.现场访谈，加深了解

大量地与当地居民、路人、地摊档主、商铺档主进行深度访谈。

5.调查步骤（见图 1）

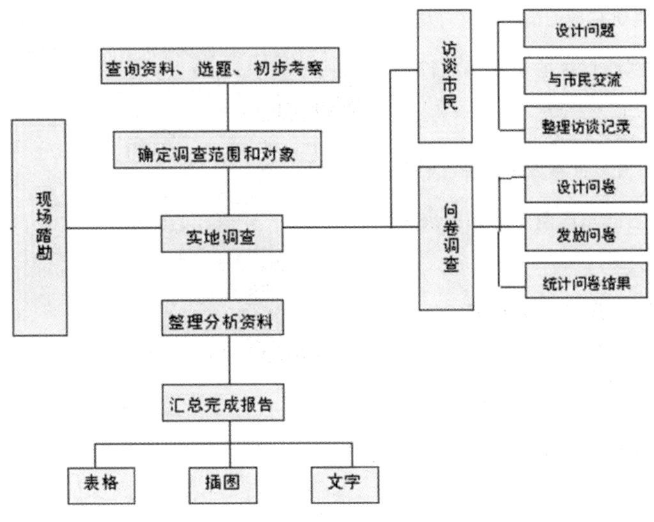

图 1　调查步骤

（二）调查方法

1.问卷调查

调查目的主要是围绕南岸大街的犯罪情况、不同区域的犯罪频率、对社区的认识以及社区归属感三个核心问题来展开的。调查对象主要是采用偶遇的方式抽取在南岸大街的人，本次调研共采访 85 人，有效问卷达 80 份，问卷具体数据如下。

采访总人数：80 人。

性别：男 38 人 ，女 42 人。

年龄：18 岁以下 11 人，18 岁～30 岁 28 人，30 岁～50 岁 25 人， 50 岁以上 16 人。

2.深度访谈

这一阶段主要是在上一阶段的基础上更深入地对调查区的空间犯罪率异同的原因进行探究，共访谈 43 人，主要是询问他们在调查区中不同区域的犯罪的看法以及切身的感受。

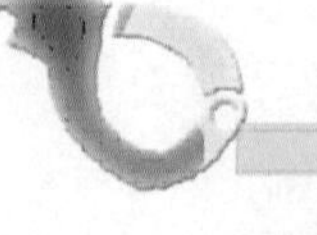

三、南岸大街的犯罪情况

（一）调查区域的确定

南岸大街位于广州老城区荔湾区西部的核心区域之中，西邻内环路西段，北部的澳口涌是其天然的边界，而广茂铁路则自这一地区的东北部向西南延伸。该区附近有多个新建的高档的住区，如荔港南湾、富力广场等，并有荔湾湖大型公园及青年公园（体育公园）。毗邻中山八路汽车总站，交通便利（见图 2）。

根据预调研掌握的情况，我们发现从广茂铁路到澳口涌的犯罪情况较为严重。因而把调查范围定于广茂铁路至澳口涌一带，并以此段大街为轴，根据实际情况适当向东西两个方向扩展调查范围。

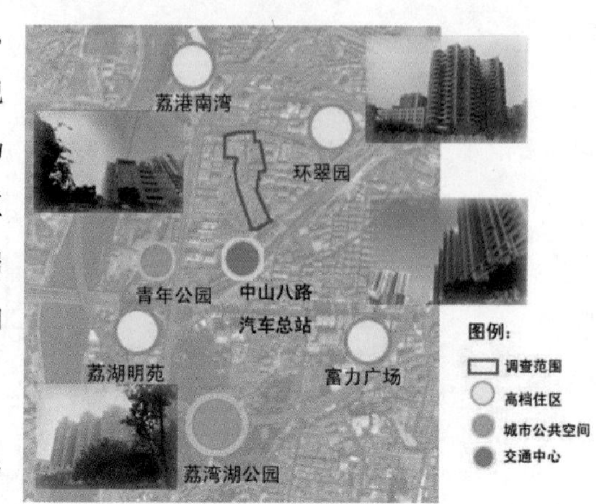

图 2 宏观区位

（二）南岸大街的历史发展

南岸大街位于荔湾区西关部，依傍珠江，是老广州市的西大门的外围地区，俗称“西关”，由传统的岭南村落发展而来，有悠久的历史。清朝对外开放以来，以十三行为中心的商业迅速发展起来，带动了西关地区的繁荣兴盛，但位于西关边缘地区的南岸大街却没有分享到发展的成果。中山路自清代已是布政司、巡抚部院、广东都司等行政官署前的通衢大街，特别是中山四路、五路、六路，但其繁荣兴盛却未能延续到中山八路。中山八路一直作为广州的门户地区，发展相对缓慢，直至 20 世纪 80 年代才得以拓宽，得到进一步的发展。于是，在近代，南岸大街一次又一次地陷入发展被边缘化的尴尬境地。于是，其基础设施的配置及发展环境相对滞后，形成了“城市中的孤岛”。

而最近十年间，南岸大街也有一定的发展，主要是因为周边专业市场的带动作用。南岸路因其交通便利且租金相对较低，目前是广州市最重要的专业市场批发集散地之一，拥有五金、水果、文体、服装等多家不同类型的批发市场。调查资料显示，2004 年年末，南源地区批发零售贸易业共有法人单位 346 个，占全街法人单位总数的 60.1%，从业人员 1662 名，列于所有行业的第三。而批发市场的经营者与员工多为外地人，他们对住房的需求以及生活的需要带动了南岸大街的发展，但与此同时，也催生出了南岸大街一道独特的风景——地摊。地摊在某种程度上适应了外来人口中低水平的生活需求，但这种路边摊是犯罪分子的温床。

（三）南岸大街的犯罪情况

南岸大街是广州犯罪率相当高的一个街区，被称为“广州巴格达”，生活于此的居民缺乏必要的安全感。虽然在媒体大量曝光后情况有了很大的改善，但是在治安部门长期严密的监管之下，罪案依旧时有发生。问卷调查中关于犯罪情况的调查主要有以下情况。

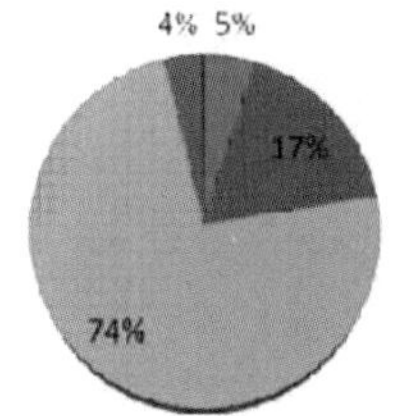

图 3 对该区域犯罪情况了解程度

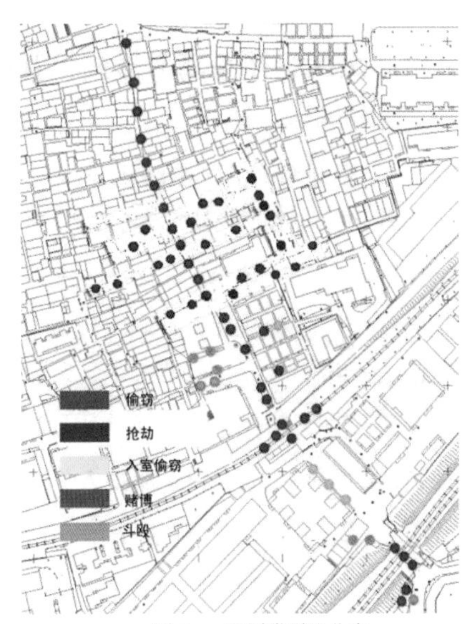

图 5-a 犯罪类型及分布

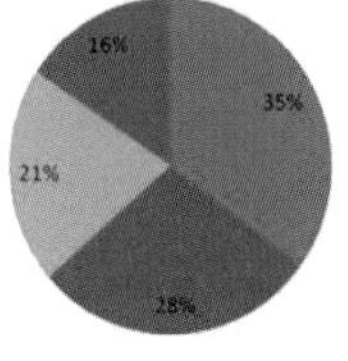

图 4 犯罪频率

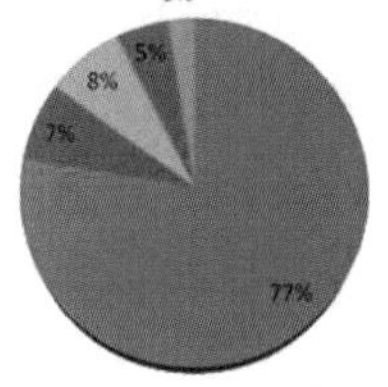

图 5-b 犯罪类型占比

问卷调查中，经历过犯罪的人高达 5%。而从未听说过犯罪的人只有 4%，可见该区域在人们心中与犯罪行为有很高的关联性（见图 3）。而犯罪频率中一个月一次以上的有 35%，几个月一次的达 28%，即几个月至少发生一次犯罪的频率高达 63%（见图 4）。可见，南岸大街不仅犯罪率高，而且为犯罪高频区。这里的犯罪率大大高于周边地区，而呈现出空间封闭性的特点（见图 5-a）。而犯罪类型中，犯罪显示出多样性且有所偏重的特点，其中盗窃率高达 77%（见图 5-b）。结合约 5%的犯罪率，即每 100 个调查区内的人约有 3.5 人遭偷窃。另外，调查区内的犯罪频率在空间中也有较大的不同，犯罪集中于南岸大街并以其为中心向两边扩散。总结得出，南岸大街的犯罪情况的三个主要特点为：

（1）南岸大街是一个犯罪率高、犯罪高频的地区。

（2）南岸大街的犯罪率明显高于周边地区，在空间分布上呈现封闭的特点。

（3）犯罪类型主要为偷窃，且主要沿着南岸大街向外扩散。

四、南岸大街犯罪率高的形成机制以及影响因素

针对南岸大街的犯罪情况的三个特点，进行以下探索。

（一）犯罪率高的影响因素分析

在预调查中，访谈对象被问及对南岸大街的高犯罪率的原因时，普遍有以下看法：造成本区域犯罪多发主要是因为人口混杂、邻里关系变淡、文化冲突、治安维护不力、空间无序几个方面。以下我们就这几方面进行调查研究。

1.人口混杂

近年来，广州市每年抓获的犯罪嫌疑人中有近80%是外来人员，在随机抽取的参与问卷调查的80人中，其中在调查区域内居住的有55人（其余的为工作或路过），居民中常住人口只有29人，外来人员21人，临时性居住的人口5人（见图6）。由此看出，南源街道的人口非常混杂，并且具有流动性大的特点，这也给该地区的稳定性带来一定影响，同时其中外来人口占大多数，这也对治安的有效管理造成了困难。

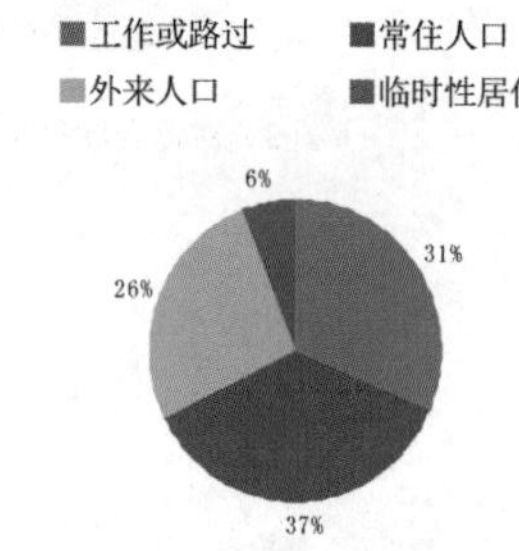

图6　社区活动人口构成

2.邻里关系冷淡，社区氛围不佳

居民对该地区是否有归属感的调查显示（见图7），80人中有61人说没有归属感，有11个人说有一点归属感，只有8个人认为有很强的归属感。同时关于其他方面的调查得出，大多数居民对周边邻居不熟悉，甚至一点都不认识，居民之间也鲜有交往，社区基本不会组织一些活动。南源街道的调查则表明绝大部分的居民对于他们所居住的社区没有认同感，因此也没有责任感来关心维护该地区的安全环境，问卷中被问及是否有追捕逃犯以及是否有报警时（见图8、图9），采取积极态度的人均占少数，在自身受到犯罪侵害的时候尚且采取这种态度，其他人遇到犯罪去帮忙的人就更少了，这不仅反映出不良的社区氛围，也造成犯罪的恶性循环。

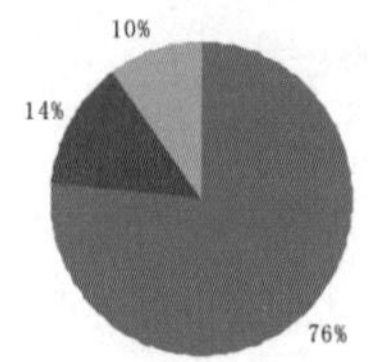

图7　社区归属感

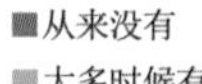

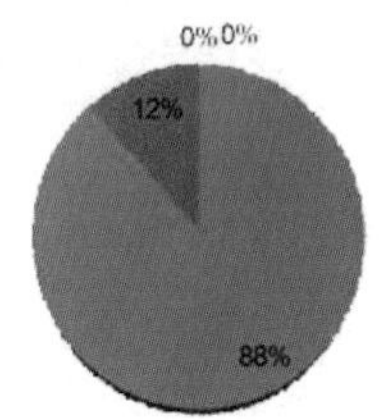

图 8　是否有追捕逃犯

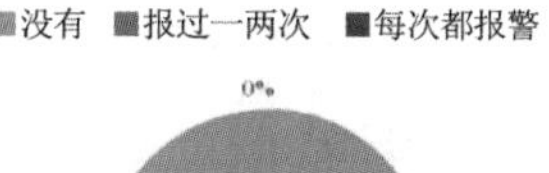

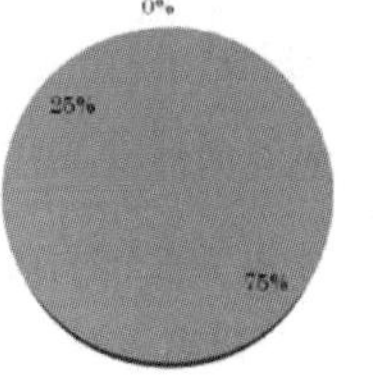

图 9　被偷后是否有报警

3.文化冲突

人口混杂会带来文化冲突的问题，调查者中认为原有的风俗完全产生改变的只占 0.4%，认为有很大改变的占了 9.6%，认为有一些改变的占了 46.3%，而完全保持原有风俗或者生活习惯的则占了 43.8%（见图 10）。因为出生地、成长背景、语言、生活习俗的各异而导致城中村中容易形成小群体，而这样的小群体一旦形成就具有排他性，妨碍小群体与周围环境之间的交流认识，并且容易激发矛盾。当问题相互之间不能沟通的时候，拥有一定群体支持的人容易采取非法手段来解决问题，从而造成社会的不稳定。

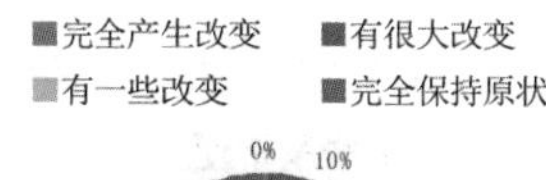

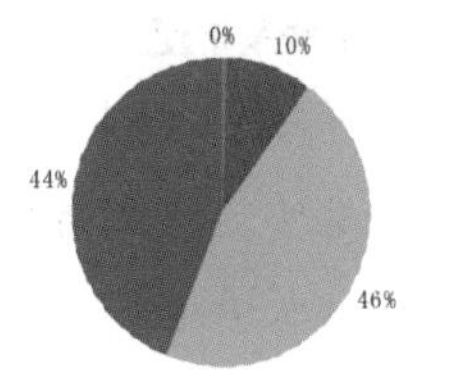

图 10　原有风俗是否有改变

4.治安维护不力

在调查中，居民普遍对政府的疏于管理和治安力度不够表示不满（见图 11），有 72%的人认为该地区的治安人员不足，且工作不力，同时政府没能对这里的犯罪情况给予足够重视。在通过新闻媒体介入之后，南源街道设置了几个治安亭，并增加了保安人员，但总体来说力度和数量仍显不够。

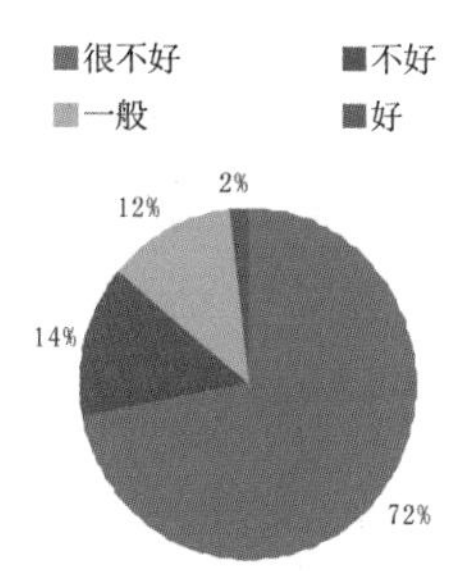

图 11　治安维护情况

5.空间的无序

使得出现人流高峰的时候造成拥挤，容易引起犯罪，特别是盗窃类型。这可以解释犯罪类型以及空间分布不均的问题，这将在下面详细分析。

（三）南岸大街的被边缘化效应

南岸大街的犯罪情况在分布上呈现封闭的特点，主要是其被边缘化造成的（见图 12）。在历史上，南岸大街一直处于被边缘化的境地，而这种状况即使到现在仍然存在，这主要体现在以下三个方面。

图 12 周边环境

1.交通隔离

将微观的区位图的相关要素抽象成简图（见图 13），我们发现南岸大街与周边发展相对迅速地区之间都有交通上的阻隔。这些隔阂阻碍了生产要素的流动，以及发展地扩散。从而导致南岸大街“被孤立”的现状。

2.联系不便

从简图中可以看出，调查区域中最高等级的道路为南北贯穿区域的南岸大街，同时它也是直通城市主要道路中山八路的道路，其余道路大多为宅前路。道路的密度低，交通不便，是造成调查区与外界缺乏联系的又一个原因。

另外，南岸大街服务区域更是超出了调查范围，服务广大的区域，形成倒挂的瓶子状。而调查区域则是“瓶颈地带”，交通压力巨大，经常形成“交通阻塞”。以上的空间隔离使得村民接受南岸大街在都市中的边缘化地位。

3.边缘化的居民

调查区域中人员构成复杂，有相当一部分人来自外地。南岸大街周边的批发业发达，吸引了很多外地人员。访谈中几位摆摊的来自广西的阿姨则对治安的改善不抱希望，对调查也相当抵触。而本地居民仍然认同自己的农民身份，对城市化带来的居住环境恶化自嘲之余又有几分无奈。问及关于居住环境的问题时，一位本地的大叔说：“这里就是城中村，农民房子都这样的，环境很差”，“小偷多也没办法，自己注意点就是了。”而在系统的问卷调查中，对于高犯罪率是否感到害怕的问题，感到害怕的高达 85%，同时他们表示除了害怕更多的是无奈（见图 14）。

4.心理隔离

经过媒体的多次曝光，南岸大街早已因为“广州巴格达”而闻名。据不正式统计，南岸大街外生活的人中超过 55% 的人因为治安问题听闻过南岸大街，而高达 85% 的人表示，如果没有什么事情不会到这个地方。这就形成了心理隔离，从而真正造成一个被孤立的南岸社区。

分析目的	分析简图	实景图片
交通阻隔	南岸路及内环路 澳口涌 广茂铁路 中山八路 图例： 调查范围 发展迅速 发展较快 发展滞后	内环路 广茂铁路 澳口涌
联系不便	图例： 调查范围 服务区域	
边缘化的居民	装饰市场 地摊 物流业 中山八路车站 零售商业 重装批发市场 图例： 调查范围 周边带动产业	

图 13 南岸大街被边缘化简图

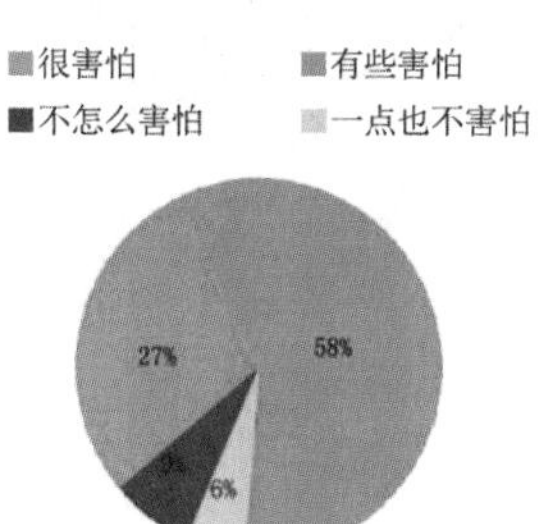

图 14 居住在该地区是否感到害怕

（三）南岸大街犯罪分布

对于南岸大街犯罪类型与空间的不均，我们把犯罪行为与空间结合起来分析。

1.宏观视角

（1）土地利用特点。本次调查的区域是典型的居住区，有配套的教育设施、农贸市场（图15集中的商业用地）和社区商业。其空间布局特征为嵌套型线性结构，即线性的居住空间中存在着大量沿街商业，其中包括“住改商”的小型商铺。

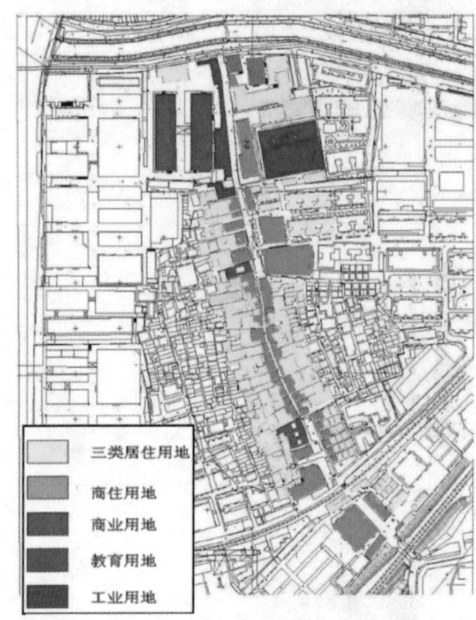

图15　土地利用现状

（2）空间分析。以下是对调查区域内10个节点空间进行拍摄与分析（见图16、表1）。

图16　空间分析示意图

解密“广州巴格达”——南岸大街犯罪情况调查

表 1　对 10 个节点空间的拍摄与分析

位置	照片	特点	位置	照片	特点
1	 	调查地区的开端是上行广茂铁路的架空轨——一个昏暗而无序的桥洞	6		从社区中心往外延伸的大街同时也是良好社区关系的延续
2		破败的横巷有利于罪犯逃窜	7	 	狭窄商业街为偷窃提供良好的机会
3		“地摊”众多是该地区的特征，同时，也是交通空间的阻碍	8		轮廓较清晰而完整的社区中心，体现了良好的邻里关系
4		铁路的牌坊是两个截然不同空间的划分标志	9		祠堂对面的封闭地区，道路开阔，空间形象良好
5		古老的大树与社区休憩的人维系着良好的关系	10		道路开阔、光线充足的大街末端

可以看到线性的空间中，充斥着多样的空间，而这些多样空间以安全、舒适为衡量标准（见图 17）。

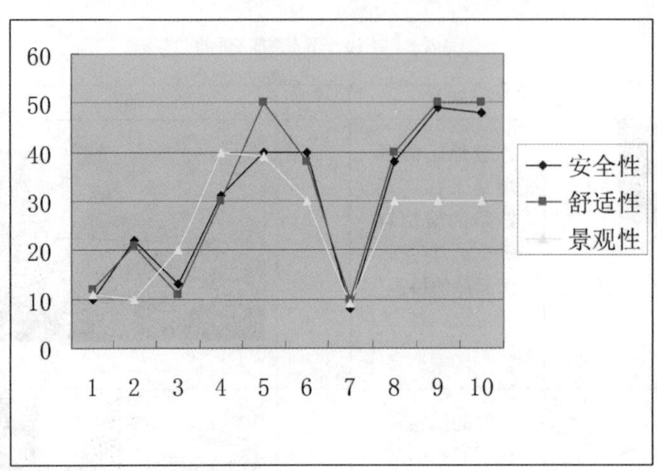

图 17　节点打分

（3）狭窄的城市空间充斥着过多的低档商业活动。我们从图 17 的节点打分中发现安全性、舒适性以及景观性较低的节点与犯罪点重合度高，而这些节点的共同之处都是充斥着地摊。

作为一个传统商业发达的城市，地摊曾经或者依然占据着广州许多居民区的角落，在给广州老城街头带来一道独特风景线的同时，也给城市管理造成很大的压力；而作为一个具有悠久发展历史的城市，广州也不乏大量夹杂着新旧程度各异的建筑狭窄街区。

南岸大街地处广州老城边缘，自然具备上述两大特征。但是由于其以地摊为代表，低档商业形态异常发达，甚至被市民称为广州的“地摊步行街”，因此，典型的广州传统狭窄街区的布局就和该地的商业形式严重不匹配，进而产生包括犯罪在内的一系列严重社会问题。

虽然从总体上看来，南岸大街地区的空间开合有度、错落有致，可是应用在沿街商业上则显得不堪重负。在较为狭窄的区域，大量商铺紧密布置，个别食肆还占道经营，加上驻足消费的人群聚集，场面就显得拥挤不堪。就算在开阔的空间这一现象也得不到改善，地摊对人流的吸引力和占用道路的程度比起商铺来说有过之而无不及。反观广州著名的“内衣一条街”高第街，虽然其地摊和沿街商业也十分兴旺，但是相对开敞规整的空间和有序的布置使得来到这里的顾客有“旺而不乱”的良好感受。

窄街并不罕见，地摊更是遍布街头，但是如此狭小的空间充斥着如此之多的地摊和商铺，全广州仅此一处（见图 18）。

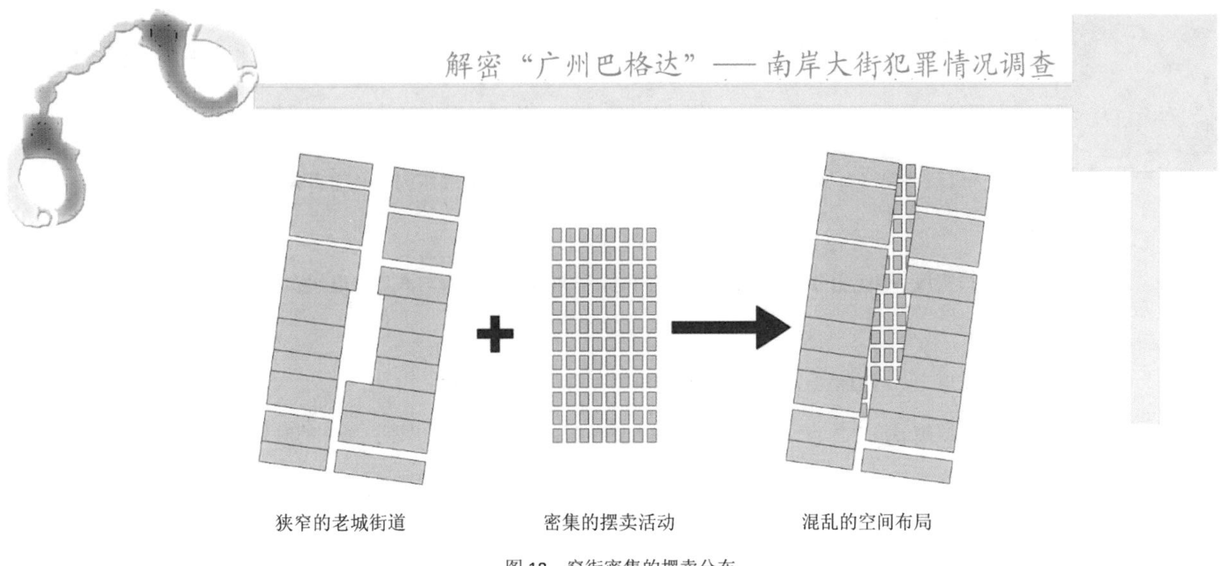

图 18　窄街密集的摆卖分布

（4）空间缺少积极的有助于促进邻里沟通的活动内容。一般来说，店主和顾客的关系仅仅是买卖双方之间的关系，买卖活动从建立人际关系的角度看来也只是一项消极的被动活动，对于增进邻里关系并无裨益。空间中如果仅仅存在此类活动，到了罪案发生时，由于相互不熟悉，多数人哪怕在目睹犯罪发生的情况下也只会抱着事不关己高高挂起的态度无视之，从一个侧面助长了罪犯的气焰。相反，积极的促进人与人之间沟通的活动会让邻里间相互熟识，使得人们自觉形成邻里间守望相助的良好氛围，罪犯也就无所遁形。在本次调查的区域内也存在两个开放程度相同的空间，但是其罪案发生率却大为不同，而这两个空间最大的差别就在于其中一个充斥着摆摊的小贩，而另一个则存在许多可供社区居民日常交往的小空间。

2.微观视角下的南岸大街——具体犯罪类型分析

接下来，我们就较典型且主要的犯罪类型（盗窃、抢劫以及赌博）的发生机制以及空间分布特点来展开分析。

（1）盗窃犯罪分析（见图 19）。

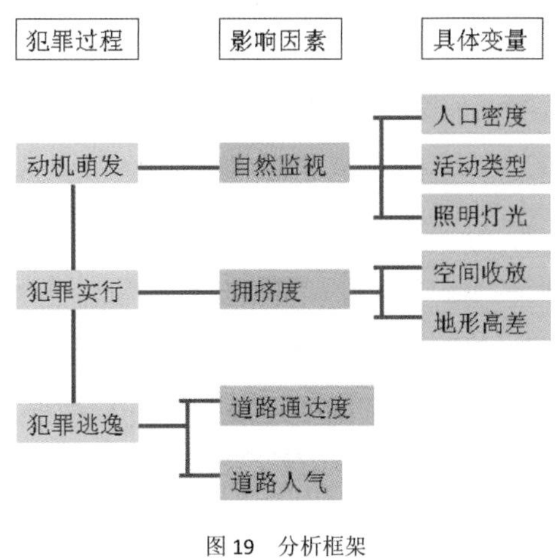

图 19　分析框架

（1）自然监视。有效的自然监视能为罪犯带来比较大的心理压力，从而有效阻止犯罪的发生。

①人口密度。当把犯罪分布叠加到该空间时，可以发现犯罪率与人口密度间存在一定相关关系。

人群密度 (x)与自然监视 f (x)存在的相关关系：

把自然监视分成个人自身的对身边陌生人的监视，$f_1(x)$（主要是路人个人的对外监视），与群体自然监视[$f_2(x)$]（人群对其他人的监视）两个主要因素。自然监视可设为 $f_3(x)$，即 $f_3(x)= f_1(x)+f_2(x)$

其中，个人的自身监视中，假设是主体对周边人的监视都是平均分配的，则随着人的密度的增大，主体对周边每个人的注意力会递减。

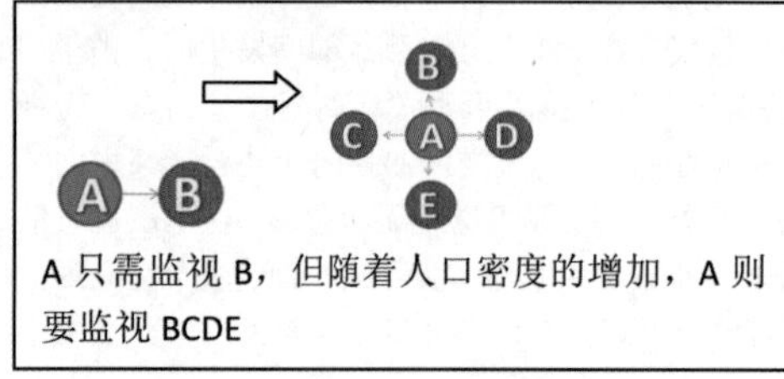

图 20-a

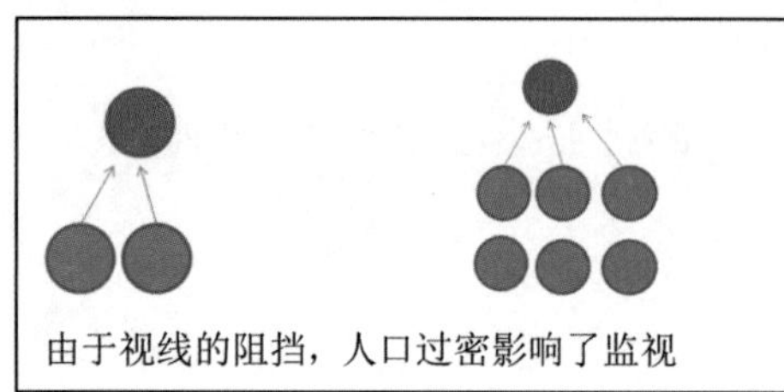

图 20-b

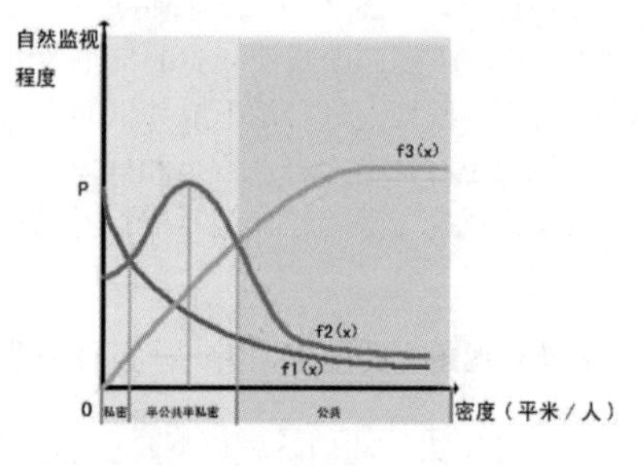

图 20-c

图 20 自然监视与人口密度的关系

而 $f_2(x)$随着人的密度增大，监视盗窃行为的比率也随之提升，但当密度到达某一个点时，将存在视线障碍，导致监视程度停止升高。

通过加权后，得出 $f_3(x)$曲线，如图 20 所示，是一个类似抛物线的曲线。而随着人的密度的增大，综合注意力最终趋近最小值。

②活动类型。由图可见，犯罪的主要活动类型以地摊和一般的室内商业活动为主。而犯罪较少发生的空间内，聊天休闲的活动则较多。对于室内商业活动，我们并没有发现有小偷进室内盗窃，所以这里不做深入分析；而对于地摊商业，调查发现为小偷提供了较为有利的空间条件（见图 22）。

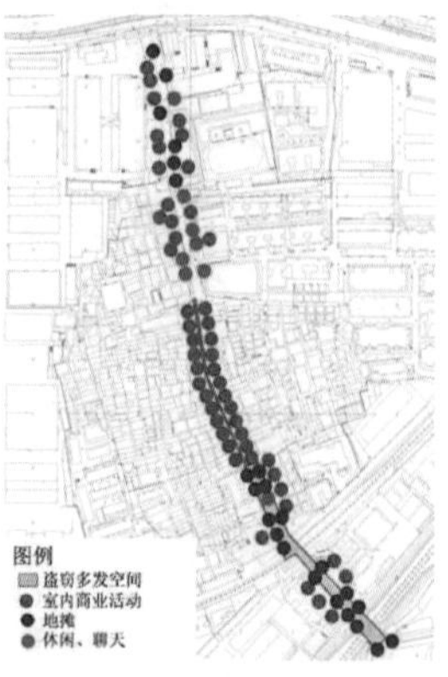

图 21 活动类型空间分布

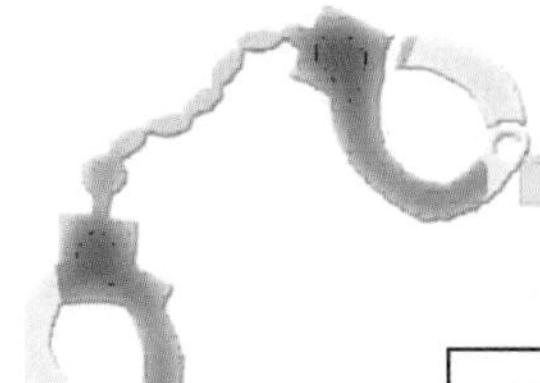

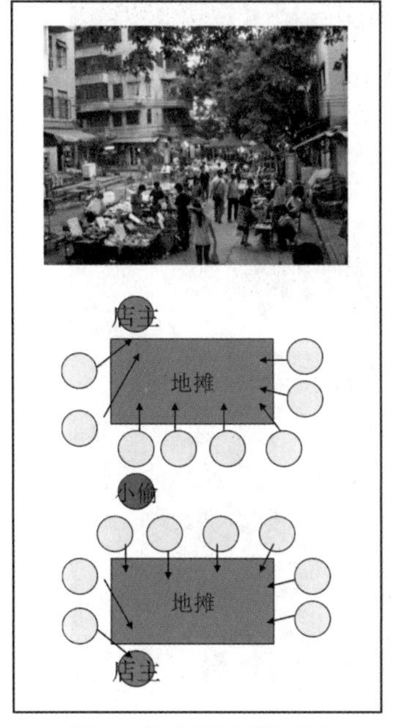

图 22　人群分布与监视偷窃

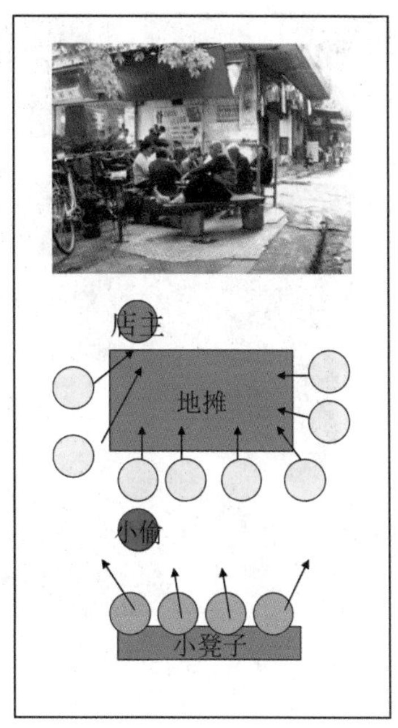

图 23　调整布局有利于监视偷窃行为

如图 22 所示，由于顾客注意力集中于地摊，小偷容易接近顾客进行盗窃，而且顾客围作一圈的布局使得小偷完全处于监视之外。

如图 23 所示，如果路边有人在休闲或聊天，小偷则重新置于人们的监视之下。

③光线条件。充足的光线是有效的自然监视的必要条件。

白天光线分析：在白天，社区内的光线十分充足，除桥洞外的空间都十分明亮（见图 24、图 25）。

图 24　桥洞阴暗的光线与外界形成鲜明对比

图 25　南岸大街窄街的光线也相对充足

图例：

灯光照亮范围，包括路灯的商铺灯光

图 26　犯罪多发空间

由图 26 可见，除桥洞内空间之外，各个犯罪多发空间的夜间的光线都较为明亮。所以相比起空间中的光线充足程度，罪犯习惯的作案时间和地点对罪案的产生有更大的影响（照片拍摄时间为下午 7～8 点）。

2）犯罪实行——足够拥挤。小偷的作案距离起码要在 0.5 米以内，也就是要进入路人甲的“心理气泡”（见图 27）。一般情况下，陌生人靠近时，路人甲会提高警觉，甚至用各种途径摆脱陌生人。南岸大街因为空间因素而造成了人群拥挤，使人们无法摆脱小偷进入其亲密距离。

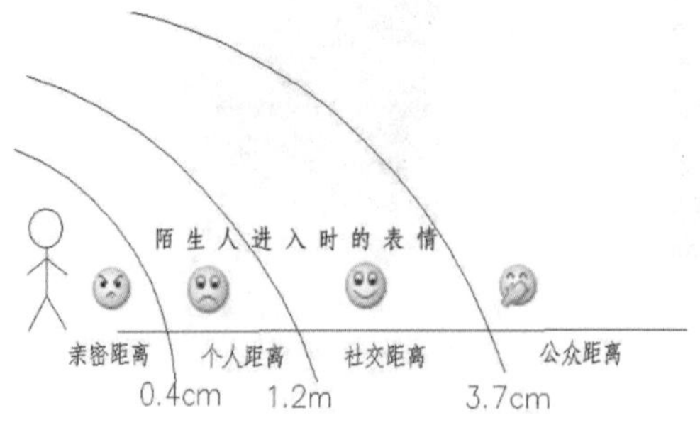

图 27　个人心理领域

何谓个人“心理气泡”

一般情况下，人与人之间需要保持一定的空间距离。它就像一个无形的“气泡”一样为自己“割据”了一定的“领域”。而当这个自我空间被触犯时就会感到不舒服、不安全，甚至恼怒。

空间产生拥挤的具体原因主要有以下两个：

①空间收放。如果人流数量一定，当通行空间收窄和人流减速时，人流就会开始拥挤。南岸大街有两处地方由于流通空间的收窄而使人口变得拥挤，一个是桥洞（见图 28），另一个是南岸大街窄街（见图 29）。

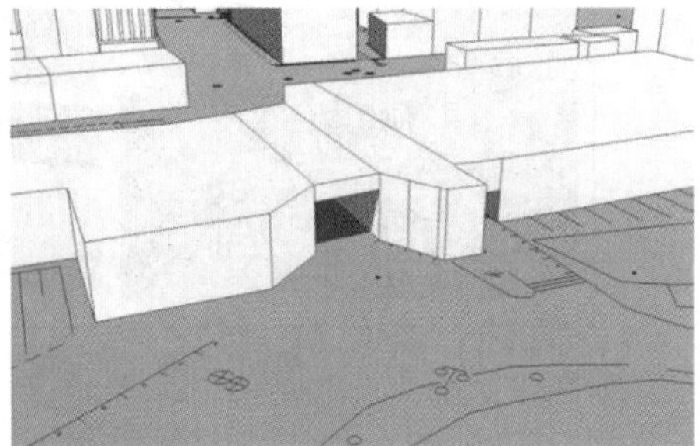

图 28 桥洞及示意图

图 29 南岸大街窄街及示意图

②高差变化。南岸大街与原铁路旧址交叉处由于地形关系而使人流减速，从而造成拥挤。铁轨处人流由于上坡减速，而后面的人流则原速赶上来，铁轨上坡处因此变得拥挤（见图30）。

图30　空间结构造成拥堵及示意图

以上三处地方由于各自的空间结构原因而使得人流变得拥挤，从而导致小偷比较容易进入作案距离。

3）逃逸路径。据调查发现，小偷盗窃被发现时，大部分小偷会选择往横巷逃跑，比较少选择大路。

原因分析如图31。

往社区小巷逃跑：	往主街马路逃跑：
小巷道路肌理复杂，易摆脱追捕视线 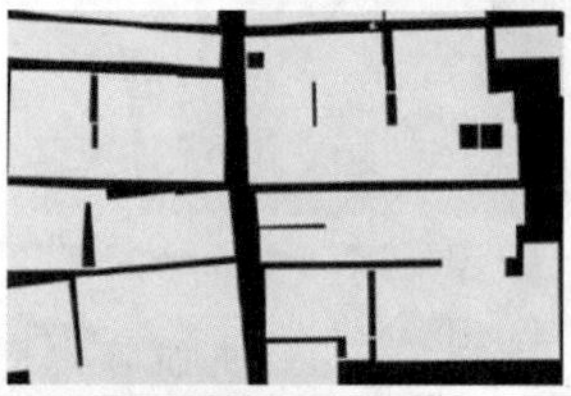	主街马路转弯点少，难以摆脱追捕 
街巷人和物的障碍都较少 	较为拥挤，摆摊等障碍较多 
较为僻静，少有人协助追捕	大路多布有治安点和较多的保安员巡查

图31　逃逸路径分析

由此可见，小街巷由于较为僻静而有利于小偷逃逸。所以应加强街巷的半公共化，加强其活力。

（2）抢劫、抢夺犯罪分析。

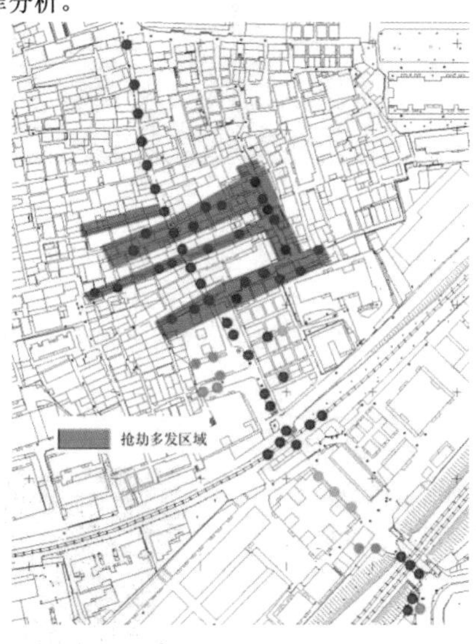

图 32　抢劫犯罪空间分布

由图 32 可以看出，抢劫率高发空间多位于主街道两旁的横巷里，而在人群密集、高偷窃率的南岸大街则没有出现较多抢劫事件。

横巷成为抢劫重灾区的原因主要有以下几点。

①小巷缺乏横向交通性道路。通过观察和居民访谈，横巷是抢劫者偏好的作案场所（见图 33）。很少人在横巷逗留，大多数居民缺乏公众的视线监督是很大一个原因。

图 32　南岸大街横巷

②凌乱的封闭空间增加作案机会。

第一，房屋组织混乱，缺少自然监视。南岸大街的横巷中房屋排列混乱，肌理不清晰，房屋之间的空间极其不规整，造成许多视觉盲点的存在，缺少自然监视，从而被消极化和边缘化，成为抢劫犯罪的温床（见图 34）。相比之下，下图右所示的空间道路通畅，视线通道清晰，但也显得死板生硬，使街区丧失了其自身的特色，并不是最佳的解决方案。

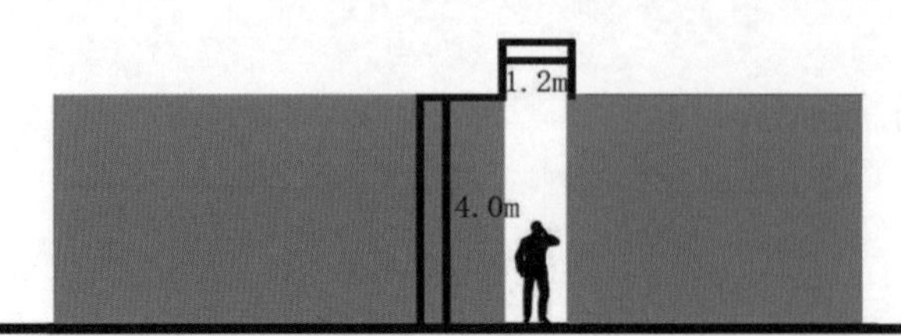

图 34　窄街局促

第二，街道过于狭窄，增加空间局促感。通过分析横巷的横截面分析街道高宽比例，可以得出横巷道路明显过于狭窄，只有1～1.2米，正常情况下只能通行一个行人。街道高宽比例为3.3:1，是已经达到让行人产生一定压迫感的比例范围。这更加使横巷成为压抑的封闭空间。

③容易逃窜的道路组织系统。

第一，与主要道路有密切联系。该区域的中央交通性道路是人流最密集的地方，也是南岸街区与周边区域联系的通达性最好的道路，从犯罪发生率可以看出，抢劫案件集中的横巷都是该南岸大街直接延伸进住宅区的横巷，因为主路到横巷小路道路宽度突然变窄，使空间从公共空间迅速转入私密空间，这使抢劫犯容易从主路上跟踪居民并在窄巷中下手，满足了罪犯作案时私密性的特点。

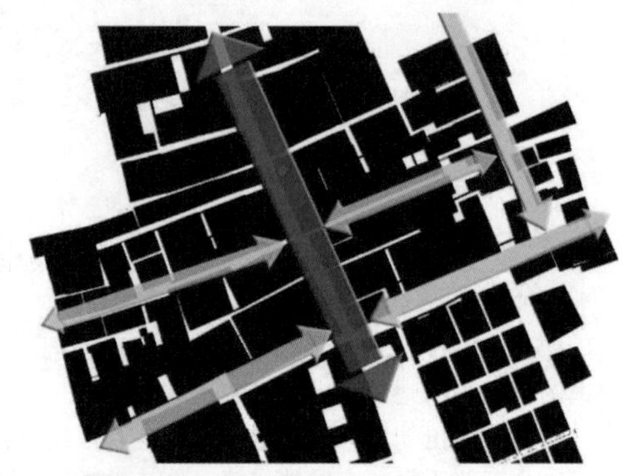

主要交通道路（逃逸路线）

横巷逃逸路线（作案区域）

图 35　作案及逃逸路线

第二，横巷路网肌理复杂。由犯罪区域的图底分析可以得出，横巷的道路肌理要远远比竖向交通性道路复杂得多，同时因为路网不顺畅，追捕逃犯的人会遇到多处视线阻隔。这同样给罪犯提供了一个良好的逃逸机会（见图35）。

（3）赌博、殴斗犯罪分析。赌博、殴斗集中在一处闲置的空旷地带。居民反映，殴斗多发生在半夜，且发生频率较高。因该地长期闲置，它同时已成为一个公众聚赌的场所，严重影响了社区风气。

这些犯罪发生的主要原因在于公共空间的荒废。因为没有任何树木或休闲设施，该地块成为一个被忽视的空间。这也为赌徒和殴斗者提供了活动场所（见图36）。

图 36　犯罪类型与区域分布

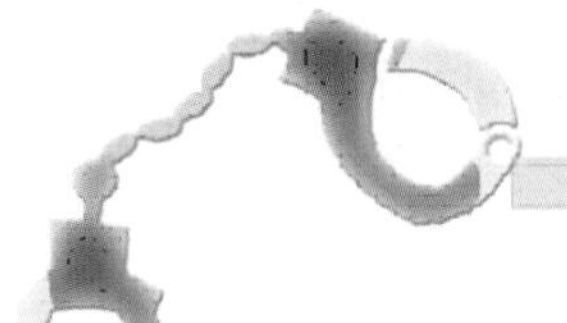

五、总结

1.南岸大街的犯罪特点

南岸大街的犯罪情况主要呈现以下三个特点。

（1）南岸大街是一个犯罪率高、犯罪高频的地区。

（2）南岸大街的犯罪率明显高于周边地区，在空间分布上有封闭的特点。

（3）犯罪类型主要为偷窃，且有主要沿着南岸大街向外扩散的趋势。

2.犯罪原因

造成本区域犯罪多发主要是因为人口混杂、邻里关系变淡、文化冲突、治安维护不力、空间无序。

3.犯罪特点的成因

（1）南岸大街的犯罪情况在分布上呈现封闭的特点，主要是其被边缘化造成的。南岸大街在历史发展上就屡遭边缘化的尴尬境地，而如今仍然存在的边缘化主要来自交通隔离、联系不便、居民被边缘化以及心理隔离四个方面。

（2）从空间看，南岸大街的地摊是造成其无序空间的重要原因之一，成为犯罪的温床，同时导致犯罪类型多为盗窃，并从有地摊区域向外扩散的空间分布特点。另外，不良的光线、混乱的交通也起到一定的助推作用。

参考文献：

[1]扬·盖尔. 交往与空间[M]. 何人可，译. 北京：中国建筑工业出版社，1992.

[2]田银生，刘韶军. 建筑设计与城市空间[M]. 天津：天津大学出版社，2000.

[3]林玉莲，胡正凡. 环境心理学[M]. 北京：中国建筑工业出版社，2000.

[4]徐磊青. 社区安全与环境设计：在"可防卫空间"之后[J]. 同济大学学报(社会科学版)，2002 ,13 (1).

[5]朱玉兰，刘恒，汪磊. 基于犯罪预防的城市居住空间规划途径探讨[J]. 城市规划，2006 (5) .

[6]马航. 社区安全环境的整体构筑[J]. 规划师，2002(6).

[7]翁晓敏. 试论居住环境的可防卫性[J]. 科技情报开发与经济，2001 (2).

[8]蓝宇蕴，城中村空间结构的社会因素分析[J]. 学术研究，2008(3).

[9]黎云，陈洋，李郇. 封闭与开放：城中村空间解析：以广州市车陂村为例[J]. 城市问题，2007(7).

[10]朱玉兰，刘峘，汪磊. 基于犯罪预防的城市居住空间规划途径探讨[J]. 城市规划，2006(15).

[11]赵丛霞，周鹏光，街道城市设计概念方法研究[J]. 华中建筑，2007 (13).

[12]刘成. 可防卫空间理论与犯罪防预性环境设计[J]. 华中科技大学学报(城市科学版)，2004（4）.

水上巴士　何去何从

——广州水上巴士低效度问题调查研究（2008）

图 1　水上巴士在珠江上行驶

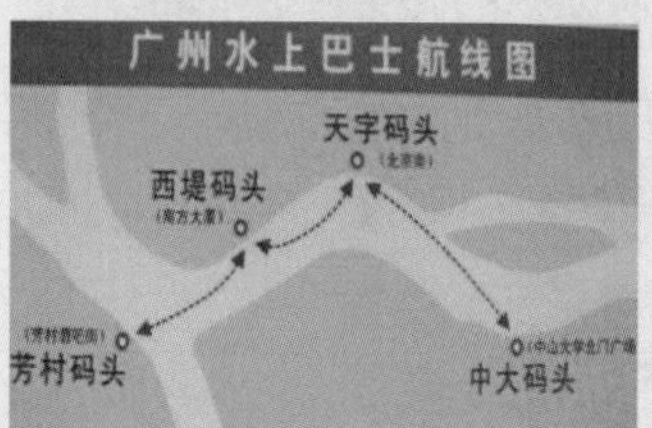

图 2　水上巴士航线图

图 3　水巴上"银发族"的狂欢盛典

一、绪论

（一）调查背景

1.文化背景——广州的岭南水文化特色

珠江横穿广州市域而使得其水上交通方式兴盛，具有岭南水文化特色。然而，随着城市发展，陆路交通不断取代珠江水上交通，以岭南水文化为背景的水上巴士自运营以来，机遇与挑战并存。

2.广州水上巴士简介

水上巴士航线如图 2 所示，其基本情况如表 1 所示。

表 1　水上巴士运行情况

起运时间	2007 年 4 月 10 日
站点设置	中大、天字、西堤、芳村 4 个码头
运营时间	7:00—18:00
初设时间节奏	高峰 20 分钟一班、低峰 30 分钟一班，每 20 或 30 分钟分别从中大和芳村站对开
票价	一站 1 元，两站以上 2 元
支付方式	投币或羊城通（同公交、地铁）
所用船只	2 艘快速船和 4 艘旅游船
航行速度	快速船平均航速超过 30km/h，而公交车平均时速仅有 16km/h。

3.广州水上巴士发展现状与存在问题

（1）客流量低。

表 2 为三个时段的客流量情况。

表 2　三时段客流量

时间	客流量
免费期：运营首日	18，000 人次
免费期：运营第三天	大幅下跌，出现"银发族狂欢"
正常时间平均客流量	3000 人次 /天

水上巴士高峰客流的回落，说明水上巴士对客源的吸引力较弱。通过实地调查，我们发现水上巴士利用率常不到 15%。而其中老年人（前文所提及的"银发族"）和观光游客占大量比例。

通过对"您坐过几次广州的水上巴士"问题的调查（见图 4），我们发现乘坐水上巴士 5 次以下人群占到一半以上，由此可见，水上巴士的非日常使用占大部分。乘客乘坐水上巴士并非设置者预期的"公交"功能。

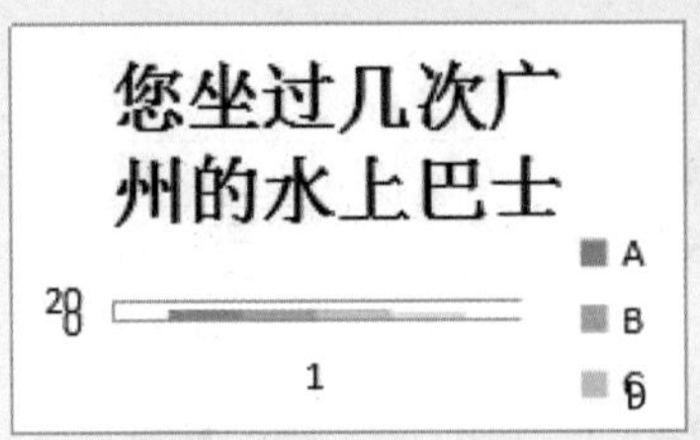

A.1 次　B.2-5 次　C.5 次以上　D.经常

图 4　“您坐过几次广州的水上巴士”问卷结果

交通功能和休闲功能的重视度比较

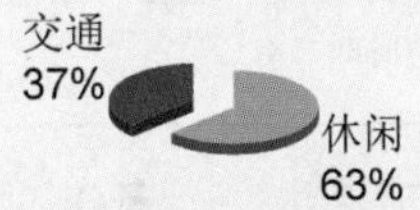

图 5　“您最重视水上巴士的什么功能”问卷结果

（2）水上巴士交通功能不明显。

通过对“您最重视水上巴士的什么功能”问题的调查（见图 5），我们发现提及“休闲功能”者达 24 人次，提及“交通功能”者达 14 人次，相比而言，交通功能被乘客忽视。

（3）相关消极措施导致效度低。

由于水巴的乘客少，面对亏损，客轮公司出台了相应措施。

措施对象	措施更改内容
发船频率	船从高峰期的 20 分钟一班变为 30 分钟一班
船速	全程由最快的 25 分钟变为 40 分钟左右

消极措施进一步削弱了水上巴士的交通功能，使乘客越发减少。如此恶性循环不利于水上巴士的未来发展。面对水上巴士低效度的利用情况，小组决定调查广州水上巴士低效度问题。

（二）调查目的

水上巴士是有河流经过的城市中独特的交通方式，是城市交通、城市发展的重要组成部分。国内外越来越多的城市进行水上交通方式的规划以缓解交通压力。然而，广州水上巴士客流量偏少、低效度，存在一定问题，没有起到缓解交通压力的作用。通过对广州水上巴士的调查，揭示其低效度的原因，发掘其根源，从而为水上巴士未来的发展提供建议，为政府城市规划、城市交通发展的相关决策提供支持。

二、研究框架、过程、方法

（一）研究框架与过程

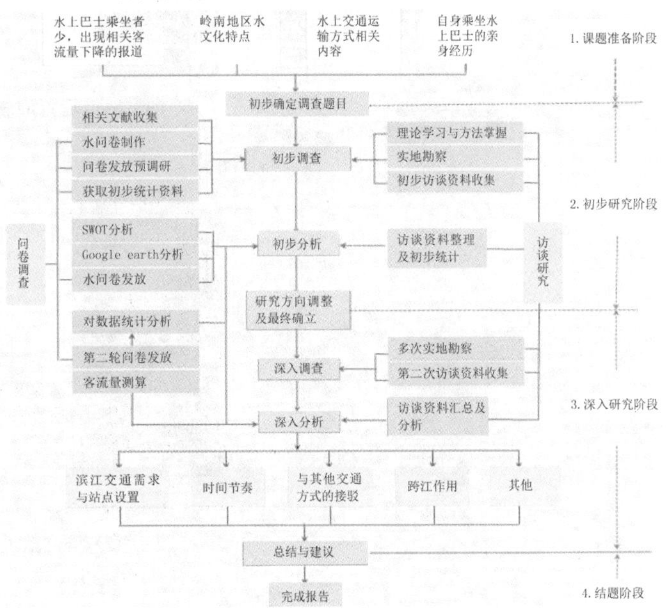

图 6　研究流程

1.第一阶段调查

表 3　第一阶段调查情况

调查时间	地点	调查对象	调查内容	方法	备注
2007. 5. 14 星期三 2007. 5. 17 星期六	各码头、船上	站点附近人群（乘坐或未乘坐过水巴者）水巴工作人员	发现问题	现场观察、访谈、小问卷	在平时及周末了解情况、帮助选题
2007. 5. 25 星期日	各码头、周边、船上	乘坐者、未乘坐者	寻找水上巴士低效度主要原因所在	问卷、访谈、拍照	问卷：乘坐者40份，船上派发；未乘坐者80份，分别在各个站点周边5分钟以下距离10份、5—10分钟距离10份

2.第二阶段调查

发现水上巴士低效度的四个主要原因，并就各原因进行深入调查。

（1）时间节奏问题（候船时间长、船速慢、运营时间短）。

表 4-a　第二阶段调查时间节奏

调查时间	地点	调查对象	调查内容	方法	备注
2007. 6. 7 星期六 2007. 6. 8 星期日	各码头附近	地铁、公交站	接驳情况	实地勘查	实地勘察后以Google Earth为底图绘制各站接驳图

（2）与地铁、公交的接驳。

表 4-b　第二阶段调查接驳情况

调查时间	地点	调查对象	调查内容	方法	备注
2007. 6. 7 星期六 2007. 6. 8 星期日	各码头附近	地铁、公交站	接驳情况	实地勘查	实地勘察后以Google Earth为底图绘制各站接驳图

（3）站点设置问题（就现状站点设置的合理性、潜在站点设置）。

表 4-c　第二阶段调查站点设置

调查时间	地点	调查内容	方法	备注
平时 2007. 6. 11星期三 周末 星期六 2007. 5. 31星期六 节日假期 2007. 6. 9星期一 端午节假期	各码头	水上巴士客流量	4名同学从6:30-19:00全天守在各码头，数乘坐每班船前往其他码头的人数	·调查日随机选取，具有随机性，一定程度上能反映问题。·近期为广州雨季，考虑天气因素，选择均为阴转小雨、午后有短时大雨的三天。·通过客流量的记录，绘制期望线图和断面流量图，了解乘客数量的现状，分析各站点设置的合理性及吸引力
2007. 6. 12星期四 2007. 6. 13星期五 2007. 6. 14星期六	有需求的各潜在站点附近	有水巴需求的潜在站点的位置	现场观察 提问访谈 拍照	在人流大的各潜在站点（海幢码头、星海音乐厅、珠江新城、广州大学城）提问如果有水巴站点是否乘坐、如果乘坐可能到哪些站点。每个潜在站点问50人

（二）研究方法

相关资料与文献研究法、地图研究法、问卷调查法、现场观察与访谈法（包括现场访谈、专家访谈）、交通客流量调查法、计量分析法、摄影法等。

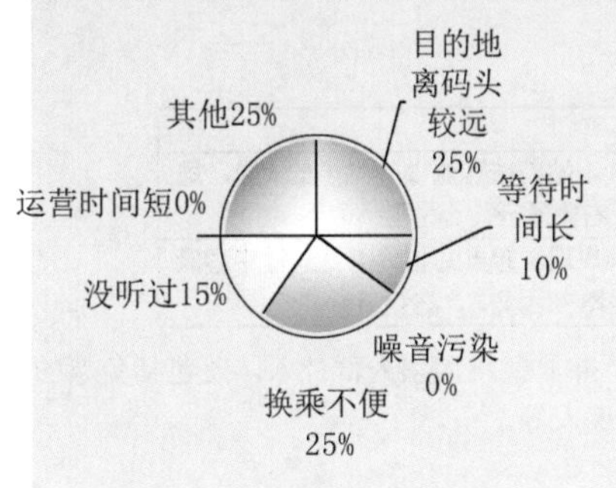

图 7 不乘坐水上巴士原因分析

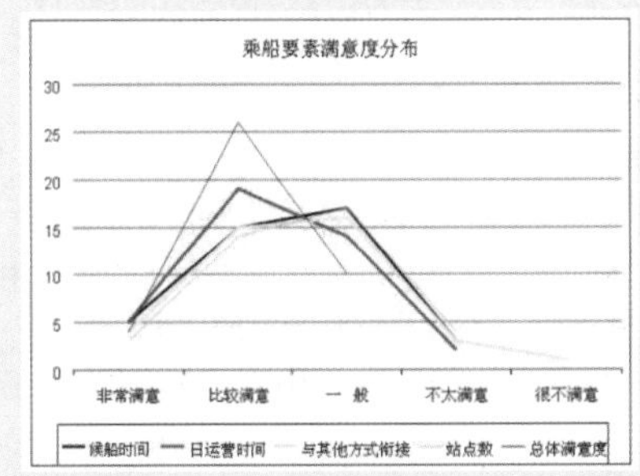

图 8 乘船要素满意度选择曲线

图 9 中大站附近的吸引点

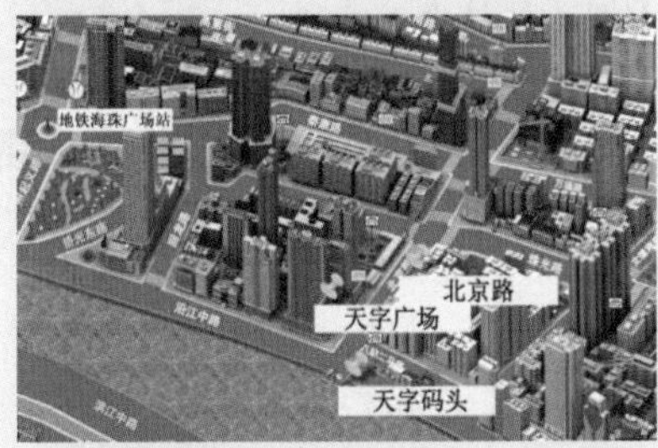

图 10 天字码头站附近的吸引点

图 11 西堤站附近的吸引点

三、调研与分析

通过调研发现人们不乘坐水上巴士的原因主要是目的地离码头较远、等待时间长、与其他交通方式接驳不便（换乘不便）等（见图 6）。

人们对“候船时间”“日运营时间”“和其他方式接驳”以及“站点数”的满意程度远低于总体满意度和水上巴士其他要素的满意度。（如图 7 所示）

结合以上问卷数据分析、现场访谈，本文选择滨江交通需求与站点设置（含潜在站点设置分析）、时间节奏以及与公交、地铁接驳等来分析水上巴士低效度利用问题。

（一）滨江交通需求与站点设置

25%的未乘坐者认为其不选择水上巴士的原因在于“目的地离码头较远”，站点设置问题成为水上巴士乘坐者少的重要原因之一（见图 6）。

1.滨江交通需求分析与现有 4 个站点的吸引点

滨江交通需求特色包括以跨江直达为目的、兼顾江景观赏休闲等。滨江居民出行、滨江公建等吸引点以及休闲乘船等构成滨江交通需求。虽可通过地铁、公交等交通方式解决，但临江的位置特点、跨江直达的目的、休闲乘船等使水上交通工具有其存在的必要性。滨江交通需求主要来自居住区、公共设施等，以下是现状各码头附近的吸引点：

表 5 各码头附近吸引点

码头	客流吸引点
中大站	中大北门广场，某大学，居住区楼盘：金海湾、蓝色康园、中信君庭；
天字站	北京路步行街，海珠广场；
西堤站	南方大厦，爱群大酒店，上下九步行街，广州文化公园，儿童公园；
芳村站	芳村白鹅潭酒吧街，金鹅宾馆。

图 8—11 为各码头附近吸引点的三维立体图。

除了现有 4 个站点附近外，珠江沿岸多处也可产生交通需求，如星海音乐厅、珠江新城、大学城等，未来还可能有诸如广州电视塔、亚运会场馆等新的吸引点。

2.现有站点设置较合理、交通和需求两功能结合

为了了解现有 4 个站点中大、天字码头、西堤和芳村的设置是否合理，采用交通学科的方法，分别调查平时、周末、节日假期的客流量并绘制流量图。

本文采用交通学科研究客流量的调查方法，绘制期望线图和断面流量图。

图 12 芳村站附近的吸引点

图表	反映内容
期望线图	期望线图表现其中 1 站前往其他 3 个站点的人数，每条线均表示双向，右侧通行，为方形
断面流量图	断面流量图直观地表现从起点站到终点站过程中客流量的变化，每条线均表示双向，右侧通行

其中计入客流量的人群，并非仅将购票人群计入，还包括免票的老年人、1.1m 以下儿童、残疾人等。

（1）调查时间与方法。

平时、周末、节日假期各随机选取一天为代表，由于具有随机性，一定程度上能反映问题。

平时：2007 年 6 月 11 日 星期三。

周末：2007 年 5 月 31 日 星期六。

节日假期：2007 年 6 月 9 日 星期一 第一个端午节法定假期。

由于调查时间所在季节为广州的雨季，因此在调查时间的选择中考虑了天气因素，均选择阴转小雨、午后有短时大雨的三天。

方法：4 名同学从 6:30－19:00 全天守在 4 个码头，数乘坐每班船前往其他码头的人数。

（2）客流量绘图与分析。

根据调查结果绘制期望线图和断面流量图结果如下：

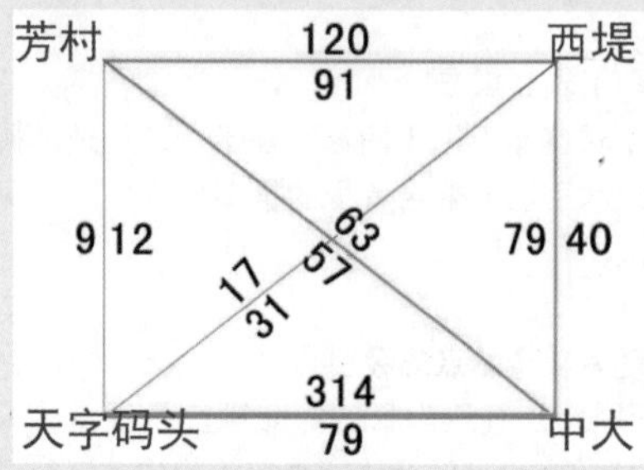

图 14 平时（2007 年 6 月 11 日 星期三）期望线

①平时（2007 年 6 月 11 日 星期三）（见图 13、图 14）

芳村 195 157 西堤 146 162 天字码头 417 215 中大

图 13 平时（2007 年 6 月 11 日 星期三）断面流量图

可以看出，中大一天字码头间客流量最大，双向为 393 人，天字码头一芳村间客流量最小，双向仅为 21 人。

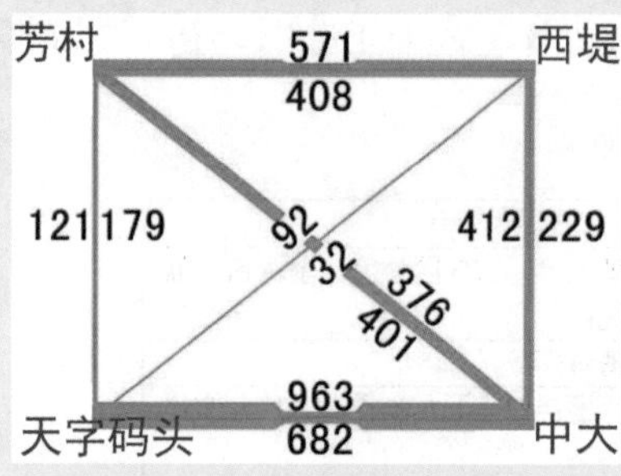

图 16 周末（2007 年 5 月 31 日 星期六）期望线

芳村 1126 930 西堤 816 1016 天字码头 1568 1495 中大

图 15 周末（2007 年 5 月 31 日 星期六）断面流量图

②周末（2007 年 5 月 31 日 星期六）（见图 15、图 16）。

可以看出，周末中大一天字间客流量仍为最大，双向高达 1645 人，天字一西堤间客流量最小，双向为 114 人。总体而言，较平时客流量大。

③节日假期（2007 年 6 月 9 日 星期一 第一个端午节法定假期）（见图 17、图 18）。

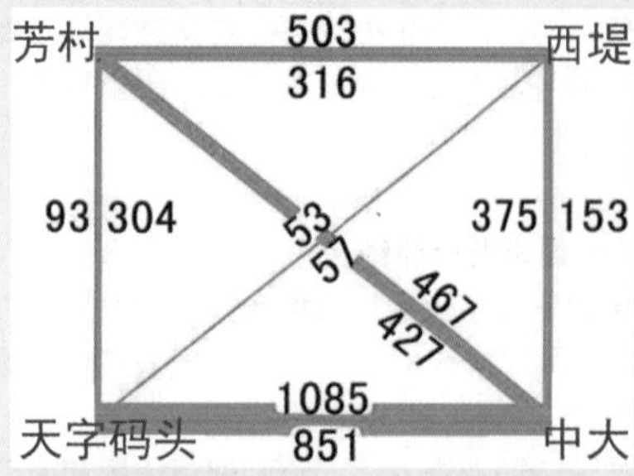

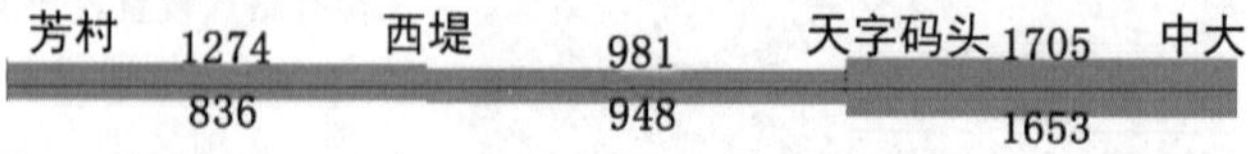

图 18 节日假期一2007 年 6 月 9 日 星期一（端午节法定假期）期望线

芳村 1274 836 西堤 981 948 天字码头 1705 1653 中大

图 16 节日假期（2007 年 6 月 9 日 星期一 端午节法定假期）断面流量图

可以看出，端午节假期这天，中大一天字码头间客流量最大，双向高达 1936 人，高于周末的 1645 人，天字一西堤间客流量最小，双向为 110 人，与周末接近。总体而言，比平时客流量大，与周末相比，各站客流量有大有小。

（3）现有 4 个站点设置的合理性与各站点的吸引力

通过对现有 4 个站点的客流量的分析，其合理性如下：

表 6 四码头客流量分析

站点	评价	合理性	不合理性
中大码头	合理	①中大广场人多，码头吸引力强；②码头辐射范围内居住区较多；③生活性的出行目的为主，大多数人目的地为对岸的北京路。	码头距公交、地铁站较远
天字码头	合理	主要吸引点为北京路、海珠广场商业区，吸引以逛街为出行目的的客源	北京路、海珠广场距码头有一定距离
西堤码头	不太合理	西堤、芳村间客流量大	①未考虑跨江作用：天字、西堤均在珠江北岸，客流量低；②南方大厦吸引力不足，上下九步行街离码头太远，吸引力不足
芳村码头	不太合理	船舶夜间停泊点，加之有前往黄沙和永兴街的渡轮，其吸引力有所增强。	①吸引点酒吧街与水巴运营时间冲突②码头周边酒店、宾馆吸引力不足③终点站，坐全程游览的乘客人数多，与站点吸引力无关。

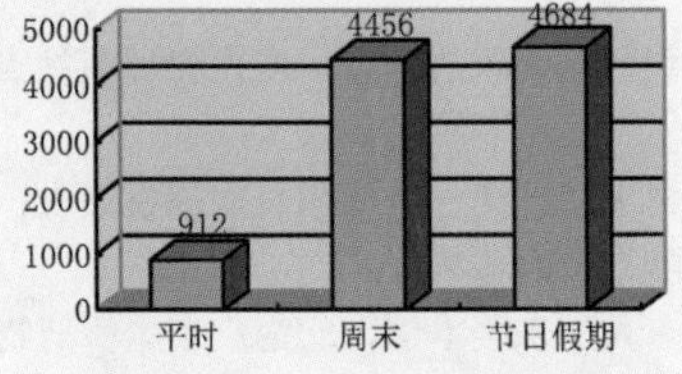

图 19 平时、周末、节日假期取样的三天总客流量图

水上巴士目前 4 个站点的设置总体合理，然而各站点间的客流量存在明显差异。

平时、周末、节日假期选取的三天总客流量如图 19 所示：

节假日的客流量远高于平时，说明水上巴士除交通工具的作用外，旅游、休闲作用更大。据此提出以下水上巴士功能定位建议：

总体建议	将交通运输功能与旅游休闲功能结合发展，使水上巴士成为寓交通运输、旅游休闲功能为一体的交通工具
工作日功能定位建议	平时为上班人群提供交通客运服务，结合水上景色，形成良好的休闲性交通方式
节假日功能定位建议	节假日时为市民假日休闲观光服务，同时票价便宜

充分采用水上交通方式，除了可以缓解陆上交通方式的客流压力以外；还可以满足休闲人群出行的交通需求，一定程度上可以缓解广州现今严重的交通压力。

3.潜在站点设置

作为客运公交系统的组成部分，水上巴士的目的在于方便居民出行，因此其站点设置应首先考虑客流量问题。公共设施、居住区、学校等处通常为人流量较大地区，应设置站点以满足其交通需求。

本文初步选定海幢码头、星海音乐厅、珠江新城、广州大学城四处进行增设站点调查，通过问卷方式考察这些潜在站点的合理性。

（1）海幢码头。

站点概况：该码头取名自附近的海幢公园和海幢寺。

初步设想：由于附近的海幢公园、海幢寺，滨江休闲带的环境优于西堤一侧，设想把站点由西堤改至海幢码头，并保留这两个站点的轮渡。

以下是海幢码头附近居民出行意愿的调查，图 20 为根据该表绘制的折线图。

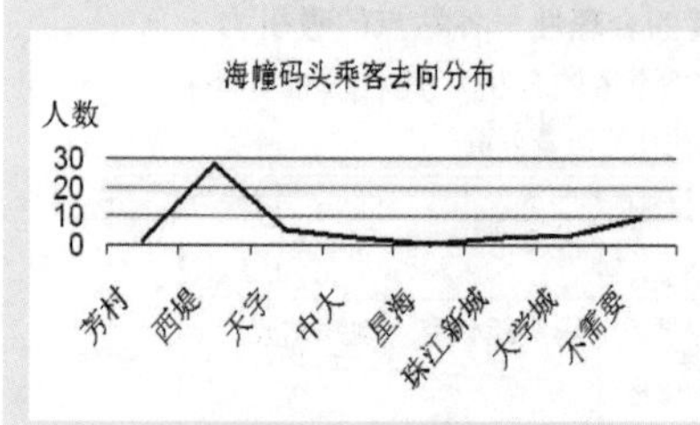

图 20 海幢码头乘客去向分布

表 7 海幢码头乘客去向情况分布表

目的码头	芳村	西堤	天字	中大	星海	珠江新城	大学城	不需要
选择人数	1	28	5	2	0	2	3	9

注：由于每人的目的地不一定只有一个，因此总数可能大于 50。（下同）

结果分析：以 50 人为调查人群，问及“如果在此设置水上巴士站点是否会乘坐”时，大多数人（28 人）表示会且目的地为西堤码头，但此类人群均认为有改站点的必要。

海幢码头的乘客以老年人和工作人员为主。工作人员基本上在南方大厦（西堤码头）工作，老年人看重海幢码头的沿江休闲环境。结合表 1 可知，海幢码头与中大、天字、芳村等码头联系不强，海幢寺的吸引力也有所欠缺。

因此，海幢码头不宜取代西堤码头的地位，应保持现状站点。

（2）星海音乐厅。

站点概况：星海音乐厅位于二沙岛，是我国目前规模最大、设备最先进、功能完备、具有国际水平的音乐厅。

初步设想：星海音乐厅东为广东美术馆，北为广东华侨博物馆，三者构成富有特色的文化景观，可吸引大量人流，岛上的地理位置特点也增加了设置站点的必要性。

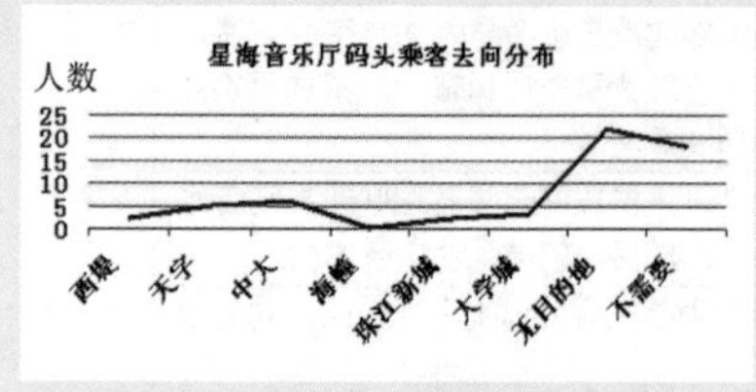

图 21 星海音乐厅码头乘客去向分布

表 8 星海音乐厅潜在乘客去向情况分布

目的码头	芳村	西堤	天字	中大	海幢	珠江新城	大学城	无目的地	不需要
选择人数	2	2	5	6	0	2	3	22	18

注：图 21 为根据该表绘制的折线图。

结果分析：50 人中 32 人表示愿意乘坐，其余人则认为没有必要设置站点。虽然有 64%的人可能成为潜在乘客，但是星海音乐厅吸引的人群以中高收入者为主，其出行方式以私车为主。音乐会多在晚上，而目前水巴运营时间仅到 18：00，这就出现了时间上的供需不对称。因此，星海音乐厅不宜增设站点。

（3）珠江新城。

站点概况：珠江新城位于天河区，是 21 世纪广州市中央商务区（GCBD21）的重要组成部分。

初步设想：天河区正逐渐成为广州的新城市中心，作为新中心的硬核部分，珠江新城的吸引力必将越来越强，交通需求也将不断增长。

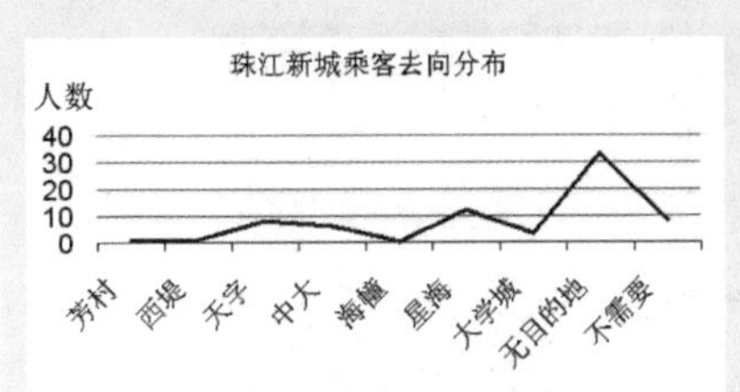

图 22 珠江新城乘客去向分布

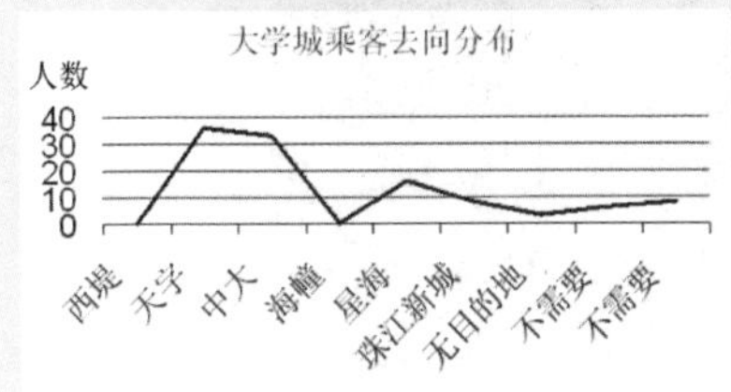

图 23 大学城乘客去向分布

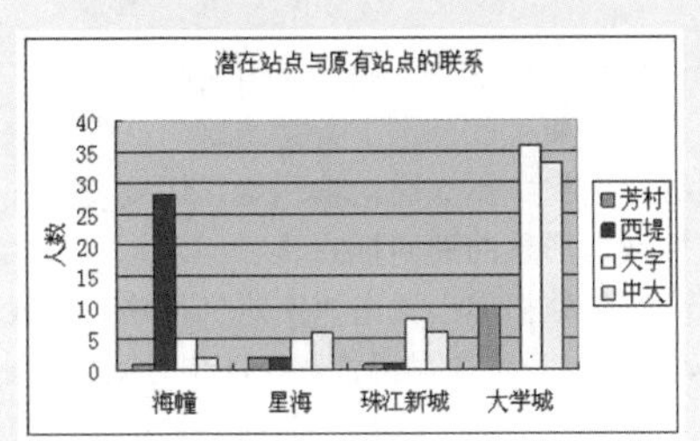

图 24 潜在站点与原有站点的联系

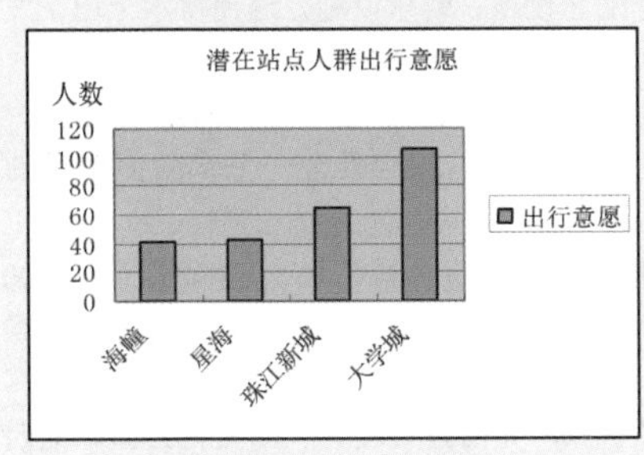

图 25 潜在站点人群出行意愿

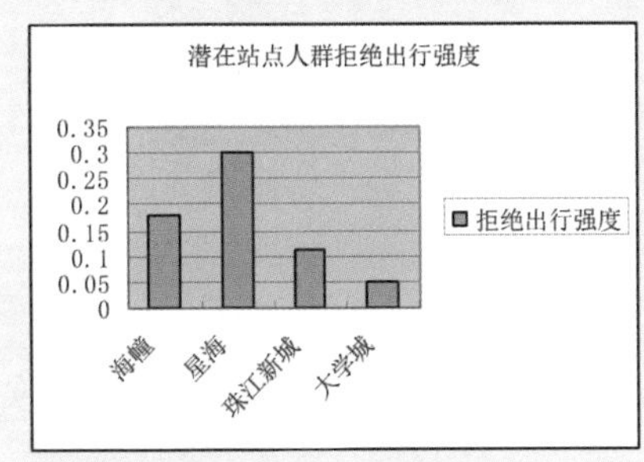

图 26 潜在站点人群拒绝出行强度

表 9 珠江新城潜在乘客去向情况分布

目的码头	芳村	西堤	天字	中大	海幢	星海	大学城	无目的地	不需要
选择人数	1	1	8	6	0	12	3	33	8

注：图 22 为根据该表绘制的折线图。

结果分析：84%的人（42 人）赞成在珠江新城增设水上巴士码头，这说明珠江新城的潜在乘客数量可观。大部分人的出行目的只是随便逛逛，目的性不强，但这与水上巴士的休闲功能相合，可以考虑在此增设水上巴士站点。

（4）广州大学城。

站点概况：广州大学城可容纳学生 18 万～20 万人，总人口达 35 万～40 万人（包括村镇人口），相当于一座中小城市。

初步设想：大学城的主体是学生，出行比较频繁，出行距离较远，加上大学城多为分校，与本部联系比较紧密，可以考虑增设水上巴士站点。

表 10 大学城潜在乘客去向情况分布

目的码头	芳村	西堤	天字	中大	海幢	星海	珠江新城	无目的地	不需要
选择人数	10	0	36	33	0	16	8	3	6

注：图 22 为根据该表绘制的折线图。

结果分析：44 人对在大学城增设站点表示赞同，高达 88%，其中目的码头主要为中大和天字，这与中大码头接近中山大学北门、天字码头接近北京路有很大关系。值得注意的是，大学城虽有增设站点的潜力，但其运营成本等因素不可忽视。

（5）潜在站点分析总结。

将四个潜在站点总体指标进行对比，制图 24—26。

①珠江新城和大学城与原有四个站点的联系度较高（海幢与西堤的联系可用已有的轮渡代替），人群的出行意愿也高于其余两个。

②不愿选择水巴出行的意愿数/总体意愿数＝人群拒绝出行强度，海幢和星海音乐厅两个站点的人群拒绝水上巴士的强度明显高于珠江新城和大学城。

综上所述，珠江新城和广州大学城两处可考虑增设水上巴士站点。如此，站点增设情况如图 27 所示：

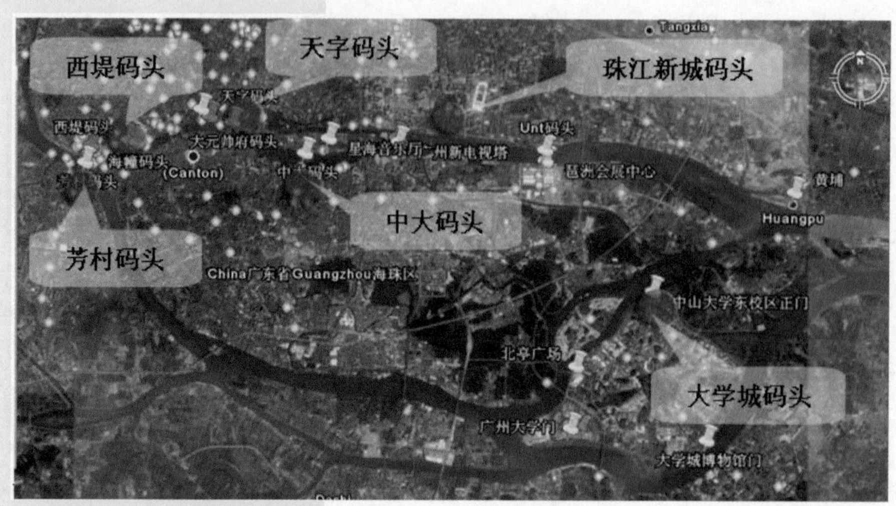

图 27　增设站点位置

图 28　中大码头

图 29　天字码头

图 30　西堤码头

图 31　芳村码头

（6）其他设想。

到 2020 年，珠江可建设“环城水上游憩带”，构筑相互协调、一体发展的“绿色水上客运走廊”和“蓝色水上游憩走廊”，即未来珠江不仅要打造水上公交系统，优化广州交通运输网络，还要使珠江成为人文型、标识型、亲水型城市形象的鲜明标志。

水上巴士站点可向南水网密集处拓展，凭借“南进”战略，开设大学城、广州新城、亚运村、南沙站，使居民沿江、跨江出行更快捷。

4.码头周边配套设施欠缺

码头周边缺乏停车场等配套设施、娱乐设施，这使得水上巴士发展壮大其乘客队伍存在较大困难（见图 28-30）。

中大码头周围有广场和居住区，没有任何码头的配套设施，码头较小，从图 28 来看，中大码头不能给乘客一个宽敞而舒适的候船环境。

天字码头周边混杂着商铺与居住区，海珠广场、北京路距码头 500 米以上，但是天字码头是 4 个码头中最大的，码头设施较齐全，有候船空间和座位。

西堤码头周边有较大吸引点，如南方大厦、广州文化公园。但西堤码头坐落于沿江路边，码头较小，不能为乘客提供一个宽敞、舒适的候船环境，特别是雨天。

芳村码头周边只有酒吧街、餐馆及居住区。由于没有足够人流，故不能构成强吸引力。另外，轮渡两条线共用该码头，故其配置仅次于天字码头，有宽敞的候船空间。

（二）时间节奏

水上巴士共有4班船往来4个站点，首班两船7点分别由中大、芳村对开，18点对开末班船。

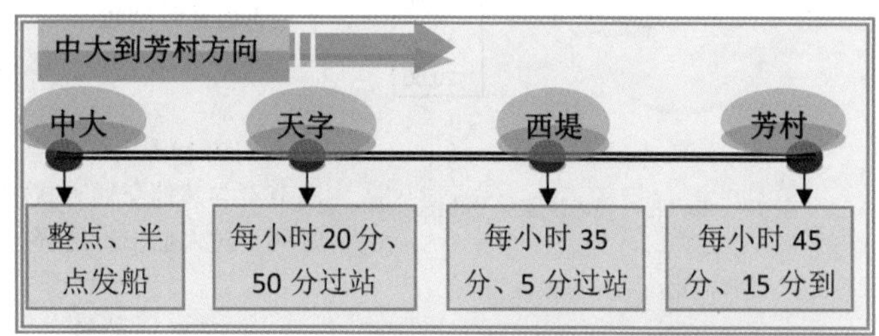

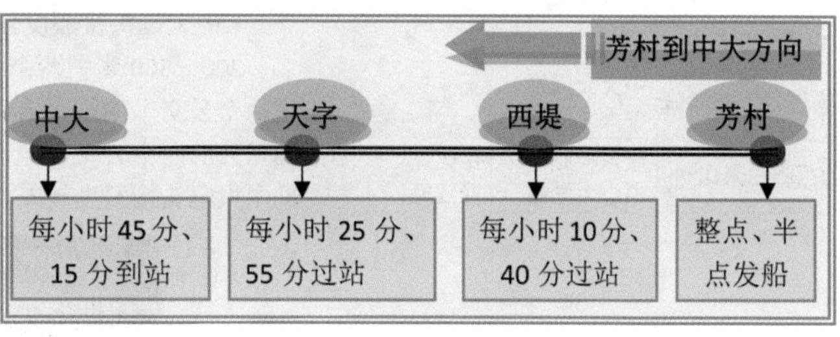

图32 中大—芳村水巴轮次

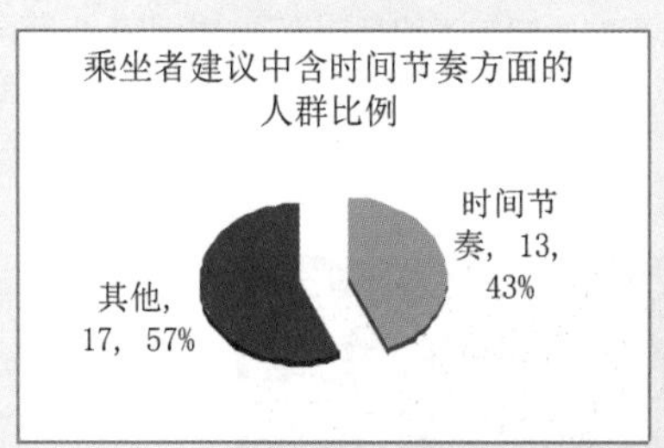

图33 乘坐者建议中含时间节奏方面的人群比例

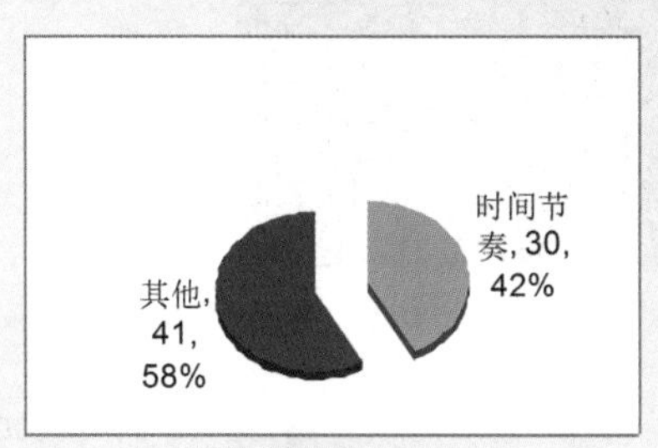

图34 未乘坐者建议中含时间节奏方面的人群比例

调研中，“您认为水上巴士需要在何处改进”一题，有43%的人对水上巴士的时间节奏不满。

而在未乘坐者问卷统计分析中，42%的人提出对于时间的建议，可见运行时间对吸引乘坐者方面有着显著的影响。

1.候船时间长

现行候船时间间隔为30分钟。

对4个站点乘船者候船时间取向的调查发现，被访者80人中，有37.6%的人选择16～20分钟为合理候船时间；47.5%的人选取11～15分钟为合理候船时间；25%的人认为10分钟最合理；而选择20分钟以上仅为一人。

具体人数分布如图33所示：

相对于地铁、公车数分钟一班的交通方式来说，30分钟一班的频率使其缺乏交通便捷性。

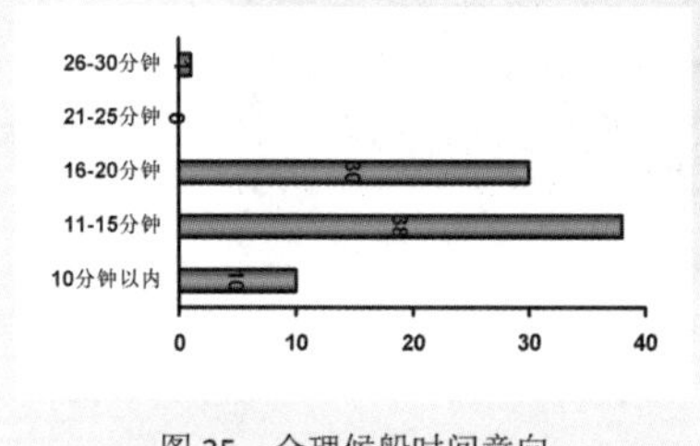

图35 合理候船时间意向

2.船速慢

通过实地乘坐及船长访谈，总结出如下水上巴士航行的时间机制：

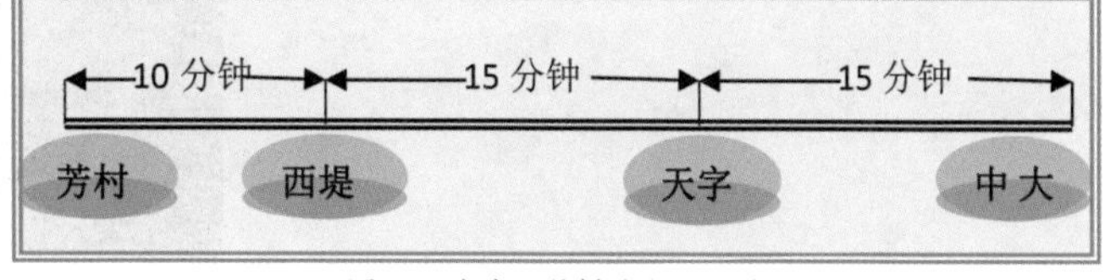

图36 中大—芳村分段运行时间

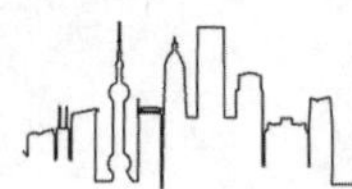

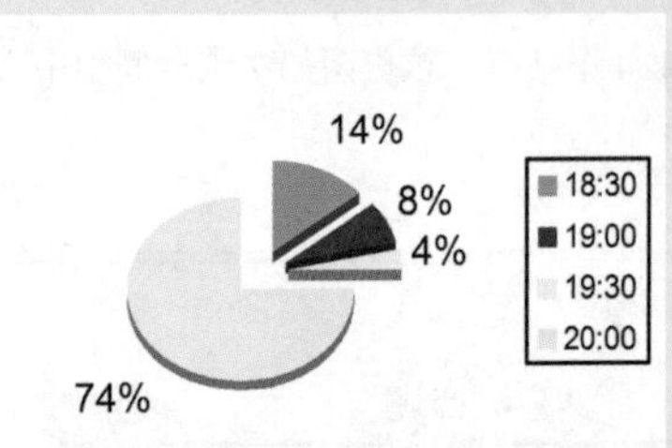

图 37 末班船时间选择取向分布图

表 11 中大码头接驳站点

站点类别 / 范围	公交站	地铁站
方圆200米内	无	无
方圆200～500米	中大北门站 中大北门西站	无
方圆500米以外	康乐村站 中山大学站	中大站 鹭江站

表 12 天字码头接驳站点

站点类别 / 范围	公交站	地铁站
方圆200米内	南关站	无
方圆200～500米	文德南站	无
方圆500米以外	海珠广场站 （侨光东站）	海珠广场站

水上巴士相对于滨江路段的 131 路公交车而言，行驶速度相似。但在交通高峰期，水上巴士明显快于滨江两岸的陆路交通。但结合其他方面因素（码头通达度等），人们对船速仍然处于不满状态。

3.运营时间短

运营时间 7:00—18:00，被访者普遍认为水上巴士应延长其运营时间。

如图 34 所示，希望末班船延长至 20:00 者占 74%。水上巴士的时间节奏与其他交通方式相比，并无太大优势。尤其候船时间长、结束时间早对人们出行选择的影响最大。

（三）与地铁、公交交通方式的接驳

1.中大码头接驳度较差

200～500 米的两个公交车站所能覆盖的范围有限，由码头步行至这两个公交车站至少需要 10 分钟左右。若需前往新港西路、500 米范围以外的四个公交、地铁站，须横穿中大，显然不利于乘客出行。可见中大码头接驳度较差。

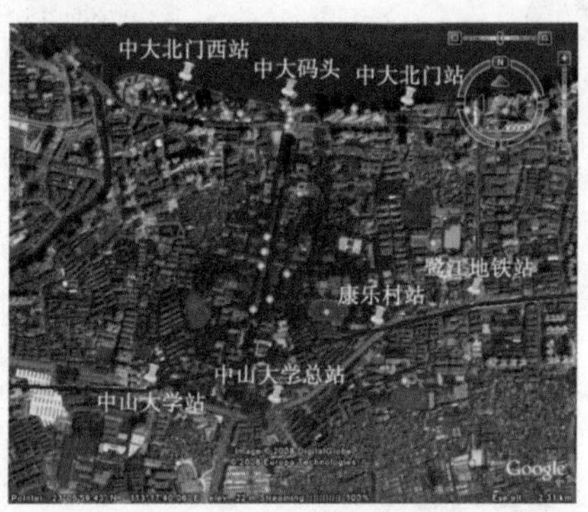

图 38 中大码头的接驳度

2.天字码头接驳度不佳

南关站位于北京路南段；海珠广场站（侨光东站）距天字码头 1000 米左右，方圆 200 米和 200～500 米的公交站均仅有 1 个。可见天字码头接驳度不佳。

图 39 天字码头接驳度

表 13 西堤码头接驳站点

范围 \ 站点类别	公交站	地铁站
方圆200m内	南方大厦一站	无
方圆200～400m	南方大厦二站 文化公园总站	无
方圆400～500m	康王南路站 一敦西站 一敦总站	无

表 14 芳村码头接驳站点

范围 \ 站点类别	公交站	地铁站
方圆200m内	无	无
方圆200～1000m	无	无
方圆1000～1300m	芳村站 芳村隧道口站	芳村站

3.西堤码头的接驳度与公交较好、地铁欠佳

南方大厦一站位于西堤码头方圆 100 米内。西堤码头附近公交车站的公交车路数多、覆盖范围广。不足之处为方圆 500 米范围内无地铁站。可见，西堤码头公交接驳度较好，地铁欠佳，如设地铁站可增强其吸引力。

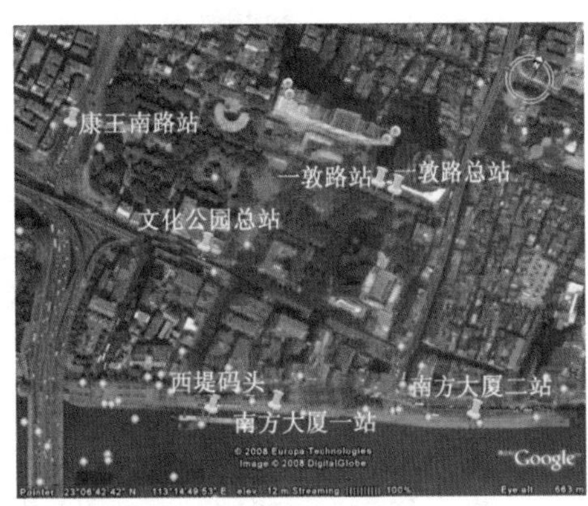

图 40 西堤码头接驳度

4.芳村码头的接驳度极差

芳村码头在方圆 1000 米之内无公交、地铁站与之接驳。其接驳度严重不良，是水上巴士四个码头中，公交、地铁接驳情况最恶劣的。

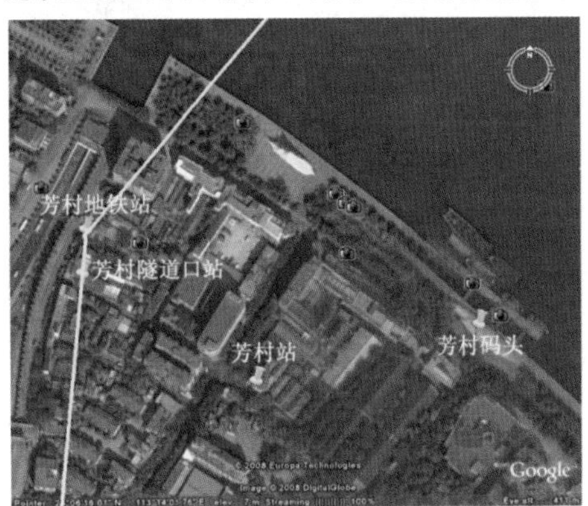

图 41 芳村码头接驳度

（四）知晓度低、服务质量差等其他问题

水上巴士自开通以来，在船型、船内环境、可容纳人数等方面都有了较大的改进。然而船速慢、噪音和尾气排放问题没有得到很好的改善，不但影响坐船者的心情，而且污染环境。另外，服务态度欠佳、运营成本高等问题一直困扰着水上巴士，使其在发展道路上面临种种阻力。

四、小结与建议

（一）小结

（1）通过问卷分析，本文选择滨海交通需求与站点设置（含潜在站点设置分析）、时间节奏以及与公交、地铁的接驳等方面来分析水上巴士低利用效度问题。

（2）现有四个站点的设置合理，是芳村到中大河段的最优选择；但其线路较短，中大以东珠江段缺乏站点设置。

（3）时间节奏与其他交通方式相比，无很大优势。尤其是候船时间长、收船时间早对人们选择水上巴士的影响较大。

（4）水上巴士与其他交通方式的接驳较差，公交站多在码头 200 米以外，地铁站多在 500 米以外，致使码头对远距离的潜在乘客吸引力较弱。

（5）本身受河流位置的影响，这使其作为公共交通工具的作用相对地铁较弱。

（二）相关建议

通过调研与分析，给出如下建议：

（1）功能拓展。本文认为可将水上巴士交通休闲两功能结合：工作日为上班人群提供交通服务，结合水上景色，形成休闲性交通方式；节假日提供旅游、休闲观光服务，同时票价保持在较低水平。充分利用珠江进行客流运输，采用水上交通方式缓解广州现今严重的交通压力。

（2）站点拓展。珠江新城、广州大学城可考虑增设水上巴士站点。可在亚运会期间设亚运村站，缓解陆上交通压力。同时宣传珠江文化，打造广州新形象。

（3）站点接驳零障碍。将水上交通同其他交通方式规划结合起来，做到接驳零障碍，使公交、地铁、水上巴士有机结合起来，发挥综合交通作用。

（4）自身优化。除实现班次频率增高、运营时间延长外，还应注意船内环境、服务态度、知名度等方面的提升。

图 42 站点拓展示意图

图 43 站点接驳零障碍概念图

参考文献

[1]陈川．上海黄浦江客运服务系统概念规划[J]．交通与运输，2007(7).

[2]吴超华，陈川．水上巴士交通服务模式探讨[J]．交通与运输，2006(7).

[3]黄宁．黄浦江上水上巴士交通规划设计[J]．同济大学学报，2006(11).

[4]劳远盛．欧洲的水上巴士[J]．交通与运输，2005(2).

[5]司徒尚纪．珠江传[M]．保定：河北大学出版社，2001.

[6]叶亮，贺宁．SP 调查的非集计模型在水上巴士交通中的应用[J]．城市交通，2007(3).

[7]焦朋朋，陆化普．基于意向调查数据的非集计模型研究[J]．公路交通科技，2005(6).

[8]朱竑．本科生优秀科研成果荟萃[C]．香港：中国评论学术出版社，2008(5).

[9]赵忠宏，陈孝武，王炜．苏州市水上交通规划研究[J]．规划师，2005(4).

[10]余雯雯，孙燕，杨丽，张云．探营水上交通进行时[N]．钱江晚报，2007-10-29（A5）.

[11]邓宝琪，林嘉欣，林绮琪，刘健欢．关于广州市客轮公司发展历程的研究[Z].2008.

[12]Monica．广州水上巴士正式运营首日客流量骤然回落[N]．信息时报，2007-04-17.

[13]吴璇．广州公交地铁优惠有 9 个套餐[N]．新快报，2007-12-05（A13）.

[14]奥运圣火明日广州传递 交警建议圣火传递沿线单位可灵活上下班[N]．南方日报网络版，2008-05-06.

[15]朱蕾，龙成关．水上巴士下周二试水[N]．信息时报，2008-04-08（A03）.

[16]赵佶．广州水上巴士受冷落 乘客抱怨等候时间太长[N]．新快报，2007-07-26.

[17]蒋悦飞．广州计划推出珠江水上巴士 缓解市民出行压力[N]．广州日报，2007-01-23.

[18]国际在线．水上巴士 广州渡轮交通升起的一道彩虹[EB/OL]. http://gb.cri.cn/1321/2007/04/28/661@1568810.htm，2007-04-28.

[19]浙江在线．家住水城 杭水上交通方案惊艳问世[EB/OL] .http://www.customs.gov.cn/YWStaticPage/1761/9374f643.htm,2007-10-29.

[20]广州城市发展与生存空间高峰论坛[EB/OL].http://www.cng.com.cn/allarticle/assignment/assignment/2005427100637.html，2005-04-27.

评语：该作品遵循交通调查的思路，分析不同时段不同起讫点的客流量，发现问题，提出建议，逻辑清晰，调研充足。另外“水上巴士”是应广州珠江水系之利而出现的特色交通工具，因此，该社会报告具有显著的地方特色。

流动的公共空间
——广州市支线巴士社会价值调查（2009）

流动的公共空间

广州市支线巴士社会价值调查

Pubilic Space of Flows

图 1　公交系统示意图

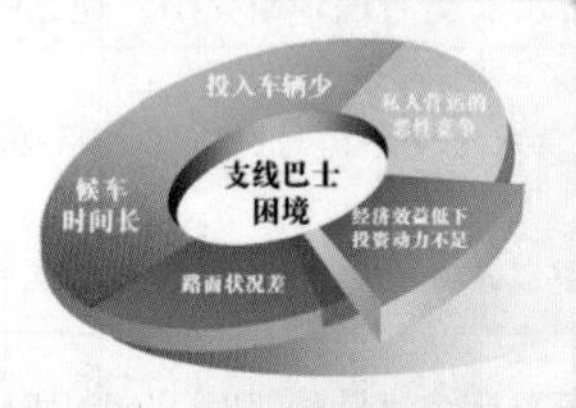

图 2　支线巴士面临的问题

图 3　乘客间其乐融融

图 4　调研区域

一、背景及问题的提出

（一）调查背景

2007 年 6 月，广州首批支线巴士试行，迄今已开设 60 余条线路。

支线巴士（也称社区巴士、小型公共汽车）是作为常规公共交通的补充而开设的，覆盖了城市的交通盲点，为市民的出行提供便利。然而在实际运营中，支线巴士也暴露出许多问题，如投入车辆过少导致乘客候车时间过长、某些地方的城中村巴与支线巴士“抢客”、支线巴士线路亏损严重等。

一方面是市民的出行需要，另一方面是实际运营中的诸多问题，广州市的支线巴士应该继续还是取消？如果继续，那么该如何改善？往什么样的方向改善？支线公交走到命运的“十字路口”。

（二）调查意义

初步调研后我们惊讶地发现有这样一路支线巴士——460 路，不仅乘坐率较高，而且车上的氛围与其他公交车完全不同，起到的作用不仅仅是交通工具，更是一个社区公共空间。相对于其他同类产品，460 路巴士的社会价值得到更充分的体现，它的运营模式和特点对于其他公共产品来说是十分具有借鉴意义的。

另外，以往的公共空间的研究对象都是固定的空间，很少对移动的载体进行分析。我们在调查中发现了小型公共汽车也可以作为一种流动公共空间的形式而存在，这无疑是对社区公共空间改造的一个重大突破。

（三）调查对象

广州市海珠区的支线巴士的运营状况，其中以新港街道的 460 路支线巴士为主要调查对象。

（四）调查区域

主要区域涵盖了 460 路支线巴士的服务范围，包括新港西路、江怡路、怡乐路、金禧路等。

（五）技术路线与调查方法

1. 技术路线

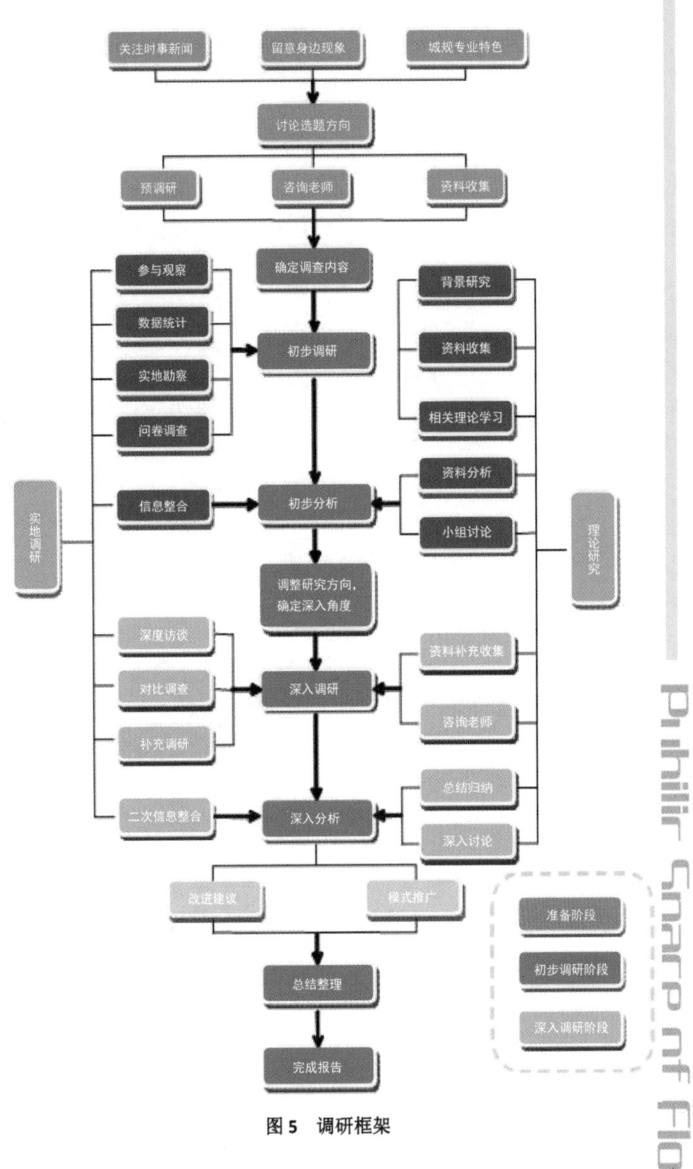

图 5　调研框架

图 6　访谈司机

图 7　公交公司人员访谈

2. 调查方法

主要采用参与观察、实地勘察、数据统计、问卷调查、访谈调查、横向比对等方法，分四个阶段展开调研。

流动的公共空间

广州市支线巴士社会价值调查

表1　第一阶段调查安排

调查时间	调查地点	调查对象	调查方法	调查内容	备注
2009.3.20 星期五 2009.3.22 星期日	460路、462路、463路、464路、465路支线巴士	乘客、司机	参与观察、非结构访谈	了解支线巴士运营的基本情况	熟悉调研环境，融入司机乘客中，发现问题，确定调查方向
2009.3.24 星期二	460路支线巴士及途经站点	站点周围的小区，单位等	现场踏勘、拍照、非结构访谈	线路、站点考察	考察线路现状，确定调查区域

表2　第二阶段调查安排

调查时间	调查地点	调查对象	调查方法	调查内容	备注
2009.3.28 星期六 2009.3.30 星期一	460路支线巴士上	车上乘客	3名同学全天跟车调查，记录每站上下车人数	乘客流量统计	采取了工作日和周末分别统计的方法，得出数据具有客观性
2009.4.8 星期天	460路沿线社区	沿线小区、城中村、商铺	现场踏勘、非结构访谈	站点环境、与其他公交地铁接驳的情况、社区内公共空间利用情况	整体了解460支线巴士途径社区内部环境
2009.4.6 星期一 2009.4.11 星期六	460路支线巴士上	车上乘客	随机抽样，问卷调查	乘客对支线巴士的认可程度，乘客之间交流程度	发放问卷108份，回收108份，有效问卷103份。

表3　第三阶段调查安排

调查时间	调查地点	调查对象	调查方法	调查内容	备注
2009.4.15 星期三 2009.4.18 星期六 2009.4.21 星期二	460路支线巴士上	车上司机以及乘客	深入访谈，参与观察	乘客的主观感受，支线巴士的乘车氛围，乘客的乘车经历以及对支线巴士的建议	收集材料，深入挖掘460路公交车的社会价值
2009.4.27 星期一 2009.4.29 星期三	460路支线巴士站点附近	沿线商铺老板、居民、候车乘客与不常乘坐460路支线巴士的居民	深入访谈，现场观察，参与对话	460路支线巴士开设的影响，不同人对460路支线巴士的看法以及存在的问题	了解不同人群对460路支线巴士的看法，增强说服力

表4　补充调查安排

调查时间	调查地点	调查对象	调查方法	调查内容	备注
2009.5.1 星期五	460路支线巴士上	车上乘客	参与观察，非结构访谈	节假日出行人群与习惯，交流程度	对节假日出行情况进行了补充调查
2009.5.22 星期五	460路支线巴士上	公交公司工作人员	非结构访谈	支线巴士运营情况	广州支线巴士的盈利状况和乘坐率
2009.5.27 星期三 2009.6.6 星期六	462路、463路、464路、465路支线巴士上	车上乘客以及司机	实地勘察、参与观察、非结构访谈	其他路线的运营情况，乘客氛围以及乘客交流程度	通过与其他同类型支线巴士对比，得出具有推广意义的结论

Pubilic Space of Flows

流动的公共空间

图 8　460 路支线巴士

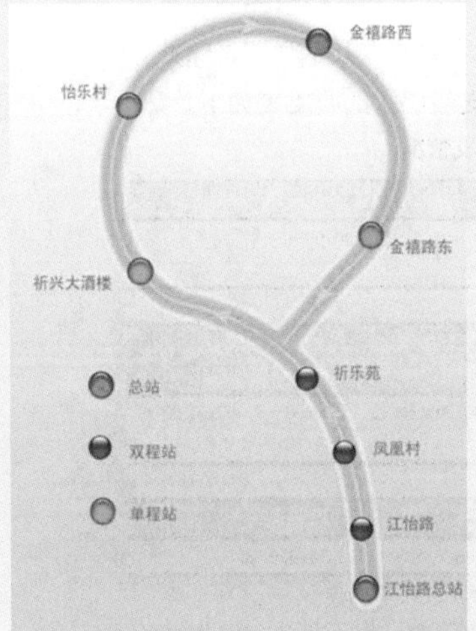

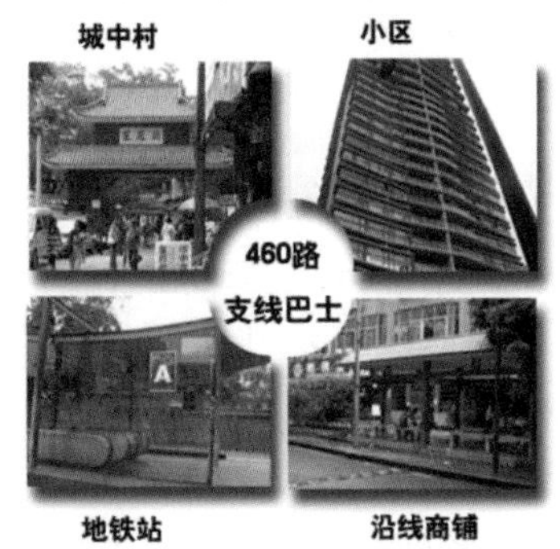

图 10　460 路支线巴士所经区域

二、460 路支线巴士的基本运营情况

1. 460 路支线巴士简介

支线巴士统一采用小型公共汽车，车上座位 16 个，配有羊城通刷卡机、智能化的 GPS、自动报站器、视频监视器，使用清洁能源。老年人、残疾人持证乘车可享受优惠。

2. 线路和站点

460 路公交车共设 8 个站点，始发站为江怡路总站，终点站为金禧路西。与一般公交车不同的是，其往返的路线呈“9”字形：“往”的线路为江怡路总站——金禧路西，途经江怡路、凤凰村、祈乐苑、祈兴大酒楼、怡乐村，共 7 个站；“返”的路线为金禧路西——江怡路总站，途经金禧路东、祈乐苑、凤凰村、江怡路，共 6 站。

表 5　站点及吸引要素

站点名称	服务半径内的吸引要素	换乘
江怡路总站	凤凰村、嘉仕花园（五、六号门）、大学印象；某大学、怡乐路小学（嘉仕校区）；新港西路街道办；广州航道局、新港街道人民武装部	—
江怡路	嘉仕花园正门、江怡路小学、新德堡超市等	—
凤凰村	市五十二中学、翰林水岸（楼盘）、中国海员广州疗养院、海事局后期服务中心	505路、211路公车
祈乐苑	祈乐苑小区、怡乐路肉菜综合市场、富力千禧花园、广东技术师范学院（南校区）、新港幼儿园	—
祈兴大酒楼	百佳超市、茶楼（森记美食、葵盛菜馆等）、怡乐门诊部、中大西门、地铁中大站	地铁中大站
怡乐村	怡乐村公交车站	14路、18路、25路、53路、69路、80路等20余条公交路线
金禧路西	晓港公园、昌岗东路小学（省一级学校）、银华大厦、晓港地铁站	地铁晓港站
金禧路东	瑞齐宁（白寿）健康会馆、富力千禧花园	—

（三）班次

460 路公交在总站的发车时间固定，每 15 分钟或 30 分钟一班。

表 6　班次设置

时段	江怡路总站发车时间间隔	金禧路西站发车时间间隔	备注
6:30—9:00	每15分钟一班	每15分钟一班	小型公车单线程大概需要10分钟
9:00—16:30	每30分钟一班	每30分钟一班	
16:30—18:30	每15分钟一班	每15分钟一班	
18:30—20:30	每30分钟一班	每30分钟一班	

三、460路支线巴士的运营效益

（一）经济收益微薄

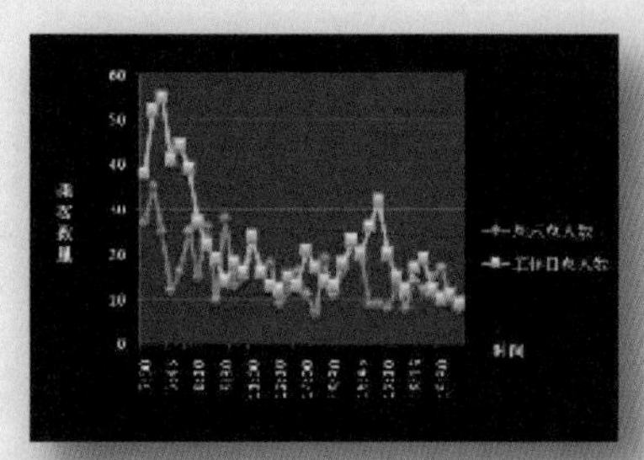
图11　乘客流量统计

和其他许多公共产品一样，支线巴士的经济收益甚微。市财政局的审计结果表明：2006年度广州各类公交车平均每车运营利润为-42855.78元；2007年度单车运营利润为-40987.28元。而公交公司工作人员表示，支线巴士亏损的比一般公交线路更多。

虽然460路支线巴士的乘客流量相当大，但其经济收益仍是偏低的。统计数据显示，460路周末一天乘客数为570人次，工作日更是达到787人次，流量分布呈现典型的峰谷特征，同时支线巴士票价仅1元，且乘客中30%～35%为享受免票的老人。根据数据统计、资料收集与相关访谈，我们得出460路支线巴士的收支表如下。

表7　460路支线巴士收支情况

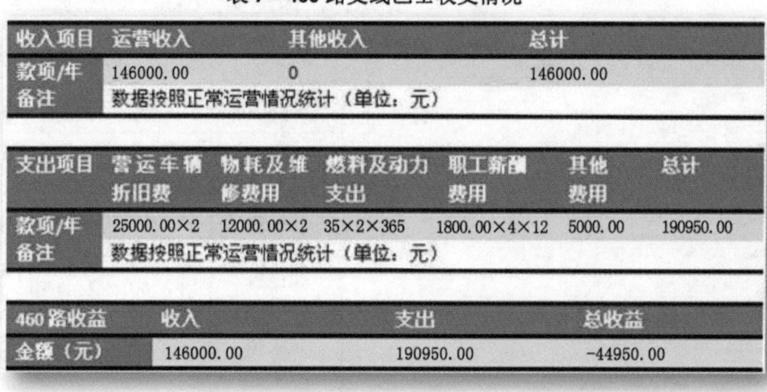

收入项目	运营收入	其他收入	总计
款项/年	146000.00	0	146000.00
备注	数据按照正常运营情况统计（单位：元）		

支出项目	营运车辆折旧费	物耗及维修费用	燃料及动力支出	职工薪酬费用	其他费用	总计
款项/年	25000.00×2	12000.00×2	35×2×365	1800.00×4×12	5000.00	190950.00
备注	数据按照正常运营情况统计（单位：元）					

460路收益	收入	支出	总收益
金额（元）	146000.00	190950.00	-44950.00

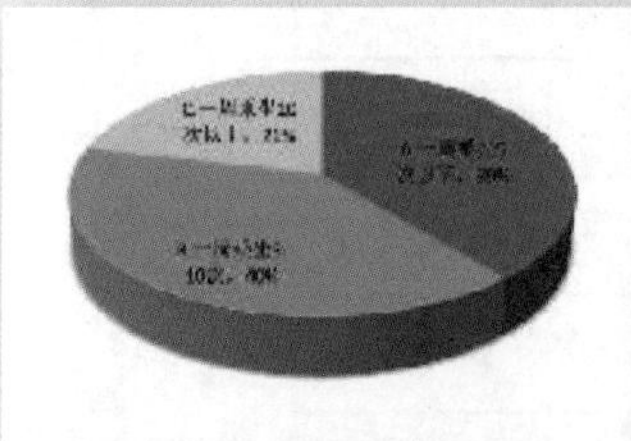
图12　乘坐频率分布

460路支线巴士的经济效益是相当微薄的，收不抵支，仅靠政府每年的成本补贴、环保补贴等勉强维持运营，对政府财政投入依赖很大。

（二）社会价值显著

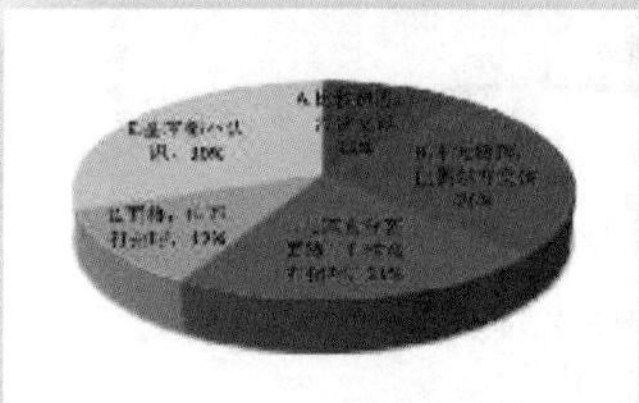
图13　乘客关系分析

与微薄的经济效益相比，460路支线巴士的社会价值相当突出。

首先，它方便了居民的出行，成为社区内人们依赖的交通工具，几乎每天都乘坐460路支线巴士的乘客达到60%以上。另外，据乘客反映，460路支线巴士的开设使他们的购物、喝茶等活动更加便利，以前一个月才去一次的百佳超市，现在只要想去随时都能去。

部分沿线商铺的店主也反映460路开通后客人有增多的迹象；终点站便利店的老板则表示现在店里的生意比460开通前更好。

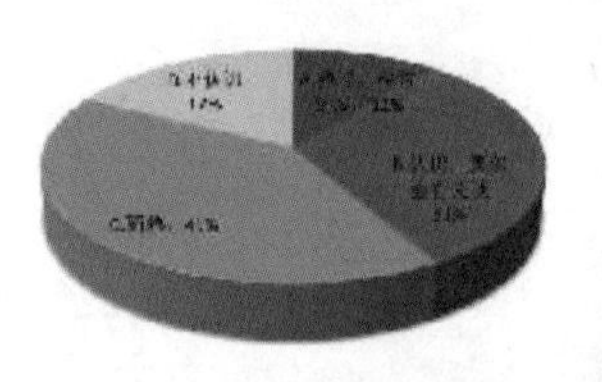
图14　司机乘客分析

其次，460路车的乘客与乘客之间的关系、乘客与司机之间的关系都十分融洽。有些乘客熟悉开这一路车的4位司机，并给他们起了亲切的绰号；有的原本陌生的家庭主妇在车上相互结识之后常常结伴去买菜；小孩、学生下车的时候会对司机道再见。

问卷调查发现，被调查者中，相互之间有交流的乘客占总人数的 36.9%，其中 10%是经常有交流的。而面熟、有潜在交流可能的占总人数的 33%，基本上不认识别的乘客的只占 30.1%。被访者中不认识司机的仅占 17.4%，而其余均表示与司机并不陌生。其中 41.7%的乘客与司机较为熟悉，并曾有交流。

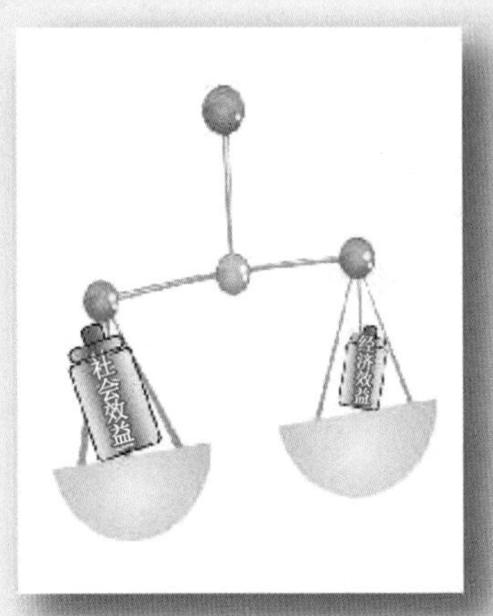

图 15　利益平衡

第三，460 路还被孩子们当成游乐玩耍的场所。有的小孩喜欢“坐大汽车”，家长就特地带着小孩子坐车，又安全又方便，兜一圈又回到家门口。而巴士停在总站的时候，凤凰村内的小孩子会溜上车去玩耍打闹，这在别的大型公共车上是几乎不可能发生的。

另外，经常乘车的乘客之间已经形成一种类似于传统的老街坊的关系，我们在第一次调研的时候就被车上的乘客认出是陌生人，而在深入的访谈中得知 460 路支线巴士开设两年来，车上从没发生过偷盗事件。另外，根据问卷反馈的信息，乘客对于车上治安安全也是相当满意的。

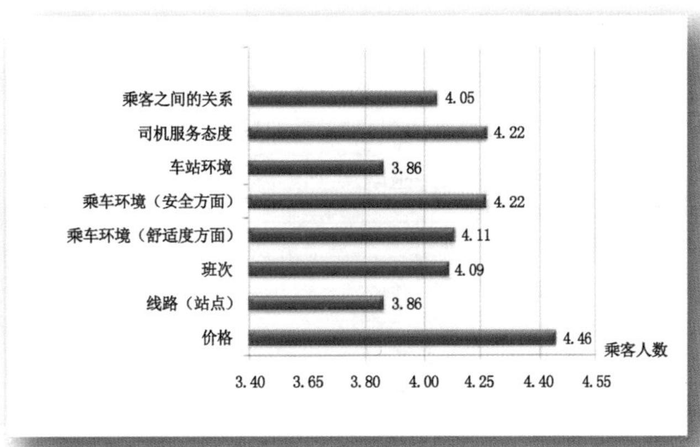

图 16　乘客满意度调查

四、460 路支线巴士的社会价值

值得注意的是，支线巴士的社会价值相当显著。它不仅具有显在的交通功能，还成为社区中流动的公共空间。

（一）显在的公共交通功能

460 路公交车作为公共交通网络的重要组成部分，对完善公交服务，大力提倡公交优先的“精明增长”型交通模式具有重要意义。它能深入到社区内部，弥补大型公交车在小范围出行的空白，在交通功能方面发挥着不可替代的作用。

图 17　上班上学工具

1. 改善了社区的交通条件，满足了居民的基本需求

460 路支线巴士线路经过两个城中村、若干小区、小学、大型超市和茶楼，又与其他公交站和地铁站接驳。居民们和村民们出门买菜购物、学生上学放学、上班族日常通勤、老人们喝早茶或锻炼身体等等都可以搭乘。

2. 弥补了“禁摩”后居民交通工具的缺乏

广州多数城中村道路通行条件较差，无法通行大型公交车，是公共交通的盲区。居民以往主要依靠摩托车出行，而广州市“禁摩”之后，居民对公交出行的需求大大增加，460 路的出现正好填补了这一空白，覆盖了这一片区的公交盲区。

图 18　沿线商业繁荣

3. 促进社区公共服务设施的共享

公共产品的一个重要价值在于其产生了可观的外部性，间接地提升了外部的经济价值。460 路公交车的开设改善了社区的交通条件，加强了整个社区的联系，促进了小区公共服务设施如超市、药店等被社区内更多的其他居民共享，方便了居民的生活，带动了沿线商铺的发展。

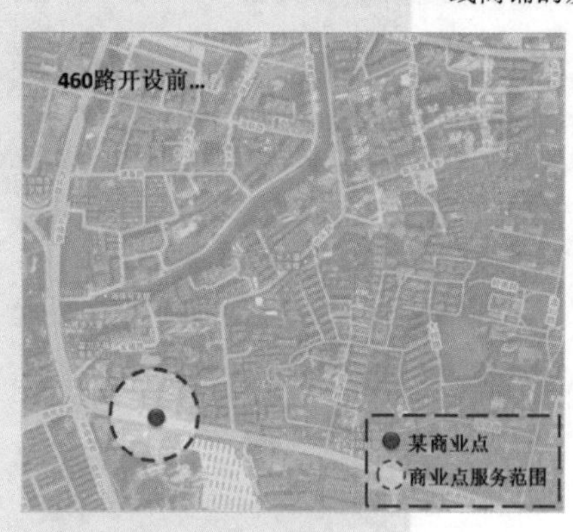

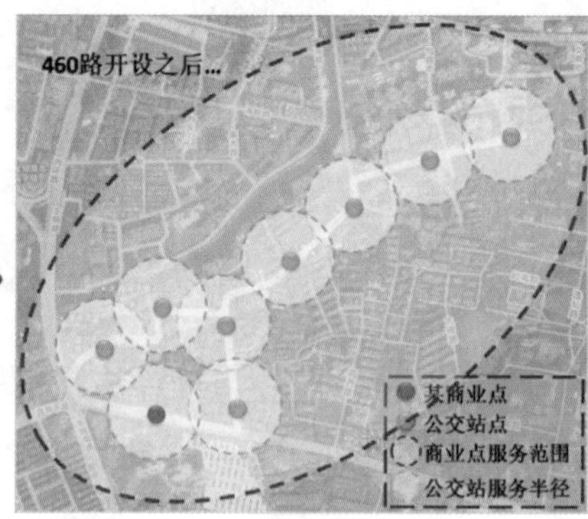

图 19　促进公共服务设施的共享

Pubilic Space of Flows

（二）显著的公共空间功能

460 路支线巴士为乘客提供了交流沟通的平台，又发挥了游憩场所等功能，成为社区内特殊的公共空间。

1. 乘客的聊天室——提供交流与沟通的场所

460 路支线巴士良好的乘车环境拉近了居民的距离，搭建起相互沟通的桥梁，促进了彼此的交流。

图 20　乘客的聊天室

流动的公共空间

广州市支线巴士社会价值调查

2. 孩子的"游乐场"——发挥游憩休闲的作用

460 路公交车深入邻里社区内部，穿梭于小区之间，成为新港社区里一道独特的风景。由于社区内孩子上学都可以乘坐 460 路，经常接触使 460 路成为他们所熟悉的事物，而其安全的环境和亲切的外形让孩子们更喜欢亲近 460 路公交车，家长也愿意带孩子坐车兜风。

3. 社区的"街道眼"——塑造安全环境和良好风气

460 路支线巴士促进了居民的交往活动，而交往活动又丰富了社区的生活，使得社区更为安全。简·雅各布斯在《美国大城市的死与生》中指出，传统的街道充满公共空间，人们乐于进行邻里交往，同时这种街道还派生出另外一种"自我防卫"的机制，因为居民彼此间互相熟悉，邻里照应，等于不同的时段都在对有犯罪动机的人实施监控，使他们有所顾忌，这也就是雅各布斯所谓的"街道眼"。

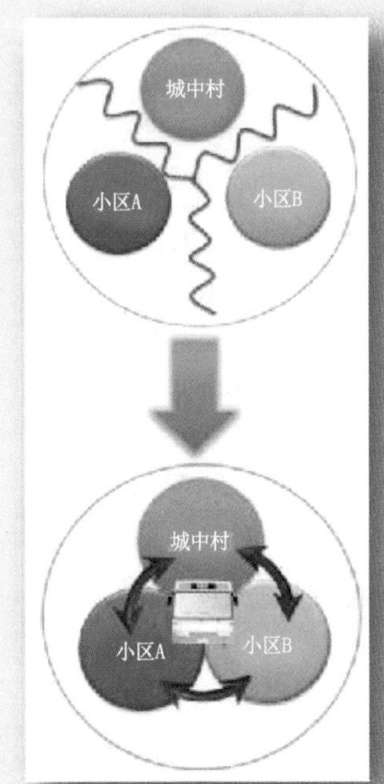

图 21 缝合社区示意图

4. 小区的"黏合剂"——缝合异质小区

460 路途经两个城中村、若干商业楼盘和几个机关单位家属院，它的存在为社区内不同背景之间的人群交往提供了空间载体，这种交往有助于形成良好的邻里关系，对社区的安全和形成良好的风气起到作用。广州是一个快速发展中的城市，如何协调好整个社区内不同背景的人群是十分重要的。460 路支线巴士沟通了整个新港社区，建立融洽的邻里关系，加强了各不同收入人群间的联系，促进了社区的和谐发展。

图 22 460 路沿线

（三）460 路支线巴士成为公共空间的原因分析

1. "推"的因素

（1）公共空间的缺乏。

心理学家认为，人类至少有 20 种心理需求，其中非常重要的一项就是交往需求。社区级的公共空间的缺乏、居住小区内的公

Pubilic Space of Flows

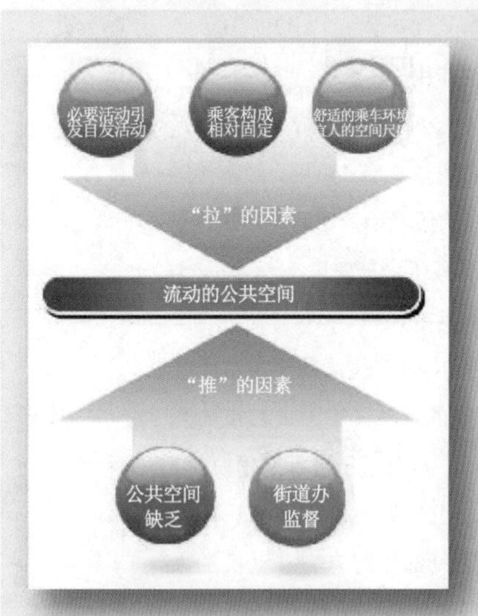

图 23 “推拉”因素示意图

共空间利用率不高、城中村里公共空间被占作他用，这些都使得人们的交流需求得不到满足。而支线巴士的出现为人们提供了一个交流的平台，虽然不是常规的公共空间，但使用率很高，也受到大家的欢迎。

（2）街道办监管力度大

某些社区内存在私营的城中村小巴和支线巴士抢客的状况，而在新港街道没有出现这样的情况。我们从交通部门的工作人员处得知，前者的出现是因为该街道办对城中村小巴的监管力度不够，导致支线巴士乘坐率很低，如 465 路。而新港街道早在“禁摩”的时候就对各种违规运营的车辆进行了严厉的打击，这使得社区内的 460 路能真正发挥其支线巴士的作用。

2.“拉”的因素

（1）必要性活动引发自发性活动。

人在户外的活动可以概括为三种类型：必要性活动、自发性活动和社会性活动。

乘车是大部分乘客每天都要面对的必要活动，而交流是人们的自发性活动，每天乘车的人们在看到与往常不同的景象如路边多设置了一些花坛时，可能就会自发地抒发自己的看法，同时其他经常乘车的乘客也会有一定的回应，这就完成了一次简单的由必要性活动引发自发性活动的过程，而当更多的人参与进这个讨论时，社会性活动就产生了。随着时间的推移，自发性的交流越来越多，这种小型的流动公共空间的雏形就形成了。

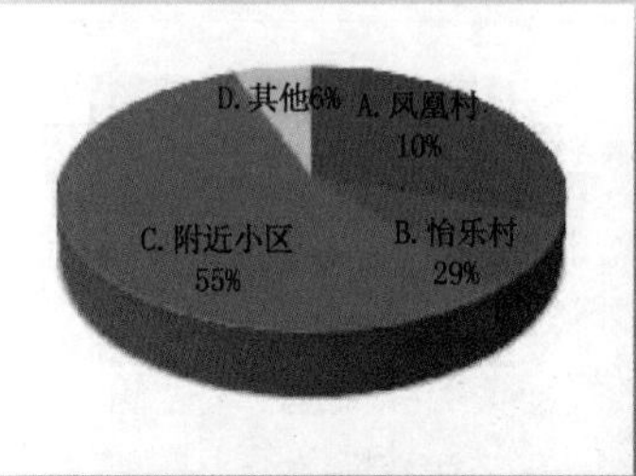

图 24 乘客构成

（2）乘客构成相对固定。

调查发现，乘客中以凤凰村和附近小区的居民为主。在心理学的角度上，相似的背景容易使人的戒备心理降低，而不同背景的人群经常在同一辆车上碰面也会使他们之间由陌生变为面熟，产生心理认同感。同时，乘客构成的固定性也使他们与司机的交流成为可能。整个巴士内形成了良好的交流氛围。

图 25 宜人的尺度

（3）舒适的乘车环境及宜人的空间尺度。

460 路巴士车内卫生洁净，无吸烟情况，空气清新。冬天车内的小空间益于保暖，而夏天车内的空调使气温凉爽宜人。舒适的环境使人产生心理的愉悦，创造了一个良好的交流环境。

心理学研究表明，在大的没有分隔的空间中，陌生人之间的关系趋向于疏离；而处于较小的空间或在大空间分隔出的小空间时，

人们会觉得有安全感，产生交流的可能也比前者要大。460 路公交车体型较小，体积只有一般公交车的一半，车内空间尺度小而不狭窄。乘客之间既不会过于拥挤，又不会彼此疏远。

小结：现代社会，小区间人际交往减少，人与人之间的距离增大，人们的交流的需求得不到满足。而 460 路社区小巴则为人们提供了一个交流的空间和机会，拉近了彼此之间的距离，为人与人之间的交往提供了可能，有利于建立良好的邻里关系，增强社区认同感和凝聚力，营造和谐的社会氛围。

五、460 路的普遍参考意义

发掘 460 路突出的社会效益的主要意义在于，它为广州甚至全国的支线巴士提供了一个可供参考的改进方向和模式。

（一）广州支线巴士存在的一般问题

图 26　恶性循环

调研发现，广州的支线巴士普遍存在车次少、乘坐率低、连年亏损等问题，陷入“投入运营的车少—乘客候车时间过长—乘客量减少—投入的车辆更少”的恶性循环。在这种情况下，支线巴士很难充分发挥其社会效用。

政府加大对支线巴士的投资是解决问题的一个方法，但这个办法是治标不治本，况且我们应该看到，在现有制度不变的情况下，支线巴士也完全有可能摆脱困境并且发挥更大的社会作用。

（二）问题的解决方法：基于 460 路支线巴士的成功案例

广州市海珠区的 460 路支线巴士是一条较为成功的支线公交线路，不但没有支线巴士普遍存在的问题，而且渐渐成为社区居民的一个流动的公共空间，将社会效益发挥到了最大。

如果参考 460 路的运营模式来改进其他支线巴士，那么不仅整个广州市支线巴士的社会效益能够得到提高，支线巴士的定位也将更为明确。这对于市民的生活、和谐社区的建立、城市交通的改善都有重大的意义。

（三）“新 460 模式”

经过对 460 路调研结果的总结和与其他支线巴士的运营路线、站点环境、发车时间、司机配置等方面的对比，我们推出可供广州市甚至全国城市支线巴士参考的“新 460 模式”。

流动的公共空间

广州市支线巴士社会价值调查

“新 460 模式”，是指穿梭于小区（包括城中村）之间，能满足沿线居民出行需要并为人们提供流动的公共空间，从而促进整个社区内邻里关系的和谐，为共建和谐社区做出贡献的社区巴士运营模式。

“新 460 模式”由六大要素和四个促成因素构成，其中六要素分为物质要素和非物质要素。

体量小
站点全
环境好
物质要素
非物质要素
换乘便捷
时间固定
司机不变

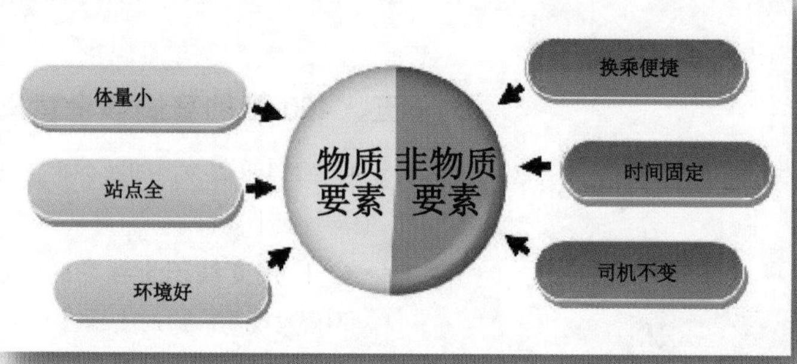

图 27　“新 460 模式”六要素示意图

其中物质要素是指：

（1）体量小——采用体量较小的公共汽车。

（2）站点全——设立各个小区、城中村周围的站点。

（3）环境好——良好的车内、车站环境。

而非物质要素包括：

（1）换乘便捷——行车线路串联各个站点并与其他公共交通接驳。

（2）时间固定——发车时间固定。

（3）司机不变——配置的司机在较长时间内保持不变。

	460路	463路	464路	465路
采用体量较小的公共汽车	✓	✓	✓	✓
站点串联整个社区内的小区和城中村	✓	✓	✓	✗
良好的车内、车站环境	✓	✓	✓	✗
与主线公交或地铁接驳性良好	✓	✓	✗	✗
发车时间固定	✓	✓	✓	✗
配置的司机在较长时间内保持不变	✓	✓	✗	✓
在起讫站站点有短时间（如3—5分钟）的停靠	✓	✓	✓	✗
采用年龄较大的司机	✓	✗	✗	✓
车站附近有供人们休憩的公共空间	✓	✗	✗	✗
交通功能	优	良好	一般	差
公共空间功能	有公共空间的功能	具备大部分条件，还未成熟	具备部分条件，还未成熟	没有公共空间功能

图 28　与其他支线巴士的横向对比

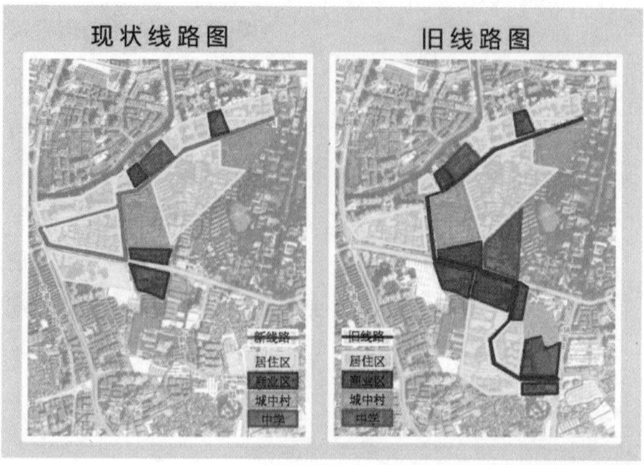
现状线路图
旧线路图
新线路
居住区
商业区
城中村
中学
旧线路
居住区
商业区
城中村
中学

图 29　460 路新旧路线对比

Public Space of Flows

流动的公共空间

广州市支线巴士社会价值调查

上述要素中的“站点全”和“换乘便捷”都是针对支线巴士线路的合理性提出的，合理的路线是支线巴士充分发挥其社会效益的先决条件。我们从对司机的访谈得知，460 路的线路曾有过调整，之前的线路途经少数的几个居民小区和一个大型布匹市场，而且线路穿越繁忙的货运干道。当时的 460 路常常遇到交通堵塞的问题，并且乘坐率非常低，更不要说具有公共空间的功能了。

而“时间固定”则能降低班次少对乘客的影响。不少乘客表示，460 路发车很准时，到每一站的时间也相对固定，他们计算好 460 路车到站的时间再出门，既不浪费时间，又不耽误事。

促成因素只是辅助的因素，但实现任意一个一般都可以促进支线巴士发展成为流动的公共空间。

促成因素包括：

（1）巴士在起讫站点有短时间（如 3～5 分钟）的停靠。

（2）配置年龄较大的司机。

（3）流动的公共空间与固定的公共空间相结合。

（4）车身广告或车座广告。

图 30　车站改造前

其中，巴士在起讫站点的停靠是为了保证司机的休息和给乘客一个缓冲的时间；配置年龄较大的司机是由于年龄大的司机往往更容易和乘客打成一片，同时年龄大的司机也表示喜欢开小型的公共汽车。后面两点是针对 460 路支线巴士提出的改进措施。因为 460 路虽是一个较为成功的例子，但还有很大的改善空间。

图 31　车站改造后

比如可以将流动的公共空间与固定的公共空间相结合，在原本简陋的公交站点尤其是总站设计建设尺度合适的公共休憩空间。我们对 460 路总站的一片闲置空地做了简单的设计，将车站和公共空间结合起来，这样既能缓解凤凰村内公共设施不足的问题，又能进一步促进城中村内居民与居住小区内居民的交流沟通。或是引进支线巴士车身广告，增加其经济利益，从而促进公交公司增补支线巴士的车辆。

六、结语

支线巴士虽然经济收益不高，但其社会价值提升空间巨大，除了担负交通职能外，还可成为社区内流动的公共空间，对构建和谐社区做出贡献。

流动的公共空间

广州市支线巴士社会价值调查

“新460模式”的提出为广州其他的支线巴士的改进提供了参考，同时对其他公共产品的社会效益最大化提供了启示。政府和相关部门应该充分意识到支线巴士的重要性，积极支持支线巴士线路的开设和改善。

参考文献

[1]宋言奇.城市社区邻里关系的空间效应[J].城市问题,2004(5).

[2]简·雅各布斯.美国大城市的死与生[M].金衡山，译.南京：译林出版社，2005.

[3]姜雨奇. 浅谈邻里环境中公共交往空间的营造[J].华章，2009(2).

[4]刘俊. 浅谈住区中的公共交往空间的改善[J].安徽建筑，2008(1).

[5]程浩，管磊. 对公共产品理论的认识[J].河北经贸大学学报，2002(6).

[6]赵艳芹，等. 西方公共产品理论述评[J].商业时代，2008(28).

[7]宋惠芳. 和谐社会：公共产品理论视阈下的解读[J].湖北社会科学，2006(3).

[8]童锦治. 国家分配论与公共产品理论的比较与借鉴[J].四川财政，1997(4).

[9]张明春，杨玲. 浅析公共休憩设施的人本化设计[J].科技创新导报，2009(3).

Public Space of Flows

羊城限行　何去何从
——广州居住区亚运前后停车与出行比较调查（2011）

一、 调研背景及意义

（一）调研背景

目前，许多大城市都面临着汽车带来的交通拥堵、空气污染、居住环境恶化、通勤高峰等问题；“机动车单双号限行”成为许多城市举办大型活动期间调控交通、改善环境的应急之策。该政策是否能如期达到减少地面交通量以及控制出行的效果？实际的效果能达到怎样的程度？对于不同城市，“限行”是否具有普适性？这些问题需要通过实地调研分析来解决。

继北京奥运会、上海世博会之后，广州于 2010 年 11 月 1 日至 12 月 21 日期间，实行亚运会、亚残会临时交通管理措施。其中 11 月 1 日至 11 月 29 日，每日早 7 时至晚 8 时，全市范围内实行机动车单双号限行；12 月 5 日至 12 月 21 日亚残会期间，每日早 7 时至晚 8 时，越秀、海珠、荔湾、天河、白云、黄埔区以及番禺区的大学城、南沙港快速路（南环高速路—清河东路）、清河东路（南沙港快速路—石清公路）范围内（见图 1），继续实施机动车单双号限行，其余地区不作限制。这意味着，广州大部分地区实施单双号限行的时间是 29 天加上 17 天，共计 46 天。

图 1　亚运会、残运会相重叠的限行区域

（二）调研意义

广州所采取的交通管制措施主要包括机动车单双号限行、提倡公交优先、推广公共自行车等。其中机动车单双号限行作为一项直接干预市民出行行为的强制性措施，自提出之日起，就饱受争议，民众对其褒贬不一。对于广州而言，机动车单双号限行是否能够有效减少地面交通量和控制市民出行？能否改善亚运会、亚残会举办期间的城市环境，提高通行效率？能否作为一项长远举措在未来继续推行？我们希望通过对地面交通量以及居住区停车情况的调研深入探讨广州机动车单双号限行的实施效果，并通过合理的分析推论来解答这些疑问。

（三）调研目的

我们选取了广州大桥和海心沙周围3千米以内的居住区作为调研对象，希望通过调研实现以下目的：①基于调查方法的综合运用获得第一手资料，系统收集交通限行前后广州大桥的交通量以及海心沙周围3千米以内居住区的停车数据和相关资料。②通过单双号限行政策执行前后的数据对比，分析交通限行对地面交通量与人们的日常出行的影响作用。③通过对比数据和停车情况分析，揭示限行前后交通变化及其背后的影响因素，探讨这一政策在广州实施的有效性、必要性与可行性。

（四）调研区域

广州亚运会和亚残会交通限行重叠的范围有：黄埔、天河、荔湾、越秀、海珠、白云区行政区域，以及番禺区的大学城、南沙港快速路（南环高速路—清河东路）、清河东路（南沙港快速路—石清公路）。

本次调研选择的区域，处于亚运会开幕式举办的海心沙周围3千米范围内，以广州大道为主要轴线，西起东晓路，北至内环路，南至滨江东路，东至猎德大桥（见图2）。

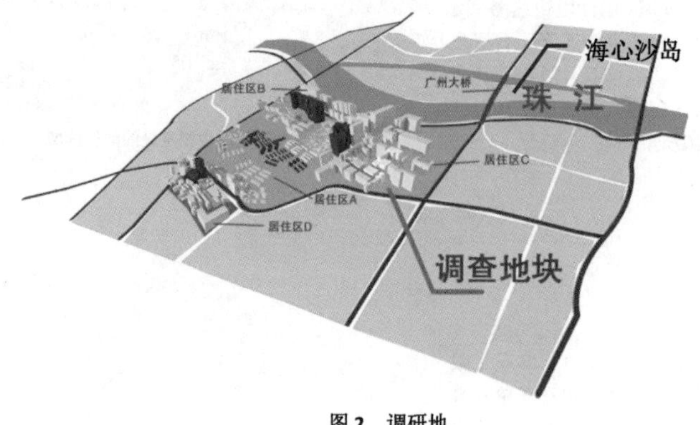

图2　调研地

（五）调研对象

我们以广州大桥和海心沙周围3千米范围以内的4个居住区作为调研对象，同时对居住区居民、行人、车辆看管人员进行访谈。

居住区A

大部分为低层居民楼，居住区建成时长35年，居住的居民来自中层，居民户数为2000户，年龄在20～80岁之间，现时房价2万元/㎡左右

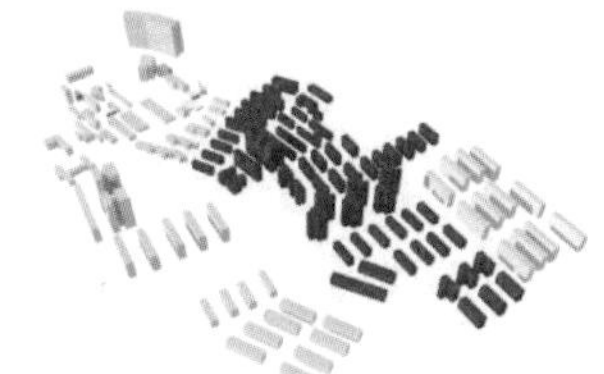

居住区B

大部分为高层楼房，居住区建成时长为7～10年，住户大多为社会中上层，居民户数为300户，房价2.5万元/㎡左右

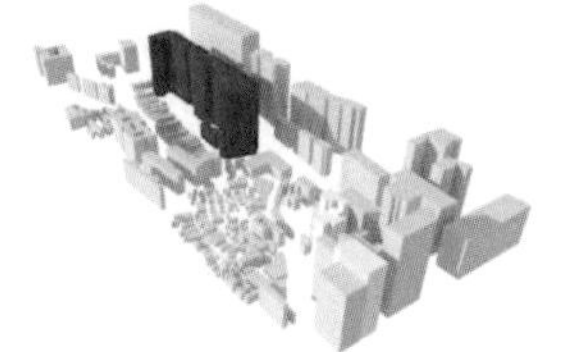

居住区C

大部分为高层楼房，居住区建成时长为5～8年，两个居住组团规模较小，居住者大多为社会中上层，居民户数为300户，房价2.5万元/㎡左右

居住区D

大部分为高层居民楼，居住区建成时长为20年，居住者大部分为外地居民，居民户数为750户，房价2万元/㎡左右

二、 调研思路、过程、方法

（一）技术路线

本次调研通过实地观察法、定性分析的访谈法进行分阶段调查，同时结合查阅文献等发现调研过程中存在的问题，不断改善调查。在得到相关数据后进行数据整理，结合专业知识与相关文献分析单双号限行过程中所出现的问题、变化与影响机制（见图2）。

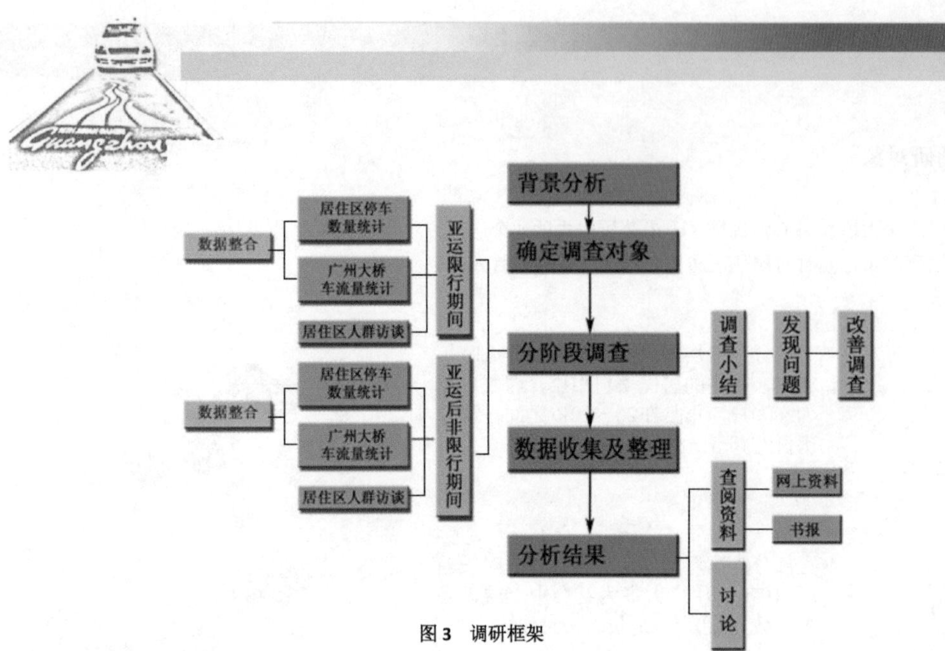

图 3　调研框架

（二）调查过程

1.亚运期间调查过程

表 1　亚运期间调查行动安排表

居住区停车数量统计

2010/11/24（周三）2010/11/25（周四）

	9:00-10:00	10:30-11:30	13:30-14:30	21:00-22:00
居住区 A	调查员 Z	调查员 W	调查员 W	调查员 W
居住区 B	调查员 H	调查员 W	调查员 W	调查员 W
居住区 C	调查员 W	调查员 Z	调查员 Z	调查员 Z
居住区 D	调查员 W	调查员 H	调查员 H	调查员 H

2010/12/18（周六）2010/12/19（周日）

	9:00-10:00	10:30-11:30	13:30-14:30	21:00-22:00
居住区 A	调查员 W	调查员 Z	调查员 W	调查员 W
居住区 B	调查员 W	调查员 H	调查员 W	调查员 W
居住区 C	调查员 Z	调查员 W	调查员 Z	调查员 Z
居住区 D	调查员 H	调查员 W	调查员 H	调查员 H

广州大桥车流量统计

日期	调查时间	人员
2010/11/24（周三）	7:20—9:20	调查员 Z
2010/11/25（周四）	19:21—21:21	调查员 H
2010/12/18（周六）		
2010/12/19（周日）		

居住区人群访谈

居住区	访谈人员
居住区 A	调查员 W
居住区 B	调查员 W
居住区 C	调查员 Z
居住区 D	调查员 H

2.亚运后调查过程

表 2 亚运后调查行动安排表

居住区停车数量统计

2011/5/5（周四）2011/5/6（周五）

	9:00-10:00	10:30-11:30	13:30-14:30	21:00-22:00
居住区 A	调查员 Z	调查员 W	调查员 W	调查员 W
居住区 B	调查员 H	调查员 W	调查员 W	调查员 W
居住区 C	调查员 W	调查员 Z	调查员 Z	调查员 Z
居住区 D	调查员 W	调查员 H	调查员 H	调查员 H

2011/5/7（周六）2011/5/8（周日）

	9:00-10:00	10:30-11:30	13:30-14:30	21:00-22:00
居住区 A	调查员 W	调查员 Z	调查员 W	调查员 W
居住区 B	调查员 W	调查员 H	调查员 W	调查员 W
居住区 C	调查员 Z	调查员 W	调查员 Z	调查员 Z
居住区 D	调查员 H	调查员 W	调查员 H	调查员 H

广州大桥车流量统计

日期	调查时间	人员
2011/5/10（周二）	7:20—9:20	调查员 Z
2011/5/14（周六）	19:21—21:21	调查员 H

居住区人群访谈

居住区	访谈人员
居住区 A	调查员 W
居住区 B	调查员 W
居住区 C	调查员 Z
居住区 D	调查员 H

（三）亚运期间调查小结

在对亚运期间单双号运行情况进行第一阶段调查之后，我们对调查方法及其时效性进行了阶段性的总结。我们发现问题并对调查方法进行改进：

（1）数车时间应与先前数据保持一致，挑选出在同一天的数据防止调查数据的拟合性差。

（2）保证接下来的数车时间与在亚运期间的时间相接应，保证在周内时间上的统一（比如如果在亚运期间数车为周五，则平常也保持一致）。

（3）在数车当日的停车情况可能会因为当时的外来停车而受影响（某些居住区没有地下停车场），在计算车辆时要注意。

（4）尽量保持较少误差，在数车时进行拍照方便以后检查。

（四）亚运后调查影响因素分析

（1）不能排除来访车辆对居住区当天停车数量的影响。

（2）在被调查居住区中，某些居住区建成时间较长，周围基础设施好，开放性强，停车费用较少，原有户外停车场较多。对外界的过夜车辆的吸引能力较强，促使周围居住区的一部分车辆长期停放在居住区内部户外停车场上，导致统计所得车辆数不完全来自居住区内部。

（3）在调查期间，天气的原因可能会导致居住区居民出行的比例异常。

图 4　亚运期间交通井然有序

三、调研分析

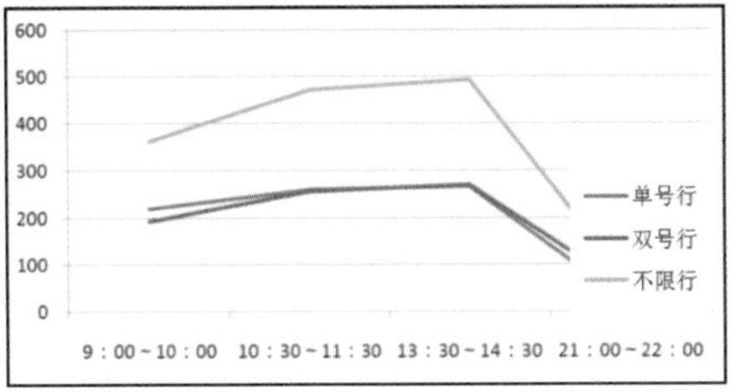

图 5-a　工作日出车量比较

（一）整体数量分析

1. 图例说明

（1）为了方便表达，我们将外出车辆的数量简称为“出车量”。

（2）单号日禁行双号车，出车量源于单号车出车量，双号日同理；不限行日出车量为单双号总出车量。

（3）单号日停车量为在居住区内停车量总和，包括未出行的单号车与禁行的双号车，双号日同理；不限行日停车量为居住区内停车量总和。

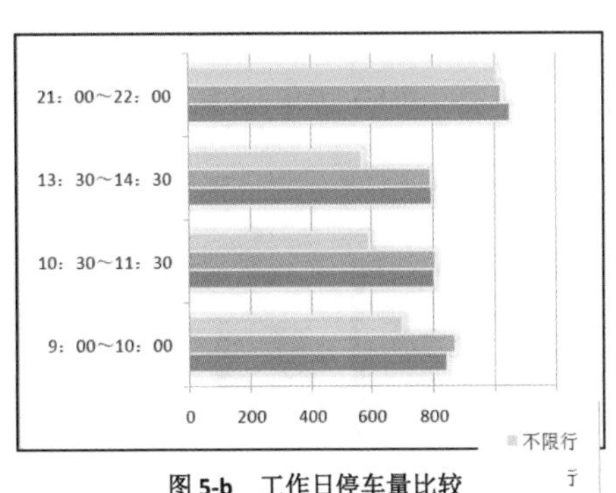

图 5-b　工作日停车量比较

图表信息分析：

（1）首先从“工作日出车量比较”可看出，在不限行日内，出行的车辆明显比限行期间多，数量上几乎达到了限行期间的两倍。

（2）不论是限行还是非限行，在 9:00—10:00 时的出车量，已经达到了全天出车量的半数以上，可以猜测在 9:30 之前，一定会出现一个或几个出行高峰期。

（3）从居住区停车量的峰值可以看出，限行政策在某程度上有效地减少了大约 50%的最高出车量。

（4）21:00—22:00 的出车数接近最小值，从停车的角度看，此时间段或此时间段后，理论上不会有大流量交通产生，可以看作是一天内居住区的最大停车量。

（5）从出车量变化折线可以看出，居住区车辆在上午出车后，很少在中午返回；在早出行至 13:30—14:30 之间，居住区停车场一直处于“出车”状态。

图 5-c　非工作日出车量比较

从数量的变化上可以看出，广州亚运期间限行政策对于控制居住区出车量具有明显作用。

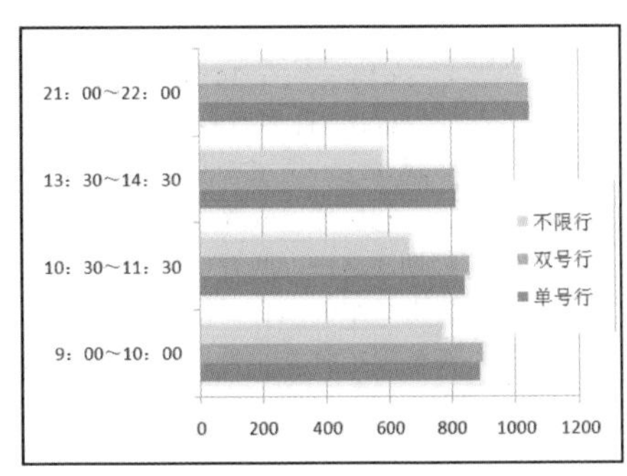

图 5-d　非工作日停车量比较

图 5　工作日与非工作日车量比较

（二）各居住区停车情况变化

1. 图例说明

（1）停车率计算：

单号停车率=单号停车量/单号车辆总量

双号停车率=双号停车量/双号车辆总量

（2）限行前后停车率比较：单号停车率在双号车限行期间与非限行期间的比较，双号停车率在单号限行期间与非限行期间的比较。

（3）由于原始数据量包括工作日与非工作日的单号行、双号行、非限行时期等数据，数据量较大，且单号行与非限行期间的数据对比和双号行与非限行期间的数据对比情况类似，因而以下数据以2010年11月24日（双号行）与2011年5月5日的数据为例。

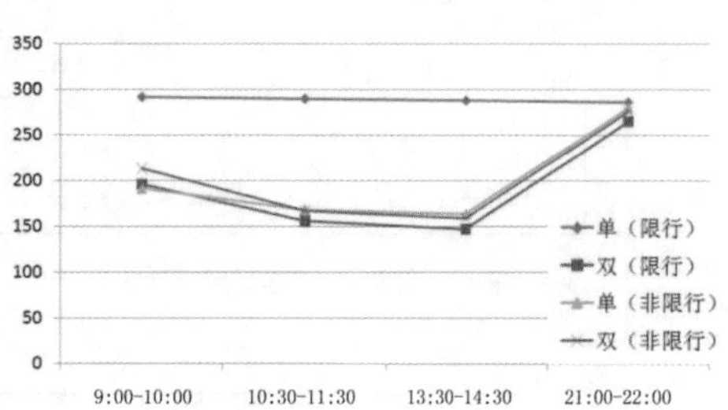

图6-a　居住区A限行前后停车量对比

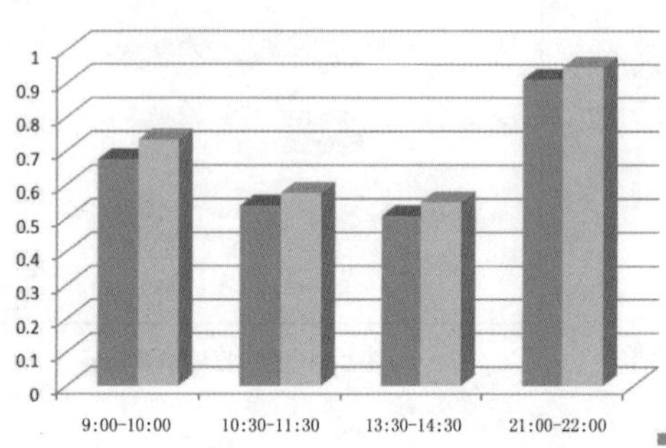

限行
非限行

图6-b　居住区A限行前后双号停车率对比

图6　居住区限行前后停车对比

2. 图表信息分析

（1）居住区A。

①由图7-a可以看出，在限行期间的9:00—10:00时段双号车的停车量以较快的速度减少，减少了20.4%，到了10:30—11:30时段，停车量减少速度明显变缓，维持在较低水平。与非限行的工作日相比，在10:30—11:30这一日停车量最少的时段，停车量相对非限行期间增加了29.4%。约在14:00时达到了最低峰（147辆），而到了22:00，许多双号车都已回到居住区停车场。而单号车辆在这一天当中总体上没有变化。

②居住区A双号车辆在双号行期间停车率都比非限行期间略低，两者变化趋势一致，说明双号行期间会促进双号车的出行，但变化幅度较小，而另一方面，单号车被限行时几乎没有出车，说明限行时段对于居民机动车出行有很大的抑制作用。

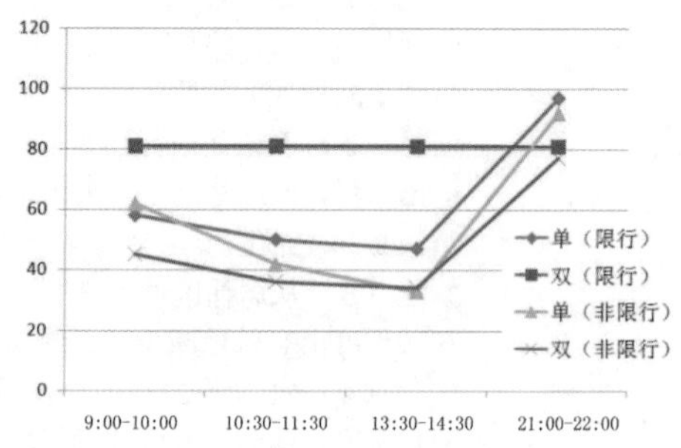

图7-a　居住区B限行前后停车量对比

（限行数据日期为2010年11月25日）

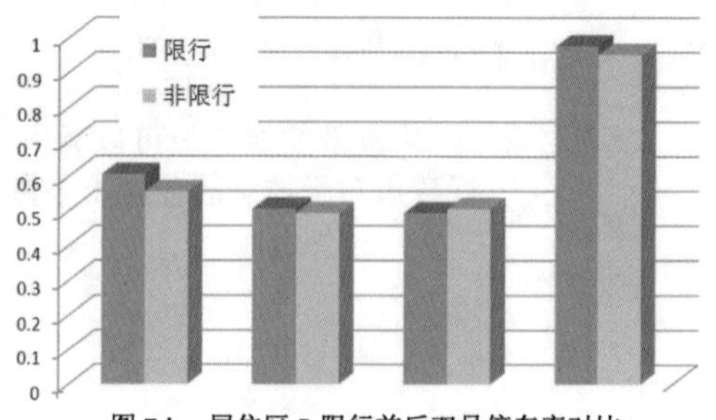

图7-b　居住区B限行前后双号停车率对比

图7　居住区B限行前后停车对比

（2）居住区 B。

①限行时段对居民出行有较大的抑制作用，但从21:00—22:00 时段到第二天 9:30，居住区停车辆有较大的降幅，说明 22:00 后出车的数量有所增加，说明限行时段过后，居民会增加出行量；非限行期间的趋势则受早高峰与晚高峰影响明显。

②限行期间双日双号车停车率在 10:30—11:30 时段比非限行期间略低，而其他三个时段则较高，说明拥有双号车的居民不一定会因为当天限行（双号行）而增加自己的出行量。

（3）居住区 C。

由于居住区 C 规模较小，其汽车拥有量较少。在双日对于单号限制较强，尾数为双号的汽车最低与最高峰之间相差 18 辆，占总双号车辆的 42.9%。

（4）居住区 D。

单双号限行政策对于其居民出行情况影响较为显著，但限行期间单日单号车行，与非限行期间相比，并没有促进单号车辆的出行，只是有效地抑制了双号出行。

各居住区在交通限行期间，单双号机动车出行均受到了显著影响，但在限行时段过后，人们会相应增加出行量，即交通限行能够有效地控制居民出行的选择方式，但对居民的交通需求实际影响不大。

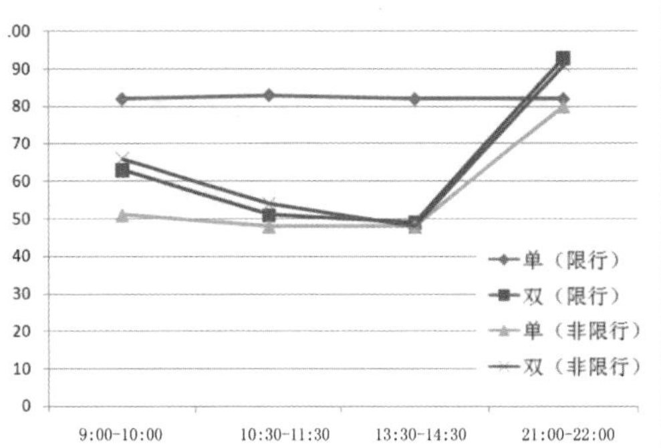

图 8　居住区 C 限行前后停车量对比

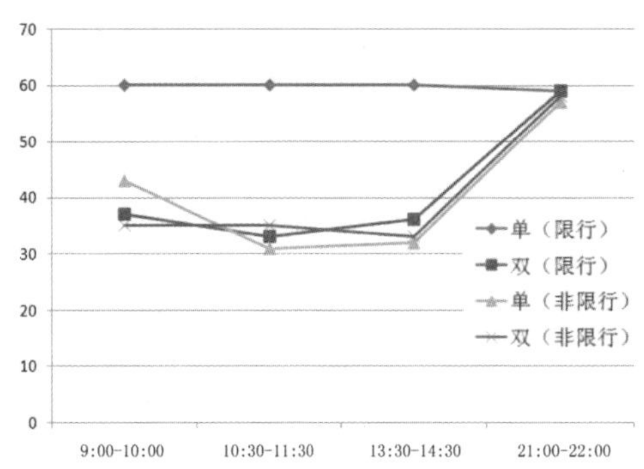

图 9　居住区 D 限行前后停车量对比

（三）广州大桥交通量变化

除了调查居住区的停车数量外，还要结合广州大桥的通行数量做对比验证，探讨限行政策的实现意义。

1.交通量数据分析

（1）从交通量折线图可以看出，从天河到海珠方向，7:20—7:40 开始出现早高峰，从 7:40—9:20 有所波动，车流量为 63.2 辆/分钟。而海珠往天河方向则波动上升，一般维持在 53.6 辆/分钟。而从当天的 19:21 开始，车流量变化趋缓，到 20:16 开始慢慢地攀升，至20:27 增长了 15.34%，并开始维持在一个较高水平。从这一段趋势可以看出，限行时段过后，人们会增加出行，从而使高峰期不一定出现于通勤时段。

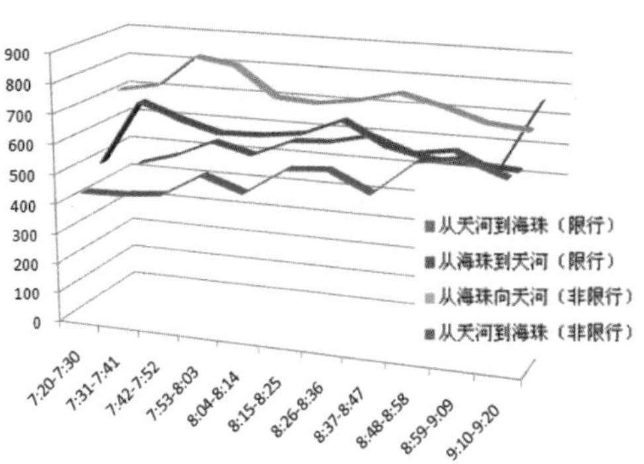

图 10-a　广州大桥工作日限行前后车流量对比（7:20—9:20）单位：辆/10 分钟

（2）在非限行工作日期间，从海珠往天河方向的车辆比相反方向多得多，而到了晚高峰期间则相反，说明通勤交通是这一时段交通量的主要来源，车流量为 75.0 辆/分钟；而从天河到海珠则维持在 54.6 辆/分钟。通过限行与非限行期间的车流量对比，可知交通限行政策有效减少了从海珠前往天河的车流量。

（3）在限行期间的非工作日，两个方向的交通流量分别从 22.1 辆/分钟、30.8 辆/分钟波动上升，增加至 9:20 分的 48.2 辆/分钟和 53.4 辆/分钟。到了晚高峰期间，则于 20:05—20:15 时段出现低谷，然后迅速上升，至 20:37 达到高峰，然后开始下降。这一图表也反映了人们在限行时段后的出行有所增加的现象。

（4）在非限行期间的非工作日中，开始的交通量不断增加，从 9 点开始稳定在 52.7 辆/分钟中的水平。而 19:21 开始横截面交通量变化不大，有缓慢的增幅。

通过限行前后广州大桥交通量的对比发现，限行政策对于地面交通量起到有效的控制作用（见表 1、表 2），但对于居民的出行需求则影响不大。

表 1　限行后工作日交通量相对限行期间的增加量

时段	从海珠到天河方向	从天河到海珠方向
7:20-9:20	18.65%	1.87%
19:20-21:20	-7.71%	6.03%

表 2　限行后非工作日交通量相对限行期间的增加量

时段	从海珠到天河方向	从天河到海珠方向
7:20-9:20	28.37%	19.33%
19:20-21:20	5.02%	10.31%

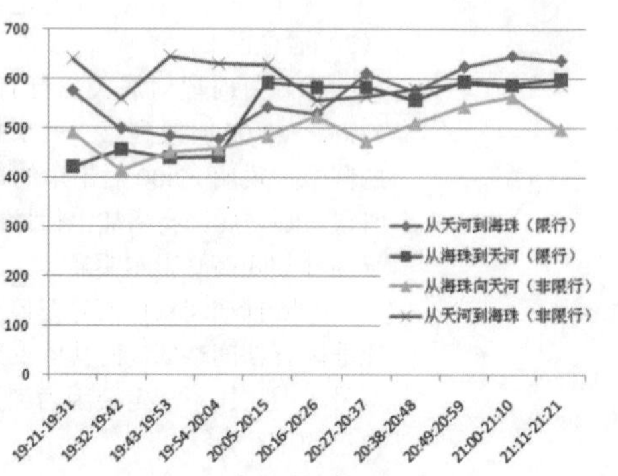

图 10-b　广州大桥工作日限行前后车流量对比（19：21—21：21）单位：辆/10 分钟

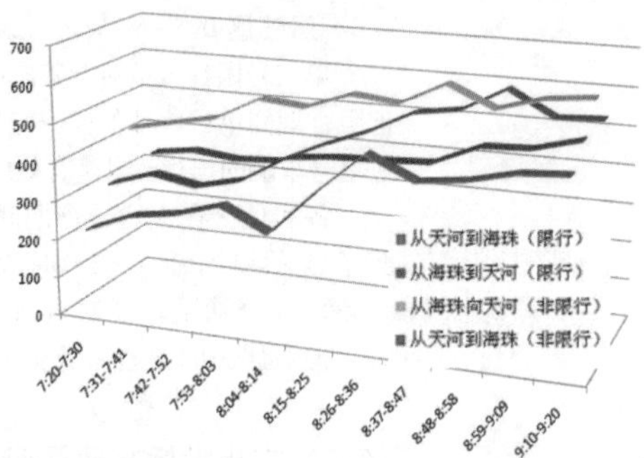

图 10-c　广州大桥非工作日限行前后车流量对比（7：20—9：20）单位：辆/10 分钟

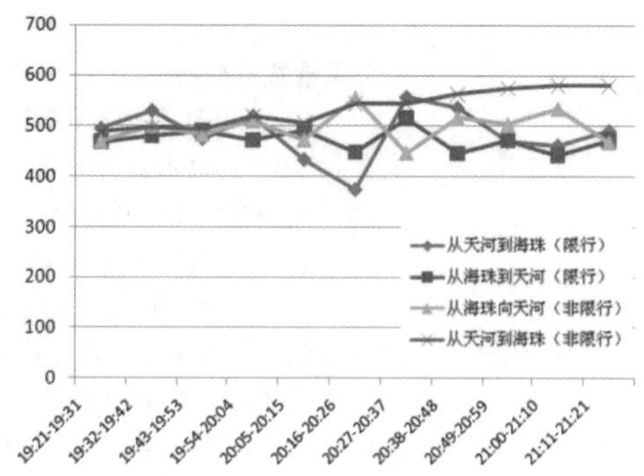

图 10-d　广州大桥非工作日限行前后车流量对比（19：21—21：21）单位：辆/10 分钟

图 10　广州大桥非工作日与非工作日限行前后车流量对比

（四）居民对单双号限行的态度

通过访谈，我们发现半数以上居民对于亚运期间实行限行表示可以接受，并认可限行能够取得“道路畅通、空气清新、节约能源”的效果，甚至可以增进邻里感情（拼车族）。但对于限行政策的长期实行，超过 3 /4 的居民持怀疑态度，认为广州的公交运营能力尚不足以承担限行所转移出的交通量。更有相当多的市民表示将购置第二辆车来应对限行措施。

亚运期间，私家车和公务车都在限行之列，体现了公平的意识；对于违规车辆，允许车主在半个小时内将车停放好，体现了人性化的一面；而在限行期间，政府加大了地铁、公交、出租车的运力，更是体现了周到细致的一面。和国内其他城市与地方相比，广州最大的魅力正是政府开放包容的态度和城市精细到家的服务意识，这种开放、包容、服务为先的态度，正是广州城的最大竞争力。

虽然限行对解决广州的城市交通现状是个不错的办法，但它至少是以牺牲部分市民，尤其是公共交通司机的切身利益为前提的，并不是解决广州城市交通问题的长久之计。广州是一个市民化的社会，与北京相比，公众对于政府决策的参与度更高，单双号限行作为政府在亚运会期间的应急决策能否在亚运会后继续实行，需要经过公众的表决。另外，更重要的一点是，限行是个“速效药”，它的药效有多长值得商榷。

观点1：我买两辆车

- “如果真的按‘单双号’上路，我就再买辆车，一个车上单号牌照，一个车上双号牌照。没那么多钱的话就买个二手车也可以。”

观点2：负担应降低

- “实行限行了，买一辆车也等于只买了一半车，上牌费没变的话，牌照就等于贬值一半。我们的养路费交的是全年的，如果强制实行单双号，养路费、公路费、保险和车船使用税是不是应该减半？还要退还车主车辆停用的折旧费。”

观点3：公交太少

- “限行这几天，我都比平时更晚到公司。坐公交的人多，我根本挤不上去。‘单双号’一实行，公司与家距离远的朋友们怎么办？工作要经常外出办事的朋友们怎么办？”

观点4：不公平

- “欢迎限行的人大概都集中在社会的两端，一端是平常就坐公交的人，一端是有权办通行证或有钱买俩车的人。另外就是自由职业者和不必每天坐班的有车族，偶尔两天不出门也没什么。……一种对机动车的歧视已经出现，而最大的受害者将是每天不得不开车上下班的人。”

观点5：拼车很快乐

- “当初只把拼车当成无奈之举，没想到却意外交了不少好朋友。我们都商量好了，以后就算不限行，我们也要拼车。又环保又省钱，路上还多了个伴聊天。”

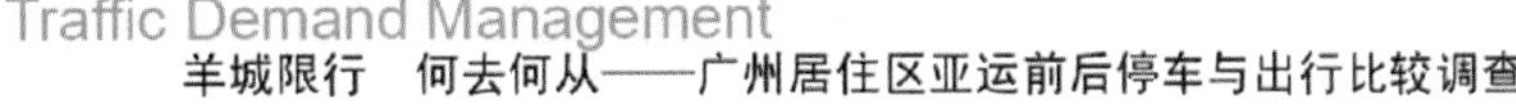

四、总结与反思

（一）调研结果总结

根据实地观察、对象访谈及数据分析，我们对机动车单双号限行政策的可行性进行相关总结。

1.机动车单双号限行的利弊

表3 机动车单双号限行的利弊

利	弊
有效抑制居民出行和地面车流量	损害车主个人权益
改善城市环境	可能会促使有车族购买第二辆车，使城市的小汽车数量变相增加
推动公共交通发展	停车位设置增多，造成地面可利用面积的浪费

2.政府的角色

在亚运期间，政府实施单双号限行政策需要公众的支持和配合，同时为了保障人们基本的日常出行，需要完善的公共交通以及相应的补贴政策支撑。

另一方面，为了维持汽车总量的稳定，政府需要出台相关的汽车限购政策才能保证限行的长期有效，但这在现实中是很难实现的。

政府在广州限行期间处于一种矛盾的状态，实施限行但没有采取相关措施抑制汽车总量的增加（见图11），可见政府执行限行政策主要是为了缓解短期内的交通压力。

图11 政策之间的相互作用与矛盾

3.可行性分析

限行期间，车辆在出行与道路行驶上出现差异。从分析结果中可以看出，虽然调查对象中的居住区车辆受抑制程度高达50%，但是对广州大桥的调研中我们发现，限行期间的车辆出行率只降低了约22%。虽然两者在降低交通量上的贡献都很大，但是出现了车辆在出行与道路行驶上的差异。

讨论：是什么导致这种差异的出现？

我们认为政府对居民出行小汽车的数量进行了抑制，但是却无法估计除私人小汽车外的其他种类汽车的影响，比如：出租车来回跑的次数增多；单位拥有单号或双号的汽车并且不止一部，利用率增加……

4.小结与建议

我们认为，单双号限行是需要一定条件保障的。在广州的后亚运时代，单双号限行不宜作为一项长期实行的政策。

广州的单双号限行在更大程度上是单纯地为交通服务的。单双号限行作为一种强制性措施，没有考虑到市民的出行意愿，损害了部分市民的利益。

另外，我们通过对限行前后广州大桥车流量的对比观察发现，相对于北京，广州的交通并没有达到饱和状态，尚有一定的舒缓空间，限行并非刻不容缓。

鉴于这样的现状，也许支持自行车出行，BRT 出行与轻轨出行等公共交通出行方式会带给公众更大的益处。如果在公共交通没有完善、补偿机制上没有健全的情况下实施单双号限行，则会给出行者带来许多不便。

（二）“单双号”限行普适性探讨

北京奥运期间实施的单双号限行带来了“天蓝路通人心畅”，而广州亚运期间的单双号限行也带来了城市交通新感觉。单双号限行对广州道路交通的改善迎来了许多的热评。但是，面对广州交通现状，单双号的限行在广州是不是可以成为一种常态的交通管制方式呢?

从此项措施的实施目的上分析，其目的是为了消减交通总量，以减少交通拥挤和汽车排放，从而改善交通状况与空气质量。在短期内，这种交通限行可能带来一定的效果，并有益于社会，同时受到了大众的支持。

单双号限行措施在一定程度上可以被认为是一种粗犷的临时管理方式，采取这种大范围强制手段并不是一种很好的日常交通管理模式。

在广州以后的交通决策中，我们更期待的是政府在广州的公共交通方面加大发展力度。对广州来说，单双号限行目前更适宜作为大事件期间的临时举措，不宜作为一项政策长期实施下去。

评语：该作品属于典型的交通调查类作品，重点在于抓住了亚运会大事件的前后影响，赋予了交通调查新的亮点和活力，其中调研充分，时空分析逻辑清晰，结果准确，但总结与反思部分升华不足，结论有进步深化空间。

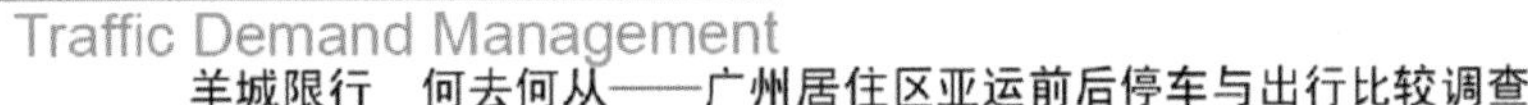

漫漫上学路　何以谓欣然

——外来工子女上学路途状况调查——以华怡小学为例（2012）

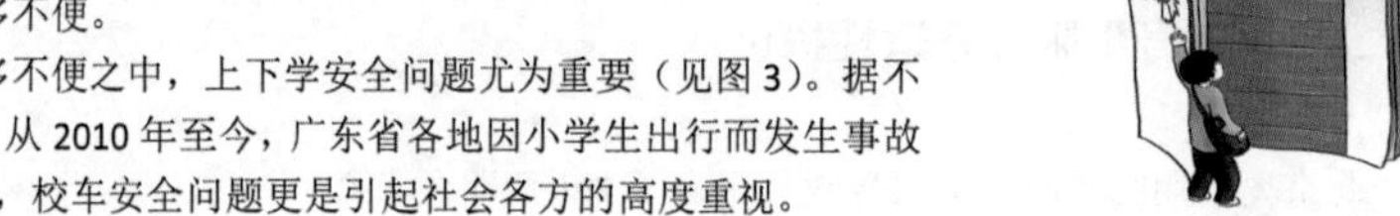

漫漫上学路 何以谓欣然
外来工子女上学路途状况调查——以华怡小学为例

一、调研背景与意义

（一）调研背景

近年来，社会对外来工子女教育问题的关注度越来越高。受到户籍、学籍制度和财力的限制，他们无法平等地享有城市教育资源。虽然部分公办学校已经向外来工子女开放，但由于数量和规模有限，且门槛较高（见图1、图2），无法全面解决外来工子女的教育问题。

图1　公立学校门槛高①（漫画）

图2　公立学校门槛高②（漫画）

民办学校作为公办教育的补充，在很大程度上解决了外来工子女的教育问题。截至2011年，有超过51万的外来工子女在广州接受教育，其中超过60%的人就读于民办学校。然而，由于民办学校受到多方面限制，且没有统一的规划，因此给就读的学生带来了许多不便。

在众多不便之中，上下学安全问题尤为重要（见图3）。据不完全统计，从2010年至今，广东省各地因小学生出行而发生事故共20余起，校车安全问题更是引起社会各方的高度重视。

（二）调研目的

外来工子女多就读于民办学校，针对外来工子女的教育问题已有不少的研究，但其上学的个体可达性是一个长期被忽略的方面。我们希望结合专业知识，从学生的个体可达性角度出发进行调查，并结合其满意度进行分析，揭示现存的问题，对民办学校的规划、管理等方面提出建议。

图3　校车事故频发（漫画）

（三）调研意义

外来工对城市有巨大的贡献，但其子女却不能平等地享受城市的教育资源，其就学问题，不仅对外来工子女的发展产生深远影响，更关系到城市公共服务的平等性，不仅是城市化进程中必须关注的问题，更是城乡和谐的关键。

外来工子女的数量与义务教育设施供求不均衡除了体现在设施总量上外，还体现在城市内部局部的空间资源供求平衡中，对于具有较强空间服务局限性的小学而言，通过调研探求如何提升局部尺度的可达性显得尤为重要。

该调研能够对全面改善外来工子女就学状况提出建议，并为促进社会公平提供理论参考。

漫漫上学路 何以谓欣然
外来工子女上学路途状况调查——以华怡小学为例

（四）概念界定

1.个体可达性

个人在时间和空间条件约束下到达目的地的难易程度 (Kwan etc. 2003)，具体到我们的研究，可达性指的是小学生以某种特定的交通方式从家到学校（或小学校到家）的难易程度。

2. 可达性衡量方法

可达性的三元素①为人、交通和活动（见图 4），结合研究实际，本文衡量可达性的标准主要有年龄、交通方式、通勤时间、通勤距离四个因素。

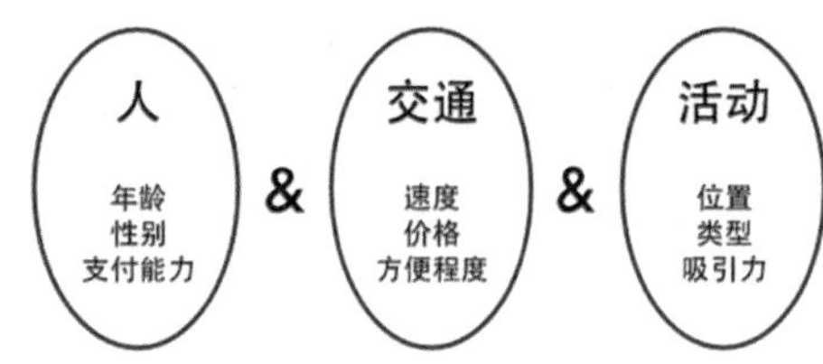

图 4 可达性三元素

二、调研流程、对象和方法

（一）调研流程

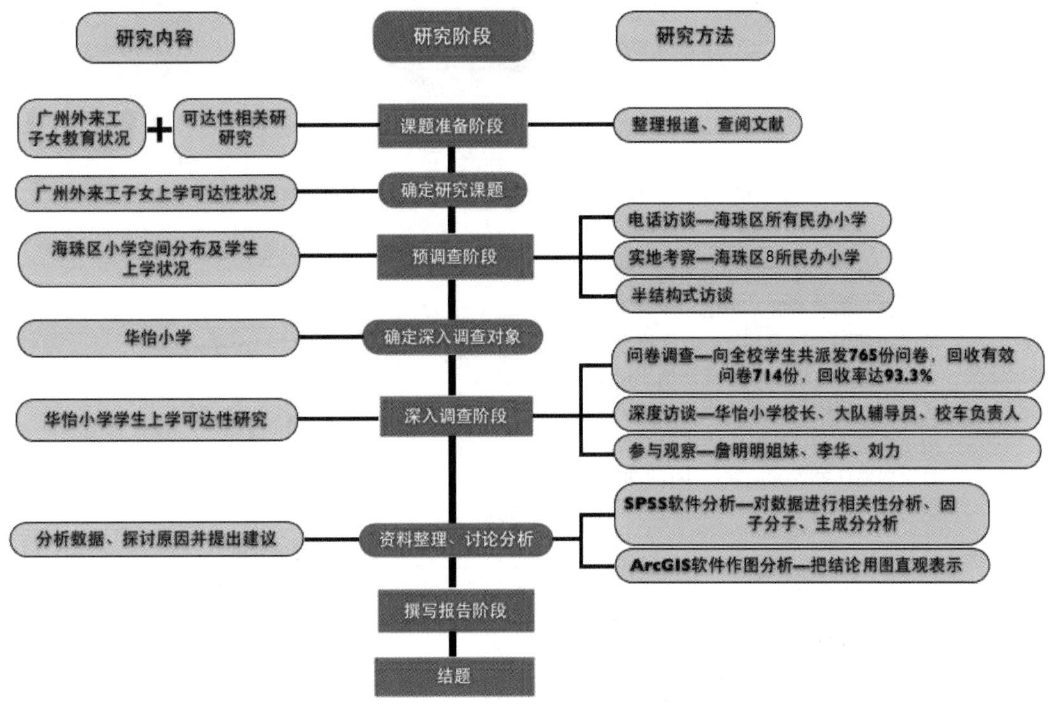

图 5 调研框架

①Moseley，M.J.(1979):Accessibility: the rural challenge, London: Methuen.

（二）调研对象

本组调研对象为广州市海珠区华怡小学（见图6）。

图6 华怡小学

海珠区外来工子女数量多，占广州外来工子女总数的32.6%。华怡小学为区一级民办小学，共18个教学班，765名学生，其中拥有广州市户口的有30人，其余均为外来工子女，占总人数的96.1%，能够反映出广州外来工子女就学现状，具有相对典型性。

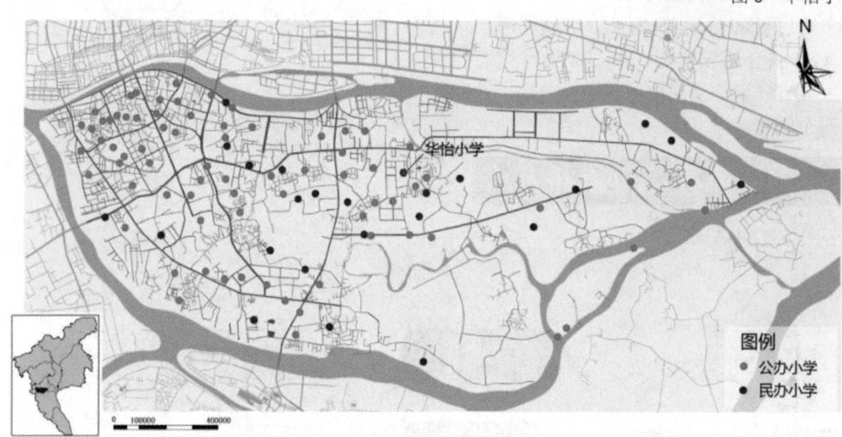

图7 海珠区小学分布

（注：资料来源于海珠区教育发展网 http://www.hzjyfz.net/，我们将小学数量、地址等信息整理好后通过 Arc GIS、Photoshop 等软件作图）

海珠区小学东西分布不均，基本集中在西部老城区。华怡小学位于海珠区中部偏北（见图7）的赤岗东路（城市支路）沿线，临近华怡小区等居住区，附近有一些沿街商铺。离华怡小学最近的公交站为赤岗公交站，最近的地铁站为赤岗站，步行时间分别为5分钟和18分钟（见图8）。

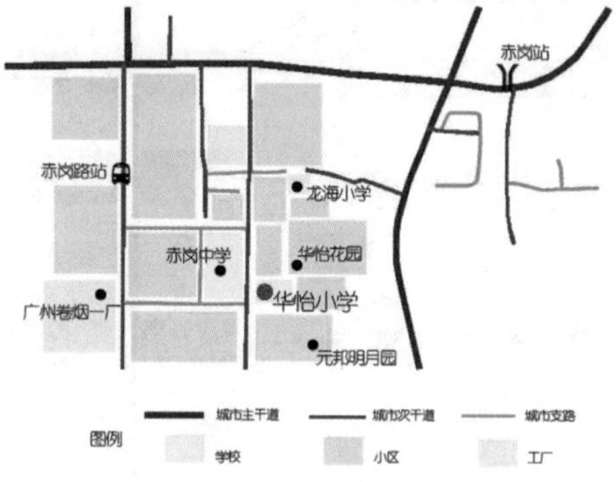

图8 华怡小学区位

（三）调研方法

1.查阅文献法

调研准备阶段，查阅约30篇文献，全面了解民办学校的现状和可达性的衡量方法，确定具体的调研方向、内容和研究方法。

调研中后期，主要围绕调查发现的问题、数据的处理分析和原因探究等方面，查阅了约40篇文献。

漫上学路 何以谓欣然

外来工子女上学路途状况调查——以华怡小学为例

2.问卷调查法

表 1 问卷调查

调查阶段	调查时间	调查对象	调查目的	问卷情况
预调研	5月11日下午2点	华怡小学部分学生	了解调查对象的基本特征，并根据对象反馈的信息和问卷的填写情况来进一步优化调查问卷	共派发问卷20份，回收有效问卷20份，回收率100%
正式调研	5月16日下午2点	华怡小学全体学生	获取华怡小学学生的基本信息、总体通勤状况、满意度等信息，还包括收集学生上下学的主观意象图	共派发问卷756份，回收有效问卷714份，问卷回收率94.4%

图 9 派发前的问卷
图 10 老师讲解问卷
图 11 学生填问卷
图 12 学生询问问卷问题
图 13 回收问卷
图 14 回收到的问卷

图片9 图片10 图片11 图片12
图片13 图片14

3.参与观察法

本组在 5 月 16 日、5 月 23 日分两次随机选中华怡小学的 3 名同学，与他们同走上下学之路，以此了解个案情况，作为问卷调查的补充，如表 2 所示。

表 2 参与观察信息表

调研时间	组员&对象	交通方式	路途时间	主要获取信息
5月16日	+	→ →	55min	①个人、家庭基本信息 ②主要转站点，出行安全性、舒适性，对步行环境的认知 ③路上发生的其他事情
5月23日	+		35min	
5月23日	+	→ →	40min	

图 15 参与观察得到的系列图片

漫 漫上学路 何以谓欣然
外来工子女上学路途状况调查——以华怡小学为例

4.深度访谈法

本组在 5 月 11 日、5 月 16 日分别对华怡小学校长、校车负责人等进行了半结构性访谈，从学校层面深度了解华怡小学的办学、学生情况、校车运营情况，探究其对学生个体可达性的影响，与问卷调查、参与观察共同构成全面的调研体系。

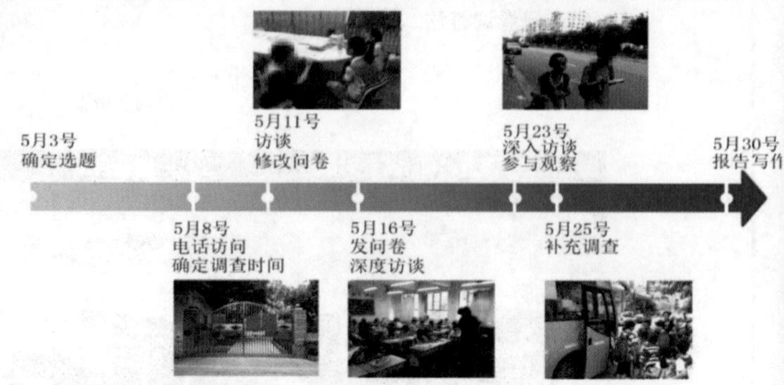

图 16 调研流程

三、现状调研结果

（一）总体通勤情况

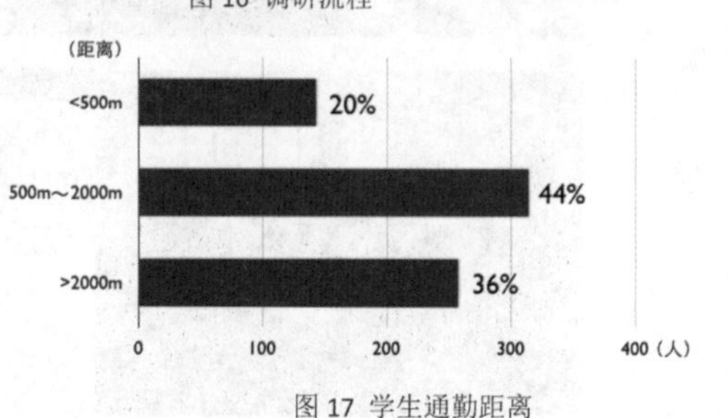

图 17 学生通勤距离

1.通勤距离远

根据《城市居住区规划设计规范 GB50180-93（2002 年版）》，城市小学的服务半径不宜超过 500 米。但根据问卷数据显示，华怡小学的学生家庭住址离学校普遍较远，只有 20%的学生居住在小学合理服务半径之内，而 80%的学生上学距离超过合理半径（见图 17），有 250 人因距离远选择中午留校。而学生居住地分布的集中程度也很低，甚至有部分学生居住于白云区、番禺区等其他片区（见图 18）。总的来说，华怡小学学生上下学通勤距离普遍较远。

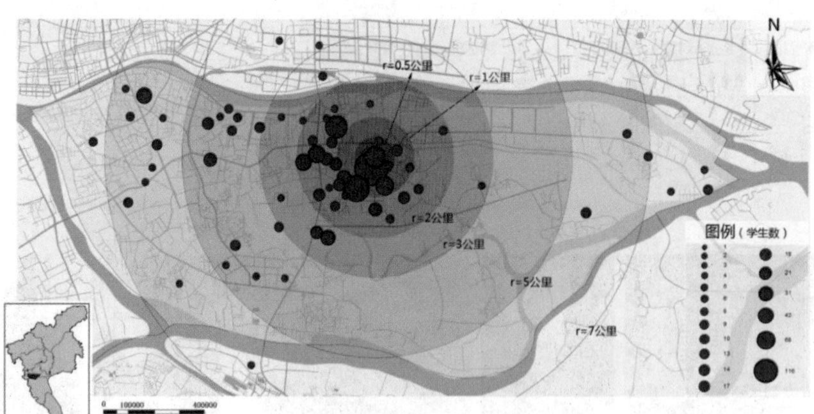

图 18 学生人数与地址分布

（注：资料来源于本次调查问卷，我们根据地址信息，将相邻的学生住址分为 70 个点，大小不同的点代表不同的人数，统计每个点人数后通过 ArcGIS 制作的学生人数与地址分布图）

漫漫上学路 何以谓欣然
外来工子女上学路途状况调查——以华怡小学为例

2.通勤时间长

通勤时间10分钟以内的学生只占总学生数的38%，其中，通勤时间花费30分钟以上的学生比例高达12%。可见华怡小学学生的上下学通勤时间普遍较长。另外，我们参与观察的结果也反映出这一问题（见图19）。

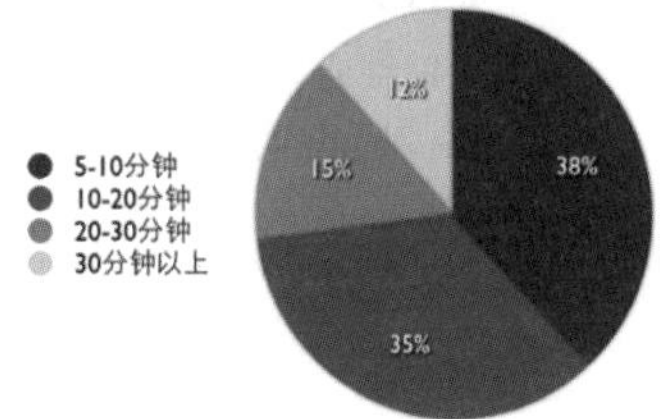

图19 学生通勤时间

> 我们学校大部分学生都是外地人，受户籍的限制没法去读公办小学。有些同学住得的确离学校很远，他们有的靠坐校车解决，有的就是自己独自回家，比如坐公交、坐地铁的都有。这对民办小学来说的确是一件比较无奈的事情，不像公立小学，规定就近入学，像我们学校，根本考虑不到这些方面。
>
> ——2012年5月11日，华怡小学校长深度访谈记

3.通勤方式受限

调查发现，华怡小学学生通勤方式有五种：步行、家长骑车接送、坐校车、坐公交车和坐地铁（见图20）。考虑到通勤方式受许多因素的影响，我们把它与通勤时间、通勤距离、性别和年龄分别进行了相关性分析。

（1）通勤方式受距离影响明显。

距离学校2千米以内的区域，学生通勤方式以步行和家长骑车接送为主，而选择其他方式的学生也不少；在2～5千米的区域和在5千米以外的区域，学生通勤方式以校车和公交车为主，但选择其他方式的学生数量极少（见图21）。

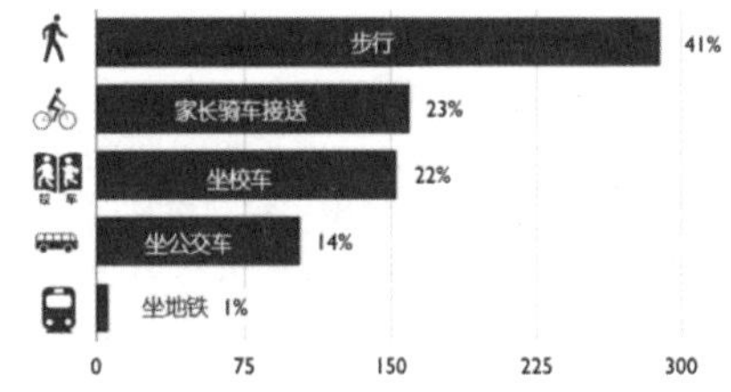

图20 学生通勤方式

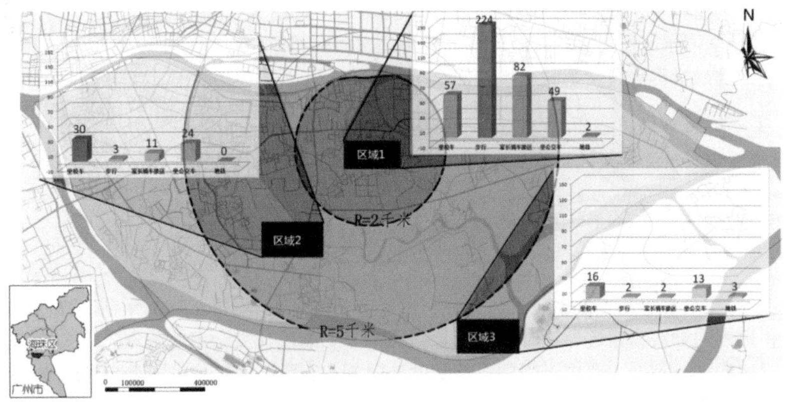

图21 不同区域通勤方式

（注：本组以华怡小学为圆心，将半径2千米以内定为区域1，2～5千米定为区域2，5千米以上为区域3，通过SPSS的分类汇总，分析随着距离的增加，学生通勤方式选择如何变化。）

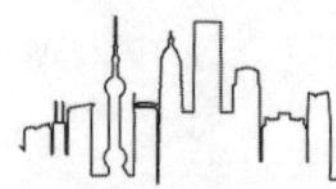

漫漫上学路　何以谓欣然

外来工子女上学路途状况调查——以华怡小学为例

（2）各通勤方式时间普遍较长。

从每种通勤方式对应的通勤时间来看，步行的学生中，52%的学生花费时间在10分钟以内，还有17%的学生花费时间在20分钟以上（见图22）；家长接送的学生中，34%的学生上下学花费时间在10分钟以内，21%的学生上下学花费时间在20分钟以上（见图23）。然而，由于外来工工作时间长，中午无法回家照顾子女，因此有174名学生中午选择留校。搭乘校车的学生中，33%的人花费时间在10分钟以内，32%的学生花费时间在20分钟以上（见图24）；坐公交车的学生中，只有16%的学生花费时间在10分钟以内，50%的学生花费时间超过20分钟（见图25）；而搭乘地铁的学生通勤时间全部超过20分钟（见图26）。

这些结果证明，每种通勤方式均存在通勤时间较长的案例。

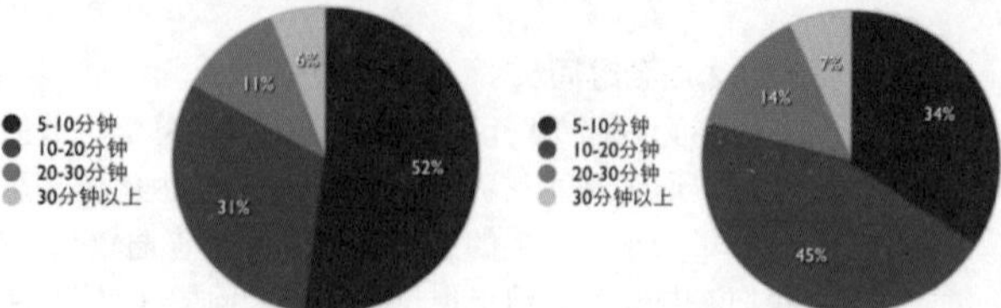

图22　步行通勤时间

图23　家长骑车接送通勤时间

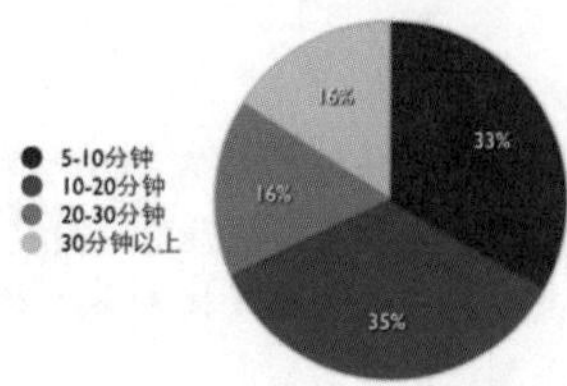

图24　校车通勤时间

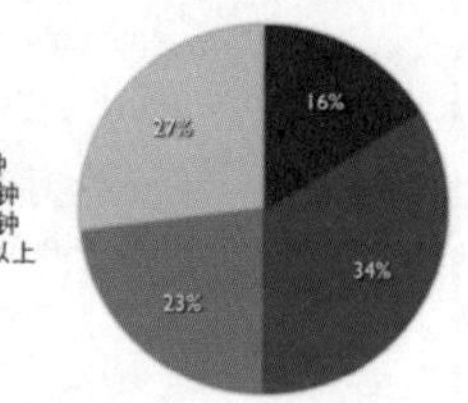

图25　公交通勤时间

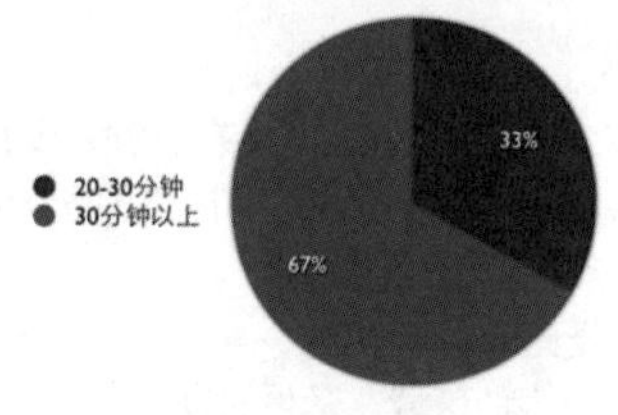

图26　地铁通勤时间

（3）通勤方式的选择与年龄相关。

学生通勤方式的选择受年龄的影响，主要体现为：坐校车和家长骑车接送的学生集中在小于10岁的低年级学生；步行、坐公交和坐地铁的学生多集中于10岁以上的高年级学生。这是因为，出于对安全因素的考虑，低年级学生多数选择家长骑车接送和校车，而高年级学生由于有一定的自主能力，多数选择步行、公交与地铁。

在观察过程中，我们与8岁的三年级学生李华一起回家（见图27），发现李同学家在离学校较远的杨箕村，每次回家都要先独自搭乘公交，到站后再等待父亲骑车接送回家。

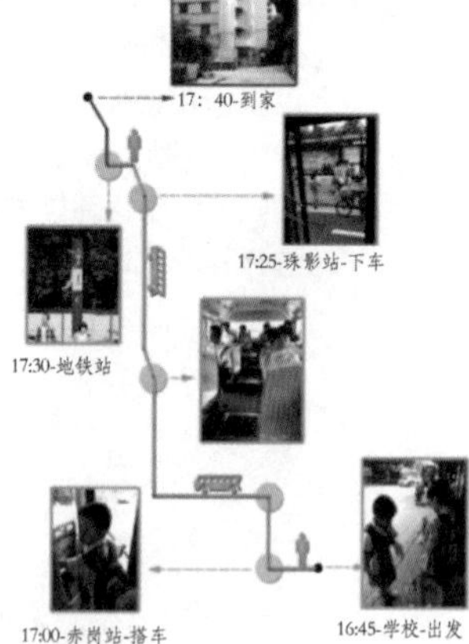

图27　李华上学路线

> 李华一二年级的时候，（年龄）太小独自上学不安全，于是我跟他妈妈轮流接送。到了三年级以后，就让孩子自己上学了。
>
> ——2012年5月23日，李华家长深度访谈记录

小结：通过对华怡小学学生总体通勤情况的分析，调查发现学生的上下学之路并不轻松。主要体现为通勤距离较远、通勤时间较长、通勤方式的选择受一定的限制。

学生通勤的不便主要由于受到户籍制度的限制，多数外来工子女只能选择民办学校；而民办学校分布不合理，质量参差不齐，家长为了获取较为优质的教育资源，舍近求远把子女送到水平较高的民办学校，使得学生的上学之路十分漫长。

漫 漫上学路 何以谓欣然
外来工子女上学路途状况调查——以华怡小学为例

（二）校车使用情况

华怡小学现有两辆校车，各负责两条线路，共接送学生153人，校车路线覆盖范围较广，但部分线路为了接送更多学生，设置上存在绕行和重复的现象，导致学生等车时间长（见图28）。因此，选择校车这一通勤方式所花费的时间长短并不直接反映学生家庭住址与学校距离的长短，存在一些距离短但通勤时间长的状况。

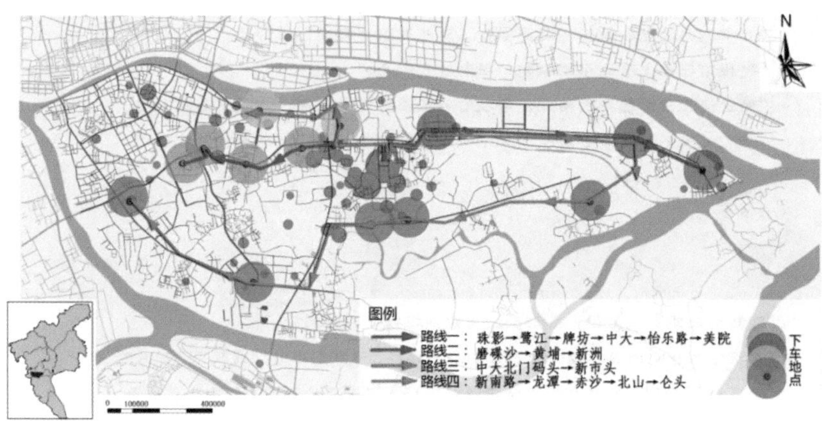

图28　校车路线

（注：两辆校车分别负责路线一、二和路线三、四，路线图根据学校校车负责人与校车司机的描述，以及组员的跟踪观察整理绘制。）

通过访谈我们也得知，一些学生选择自己坐公交或地铁，却不选择校车，原因是校车线路绕行较远，停靠站过多，耽误更多的时间。

我们在对詹明明姐妹的调查（见图29）过程中发现，姐妹俩之所以愿意花费55分钟，经过“步行10分钟—公交10分钟—地铁20分钟—步行10分钟”的历程，自己独立回家而不选择坐校车，是因为“坐校车反而绕路，候车时间长，停靠点很多，不如自己坐车上下学方便”。

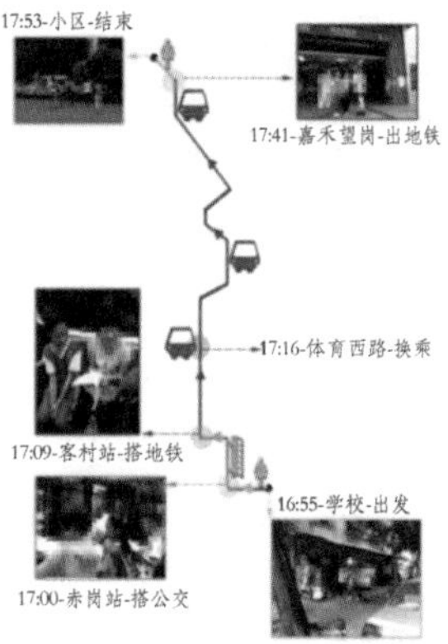

图29　詹明明姐妹回家路线

小结：校车虽然提升了学生的通勤安全性，但是线路设置过度迂回，延长了部分学生的通勤时间。

学校资金不足使得校车数量少，管理水平低造成线路设置不当、绕行严重，这些导致了校车并未显著改善学生通勤情况。

漫 漫上学路 何以谓欣然

外来工子女上学路途状况调查——以华怡小学为例

（三）学生可达性感知（满意度）情况

本组通过问卷统计以及与多位学生的访谈从中了解到：大部分学生喜欢并享受上下学的路途，只有18%的学生明确表示不喜欢上下学的路途（见图30、图31）。

小结：多数同学对于上学的路途比较满意，但存在一定安全隐患。

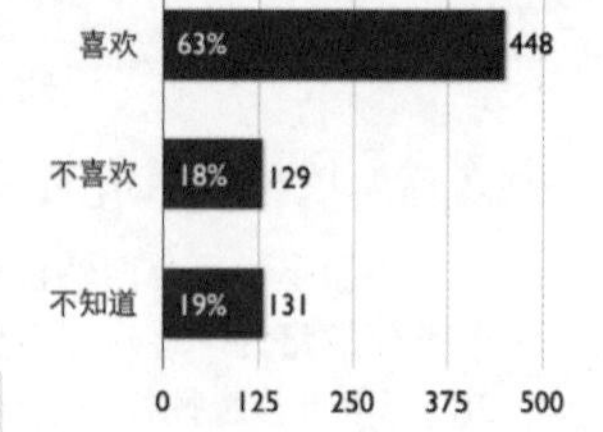

图30　学生可达性感知情况

"上学的路上能和同学一起买零食，路边有很多花草，很好玩。"

"我经常在路上看到小猫小狗，经常逗它们玩。"

"坐公交车很好玩，因为外面可以看到很多有趣的东西，而且车上很凉快。"

"每天坐校车的时候都可以和同学一起玩游戏，虽然要坐很久但是很开心。"

"我很讨厌走路来上学，因为路上有很多垃圾，又脏又臭。"

"每天下公车之后都要过一个很大的交叉路口，很多车不守交通规则，很危险。"

"每次爸爸来接我都会问我考试考得好不好，而且还会在街上说我，很丢脸。"

图31　学生对上下学路途的感知

四、华怡小学学生可达性分析

为定量衡量学生可达性状况，我们选取通勤距离、通勤时间、交通方式与年龄四个因子，利用SPSS软件进行赋值、数据标准化处理后，进行主成分分析，分析全校学生上学可达性。

（一）赋值及数据标准化

四个因子的赋值原则为"通勤越易，赋值越高"（见表3），赋值完成后进行数据标准化。

表3 因子赋值

因子	内容	赋值
通勤时间	5 10分钟	4
	10 20分钟	3
	20 30分钟	2
	30分钟以上	1
通勤方式	家长骑车接送	5
	步行	4
	校车	3
	公交	2
	地铁	1
通勤距离	<2千米	3
	2～5千米	2
	>5千米	1
年龄	13岁	8
	12岁	7
	11岁	6
	10岁	5
	9岁	4
	8岁	3
	7岁	2
	6岁	1

（二）主成分分析得可达性得分公式

（注：取样足够度的Kaiser-Meyer-Olkin度量值为0.616，大于0.6说明数据适合进行因子分析）

表4　KMO和Bartlett的检验

取样足够度的 Kaiser-Meyer-Olkin 度量		0.616
Bartlett 的球形度检验	近似卡方	139.029
	df	6
	Sig.	0.000

表 5 解释的总方差

成份	初始特征值			提取平方和载入			旋转平方和载入		
	合计	方差的 %	累积 %	合计	方差的 %	累积 %	合计	方差的 %	累积 %
1	1.631	40.783	40.783	1.631	40.783	40.783	1.310	32.756	32.756
2	0.994	24.846	65.629	0.994	24.846	65.629	1.041	26.019	58.775
3	0.729	18.223	83.851	0.729	18.223	83.851	1.003	25.077	83.851
4	0.646	16.149	100.000						

由成分得分系数表可写出三个主成分的具体形式（见表 6）：

Y1=0.076×年龄-0.176×通勤时间+0.559×通勤方式+0.696×通勤距离

Y2=0.942×年龄+0.007×通勤时间-0.192×通勤方式+0.238×通勤距离

Y3=0.005×年龄+1.049×通勤时间-0.143×通勤方式-0.097×通勤距离

通过解释的总方差表可得三个主成分的加权系数

表 6 成分得分系数矩阵

	成份		
	1	2	3
Zscore(年龄)	0.076	0.942	0.005
Zscore(路途时间)	-0.176	0.007	1.049
Zscore(到校方式)	0.599	-0.192	-0.143
Zscore(距离赋值)	0.696	0.238	-0.097

Y=1.631/(1.631+0.994+0.729) ×Y1+0.994/(1.631+0.994+0.729) ×Y2+0.729/(1.631+0.994+0.729) ×Y3

即：**可达性得分=0.317×年龄+0.344×通勤时间+0.184×通勤方式+0.387×通勤距离**

（三）公式解释及运用

1.四个因子的影响力不同

由公式与赋值原则可知，通勤难易度与年龄、通勤方式正相关，与通勤时间、通勤距离负相关。其中，通勤时间与通勤距离对可达性得分的影响最强，年龄次之，通勤方式最弱（见表 7）。

表 7 因子与可达性的相关性

因子	实际值	赋值	可达性	因子与可达性的相关性
年龄	↑	↑	↑	正相关
通勤方式	↑	↑	↑	正相关
距离	↑	↓	↓	负相关
时间	↑	↓	↓	负相关

2.多数学生上学可达性较差

根据问卷数据和可达性得分公式，计算出全校学生的上学可达性得分：学生可达性得分范围为 2.234～5.993，即通勤最困难的学生得分为 2.234，通勤最便捷的学生得分为 5.993。结合实际情况，我们设置了合理可达性点、较差可达性点、很差可达性点，以衡量学生的可达性情况，如表 8 所示。

表 8 理想点可达性得分

节点	年龄	通勤时间	通勤方式	通勤距离	可达性得分
合理点	10岁（5）	5~10分钟（4）	步行（4）	<2公里（3）	4.868
较差点	10岁（5）	20~30分钟（2）	校车（3）	2~5公里（2）	3.599
很差点	10岁（5）	30分钟以上（1）	公交（2）	>5公里（1）	2.684

漫 漫上学路 何以谓欣然

外来工子女上学路途状况调查——以华怡小学为例

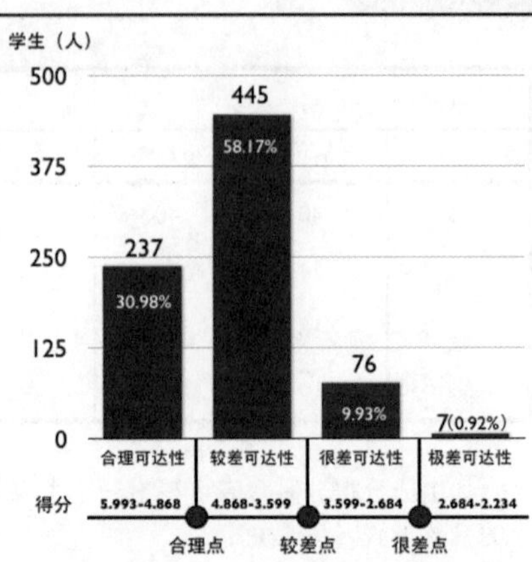

图 32　可达性区间得分统计

从图 32 可以看出，可达性得分在合理范围内的学生只占 30.98%，其他学生可达性均差。其中 58.17%的学生上学可达性处于“较差可达性”，9.93%的学生处于“很差可达性”，还有 0.92%学生处于“极差可达性”。结合全体学生可达性得分的平均值为 4.73（处于“较差可达性”）可知，华怡小学多数学生上学可达性较差，如图 33 所示。

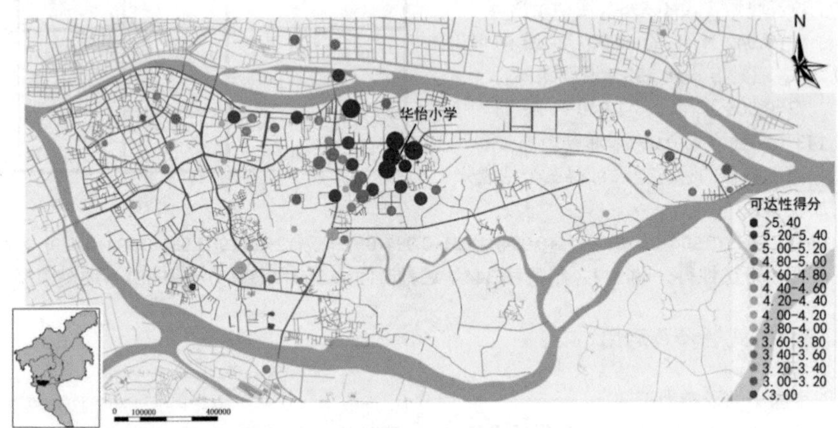

图 33　可达性得分分布图

（注：圆点大小表示人数多少，该图结合学生家庭地址与可达性得分，利用 ArcGIS 与 Photoshop 作图）

一、华怡小学学生通勤满意度分析

（一）满意度高的学生通勤特征

通勤满意度高的学生通勤距离集中在 2 千米以内（见图 34），通勤方式主要为步行（见图 35），但通勤时间集中在 10～20 分钟，而不是最短的 5～10 分钟（见图 36）。同时，在个案和意象题的分析中，本组发现：某些可达性得分较低的学生反而具有较高的满意度，而某些得分较高的学生满意度却较低。

因此，综合考虑可达性与满意度两方面，适合小学生的通勤距离应该是 10～20 分钟的步行范围。

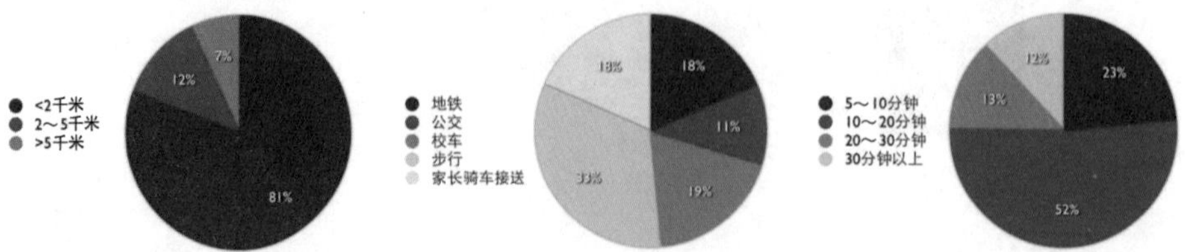

图 34　通勤距离满意度分析　　图 35　通勤方式满意度分析　　图 36　通勤时间满意度分析

（二）影响学生可达性感知（满意度）的因素

1.满意度与可达性得分无关

利用SPSS软件将满意度与可达性得分进行相关分析，发现二者并无相关关系，如表9所示。

表 9 满意度与可达性得分相关分析

		通勤满意度	可达性得分
通勤满意度	Pearson 相关性	1	0.009
	显著性（双侧）		0.808
	N	708	708
可达性得分	Pearson相关性	0.009	1
	显著性（双侧）	0.808	
	N	708	714

2.学生手绘意象图体现其满意度受多重因素影响

（1）意象因素分类。

通过对学生描绘的意象元素进行总结归类，得表 10。

表 10　意象因素分类

	道路元素	标志物元素	节点元素	其他元素
喜好	曲折的小路 绿化优良的马路 车辆较少的马路	学校 绿化带 小吃店 宠物店	广场 地铁站 公交站	伙伴同行 帮助行人 小动物
厌恶	有垃圾的道路 斑马线 十字路口	垃圾场 公共厕所	天桥 缺乏管制的地下通道	电动车 摩托车 大卡车 路途中家长说教

学生喜欢上下学的丰富路途，如有的虽然道路曲折，但路边的绿化优良，风景怡人，或有伙伴同行；同时，学生表现出对路途中小吃店、宠物店、小动物的喜爱，并乐意帮助行人。对于存在安全隐患的因素如斑马线、十字路口、缺乏管制的地下通道、电动车等，以及垃圾场、公共厕所等会对道路环境产生影响的设施，学生均十分排斥。此外，一些家离学校很近，由家长接送的学生，却因为父母会在路上说教而厌恶上下学之路，导致满意度较低（见图 37）。

图 37　学生手绘意象图摘选

（2）意象因素解释。

①好奇心强。小学生这一群体充满童心、好奇心强，对曲折的道路、动物、小食店等充满兴趣。

②安全意识高。小学生上下学的安全意识较高，对具有安全隐患的现象，如交叉路口车辆众多、违规、地下通道缺乏管制等，表示厌恶并主动避让。

③具有交友需求。小学生这一群体的交友需求体现在渴望与家人朋友有更多的沟通机会。在上下学的道路上，他们希望有伙伴的陪同、家长的指引，因此喜爱伙伴陪同，甚至帮助行人。然而家长在接送学生的路途中，对其过多的说教与批评则会导致小学生产生排斥心理。

六、建议与总结

（一）建议

1.对华怡小学的建议

（1）校车路线。

本组通过对不同站点下车学生数以及路线的重新整理，给出以下方案：将原路线一、四重组变为新路线三和新路线四，路线二保持不变，原路线一增加一个下车站点，如图 39 所示。

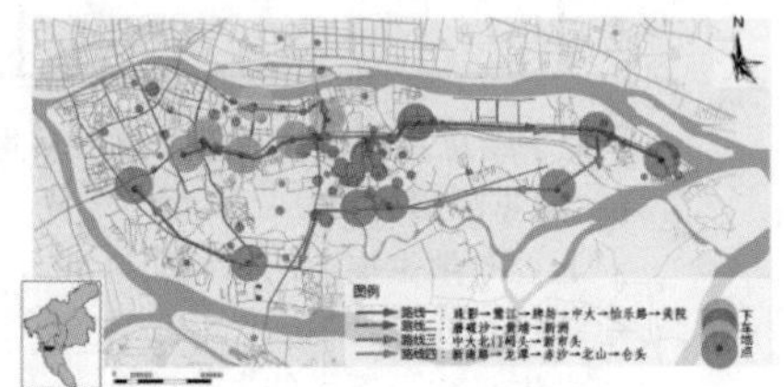

图 38　原有校车路线图

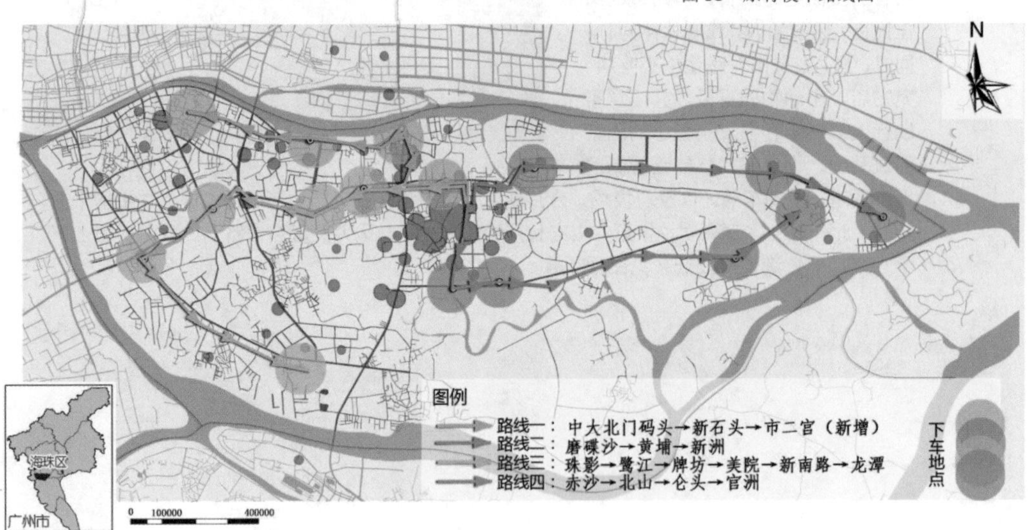

图 39　新校车路线图

（2）学生出行。

结合小学生年龄特征，路线相近的同学可以形成“路队”一同步行，比如同住在华怡小区的学生，增添上下学的趣味，提高安全性，同时满足小学生的交友需求。

（3）学校管理。

华怡小学很多学生中午不回家，直接原因在于家庭距离远。对此学校应该做好留校学生的集中供餐、休息、管理等方面的工作，为学生提供一个良好的午休环境，减轻学生的通勤负担。

2.对管理部门的建议

（1）小学布局。

目前小学的合理服务半径为500米，但是根据本组调查，学生满意的服务半径应该是10～20分钟的步行范围。海珠区的小学主要集中在西部特别在宝岗一带，在官洲、新窖等东部街区小学则较少。对此应该从区域层面合理配置资源，解决学生就近上学难的问题。对此，我们建议在东区交通便利的地区适当增加小学，如图40所示。

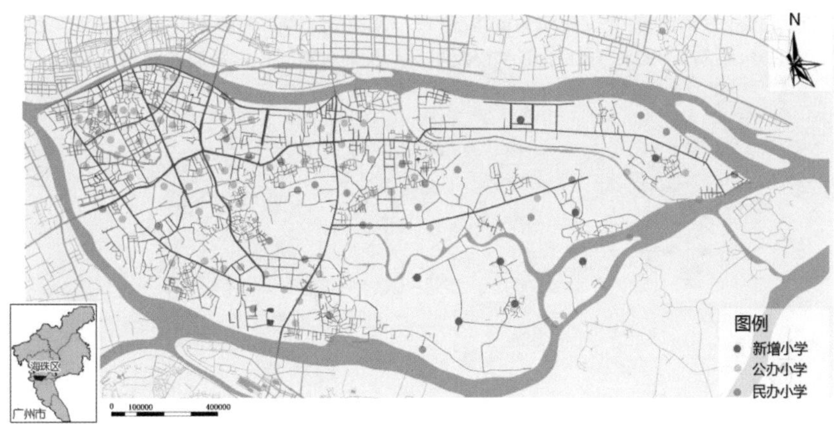

图40　海珠区新增小学示意图

（2）资金投入。

加强对民办学校的资金投入，并适当给予政策支持，整体提升民办小学的办学质量，改善其水平参差不齐的状况。

（3）路况美化。

改善通勤状况，需要考虑到小学生的年龄特征，通过改善学校周边的路况、公共交通设施、公共休闲场所等，营造舒适的出行环境，提高学生上下学的安全性以及满意度。

（二）总结

通过调研，本组发现在华怡小学就读的外来工子女个人可达性较差，普遍存在通勤时间长、通勤距离远、通勤方式选择受限、存在安全隐患等情况。另外，通过对满意度的分析，本组发现学生的满意度与可达性状况不直接相关，而与路途环境、交通状况等有关。多数学生更喜欢有趣的、花费一定时间的上学路。目前的相关规定只对学校服务半径有所要求，而忽略了影响学生上学可达性的其他要素，更是缺少对学生心理满意度的考虑。外来工子女的上学可达性体现了他们获取城市教育资源的难易程度，关乎教育公平；而孩子们路途满意度则体现了儿童群体的心理需求，关乎年轻一代的健康成长。因此，社会全体应该共同努力，为外来工子女提供一条安全、有趣、充满美好童年回忆的开心上学路。

参考文献

[1]刘莉.农民工子弟学校合理性分析及政策建议[J].法制与社会，2007（10）.

[2]崔海军.农民工子女在义务教育阶段的教育不公平现象分析[J].理论观察，2005(6).

[3]周佳.农民工子女义务教育:从教育问题到教育政策问题[J].当代教育科学，2004（17）.

[4]陈红燕.流动儿童学校生存与发展研究[D].南京师范大学，2004.

[5]王培同.流动人口子女教育的城市化分析[D].首都师范大学，2006.

[6]莫怡文.权利的贫困——浅谈农民工子女教育困境的原因[J].台声.新视角，2005（2）.

[7]杜科夫.深圳流动人口子女教育探索[D].华中师范大学，2007.

[8]李平华,陆玉麒.城市可达性研究的理论与方法评述[J].城市问题,2005（1）.

[9]张纯，郑童，吕斌.北京流动儿童就学的校车线路研究[J].规划师，2012（5）.

[10]段成荣，梁宏.我国流动儿童状况[J].人口研究,2004（1）.

[11]李满贺，王文来.民工子弟学校校车安全及其对策[J].道路交通管理，2005（12）.

夜归途，“危”风起

——惠州 DP 半岛夜间出行安全性调查（2014）

夜归途，“危”风起

一、现象捕捉：城市街道的治安安全

（一）调研背景

近年来，伴随着中国都市生活节奏加快和人们收入水平提升，越来越多的都市人将夜间生活作为白天忙碌工作的一种调剂。人们夜晚外出频率显著增加，活动时间有深夜化发展的趋势。尤其是在我国南方地区，气候特征明显，日间的炎热酷晒与夜间的清凉舒适反差较大，城市的夜间经济发展更是成熟，夜间生活逐渐成为人们日常行为中不可或缺的一部分。

然而，繁荣的夜间经济与夜间生活也带来了更多的夜间街面犯罪问题，并有从大城市扩散到中小城市的趋势，影响社会的稳定与和谐。据 2012 年 12 月中国社科院一项覆盖全国 38 个城市 25000 多份问卷的安全感调查显示，仍有 39.91%的人在深夜不敢外出。如何提升夜间街道治安安全并增强人们出行的安全感，是规划师、管理者及社会各界共同面临的难题。

（二）调研目的与意义

街道空间上，国内研究主要关注景观营造、硬件设施等，对于人们出行中最基本的安全需求不够重视；治安安全上，已有研究大多集中在住区，少有关注城市中最常见的公共空间——街道；时间维度上，已有研究较少考虑时间的变化，实际上在白昼与夜晚，街道的出行环境、治安状况和人们的心理感知都具有很大差异。本小组从典型地段的调查出发，希望实现如下目的：

（1）了解调研区域近年来夜间街面犯罪的基本情况和特点。

（2）调查不同安全性等级的路段，发现安全性与环境要素之间的关系，并归纳安全性类型。

（3）探寻部分典型路段的夜间出行安全性高或安全性低的深层原因。

（4）提出增强街道夜间出行安全性的规划建议。

（三）调研概念界定

1. 夜间出行

20:00 到 24:00 之间，城市街道空间中以步行方式出行的行为活动。

2. 安全性

特指街道夜间出行的治安安全状况（见图 1—图 3）。与夜间出行时遭遇抢劫、抢夺等客观的犯罪案件相对应，**犯罪案件多则安全性低，少则安全性高。**

3. 安全感

特指人们夜间出行中对于街道环境是否安全的感知，是一种心理上、主观上的预感和判断。

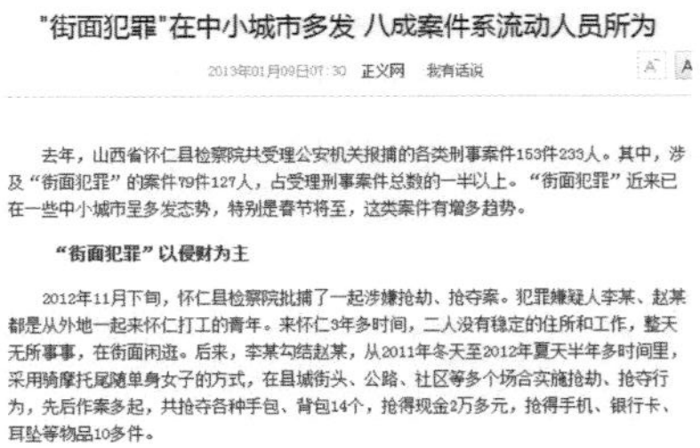

"街面犯罪"在中小城市多发 八成案件系流动人员所为

2013年01月09日07:30 正义网 我有话说

去年，山西省怀仁县检察院共受理公安机关报捕的各类刑事案件153件233人。其中，涉及“街面犯罪”的案件79件127人，占受理刑事案件总数的一半以上。“街面犯罪”近来已在一些中小城市呈多发态势，特别是春节将至，这类案件有增多趋势。

“街面犯罪”以侵财为主

2012年11月下旬，怀仁县检察院批捕了一起涉嫌抢劫、抢夺案。犯罪嫌疑人李某、赵某都是从外地一起来怀仁打工的青年。来怀仁3年多时间，二人没有稳定的住所和工作，整天无所事事，在街面闲逛。后来，李某勾结赵某，从2011年冬天至2012年夏天半年多时间里，采用骑摩托尾随单身女子的方式，在县城街头、公路、社区等多个场合实施抢劫、抢夺行为，先后作案多起，共抢夺各种手包、背包14个，抢得现金2万多元，抢得手机、银行卡、耳坠等物品10多件。

图 1　中小城市夜间街面犯罪呈多发态势（媒体报道）

图 2　调研照片

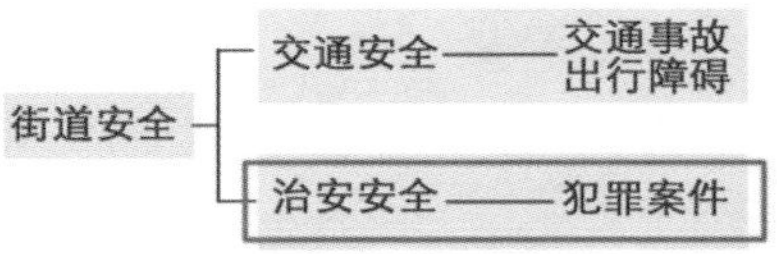

街道安全
交通安全——交通事故、出行障碍
治安安全——犯罪案件

图 3　本调研中“安全性”的定义

夜归途，“危”风起

二、探索过程：由面及点的调焦模式

（一）调研区域

本调研以广东省惠州市DP半岛作为调研区域（见图4）。DP半岛位于惠州的中心城区，岛上除了几座与外部连通的桥梁以外，仅有两条与周边相连的道路，四面环水，是一个相对独立、城市功能完善的区域。

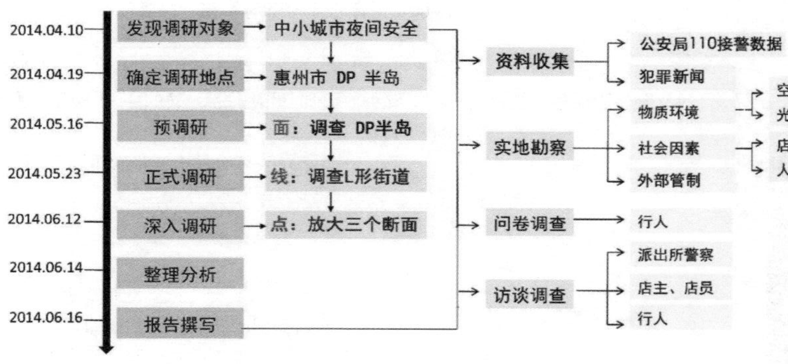

图5　调研框架

（二）调研思路

调研过程以“面—线—点”层层深入并放大的思路展开。

面：预调研中，了解整个DP半岛街道夜间出行安全的基本状况。

线：为进一步了解安全性与街道环境要素的关系，选取L形街道正式调研，发现L形街道可划分为不同安全性等级和类型的7个路段。

点：基于正式调研的结果，在L形街道上选取3个典型节点开展深入调研，尝试揭示影响三个节点安全性的深层原因并剖析行人的安全感知。

（三）调研方法

采用问卷、访谈、实地踏勘等方法获得DP半岛夜间出行安全状况的第一手资料，借助公安局犯罪数据获取详实现状，辅以文献查阅法建立相应的理论基础。

1. 资料搜集法

通过网络关键词搜索2006年以来惠州DP半岛的夜间犯罪新闻，结合当地公安局的110接警数据整理犯罪案件。

2. 实地踏勘法

在白天记录街道的空间形态，在夜晚进行街道照明测度、人流量观测、店铺统计等工作(见图7)。

3. 问卷调查法

预调研阶段，在半岛内随机向行人发放问卷30份，回收30份，有效率100%。正式调研和深入调研阶段，在重点调研街道上随机向行人发放问卷100份，回收90份，并向沿街店铺发放问卷35份，有效率92.5%（见图8）。

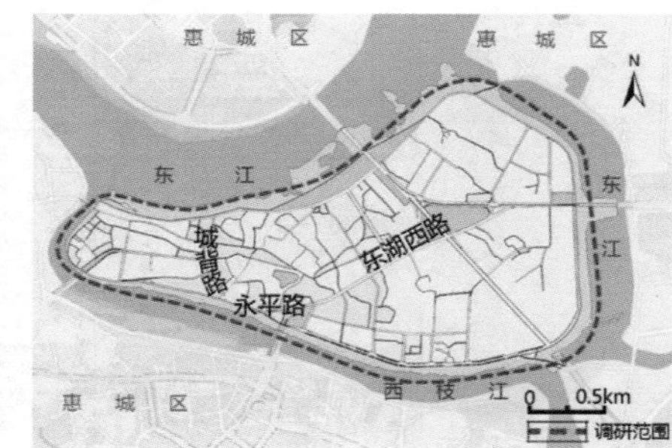

图4　调研区域

图6　实地采访

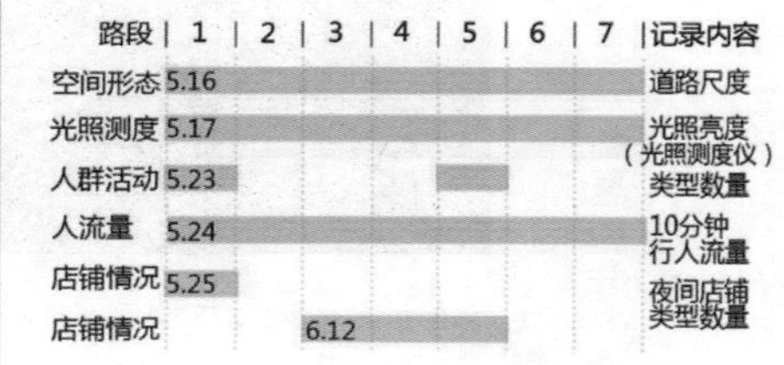

图7　实地踏勘法的具体内容

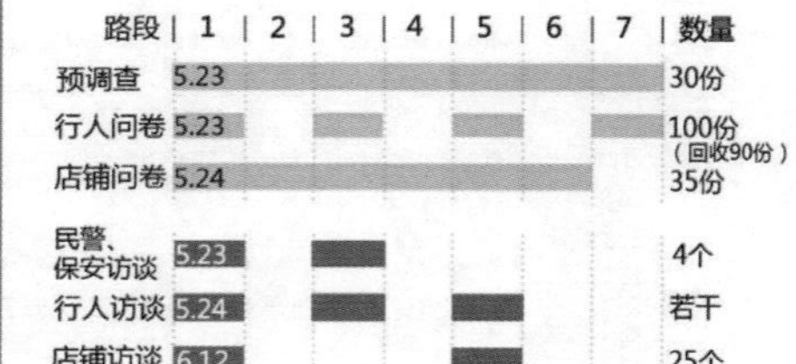

图8　问卷及访谈的具体安排

4. 访谈法

预调研阶段，与当地公安局保密科相关负责人及巡警进行半结构式访谈。正式调研和深入调研阶段，对社区保安、临街商铺及行人进行半结构式访谈。

三、广角视野：DP 半岛的安全现状

（一）类型：抢劫抢夺为主

对 2006—2013 年的 110 接警数据进行筛选后，发现 DP 半岛夜间街面犯罪类型以抢劫和抢夺为主（图 9）。

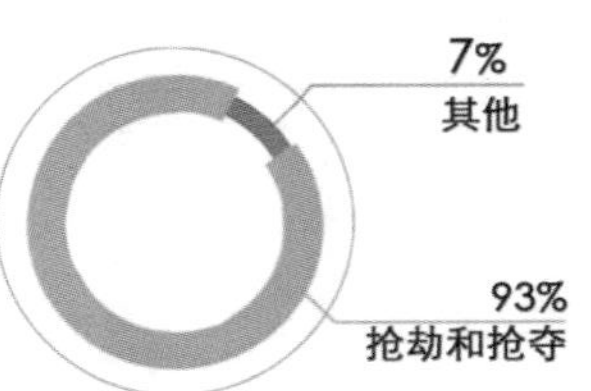
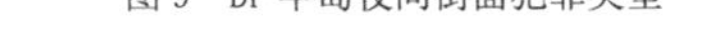

图 9　DP 半岛夜间街面犯罪类型

（二）时间：20:00～24:00

按年变化看（见图 10），近 8 年的街面犯罪案件数呈现波动变化，近年来有所回升；按日变化看（见图 11），夜间 20:00～24:00 是明显波峰，该时段的犯罪案件最集中。

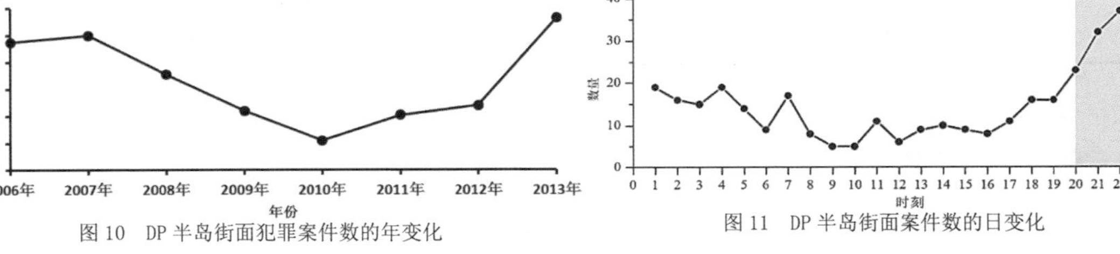

图 10　DP 半岛街面犯罪案件数的年变化

图 11　DP 半岛街面案件数的日变化

（三）空间：高危的交叉口

夜间街面犯罪案件的空间分布极不均匀，高危区和安全区的分布具有显著差异（见图 15）。高危区大多在高等级城市道路的交叉路口或是与河对岸连接的重要出口。

在 DP 半岛内选取一条生活性的 L 形街道（见图 13）。调查街道的环境要素，并发现其与安全性的关系。

L 形街道从老城区一直穿越到新城区，并且路段的安全性等级富有变化、层次丰富，具有一定典型性。可以进一步根据安全性等级将 L 形街道划分为 7 个路段（见图 14）。

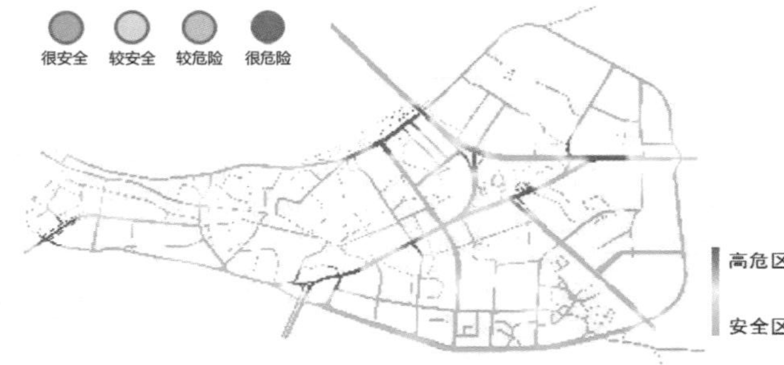

图 15　DP 半岛夜间犯罪区域地图（2006—2013）
（小组根据 110 接警数据，利用 ArcGIS10.0 绘制）

图 12　半岛某交叉路口的夜宵摊

访谈小摘录

“这边（DP 半岛）的犯罪情况在整个惠州来说还是比较典型的。犯罪的案件数大概处在中上的水平吧，这几年在统计方法上更精确了。DP 这边的夜间活动当然算是比较多的。”

——公安局保密科某主任

图 13　L 形街道的夜间犯罪区域地图

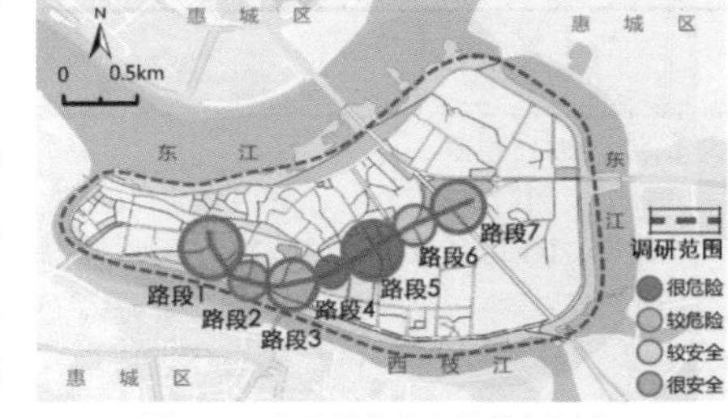

图 14　7 个路段的安全性等级划分

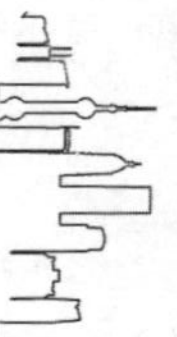

夜归途，“危”风起

四、拉近焦距：L 形街道

（一）物质环境：空间与照明

1. 空间形态——D 值比 D/H 值更重要，D≤30m 有利于增强安全性和安全感

◆D 值较小的路段往往是生活气息浓郁、安全性高的次干道或支路（D≤30 m），如路段 1 和 2，空间尺度宜人，视线通透，能为两侧的居民和店铺监视街道安全提供有利条件；D 值较大的主干道（D>30 m）则安全性较低，空间尺度不近人，交通穿越性较强，不利于监视作用的形成（表 1）。

表 1　7 个路段的空间形态

路段		路段1	路段2	路段3	路段4	路段5	路段6	路段7
安全等级		很安全	很安全	较危险	很危险	很危险	较安全	较危险
空间形态	横断面							
	D/H	1.2	1.3	1.7	1.3	2.5	5.8	6.3
	D值	14m	24m	38m	42m	32m	40m	45m

◆D/H 值与安全性的关系则较弱。这是由于在夜间环境下，D/H 值并不像白天一样能很好地反映空间形态。

2. 照明强度——照度 15 lux 是临界值

◆ 路段 1 的灯光颜色为暖黄色，其余均为冷色调的白色（见图 16）。

◆ 路段 1 的路灯较矮，与行道树在高度上错开，构成了光环境的主要部分。而主干路上（路段 4、5、6）的路灯被行道树遮挡，店铺灯光、广告牌是光环境的主要部分。

◆ 照度小于 15 lux（路段 3、7）的路段安全性低，行人的安全感很差。

◆ 照度大于 15 lux 有利于增强行人的安全感，但路段实际的安全性不一定高。这是由于安全性还会受到其他因素影响。

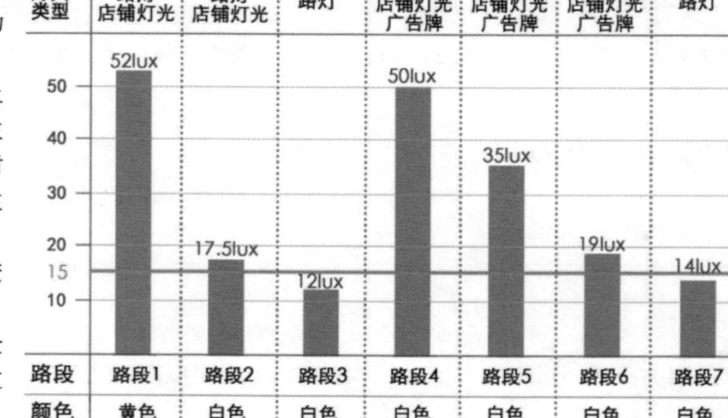

图 16　L 形街道照度分布及灯源类型

> 访谈小摘录
>
> “这条路（路段 1）走起来感觉挺好的，两边都看得很清晰，没有那种走在大马路孤零零的感觉。而且大马路那么多汽车从中间过，人走在人行道上感觉不好。”
>
> ——路段 1 的某初中生

以D值为依据，将7个路段的空间形态分成四类。

D值类别	类别特征
有强利于安全增性 ↑	城市支路且D值小于20m
	城市次干路且D值在20~30m内
	城市主干路且D值在30~40m内
不强利于安全增性 ↓	城市主干路且D值大于40m

路段	1	2	3	4	5	6	7
D值类别							

> 访谈小摘录
>
> “这个地方（路段 3）那么黑，前面是谁都看不清，当然会怕！”
>
> ——路段 3 的某女生

以路段的平均照度为分类依据，将七个路段的照明情况分为四类

光照强度类别	类别特征
有强利于安全增性 ↑	45~60（lux）
	30~45（lux）
	15~30（lux）
不强利于安全增性 ↓	15（lux）以下

路段	1	2	3	4	5	6	7
照明强度类别							

图 17　7 个路段的安全性等级划分

（二）社会因素：店铺与人群

1. 营业店铺——类型比数量更重要，复杂分散的类型组合会降低安全性

- ◆ 夜间更多的营业店铺有利于增强行人的安全感，行人在感知到危险时会将店铺视作"避风港"。但更多的营业店铺与更高的安全性没有必然关系（见表 2），因为它们并不都是对街道具有监视作用的"街道眼"。
- ◆ 不同类型店铺的组合方式对安全性的影响更大。功能构成集中、相似的路段（路段 1、2）安全性较高；功能分散并且有卡拉 OK、网吧、舞吧等夜间娱乐设施的路段（路段 4、5）很危险，因为丰富的商业功能吸引了更多的夜间消费者，同时也导致了人员混杂。

表 2　7 个路段的营业店铺情况

路段	路段1	路段2	路段3	路段4	路段5	路段6	路段7
安全等级	很安全	很安全	较危险	很危险	很危险	较安全	较危险
开店比例	60.5%	53.9%	36.7%	98.3%	59.6%	56.9%	60.0%
店铺类型	专业店 13，餐饮 8，便利店 7，住宿 1	专业店 12，餐饮 4，便利店 2	便利店 2	餐饮 8，便利店 2，娱乐 1	专业店 30，便利店 11，餐饮 10，住宿 6，娱乐 5	专业店 12，餐饮 3，便利店 2	大型购物中心 1

2. 人群活动——多且杂的流动人群降低安全性，熟识的停滞人群增强安全性

- ◆ 多且杂的流动人群（路段 4、5）对路段的安全性最为不利（见表 3）。这些流动人群主要来自周边功能丰富的商业店铺和公交站台（路段 5 的公交站有 16 条线路经过），人们缺少认同感和凝聚力，潜在的犯罪机会大。
- ◆ 停滞人群对街道的监视作用较强，而且相互熟识的停滞人群（路段 1、2）更易于形成领域感，对所处的街道产生责任意识，进而提高路段的安全性。

表 3　7 个路段的人群活动

路段		路段1	路段2	路段3	路段4	路段5	路段6	路段7
安全等级		很安全	很安全	较危险	很危险	很危险	较安全	较危险
流动人群	人流量	111	44	31	142	240	177	31
	单一/杂乱							
停滞人群	活动类型	水果摊 夜宵摊 便利店门口聊天	饭后锻炼	无	夜宵；摩的载客	夜宵 摊贩 等公交、摩的载客	摊贩	广场舞 绿地内散步
	熟识/陌生							

访谈小摘录

"我们这些店的员工，坐在收银台这里哪里看得到外面。再说客人这么多，不会有时间看外面，工作的时候都不会特意去看外面的。"

——路段 5 吉客来便利店店员

以店铺类型为依据，将7个路段的店铺情况分成四类。

店铺类别（有强利于安全增性 → 不强利于安全增性）｜类别特征：
- 类型相似且店铺数量多
- 类型相似且店铺数量少
- 类型复杂且店铺数量多
- 类型复杂且店铺数量少

路段 1 2 3 4 5 6 7 ｜ 店铺类别

根据流动人群人流量多少以及杂乱程度将其划分为四类：

流动人群类别（有强利于安全增性 → 不强利于安全增性）｜类别特征：
- 量多（100人/10分钟以上）且稳定单一
- 量少（100人/10分钟以下）且稳定单一
- 量少且杂乱
- 量多且杂乱

路段 1 2 3 4 5 6 7 ｜ 流动人群类别

根据停滞人群的有无以及固定、熟识程度将其划分为四类：

停滞人群类别（有强利于安全增性 → 不强利于安全增性）｜类别特征：
- 固定的熟识停滞人群
- 不固定的熟识停滞人群
- 不熟识的停滞人群
- 无停滞人群

路段 1 2 3 4 5 6 7 ｜ 停滞人群类别

图 18　7 个路段店铺与人群情况

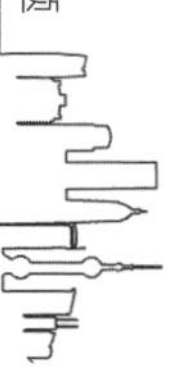

夜归途，“危”风起

3. 外部管制：巡段与盲区

- 一级、二级巡段有较强的维护街道治安的作用，但以汽车和摩托车为主要巡防方式（见表5），具有瞬时性，不具备连续性和稳定性；三级巡段区域在时间上较为连续稳定，但对街道潜在犯罪的威慑力不足。
- 增大巡段覆盖范围、减小盲区有利于增强出行的安全性。巡段覆盖程度大（路段1、2）的路段安全性高，盲区大的路段（路段3、4、5、7）安全性则较低。

表4　7个路段的外部管制力量对比

路段	路段1	路段2	路段3	路段4	路段5	路段6	路段7
安全等级	很安全	很安全	较危险	很危险	很危险	较安全	较危险
一级巡段 二级巡段 巡逻盲区							
巡逻情况	巡逻区域基本覆盖整个区域	巡逻区域基本覆盖整个区域，以二级巡段为主	路段内的东南角的绿地为盲区	路段内南边的空地为盲区	基本全是巡逻盲区	除了中心绿地，其余全为巡逻盲区	基本全是巡逻盲区

表5　外部管制解析

	巡防单位	巡防方式	巡防区域
一级巡防	辖区公安局		城市主干道
二级巡防	辖区派出所		城市次干道、支路
三级巡防	企事业单位、社区保安等		单位周边100米范围

图19　管制力量

小结：

（1）街道D值、照度、店铺类型、流动人群、停滞人群和外部管制对夜间街道出行的安全性有显著影响。

D≤30 m、照度≥15 lux、店铺类型相对集中、流动人群多而相对稳定、停滞人群多而彼此熟识和外部管制无盲区等都有助于安全性的提高。但从单个要素来看，它们与安全性并不呈正相关关系。各个要素相互组合、综合影响街道的安全性。

图20　显著影响街道安全性的要素

（2）同一安全性等级下具有不同的安全性类型，针对不同类型有相应的安全性提升策略。

将上面提到的对安全性有显著影响的要素提取出来（见表6），根据各路段的实际情况对各要素进行评价，进而得到各路段安全性类型的评价表。路段1和路段2的类型为“优丨优丨优”，说明物质环境、社会环境和外部管制三方面皆优；路段4的类型为“中丨差丨中”，说明物质环境一般、社会环境严重缺陷、外部管制一般，日后提升安全性时应重点关注社会环境的优化；以此类推。

表6　对7个路段的安全性类型评价

路段	实际安全等级	物质环境		社会因素			外部管制	安全性类型
		D值	照明强度	店铺类型	流动人群	停滞人群		
路段1	很安全							优丨优丨优
路段2	很安全							中丨优丨优
路段3	较危险							差丨中丨优
路段4	很危险							中丨差丨优
路段5	很危险							中丨差丨差
路段6	较安全							差丨中丨中
路段7	较危险							差丨中丨差

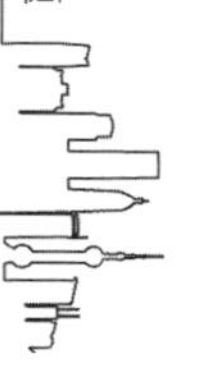

夜归途，“危”风起

五、画面定格：3 个节点的放大观察

（一）镜头一：老城区里的安全路径

1. “街道眼”是安全性高的深层原因

（1）店铺经营者形成“守望效应”。

路段 1 店铺的平均店龄为 11 年，大部分店铺经营者在夜间营业时有向外观察街道的习惯（见表 7）。其中五家店主经常在夜间走出店铺、在门前长时间照看店铺（见图 23）。

店主在夜间的视线范围大约为 124°，由此形成的监视网络基本覆盖了整个街道（见图 26），成为控制街道安全的稳定因素。

可见，城背路舒适宜人的空间尺度、老城区特有的邻里关系等都使得街道两旁的店铺营业者形成“守望效应”，充当着监控街道夜间安全的“街道眼”。

表 7　路段 1 的店铺半结构式访谈结果

店铺名称	营业年限	夜间营业时间（20时 21时 22时 23时 24时）	观察街道清晰程度	观察街道的频率
百姓大药房	6年		一般	较少
沙县小吃	6年		很清晰	经常
林记横沥汤粉王	4年		很清晰	经常
兰州手工拉面	12年		很清晰	经常
肥婆小吃店	25年		较清晰	一般
慧继副食店	23年		较清晰	一般
华润万家	12年		一般	很少
快迪便利店	5年		很清晰	经常
美宜佳便利店	3个月		很清晰	经常
椰子鸡	30年		很清晰	经常
水果摊	4年		很清晰	经常
烧烤摊	3年		很清晰	经常

“从永平路一转向城背路（路段1）的时候，行走的体验发生了变化。这里是惠州老城区的城市支路，有着亲近宜人的空间尺度，还有温暖明亮的照明灯光。晚饭后的时段还有很多居民在街边聚集休息、乘凉聊天。它在我们的犯罪地图中是一个安全性等级很高的地方。”

——摘自组员A的调查日记

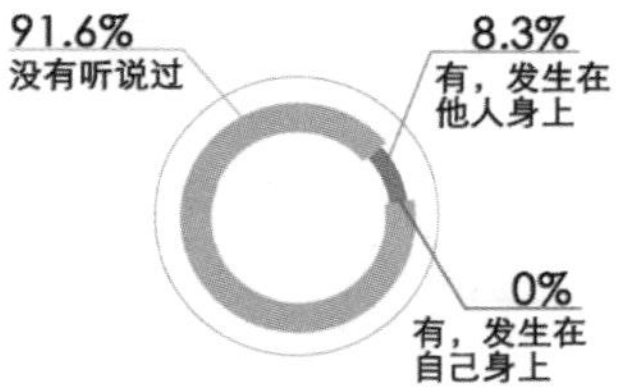

您在这个路段听说或遭遇过（抢夺、抢劫）等犯罪活动吗？

91.6% 没有听说过；8.3% 有，发生在他人身上；0% 有，发生在自己身上

图 24　路段 1 行人问卷调查结果

您担心在这个路段遭遇到（抢夺、抢劫）等犯罪活动吗？

90.9% 完全不担心；9.1% 一般担心；0% 很担心

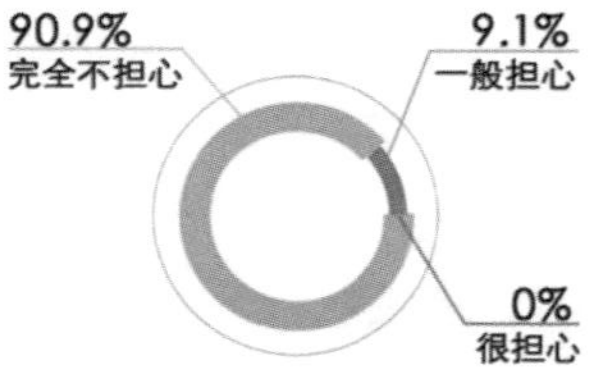

图 25　路段 1 行人问卷调查结果

（1）林记横沥汤粉王（营业4年）
（2）烧烤摊位（营业3年）
（3）椰子鸡（营业30年）
（4）摩的载客点（营业5、6年）
（5）兰州手工拉面（营业12年）

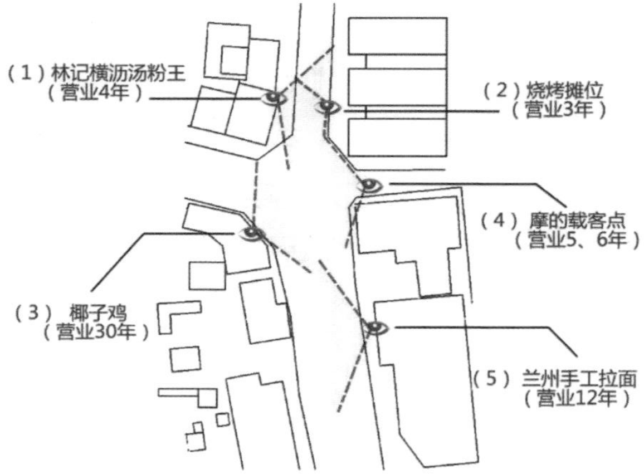

图 26　路段 1 店主的监视网络

图 21　路段 1 放大平面图

图 22　路段 1 夜间街景

图 23　路段 1 店铺的自然监视

访谈小摘录

“虽然我们是外地人，但是遇到犯罪分子一定是直接去制止他，我们这么多人，直接冲上去干掉他！”　——东林糖烟酒店经营者

“我们在这里做了 30 多年，周围的店主基本都是我们的邻居，大家都非常熟，我都能叫出他们的名字。”　——肥婆小吃店经营者

“平时开店都在路边，整晚看住整条街。”

——椰子鸡经营者

夜归途，“启”风起

（2）相对固定的活动人群守护安全。

①动态的流动人群：超过一半的行人每天晚上都会经过路段1（见图27），且有超过一半的出行目的为归家（见图28）。相对固定的夜归人群对街道及其周边的环境很熟悉，如同这条街道的“主人”。

②静态的停滞人群：

一类是附近居民饭后来街道上乘凉歇息，站在店铺前或路口与熟悉的街坊聊天。对他们而言，整条街道都属于自己日常生活的“领域”。

另一类是享受夜宵的食客。夜宵摊从店铺延伸到街道上，夜间街道的空间尺度显得更加亲切宜人，也更易于观察街道的情况（见图29）。

静态的停滞人群具有停留时间长、占用空间固定的特点，注视街道状况的几率增大。他们与店铺经营者共同形成了守护安全的“街道眼”。

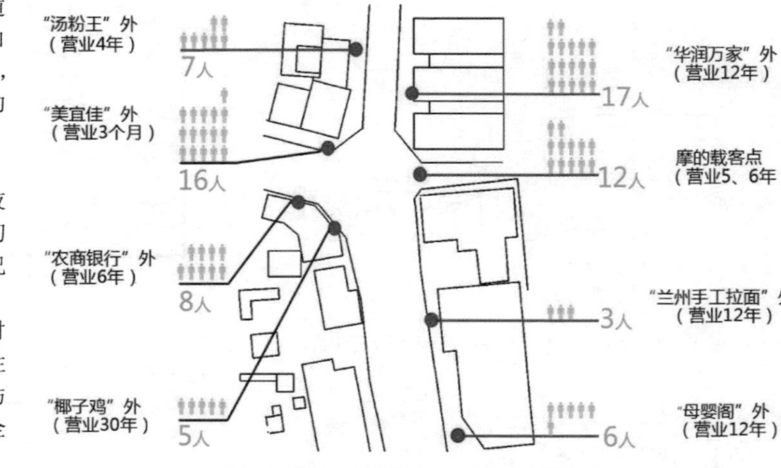

图29　路段1停滞人群在街道空间上的分布

2. 暖色调、低矮的路灯增强行人安全感

“街道眼”是控制路段1安全性的重要社会因素。回到行人自身的感知上，调查发现不同照度与颜色的街道照明与人们夜间出行的安全感知具有紧密联系。

（1）低矮、照度较强、暖黄色的路灯使街道上的行人或停滞人群感觉更安全，使街坊邻里的交流更融洽愉快，为“街道眼”的形成创造良好条件。

表8　街道上人群对照明的心理需求

人群活动	对夜间光源的心理需求
行走的人	黄色或白色/光线较强/低矮的灯光/看清路面
停滞的人	黄色/光线柔和/看清周围情况

（2）不同状态的人群（行走/停滞）对于夜间照明的心理需求具有细微差别（见表8）。

访谈小摘录

“因为我白天要出去上班嘛，一般也都是晚上这个钟回家。（每天晚上）当然都是会经过这条路的。对这里也比较熟悉的，要真的遇到了什么情况，大家第一时间看到了肯定会去阻止和报警的。”

——路段1上的某中年男子

“在这边住了挺多年，很少听说有什么抢劫。即便是遇到了，（我）大叫一声周围的人全都听到了啊。他（犯罪者）能往哪里跑。”

——路段1上的某中年女子

请问您到夜间（20:00-24:00）到该区域的频率如何？

选项	比例
几乎每晚来	52.2%
每周~5次	26.2%
每周~3次	19.4%
每周1次	2.2%
其他	0.0%

图27　路段1的行人问卷结果

请问您该次夜间（20:00-24:00）出行的目的是？

选项	比例
回家，家近	47.8%
回家，家远	4.3%
散步/逛街	30.4%
娱乐	17.4%
上班/上学	0.0%

图28　路段1的行人问卷结果

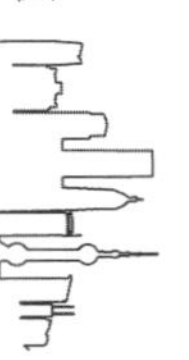

（二）镜头二：立交桥下的暗色通道

1. 照明差、路径多的空间“易犯罪”

（1）照明情况较差。

路段 3 一侧绿地的夜间光源仅来自于为北侧东湖西路的路灯，绿地内无其他照明设施，便于犯罪者隐匿。

（2）空间形态复杂，罪犯易于逃逸。

路段 3 经过立交桥构成的立体交叉空间，道路四通八达，空间形态复杂。

绿地仅由四周道路限定，向北可穿越桥洞。罪犯可选择的逃逸路线多，增加了罪犯得手后成功逃离现场的机会。桥洞与绿地相接处正是一个犯罪热点区（见图 31）。

“现在走到了**路段 3**，这里是东平半岛通往河南岸的重要出口，是**较危险**的路段。一座立交桥把这里切割成几个空间。一侧是绿地公园，里面漆黑一片，偶而有人穿过。另外一侧是居住小区和商厦，相对热闹喧哗。在我们面前出现了两条行走路径，我们要怎样选择？”

——摘自组员 B 的调查日记

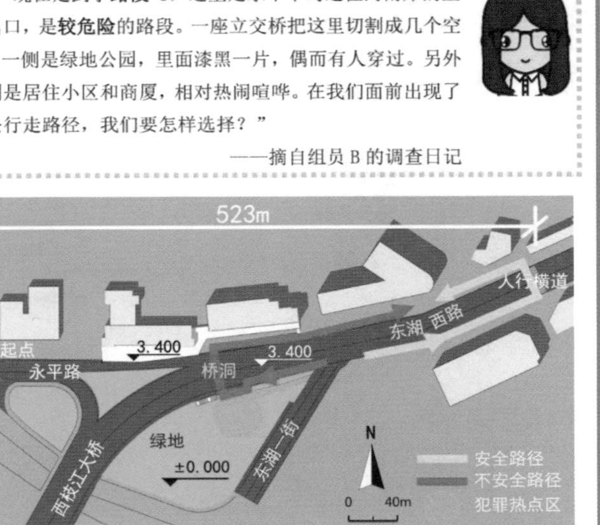

图 31　路段 3 安全路径与不安全路径平面示意图

2. 行人受捷径的“诱惑”铤而走险

经亲身行走和跟踪观察发现，从路段 3 穿越东湖西路，到达北面的居住小区存在两条截然不同的路径，但仍有许多行人明知风险而依旧选择安全感差的路径。

（1）安全路径。

东湖西路在高架路段中央设置护栏隔断，距高架段起点 523 米处才设一处过街的人行横道，不合规范要求①，而且该人行横道未设交通灯，过街时间很长。

（2）不安全路径。

东湖西路高架段下的桥洞沟通下沉绿地和居住小区，是一条过街的捷径，但却经过了犯罪热点区（见图 32）。

表 9　安全/危险路径要素对比

路径	街道要素				出行心理感受
	过街方式	途经路段	夜间人流与出行目的	街道照度	
不安全路径	桥洞	危险区	较少 在公园散步人群以及穿过人群	12lux	路程便捷，但要穿越绿地和桥洞，心理安全感差
安全路径	人行横道	安全区	较多 小区归家人群及商铺停滞人群	23lux	通行不便，但人行横道过远，心理安全感好

不安全路径过街便捷，安全路径过街难、耗时间（见表 9）。部分行人会理性地选择安全路径，规避风险。但也有部分行人抱以侥幸心理，禁不起捷径的“诱惑”。

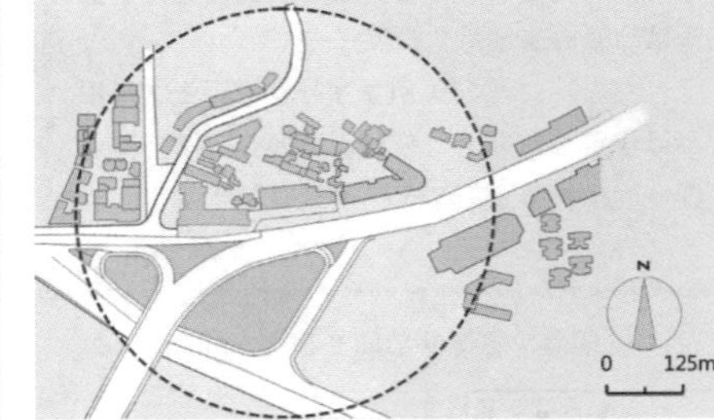

图 30　路段 3 放大平面图

访谈小摘录

“要是女生肯定不会走桥洞的，那里太黑太危险，但是我一个男生还是不会怕的。”

——在桥洞过街的男性

“人行横道远是远了点，但是安全些嘛，人多一点又亮一点，我宁愿多走几步路咯。”

——在东湖西路人行横道过街的女性

访谈小摘录

“东湖西路那条过街的人行横道上车速太快了，没有红绿灯。但是从公园桥洞那里过街我也挺怕的，桥洞下面黑漆漆的，人又少，我一个人平时也不会走的，要不是今天看到你们有人在那里我肯定不敢走。”

——在下沉绿地的年轻女性

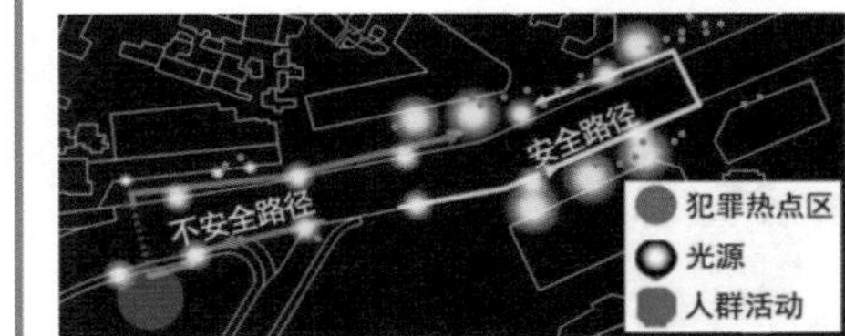

图 32　行走路径与照明及犯罪热点区的匹配

①根据《城市道路工程设计规范 CJJ37-2012》（2012）第 9.2.4 节第 1 条：“……人行横道间距宜为 250～300 米。”

夜归途，"危"风起

（三）镜头三：繁华夜市的潜伏危机

1. 冷漠的店邻关系降低安全性

（1）店铺监视作用差。

店内照明比街道照明更强，导致店员不能清晰观察到城市道路情况，缺失了对街道进行监视的基本条件。

店员平时工作繁忙，也少有时间关注街道。即便遭遇街头犯罪，店员大多采取报警或不理会的方式，会上前制止的店员很少（见图 33）。该路段的 24 小时便利店大多更加担心自身店铺财务，面对街面安全事故往往持明哲保身的态度。

（2）店邻关系[①]薄弱。

路段 5 交叉路口（见图 34）处的店铺营业年限为半年左右，而且与周边的店主或店员不熟悉。相对其他店铺而言，交叉路口处的店铺更换速度快，未形成较好的店邻关系网络。

（3）人员混杂。

路段中有大量的娱乐场所(卡拉 OK、网吧、舞吧)，人员复杂，犯罪机会多。

（2）安全感与安全性不匹配。

66%的行人表示在该路段的安全感强，完全不担心自己会遭遇犯罪事件（见图 33）。

排除行人的个人因素，发现街道上人群多、店铺多等有利于增强行人的安全感。在被问及"一条安全街道需具备哪些要素"，45%的行人选择"照明充足"和"街道人群多，热闹"（见图 37）。

对比路段 5 的安全性以及行人的心理感知（见图 38），发现两者存在不匹配。行人看来安全、明亮、热闹的街道，实际上是一个出行的高危区。

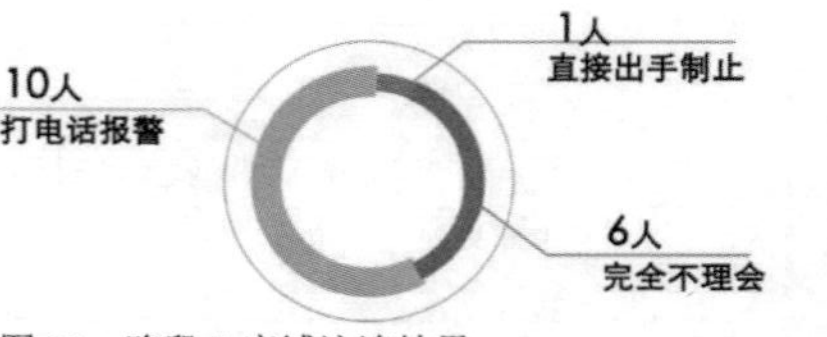

遇到街面犯罪（偷窃、抢劫）时，您怎么处理？
10人
打电话报警
1人
直接出手制止
6人
完全不理会

图 33　路段 5 店铺访谈结果

走在这个路段，你会担心遭遇抢劫、抢夺等犯罪活动吗？
65%
完全不担心
10%
一般担心
24%
很担心

图 35　路段 5 行人问卷结果

N
0
125m

图 36　路段 5 放大平面图

店铺众多 21.6%
人群热闹 45.1%
公交站点 9.8%
流动摊贩 13.7%
治安亭 35.3%
保安民警巡逻 41.2%
照明充足 45.1%
监控摄像头 35.3%
同伴 29.4%
其他 2.0%
0%
20%
40%
60%

图 37　令行人觉得安全的街道要素

路段5
人群多
店铺多
感觉
实际
热闹
人员混杂
光亮
人气
监视作用弱
安全感高
安全性低

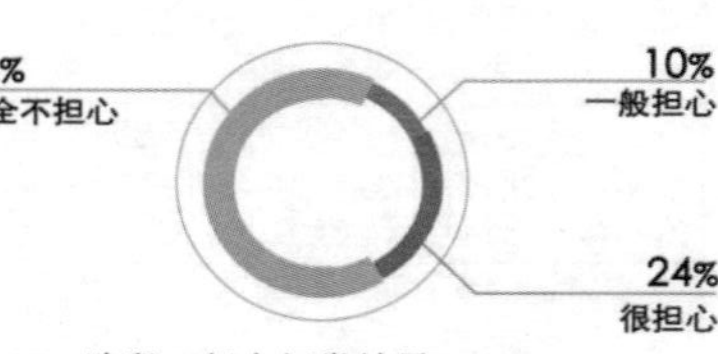

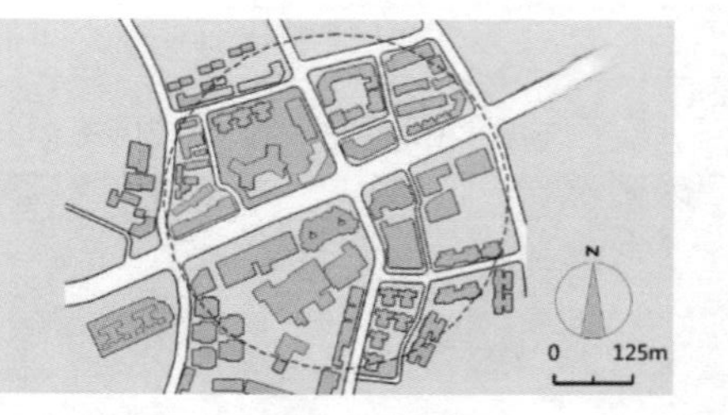

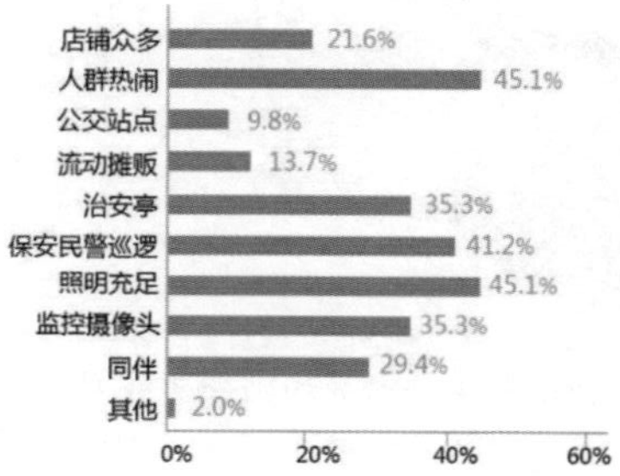

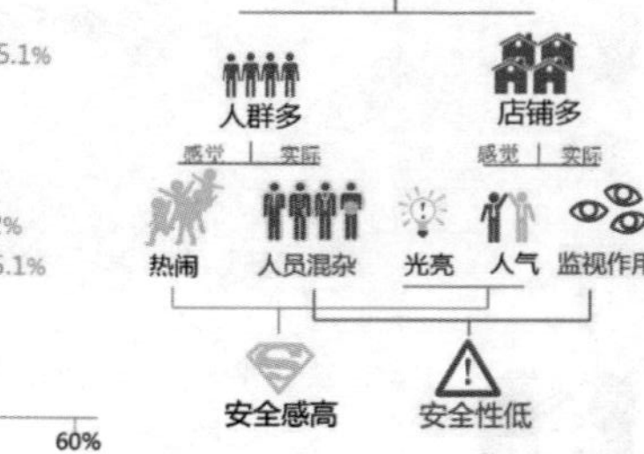

图 38　行人安全感知与安全性不匹配

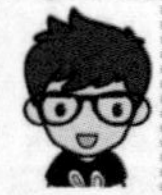

"这里是热闹繁华的**路段 5**。周边有许多的商铺，晚上还开了不少夜宵摊档，直到凌晨 2 点这里还是非常热闹的，而且交叉路口周边开设了许多 24 小时便利店。这里是我们犯罪地图上的**高危区**，但给人的主观体验却是安全的。"

——摘自组员 C 的调查日志

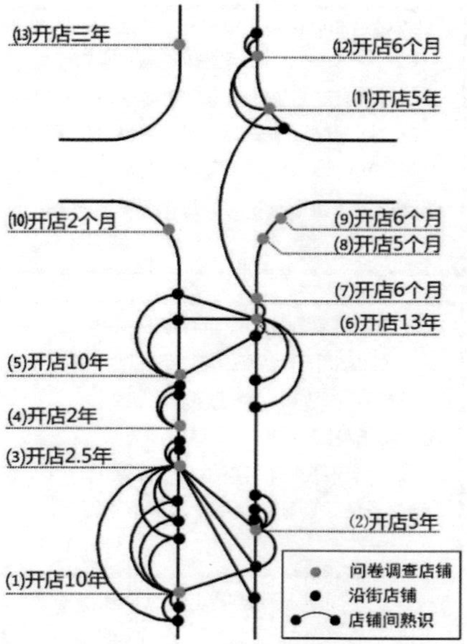

⒀开店三年
⑿开店6个月
⑾开店5年
⑽开店2个月
⑼开店6个月
⑻开店5个月
⑺开店6个月
⑹开店13年
⑸开店10年
⑷开店2年
⑶开店2.5年
⑵开店5年
⑴开店10年
问卷调查店铺
沿街店铺
店铺间熟识

图 34　路段 5 的店邻关系示意图

访谈小摘录

"晚上就只有我一个人在这里看店，一般不会去关注外面发生什么，就算有我也不会跑出去，不然就没有人看店了。"

——路段 5 吉客来便利店店主

①店邻关系：小组自创词汇。特指沿街店铺之间的"邻里关系"。

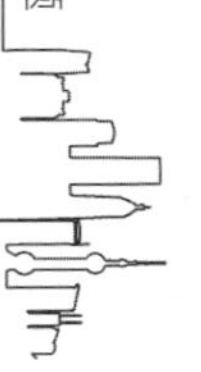

夜归途，“危”风起

六、镜头延伸：调研结论与规划建议

（一）调研结论

1. DP 半岛街道夜间犯罪以抢劫、抢夺为主，20:00～24:00 点最多，空间分布不均匀

时间上，集中在夜间 20:00～24:00 点；空间上，能根据犯罪地图划分出街道出行的安全区和高危区。本调研将半岛内的 L 形街道划分为了四级安全性等级。

2. D 值、照度、店铺类型、流动人群、停滞人群和外部管制对街道出行安全有显著影响，各要素相互组合、综合影响安全性

物质环境、社会因素和外部管制三方面要素的组合方式影响街道的安全性等级。任何单一要素都不能直接决定出行的安全性。同时，具有相同安全性等级的街道由于要素组合方式的不同，可以划分为不同的类型，如“中丨差丨中”。不同的等级和类型在规划和管理上应采用不同的防控措施。

3. L 形街道上各路段具有其深层的、特有的安全“个性”

三方面的要素组合基本可以与路段实际的安全性匹配。随着更深入的节点调查就会发现，“街道眼”是维护老城区出行安全的主导因素，交通组织的不合理会诱使行人铤而走险，看似安全的路段并非真正安全。

4. 验证了环境心理学、环境犯罪学等理论并进一步向微观空间发展

基于国外环境心理、环境犯罪等理论基础，在物质、社会和管制三方面进行验证，并突破性地向街道微观空间延伸，发现了街道内部的多样性特征，对于日后城市街道安全的调查研究具有重要意义。

（二）规划建议

1. 针对本调查中的路段

表 10　对 7 个路段的安全性提升策略

路段	路段1	路段2	路段3	路段4	路段5	路段6	路段7
安全等级	很安全	很安全	较危险	很危险	很危险	较安全	较危险
提升安全性策略	保持现状	保持现状	· 增强路灯、景观小品照明与巡逻； · 增加绿地内的公共空间节点，为周边社区的居民提供交往、休憩机会	· 增强徒步巡逻 · 适当增加便利店等生活性商业设施 · 加强宣传安全教育活动	· 增强徒步巡逻 · 提高交叉路口夜间灯光照度 · 举办街道店铺活动，培育店邻关系	· 增强徒步巡逻 · 提高两侧店铺的灯光照度	· 增强徒步巡逻 · 提高绿地灯光照明强度 · 引导广场舞等绿地内人群活动时间的延长

2. 针对日后的规划建议

（1）构建满足居民出行安全需求的规划体系。

从行人的生命财产安全和基本心理需求出发，构建维护街道安全的专项规划并纳入到城市规划体系中。

（2）完善街道设计和实施的技术指引和规范。

①生活性街道的照明照度应高于 15 lux。

②避免行道树与路灯的相互遮挡，人行道的路灯高度应低于行道树侧枝，不受遮挡。

③关注生活性街道的 D 值设置，满足行人安全感知和提升出行安全性。

④在街道上适当设计公共空间节点，为店铺经营者、行人以及附近居民提供交往、休憩空间。

（3）加强良好社会环境的引导和治安安全管理。

①注重生活性街道的店铺组合及比例，日常生活性的商业设施与娱乐性设施合理搭配。

②娱乐性设施集中的路段应大力加强外部管制。

③举办街道集体活动，进一步融洽店铺、居民与行人的关系，积极为“街道眼”的形成创造条件。

④一级、二级巡防应加强徒步、单车等慢行方式，增强管控的稳定性和连续性。

参考文献

[1]简•雅各布斯. 美国大城市的死与生[M]. 南京：译林出版社，2005.

[2]马瑞. 城市易犯罪空间研究[D]. 北京：清华大学，2010.

[3]徐磊青. 环境心理学[M]. 上海：同济大学出版社，2002.

[4]芦原义信. 外部空间设计[M]. 尹培桐，译. 北京：中国建筑工业出版社，1985.

[5]芦原义信. 街道的美学[M]. 尹培桐，译. 天津：百花文艺出版社，2006.

评语：该作品以夜间城市安全为切入点，结合网络搜索和公安犯罪数据对惠州 DP 半岛的犯罪情况进行时空分析，行文逻辑清晰，结构完整，资料充实，且理论分析得当，版面设计和制图优秀，是一份大数据背景下优秀的社会调查作品。

5　特殊群体及社区专题

一、选题分类

“特殊群体及社区”是城乡规划关注最早、研究最多且最深入的问题，而我校城乡规划专业具备人文地理背景特色，故该类主题研究较深，参赛作品皆取得较好成绩，共获三等奖 3 份，佳作奖 3 份（见表 1）。获奖作品集中关注住区的生活环境、邻里交往活动以及社会群体。生活环境方面，通过商业、住宅等住区硬件设施的分布及使用来测评生活环境的质量；邻里交往活动方面，则以交往的起因、空间、方式等要素评价邻里交往的现状，以及揭示潜在问题；社会群体方面，研究对象涉及同志、回民、侨民等社会群体，涵盖面广。

表 1 “特殊群体及社区”类型获奖作品信息

年份	等级	作品名称	学生信息	指导老师
2008	佳作	业主论坛构建新型邻里关系——以广州丽江花园为例	李奇、程璐萍、廖跃瀚	刘云刚、林琳
2009	三等	无处安放的青春——广州市棠东村蚁族生存空间调查	孙瑜康、祝智慧、刘人龙、张志君	刘云刚、林琳
2013	三等	“同志”的空间——基于身份认同的同志社区空间形成与现状研究	李冠杰、詹湛、卢俊文、谭静远	林琳、袁媛、李志刚
2015	佳作	老有“所”舞——广州市逸景翠园居住区广场舞空间现状调研报告	李浩、李晓文、彭惠雯、隋易航	刘云刚、林耿
2016	三等	“回”到广州 聚留有“缘”——广州回民教缘纽带调查	尹安妮、曾永辉、郑梓锋	林琳、袁奇峰、袁媛
2016	佳作	从“无根漂泊”到“落地生根”——广州市花都华侨农场归难侨同化适应调查	陈博文、陈俊仲、林曼妮、肖雨融	林琳、周素红、袁媛

二、研究方法

无论是住区环境还是居民 / 特殊群体交往及活动的研究，皆要从其物质载体和活动主体的情感思想、发展历程梳理、影响因素四方面着手。因此，作品普遍通过实地观察、问卷调查收集住区 / 特殊群体活动的物质环境相关信息，同时借助访谈深入了解居民 / 特殊群体的思想、情感等主观要素（见表 2）。深入至内容分析，作品皆运用统计分析对定量数据进行解读，借此反映现状特征；并结合文献及访谈内容，剖析并构建现状背后的影响因素或驱动机制。随着生活日志、生活变迁史、感知地图等质性研究方法的引入，作品的深度也逐步得到提高。

表 2 “居住及社区问题”类型获奖作品研究方法

作品名称	研究方法
业主论坛构建新型邻里关系——以广州丽江花园为例	调研方式：实地观察、访谈、问卷调查、网络观察 分析方法：统计分析、文献及访谈内容分析、定性描述
无处安放的青春——广州市棠东村蚁族生存空间调查	调研方式：实地观察、访谈、问卷调查、跟踪调查 分析方法：统计分析、文献及访谈内容分析、生活日志、定性描述
“同志”的空间——基于身份认同的同志社区空间形成与现状研究	调研方式：实地观察、访谈、网络观察 分析方法：文献及访谈内容分析、定性描述、生活变迁史、机制构建
老有“所”舞——广州市逸景翠园居住区广场舞空间现状调研报告	调研方式：实地观察、访谈、问卷调查 分析方法：统计分析、文献及访谈内容分析、定性描述
“回”到广州 聚留有“缘”——广州回民教缘纽带调查	调研方式：实地观察、访谈、问卷调查 分析方法：统计分析、文献与访谈内容分析、定性描述、插值分析、机制构建
从“无根漂泊”到“落地生根”——广州市花都华侨农场归难侨同化适应调查	调研方式：实地观察、访谈、问卷调查、跟踪调查 分析方法：统计分析、文献与访谈内容分析、定性描述、生活日志、感知地图

三、研究结论

作品结论主要集中在住区环境、邻里交往活动和特殊群体的特征、影响因素、发展历程、活动空间载体四个方面（见表 3）。具体而言，作品首先利用统计数据反映居民构成、设施使用率等研究对象的现状特征；其次挖掘现状问题；最后基于访谈内容及实地观察资料解读住区环境 / 邻里交往活动的发展机理。

表 3 “居住及社区问题”类型获奖作品研究结论

作品名称	特征	影响因素	发展历程	活动空间载体
业主论坛构建新型邻里关系——以广州丽江花园为例	传统及网络邻里交往的特征	传统邻里交往现存问题	业主论坛交往的优缺点（影响因素）	—
无处安放的青春——广州市棠东村蚁族生存空间调查	居住、消费空间的设施、活动等特征	分散于现状特征内容中	蚁族与聚居村的相互作用关系	穿插于特定类空间的特征分析中
“同志”的空间——基于身份认同的同志社区空间形成与现状研究	穿插于同志社区形成原因中	穿插于同志社区形成原因中	同志社区形成与发展机制	穿插于同志社区形成原因中

老有“所”舞——广州市逸景翠园居住区广场舞空间现状调研报告	广场舞的活动人群及活动特征	广场舞造成的空间冲突	广场舞对空间的改造	穿插于上述部分中
“回”到广州 聚留有“缘”——广州回民教缘纽带调查	穿插于影响因素	穿插于影响因素	广州回民群体发展历程	回民活动空间
从“无根漂泊”到“落地生根”——广州市花都华侨农场归难侨同化适应调查	参宴人群的情感与构成	参宴人群的情感与构成	穿插于其余部分的梳理中	村宴场所的改造与变迁

四、理论贡献

概括而言，该类作品的理论贡献在于：①研究视角的扩充。从广场舞、社区论坛等新颖的角度，对生活环境及邻里交往空间的现状特征及问题做出深刻剖析，扩充了传统居住环境及问题的研究视角，同时对更多社会现象或群体的挖掘和发展梳理。②新研究方法的运用。除去常见的统计分析、文献及访谈内容分析外，还新增了网络观察、生活日志记录、生活变迁史、感知地图等新颖研究方式，提升了资料收集的广度与研究深度。

五、研究展望

尽管我校作品对特殊群体及社区的探索视角新颖，但对现状特征的解释仍停留在统计分析的层次，计量方法的应用有待提高；对居住空间 / 邻里交往空间发展机理的探讨仍可更加深入，如在现状特征及影响因素挖掘的基础上构建空间 / 现象发展机制，进一步甄别各因素间的相互作用；同时运用更为深刻的理论对社会现象进行剖析。

业主论坛构建新型邻里关系

——以广州丽江花园为例（2008）

一、调查背景和对象

（一）调查背景

1.“远亲不如近邻”逐渐被淡忘

20 世纪 90 年代随着商品房的出现，中国城市逐渐形成了居住小区这种聚居形式，每家每户都形成了一个相对独立、私人的空间。但是由于各种不同的原因，在都市的现代居住小区中，“远亲不如近邻”的观念逐渐远去，居住小区中邻里关系普遍比较淡薄，城市居住空间变得越来越冷漠。

2. 主论坛新的邻里交流方式的出现

新的居住方式需要一种新的交往方式。在这种情况下，一种现实与虚拟相结合的交往形式应运而生，基于现实居住关系的业主论坛就是这种新生事物，这是一种在网络社会下兴起的新地缘、居住空间和技术空间的结合，形成了“新邻里关系”。

（二）调查对象

1. 业主论坛定义

本报告的调查对象是指“基于现实居住关系的，以此为纽带所形成的网络虚拟社区”（王丽娟，2006）。目前，在这种虚拟社区里面，参与的主体大部分是同一居住区的居民，所以也称“业主论坛”。

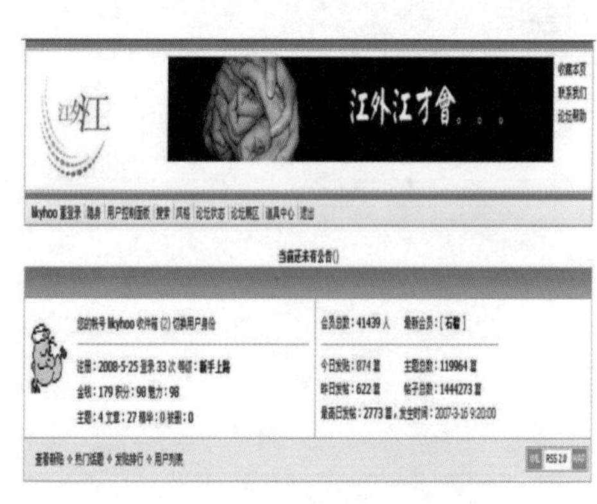

图 1 “江外江”论坛首页
http://www.rg-gd.net/index.asp

2. 调查对象的选定

目前，在广州，业主论坛已经出现了六个年头，业主论坛主要有两种组成形式，一种是公共社区论坛，其依附在一些地产门户网站上，例如搜房网上的“业主论坛”频道；另一种是独立的社区论坛，即由小区业主自己构建的拥有独立域名的网上社区。

丽江花园业主论坛——“江外江”论坛，是广州第一个由居民自发建起的业主论坛，它所在的小区“丽江花园”是 20 世纪 90 年代兴起的新型居住小区。我们选取丽江花园及其业主论坛“江外江”论坛作为我们的调查对象。

3. 调查对象简介

丽江花园位于广州市番禺区南浦岛东部，占地面积 81 万平方米，规划建筑面积 150.03 万平方米，规划居住人口 4.3 万人。

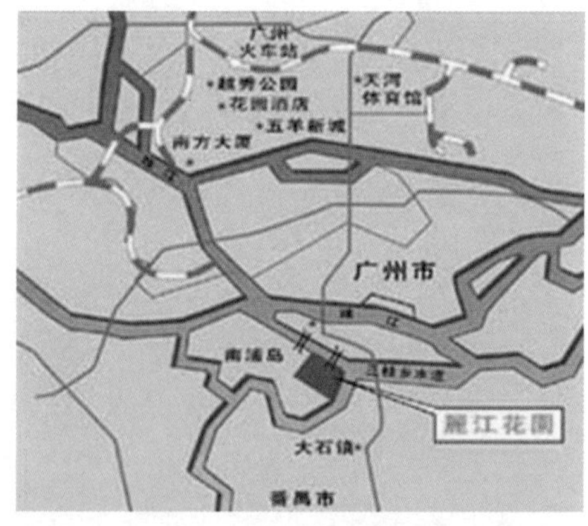

图 2 丽江花园区位图

目前，丽江花园的业主论坛主要有三个。其中发展最好、人气最高、内容最完备的是由业主自发建立的“江外江”丽江花园业主论坛，目前该论坛拥有 41427 人（截至 2008 年 7 月 7 日，15:09），并以每天十人左右的速度增长。目前日均发帖 800 左右。

二、调查思路和方法

（一）调查思路框架

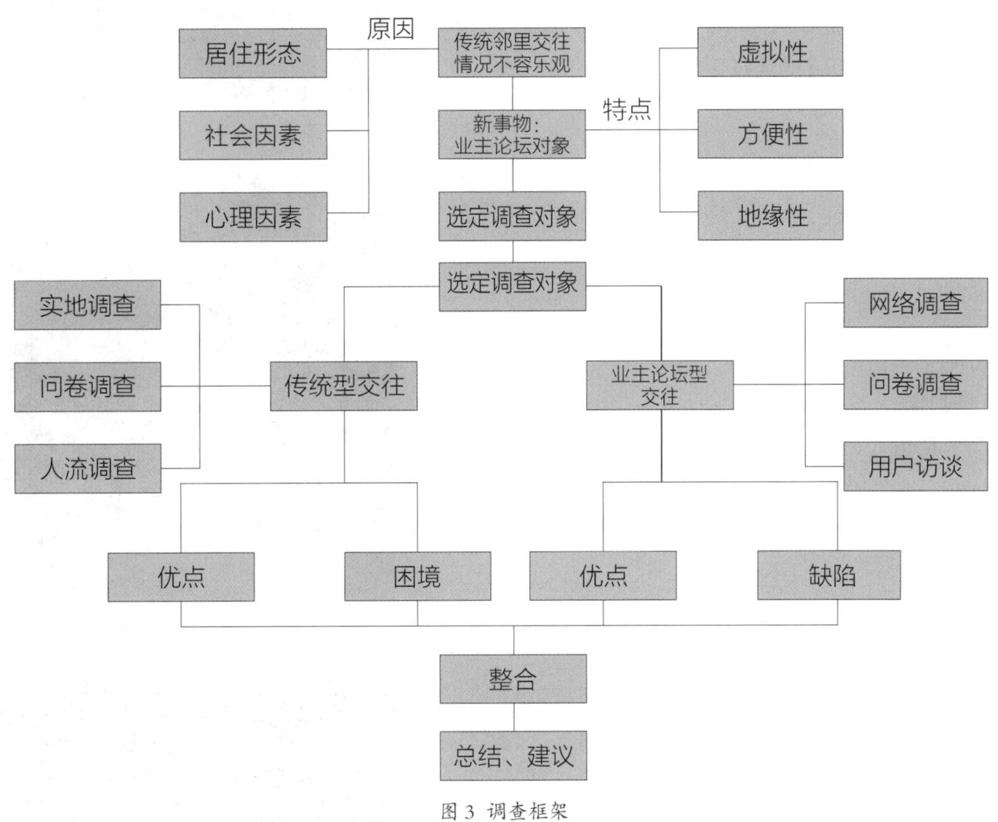

图 3 调查框架

（二）调查方法

1. 文献法

调查前我们查看了参与网络社区的交流特点、居民社区满意度与归属感、网络社区对未来房地产的影响、广州地区业主论坛的基本发展情况等相关的文献资料。

2. 实地人流调查

对丽江花园生活休闲主干道、居住区内两个中心绿地广场进行人流量统计。

3. 问卷法（实地问卷调查 & 网络问卷调查）

针对有业主论坛交流经验的（业主论坛交往型）与没有业主论坛交流经验的（传统交往型）两种人群，做了两份问卷，其中传统交往型的采取实地派发方式，业主论坛型的采取实地派发和网络问卷两种形式。共发放业主论坛交往型问卷 65 份，其中有效问卷 62 份。发放传统交往型问卷 50 份，其中有效问卷 47 份。问卷在 6 月 11 日至 7 月 4 日之间派发。

4. 访谈法

对居民进行随机访谈，对论坛的版主与用户进行 QQ 在线访谈。补充收集在问卷调查没有获得的信息和再次遇到的问题。

5. 网络观察法

对业主论坛的在线人数、发帖数、人气最高的板块等内容信息进行观察和记录资料。每隔 30 分钟记录一次论坛在线人数、发帖数，记录论坛活跃情况；搜集论坛主题数和每个板块发帖数，记录每个板块的活跃情况。

6. 实例跟踪法

对业主论坛上的人气较高的帖子进行跟踪，收集发帖与回帖信息，并对这些信息进行整理分析，记录居民在论坛上的关心事件。

（三）调查时间

1. 实地问卷调查

6 月 11 日　星期三　晴　14:00—17:00

6 月 14 日　星期六　晴　9:00—12:00

6 月 18 日　星期三　晴　14:00—17:00

6 月 22 日　星期日　晴　9:00—12:00

2. 网络问卷调查

6 月 11 日　星期三　18:30—7 月 4 日　星期五　12:00

6 月 15 日　星期二　17:00—7 月 4 日　星期五　12:00

3. 实地人流观测记录

6 月 18 日　星期三　晴　9:00—19:30

6 月 25 日　星期五　晴转阵雨　14:30—19:30

6 月 29 日　星期六　晴　9:00—12:00

7 月 5 日　星期日　晴　9:00—19:30

4. 论坛人流与帖数观测记录

6 月 15—19 日，6 月 23—26 日，6 月 28—30 日，7 月 2 日—7 月 6 日（全天或大半天每个半个小时进行记录）

5. 网络访谈

6 月 27 日　星期五　21:00—22:15

6 月 30 日　星期一　21:30—22:15

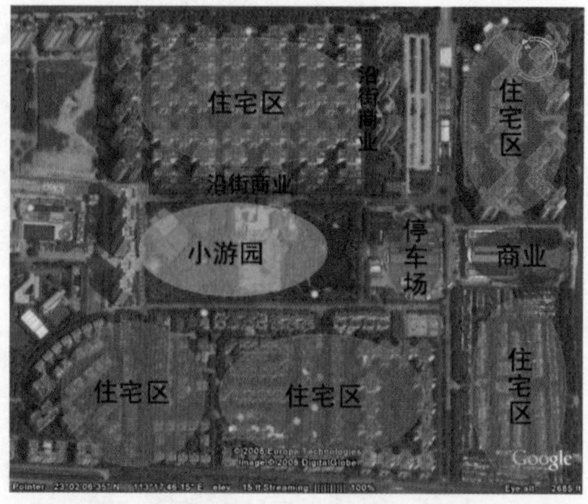

图 4　实地调查区域图 (google earth 截图)

图 5　实地调查路线图 (google earth 截图)

图 6　丽江花园附近

三、调查过程与分析

（一）传统邻里交往篇

1. 实地调查

为了了解现代小区的邻里交往情况，我们首先在丽江花园做了一个实地调查。在现代居住小区中，邻里交往的场所主要是小区的公共空间，我们设计了一个调查来了解丽江花园主要活动场所的邻里交流情况。

我们对丽江花园进行了初步调查，定出了小区的主要活动场所为处于中区的休闲活动场地，将其确定其为我们的调查区域。由于这个活动区域是一个范围很大的场地，并且四周是敞开的，因此一般的人流统计方法不适用。针对这种情况，我们设计了一个方法测量场地，以此来调查邻里交往情况。

在调查中，我们在小区的主要活动场地以正常步速在选定的居民主要活动路线上行走，记录我们遇到的小区居民数量。同时留意所遇人群的年龄特征与活动特征。我们分别于6月18日（星期三）、6月25日（星期五）、6月29日（星期六）、7月5日（星期日）进行了调查。每间隔30分钟获取一组数据。

在人流量方面，我们在近半个小时的步行活动中所遇到的小区居民比较少，平均每次在60人左右，考虑丽江花园为一个有4万人口的居住区，从利用密度来看，丽江花园的主要邻里活动场地并没有得到很好的利用。而在活动特征方面，我们发现人们多是自己活动或者和家人一起活动，没有发现邻里的群体性活动。且很多人是因为上下班或者购物路过活动场地，活动场地缺少邻里交往氛围。

同时，在年龄构成上，在小区活动场所的人群主要以中老年人与居家妇女为主。而一般的上班人士则很少出现。

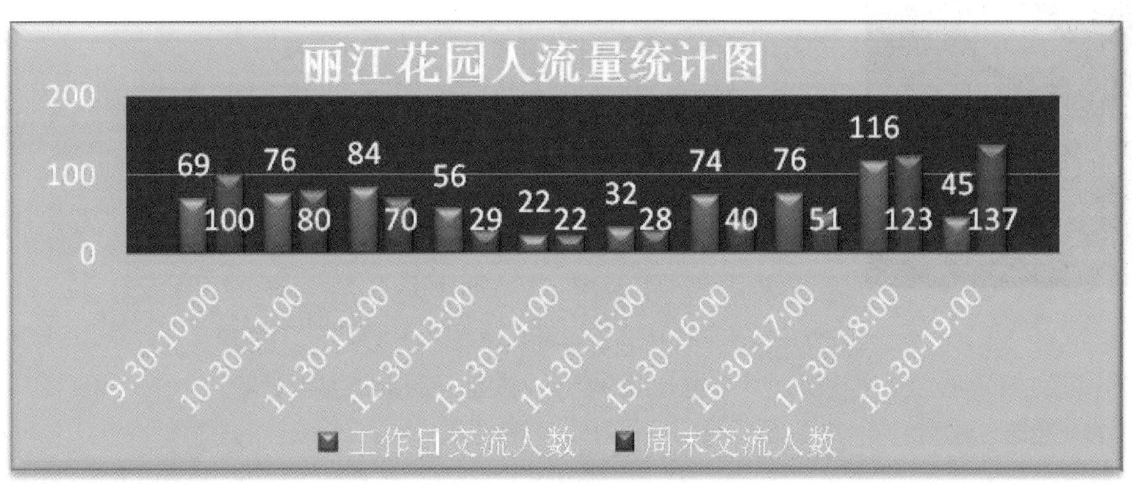

图7 丽江花园人流量统计图

在此基础上我们进行了一些随机的访谈，很多居民都认为小区中邻里交往氛围较差，居民平时交往比较少，大部分邻里之间平时都只是打打招呼，一般没有深入的交往。

2. 问卷调查，深入分析

（1）现状篇。通过实地考察，我们发现丽江花园的传统邻里交往情况不容乐观，为了进一步考察传统邻里交往的具体情况，我们设计了一份问卷，来调查丽江花园的传统邻里交往的各方面情况。

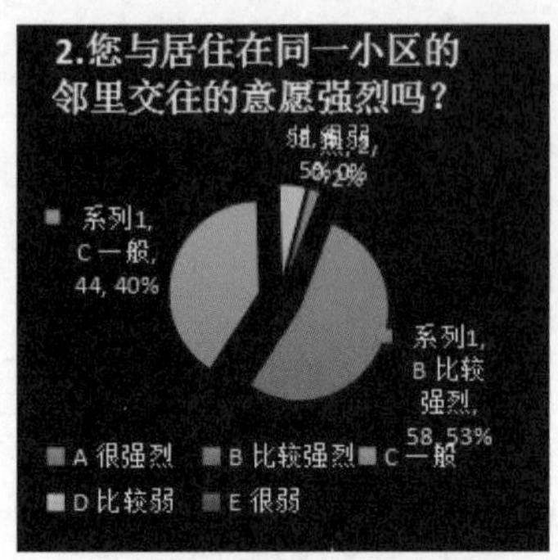

图 8 邻里交往意愿调查

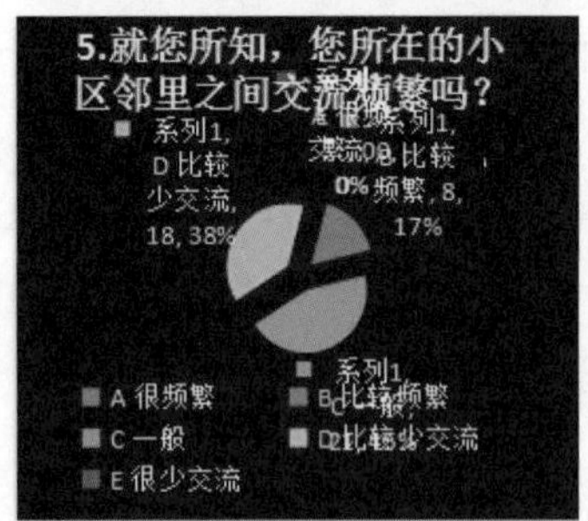

图 9 传统邻里交往现状问卷调查

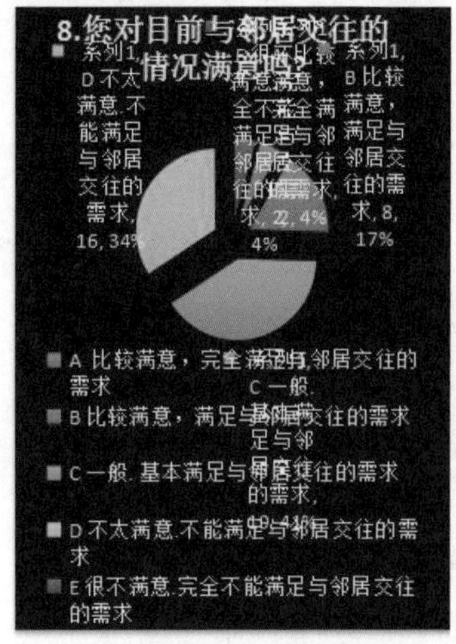

图 10 传统交往满意度问卷调查

首先，对丽江花园的邻里交往基本情况进行了调查了解。根据我们的问卷调查和访谈调查结果，丽江花园的居民有比较高的与邻里交往的意愿，有53%的被调查居民有比较强烈的与邻里交往的意愿。

其次，根据我们的问卷，83% 的被调查居民觉得小区的邻里交往频率一般或者很少交流。这说明小区的传统邻里交流情况确实不容乐观。

最后，我们调查了居民对邻里交往的满意度。根据问卷数据显示，只有21%的居民的满意度是“比较满意”及“满意”的。传统邻里交往并不能把居民的交往意愿转化为交往行动，从而使得居民对邻里交往的满意度也偏低。

（2）问题篇。那么，出现这种情况的原因是什么呢，根据问卷调查结果和我们的访谈结果。我们归纳出以下几点：

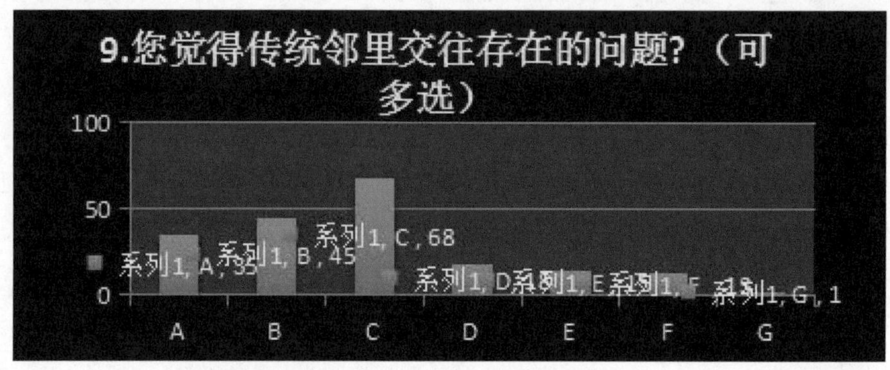

图 11 传统邻里交往问题问卷调查

①居住形态的改变使邻里之间交往的机会减小

根据问卷调查，有 32%的居民认为“邻里平时没有共同的活动”。现代社会，冷峻的钢筋混凝土结构把人们束缚在一个个牢笼之中，现代小区与传统建筑形态相比，提供给居民进行交流的空间越来越少。

② 传统邻里交往的基础在减弱。

根据问卷调查，有 41%的居民认为“邻里很少有机会聚在一起”。现代社会邻里间的社会关系基础逐渐减弱。邻里关系本质上是一种社会联系，它主要是在邻里的各种社会交往中形成的。随着社会的变迁，邻里之间的联系持续弱化。

③ 现代生活节奏加快。

根据问卷调查，有62.39% 的居民认为现代传统邻里交往存在的问题是“平时很忙，没有时间与邻里交流”。这说明，现代人在繁忙的工作压力、紧张的生活节奏之下，邻里交往逐渐被淡化。

（3）优点篇。为了全面了解传统邻里交往的特点，也为了与我们打算研究的业主论坛进行对比，达到借鉴的目的。我们也设计了题目来测量传统邻里交往的优点所在。加上我们的访谈经历，我们归纳为以下两点：

① 传统邻里交往主体明确，有安全感。

根据问卷调查，有 62%的居民认为传统交往“交往主体明确，有安全感”；有 83%的被调查居民认为“传统交往更加真实”。在传统邻里交往的过程中，交往主体之间通常是在相识的情况下进行交流的，彼此之间的身份都是明确的，这就使在交往过程中双方的交流并不是陌生人之间的对话，彼此在心理上都具有安全感。

② **传统邻里交往能够加强交流深度。**

根据问卷调查，有38%的被调查居民认为“能够加强交流深度”是传统邻里交往的优点。因为传统邻里的交流方式为交流双方所交流话题的深入讨论提供了必要的条件，比如场所、传统交流的氛围，这样就使得交流双方能够对交流的话题进行深入的讨论，加深交流的深度。

（4）小结篇。

根据我们的实地调查和问卷调查，我们认为传统邻里交往方式在新的时代背景下出现了一些问题，在某些方面已经不适应时代的发展。在这种情况下，我们认为业主论坛可以在这些方面对传统邻里交往方式进行补充，并且可以形成一种符合时代发展需要的新型邻里关系。于是我们继续进行调查，这次，我们把眼光投向业主论坛，考察业主论坛在邻里交往方面的作为。

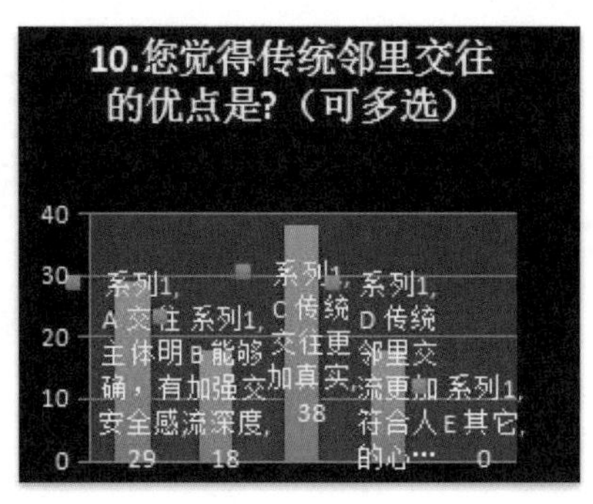

图12 传统邻里交往的问卷调查

A. 交往主体明确，有安全感
B. 能够加强交流深度
C. 传统交往更加真实
D. 传统邻里交流更加符合人的心理特点
E. 其他

（二）业主论坛篇

1. 业主论坛交往方式调查

针对传统邻里交往的困境，为了研究业主论坛在现代小区邻里交往中的作用及其发展前景，我们对丽江花园的业主论坛“江外江”论坛进行了调查。首先我们将考察其基本特征，然后我们将深入分析其在邻里交往中对传统邻里交往方式的改进情况，以探讨其前景。

（1）特征分析 在调查中，我们发现业主论坛存在两大基本特征：一是作为小区的业主论坛，它有着与其名称相符的地缘特征，它是基于现实居住关系的；二是作为一种网络论坛，它又有着网络论坛的共性特征。那么，这两大特征对于其作为邻里交往平台产生了什么影响呢？

①**我们发现，正是由于基于现实的特性，使得业主论坛成为邻里交往的平台，并且使得业主论坛上形成了良好的邻里交往氛围。**据了解，“江外江”是丽江花园的业主自发组织形成的业主论坛网站。其主要是为小区的业主服务的。据版主介绍，论坛的用户大部分是小区的居民。目前论坛上的注册用户已经达到41417人，已经接近其规划人口。论坛上活跃的用户也有1000人以上。可以看出论坛在小区内已经拥有一定的基础。可见，“江外江”论坛是一个基于现实居住关系的论坛。

图13 论坛主题数目统计图例

图14 论坛总帖数统计图例

论坛的讨论内容上，也可以发现业主论坛的地域特征。根据我们对“江外江”论坛帖子的统计，邻里为交流而设的版块——“丽江大客厅”与“自由市场”的帖子数占了帖子总数的51%，主题数占了50%。这使得其具备成为小区的交流平台的素质。而实际业主论坛也因其地缘特征而得到居民的认同。

根据问卷调查，有97%的居民认为“可以了解、讨论一些小区的事情”是业主论坛的优点。这反映了业主论坛的地缘特征，邻里在这里可以方

版主访谈记录
问：业主论坛的会员都是邻居，这样的特点对交流有什么影响？

答：每个ID背后的人，都很可能就是你楼上楼下的，熟悉的ID，有可能生活中就是朋友或熟人，所以大家说话都比较认真，不会乱来，乱来的也有，不主流。

便快捷地实现交流。

根据我们的问卷调查，有69%的被调查居民认为“参与主体是邻居，可以信任”是业主论坛的优点。我们认为，论坛的用户大部分是住在同一个居住区的邻居。这不仅使交流在感情上有了基础，同时使得用户间有一定的信任，也容易形成一个融洽的社区氛围。为邻里的交流创造了良好的交流环境。

②业主论坛的论坛身份也使得这里的邻里交流与传统的邻里交往有很大不同。业主论坛是网络论坛的一种。网络论坛又称为“BBS”(Bulletin Board System)，通常译为电子公告板，在论坛上，网民在其中进行信息交流和互动。在这个虚拟的交际世界中，至少包括以下几个要素：论坛管理者（一般称为版主）、发帖者、回帖者、交际地点。“江外江”业主论坛也包括以上所述的论坛的要素。

首先，在“江外江”，邻里之间的交流在这里以一种新的形式出现，邻里交往一般通过浏览帖子、发帖子、回帖子等行为来实现。

其次，邻里的交往也在一种新的环境中进行。在论坛里，用户受到论坛规则的制约，用户的行为被限制为一定的操作权，同时版主对用户具有管理权力。邻里交流是在论坛的大环境中进行并且受到其制约。

表1 “江外江”论坛使用权限

新手上路用户组默认权限（摘自“江外江”论坛）							
浏览权限	可以浏览论坛	可以查看会员信息（包括其他会员的资料和会员列表）	可以查看其他人发布的主题	可以浏览精华帖子			
发帖权限	可以发布新主题	可以回复自己的主题	可以回复其他人的主题	可以在论坛允许评分的时候参与评分（鲜花和鸡蛋）?	可以发布新投票	可以参与投票	可以发布小字报
帖子管理权限	可以编辑自己的帖子	可以删除自己的帖子					
其他权限	可以搜索论坛	可以使用“发送本页给好友”功能	可以修改个人资料	可以浏览论坛事件			

最后，邻里的交往是通过网络这种方式来实现的，那么其必然带有网络的各种特征：如方便性、虚拟性等。

在初步了解了业主论坛的基本特征之后，针对前面所说的传统邻里交往遇到的困境，我们继续探究业主论坛这种新兴事物在邻里交往方面对原有传统交流方式的改进，主要通过问卷和访谈进行调查。

（2）业主论坛形式的邻里交往的优点。业主论坛形式的邻里交往具有的优点可以弥补传统邻里交往中出现的问题，对现代小区邻里交往具有积极意义。

①交流途径的扩充。业主论坛使得邻里之间有了一个新的交流平台，并且这个平台是建立在网络上的。在网络已经成为现代人生活的一部分的今天，业主论坛形式的邻里交往具有巨大的发展潜力。

②方便性。业主论坛上的交流很方便，很好地弥补了上面提到的邻里交往中没有时间和合适的途径进行交往的缺陷。

a 时间上：

在现代越来越紧张的工作生活中，居民空闲的时间越来越少。业主论坛形式的邻里交往非常方便，上论坛时间的多少全由自己控制，并且进入与退出也很方便，不像传统交往需要一定的时间与礼节。

根据问卷调查，有67%的被调查居民认为“业主论坛的讨论具有超时间性，某一话题可以连续讨论几天或更长时间”是业主论坛的优点。

网络论坛具有延时性，论坛可以保留历史上的帖子，这样，业主们就不必同时在线也能实现交流。而在传统的邻里交往中，同时性是必要的。

同时，网络论坛还可以使论坛积累历史上面的各种话题。形成良好的历史沉淀与积累。有利于培养业主对论坛的认同感与归属感。

b 地域上：

根据问卷调查，有69%的居民认为“业主论坛中与邻居交往很方便，足不出户就可以交流”是业主论坛的优点。

业主论坛是基于地缘关系的网络论坛。同时，业主论坛也扩充了原有的地域概念。一方面，业主论坛可以使得不在一个地点的业主进行交流。另一方面，业主不在一个小区也能进行交流，据了解，很多业主在上班之余都喜欢进入业主论坛，甚至有些业主出差旅行在外面也能通过业主论坛进行一般的邻里交流。这大大地丰富了原有的地缘关系。

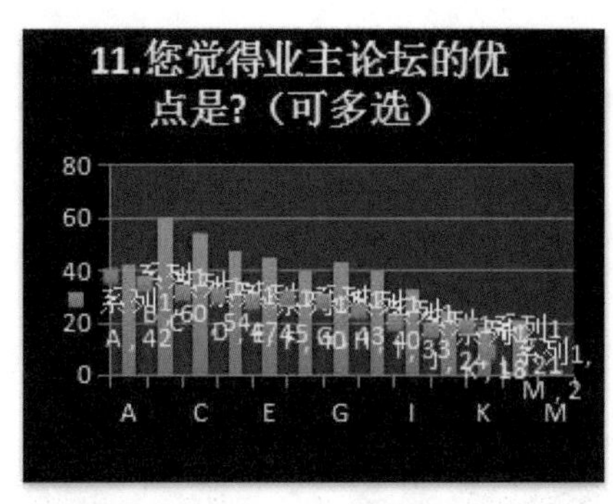

A. 参与主体是邻居，可以信任
B. 可以讨论、了解一些小区的事情
C. 业主论坛上面讨论的内容很丰富
D. 具有一定的匿名性，可以保证私密性
E. 相对现实来说，论坛上大家的角色是平等的
F. 相对现实来说，论坛里面言论比较自由
G. 业主论坛中与邻居交往很方便，足不出户就可以交流
H. 业主论坛的讨论具有超时间性，某一话题可以连续讨论几天或更长时间
I. 可以更方便地与更多的人交流
J. 业主论坛上面人际关系比较松散，大家可以保持泛泛之交的状态
K. 可以更方便地得到更多人的认同
L. 具有一定的公众监督
M. 其他

图 15 业主论坛调查统计

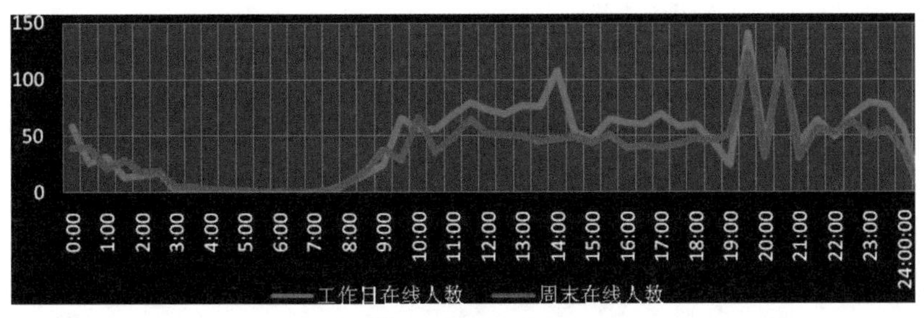

图 16 工作日与周末在线人数走势

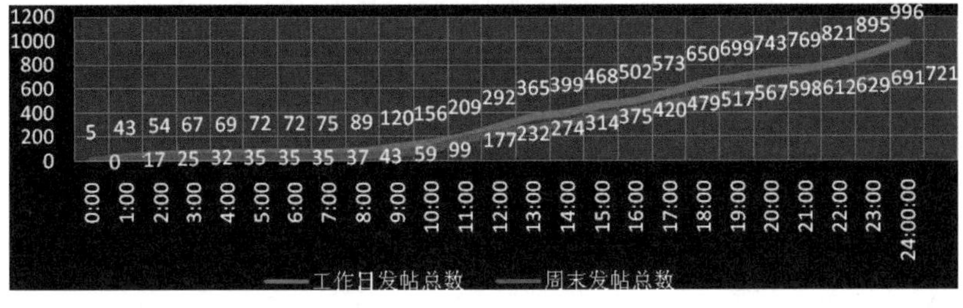

图 17 工作日与周末发帖数走势

根据我们对业主论坛的跟踪调查，发现与小区的人流相比，业主论坛上面的人流比较稳定——平均在线人数为 50 ~ 60 人，每小时发帖数量基本相等，每日发帖数在 800 左右，并且进入业主论坛就等于进入一个交流的大圈子，就是进入与邻里交流的角色。这与前面的小区公共空间的人流量是很不同的。

③一定程度的匿名性与虚拟性。

根据问卷调查，有 76% 的居民认为这是业主论坛的优点。在业主论坛上面业主一般都用网名进行交流，具有一定的匿名性。这在一

版主采访记录

问：业主论坛的虚拟空间对邻里交往有什么影响？

答：业主论坛虚拟的成分相对少一些。而其虚拟的这部分其实是大家交往的非常重要的缓冲，在认识之前大致了解这是个什么样的人，有没有兴趣认识、来往。

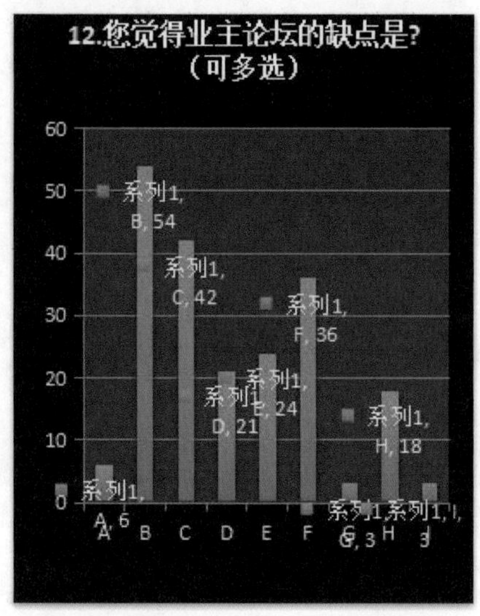

业主论坛的缺陷问卷调查
A. 网上交往不是合适的交往途径
B. 虚拟性带来一定的虚假性
C. 参与主体有限制，很多人不常上网
D. 过多依赖网络交往会削弱现实的交流
E. 参与人数有限，不能成为全体小区居民的交流平台
F. 交流深度不够
G. 不习惯与太多人一起交流
H. 论坛一般缺乏有力的管理，比较混乱
I. 其他

图 18 业主论坛调查统计

定程度上满足了现代人保证私密性的心理，也使得论坛上的氛围更加自由。而虚拟性则使得交往比较自由。

④新型交流关系、方式。

根据问卷调查，认为“相对现实来说，论坛上大家的角色是平等的”与“相对现实来说，论坛里面言论比较自由 ” 是业主论坛优点的居民分别占了 72%和 67%。 业主论坛上面大部分业主的身份都是论坛用户，都是平等的。于是用户之间的人际关系比现实的关系简单得多。业主论坛在邻里之间建立了更为简单而纯粹的关系网，使得邻里之间的交流变得简捷方便。

⑤ 交流内容丰富。

网络论坛上面的交流内容非常丰富，网络的介入大大地扩充了传统的交流内容。在这里业主们可以方便地将一个新闻转载到论坛上，也可以很方便地将自己喜欢的图片、媒体文件进行上传共享。根据问卷调查，有 87% 的居民认为交流内容丰富是业主论坛的优点。

但是，在调查中我们也发现，由于其自身特征，业主论坛这种交流方式也存在一些缺陷，这在一定程度上影响了其发展。

（3）业主论坛的缺陷

1. 虚拟性

根据问卷调查。有 87%的居民认为业主论坛的虚拟性带来一定的虚假性。业主论坛具有虚拟性质。论坛上面用户一般不用真实名字，具有一定的匿名性。交往的真实性大打折扣。而人们一般希望进行真实可靠的交流。所以，业主论坛这个缺点很大程度制约了其作为邻里交往工具作用的发挥。

2. 参与主体有限制

根据问卷调查，有 68%的居民认为“参与主体有限制，很多人不常上网”是业主论坛的一个缺陷。目前业主论坛上面活跃的一般都是青年人，年龄集中在 18 ～ 40 岁。而占小区居民很大部分的中老年人则一般不上或者很少上业主论坛。这使得业主论坛成为“青年人俱乐部”，也使得其邻里交流工具的作用受到很大限制。

3. 交流深度不够

根据问卷调查，有 58%的居民认为“交流深度不够”是业主论坛的缺陷。业主论坛上面的交流内容虽然丰富，但是在人类的发展过程中，现实的交流方式才是主流。在论坛自身的范围内不会形成很深的交往，业主如果想要更深一步的交流，一般是转向现实的交往。

四、总结与建议

（一）总结

在调查中我们发现传统邻里交往方式与业主论坛形式的邻里交往各有优缺点，在以后的发展中，两者是并存的。同时，在某种程度上讲，两者彼此的优点与缺点是互为补充的。对于业主论坛来说，在未来的发展过程中应该要吸取传统邻里交往中的一些精髓，取长补短，在现代小区中的邻里交流中发挥重要作用，以构建和谐的城市居住环境。据此，我们提出了对于业主论坛的一些发展建议。

（二）业主论坛发展方式

1. 倡导可选择的网络实名制

业主论坛上面的实名制可以使得交往具有真实性，但是，考虑到业主论坛的一定程度的虚拟性也是其优势，所以在这里倡导实行可选择的网络实名制。论坛上一定数量的版块是要使用实名进行交流，而其他则不要求。这样可以满足不同人群和不同情况下的交流。人们可以在私密性与真实性之间根据需要进行选择。

2. 通过业主论坛引导成立小区的各种活动社团，促进小区邻里交流

近期，可以通过业主论坛的交流平台作用，组织各种邻里交流活动，成立一些活动社团。将业主论坛的影响力扩大到整个小区。

远期，可以通过业主论坛这个平台引导居民成立 NGO。业主论坛目前已经可以看作一种组织，但是，如果以一种机构的体制考察目前的业主论坛架构，可以发现它的组织结构十分松散，这造成了其不确定性与虚拟性。我们的看法是，业主论坛应该逐渐向一种实体组织发展，这个组织有着现实的约束力与严谨的制度设计，同时保留业主论坛方便沟通与交流的功能。

参考资料

[1] 王彦辉 . 走向新社区：城市居住社区整体营造理论与方法 [M]. 南京：东南大学出版社，2003.

[2] 王丽娟 . 广州市基于居住关系的网络虚拟社区发展及其影响研究 [D]. 广州：中山大学，2006.

[3] 李芬 . 城市居民邻里关系的现状与影响因素——基于武汉城区的实证研究 [D]. 武汉：华中科技大学，2004.

[4] 廖常君 . 城市邻里关系淡漠的现状、原因及对策 [J]. 城市问题，1997（2）.

[5] 蔺世杰 . 网络虚拟社区及其文化特征 [J]. 常熟高等专科学校学报，2004（5）.

[6] 田丹婷 . 社区与虚拟社区 [J]. 探索，2000（21）.

[7] 丽江花园网站 [EB/OL]. http://www.rg-gd.com/ljabout.asp.

[8] 广州搜房网 [EB/OL]. http://gzbbs.soufun.com.

无处安放的青春
——广州棠东村蚁族生存空间调查（2009）

无处安放的青春
广州棠东村蚁族生存空间调查

一、绪论

（一）研究背景与意义

随着我国大学的不断扩招，自2003年起，越来越多的大学生进入社会，与下岗再就业职工和民工潮汇聚成就业高峰，造成我国就业压力空前增大。与此同时，我国城市化的进程不断加快，城市就像是一个磁极，吸引着数以万计的人才和各种资源汇集到一起，大学毕业生滞留的现象不断加剧，一个新的群体在社会的大环境下出现，形成新的弱势群体——蚁族。

蚁族群体普遍受过高等教育，思想活跃，对自身期望较高。然而刚刚踏入社会的他们，却突然发现社会现实与理想并不相符。收入微薄的他们无力承担大城市高昂的生活成本，只能向租金相对便宜的城中村聚集，渐渐形成了一种新的城市空间——蚁族聚居村。蚁族聚居村虽然出现时间较短，但已成为中国各大城市普遍存在的现象。对于蚁族生存空间的研究有助于我们了解当下这一鲜为人知的庞大群体的生存状况，并发掘造成这种状况的深层次原因，同时也可以了解蚁族群体的内心诉求，从而为改善蚁族在城市里的生存环境提供一些可行性的建议。

图1　招聘会

图2　大学生参加招聘会

（二）调研区域

广州的蚁族主要聚居在城中村，离市中心偏远的棠下村、棠东村、康乐村、上社村、东圃村、车陂村、杨箕村、冼村、石牌村、客村、赤岗等地住满了“蚁族”，总规模有十几万人之多（见图3）。

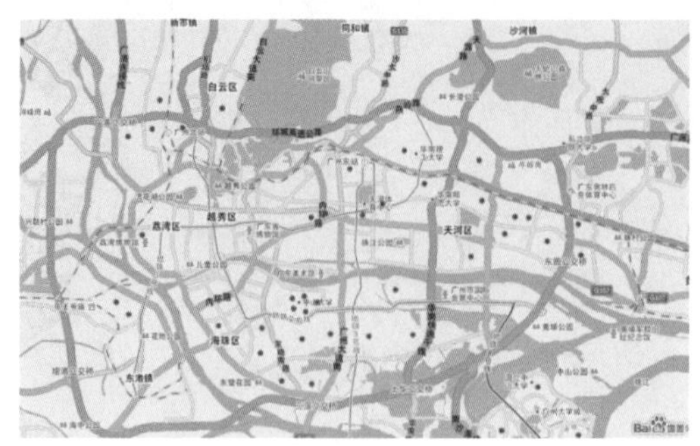
图3　广州市“蚁族”分布概况

图4　广州市天河区

图5　天河区棠东村

本次调研选择了广州著名的“蚁穴”棠东村（见图4）。棠东村位于广州市天河区东北郊（见图5），住有蚁族数千名，是十分典型的蚁族

无处安放的青春
广州棠东村蚁族生存空间调查

聚居村。棠东村为中山大道和科韵路所包围，靠近广州最大的人才市场——南粤人才市场，周围有著名企业网易、百度、班尼路工厂等。

图 6 调研区域—棠东村

（三）研究目的

（1）发现广州市棠东村蚁族生存空间的形成演变机制。
（2）发现棠东村蚁族居住空间、消费空间和社会网络的特点。
（3）研究蚁族与聚居村之间的相互作用关系。
（4）为改善蚁族在城市中的生存环境提出建议。

（四）研究方法

1.实地考察

对广州市棠东村的蚁族聚居空间进行实地考察，了解蚁族聚居空间的形成、发展、变化的过程，了解其基本特点及对周围空间产生的影响。

2. 问卷调查

对棠东村蚁族进行抽样调查，随机发放调查问卷 200 多份，获取相关信息。

3. 针对访谈

对蚁族成员、民工租房者、房东、居委会工作人员、原村民等进行访谈，了解他们对于身边的蚁族现象及蚁族聚居村的看法。

4. 资料查阅

通过网络或书籍资料查阅国内外相关现象的资料文献。

（五）技术路线

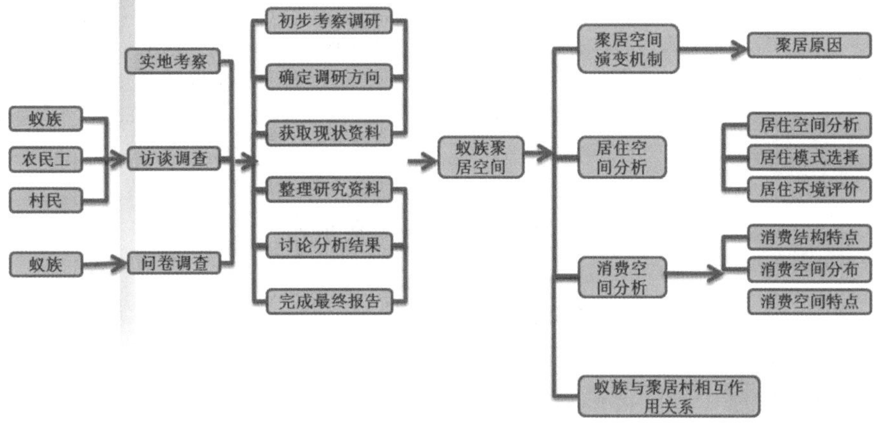

图 7 调研框架

无处安放的青春

广州棠东村蚁族生存空间调查

二、蚁族与外来务工人员：生存空间的演替论

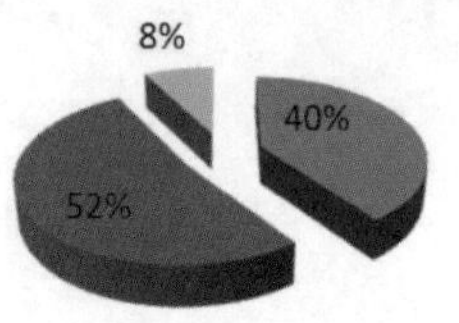

图 8　棠东村人口结构

（一）棠东村人口构成

据调查数据显示，调查范围内现有约 14000 人，其中蚁族群体约 5600 人，约占 40%，外来务工人员约 7300 人，约占 52%，当地居民约占 8%（见图 8）。

（二）棠东村蚁族概况

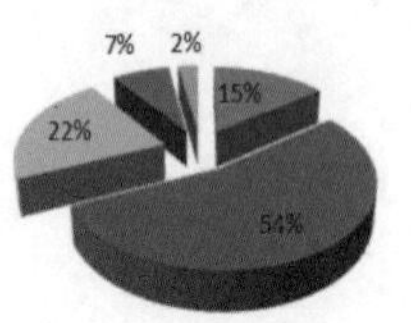

图 9　蚁族年龄结构

1.蚁族人口学特征

（1）年龄集中在 20～28 岁，其中年龄在 23～25 岁的占到总数的 53.66%（见图 9）。

（2）学历以本科和专科为主，分别占 52%和 41%（见图 10）。

（3）毕业时间方面，主要为毕业五年之内，其中毕业两年之内的占到蚁族总数的 61%（见图 11）。

（4）蚁族的流动性很强，大多数蚁族在此处居住的时间不超过两年（78.4%）。

（5）有 56%的蚁族成员来自广东省，有 44%的来自其他省。

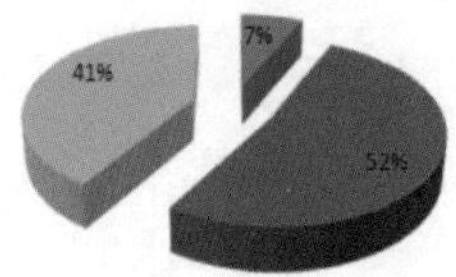

图 10　蚁族学历结构

2.蚁族收入情况

蚁族群体月收入主要集中在 1000～3000 元，其中月收入在 2000～3000 元的占到蚁族总数的 37.7%，月收入在 1000～2000 元和 3000～4000 元的分别占 28.6%和 22.1%（见图 12）。

据中国南方人才市场、广州人力资源管理学会、广州市人才研究院联合发布的《2009 年度广东地区薪酬调查报告》显示，广州平均月薪为 3942 元，而我们对棠东蚁族的调查显示，他们中有 88.3%的人月收入在 3942 元以下，可见居住在棠东的绝大部分的蚁族收入水平较低，这也直接导致了他们在这个城市生活窘迫。

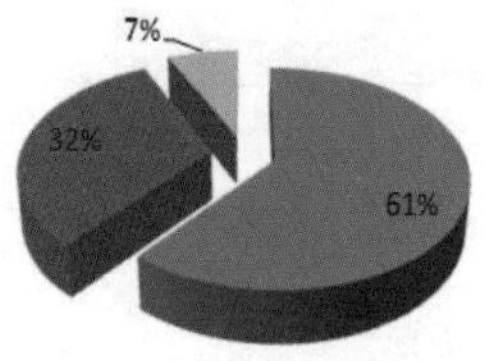

图 11　蚁族毕业时间结构

（三）蚁族“入侵”棠东村

1.现象描述

棠东村从 20 世纪 90 年代末期开始有大学毕业生入住，2000 年以后，入住毕业生数量逐年增多，2009 年达到 5000 多人的规模（见图 13）。

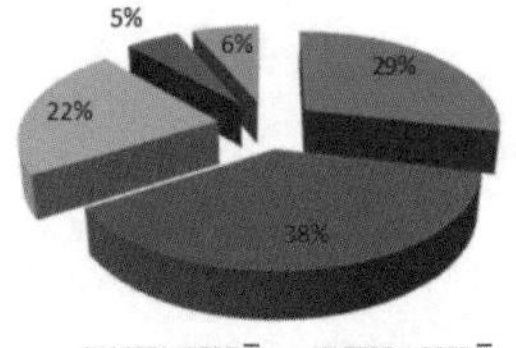

图 12　蚁族收入结构

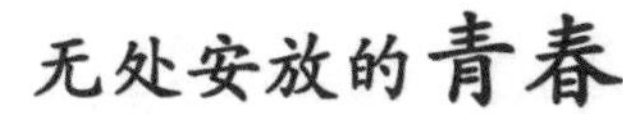

同时，原来在城中村中的大量外来务工人员被迫搬到村子里条件更差的地方，有的甚至被迫伴随着搬离城中村，数量不断减少（见图 14）。

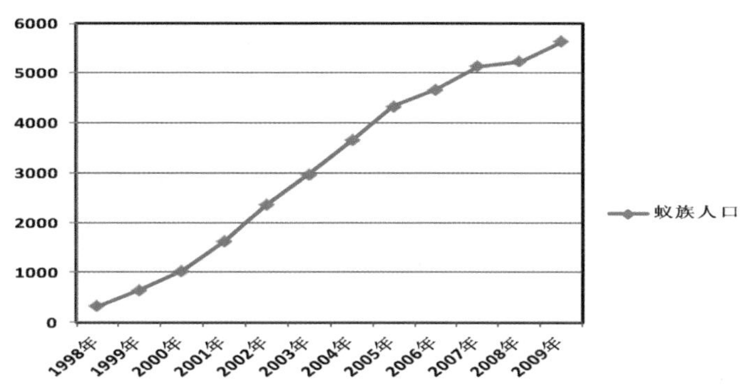

图 13　棠东村蚁族人口变化

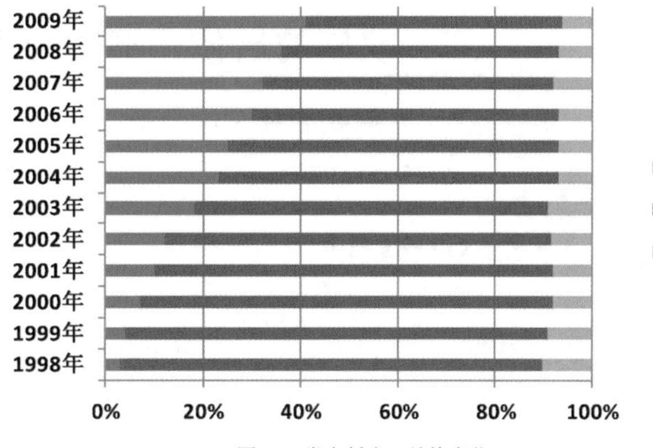

图 14　棠东村人口结构变化

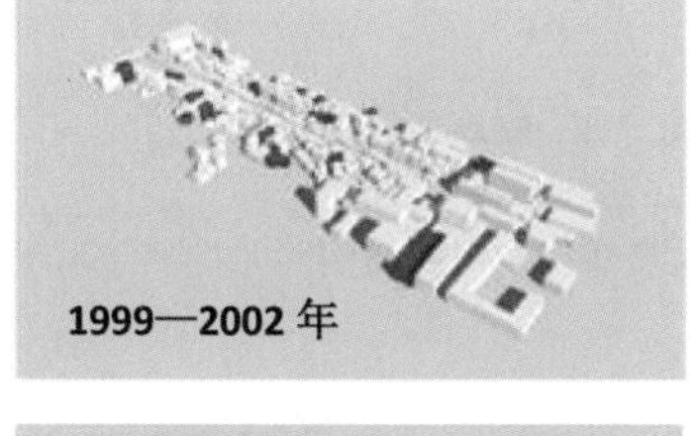

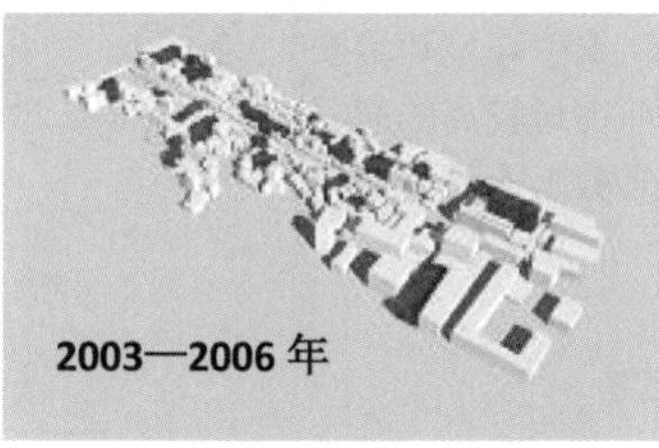

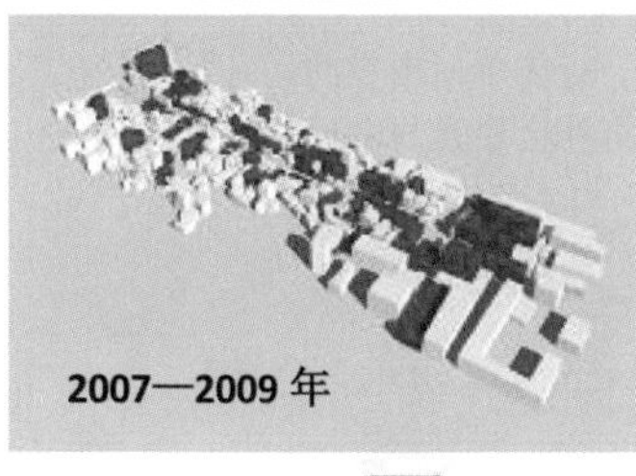

图 15　蚁族入侵棠东村示意图

空间上，表现为蚁族居住空间沿街分布，并由外向内不断挤压和侵蚀外来务工人员的居住空间（见图 15）。

2.原因剖析

由于蚁族的不断迁入，对住宅数量和质量的需求不断提高，房东们对原有房屋进行装修翻新，完善各种设施。

住房需求的增加和住房条件的改善导致了房租的上涨，付租能力较低的外来务工人员被迫从住房条件较好的街边迁往条件较差而房租较低的村子内部或者搬离城中村。城中村的主体逐渐被置换。而这种置换带来了城中村居住条件、生活氛围等的进一步改善，从而吸引了更多的蚁族群体的迁入，进一步促进了这种置换和演变（见图 16）。

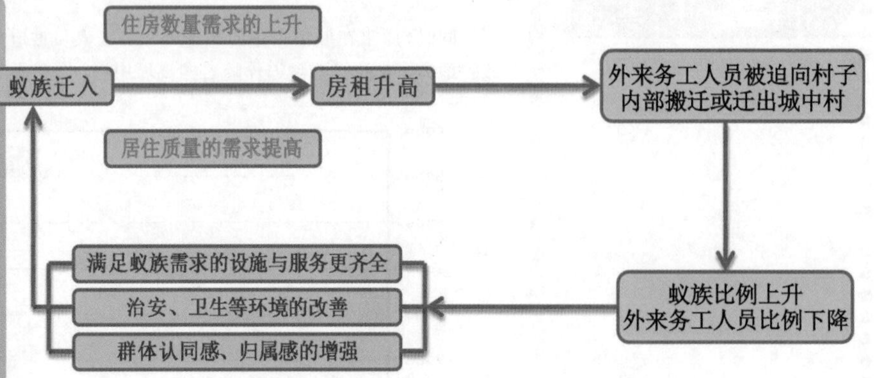

图 16　蚁族“入侵”棠东村机制图

三、蚁族的居住、消费与生活

（一）蚁族居住空间分析

1.居住空间分布特点

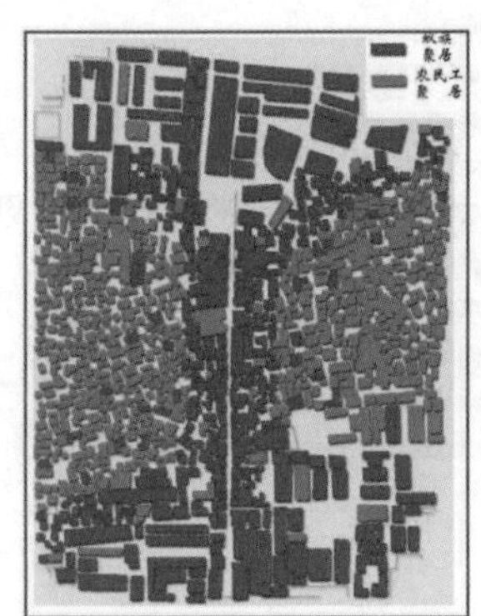

图17　蚁族与外来务工人员居住空间

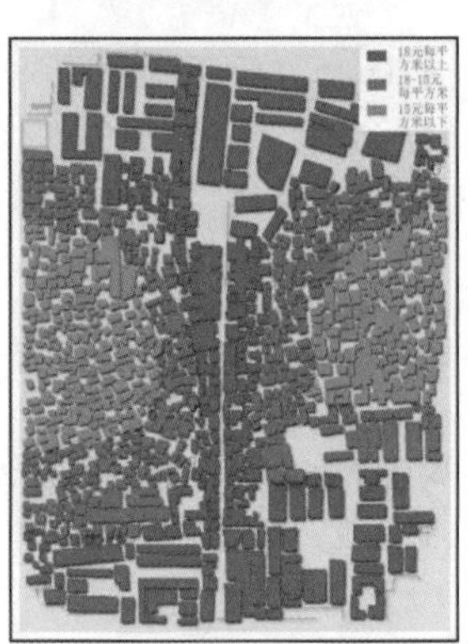

图 18　棠东村房租分布

（1）现象描述。

整个棠东村被中央大街一分为二，各种商铺沿街分布，蚁族的居住空间也主要分布在中央大街两旁 0～100 米的范围内，交通便利，通达性好。居住空间沿街呈连续带状分布。与外来务工人员居住空间隔离明显（见图 17）。

（2）现象剖析。

靠近街边的住宅通风和采光条件较村子内部要好，卫生环境和治安也较好，使得蚁族选择街边的房屋作为他们的住处。而街边较高的房租也使得外来务工人员望而却步，从而形成了蚁族与外来务工人员居住空间的明显隔离（见图 18）。

2.居住模式的选择

调查中对五个元素（居住人数、单元面积、房租、居住单元内空间构成模式、居住单元）之间的组合模式进行了提取，将社会要素与空间类型进行关联，有如下特征（见图 19）：

（1）单元间组织形式类似于高层建筑，多为一梯几户的形式，也有少量的连廊式组织方式。

（2）户型以单房（42%）和一房一厅（29%）为主（见图 20）。

（3）人均住房面积约为 14.2 平方米，人均月租金约为 370 元。

（4）合租对象多为同学朋友，另有少量的为情侣合租（19.5%）。

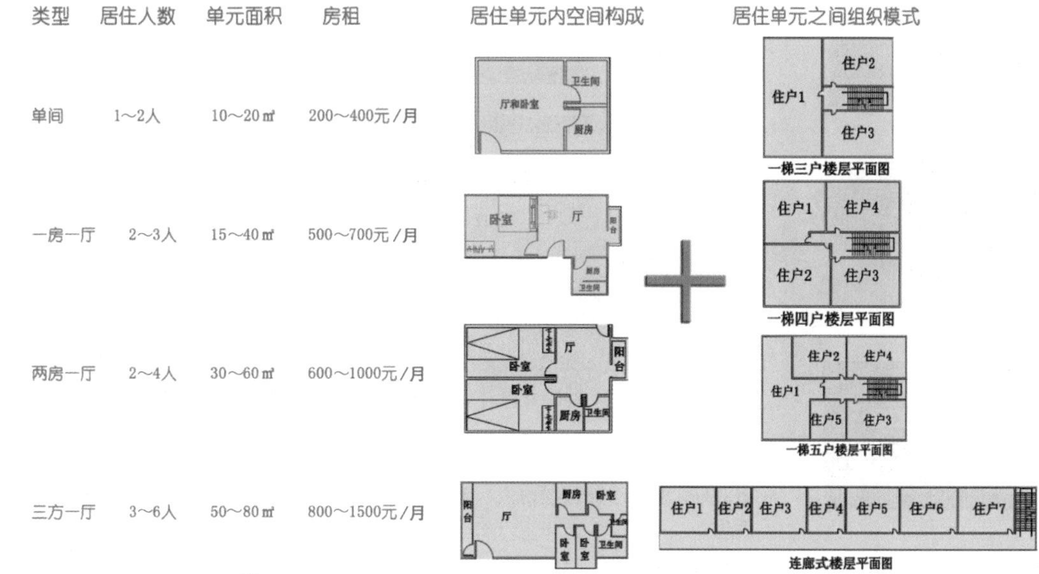

图 19 蚁族居住模式示意图

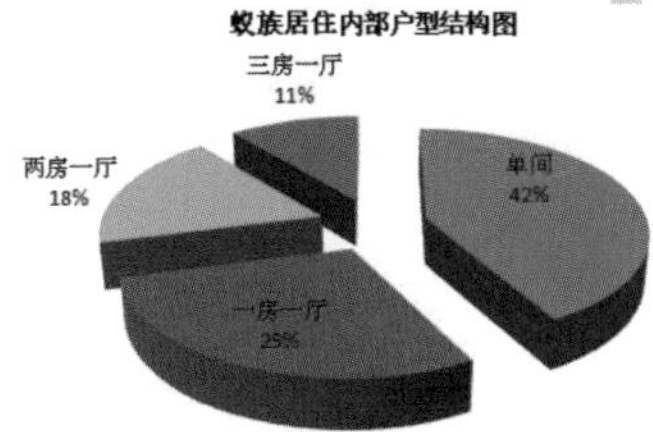

图 20 蚁族居住户型图

3.居住环境综合评价

（1）硬件设施。

①大部分房屋有独立卫生间与厨房，能满足蚁族的基本生活需求（见图 21）。

②大部分房屋内有电视机和电脑，其中电脑多为蚁族自己购买，访谈中蚁族们表示，看电视和上网是蚁族在出租房内主要的休闲放松方式。

③大部分房屋内缺乏冰箱、洗衣机等大件电器，但电饭煲、电风扇等小型电器则比较齐全。

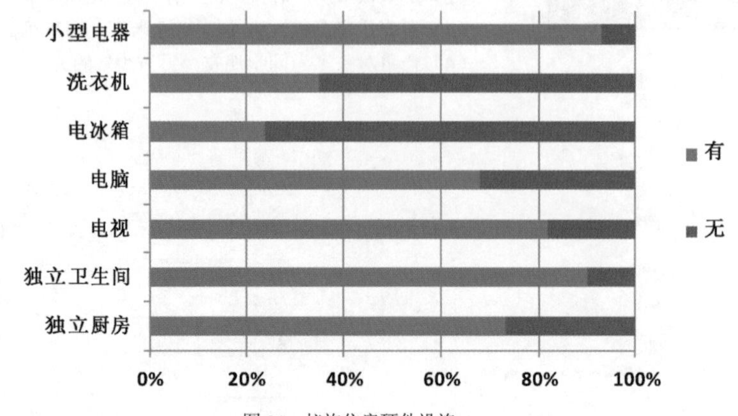

图 21　蚁族住房硬件设施

（2）居住环境。

①据调查估算，调查范围内建筑密度高达 75%左右，大量“握手楼”充斥其中，造成了严重的通风、采光问题。

②由于蚁族成员多比较注意自身及周围环境卫生，因此，楼房内部卫生状况较好。但由于城中村整体的卫生环境较差，因此蚁族聚居区的外部环境卫生较差。

③蚁族所住楼房大多装有防盗门，同时门口多装有摄像头，总体治安环境较好，但由于聚居村内人口流动性强，鱼龙混杂，仍存在一定的安全隐患。

（3）人际交往。

①据调查显示，蚁族平时主要的交际圈限于自己的同学、同事、朋友和恋人，与出租房周围的邻居交往很少，在搬入聚居村后很少有新的人际关系建立。

②根据衡量族群隔离程度的“分离指数”计算法，可以反映出这个聚居区内的群体隔离程度。计算结果显示蚁族聚居区的蚁族群体分离指数为 63%（注 1），这表示蚁族群体的隔离程度比较严重。

③以上情况一方面是由于聚居村内人员流动性很强，很难建立稳固的人际关系，另一方面蚁族每天都在奔波忙碌，很少有时间去和身边的人交流，这也使得蚁族在广州这个大城市的处境更为孤立和脆弱。

图 22　“蚁族”生活环境

（二）消费空间分析

1.消费水平与结构

据统计数据显示，蚁族的月消费主要在 1000～2000 占（占 84.5%），有 87%的蚁族月消费低于年广州市人均月消费水平（2009 年为 1902 元）。可见棠东蚁族的消费水平较低，这也导致了他们的生活质量不尽如人意。

注 1：“分离指数”是针对当时美国大城市中的种族居住情况而提出的统计调查和计算的衡量指数。

计算公式：$ID=1/2\sum_{i=1}^{n}|W_i/W-B_i/B|$

1000～2000元收入水平蚁族的消费结构

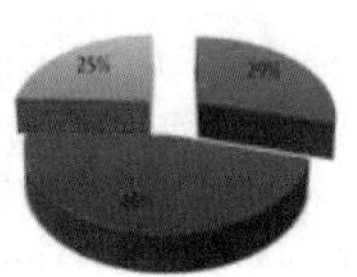

2000～3000元收入水平蚁族的消费结构

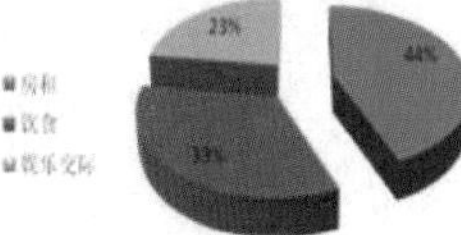

3000～4000元收入水平蚁族的消费结构

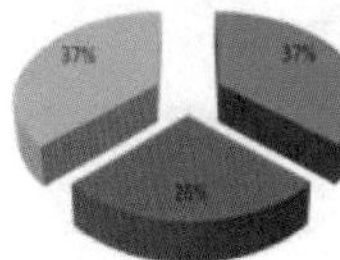

图 23　蚁族消费结构

从他们的消费结构图（见图 23）可以看出，房租在蚁族的消费中占到了 25.3%～32.6%，成为影响蚁族生活的十分重要的因素。另外，蚁族的娱乐休闲消费所占比例高达 22.9%～30.5%，通过访谈得知蚁族有着丰富的休闲娱乐活动，这也使很多蚁族成为名副其实的“月光族”。

2. 蚁族消费空间描述

根据调查，可将蚁族的消费行为分为吃饭、日常生活用品购买、衣服购买、大件生活用品购买、体育锻炼、娱乐休闲、医疗消费、继续教育 8 种，将消费空间分为村内消费空间（见图 24）和村外消费空间（见图 25），将其关联起来制成表 1。

表 1　“蚁族”消费空间

消费行为	消费空间	使用比例
吃饭	家里或村内的小饭店	75.9%
	市区较好的饭店	25.1%
日常生活用品购买	村子内的小商店	72.3%
	市区的大超市	27.7%
衣服购买	村子周围的小服装店	5.2%
	市区的商业街，大型商场	94.8%
大件生活用品购买	村子周围的商店	6.3%
	市区的大超市	93.7%
体育锻炼	家里或村内空地	7.2%
	市区一些锻炼场馆	92.8%
娱乐休闲	家里	15.2%
	市区的一些KTV，电影院等娱乐场所	94.8%
医疗消费	村内的小诊所	7.6%
	市区的大医院	92.4%
继续教育	家里	3.0%
	市区的一些培训机构	97.0%

大排档　服装店　小商店
饭店　露天服装市场　菜市场
大超市

图 24　村内消费空间示意图

图 25　广州著名商业街——北京路

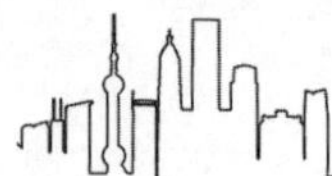

无处安放的青春

广州棠东村蚁族生存空间调查

3. 蚁族消费空间的特点

（1）蚁族聚居村内的消费场所只能满足蚁族一些日常生活品的消费需要，诸如购买衣物、休闲娱乐、医疗等消费需求则主要是在整个城市中被满足的（见图 26）。

（2）蚁族消费空间并不仅仅指向于那些商品价格比较低的消费场所，蚁族会看重商品的质量、消费环境、服务质量等因素，这似乎与他们当下的低收入境况不符，但这也正反映了蚁族这个群体所特有的消费观念和消费习惯。

（3）蚁族群体消费的多样性和特殊性催生了很多富有特色的消费场所在聚居村内部或周围的聚集，比如书店、特色餐厅、流行服饰店、西装店等，这是蚁族消费空间所特有的特点（见图 27）。

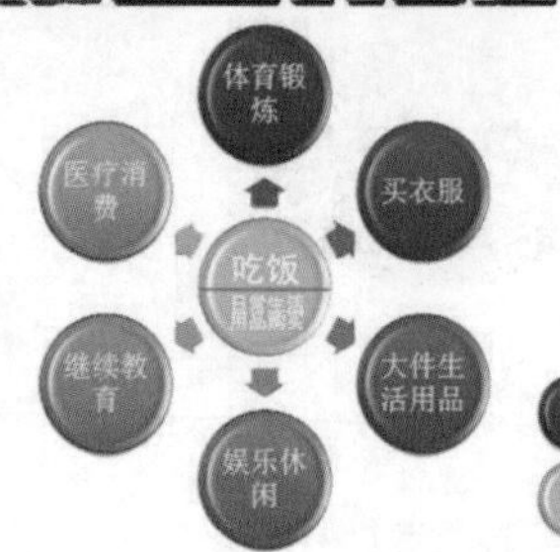

图 26　蚁族消费行为与空间

图 27　村内的商业街和店铺

（4）蚁族的大量消费需求促进了聚居村内部商业和服务业的发展，给村民和外来务工人员提供了更多的就业机会。

（5）网上消费成为蚁族消费的一个重要特点。

（三）蚁族聚居空间与城市间的互动关系

（1）蚁族的流动随时间变化明显，造成了显著的回波效应，这也对聚居村周围的交通设施构成了严峻的考验（见图 28）。

社会实践调研报告

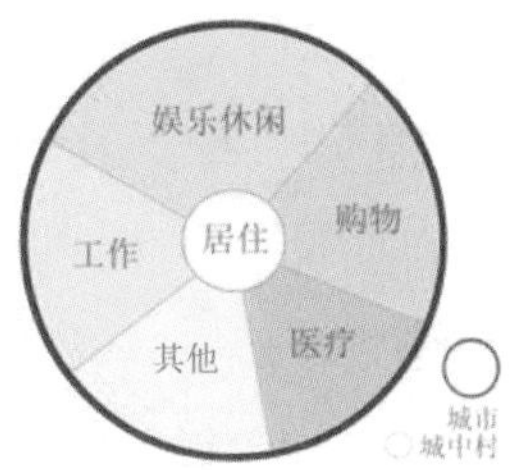

无处安放的青春

广州棠东村蚁族生存空间调查

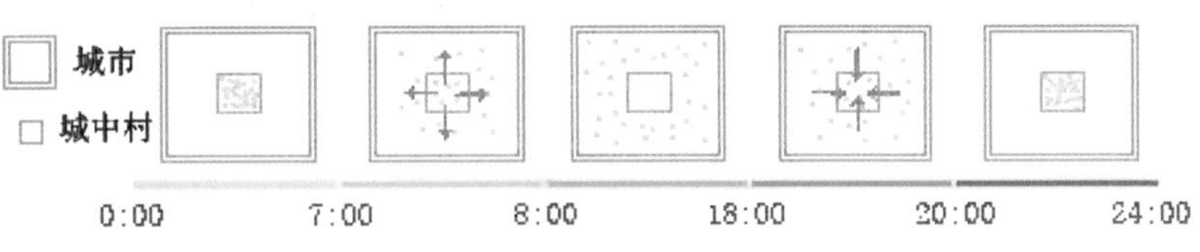

图 28 蚁族一天中的通勤示意图

图 29 聚居村与城市间的功能分异图

（2）蚁族聚居空间只承担了单一的居住功能和基本的生活消费功能，更多的功能（诸如衣服和大件生活用品的购买、休闲娱乐、体育锻炼、医疗等）则要依赖城市来提供，这既造成了蚁族生活上的不便，增加了蚁族的生活成本，也降低了蚁族聚居空间的效率和品质（见图 29）。

四、蚁族与其聚居村之间的相互作用关系

蚁族与其聚居村之间相互作用、相互影响，这种作用和影响是双重的，如图 31 所示。

图 30 “蚁族”聚居村环境

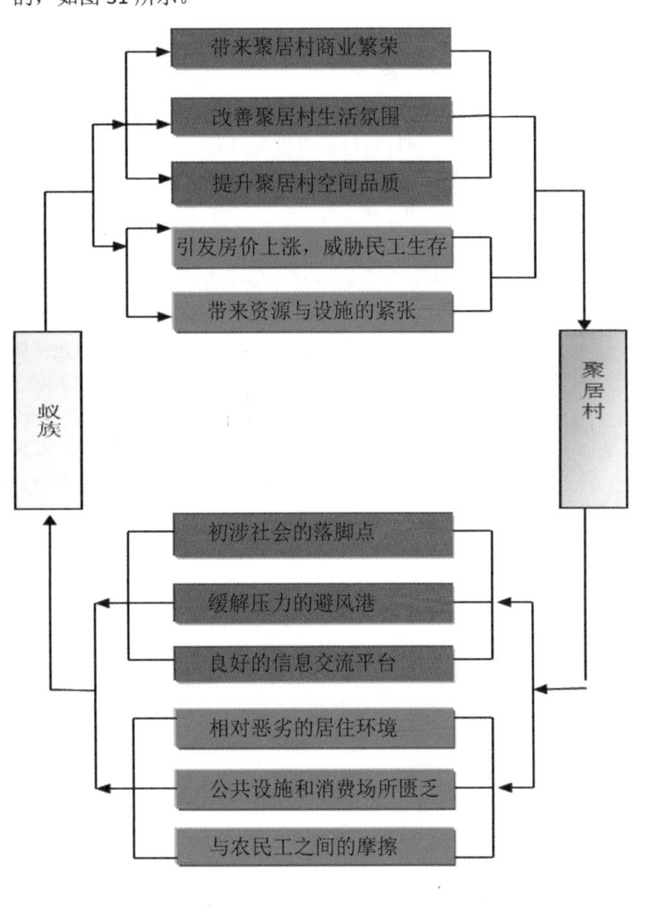

图 31 蚁族与聚居村间相互作用示意图

无处安放的青春

广州棠东村蚁族生存空间调查

五、调查总结与建议

（一）总结

（1）在近几年，蚁族聚居空间在大城市内迅速形成，成为当下中国大城市中普遍存在的一种新的空间形式。

（2）当前城市的住房两极分化严重，缺乏针对蚁族群体的居住空间，致使蚁族只能向城中村聚集，与外来务工人员抢夺生存空间，形成了城中村中蚁族与外来务工人员的伴生关系。

（3）蚁族聚居村中居住环境和条件较差，缺乏必需的公共设施和消费场所，只能提供基本的居住功能，而娱乐消费、购物、医疗等功能则要依靠城市的其他地区实现。

（4）蚁族群体与其聚居空间相互作用、相互影响，客观上聚居村为蚁族群体提供了一个低成本的生活场所，一个缓解巨大生存压力的心理避风港，一个良好的信息交流平台。而蚁族的迁入在带来房租上涨、威胁农民工生存的同时，也给城中村带来了繁荣，改善了城中村的整体环境和氛围。

（二）建议

（1）政府应加强对蚁族问题的重视，在住房及社会政策方面给予支持，有针对性地建设一些有较好的居住条件、价格又在蚁族承受范围之内的住宅来弥补当前蚁族群体的住房的匮乏，让蚁族在大城市里有自己的一席之地。

（2）规划和建设部门应改变过去对城中村一拆了之的改造方法，考虑利用部分城中村升级改造为蚁族社区，大力投资改善村内的住房基础设施、卫生环境，完善公共服务设施、体育文化设施，改善聚居村的形象，将聚居村改造成有着较好生活环境和完善服务的蚁族社区，将其融入城市的正常生活中去，成为构成城市空间的一个新的部分。

（3）在完善聚居村硬件配套的同时，注重聚居村软环境的改善，加强村内自治，提供优质服务，组织一些适合蚁族群体的公共活动，营造良好的生活氛围，使聚居村成为蚁族在这个城市的生活之家，为城市留住人才，留住活力。

（4）在关注蚁族的同时，也注意城中村原来居住的外来务工人员的居住和生活问题，尽力消除蚁族的迁入对他们生活的冲击，这样才能达到构建和谐社会的要求。

【参考文献】

[1] 廉思.蚁族：大学毕业生聚居村实录[M].桂林：广西师范大学出版社，2009.

[2] 李耿为.试析城中村的精英[J].重庆社会科学，2006（12）.

[3] 李飞.城中村改造现在进行时[J].中州今古，2006（5）.

[4] 邓春玉，王悦荣.我国城中村问题研究综述[J].广东行政学院学报，2008，（1）.

[5] 李志勇，杨勇春.中国城中村问题研究进展[J].甘肃科技，2008（7）.

[6] 张鹏.广州城中村改造的土地经济学求解[J].广东土地科学，2009（2）.

[7] 林燕.近十年来国内城中村研究述评[J].北京土地科学，2009（6）.

[8] 陈淑云，邓宏乾.城中村问题解决模式探析[J].华中师范大学学报，2007（2）.

[9] 陈静香.城中村只能是“廉价住区”吗[J].热带建筑，2008（3）.

[10] 刘琳.“城中村”住房发挥了廉租房的作用[J].中国投资，2009（3）.

“同志”的空间

——基于身份认同的同志社区空间形成与现状研究（2013）

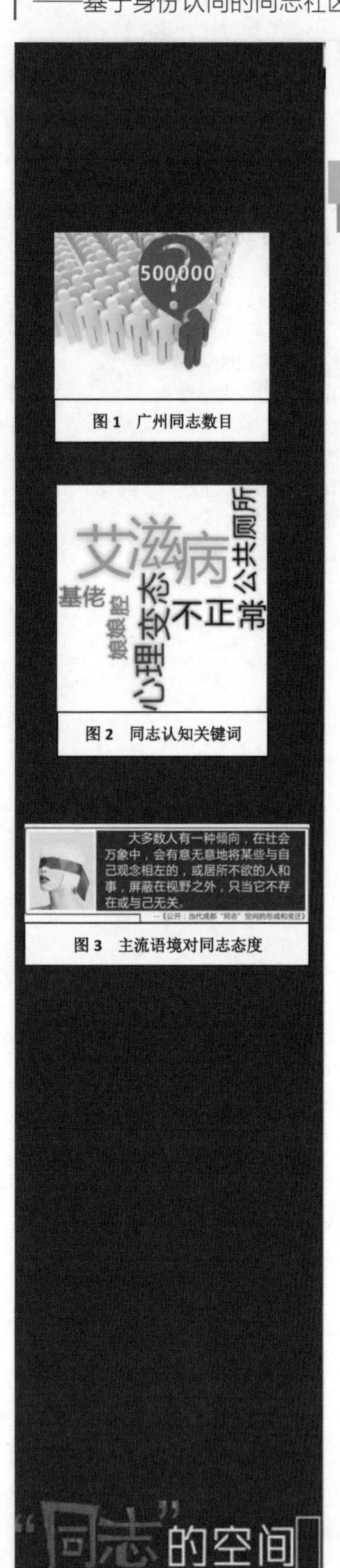

图 1　广州同志数目

图 2　同志认知关键词

图 3　主流语境对同志态度

——基于身份认同的同志社区形成与现状研究

一、概述

（一）调查目的与意义

据了解，广州目前约有 50 万同性恋，占总人口的 3%，且由于调查困难，实际数字远多于 50 万。然而，在异性恋主流的语境下，同性恋者常被忽视，并常常与“艾滋病”“公共厕所”等负面词汇联系在一起，具有被妖魔化的倾向。

故本次社会调查，旨在还原同志生活空间的真实面貌，展现同志在酷儿理论①的影响下，基于“身份认同”而塑造空间的过程，同时为同志正名。

（二）概念界定

同志，取“志同道合”之意，最早是香港作家麦克对同性恋的称呼，并与 20 世纪 80 年代席卷香港、台湾等地区，成为华人地区对于同性恋的普遍称呼。

身份认同（identity），Identity 包含身份、认同两重含义。身份表现为一种规范或角色，一种个体或群体的认同。认同则揭示了相似与差别的关系，是维系人格与社会及文化之间互动的内在力量。

同性恋身份认同综合了个人的自我形象认识以及他人或社会对个人的看法，是指最终能导致个体把自己的形象认可为积性恋身份，这种认同应该包括自我认同和社会认同两个方面。

（三）研究背景

1.研究综述

（1）古代及近现代。

虽然同性恋在中国至今尚未得到法律的认可，但是中国古代却有着十分悠久的同性恋传统，那些发生在著名人物身上的同性恋故事许多流传至今，同性之间的爱恋与各式各样异性恋的表达形式交织在一起，成为当时社会生活的重要组成部分。这样的历史传统在汉朝以及明清时代都达到过高潮，男子之间的同性爱恋对当时文化生活有着深刻影响，甚至演变成为一种社会风气。

图 4　中国对同志认识转变历程

①酷儿理论：“酷儿”（Queer）由英文音译而来，原是西方主流文化对同性恋的贬称，有“怪异”之意，后被性的激进派借用来概括他们的理论，含反讽之意。

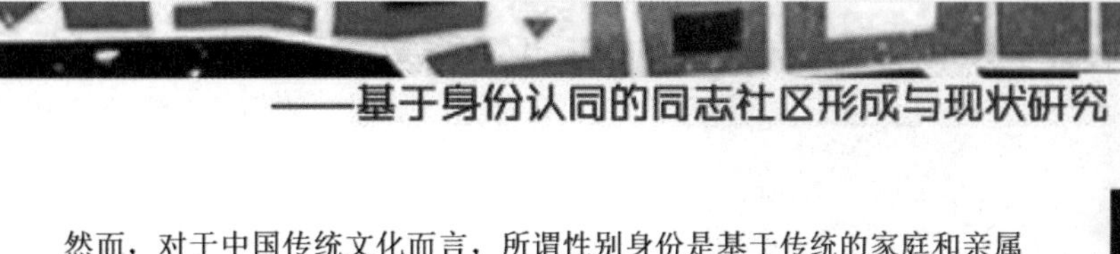

然而，对于中国传统文化而言，所谓性别身份是基于传统的家庭和亲属关系存在的。正是由于性别规范从属于更为广泛的家庭和亲属关系原则，因此在我国古代，性也不是身份构成的独立因素，故也不会将性演变成为独立的性身份。

由于性行为并非是某种人性质的反映，因此，对于同性性行为也是社会人人都可以尝试的“潮流”。正是基于此，中国传统文化中对于同性性行为表现出相对较为宽容的看法。但不可否定的是，由于同性性行为及同性爱恋与儒家正统理论相悖，因此，社会整体评价是较为否定的。最终导致同性恋在中国的历史显得模糊不清，尽管受到主流社会与评价的排斥，但依然随着朝代不同、风气不同而有着一定的文化空间。

故尽管中国古代对于同性之间的关系有一定发展空间，然而传统社会对于同性恋的理解，只强调其作为行为、倾向和偏好的一面，并不认为其具有本质的性别意义，没有同性恋的身份认同。

（2）新中国成立至改革开放。

随着西方以米德和库利为代表的符号互动论的发展，对“身份认同”的研究逐渐发展为社会学研究的中心范畴之一。而 20 世纪 70 年代以来对身份认同的研究焦点也逐渐从个体身份转向群体身份。作为性别身份研究的进一步发展，性身份的研究在 20 世纪 80 年代开始也逐渐受到重视。因此，同性恋这种性少数派的起源和意义，也成为热门话题。

随着西方观念的逐渐引入，近代中国抛弃了过去对性别的非基要主义，接纳了西方的性学、生物学以及基督教教义的“恐同主义”，对同性恋产生了病理化认识。

由于受苏联的影响，同性恋被视为犯罪，必须加以惩罚和治疗，否则被列为资产阶级的遗毒。因此，受到政治风气的影响，这一阶段的同性恋群体逐渐淡出主流视野之中。

（3）改革开放以来。

然而随着改革开放，我国解除了思想的禁锢，但对于同性恋的看法仍然是以流氓行为和精神疾病为主。

随着中国的逐步现代化，以及学术界的李银河和张北川等人的不断努力，中国社会顺应了国际潮流，中国官方对于同性恋的态度开始发生变化。

1997 年 1 月，我国的新刑法中已没有同性恋关于流氓罪的一些规定。2001 年 4 月，同性恋从《中国精神障碍分类与诊断标准》中删除。至此，标志着同性恋在中国的“去刑事化”和“去病理化”。

同性恋身份在我国的形成和发展，与社会的变迁是离不开的。首先，中国的政治和经济的自由化提供了先决条件。

①户籍制度的变化和劳动力的自由流动以及城市化的不断加快，传统的家庭关系在这样的市场经济下面临了许多的动摇，逐渐失去最重要的地位，

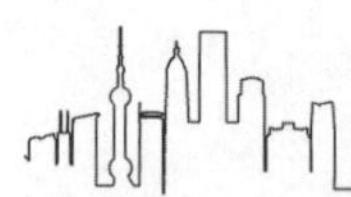

——基于身份认同的同志社区形成与现状研究

图 5　中国十大同志城市

图 6　广州主要同志聚居区

政治的自由也保证了人们享有更多的自主性。

②由于人们逐渐享有更多自由，围绕性的价值观也不像旧时那么封闭，多元化的性表达对于同性恋或者异性恋都至关重要。

③随着全球进入信息化时代，如互联网等通信网络的发展，在我国同性恋身份社区的形成与维系过程中，起到了关键的作用。

现在，人们已经逐渐认识到并接受了同性恋的存在，GAY 这个概念的引入也为我国同性恋提供了一种可以采用的身份模式，提供了一个认同的空间。而除了引入西方概念外，同性恋的身份认同在我国也有着明显的本土化，例如香港传入大陆的“同志”，广州的“基佬”以及成都的“飘飘”等，都能说明在我国，同性恋的身份认同越来越有着明显的本土化和自主性。

2.中国对于同志认识的转变：从行为到身份

受西方思想的影响，中国对同志的认识，由犯罪等行为，转变为身份。

3.广州同性恋生存土壤

正如亨宁·贝克（1997）所阐述的，城市为同性恋者提供了天然的环境，或许大城市的冷漠造成了人际的疏离，但是不可否认的是，正是由于大城市人际的陌生，给予很多“特殊人群”生活上极大的便利，包括同志。广州正是如此。据调查发现，广州就有好几个同志集聚地。本次调查对象广州大道北同志社区，亦在其中。

二、提出问题

同性恋并不是一个“特殊群体”，人群中固定有 2%～3%的人是同性恋，那么在中国这么一个人口基数庞大的国家，同性恋群体的数量也不容忽视。

广州作为一线城市，截至 2011 年常住人口数量已达 1270.19 万，外来人口众多，以广州为样本进行相关调查不仅可以了解到广州本地人的情况，更可以在一定程度上了解到全国其他城市的同性恋生存情况。依据马斯洛需求理论，人们首先要满足吃住的生理需求，因此我们着重调查广州同性恋的居住情况，并且发现了在广州大道北附近存在一定的集聚现象。

本次调查所涉及的广州大道北同志社区，与传统的定义有着较大差别。传统的芝加哥学派，强调社区的地域特征，但近年来受到本尼迪克特·安德森的“想象共同体”影响，他强调社区成员的共同利益以及共同关注也能使其凝聚成一个社区，因此，本文所探讨的社区，是一个结合了地域边界与想象身份认同的综合体。

为了了解广州大道北同志社区的形成机制，我们进行了本次调查。

三、研究方法

（一）调研点与受访者

本次调查，对象为现在和曾经居住在广州大道北同志社区内的 10 名成员。

此外小组还通过实地考察，对“同志社区”地理上涵盖的几个小区的内部及其周边情况做了观察记录。由于调查对象的特殊性，为保证调查质量，并未发放问卷。

（二）调查思路

本次调查按照“发现对象—了解对象—确定方向—深入访谈—归纳总结”的顺序展开，具体图 7 所示。

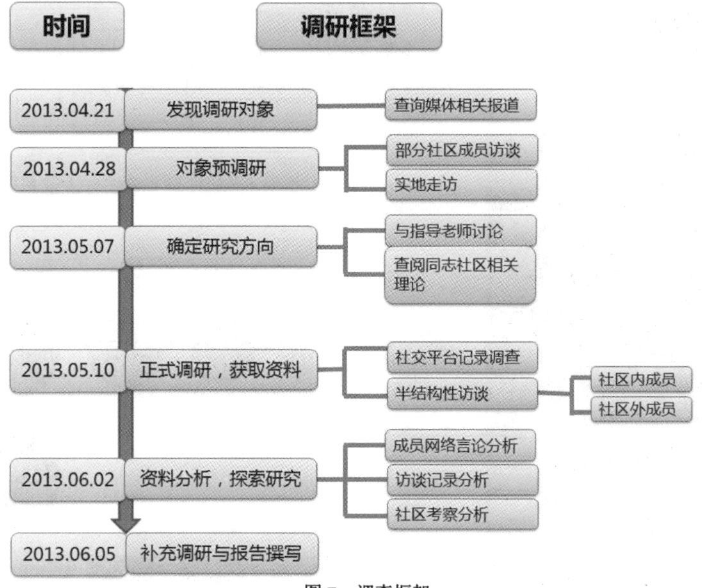

图 7　调查框架

（三）具体调查方法及实施

在正式调查前，小组通过查阅文献资料及预调研，发现同志人群具有隐蔽性的特征。故小组通过同志公益组织及同志网络言论两种途径，寻找调查对象。以下是小组调查的方法及过程。

1.媒体研究

2013 年 4 月 10 日至 23 日，浏览《佛山日报》关于该社区的报道，查阅和整理网络上近 10 年社区成员的网络言论，从而把握社区成员特征、社区发展及现状。

——基于身份认同的同志社区形成与现状研究

2.半结构式访谈

小组通过公益组织及网络言论两种途径，发现调查对象；并以滚雪球的方式，扩大调查对象数目。以下是调查过程。

表 1　受访者资料

受访者	职业	受访日期	访谈方式	受访者	职业	受访日期	访谈方式
大鹏	同志亲友会文化倡导主管	4 月 28 日	面谈	小许	金融从业者	5 月 06 日	QQ 联系
		4 月 30 日	QQ 联系			5 月 10 日	
		5 月 03 日		林枫	销售员	5 月 29 日	电话联系
小戴	同志亲友会财务	4 月 28 日	面谈	阿山	亲友会员工	5 月 30 日	邮件联系
		4 月 30 日	QQ 联系	小翔	学生	5 月 30 日	邮件联系
		5 月 05 日		小义	员工	6 月 3 日	微博联系
阿强	同志亲友会执行主任	4 月 23 日	邮件联系			6 月 8 日	电话联系
		5 月 05 日	电话联系	峰哥	医生	6 月 6 日	微信联系
		5 月 08 日	QQ 联系			6 月 8 日	
小莫	学生	4 月 20 日	邮件联系			6 月 15 日	

面谈　QQ 联系　邮件联系　电话联系　微博联系　微信联系

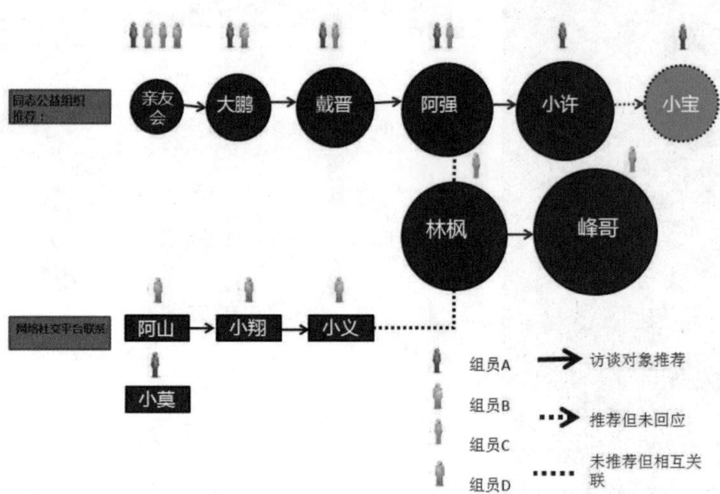

图 8　调查过程示意图

3.实地考察

于 4 月 30 日，前往小区所在区域，将小区及周边居住、活动空间，通过摄影记录下来，从而感知研究人群所在环境空间的特点。

四、结果与分析

（一）社区发展历程

根据社区原核心成员的受访表述，以及查阅了2010—2013年报纸、网络等媒体的相关报道和消息，我们将广州大道北同志社区的发展经历大致归纳如下：

阶段性事件	阶段	阶段性成果
2001年，阿强住进广州大道北，身边朋友有买房或租房需求时，将身边的小区介绍给他们。 2010年5月，阿强在博客上发表博文，正式向同志推荐广州大道北一带小区。	前期 2001-2010	
	初期 —2010年初	• **建立小范围朋友圈和Q群** 广州大道北一带小区内有20多名相互熟悉的同志。到2010年已围绕阿强、林枫等人初步形成较活跃的小范围朋友圈；同时广州大道北同志QQ群建立，许多广州本地及外地将到广州来的同志表达了向往与入住意愿。
2010年，阿强与林枫在工作中认识，后者在阿强介绍下入住社区，并逐渐成为社区日常经营的核心成员之一，负责为同志租房买房提供帮助。		
	顶峰时期 —2011年	• **通过媒体向外公开** 社区发展到成熟阶段，社区Q群成员达100多人，包括了2010年后入住和本身居住在广州大道北的同志。5月接受了“佛山日报”关于国内“首个‘同志社区’”的采访。
2011年初，社区在新浪注册了“广州大道北同志社区”微博，微博管理人员为几名社区主要成员。通过微博，社区不断扩大其成员数目及影响范围。		
	稳定时期 —2012年中	• **社区形态稳定化** 社区稳定发展，社区内部形成较固定的朋友小圈。此期间内社区成员与同志亲友会的互动增多，除工作之余的日常娱乐休闲活动外，一些成员也经常参加亲友会的研讨会等活动。
2011年8月，同志亲友会在广州成立办公室，阿强作为亲友会的执行主任，更多地将社区经营与亲友会活动结合起来；而林枫负责帮助有意加入社区的同志。 2012年下半年，林枫因工作变动搬出社区离开广州。由于社区内其他成员日常工作繁忙，因此，两名核心成员的工作转移后社区的营建因缺少了主要负责人而逐渐趋于沉寂。	后期 至今	• **社区转向半隐蔽状态** 两年间人员流动使社区人员组成出现了一些变动，成员日常交往与接纳新成员的工作仍正常进行，但已少在博客、微博等公共平台上相互通知、宣传。

——基于身份认同的同志社区形成与现状研究

图 9　同志社区区位示意图

图 11　京溪地铁站周边主要小区

（二）形成原因

1.区位优越

无论是同性恋还是异性恋，地理区位、房价等因素都是选择居住地的首要考虑因素。

（1）交通便利

广州大道北地区内有沙太路、京溪路和广州大道贯穿全区域，形成快捷便利的交通网络。2010 年末地铁三号线北延段的开通进一步方便了社区成员的日常通勤。

受访者：大鹏、小戴

"我们主要主要是上班的地方离那里比较近，三四个地铁站就到了。"

图 10　访谈记录节选

（2）配套完善

社区邻近京溪商圈，内有佳润广场、圣地广场和银座购物城三大商业综合体，已有乐购、广百等多家知名商家进驻；此外，还拥有两所高校及两间三甲医院。

"像许多买房人一样，首先考虑房价和周边环境。在广州看了一圈后，经过综合考量，觉得这里环境可以，房价也能接受，而且当时附近地铁即将开通，跑客户也方便一点。"

网友

图 12　网友留言节选

（3）房价合理

广州大道北自 2000 年先后开发了 9 个新楼盘，此外还有两个城中村。房租价格在地铁开通前一房一厅月租不超过 600 元，地铁开通后仍仅为平均月租 1700 元的水平。

"房子又好又便宜，一房一厅400～600元/月，就有很多选择了，带厨房和卫生间的单间，还有280元/月的。买房真是不如租房。林枫住的房子，就在地铁口附近（地铁四个月后开通），带空调，才550元/月。"

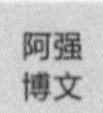

图13　阿强博文节选

因此，鉴于广州大道北的区位条件与同志群体的普遍收入水平相契合，许多同志选择在广州大道北定居。

2.寻求身份认同

在中国，同志作为边缘群体，受到来自社会、家庭等多方面的压力。因此，中国同志会格外重视其同志身份，并有着相互帮扶、聚集的倾向。

（1）逃避压力

在日常的生活环境中，同志们承担着来自社会、家庭等方面的压力。出柜之后，同志试图以公开、自然的态度去面对生活，但是他们依然不能得到每一个人的赞同，总存在同事朋友对此心存芥蒂。同时，尽管亲人最终会接受他们同性恋的事实，但总会存在一定程度的抗拒。这些都构成了同志在人际关系方面的压力，使得他们具有较高的出走倾向，从而为社区形成提供了条件。

网友

平时大家都戴着一副面具去面对社会的同事、朋友，而在这里，朋友之间一起聊天，周末一起旅游，很放松，也可以坦开胸怀，畅所欲言，非常开心。要是在以前，和伴侣吵架后，想找个人诉苦都没有。

我出柜了，同事和朋友不接受我可以不理他们，但是我不可能不理我的父母啊。而且我妈年纪大了，不能和她对着干。

受访者：大鹏

图 12　访谈记录节选

（2）互相帮扶

由于大部分同志都或多或少有着相似的经历，故同志间会基于身份的认同而产生“强制的信任”。美国社会学家波特斯（1993）认为，在紧密团结的团体当中，人们会把集体的利益置于个人之上，这就是“强制的信任”。基于“强制的信任”以及同性恋身份表达的需求，同志在选择居住地点时，除了经济、区位因素时，会将同志的多少列为一个加分的因素。

事实上，在社区初步形成后，社区内部分同志通过相互帮助，相互扶持，的确感受了与其他小区相比更多的温暖与融洽。小区之所以能发展成社区，与居住其中的同志间的互助及关怀是分不开的。但在小组深入探讨该社区与周边的小区异同中发现，在物质空间上并没有显著差异。对同志间的互助行为及社交活动背后的原因进行探讨后发现，这类互助、社交活动的根源是来自于对同性恋身份的认同。

受访者：林枫

……同时我也因智行工作认识了阿强等同志亲友会的朋友，还有许医生啊等人（住广州大道北），大家互相关心，询问‘诶你住哪里呀’，他们知道了我的情况，再介绍邀请，我本身也是喜欢热闹的人，就住进广州大道北了。

住在那里的时候，和朋友一起玩，一起聊天，瞎聊，挺开心的。我想这就是美好的回忆吧。

受访者：小义

图 13　访谈记录节选

3.同志名人与组织的吸引

根据核心阿强、“包租婆”林枫、小义、小许的访谈内容，可以看出社区其实并不是一个如传统意义上的、所有人亲密无间的团体，而是一个由许许多多相互重叠的小圈子组合形成的社区。

网友留言

“其实，在天河东圃一带，也有N多N多同志，只不过没有个带头大哥。”

受访者:小戴

“我们没有一个强的一个联系，都是……比如说有几个好社交的人，他们可能有自己固定的朋友圈，然后这个朋友圈可能有交集……但不同圈子同时举办活动，将两个圈子同时放在一起的可能就比较小。”

图 14　访谈记录节选

大多时候同志交往仅限于圈子内部，要形成社区，则要有同志名人及组织的推动。

（1）名人效应。

每个圈子之间都有着差异性，每个人对于社区的看法也不一致，却在实际上形成了一个社区。可以说，这几乎全部归功于阿强。

图 15　名人效应”意向图

受访者：小许

“如果说是什么原因令我们愿意住在这一片区，首先我觉得地利是一重要因素，广州大道北这一块真的是发展的非常迅速，周边的配备也很完善，再有一点就是有阿强这么一个招牌。”

图 16　访谈记录节选

事实上，尽管有着出于身份认同形成的“强制的信任”，但“强制的信任”仍不足以将许多小圈子凝聚在一起。这时候，“名人”的作用就凸现出来了。同志圈中的“名人”，一般指圈内活跃、众人皆知的人物。成为一个“名人”，意味着成为同志公开身份、改变生活方式的“标杆”。阿强属于向公众公开出柜的“名人”，与伴侣阿伟也成为同志圈内的模范，是新同志生活方式的实践者。

受访者：林枫

"因为阿强是在广州大道北住了十来年的人，认识很多朋友并且本身在广州的同志中又有一定的影响力和号召力，所以当时建群有三四十人，顶峰的时候达到100多人。"

图 17　访谈记录节选

故在这样的效应下，许许多多的小圈子自发围绕在阿强周边，形成社区；“名人”则成为本地同志的中枢，将私人的小圈子与更大的社区联系起来。

（2）亲友会积极作用。

除了名人以外，组织的力量也是不可忽视的。同性恋亲友会，临近广州大道北，是一个致力于帮助同志的组织。该组织在同志圈中的影响力很大，且“名人”阿强本人也为亲友会创始人之一。

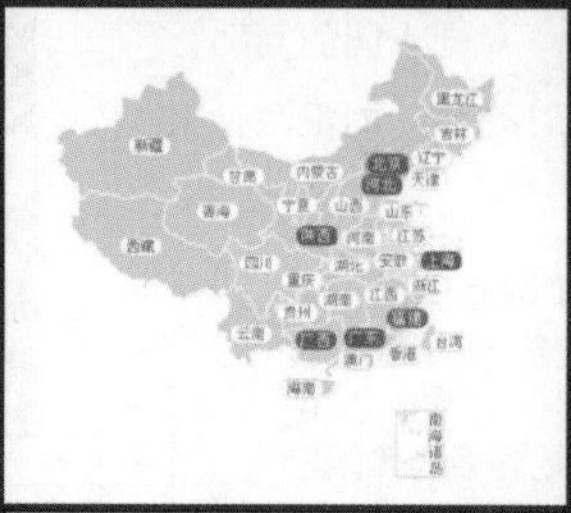

图 18　同志亲友会全国分布

“同志”的空间 tongzhi

许多不在广州大道北的同志，也能够通过亲友会知晓广州大道北同志社区——参加亲友会活动的同志来自五湖四海，许多同志通过居住在社区内的亲友会成员介绍，进而得知了社区的存在。从某种程度上说，亲友会为同志社区起到了宣传的作用。

如果说身份认同是社区形成运作的动力的话，那么“名人”“组织”就是社区的发动机。

受访者：小义

我是陕西人嘛，当初也在广州读书，但是之后我也不是立刻在广州工作的。我先后在深圳，东莞工作，后来才回到广州。然后我参加亲友会的活动嘛，我通过朋友的介绍说，哦原来广州大道北那里有很多新建的新房，环境也比较好，我就在那租房啦。（是林枫介绍的吗？）对的对的。”

图 19 访谈记录节选

4.互联网的推动

在计划经济时代，由于通信工具的缺乏，同志并没有高效便捷的、寻找“同道中人”的途径，故同志大多分散居住，仅在特定地点聚集活动。然而，随着通信设备的发展，同志有了更多联系的途径，互联网就是其中的代表。原本分散各地、彼此陌生的同志，通过互联网而彼此相识。同志不仅在网络上扩大了交友范围，还能够为同志提供相关的租房、买房信息。

“在社区的微博上，常会有小伙子说，快点帮我们介绍个地方，我们马上到广州工作了，能不能和你们住一块儿。我说可以，如果你愿意来，就可以联系我们。有一个陕西的同志，他的住房和工作都是我们介绍的。”

受访者：阿强

图 20 访谈记录节选

：@阿强同志 @广州大道北同志社区 ：我最近要搬家，正在找房子，想搬进你们小区。现在一个人住想找个说话的人都没有，想请你们帮一下忙，留意一下你们社区有没有找合租的朋友。我也不知道你们小区叫什么名字，可以劳烦告诉一声，这样如果你们实在没有时间帮我留意我就自己到你们小区找找看！PS：我有朋友

阿强 2010-05-25 09:27:33 【举报】

昨天到现在，已收到多位想要入住广州大道北的同志短信，有点轰轰烈烈的感觉，哈哈。有很多人问有没有合适的房子，为了帮到大家，想住过来的，请发信到我信箱，找找个热情的大姐帮你们留意。找房子就像找BF一样，不要急，慢慢遇。遇到合适的，就把它搞掂。

图 21 微博、博客记录节选

图 22 同志常用网络通讯软件

因此，互联网为同志社区的形成起到了很大的推动作用，社区的影响也借助互联网而扩大，进一步吸引了更多同志前来居住。2011 年，社区建立了属于自己的“广州大道北同志社区”QQ 群，在加强成员归属感的同时，也为更多同志前来居住提供了平台。

——基于身份认同的同志社区形成与现状研究

（三）发展机制

1.形成机制

在社区形成以前，同性恋者以一般人难以估测的密度分布在城市的每一个角落，我们假设他们的分布是随机的。由于同性恋者承担着来自社会各个方面的压力，他们急需寻求认同和支持。这些人中有人率先表达了希望同志聚集的意愿，于是他们所在小区附近的同志响应其意愿，组成了同志小团体。

如社区所在区域处于广州快速发展的区域，交通环境、工作机会俱佳，其他地方乃至外地的同志便乐意搬过来居住，使得社区同志密度增大。

在社区同志数量达到一定规模后，同志们频繁活动并建立社区 QQ 群、社区微博，将社区范围扩展到虚体空间，并借助核心人物的名人效应，影响范围进一步扩大。

假如社区核心成员工作转移，社区人员将发生一定流动，导致社区转为半隐蔽状态。社区对外号召减少，多表现为小圈子内的成员互动，虚体空间扩散到更远的范围。

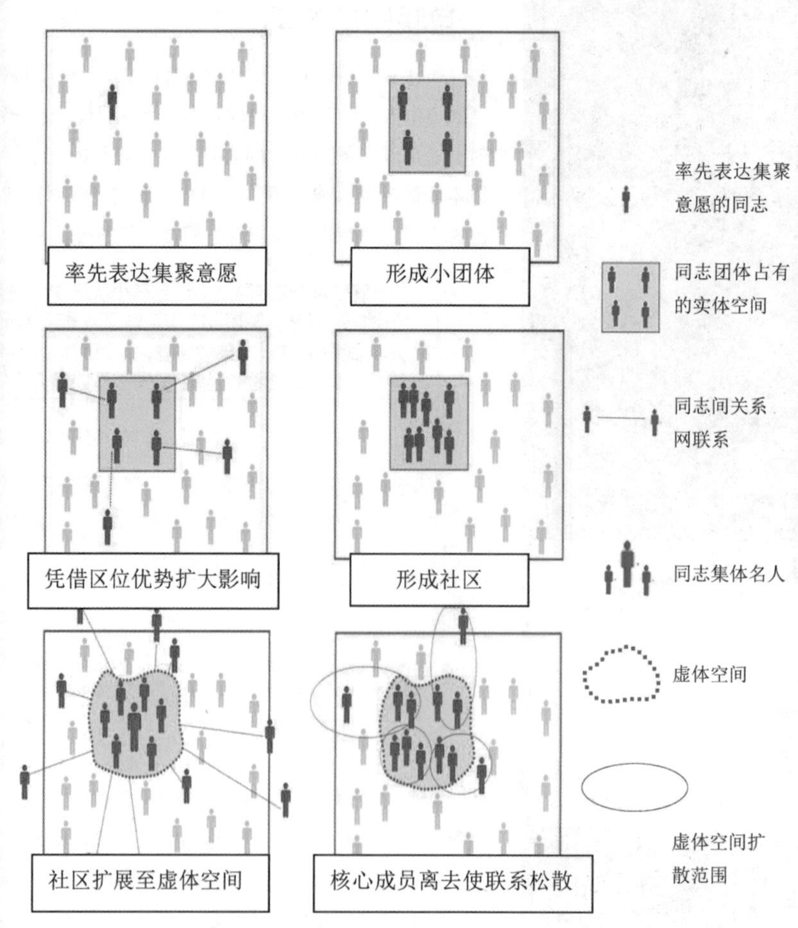

图 24 社区发展机制

“同志”的空间 tongzhi

——基于身份认同的同志社区形成与现状研究

2.运转机制

社区通过核心成员组成的同志组织带动外网成员开展同志活动，帮助同志开展日常生活和其他一系列社区日常活动。一个由核心成员组建的交往小圈子如图 25 所示：

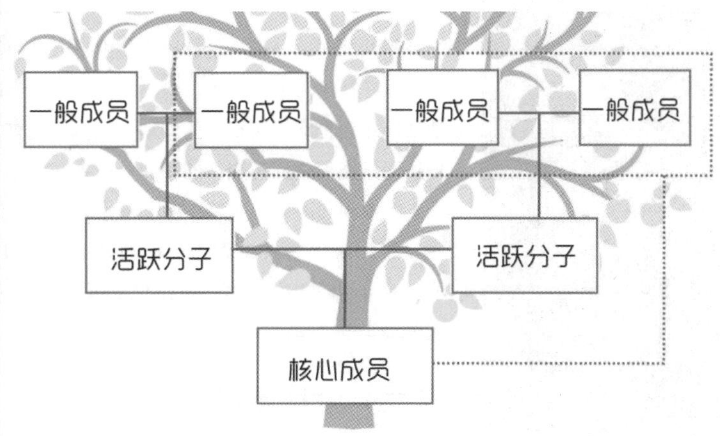

图 25　同志交往树图

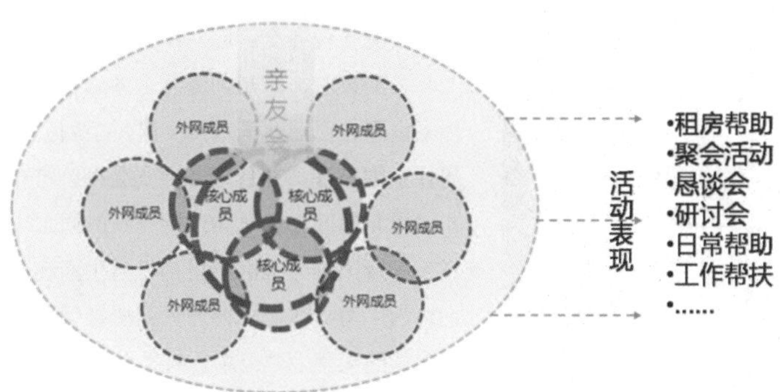

图 26　社区结构示意图

每个同志社区内皆有数名核心成员。核心成员间相互有联系，同时每个核心成员皆有着一个或一个以上的朋友圈子。朋友圈子围绕核心成员聚集，并有着部分朋友圈子发生交集，并合并成大圈子的现象。

圈子发生交集而合并成为“大圈子”后，“大圈子”内的每名成员将通过社会组织（如亲友会）、通讯网络等方式，将圈子的影响范围进一步扩大，将更多的外围成员纳入社区。

五、总结

（一）结论

同性恋作为一种身份被同志接纳后，广州同志空间便以社区作为转变方向。在社区形成过程中，除去经济、交通等因素，对“同志”这一身份的认同成为推动社区形成的源动力。但在现有社会价值观的影响下，靠身份认同只能形成同志交往的小圈子；社区的正式形成还需要借助同志“名人”的威望与凝聚力，将小圈子凝聚成具有共同价值观的社区。

将同志“名人”作为中枢的社区形成机制，有一个难以弥补的缺陷——一旦同志“名人”因种种原因离开社区，社区的运作、发展将陷入停滞，进而趋向于隐蔽自我。

（二）发展趋势

目前，广州大道北同志社区更多只是作为广州同志居住较集中的地方之一，具有良好的交通条件和居住环境，周边商业医疗服务设施和休闲运动场所配备较齐全；而其作为“国内首个实体同志社区”的概念已少被提及。长期来看，广州大道北具备其他区域所不具备的交通和区位优势，又因不少同志已在此区域内买房，围绕他们的固定同志朋友圈子已基本形成，居住氛围良好，并且同志亲友会办公室和主要活动场所也在附近，所以广州大道北地区会长时间保持较高的同志居住密度。

尽管大部分社区成员都希望生活在更为开放自由的社区环境中，但他们认为广州大道北目前远远无法接近国外 LGBT 社区的水平，他们也强调自身群体的无差别性，并无刻意将社区营造为称得上名副其实的“同志社区”的打算与努力。

社区内的大部分成员认为，按照国内的政治环境与社会发展阶段，争取同志合法权益需要循序渐进的变革。因此，对比起对政治环境的期望和政治权利的诉求，社区内更多成员表示，个人居住环境改善等人们普遍关注的生存问题才是更关系切身利益的话题。以广州目前的城市包容度和同性恋社会语境，他们大多倾向于接受现在半公开半隐蔽的居住状态。

（三）对策分析

1.提高公众认知度，消除“恐同”心理

对于大多数普通百姓来说，“同性恋”还是一个显得相对较为暧昧晦涩的词语，并且由于现阶段人们资讯的来源主要是报纸、电视和网络媒体

若是报道同性恋时产生相关偏差很容易让人对这个群体抱有敌对和误解的态度，甚至以为他们会危害社会伦理，产生“恐同”心理。

因此，让媒体正确报导同性恋，有助于提升普通民众对于同性恋的认知度，了解相关知识，认可这个群体，不会再误会以及恐惧同性恋群体。

2.提高同性恋自我身份认同，保证心理、生理健康

现实中，许多同性恋对于自我身份都存在一定程度上的误解，由于觉得“自己不正常”或者觉得违背传统伦理，许多同性恋处在极端的自我压抑中，甚至勉强自己与异性产生传统的婚姻关系，以使自己能够处在“正常”的社会中，这样不仅伤害了自己，也伤害了其他人。

鉴于此，普及有关同性恋的相关知识能够帮助他们建立正确的自我认知，实现心理健康。

除此之外，由于传统的对于同性恋的不正确认知，很多时候同性恋与艾滋病等词绑在了一起，并且少数同性恋由于对自我身份的不认同，处在极端的矛盾中，部分人会以“滥性”的方式来麻痹自己，因此对于同性恋生理的相关科学知识的普及，可以帮助他们重塑自我价值的同时，保护自己。

3.联合国内外同性恋组织或研究机构，合理有效组织相关活动开展

特定的组织可以保证有关活动的持续进行，像我们调查中探访的广州同性恋亲友会，就是一个非政府领导的公益组织，依靠善款专项专用，来持续组织相关活动，帮助同性恋者和他们的亲友。

在广州这类组织并非只有一个，并且很多组织是全国范围内都设有分会的，若是能够合理组织起这些“点”，串连成一张网，就会有利于各司其职的完善相关工作开展。

4.温和地、循序渐进地争取政治权利

凡事不可一蹴而就。社会对同性恋的认可与接受亦如此。所以，要温和、循序渐进、有策略地争取政治权利。

——基于身份认同的同志社区形成与现状研究

参考文献

[1]魏伟.“酷儿”视角下的城市性和空间政治[J].人文地理，2011(1).

[2]魏伟.消费主义和“同志”空间：都市生活的另类欲望地图[J].社会，2009(4).

[3]魏伟.城里的“飘飘”：成都本地同性恋身份的形成和变迁[J].社会，2007(1).

[4]陈秀元.中国同性恋研究：回顾与展望：对1986—2006年间178篇学术论文的文献综述[J].中国性科学，2008(11).

[5]富晓星，吴振.男同性恋群体的城市空间分布及文化生产：以沈阳为例[J].工程研究，2010(1).

[6] Gustav,Visser. Challenging the gay ghetto in South Africa: Time to move on?[J]. Geoforum, 2013(3).

[7]刘靖，王伊欢.同性恋者身份认同研究综述[J].中国农业大学学报（社会科学版），2011,28(1).

[8]胡国球.探访国内首个“同志社区”:我们不想被妖魔化[N].佛山日报，2011-05-28(A05).

[9]吴畅畅，赵瑜.同志、身份/认同与空间——对中国内地同志网络空间生存及(集体)行动可能性之探察[A].2006中国传播学论坛论文集（Ⅱ）[C].2006.

[10]魏伟.公开(当代成都同志空间的形成和变迁[M].上海:上海三联书店,2012.

[11]李志刚,顾朝林.中国城市社会空间结构转型[M].南京:东南大学出版社,2011.

评语：该作品以“同志”这一特殊群体为研究对象，选题有新意，而且由于同志群体的隐匿性，采取了多种调研方法，获取了大量一手资料和数据，值得学习。最终结合理论阐述了同志空间的形成机制，分析合理清晰，是一份不错的社会调查作品。

老有所“舞”
——广州市逸景翠园居住区广场舞空间现状调研报告（2015）

一、绪论

（一）调研背景

随着精神文化需求的日益增长和全民健身热潮的逐步推进，全国各地的广场舞如雨后春笋般迅速发展。在这个充满争议的文化焦点下，广场舞引发的社会冲突日益升级。一方面，广场舞扰民已是不争的事实；另一方面，广场舞舞者们也苦于需求得不到满足。这种矛盾现象背后正反映出市政部门对老年人活动场地规划建设的不合理和对广场舞团体疏于管理的失职。前期规划的空白无疑为之后广场舞造成的种种问题埋下隐患。

逸景翠园业主论坛帖子：

东区小区楼下有部分中老年人的活动太扰民了，周一至周五早上准时 8 点，打开音响跳舞的中老年人……请问这是生活小区还是公园？游乐场吗？能让老人和孩子安静的休息一会吗？请让小区回归到生活状态吧！我不想生活在公园！

网络问政平台：

自 2008 年至今，每晚 8 点到 10 点多，二十几个人把音箱开得震天响……甚至有些业主受不了卖掉房屋一搬了之……希望媒体能帮忙曝光，让相关部门解决这个毒瘤，还广大住户一个安静祥和的居住环境。

（二）调研目的

广州市海珠区逸景翠园小区广场舞已有 7 年历史。其间噪音问题引发的居民投诉不断，虽被媒体多次报道，但经过物业、居委、政府部门等多方协调都难以有效解决。将其作为研究对象，希望通过实地调研和分析反思来实现以下目的：

（1）综合运用多种调查方法，系统了解该居住区广场舞的基本状况。

（2）分析广场舞舞者的身份特征，进一步探讨促使广场舞在居住区内形成和发展的内在机制及多元需求。

（3）着眼于公共空间权利，分析居住区广场舞背后反映的空间冲突和舞者对空间进行的自发改造。

（4）为促进居住区内广场舞的正常健康发展，提出规划、建设、管理等多层次的建议。

图1　调研居住区在海珠区的区位

图2　调研区域在居住区的区位

（三）调研区域

逸景翠园小区位于海珠区广州大道南，临近新城市中轴线，紧靠地铁八号线和三号线。占地面积约 40 万平方米，建筑面积 110 多万平方米，107 栋小高层和高层楼宇呈东西排列式分布其中，超宽楼距设计。区内配套设施完善，园林规划设计合理。小区南面为纺织市场，北面是城乡接合部，人口流动大。

跳舞场地位于逸景翠园东区，是由一栋住宅楼和两栋住宅楼之间的道路围合所构成的区域。场地中有三排树，还有长椅点缀在其中，周边有绿化隔离带，用以美化社区环境，属于居住区的公共空间。

（四）调研对象

（1）居住区广场舞人群及相关空间。

（2）广场舞舞者：该小区某典型广场舞群体，包括组织管理者和一般舞者。

（3）小区其他居民。

（五）调研方法

（1）文献分析法：查阅文献、报刊杂志、相关报道下的网友评论等，获得广场舞相关资料以及对此普遍看法。

（2）实地调研法：实地观察广场舞群体的现状、周边环境以及其他人群对此的表现。

（3）问卷调查法：6 月 4 日与 6 月 25 日发放两次问卷共 100 份，有效问卷 92 份，主要面向目标调研团队的所有广场舞舞者，获得她们的基本信息和需求。

（4）访谈法：对广场舞场地周边附近居民、路过的路人和小区安保人员等进行访谈，了解广场舞以外的群体对广场舞的看法和认识。共采访 55 人，其中周边居民访谈 20 人，路人访谈 30 人，安保人员访谈 5 人。

图3 公园舞者

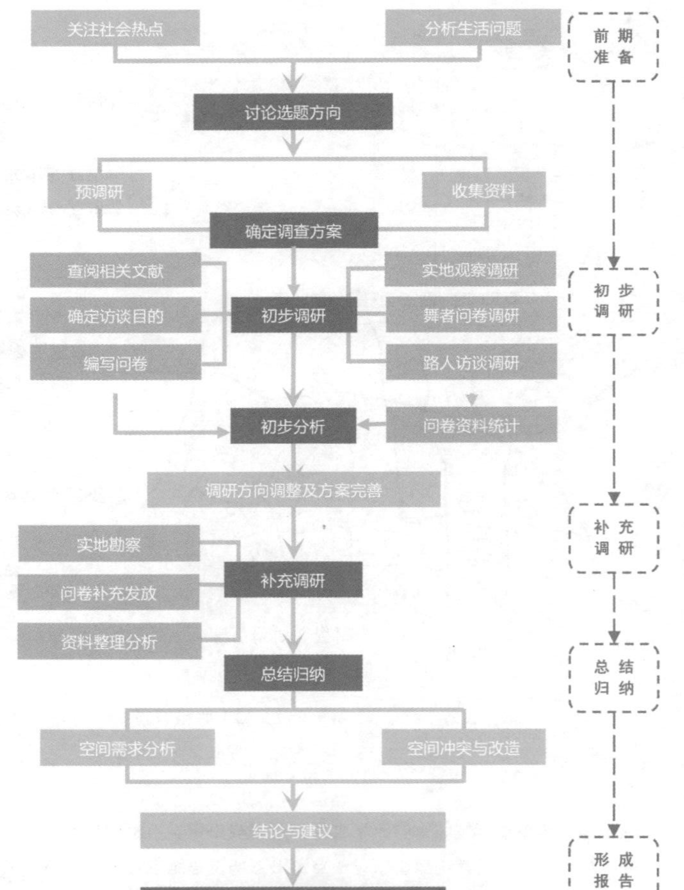

图4 调研流程

二、调研分析

（一）空间需求

1.人群特征分析

（1）中老年女性为主体。

由图 5、图 6 可知，舞者团队主要由中老年女性构成。92 人中 85 人为女性（92%），60～69 岁的舞者占总团队的 36%。

（2）生活背景差异显著。

①籍贯来源多样。由图 7、图 8 可知，27 人（29%）来自广州市，44 人（48%）来自广东省其他地区，19 人（21%）来自其他南方省市，2 人（2%）来自北方省市。

该团队几乎全部来自南方，且绝大多数为广东省人口。单以“广州市”作为标准划定，71%的人群都是外地人，仅有 29%为广州本地人。

②使用语言丰富。由图 9 可知，78 人（85%）掌握普通话，使用广东话（粤语、潮汕话、客家话中至少一种）的人共有 70 人（76%）。

③文化水平参差。由图 10 可知，舞者人群所受教育的文化水平存在较大差异，其中 40 人（43%）接受了九年义务教育，而拥有高中或中专以上学历者共 52 人（57%）。

④职业分布广泛。由图 11 可知，舞者人群中有 16 人（17%）的职业为企事业单位负责人，有 21 人（23%）从事专业技术工作，但也有 23 人（25%）目前处于无业或待业状态。可见该人群的职业分布差异较大。

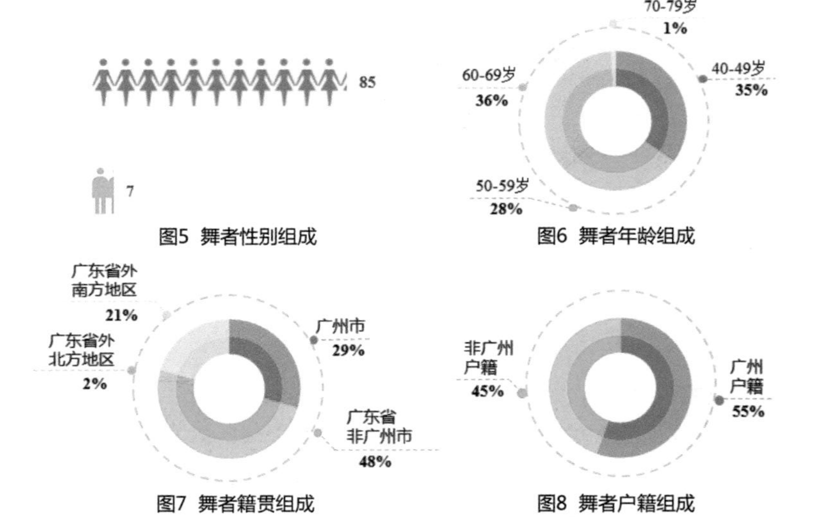

图5 舞者性别组成

图6 舞者年龄组成

图7 舞者籍贯组成

图8 舞者户籍组成

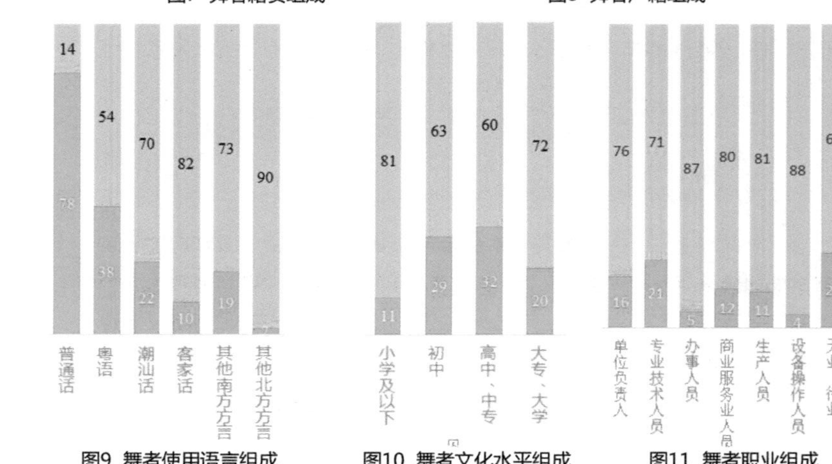

图9 舞者使用语言组成

图10 舞者文化水平组成

图11 舞者职业组成

2.广场舞“需求”机制

（1）强身健体为基本需求。

由图 12 可知，92 位舞者中，有 88 人（95.65%）在跳广场舞的原因上选择了锻炼身体，这说明锻炼身体是广场舞兴起的基本原因。

由图 13 可知，92 位舞者中，有 89 人（96.73%）希望增加健身锻炼的集体活动，也体现出了舞者对健身锻炼的一致需求。

可以看出，跳广场舞和舞者的健康需求有着密切的联系。此外，在与舞者的深入访谈中了解到，几乎所有舞者都表示跳广场舞的初衷是为了锻炼身体。

95.65%

图12 跳舞的原因是否是锻炼身体

96.73%

图13 是否希望社区增加健身教练的集体活动

广场舞负责人
今年59岁

我们跳舞的主要原因是为了锻炼身体，白天在家里看孩子、做菜，晚上就想锻炼一下身体，身体好了也省得给儿女添麻烦。

你看那位领舞的阿姨现在已经 75 岁了，刚刚加入时身体状况不是很好，尤其是膝关节，走路都成问题。但是她每天坚持来跳舞，你现在看她像七十多岁吗？

旁观路人刘先生
今年33岁

我并不是这个社区的人，但是我母亲坚持在这里跳舞。跳广场舞可以锻炼身体，我很支持我母亲来跳，甚至会在她跳舞的时候带小孩过来看。

（2）寻找归属为情感动机。

归属感的三种表现形式依次递进，分别为：对群体投入，对群体喜爱，对群体产生依恋。

①总体概况。由图 13 可知，87 人（94%）表示能在广场舞团队里感受到团队的力量，可以判断该团队已经形成了归属感。

图14 归属感调查

②对团队的投入。每位广场舞的参与者都愿意每年投入 100 元用于音响设备的维护，并且大家还愿意自费购买统一的着装。

A.舞者参与广场舞的频率。

由图 15 可知，39 人（42%）加入这个群体达 5 年以上，其中最长的已经坚持了 7 年。54 人（58%）已经坚持了 3 年以上，86 人（99%）参与了 1 年以上。

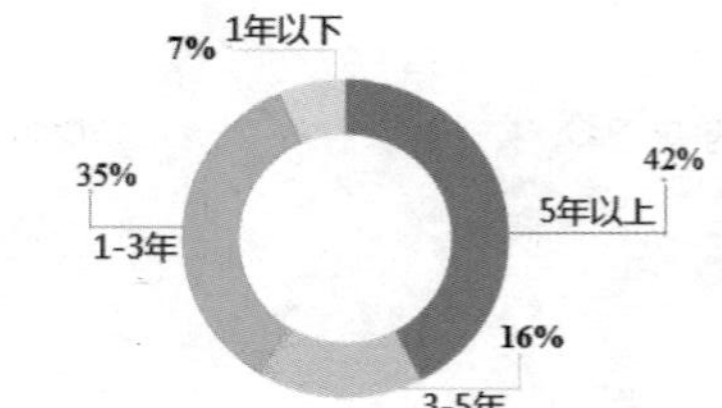

图15 舞者加入群体事件组成

B.跳舞时间段。

50 人（54%）选择在早上和晚上两个时间段都来跳广场舞。

以上调查可以发现，绝大部分舞者都愿意为整个团队投入时间和金钱。

③对团队的喜爱。群体里面的人除了一起跳舞之外，还会积极参加团队组织的其他活动。由图 16 可知，85 人（92%）参加过团队的聊天，69 人（75%）参加过团队的散步，还有 41 人（45%）参加过团队的旅游活动。

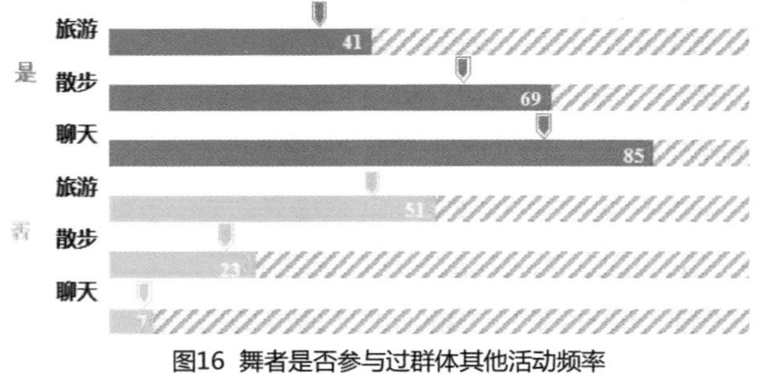

图16 舞者是否参与过群体其他活动频率

④对团队的依恋。由图 17、18 可知，83 人（90%）表示愿意克服一切困难继续留在这个群体之中，这说明团队的大部分成员已经产生了依恋之情；即使未来搬离这个社区，也有 74 人（80.4%）表示会在新社区内去参加广场舞，这说明她们对广场舞团队产生了依恋。

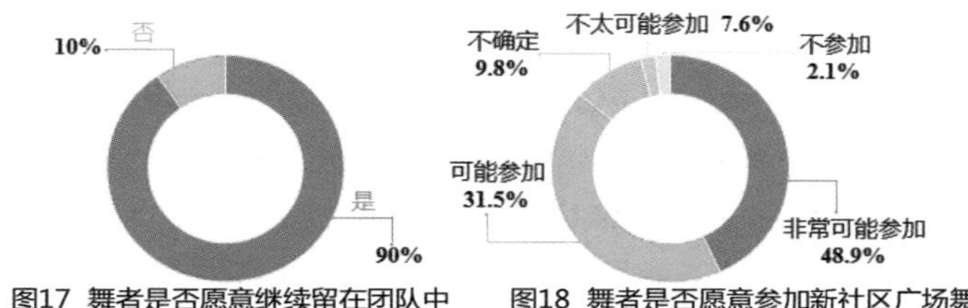

图17 舞者是否愿意继续留在团队中　　图18 舞者是否愿意参加新社区广场舞

结论

中老年人作为广场舞主体，空闲时间充裕但文体活动缺乏，邻里关系冷淡但集体观念浓厚。他们渴望追求团队的归属感，而广场舞以一种健身娱乐的方式提供了寻求归属的机会。

（3）自我表达为心理诱因。

①现象表述。调研过程中，我们注意到部分舞者热衷于对自我的展示，她们谈起有关跳舞的事情时也难以掩饰愉悦的神情。

当被问到“当周边有人关注您跳舞时，您会有什么感觉”(见图 19)， 60 人（65.2%）选择了“开心”，余下的为“无所谓”，而没人“觉得厌烦”。此外，40人（43.47%）（见图20）希望家里人来观看自己跳舞，46人（53.08%）表示无所谓，而不希望家人观看自己跳舞的仅有6人（6.52%）。

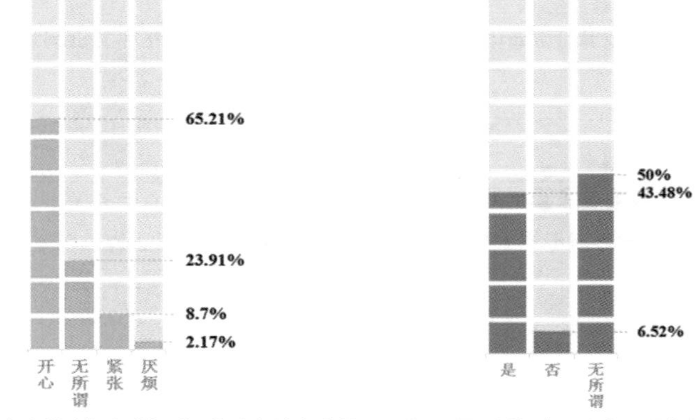

图19 当周边有人关注您在跳舞时，您会有什么感觉　　图20 是否希望家里人来观看自己跳舞

②原因剖析。广场舞是利用舞蹈来抒发情感的艺术，使舞者的内在情感得以宣泄，产生精神振奋的愉悦感。

置身于广场舞人群中，每一位舞者依托团队所提供的安全感和归属感，更加敢于表达自己的需求，同时也会更加开放地展示自己。

同时广场舞也通过吸引观众围观，使舞者感受到目光关注，拥有仿如身在舞台进行表演的优异感，从而有助于舞者发现并提升自我价值。

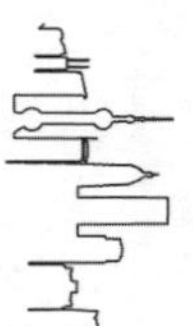

（二）空间冲突

1.文体空间“专有化”

通过调研，我们发现逸景翠园小区在老年人文体活动的“专用空间”上面临着场地少和准入制度不合理两大弊端。

目前，逸景翠园小区只有一所老年人活动中心，场地较小，相关配套设施不完善。

该老年人活动中心只对户口在本街道的老年人开放，这使得那些随子女迁住、户口在外地的老年人没有权利使用活动中心的专用空间及配套设施。

在对舞者群体的访谈中，我们发现绝大多数人的户口都尚未迁入本街道，老年人活动中心的使用门槛成为迫使这些老龄群体“占据”开放空间、跳广场舞的一个推因。

旁观路人李先生　今年50岁

在这个小区里居住的本地人很少，大部分都是外地（非广州）的，也就有很多老年人为了帮子女带小孩就一起住进来，而户口还留在家乡没有迁到本地街道，因此不能使用小区这边的老年人活动中心。因为地域、文化上的差异，老年人之间交流起来也不容易，所以很多老年人就选择跳舞的方式。

2.公共空间占据

虽然同属公共空间，但与专用空间相比，开放空间并没有划分出具体的用途，因而任何人都可以在不侵犯其他人正当公共空间权利的前提下自由使用，并在这一空间之中参与、交流、互动与表达。

当场地少、准入制度不合理所造成的老年人文体活动专用空间匮乏将老年人“赶到”了开放空间中，她们便借由广场舞这一形式，得以在特定时段将这块空地“占据”。在满足健身、社交等基本需求的同时，这些“无处可去”的老年人也通过在开放空间中跳舞的形式来反抗世俗偏见关于老年人“土”“俗”的刻板印象，表达自己的主张。

图21　跳舞人群占据公共空间

图22　跳舞人群占据公共空间模拟图

图23　跳舞人群与公共空间关系模拟图

另一方面，既然舞者有跳舞来保障健康娱乐的权利，那自然也会有其他居民渴望安静环境保障休息的权利。开放空间在客观上确实变成时段性、周期性的广场舞空间，这种对于公共空间的占据势必会引发冲突。其中以噪音所引发的舞者和居民之间的纠纷最为突出。

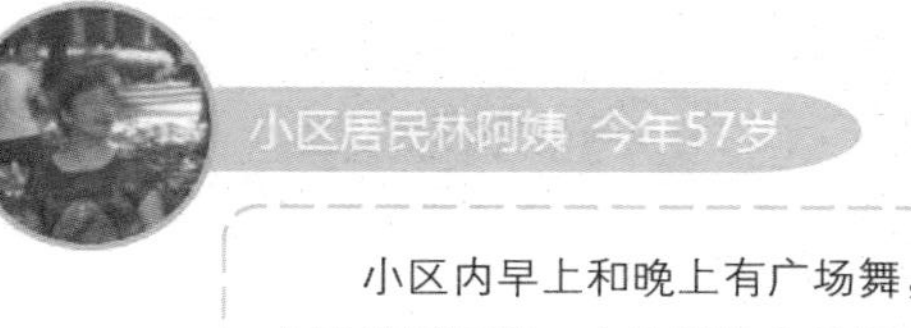

小区居民林阿姨 今年57岁

小区内早上和晚上有广场舞，下午还有人练琴、打太极拳，小区已经不像一个生活休息的场所，而变成了娱乐场所。

3.噪音空间冲突

广场舞噪音传播时以舞区为中心，主要影响到相邻的三栋住宅楼。通过对小区居民的访谈，我们发现不少居民认为该广场舞的噪音对他们的生活产生了一定负面影响。

（1）晨间广场舞噪音影响较大。

广场舞噪音主要分为晨间噪音和晚间噪音，晨间噪音较大，辐射半径为 120～150 米，几乎全部覆盖相邻的住宅楼，高度为 26～30 米。晚间噪音较为适中，辐射半径为 30～35 米，仅覆盖相邻最近的住宅楼，高度为 15～20 米（见图 24、图 25）。

另外，超过 80% 的居民表示早上 8:00～9:00 的广场舞对他们的作息造成干扰，尤其是对那些夜晚上班、早上休息的居民，而晚上广场舞的声音则可以忍受。相比之下，晨间噪音对住户影响更大。

（2）广场舞舞者态度。

对于噪音问题，广场舞舞者的态度是：会尽量控制音量，调整跳舞时间，减轻对小区居民日常生活的影响。

同时，不少舞者的亲属也会经常告诫跳舞的亲人，在晚 10 点前结束，早上 8 点半后开始，体谅需要休息的住户，尽量规避与他们的矛盾。

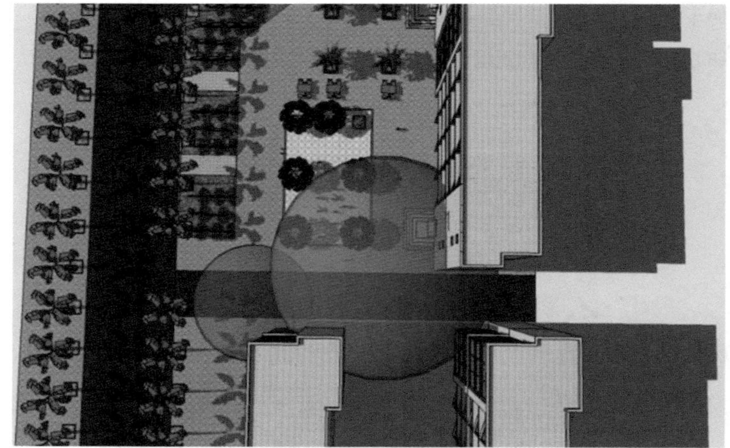

图24 广场舞噪音扩散范围俯视图

图25 广场舞噪音扩散范围侧视图

（三）空间改造

在广场舞普及度渐广之时，在这个区域最早开始跳广场舞的人们率先寻找与她们的需求匹配度最高的空间。然而居住区规划并没有开辟专属于她们的活动空间，只能在占据现有公共空间的基础上，对空间进行改造。

在调研区域内，由于小区的设计为超宽楼距，于是她们选择了这样一块空地：这里与北边住宅楼距离较远，其南边的楼低层并不用作居住用途。但是这个空间并不适合跳广场舞，因为灯光不足，且为休憩观赏用途，其间棋盘式种有树，放置了长椅。

图26 广场舞跳舞区域俯视图

1.为满足需求改造空间

与其他运动形式一样，舞者需要携带毛巾、水等。但是，空间内没有提供足够且安全的存包处，舞者们改造了原有空间，在树上安置钉子，把包挂在树上（见图 27），这样既在视线内又不占据本就不宽敞的跳舞空间。而晚间广场舞由于独特的灯光需求，舞者们便在树上安置了灯管（见图 28）。

图27 舞者对树进行的改造

图28 舞者对夜间公共空间进行改造

2.为缓解冲突改造空间

为缓解与周边居民的冲突，舞者在晨间舞蹈时选定 8:30—9:30 的时间段，避开居民正常休息时间。在中高考期间暂停舞蹈，为学生创造安静舒适的学习环境。

由此可见，舞者利用空间对空间进行了改造，改造的原因有两个：一是为了满足自身需求解决配套设施不完善的问题；二是为了消除或者缓解与周围居民的冲突。

（四）小结

随着居民精神文化需求的日益增长，居民的多元需求需要有一个日常生活休闲方式来满足。广场舞满足了他们强身健体、寻求归属和自我表达的需求，因而能在居住区内产生、发展并延续。

但是，广场舞只是众多满足其需求的一种方式，并不唯一。如果在社区内规划建设面向居民开放的休闲空间，如桌球室、舞蹈室、图书馆等，居民也会享有更多元化的生活方式。因此，专用空间的匮乏成为导致广场舞生活空间形成的主要推因。在现有条件下，舞者们占据公共空间，与其他居民所享有的公共空间权利产生冲突。

与专业规划师和强权的社区物业管理者相比，舞者（甚至其他居民）没有能力和条件决定专用空间。舞者选择广场舞这一活动形式后，在现有空间中，自发地进行空间改造以满足自身需求和缓解冲突。但这种改造终究只是面对规划漏洞、社区权利处于被动地位下的力所能及的“妥协”，难以在根本上解决问题。

图29 广场舞占据广场

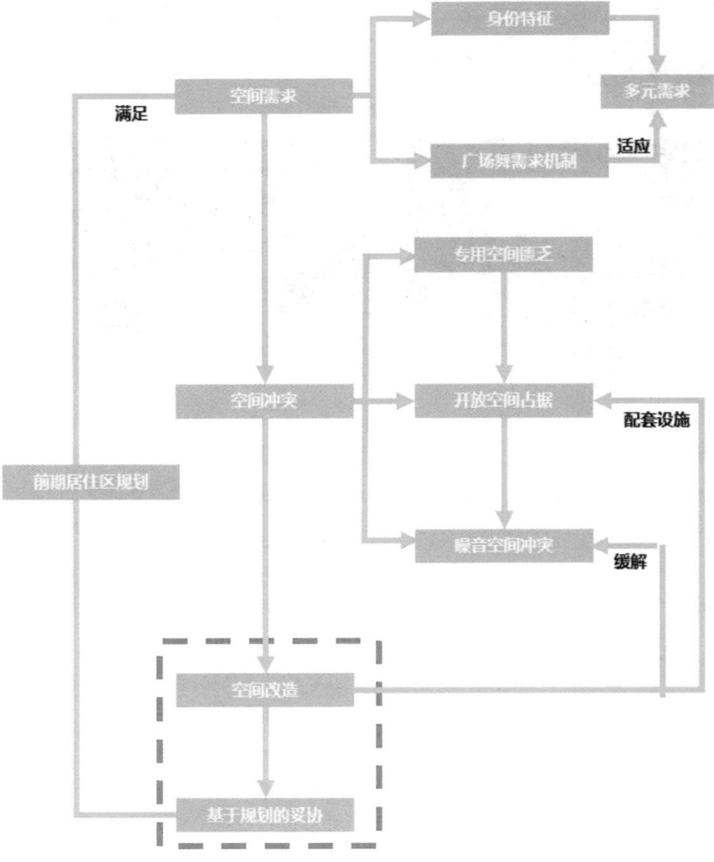

图30 调研框架

三、总结建议

（一）总结

1.居住区广场舞满足舞者多层次的需求

居住区广场舞的形成是舞者多元需求驱动的结果。其中锻炼身体是舞者的基本需求，通过广场舞寻求内心的归属感以排解孤独，同时吸引人群的关注来展现自我的价值才是促使广场舞在居住区蔚然成风的根本因素。

2.居住区广场舞引发的空间冲突难以避免

目前居住区内休闲空间配置不足，无法满足老年人的多元需求。在这种老无所“乐”、老无所“舞”的局面下，老年人只能占据室外开放空间，而广场舞成为她们首选的文娱形式。但当涉及公共空间权利时，舞者和周围居民之间的权利界限被打破，以噪音为主的空间冲突成为广场舞必须面对的问题。

3.居住区广场舞空间的改造无法从根本上解决矛盾

尽管舞者会积极改造现有空间，一方面满足自身需求，另一方面尽量缓解与周围居民的冲突，却无法从根本上改变公共空间权利冲突的事实。这种积极主动的姿态也正反映出舞者面对资源条件匮乏现状的无奈与妥协。与基于现状的空间改造相比，更为重要的是在前期居住区规划中，重视不同阶层、不同群体（尤其是比重日益增大的老龄群体）的多元需求，将公共空间权利冲突的问题在科学合理的规划操作层面有效解决。

图31 广场舞冲突

（二）建议

1.管理层次

社区管理者需对广场舞人群活动进行登记，并和广场舞人群代表、社区居民代表共同协商跳舞时间、跳舞地点、跳舞音量。

改变原有老年活动中心的准入制度，使老年活动中心服务于住在社区的所有居民，而不是仅仅是拥有本地户籍的居民。

2.建设层次

调查社区居民需求，对应性地改造和增加社区的老年活动中心和增加社区的娱乐休闲设施。

3.规划层次

在未来进行居住区设计时，增加社区的休闲游憩空间，并将这一区域与绿化隔离建设结合起来，使得游憩空间的噪音被隔离起来，尽量不影响居民的居住空间。

图32 老年活动

图33 社区舞蹈场地参照图

参考文献

[1]周波．城市公共空间的历史演变[D].四川大学，2005.

[2]李文．城市公共空间形态研究[D].东北林业大学，2007.

[3]程燕．城郊结合部居民社区归属感和社区参与研究[D].成都：四川大学，2006.

[4]李洪涛．城市居民的社区满意度及其对社区归属感的影响[D]．武汉：华中科技大学，2005.

[5]安娟．社区归属感与和谐城市社区的构建研究[D]．成都：四川大学，2007.

[6]单菁菁．从社区归属感看中国城市社区建设[J]．中国社会科学院研究生院学报，2006（6）.

[7]杨保军．城市公共空间的失落与新生[J]．城市规划学刊，2006（6）.

[8]陈竹，叶珉．什么是真正的公共空间?西方城市公共空间理论与空间公共性的判定[J]．国际城市规划，2009（3）.

[9]李雪铭,刘巍巍．城市居住小区环境归属感评价：以大连市为例[J]．地理研究，2006（5）.

[10]刘云刚，谭宇文，周雯婷．广州日本移民的生活活动与生活空间[J]．地理学报，2010，65（10）.

[11]关军．中国大妈：你好，红舞鞋[J]．南方人物周刊，2014（33）.

[12]佚名．你好，红舞鞋[J]．年轻人，2014，(11).

[13]金俭，朱喜钢．美国城市噪音控制与法律救济[J]．城市问题，2004（1）.

[14]裴莹莹．浅议公共空间权利冲突的法律规制——以广场舞噪音侵权为例[J]．科技视界，2014（15）.

[15]张天潘.广场舞：从集体空间到公共空间[J] .南风窗，2014（15）.

[16]韩天琪．广场舞纠结的公共空间难题[N] .中国科学报，2014-04-18.

[17]慈鑫．广场舞何以成为“洪水猛兽[N]．中国青年报，2013-11-24.

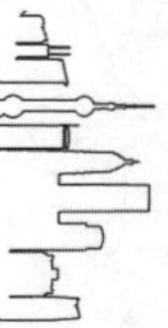

“回”到广州　聚留有“缘”

——广州回民教缘纽带调查（2016）

“回”到广州　聚留有“缘”——广州回民教缘纽带调查

一、引言

（一）调查背景

改革开放后，广州凭借沿海区位优势迅速发展，回民——这个起源于古代广州的穆斯林群体，从五湖四海重返广州谋求发展，成为新“一带一路”中我国与伊斯兰国家贸易联系的重要纽带。

作为广州流动人口的重要组成部分，也作为少数群体，广州回民是由教缘——这种特殊的宗教纽带紧密联系的，教缘是他们站稳脚跟的重要支撑。这种教缘为什么形成、如何形成、以什么方式存在、如何发挥作用、形成什么影响，是本调查旨在探究的问题。

（二）调查目的与意义

新常态背景下，城市多元文化备受重视。回民文化是广州多元文化的重要组成部分，对生活在广州的回民本身、回民活动进行调查，希望了解回民教缘的历史发展与延续、探讨回民在不同层面教缘的体现与作用形式，从而为维系广州多元文化空间的发展提出思考。

（三）调查对象

生活在广州的回民群体

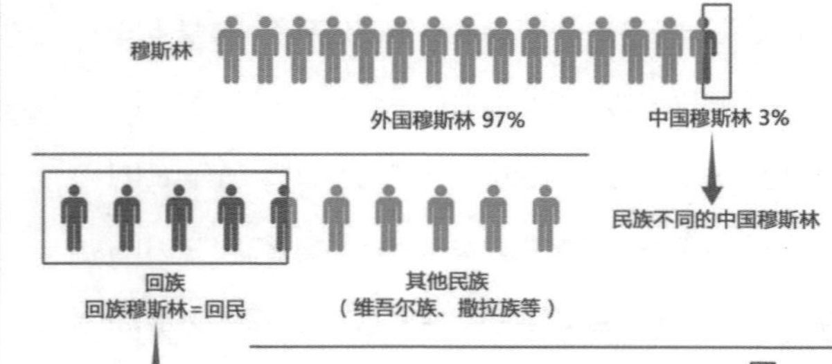

图 1　调查对象界定

（四）调查方法及技术路线

（1）文献查阅法：查阅书籍、论文、报刊、新闻资料等，对回民群体形成大体认识。

（2）问卷调查法：向广州回民派发问卷，获取其工作、宗教活动等基础信息，了解群体活动规律。

（3）深度访谈法：对广州回民个体做面对面访谈，深入了解其生活体验、社会网络、思想活动等。

（4）实地调研法：到清真寺体验回民斋月活动，到回民聚居点感受氛围，观察回民社会网络。

初步拟定研究对象 — 广州穆斯林群体

文献查阅预调研 — 实地调查 — 对穆斯林最早的聚居区——蕃坊有总体认识；了解光塔寺周边穆斯林人口、清真店铺分布情况；实地感受穆斯林生活习俗

文献查阅预调研 — 穆斯林访谈 — 了解穆斯林发展历程、生活面貌

文献查阅咨询导师

确定研究对象及研究问题 — 广州回民宗教纽带的形成及作用

正式调研 — 实地调查 — 前往回民各聚居点感受生活氛围、获取清真商铺数据；前往清真寺体验回民斋月活动

正式调研 — 问卷调查 — 了解广州回民来源地、职业、居住点等基本信息规律

正式调研 — 面对面访谈 — 回民访谈——了解广州回民生活面貌、社会网络；机构访谈——向伊斯兰教协会、民族宗教事务局、居委等机构了解广州回民人口概况、管理现状等

调研成果整理 — 广州回民宗教活动及生活轨迹；广州回民人群特征及职业分工；广州回民聚居点及清真商铺空间分布

调研成果分析&总结 — 广州回民群体中教缘的体现及作用；广州回民社会关系网络梳理；广州回民生活社会融入状态分析

图 2　调查框架

“回”到广州 聚留有“缘”——广州回民教缘纽带调查

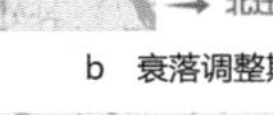
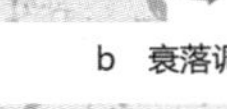

a 前身繁荣期　b 衰落调整期　c 回潮转型期　d 停滞瓶颈期　e 开放复兴期

图 3 广州回民的发展历程

二、广州回民的前世今生

（一）广州回民的发展历程

1.前身繁荣期——唐朝盛世 外穆入穗 回民前身

盛唐时期，大量蕃客——阿拉伯人、波斯人通过海上丝绸之路来华，聚集在广州并陆续建立怀圣寺、先贤寺两座清真寺，越来越多蕃客、传教士围寺而居，形成最早的穆斯林聚居点，并发展成了广州本地穆斯林群体——中国回民前身。

2.衰落调整期——经济重心偏移 海禁政策限流

从宋朝起，泉州逐渐取代广州成为海上丝绸之路的主港。明代的海禁政策打击海外贸易，迫使大量穆斯林北迁，蕃坊渐渐衰落。北迁的穆斯林同当地民族产生交融，形成回民族，简称回族。

3.回潮转型期——回族军人入穗 礼拜钟声重鸣

明代，西北的回族军人被派驻广州绕怀圣寺驻扎，并陆续新建了濠畔、南胜、小东营三座清真寺。自此，各大清真寺周围均为回民聚居地，伊斯兰教教义逐渐传播普及，广州回民凝聚力大大增强。

4.停滞瓶颈期——战火纷飞 迁移避乱

抗日战争时期广州沦陷，广州回民创办的学校，孤儿院等相继停顿。留守的回民集中到郊区的白鹤洞躲避战乱；解放后，广州回民进入本地的工厂、机关工作。围寺而居的聚居格局逐步改变。

5.开放复兴期——改革开放 回商云集

改革开放尤其是中国加入 WTO 后，广州吸引了大量阿拉伯商人和西北回民来穗经商，穆斯林贸易、宗教生活、餐饮行业日渐兴盛。广州回民回到起源点，再次成为广州人口的重要成分。

2.2 广州回民的现状概况

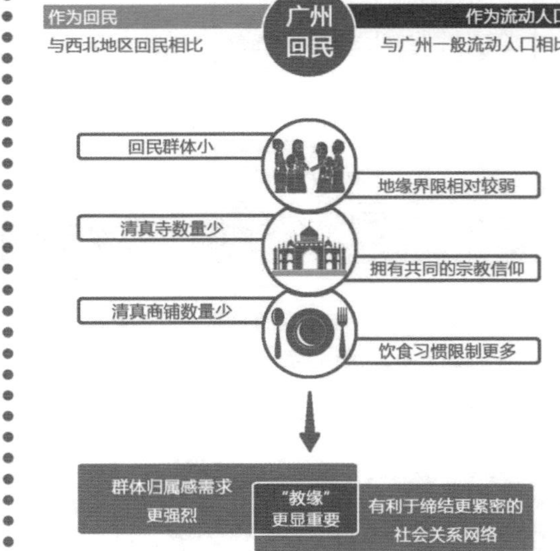

图 4 广州回民现状面貌

于广州回民而言，生活在广州，在礼拜、饮食等方面不及生活在西北地区便利，群体规模较小，因此归属感需求更加强烈；广州回民却比广州一般的流动人口多了一层宗教纽带，使之更易于缔结牢固的关系网络，产生归属感，更好地在广州落地。

“回”到广州　聚留有“缘”——广州回民教缘纽带调查

三、教缘的导索——广州回民的再汇聚

（一）为何而来——回民眼中的广州

1.商都魅力

新世纪，广州作为千年商都再次吸引大批中东、非洲等地的穆斯林商人，并吸引众多回民求职者、特产经销商，因此带来大量就业和贸易机遇。

2.穆斯林聚力

随着穆斯林商人增多，精通阿拉伯语的回民翻译、贸易商逐渐入穗，与穆斯林外商交易、合作，从而吸引了清真餐饮个体户入穗。

3.经济引力

相比同等级别的深圳等大城市，广州生活性更强，生活成本的大众接受度更高，消费人群大，因而成为许多回民个体经营户的落脚城市之选。

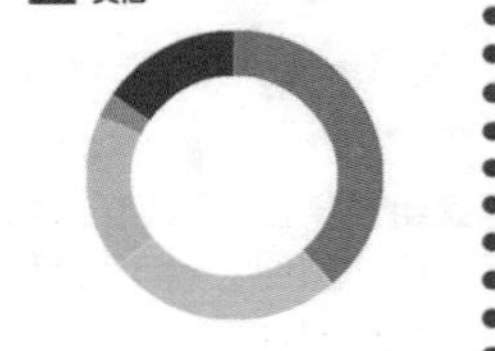

图5　回民入穗原因

4.人文亲和力

广州是回民起源地，四座历史悠久的清真寺坐落于此。相比长三角、京津冀，回民眼中的广州对外来人口具有更大的包容度，如此历史性与亲和力兼具的城市对回民有着更大的魅力。

比起我家乡差一点，不过比其他地方要强好多，主要是这里的清真寺都是历史悠久的，还有政府对穆斯林的节日的支持和帮助。

广州的包容吸引我的到来，经济自由让我留下来。

广州是一个开放性的城市，外国穆斯林、其他往来经商的人比较多。

在广州生活是青年一代理想中的伊斯兰生活方式，自由，包容性，文化的多样性，构成了都市穆斯林的生活。

广州的包容让我们这些异乡人有一席之地，这里是我们的第二故乡！

广州是一个包容的城市，宗教氛围特别好，全世界的穆斯林兄弟姐妹像一家人一样。

图6　广州回民的广州印象

（二）因何而留——广州回民的落脚方式

回民在广州多以从事商贸相关工作的方式落脚。

1.广州回民的职业分工

广州现约有7万回民，主要来自青海、宁夏、甘肃、云南等，职业分布广泛。

早期来广州谋生的回民生活安定后，带动老乡共同来穗发展，共享谋生渠道，从而使广州回民部分职业呈现明显的地域共性。

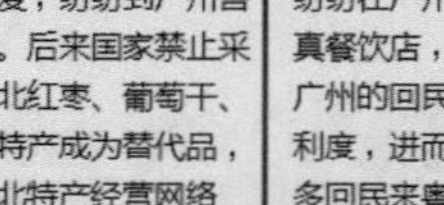
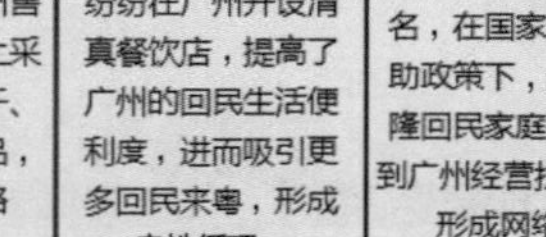
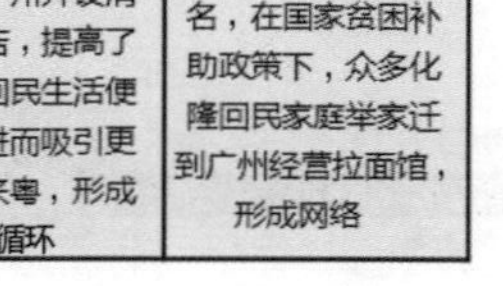

图7　广州回民职业分工地域特征

2.广州回民的职业特点

回民同因谋求自身发展来广州，却因职业不同而有着各自的特点。

表1　广州不同职业回民职业特点（落脚方式）

广州回民主要职业	翻译	商贸人	特产售卖商	一般餐饮个体户	拉面馆经营户
职业特点（落脚方式）	因回民穆斯林身份与自身精通阿拉伯语的特点，成为广州本地商人与外国穆斯林商人之间交流的重要纽带	凭借擅长经商的优势，在穆斯林外商云集的广州游刃有余，回民商人成为广州商贸中重要一环	20世纪末，宁夏回民发现发菜与发财谐音，广东人尤其钟爱，纷纷到广州售卖发菜。后来国家禁止采挖，西北红枣、葡萄干、核桃等特产成为替代品，形成西北特产经营网络	穆斯林有饮食限制，广州穆斯林的增多使回民看到商机，纷纷在广州开设清真餐饮店，提高了广州的回民生活便利度，进而吸引更多回民来粤，形成良性循环	回民大省青海省的化隆县为国家级贫困县，又因拉面闻名，在国家贫困补助政策下，众多化隆回民家庭举家迁到广州经营拉面馆，形成网络

（三）因聚生缘

广州独特的的商贸与人文环境吸引了大批回民在此落脚，才使得回民能够在作为穆斯林的最基本的宗教生活中缔结教缘，安居乐业，形成稳固的广州回民社会网络，成为广州多元文化中的一道亮丽风景线。

同时，广州回民商贸也是广州贸易的重要一环。

"回"到广州　聚留有"缘"——广州回民教缘纽带调查

四、教缘的根基——从宗教活动看教缘

（一）宗教活动的自律性——教缘的产生与发展

回民的宗教活动主要包括平日礼拜、教义学习、施天课、斋月活动，这是回民的宗教义务，存在一定的自发性与自律性，是回民教缘产生的基础。

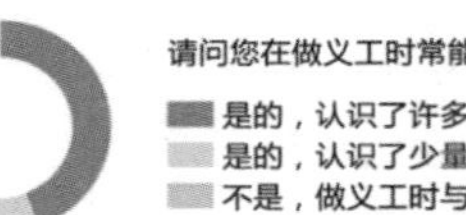

图 8　问卷调查结果

> 我和老乡十年没有见面，在这里礼拜的时候碰到了，这个斋月我们见了三四次……最开始来到广州时没有什么朋友，礼拜时渐渐认识一些人，后来也找到一些一起做生意……　——回民访谈记录（于光塔寺）

> 今年斋月氛围很好，很多外国人比如巴基斯坦人、非洲人都来到清真寺做义工，虽然我们语言不同，但是我们一起摆毯子、摆桌子，很和谐……
> ——义工阿伊莎访谈记录（于先贤寺）

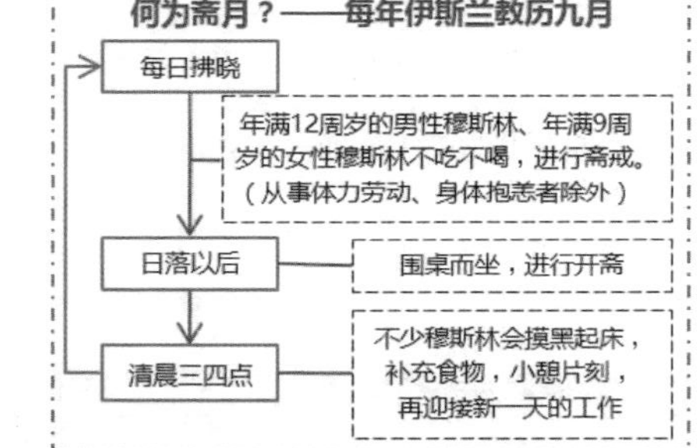
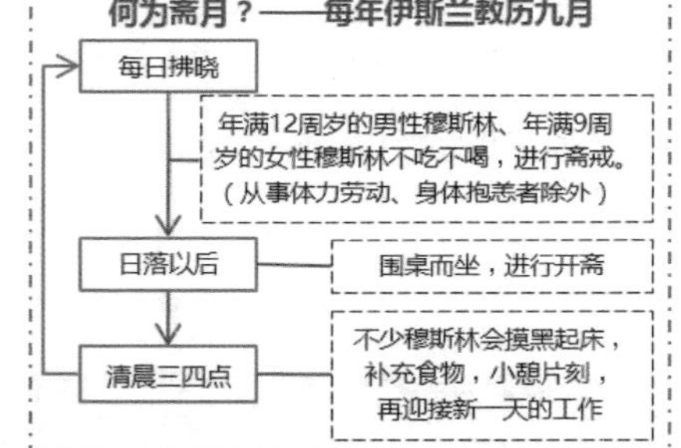

图 9　斋月活动

1.礼拜

回民平日一般在家中或公司礼拜；每周五主麻日则前往各清真寺或哲玛提（7人以上合法聚礼点）参加聚礼，一般是男性回民和少量女性回民参加。

主麻日广州各清真寺礼拜人数高峰出现在每日五拜中的第二拜（13 点左右）和第四拜（17 点左右）。两次礼拜之间，住得较远的回民会在寺中休息、交流，缔结教缘，从而产生贸易或生活交往。因此，聚礼为广州回民提供了一个很好的相互交流、熟识、建立教缘的机会。

共同的宗教信仰
礼拜、相遇
交流沟通
教缘形成、巩固
促进
衍生其他往来（如商业往来等）
家乡回忆
兴趣爱好
生活现状
商业交流

图 10　回民礼拜时的教缘缔结机制

2.斋月活动

斋月期间，回民公司工作量相对减少，一般有数天斋月假，回民每天前往清真寺礼拜。斋月期间的斋餐一般由经济水平较高的穆斯林商人赞助；义工每天固定时间到达清真寺，打扫卫生，摆放桌椅，准备盒饭、西瓜等食品，互动频繁；太阳落山后，各地回民来到清真寺，围桌而坐，一起享用开斋饭，相互交谈。

因此，每年的斋月是回民缔结教缘的重要契机。尤其是社会身份相近的义工们，斋月期间缔结的教缘持久而巩固，斋月之外依旧联系紧密。

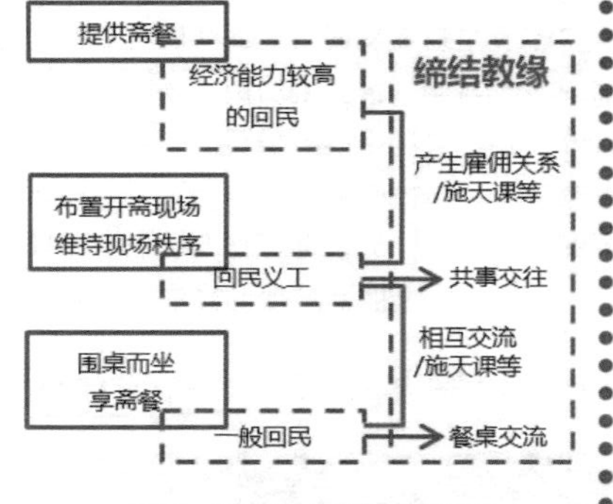

图 11　回民斋月中的教缘缔结机制

3.施天课

伊斯兰教义规定，回民若有一定的经济条件，每年必须将自己财产的 2.5% 捐赠给身边需要帮助的人（父母除外），称为天课。回民往往选择朋友圈中最亲密的人作为捐赠对象，其次是较远房的亲戚，再次是陌生人。这样捐赠与施予的过程对回民间关系的促进作用显然。

施天课
感情加深
缔结教缘
心灵升华
信仰巩固
予熟人
予萍水相逢的人
予陌生人
履行宗教义务
教缘
暂时缓解困难

图 12　回民天课行为中的教缘缔结机制

> 很多义工因为生活不顺过来劳动……一次斋月前我遇到很多困难，心情不好，来到这里做义工……我的房租差100元……当时我在扫地，旁边有很多人但是只有我在打扫卫生，一个外国女穆斯林刚好塞给我100元，我太感动了，我相信这是安拉的指示……那是天课，一定要接受。　——义工阿伊莎访谈记录（于先贤寺）

“回”到广州 聚留有“缘”——广州回民教缘纽带调查

4.教义学习

回民尤其是新入教的及年轻的回民具有学习伊斯兰教教义、经文的宗教义务。回民在固定时间、固定学习点相聚，增加交流机会，缔结教缘。课程结束后他们往往会继续维持社交关系，比如一起礼拜、斋月、一起做义工等，女性回民还会一起购买服饰、珠宝，交往次数较男性回民相对更多，社交关系往往更紧密、长久。

共同的宗教信仰
学习、相遇
交流沟通
教缘 形成、巩固
课后维持社交关系（礼拜、购物、商业交往等）
促进
促进

图 13 回民学习行为中的教缘缔结机制

表 2 广州回民学习点一览

学习方式	地点	特点
阿訇教导	各清真寺	礼拜后留在清真寺请阿訇指点
宗教学校/小型学习点学习	星期五餐厅	每周日早上开班，男女都有
	国隆大厦	每周三开班，只有女性，多为新入教的回民
	横滘、金沙洲	聚居区内的学习班
	清真寺	暑期学习班，每个暑假开班，为回民儿童免费开设的学习班
	其他	自主开展学习，地点多样，如拉面馆、微信群、公司等
家庭教育	回民家庭	前辈向晚辈言传身教

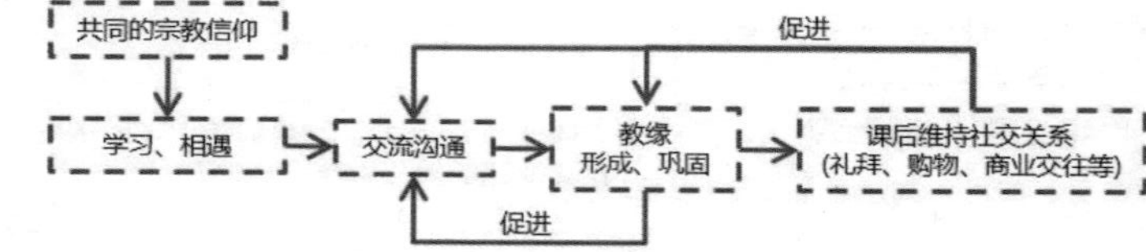

图 14 问卷调查结果

（二）宗教活动的互动性——教缘的巩固

每个宗教活动都并非孤立存在，而是具有互动性，在一个活动中缔结的教缘往往会在其他活动中发挥作用。

从活动参与人数、活动频率来看，教缘在不同活动中的影响力依次为聚礼、学习、义工活动及施天课。

五、教缘的作用——与朋友圈和工作圈的互动

（一）教缘是回民朋友圈的重要纽带

回民拥有共同的伊斯兰教信仰，彼此间有天然的亲切感，宗教活动中缔结的教缘往往是他们友谊关系的起点。

其一，在广州，回民群体为少数，教缘的联系给回民带来归属感与心理安全感，回民相对更容易进入彼此朋友圈。

其二，宗教活动的持续性使教缘得以加深，回民的朋友圈因此得以扩大、巩固，例如斋月期间义工缔结的教缘延续到日常生活中，所有受访义工均表示斋月以外会相互保持联系。

其三，宗教活动的频繁周期性决定了回民相当一部分精力要放在宗教活动上，一定程度上形成了回民交际圈主要由回民组成的现象，回民也因此更加重视教缘带来的友谊。

（二）教缘是回民工作圈的催化剂

回民之间的宗教认同也给回民带来了天然的互信感，并且回民中商业从事者居多，教缘常常能够给回民带来更多的工作、贸易合作机会。

其一，回民的穆斯林身份使他们有特殊的饮食习惯、宗教要求，加之在广州这样一个回民群体小的开放城市，对穆斯林的误解不可避免地存在，教缘带来的信任和便利使到穆斯林经营的公司就业成为许多回民从业者的首选项。

其二，在宗教活动中缔结的教缘使回民成为朋友，交流机会增多，交谈之间往往会产生贸易合作、雇佣关系等。

其三，在工作来往中，相比非回民，教缘的基础使回民之间的猜疑和顾虑较少，谈判成本相对更低，从而工作、贸易往来更加顺利与频繁。

> 我们真正的穆斯林哪怕互相不认识都可以完全信任和依赖。
> 一些穆斯林开的公司有礼拜的地方，相比汉族公司更容易接纳我们。
> 我因为戴着头巾，面试普通公司时被拒绝了很多次，后来专门找到一家能接纳我是穆斯林的阿拉伯老板开的公司。
> ——回民访谈记录（于先贤寺）

请问您与做礼拜时认识的朋友会保持联系吗？
会，产生了工作往来机会
会，平时有一起娱乐闲聊
不会，很少联系
其他

请问您与做义工时认识的朋友会保持联系吗？
会，产生了工作往来机会
会，平时有一起娱乐闲聊
不会，很少联系

请问您与做学习时认识的朋友会保持联系吗？
会，产生了工作往来机会
会，平时有一起娱乐闲聊
不会，很少联系

图 15 问卷调查结果

“回”到广州 聚留有“缘”——广州回民教缘纽带调查

六、教缘的载体——广州回民的活动空间

（一）教缘的空间载体

共同信仰伊斯兰教是回民教缘产生的前提，共同活动的场所便是回民教缘的载体。于广州回民而言，从千里之外的家乡来到一个作为小群体存在的开放都市，宗教活动的需求、安全感和归属感的渴望促使他们寻找同类，除清真寺外，催生出回民聚居点、学习点、回民公司、哲玛提等回民聚集空间，缔结教缘；同时，这些空间又成为更大的回民教缘网络形成的载体。

1.回民聚居点

共同的宗教信仰使回民也具有共同的饮食习惯和生活习俗，尤其表现在清真食品的限制和女士的着装上。因此，为了饮食、生活方便，也出于避免因着装迥异而受误解、排挤的考虑，回民往往会抱团而居，逐渐催生聚居点。在聚居点内，回民相互交往、扶持，便利的生活圈使得教缘网络更加充实、巩固。

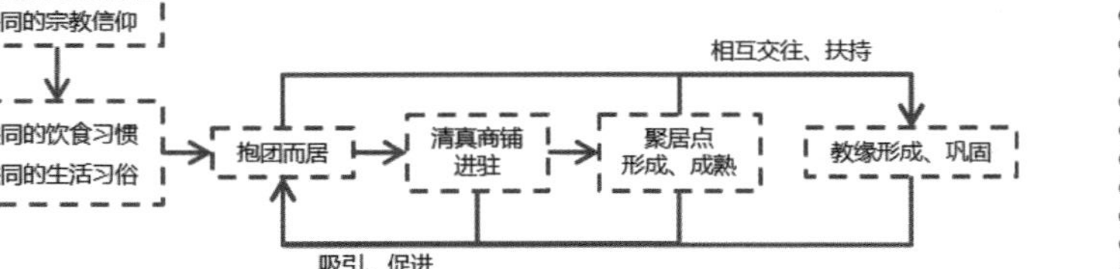

图 16 广州回民聚居点内教缘缔结机制

请问您在广州选择居住地时最看重的因素是？

- 有穆斯林聚居，因为更有亲切感/归属感
- 有穆斯林聚居，因为饮食、生活更方便
- 离清真寺近，因为更有归属感
- 离清真寺近，因为礼拜更方便
- 离工作地点近，因为上下班方便
- 房租/房价与经济实力相当

图 17 问卷调查结果

图 18 广州回民聚居点风貌（小北）

在广州，最早的回民聚居点是怀圣寺周边的光塔街一带，是历史遗留下来的聚居点。受城市发展影响，位于老城中心的光塔街周边房价逐步攀升，外来回民望而却步，因此出现“空心化”现象。

与此同时，穆斯林外商活跃的小北一带因清真商铺的不断进驻，生活配套设施渐渐完善，成为目前广州规模最大、回民数量最多的回民聚居点。随着城市进一步发展，外来人口进一步增多，位于城郊结合带的上步、同德围、金沙洲因低廉的租金、便利的交通条件以及相对宽松的管理环境，成为又一批回民聚居点。

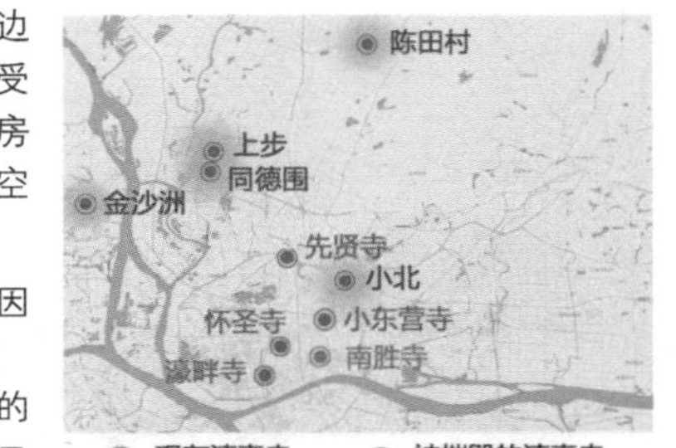

图 19 广州回民聚居点分布

这些聚居点最大的特点是清真商铺的集中，回民生活便利度高，持续吸引着更多流动回民入住。

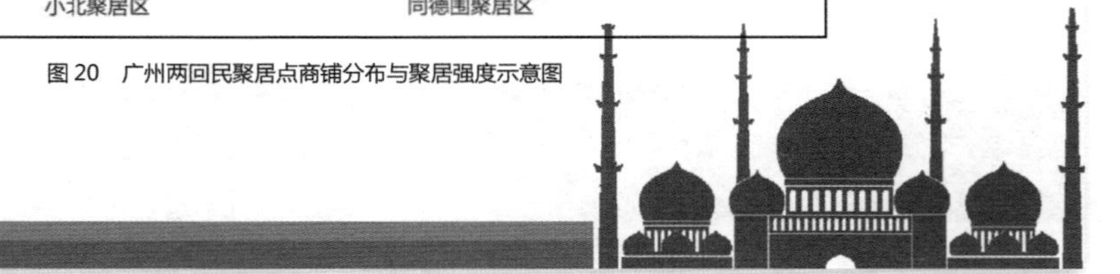

图 20 广州两回民聚居点商铺分布与聚居强度示意图

“回”到广州　聚留有“缘”——广州回民教缘纽带调查

2.回民日常活动点

（1）回民聚礼点。每一个穆斯林节日，居住在各地的回民都会前往清真寺参加宗教活动，如主麻日和斋月活动。因此，清真寺是回民最常聚集的活动场所，也是教缘缔结的最重要载体。

（2）回民学习点。在广州，除清真寺外，回民学习点大多与回民聚居点相近，使回民在聚居的同时有了更多的接触机会，巩固教缘。并且，学习点完全免费，听课者不限身份，有助于吸引新的穆斯林，扩大教缘圈。

（3）回民工作点。出于认同感、宗教生活方便的考虑，回民找工作时往往倾向于回民或外国穆斯林经营的公司，小型工作点则一般是清真商铺。在工作点中除了正常的工作活动外，回民员工往往会一起礼拜，每年斋月会有带薪假期；教缘与业缘的叠加使得回民员工之间的相互信任度、依赖度比一般公司员工相对更高。

一同礼拜/学习/工作往来
回民
相聚
清真寺
哲玛提/学习点/工作点
逗留
交流
教缘网络形成&巩固

图 21　回民活动空间教缘缔结机制

图 22　广州回民学习点分布

图 23　先贤寺斋餐准备场景

（二）教缘空间载体的特征

从总体上看，回民活动空间都具有集体性、宗教性的特征，为不同地方、不同职业的回民提供了满足其共同需求的场所，使回民间的互动交流成为可能，从而促进教缘网络的形成。

> 清真寺对于各地的穆斯林有很好的联系作用，平常在外面都有防范心，到寺里就感到很亲切，友爱。
>
> 为了方便斋月参加活动，我们穆斯林一般会到回民公司工作，那样的话斋月的工作会少一些，老板会放假。
>
> ——回民访谈记录（于先贤寺）

（三）回民活动空间演变特征

随着城市经济社会的发展，交通条件的完善，社会分工也越来越分散，回民居住点的选择受清真寺、清真商铺的束缚渐渐减小，对工作地点的便利度考虑渐渐增多，尤其近年来，回民居住点的分布逐渐显现扩散趋势，从千百年前的“围寺而居”发展成为今天的“择点小聚居”。

小北
上步
同德围
金沙洲
陈田村
其他

图 24　受访回民居住地分布

明显散居的回民在居住点扩散化过程中扮演了重要角色。其一，青海化隆拉面馆根据化隆办事处规定相互保持 400 米距离，广州约 1500 家清真拉面馆散点分布；其二，来自非回民大省的回民，如四川、湖南等地的回民由于从小习惯小众的生活方式，在广州往往没有特别强烈的聚居倾向。

历史时期聚居点（清真寺所在地）
改革开放后第一批聚居点
近年新兴聚居点

图 25　广州回民聚居点扩散过程

在居住点扩散化的趋势下，清真寺、哲玛提、学习点等宗教活动空间相对固定不变，成为广州回民相聚的重要场所，对教缘的缔结与巩固作用更加显著。

清真寺
清真商铺
回民工作点
聚居范围示意
围寺而居
择点聚居
居住点趋于分散化、平均化
受工作地点制约变强

图 26　广州回民活动空间演化模型

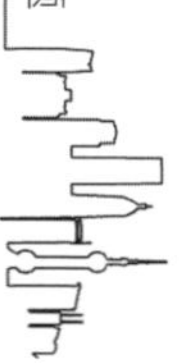

“回”到广州 聚留有“缘”——广州回民教缘纽带调查

七、结论与启示

（一）广州的商贸机遇是教缘的引线

于回民而言，丰富的商贸机遇是他们来广州的最初吸引点。由于有掌握阿拉伯语的优势、同为穆斯林的身份认同感，回民在广州能够自如地与穆斯林外商开展贸易合作，立稳脚跟，壮大广州回民群体，从而在群体交往中缔结教缘。

（二）宗教信仰和活动是教缘产生的根本

回民比一般群体多了一层宗教交流的联系，在参加礼拜、义工、天课以及学习教门等宗教活动的过程中缔结教缘。同时，教缘的纽带又使得这些活动的团体性增强，形成良性循环。

（三）教缘是回民朋友圈和工作圈的重要纽带

宗教活动的周期性和频繁性使回民将相当一部分时间放在宗教活动上，缔结的教缘成为他们扩展朋友圈的重要动力，同时也给他们带来了更多的工作机遇和联系，使广州回民群体虽流动性强，却始终欣欣向荣。

（四）回民居住空间小聚居大分散，教缘更显纽带作用

交通条件的不断完善、广州房价的持续上涨等社会发展因素，使回民聚居点逐渐由“围寺而居”向城市郊区扩散演变，因此，宗教活动、工作联系中缔结的教缘作为纽带，凝聚回民群体的作用更为显著，教缘的载体——回民的公共活动空间更显重要。

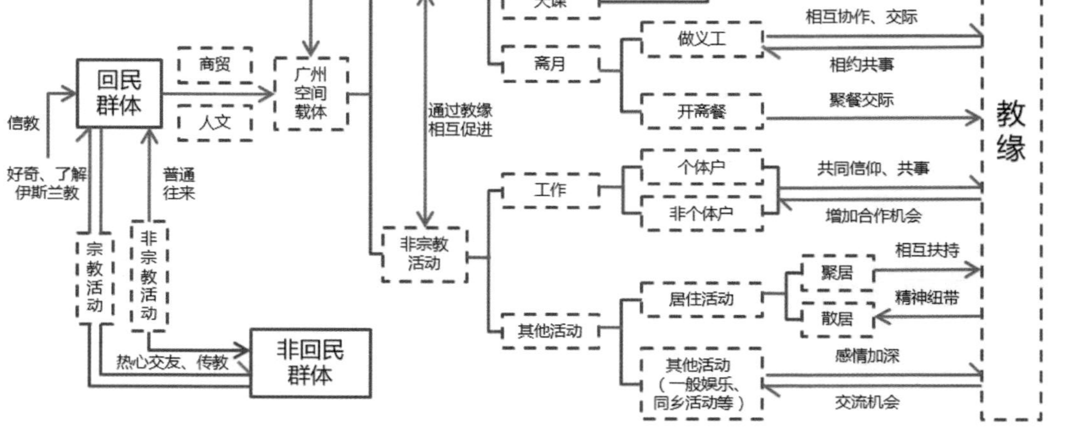

图 27　广州回民教缘网络

结语

在广州这样一个开放化的国际大都市，流动小群体容易产生漂泊感。于回民而言，他们在广州生活的归属感很大一部分便来自其他回民，而这种归属感的巩固依赖于教缘的缔结，而教缘的缔结离不开空间载体。此外，教缘也给回民带来了许多工作机遇与生活帮助，对维系回民群体的活力作用显著。

了解、保护这样的群体纽带、纽带载体空间，在如今新常态的社会背景下，有助于提高小群体在广州的社会融入度，发扬广州多元文化风貌。

参考文献

[1]马洪伟. 三亚回族社区的伊斯兰文化与社会生活研究[D].武汉：中南民族大学，2012.

[2]马建钊,陈晓毅. 珠三角城市外来少数民族的文化适应[A] //周大鸣，何星亮.文化多样性与当代世界. 北京：民族出版社，2008.

[3]张胜波. 穆斯林在广州[N]. 中国民族报，2011-01-25（7）.

[4]吴碧君. 城市流动穆斯林宗教信仰行为研究：对北京、上海、广州、成都 4 城市的调查[J]. 新疆社会科学，2014（1）.

[5]李兴华. 广州伊斯兰教研究：上[J]. 回族研究，2011（1）.

[6]李兴华. 广州伊斯兰教研究：下[J]. 回族研究，2011（2）.

评语：从广州多元文化的角度切入，研究对象选择较为新颖，由于语言等阻碍因素，对回族的社会调查难度较大，该作品访谈样本多，完成度较高，值得鼓励，但是有效问卷的样本数有待增加。另外，成果报告的表现形式较为直观，版面设计和制图较好。

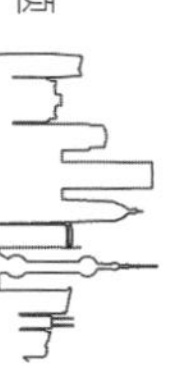

从“无根漂泊”到“落地生根”

——广州市花都华侨农场归难侨同化适应调查（2016）

从“无根漂泊”到“落地生根”——广州市花都华侨农场归难侨同化适应调查

一、引言

（一）调研背景

当今社会，跨国、跨区域流动性增强，相互尊重、多元共生的新理念逐渐深入人心。面对此新常态，小组选择归难侨这个复杂的文化综合体作为研究对象，重新走进华侨农场这一中国外交史上几乎被遗忘的支流，调查归难侨在农场的生活变迁，以期探索华侨农场未来的发展之路，同时也为今后有关移民社区、少数族裔社区的新规划提供参考。

（二）调研问题

- 花都华侨农场归难侨归国后如何适应本地生活？
- 归难侨随代际变迁的文化适应情况、结果及原因？
- 归难侨在提倡多元文化的新常态背景下将何去何从？

（三）调研目的

- 了解花都华侨农场归难侨的文化适应过程与适应现状。
- 探究归难侨这一亚文化主体被同化的影响因素。
- 为现代移民聚居区创造更好的多元文化环境提供借鉴。

名词解释

华侨农场

在特殊历史时期，国家为安置回国定居的归难侨设立的安置社区。自 20 世纪 50 年代起，中国共建立 84 个华侨农场，分别在广东、广西、福建等 7 个省区，集中安置归难侨约 24 万人。

归难侨

我国将自愿或被迫回国的华侨华人分别称为归侨和难侨，但在实践中未对二者进行严格区分。归难侨是归侨和难侨的统称。

文化适应

是指来自不同文化背景的社会成员通过相互接触，给接触的一方或者双方带来文化模式改变的一种社会心理现象。

二、调研概述

（一）调研区域与对象

1.调研区域

花都华侨农场位于广州市花都区东部，隶属花东镇管辖。建于 1955 年 3 月，先后安置了来自印尼、越南、马来西亚等十三个国家和地区的归难侨，民间有“小联合国”之称。目前，辖区面积 14.5 平方千米，下辖 3 个社区居委会，常住人口 5123 人，其中归难侨 2176 人，侨眷 2177 人。

2009 年，为改善归难侨的居住条件，政府兴建了 3 个安置小区，归难侨从原来的 7 个作业区搬迁至今天的 3 个小区。原作业区用于商业开发，仅剩少量未拆迁的旧瓦房建筑（见图 2、图 3）。

2.调研对象

归难侨群体	周边村民	居委、侨联、侨办	专家学者	华侨农场空间环境

图 4　调研对象示意图

图 1　华侨农场分布及区位分析

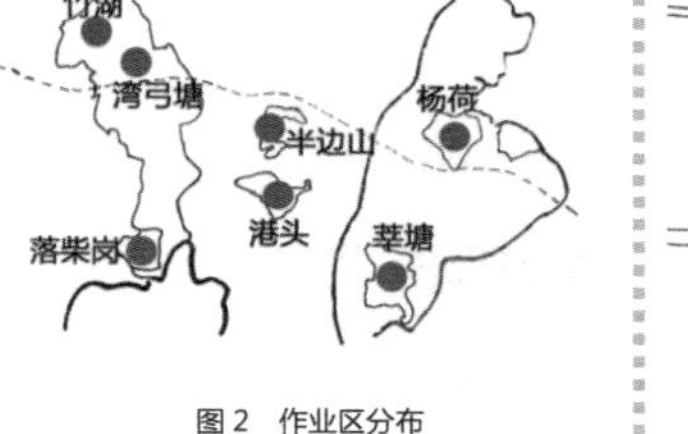

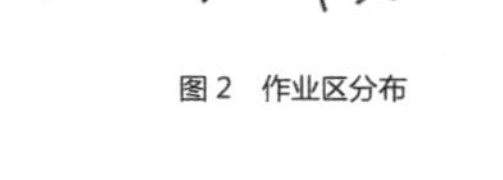

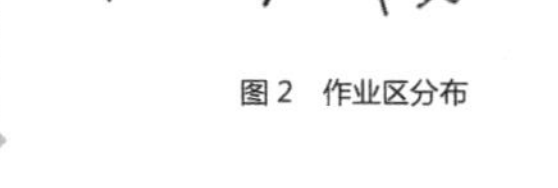

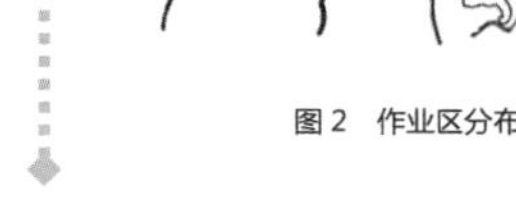

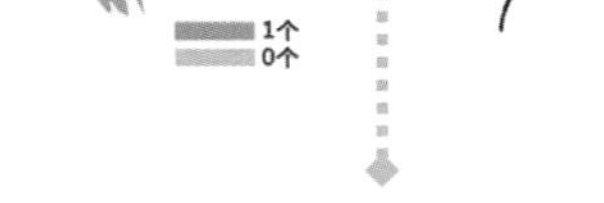

图 2　作业区分布

图 3　安置区分布

从“无根漂泊”到“落地生根”

——广州市花都华侨农场归难侨同化适应调查

（二）调研方法

1.文献查阅法

查阅地方志、政府文件、档案文献等，获取花都华侨农场归难侨的基础资料。

2.深度访谈法

深度访谈归难侨、村民、安置区居委会，补充华侨农场归难侨的历史、近况。

3.考古法

根据历史卫星影像、史志资料、访谈及实地考察内容，绘制华侨农场历史作业区及现今安置社区的空间分布图。

4.参与观察法

进入归难侨家中观察其起居、着装、文娱等生活情况。

5. 问卷统计法

本次调查针对归难侨群体派发问卷共 200 份，实地问卷 80 份，网络问卷 120 份，回收有效问卷 196 份。

6. 手绘感知地图法

由归难侨画出他们记忆中华侨农场 7 个作业区的分布地图、生活轨迹范围图，共收集 20 份，其中 11 份完整有效。

图 5 文献查阅

图 6 与侨联侨办人员合影

图 7 与越南归难侨夜聊

（三）调研流程

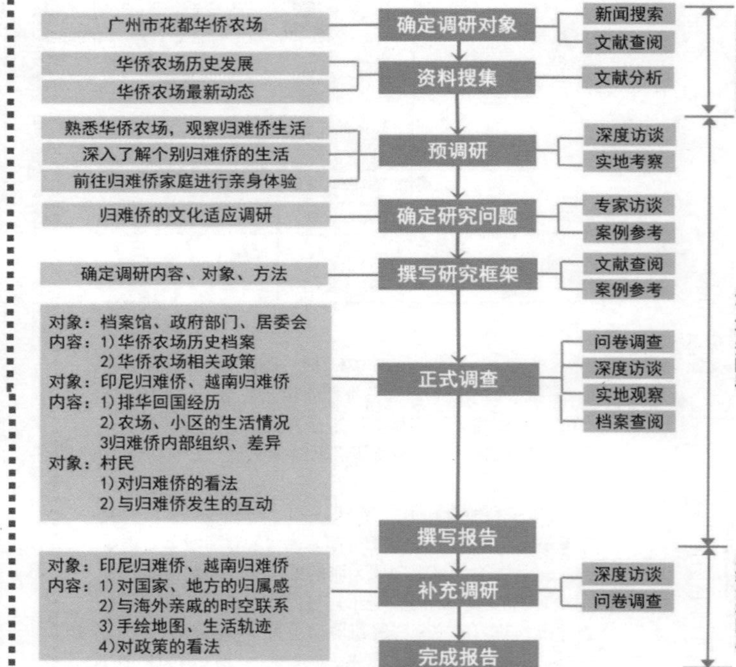

图 8 调研框架

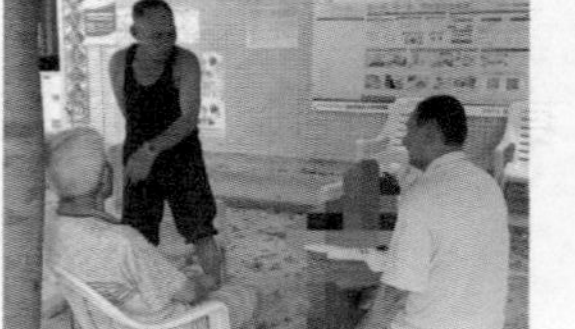

图 9 华侨农场旧房&新建项目　图 10 越南归难侨特色服装　图 11 归难侨手机中全家福　图 12 与印尼老归难侨交流　图 13 与印尼联谊会副会长交流　图 14 认真绘制感知地图的 W 大爷

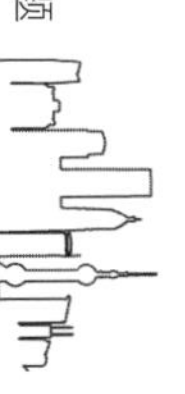

从“无根漂泊”到“落地生根”

——广州市花都华侨农场归难侨同化适应调查

三、扦插生根——政府扶持重建家园

1955年 印尼归难侨回国
1966年 文革
1978年 越南归难侨回国
1981年 偷渡浪潮
1991年 农场经济体制改革
2008年 侨房改造搬迁

图 15　华侨农场大事记

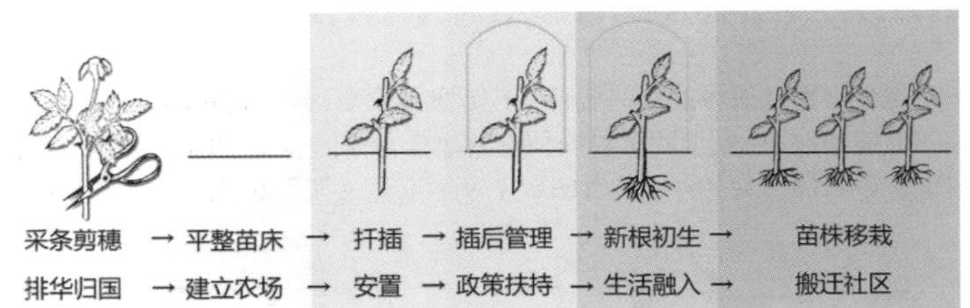

图 16　归难侨扦插生根历程

（一）剪穗扦插——排华归国

1955 年、1975 年印尼和越南相继发生大规模排华事件，当地华侨就像在成熟的社会网络中被剪下的植物组织体，被迫剥离原居国，漂洋过海回到祖国，成为归难侨。

图 17　印尼华侨归国　　图 18　越南难侨归国

中国政府为在短时间内妥善安置大批集中回国的归难侨，征收镇、村边缘的插花地和田地，建立华侨农场。花都华侨农场于 1955 年成立，先后接收印尼、越南归难侨共 3000 多名。农场由政府投资经营，处于劳动年龄段的归难侨分配到不同生产队从事农业生产。

（二）生根——早期缓慢发展

原居国与华侨农场的明显差异，加上早期政府仓促的安置政策，导致归难侨在许多方面仍存在巨大适应困难。

表 1　原居国与华侨农场的区别

	语言	气候	起居	饮食	服饰	工作方式
东南亚（华侨聚居区）	当地语言	热带	一般为两室两厅	东南亚食品偏酸偏辣	色彩鲜艳图案丰富	商人、技工为主
中国（花都华侨农场）	粤语	亚热带	一排五户共用一厅	番薯等	保守朴素	农业生产

1966 年中国兴起“文化大革命”，许多归侨因“海外关系”　“历史复杂”，被打成叛徒、特嫌，蒙受不白之冤，被迫减少甚至切断与原居国的联系。但另一方面归难侨也被迫加强与当地的联系，融入本土。

印尼归侨 W 奶奶：“……刚回来这边很不习惯，拿的东西都去换番薯了。和当地人语言也不通，我们讲国语，他们讲粤语，你们现在的普通话跟我们的普通话不一样，我们是农场话。（停顿三秒）读书也不适应，这里不像国外要穿校服校裤，书本也很好，感觉那时读书也不像读书……”

图 19　文革时期艰难生存

归难侨早期在农场生活艰难，部分人通过偷渡港澳逃离农场，而剩下的则经历漫长的调整适应期后，逐渐形成稳定的生活作息习惯，在农场这片苗床上扎下“生存之根”。

（三）固根——加速融入地方

1991 年后华侨农场真正开始经济体制改革，乘改革东风，归难侨生活条件日益改善，根系得以进一步生长稳固。

1993 年，农场改属华侨投资公司领导，侨二代不再由农场统一分配工作，于是纷纷外出打工，形成跨越本地社会的外向融入。

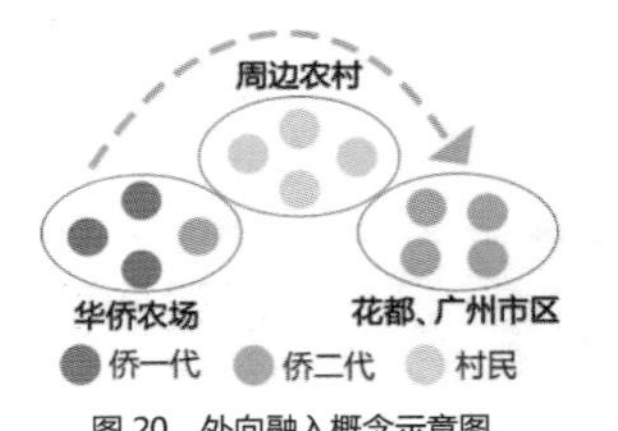
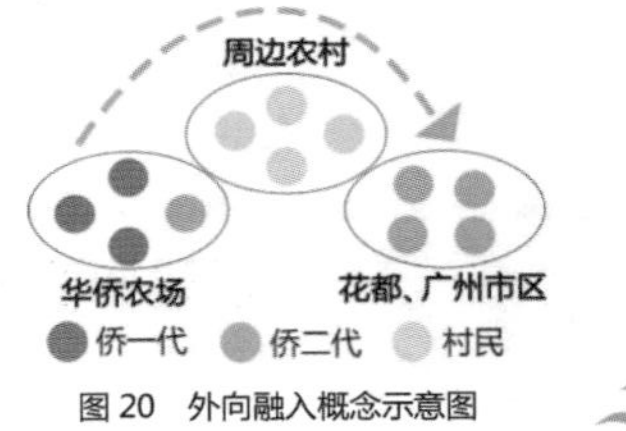

图 20　外向融入概念示意图

从"无根漂泊"到"落地生根"

——广州市花都华侨农场归难侨同化适应调查

2008 年侨房改造工程后，农场原 7 个作业区搬迁合并为 4 个安置区。由分散的生产区转为集中的安置区，空间距离的缩短使原来不同作业区的人有更多交流，促进归难侨的内向融入。

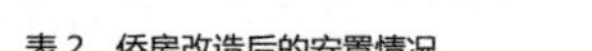

表 2 侨房改造后的安置情况

原作业区	现安置区	所属居委	总户数
落柴岗（总场）	侨北苑 侨南苑	落柴岗居委会	320 户
湾弓塘			
竹湖			
港头	侨港苑	港头居委会	180 户
半边山			
莘塘	侨兴苑	北兴居委会	314 户
杨荷			

图 21 生产队—社区迁移图

总结

归难侨因难归国，被仓促安置在无亲无故的华侨农场，薄弱的社会关系网和稀少的生活资料使归难侨早期不得不依靠政府扶持才能生存。但政府的帮助利弊共存，一方面虽然帮助归难侨重新扎根生长，但另一方面也惯养了归难侨对外界环境的依赖性。

四、生长传代——代际更迭渐被同化

（一）生活轨迹趋重合

三代归难侨在华侨农场的生活过程中逐步被同化，而影响每一代被同化的因素大有不同，从一代到三代经历着语言—职业—心理的代际差异化演变。

图 22 代际区分

图 23 农场生活

1. 侨一代——语言使孤立

侨一代归国初面临着很大的语言障碍和文化差异，几近封闭的交往圈让他们独立于当地的生活轨迹，这使他们受到同化的程度较小，对原文化的保留程度相对较高。

2.侨二代——就业促交织

侨二代不再享有侨一代安置时的农场职业分配福利，而是需要走出农场自行解决就业生计问题。因工作关系，侨二代与当地人生活轨迹产生交织，并形成新的人际关系网络，并由此不断融入社会，渐被同化。

3.侨三代——教育深同化

侨三代多被父母送到教育资源更好的城市上学，在主流文化环境中成长，已是土生土长的中国人，其生活轨迹也与当地人无二致。对于祖父母辈的海外生活、归国历史，他们只能从长辈口中得知，而难以产生共鸣；"侨"印记已淡化成靠血缘关系维持的模糊心理意象，同化在侨三代身上基本完成。

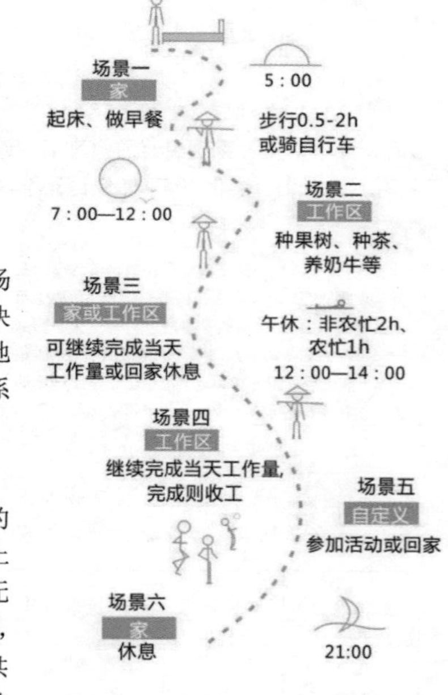

图 24 侨一代农场生活轨迹图

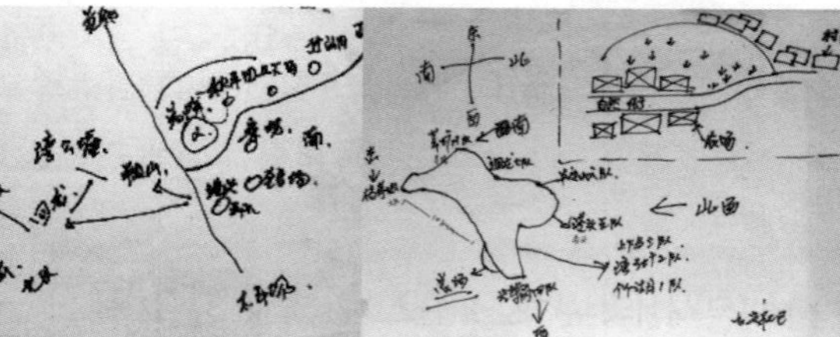

图 25 归难侨手绘感知地图

图 26 生活轨迹代际变迁

从“无根漂泊”到“落地生根”

——广州市花都华侨农场归难侨同化适应调查

（二）对外关系渐弱化

1.海外关系

（1）侨一代——密切。

侨一代最初通过书信与海外亲人保持较频繁的联系，“文革”时由于政治原因中断一段时间，结束后恢复联系并保持至今。如今他们多用电话和微信与海外亲人交流，是三代人中与海外联系最为密切的一代，也是整个家庭中维系与海外亲人关系的主要动力。

（2）侨二代——疏离。

侨二代与海外亲属之间逐渐疏离，出国探亲的次数和通过手机联系的频率都大幅度下降，但是受到侨一代的影响，对侨文化的认可度较高，仍比较重视海外关系。

> 越南 W 爷爷采访：“……也有，也是交朋友，但是出去交朋友呢，有一些是冒险性，你不知道人情是怎么样嘛，人家套你，你也不知道。我们很小心，跟那些农村的……来了一年到三年的时候都不敢接触，但是他们来跟我们接触……”

> 越南难侨 L 叔叔采访：“……子女现在是中国公民，回去越南也要办护照的，有时间要带他们回去啊，不然以后我们老了，跑不动了。那些，那些祖坟啊，也是要回去拜拜，回去砍砍草的嘛。让他们知道自己是怎么过来的……”

2.本地关系

（1）冲突：农场、农村。

语言交流障碍、穿着差异、饮食风俗难统一和信仰不同等因素造成的隔阂，给最初的华侨农场与周边农村划出了一条隐形边界。

（2）融入：农场↔农村。

随着市场经济的发展，经济贸易往来成为归难侨融入当地的催化剂，农场和农村之间的隐形边界被跨越，长期的隔阂逐渐被打破。

（3）融合：农场+农村。

归难侨和村民之间的关系随着时间的流逝和代际变更而走向融合。走访调研中了解到，在位于华侨农场中心的市场上每晚有三个舞蹈队（集体舞、双人舞和健身操），大量的归难侨和村民共聚于此活动。另外有重大节日时，农村统一放映的电影也会吸引大量的归难侨前来观看，丰富的集体活动正是农场与周边农村的归难侨与村民之间相互融合的最好体现。

隐形边界
语言
心理
路径
农场
农村
交流障碍
信仰多元
行为差异
开放包容
经济驱动力
行为融入
积极交流
尊重信仰
消除差异
市场

图 27 行为融入过程分析图

图 28 归难侨与村民一同观看抗日电影

（三）身份归属被同化

归难侨在文化适应过程中，身份认同和归属感表现出的代际差异明显。根据所回收的问卷分析可得出，绝大部分的归难侨对于“华侨”“华人”“华侨农场（退休）职工”这三个身份表现出较高的认同。

89% 是
6% 不是
5% 说不清
您认为自己是华侨吗？

76% 是
18% 不是
6% 说不清
您认为自己是华侨农场职工吗？

图 29 身份认同统计结果

15人以上，36%
1~3人，14%
11~15人，21%
2~4人，22%
7~10人，7%
您在海外有多少亲人？

其他国家和地区，9%
港澳地区，15%
加拿大，11%
印尼，15%
英国，7%
越南，25%
美国，11%
马来西亚，7%
您的亲人分布在国外哪些地方？

不回去了，37%
每年，0%
10年以上，5%
1~2年，5%
6~10年，20%
3~5年，33%
您多久回原居住国一次？

图 30 华侨亲人及探亲情况调查

从“无根漂泊”到“落地生根”

——广州市花都华侨农场归难侨同化适应调查

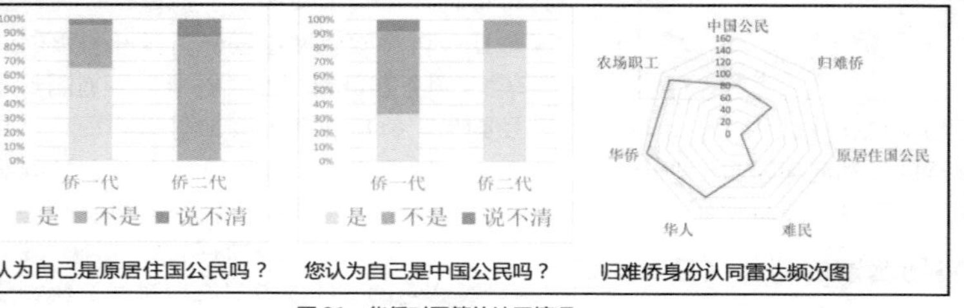

图 31　华侨对国籍的认同情况

但是，大部分侨一代不认同自己是“中国公民”，而认同自己是“原居住国公民”，且认同“原居住国”是自己的家；随着代数的增加，80% 的侨二代认同自己是“中国公民”，家在“现居住地”；而几乎全部侨三代都认同自己“中国公民”的身份和“现居住地”的家（见图 31）。

海外亲属：做生意、工薪阶层	父母一代：华侨农场退休职工
	子女一代：大城市工薪阶层
	新一代：上学

图 33　归难侨家庭收入结构

总结

同化因素、对外关系与周边关系、身份归属认同的代际差异表明，归难侨文化的特殊性伴随时间流逝在逐渐消失，非主流的侨文化逐步趋同于当地主流文化。

五、弱根瘦枝——多元文化再难复刻

（一）归国不归家

侨三代虽然认可华侨农场是自己的家，但在访谈以及问卷调查中，我们发现，其社区活动的参与度比较低、建设的积极性也比较弱，如图 32 所示。

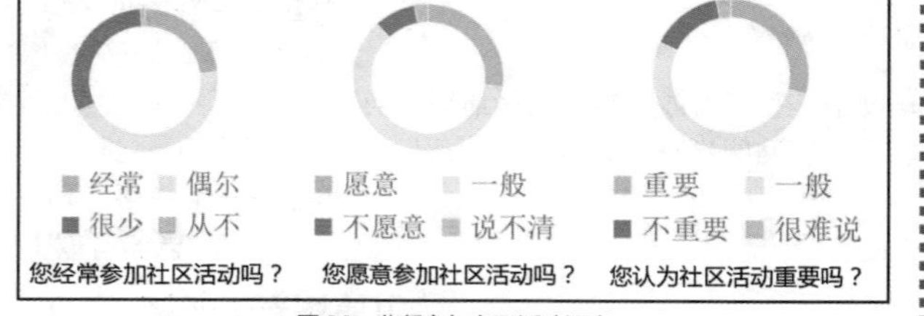

图 32　华侨参加在区活动调查

通过上图的调查数据可以看出，绝大部分（77%）的新一代较少参加社区活动，参加意愿也不积极，对于社区活动的重要性没有产生认可。这反映出他们内心其实并没有真正地对华侨农场产生认同感和归属感，建设意愿也不积极。

（二）难印难消除

归难侨当初以“国际难民”的身份回到中国，虽然国家在政策上给予福利照顾，但是过了这么多年，其“难”的弱势群体属性却仍然很难消除；以前的“难民”及其后代在目前快速城镇化的中国社会，面临的还有城乡差距带来的生活困境；调查中，我们对多个归难侨家庭目前的生活状况进行访谈，得到的结果显示，绝大部分的归难侨家庭处于中低收入水平，且家庭收入结构比较相似；综合访谈结果来看，一个常见的四口之家，在比较理想的状况下每个月家庭总收入大约只有 13000 元，而这还不考虑小孩成家后的其他情况。

父母两人退休：
退休金3000元×2=6000元

两个小孩打工：
工资3500元×2=7000元

+

四口之家月总收入：
13000元

图 34　理想四口之家收入情况

越南 Z 大爷：“我们这代人，就是难民……现在生活稍微好过一点点，我们两公婆（夫妻）分到一套房，小孩在广州打工，一个月两三千，周末回一次家……哪里买得起房，打工仔哪有那么多钱……买房后再说吧。”

（三）侨性不复原

在实地考察中，可以观察到华侨农场零碎化的东南亚风情建筑景观，但是却没有形成一定的规模体系；经过访谈得知，当地政府正在着手打造“东南亚风情街”，打算开发旅游经济；但在调查中，我们发现老归难侨对这一改造并不十分认同。

卖干货的村民大妈：“好多年前就有一个大老板，回来投资我们跳舞的，每个人都可以去，还有买衣服，我当时也去了（笑）……”

采访中我们有幸访谈到印尼归侨联谊会的副会长陈爷爷，当谈及“风情街”以及文化建设时，他无奈而惋惜地跟我们讲，随着老归侨的相继离世，联谊会的会员正在不断减少，但年轻一代已经没有什么意识，而且政府的支持力度也很小，他担心以后联谊会就散了。

侨三代现在与海外亲友的联系都比较少，与之相伴的，海外华侨华人对当地的投资建设力度也比较小，“侨”的属性在代际变迁中逐渐淡化。

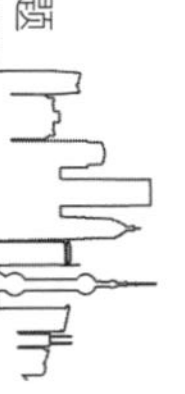

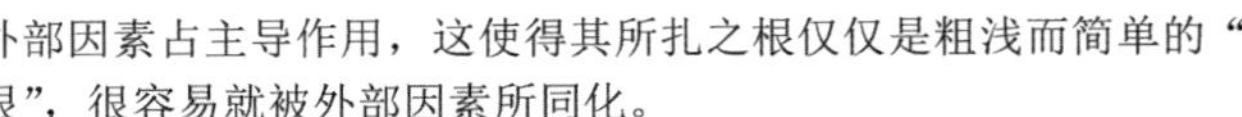

小结

随着代际的变迁，归难侨群体逐渐被同化，而与此同时，"扦插后遗症"也显现出来——后代的认同感低社区建设积极性弱，难民属性难以消除，而侨的属性却逐渐消失。这些都说明，归难侨群体原来的文化已经难以复刻。

图 35 打造中的"风情街"

六、结论

（一）从边缘化到同化

根据 John W.Berry 的"跨文化适应模型"，归难侨群体在外界主流文化采取"隔离"策略到"熔炉"策略的背景下，其文化适应结果由"边缘化"变为最终的"同化"。需要指出的是，不同于有强历史根脉的"原生侨乡"，归难侨在华侨农场这一政策性的"人造侨乡"中，"被同化"是一个为了谋求更好生存而不得不选择的结果。

（二）不可复刻的文化之殇

不可否认，华侨农场的建立帮助归难侨重获了生存之根，但与此同时，归难侨群体本身的"侨文化"也在这过程中因主流文化的同化而逐渐消失。少数群体的非主流文化在这个过程中没有得到充分的尊重与发展，这使得当地社区的发展难以达到理想的效果。

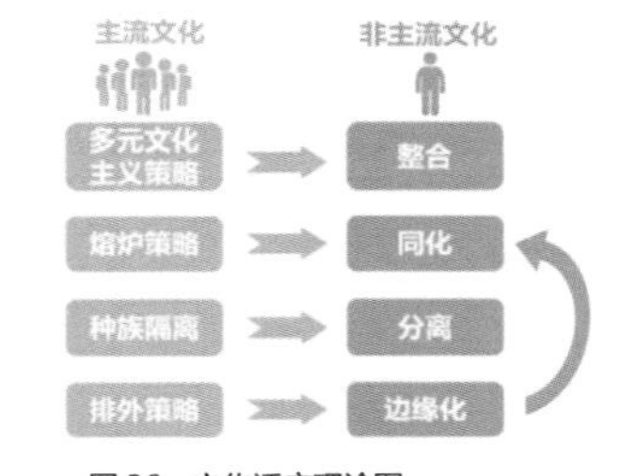

图 36 文化适应理论图

七、思考与启示

（一）归难侨同化的原因思考

归难侨群体被主流文化所同化，使得自身特殊性逐渐消失，这背后有两个方面的原因：主观层面，是由于归难侨自身具有的"弱根性"；客观层面，是因为缺少适宜多元文化生存的环境。

其一，"异地扦插"般安置于华侨农场的归难侨群体，本身缺乏"原生侨乡"所具有的传统乡土社会的宗亲血缘网络，这导致群体内部缺乏推动发展的内生动力，外部因素占主导作用，这使得其所扎之根仅仅是粗浅而简单的"生存之根"，很容易就被外部因素所同化。

其二，中国并非移民国家，在文化环境建设上难以像传统移民国家那样奉行多元文化主义，因而主流文化对亚文化仍具有强大的同化作用。在这种环境下，归难侨很难保持自身文化的异质性。

（二）启示

华侨农场的没落已成现实，历史不可更改。与其对已被同化的侨文化强做复原，不如顺应同化的结果，让归难侨随代际更迭并入主流。

但另一方面，华侨农场的变迁历史以及归难侨群体的文化适应情况，却在不断提醒我们对历史应存有尊重与反思的态度，同时，也为现代移民聚居区创造更好的多元文化环境提供借鉴与思考。

参考文献

[1]奈仓京子."故乡"与"他乡"：广东归侨的多元社区、文化适应和认同意识[M]. 北京：社会科学文献出版社,2010.
[2]牛军凯.归国与再造侨乡[M].广州：广东人民出版社,2014.
[3]李明欢. 福建侨乡调查[M]. 厦门：厦门大学出版社, 2005.
[4]沈卫红. 侨乡模式与中国道路[M]. 北京：社会科学文献出版社, 2009.
[5]谢汉. 花县志[M]. 广州：广东人民出版社, 1995.
[6]梁瀚. 花县华侨志[M]. 广州：花都市地方志办公室, 1996.
[7] 广东省花县统战志编纂组.花县统战志[M]. 1991.
[8] 广东省花县花山镇编.花山镇志[M]. 1993.

6 乡村专题

一、参赛选题

我校“乡村”主题的参赛作品份数较少，但成绩最为优越，共获得一等奖1份，佳作奖3份。“乡村”作为城镇化进程中备受关注且愈加重要的区域，其出现的文化现象与相关问题不容忽视。我校作品围绕乡村记忆、地方依恋及相关文化活动的出现、发展、问题等有着深刻的解读。

表1 “乡村”类型获奖作品信息

年份	等级	作品名称	学生信息	指导老师
2012	佳作	孤岛求生——广州大吉沙岛的多重“边界”与隔离探讨	谢安琪、陈思琪、叶振杰、彭鑫垚	林琳、李立勋、陈嘉平
2014	一等	借问乡村何处有？——广州市旧水坑村集体记忆调查	尹安妮、曾永辉、郑梓峰	林琳、袁奇峰、袁媛
2015	佳作	足球·地方依恋——广州客村社区足球场调查	周玉璇、邓经纬、罗羽然、覃知	林琳、李志刚
2016	佳作	城市村落之“死”与“生”——广州市猎德村村宴调查	黄畅如、徐期莹、杨智怡、张舒柳	林琳、刘云刚

二、研究方法

无论是对承载乡村情感的活动、记忆，或是对乡村场所自身的研究，皆要从现象发展历程、特征、成因及影响因素三方面着手。因此，作品普遍通过实地观察、问卷调查收集乡村活动/场所的特征，同事借助访谈深入了解当地的发展历程、深层次特征、现象/场所特征的成因及影响因素（见表2）。深入至内容分析，作品除了运用传统的统计分析与定性描述外，还开始用空间

地图、感知地图、GIS 分析等技术手段将场所记忆、情感等具象化，使得研究深度和研究水平有大幅提高。

表 2 “乡村”类型获奖作品研究方法

作品名称	研究方法
孤岛求生——广州大吉沙岛的多重“边界”与隔离探讨	调研方式：实地观察、访谈、问卷调查、跟踪调查 分析方法：统计分析、访谈内容分析、定性描述
借问乡村何处有？——广州市旧水坑村集体记忆调查	调研方式：实地观察、访谈 分析方法：口述历史分析、感知地图、空间地图分析、定性描述
足球·地方依恋——广州客村社区足球场调查	调研方式：实地观察、访谈、问卷调查、跟踪调查 分析方法：统计分析、文献与访谈内容分析、定性描述、GIS 分析
城市村落之“死”与“生”——广州市猎德村村宴调查	调研方式：实地观察、访谈、问卷调查 分析方法：统计分析、文献与访谈内容分析、定性描述

三、研究结论

表 3 “乡村”类型获奖作品研究结论

作品名称	发展历程	情感 / 场所特征	成因 / 影响因素
孤岛求生——广州大吉沙岛的多重“边界”与隔离探讨	——	三个边界（地理，行政和社会边界）	边界效应
借问乡村何处有？——广州市旧水坑村集体记忆调查	乡村集体记忆的时空演变	乡村集体记忆意象	—
足球·地方依恋——广州客村社区足球场调查	客村足球变迁史	穿插于现象 / 群体活动影响因素	客村居民对足球场的认知与情感意义
城市村落之“死”与“生”——广州市猎德村村宴调查	归侨回国与生长传代历程	穿插于归侨生长传代历程	穿插于归侨生长传代历程

四、理论贡献

该类作品理论贡献在于：①研究内容的扩充。内容扩充不仅在于更多乡村记忆 / 情感或场所特征的挖掘，还在于对现象或群体发展历程、特征的梳理。②研究方法的创新。依据定量数据的可获性，适当引入 GIS 分析等定量分析方法，更引入了空间地图分析、口述历史、感知地图等前沿社会学研究方法。

五、研究展望

研究过分注重对乡村记忆 / 情感的发展历程及特征梳理，对其空间载体或空间要素的考量稍少。此外，研究对记忆 / 情感的解读仍可更为深入，根据发现的现象或特征进一步构建影响或发展机制，同时运用更为深刻的理论对现象进行剖析。

孤岛求生

——广州市大吉沙岛的多重“边界”与隔离探讨（2012）

一、问题引入——大吉沙，孤独的小岛

广州这一身美丽的华服下有一些“蜘蛛网”，存在一些落后的地区，如萝岗徐坑村、白云区人和镇、同德围等等。这些地区都有一个共同点——受“边界”因素影响。不同类型的边界因素导致其成为经济发展圈以外的真空地带，无法找到脱贫的有效方法，成为城市化进程中被“遗忘”的地区。

大吉沙，是广州市黄埔水域一个小小的江心岛，北面是黄埔区，南面是番禺区，西面与东面分别与海珠区和萝岗区隔岛相望，位于广州五个区的交界处，区位独特。它是广州水乡文化特色的代表，也是广州边界问题最为突出的地方。

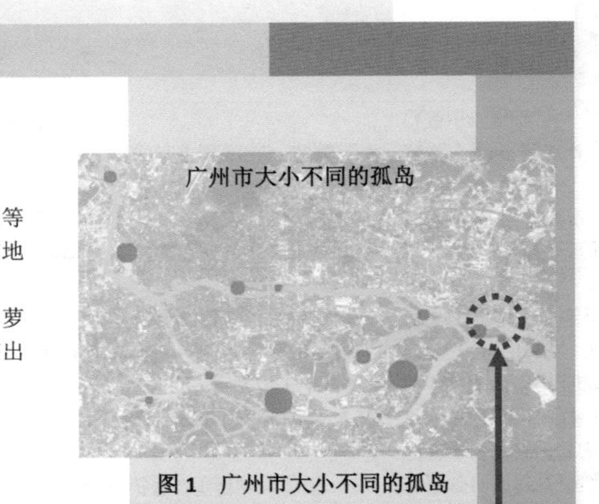

图1　广州市大小不同的孤岛

毗邻黄埔码头，长洲岛，番禺区

却无法跟上任何一列发展的列车

没有网络，没有电话，水比油贵

杨桃和番石榴是他们唯一的收入

听听大吉沙的故事

——原来这里也叫广州

图2　展示大吉沙困境的示意图

二、调研概述

（一）调研问题

大吉沙面临几个严重问题：

被隔离——四面环水，与陆上没有任何道路联系，水成为天堑，村民出入不便。

被遗忘——得不到周边地区的政策扶持，保留原始农业生产方式，无法脱离困境。

被边缘——贫困落后，动摇村民对“广州人”的身份认同，会否使他们成为弱势群体？

（二）调研目的

对典型地——大吉沙展开调研，了解其与城市的地理、行政、社会边界如何形成，探究边界对大吉沙的影响作用，并探讨其发展之路。从而得出这一类边界地区发展落后的深层原因及其“边界”的形成与发展过程。探讨共性问题及其长足发展的途径。

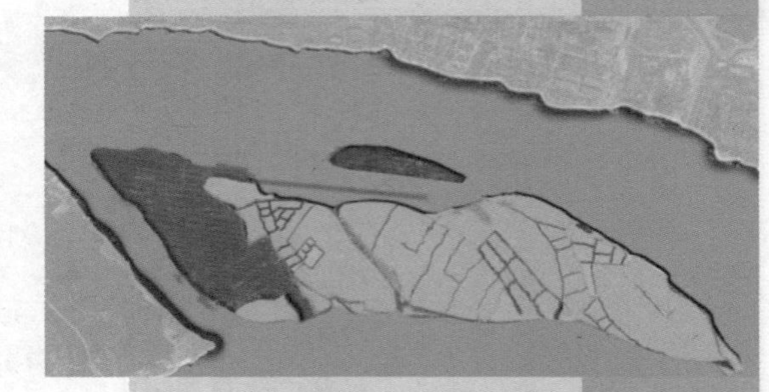

图 3　大吉沙地图

（三）调查方法

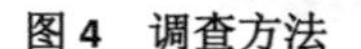

图 4　调查方法

表 1　调查方法安排

调研方法	具体做法	目的
现场勘测	现场踏勘，拍照记录，画用地功能图	初步感性了解基地现状，发现问题并思考调研方法
观察法	在码头统计一天各种船的数量和频率，观察一百二十多户人家的生活状况	得出岛上交通的具体相关数据，以及村民生活的真实情况
访谈法	社会学质性访谈手法，对象包括村民，游客，黄埔区政府相关人员，大吉沙岛内村的村委	了解村民想法，同时得出几个边界的形成原因与作用机制
问卷调查法	针对村民发放了 103 份问卷，其中有效问卷 91 份	结合实际选取适宜指标衡量村民生活的便捷度以及形成的心理隔离程度
跟踪调查法	对两个村民分别进行了贩卖农产品和上学过程跟踪	深入了解村民具体生活方式以及出行用时。

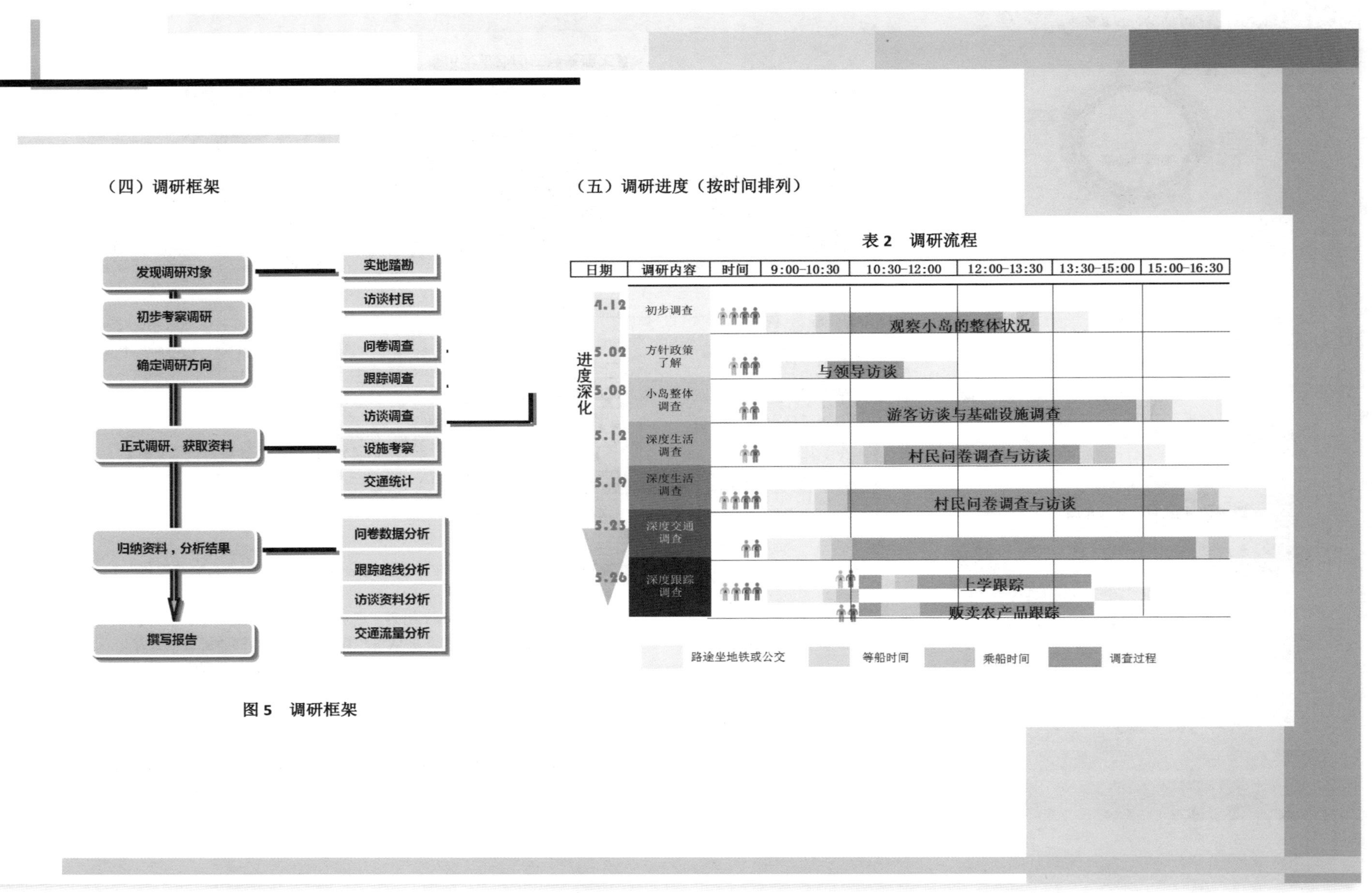
（四）调研框架
发现调研对象
初步考察调研
确定调研方向
正式调研、获取资料
归纳资料，分析结果
撰写报告
实地踏勘
访谈村民
问卷调查
跟踪调查
访谈调查
设施考察
交通统计
问卷数据分析
跟踪路线分析
访谈资料分析
交通流量分析
（五）调研进度（按时间排列）
表 2 调研流程
日期
调研内容
时间
9:00-10:30
10:30-12:00
12:00-13:30
13:30-15:00
15:00-16:30
4.12
初步调查
观察小岛的整体状况
5.02
方针政策了解
与领导访谈
5.08
小岛整体调查
游客访谈与基础设施调查
5.12
深度生活调查
村民问卷调查与访谈
5.19
深度生活调查
村民问卷调查与访谈
5.23
深度交通调查
5.26
深度跟踪调查
上学跟踪
贩卖农产品跟踪
进度深化
路途坐地铁或公交
等船时间
乘船时间
调查过程

图 5 调研框架

三、调研内容

（一）地理边界——产生隔离

1.陆路不通的地理边界——导致出行隔离

大吉沙在黄埔码头水域中，相距长洲岛、番禺区等数百米，没有桥梁、公路的连接，汽车、单车等无法直接到达岛上，必须通过船只运输，这很大程度上阻碍了陆上与大吉沙的交通联系。

（1）交通方式单一。进出大吉沙共有三种方式：乘坐渡轮、私营汽艇及划私人小船。

表 3　三种方式进出大吉沙

方式	是否营利	动力	价格	班次	安全程度	特点
渡轮	营利	柴油马达	村民一人1元 游客一人2元	每天5班	高	便宜，班次少
私营汽艇	营利	柴油马达	一船10元（无论坐多少人）	一共有有6条船按乘客要求频繁来往于两边	中	可电召，随叫随到，人数越多越便宜
私人小船	自用	人力	无	无	低	对划船者体力和技巧要求高，不安全

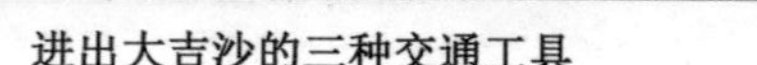

渡轮　　私营汽艇　　私人小船

图 9　进出大吉沙的三种交通工具

图 6　大吉沙距周边距离

图 7　船只频率及船数

图 8　渡轮时刻表

根据右边航线分析图，大吉沙岛码头与黄埔码头的船只来往量最大。去黄埔码头贩卖农产品是居民出岛最主要的目的。其余有划艇船回自家码头、去桥底运沙或者捕鱼的。除了这几条主要线路之外，小岛与其他地方没有产生交通联系。

（2）村民出行方式选择不平衡

从图 11 可得，村民日常生活主要坐渡轮，其次是私人小船。只有在紧急情况下才会搭乘私营汽艇，说明出行成本是影响他们出行的主要因素。

通过 SPSS 交叉分析中得到，不同年龄段的人出行选择不同，18 岁以下出行主要是上学，基本上全部搭乘渡轮；18～54 岁的人群主要选择渡轮；54 岁以上则主要是渡轮和私人船只，说明年纪大的人保留比较多人力划船渡河的传统。

我们选择了一个人力划船的样本，图 13 表现了村民李姨一天的生活，具体表现她的出行方式和出行时间，以及日常出行目的。

表 4　年龄与交通工具的选择

	交通工具			总计
	渡轮	私营小艇	自家私人船只	
18岁以下	5	0	0	5
	100.0%	0.0%	0.0%	
	17.9%	0.0%	0.0%	
	10.9%	0.0%	0.0%	10.9%
18-36岁	6	3	3	12
	50.0%	25.0%	25.0%	
	21.4%	42.9%	27.3%	
	13.0%	6.5%	6.5%	26.1%
36-54岁	12	4	3	19
	63.2%	21.1%	15.8%	
	42.9%	57.1%	27.3%	
	26.1%	8.7%	6.5%	41.3%
54岁以上	5	0	5	10
	50.0%	0.0%	50.0%	
	17.9%	0.0%	45.5%	
	10.9%	0.0%	10.9%	21.7%
	28	7	11	46
	60.9%	15.2%	23.9%	100.0%

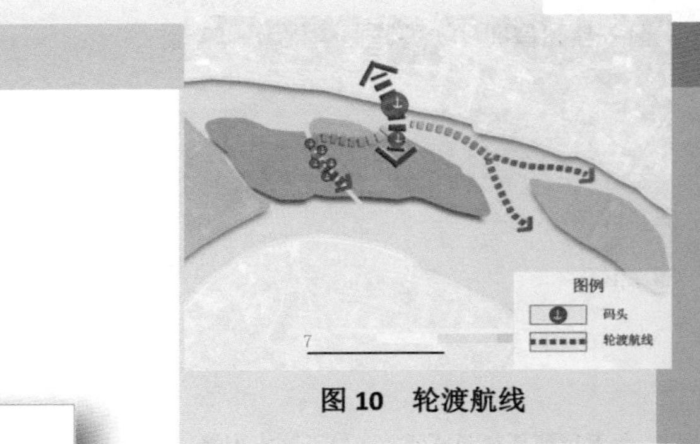

图 10　轮渡航线

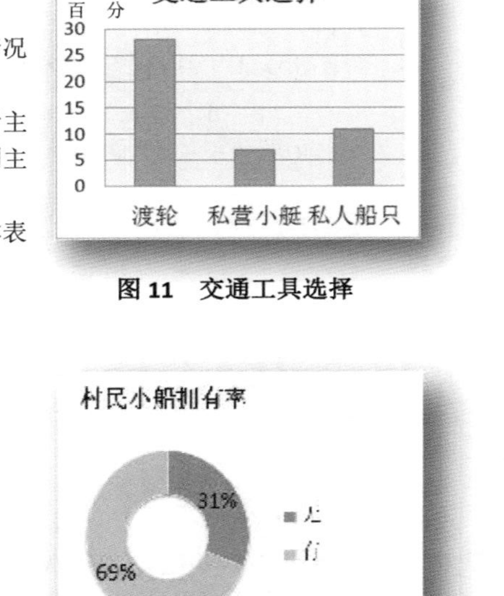

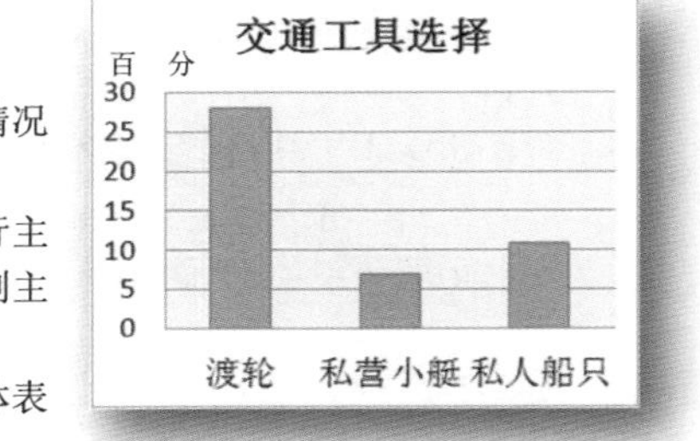

图 11　交通工具选择

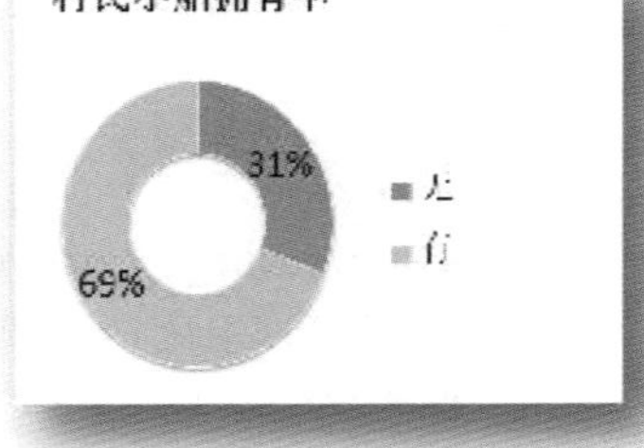

图 12　村民小船拥有率

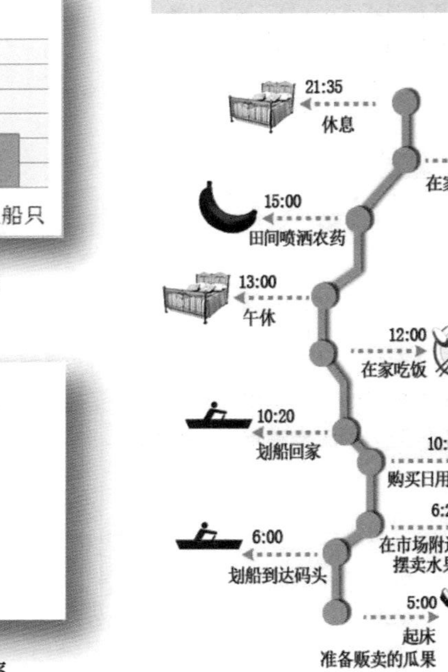

图 13　李姨一天生活跟踪图

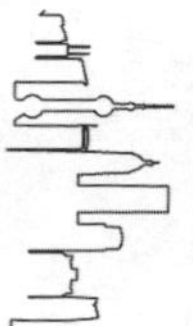

（3）交通评价交叉分析

通过 SPSS 的交叉分析得出三个图（见图 14—图 16），表现不同分类下村民对交通的评价。对于一星期出岛 1～6 次的人来说交通比较方便，但其余居民都认为交通不便，并且大部分都因此减少出行次数；同时，是否拥有私人小船对交通评价影响不大，因为村民较少划船出岛；对于不同年龄的人，18 岁以下的学生主要坐渡轮，认为交通方便，而其他年龄的村民绝大部分认为不方便。

2.四面环水的地理边界——导致服务隔离

跨江成本建设高，以及岛上居民过少，导致这里缺乏大部分服务设施，具体体现在建筑公用设施以及公共建筑上。

（1）建设公用设施缺乏。独特的地理位置，使大吉沙缺乏基础设施，使居民的生活比农村更闭塞不便。

表 5　居民生活不便状况

无完善的自来水管道系统	大吉沙的自来水管道是编制外的，由村民集资而建，水取自黄埔码头的工业用水，但是因为管道跨江损耗等问题，水价每吨高达10元以上
无电视接收天线	电视只能看到几个台，一些村民装了信号接收器，可以看二十多个台。这成了他们了解外界信息的主要方式
无有线电话	年轻村民主要通过手机与其他人沟通联系，老年人和小孩子则无法跟外界保持联系
无有线网络	上网只能用网卡，而村民因为支付不起费用就不上网。岛上会用电脑的都是80后村民，其他大部分认为他们的生活不需要网络

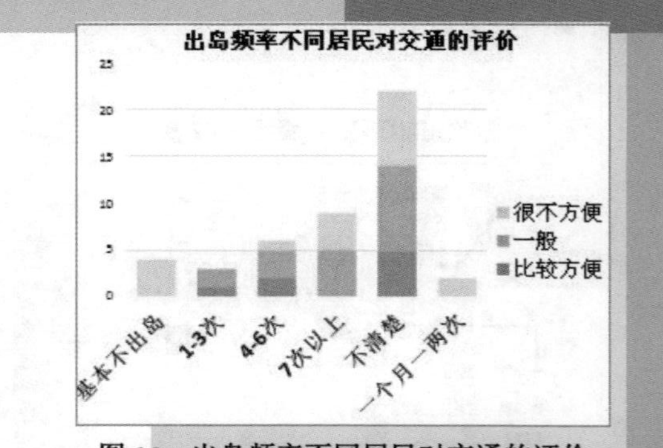

图 14　出岛频率不同居民对交通的评价

是否拥有自用小船对交通的评价

是　否

很不方便　一般　比较方便

图 15　是否拥有自用小船对交通的评价

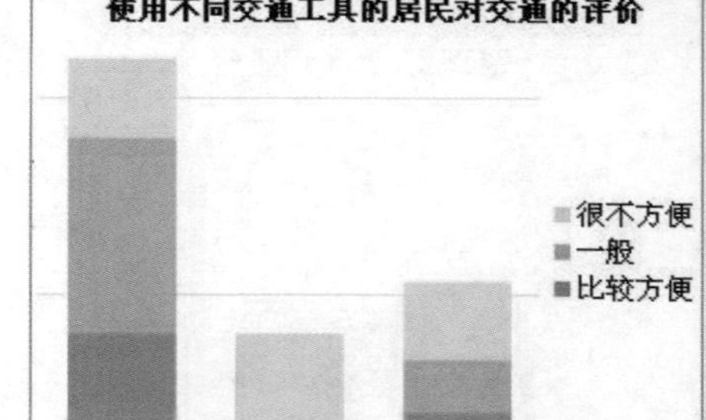

图 16　使用不同交通工具的居民对交通的评价

（2）公共建筑缺乏。

A.商业设施。岛上除了三间小卖部和两间农家乐饭店以外，没有其他商业设施。小卖部只供应部分生活用品和零食，无法基本满足村民的日常需求，大部分用品都需要上岸购买。

B.科教文卫设施。

教育：没有学校。岛上 70 多个学生每天 6 点钟起床，赶渡轮去上学。

医疗：没有医院和卫生所，这导致村民缺乏就医习惯，小病不去医院，自己乱吃药或等其自愈。

健身设施：只有两个篮球场，但村民没有运动习惯，形同虚设。

C.通信设施。岛上没有邮局，邮差不会上岛，所有邮件、包裹、报纸等都送到大沙地邮局，村民自行去取。交通不便使居民没有订阅报刊的习惯，平时也很少有信件。

小结　地理隔离使通勤方式单一，通勤时间长。渡轮班次太少，使得居民出行的时点受到很大限制。同时影响了居民享有与陆上同等的基础设施与商业设施。

图 17　**岛上基本是农田**

图 18　岛上小卖部

图 19　岛内外基础设施分布

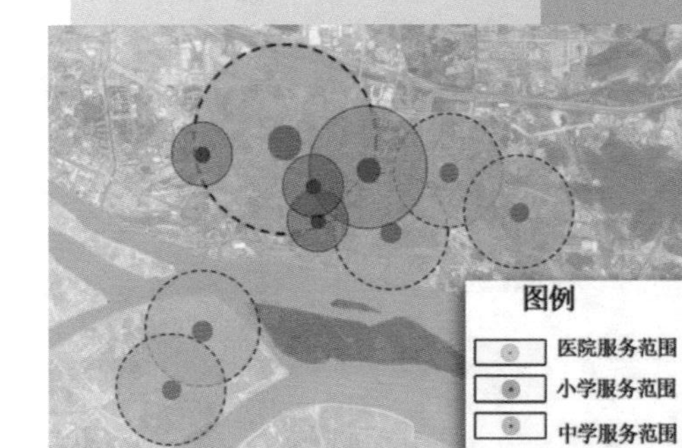

图 20　岛外教育医疗设施服务半径

（二）行政边界——加剧隔离

通过对黄埔区委书记陈小钢、大吉沙村生产队张队长等政府人士的访谈，我们得出大吉沙在行政上存在以下困境。

1.与番禺区的行政边界——行政成本高导致政策隔离

大吉沙属于黄埔区政府，与南边番禺区属于不同行政管辖区，本来就存在行政边界，共同发展行政成本高，因而无法借助番禺的优势实现共同发展。

2.与黄埔码头的行政边界——无法统一功能导致功能隔离

黄埔区作为广州的主要重化工工业区，发展重点是物流与工业，而大吉沙岛对面的黄埔工业码头，是黄埔区财政收入最主要的一环，因此为了船只航行与货柜箱的运输，无法在大吉沙和码头之间架桥。同时大吉沙是个江中小岛，不适宜向货柜码头发展。

因此对于大吉沙的规划是保留其农业用地性质。

由于两者的经济性质相差太远，黄埔区不会舍大求小，因大吉沙的发展影响整个码头经济命脉（架桥或铺设河底管道等），因此一直对其没有具体设施建设。久而久之，大吉沙岛也就慢慢被“遗忘”了，与对面热火朝天的工业码头形成鲜明对比。

图 22　黄埔码头

图 23　洪圣沙货柜场

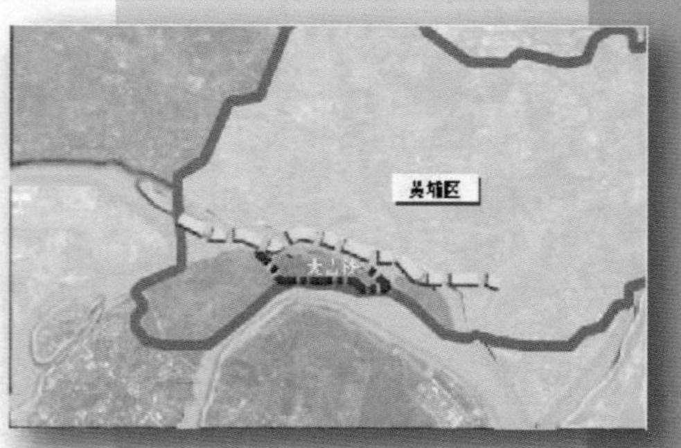

图 24　大吉沙村落

图 21　大吉沙及接壤地区

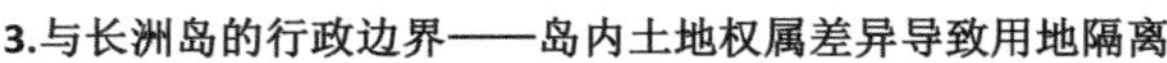

3.与长洲岛的行政边界——岛内土地权属差异导致用地隔离

长洲岛文物古迹遍地，文化底蕴深厚，旅游资源丰富，是广州著名的旅游胜地。岛上有常住人口两万余人，基础设施完善，生活水平比较高。长洲岛与大吉沙岛地理距离不远，如果共同发展生态旅游，具有很好的景观连续性，大吉沙岛也可以从长洲岛上增设自来水管道、电视天线等公共设施过来。

但为何在发展中大吉沙没有坐上长洲岛快速发展的列车？这主要是由于大吉沙岛本身土地权属的差异导致的。大吉沙岛分为洪圣沙，白兔沙与大吉沙，三个地方分属于不同的村委，也就有不同的发展方针。

表 6　岛内土地权属差异

土地权属	利益述求	大吉沙与长洲岛打包发展意愿
洪圣沙	几年前改变了原本的农业用地性质，开始租借给黄埔码头作为货柜存放区之用，无居住功能	不愿改，不想失去土地租借带来的丰厚收入
白兔沙	村民在外居住，仅在此耕作	无所谓，改不改都不影响收入和生活
大吉沙	村民在岛上居住生活、耕作	希望打包发展，改善大吉沙的生活状况

4.原因总结

综上所述，大吉沙向北，无法纳入黄埔码头整体发展框架之中；向南，与番禺区处于不同行政辖区，行政成本过大，共同发展需要两区更加紧密的合作；向西，本可与长洲岛共同发展生态旅游区，无奈大吉沙岛上三个地方的土地权属不同，实行了不同的发展路线。

大吉沙的北、西、南三边，边界重重，而东边是珠江流域范围。无论江与水，城与村，大吉沙都无法与其共同发展。

地理边界与行政边界对村民的生活与心理造成了三个方面的隔离，从而在小岛上形成了社会边界。下面将具体分析社会关系、经济与心理三个隔离因素的产生原因与作用结果。

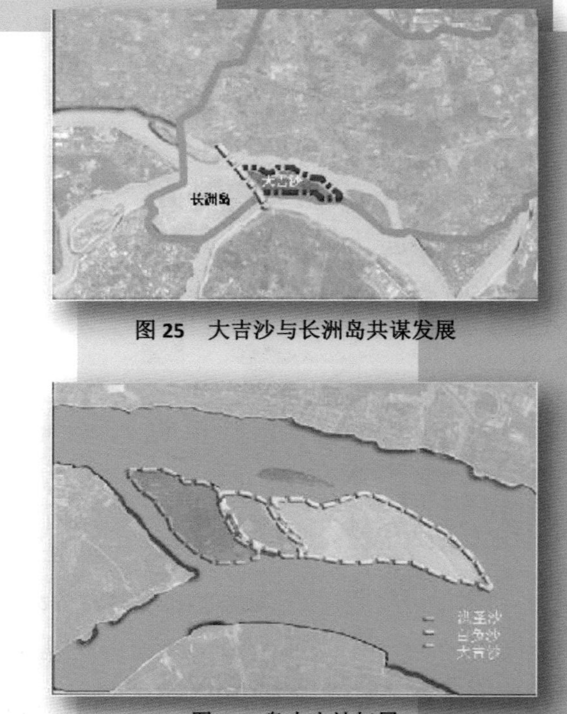

图 25　大吉沙与长洲岛共谋发展

图 26　岛内土地权属

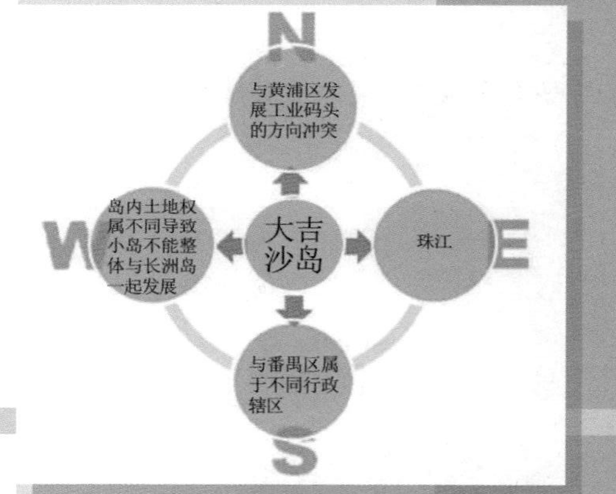

图 27　大吉沙边界重重

（三）社会边界——地理、行政边界造成社会隔离

1.社会关系隔离

（1）教育水平低。

岛上常住居民主要是中老年人和小孩，文化水平普遍较低，大部分是小学或小学以下；而年轻人文化水平不高，大部分是中学或中专。教育水平对他们影响是隐性的，使他们只能从事低层次职业，缺少个人发展的平台和机会。

（2）信息与观念落后。

与外界的信息存在隔离，外界可以轻易得知的信息，岛上村民无法获取。从图 31 村民黄婆婆所述可知，他们无法获取种植技巧，例如“摘顶”限制高度的知识，村民很难获得，因此无法改善种植环境。

另外，岛上村民与外界接触少，保持了一些落后的生活习惯和观念。例如许多村民把垃圾直接排入河中，没有意识到这是破坏环境的行为。也有老年人得了感冒，宁愿用不科学的偏方也不上医院，现代知识的缺乏、信息的闭塞使其对现代科学不够信任。

（3）社交活动缺乏。

在主要休闲娱乐活动中，社交活动占了 40%，其中与岛外的社交交流仅有 9%，可见村民的社交活动是多么单调与缺乏。

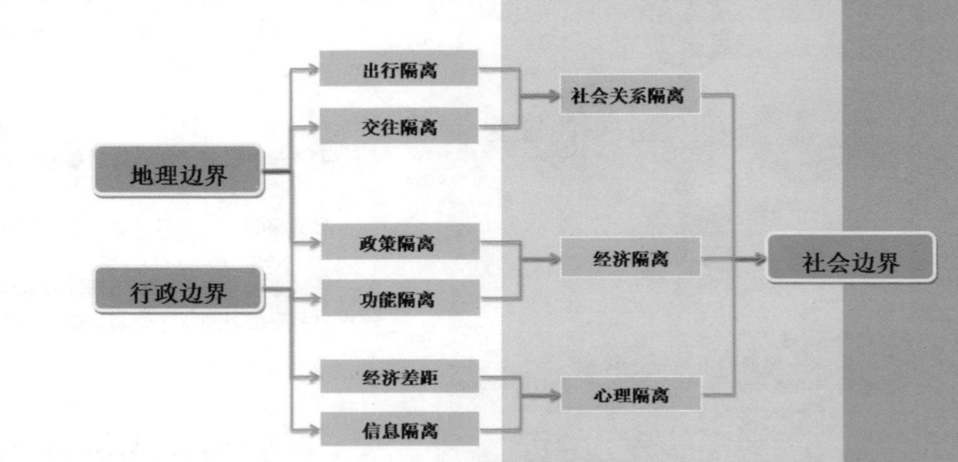

表 28　大吉沙岛社会隔离

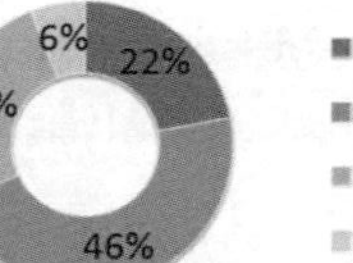

图 29　村民文化水平结构

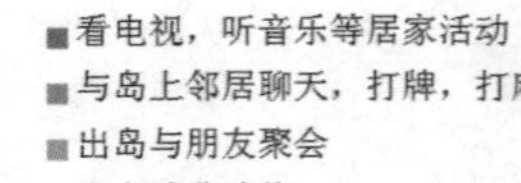

图 30　主要娱乐活动

图 31　村民在路边卖水果

（4）交际圈小。

老年人和中年人受地理边界限制较多，交往圈子局限在岛内。年轻人和儿童的交际圈子相对较大，但相比于其他同龄人仍然十分局限，并且深层关系网主要还是在岛内。

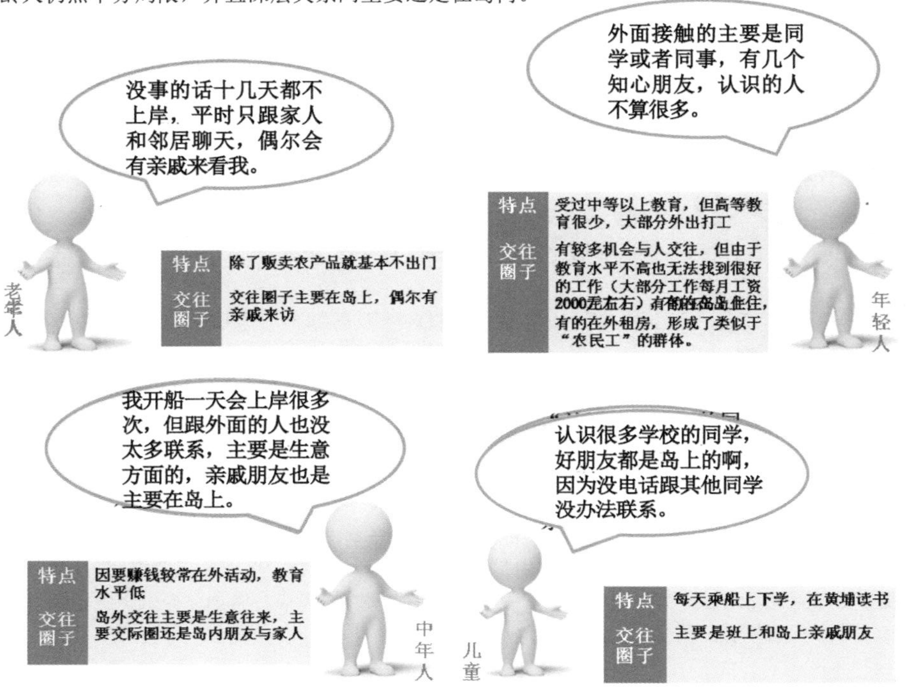

没事的话十几天都不上岸，平时只跟家人和邻居聊天，偶尔会有亲戚来看我。

老年人

特点	除了贩卖农产品就基本不出门
交往圈子	交往圈子主要在岛上，偶尔有亲戚来访

外面接触的主要是同学或者同事，有几个知心朋友，认识的人不算很多。

年轻人

特点	受过中等以上教育，但高等教育很少，大部分外出打工
交往圈子	有较多机会与人交往，但由于教育水平不高也无法找到很好的工作（大部分工作每月工资2000元左右）有的在岛上住，有的在外租房，形成了类似于“农民工”的群体。

我开船一天会上岸很多次，但跟外面的人也没太多联系，主要是生意方面的，亲戚朋友也是主要在岛上。

中年人

特点	因要赚钱较常在外活动，教育水平低
交往圈子	岛外交往主要是生意往来，主要交际圈还是岛内朋友与家人

认识很多学校的同学，好朋友都是岛上的啊，因为没电话跟其他同学没办法联系。

儿童

特点	每天乘船上下学，在黄埔读书
交往圈子	主要是班上和岛上亲戚朋友

图 32　大吉沙居民的交际圈

小结：社会关系隔离加剧了岛内岛外的社会差别，而对于岛上村民来说则增强了对这种同质聚居方式的依赖性，越来越难打破边界。

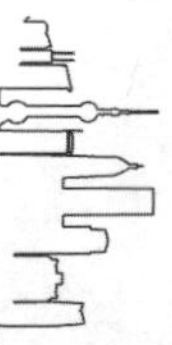

2.经济隔离

（1）生产力结构不平衡。作为一个在城市化中被遗忘的小岛，大吉沙形成了“留守儿童”和“留守老人”的农村现象，岛上常住居民的年龄集中在 36 岁以上与 18 岁以下。青年人大部分外出打工，长期定居在岛外。

（2）生产方式单一。主要收入来源是年终分红、贩卖水果、捕捉河鲜和外出打工，与农村无异。

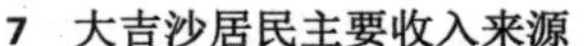

表 7　大吉沙居民主要收入来源

方式	年收益	特点
年终分红	每亩500~1000元	分红少，但是收入稳定。没有入户的年轻人不具备分红权力
种植并贩卖水果	每亩3000元	最主要的经济来源，但村民只能做流动摊贩，平均每次收入30-50元。经济效益低。
其他方式（拾荒，捕捉河鲜，吸铁，外出打工）	不确定	作为分红与贩卖水果收入的补充，收入极不稳定。

图 35　某村民的房子

图 33　常住村民年龄结构

图 34　每次贩卖水果的收入结构

小结：岛上经济落后，生产方式单一，也没有改善途径。从经济层面来看，大吉沙村民处于广州社会的底层，形成一个极度贫困的群体。

表 8　出行目的调查

$set5 Frequencies

	出岛目的	人数	百分比	Percent of Cases
	贩卖水果河鲜（出岛目的）	31	30.7%	67.4%
	上班（出岛目的）	5	5.0%	10.9%
	上学（出岛目的）	6	5.9%	13.0%
	购买生活用品（出岛目的）	31	30.7%	67.4%
	去医院看病（出岛目的）	20	19.8%	43.5%
	休闲娱乐（出岛目的）	8	7.9%	17.4%
总计	总计	101	100.0%	219.6%

a. Dichotomy group tabulated at value 0.

3.心理隔离

（1）出行意愿低。

私营汽艇的频率很高，并且正常上下班时候也有渡轮，能满足居民主要的出行需求。但从出岛频率来看，村民的出行心理受交通的限制还是很大，大部分人表示如果没东西要买卖的话，一个星期都不会上岸。

从 SPSS 的频数分析可得，贩卖水果与购买生活用品占居民出岛目的的 60%。而上班、上学与休闲娱乐三者只占 20%不到。这表明岛上居民与外面的联系较为单一。

隔离对村民的影响不仅在出行次数，还在出行半径上，如右图所示，村民出行距离大部分在 2000 米以内，无论是购物，上学还是看病，都尽可能选择最近的场所。我们认为由于两个边界引发的种种问题让村民在心理上夸大了这个隔绝程度，导致其出行意愿比广州其他市民低很多。

（2）归属感低。

根据图 38—图 40 三个问题的调查，我们把感情按正向态度分为肯定、比较肯定、有点不肯定和否定四种等级，得出表 9 所示结果。用 4 级量表赋值法对统计结果进行处理，得出结果如上。归属感的值域范围在 1～4，分别代表村民对广州的归属感由“弱”“偏弱”“偏强”到“强”的 4 种强度水平，三个项目中有两项是低于中等强度 2.5 的，一项微高于 2.5，这说明大吉沙村民对广州的归属感偏低。

表 9　居民对广州的归属感调查

态度	肯定	比较肯定	有点不肯定	否定
认同感	13	42	35	10
对广州的关注度	19	24	31	26
感觉被接受程度	14	35	33	18

表 10　居民对广州的认同度

态度	平均值	标准差
认同感	2.58	1.1011
对广州的关注度	2.36	1.1268
感觉被接受程度	2.45	1.1192

小结：许多村民对广州归属感偏低，对自己广州人的身份存在质疑，表示更像农村村民。落后隔离的生产和生活方式，缺乏关注信息的渠道，使他们对广州相关事务的关注程度不高。同时村民也感觉没有完全被广州接纳，成为被孤立的一个群体。

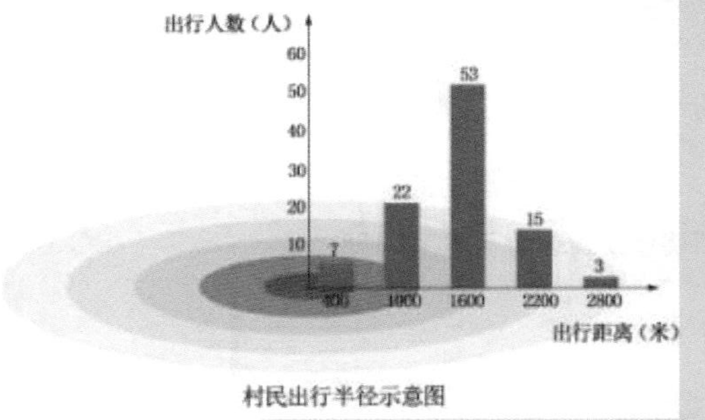

出行人数（人）
60
50
40
30
20
10
7
22
53
15
3
400
1000
1600
2200
2800
出行距离（米）
村民出行半径示意图

图 36　村民出行半径示意图

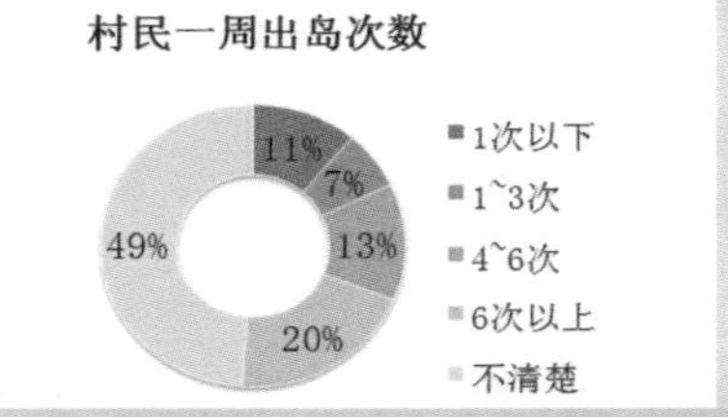

村民一周出岛次数
11%
7%
13%
20%
49%
1次以下
1~3次
4~6次
6次以上
不清楚

图 37　村民一周出岛次数

觉得自己是广州人吗
10%
13%
42%
35%
觉得是
比较觉得是
有点觉得不是
觉得自己不是

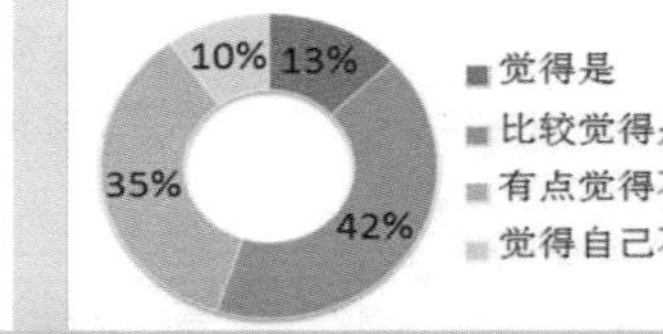

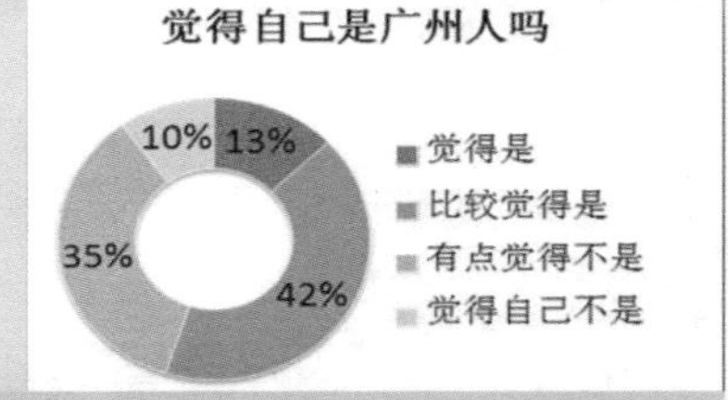

图 38　觉得自己是广州人吗

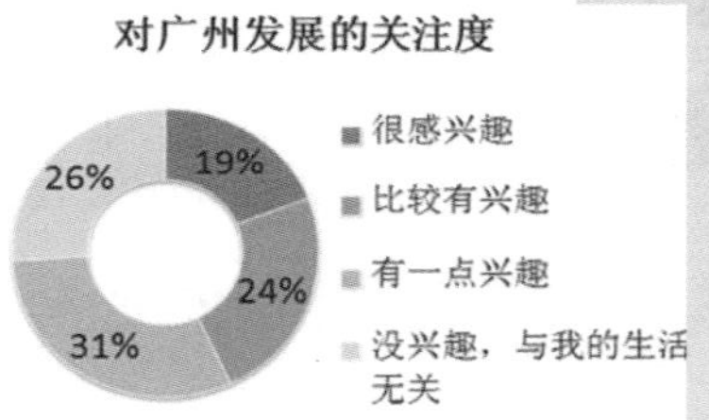

对广州发展的关注度
19%
24%
31%
26%
很感兴趣
比较有兴趣
有一点兴趣
没兴趣，与我的生活无关

图 39　对广州发展的关注度

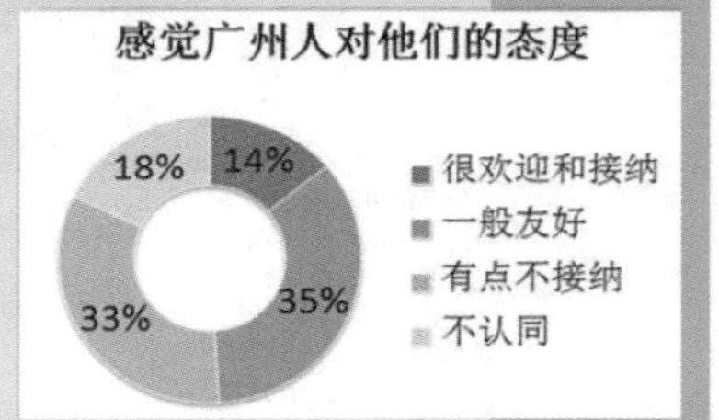

感觉广州人对他们的态度
14%
35%
33%
18%
很欢迎和接纳
一般友好
有点不接纳
不认同

图 40　感觉广州人对他们的态度

（3）心理落差大。

调查居民认为哪些生活条件比市区差的问题中，居民除了觉得娱乐活动与水环境比市区好之外，收入、交通、网络、水费等基本生活条件都明显不如市区，而水费高与收入低两个选项更是得到超过 85%的居民认同。

表 11　生活条件与市区相比调查结果

认为哪些生活条件比市区差	人数	百分比	应答人数百分比
家庭收入生活条件是否比市区差	37	19.2%	80.4%
交通条件是否比市区差	35	18.1%	76.1%
水环境生活条件是否比市区差	7	3.6%	15.2%
分红生活条件是否比市区差	40	20.7%	87.0%
娱乐运动生活条件是否比市区差	5	2.6%	10.9%
网络生活条件是否比市区差	25	13.0%	54.3%
水费高生活条件是否比市区差	43	22.3%	93.5%
其他生活条件是否比市区差	1	0.5%	2.2%
总计	193	100.0%	419.6%

（4）对未来期望不高。

大部分村民认为现状很不如意而对未来不存在任何愿景，只会很无奈地接受现状。对未来不敢有期待，因为岛上生产方式、基础设施以及交通状况都限制居民自发改善处境，而文化水平低也限制他们在岛外找到收入高的工作，只能消极顺从现状。

另外，他们对去岛外生活存在不安。主要体现在担心赚钱途径少、不懂城市新事物、无法适应城市生活这几个层面上。调查中 30 岁以上的村民有 73%认为自己还是不愿意去岛外生活，但认为年轻一代应该离开去外面生活。

40多岁的李大叔说：“政府怎么改我们就怎么样。”

“不敢去想怎么改，希望越大，失望越大。”

64岁的杂货店阿婆说：“外面好乱啊，我什么都不懂，怕出去迷路了都不会回家。”

图 41　岛上居民对外界的认知

对大吉沙的建议

10%　4%　3%　14%　42%　27%

■ 听从政府安排　■ 建桥　■ 增加商店　■ 增加网络、电话线网　■ 没想法　■ 想也没用

图 42　对大吉沙的建议

四、调研结论与建议

（一）结论

根据调查，我们发现大吉沙受三个边界的影响，分别是地理边界、行政边界和社会边界。第一，大吉沙江中小岛的位置形成了地理边界，使其交通不便，设施缺乏；第二，因其所在区位的特殊性及规划政策的影响，大吉沙与黄埔港、番禺区和长洲岛都无法共同发展，形成了人为的行政边界；第三，地理边界和行政边界使岛上村民与岛外产生了社会边界，成为一个边缘社会群体，在生活方式、思想观念和个人发展方面都与周围地区产生了隔阂。

三个边界（地理、行政和社会边界）共同限制大吉沙的发展。若再不受重视，三个边界将恶性循环，对村民生活、心理和未来发展产生不利的长久影响。

（二）边界地区发展问题与模式探讨

1.打破边界——经济入侵战略（外力）

政府给予政策扶持，加大资金投入，对小岛进行强度开发，让其跟上快速城市化的步伐。

（1）缓解地理边界。

增加渡轮班次：实现无障碍出行，缓解交通隔离，运营成本可以从乘客的船费中得到补充。

增加基础设施：把水管网络纳入市政管网的范围内，铺设电话线与网络线路。

（2）消解行政边界。

引导经济投资：鼓励商业投资开发，以周边地区带动其经济发展，发展小岛商业设施及其配套设施。

（3）消除社会边界。

升级落后的生产方式：寻找农业专家，改善水果品质，提高竞争力。农田统一规划，形成规模效应，建立稳定的水果收购渠道。

改善教育状况：给予儿童教育补助，定时开设讲座（如防虫害知识、积极心理学等），给予村民学习机会。

改善医疗条件：定期组织医生上岛，降低医疗成本，同时加强健康意识。

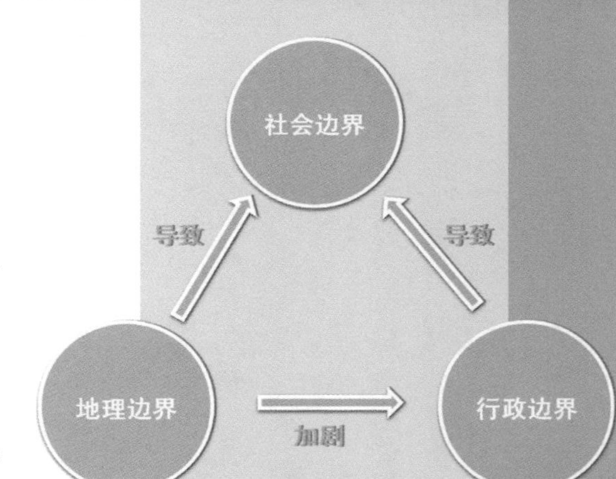

图 43　大吉沙面村的三大边界

图 44　小岛与对面码头形成强烈对比

2. 保留边界——文化突围战略（内力）

边界带来的既有落后，也有机遇。长期隔离使大吉沙保留了传统的生活习惯与文化以及优美的原生态环境。

（1）发扬水乡特色：保留原始生活习惯与生产模式，对破旧建筑与码头进行修整和翻新，再复原传统习俗。

（2）疏通岛内水道：改善水质，清理淤积河涌，挖阔窄小河道，开通长洲岛到大吉沙的水上航线。

（3）对外宣传：将长洲岛与大吉沙打包发展文化旅游，适度包装，并进行媒体宣传，引起大众关注。

在其他地区陷入城市化发展同质化之时，将大吉沙打造成广州岭南水乡式的“世外桃源”，成功把边界的消极隔离转变为积极保护。

图 45　岭南水乡传统特色

参考文献

[1]折晓叶.村庄边界的多元化：经济边界开放与社会边界封闭的冲突与共生[J].中国社会科学，1996（3）.

[2]刘杨，徐建刚，林炳耀.构建生态之城 展现江岛魅力：江苏省扬中市彰显生态特色，塑造区域 EBD 的探索[J].现代城市研究，2009（7）.

[3]王勇，李国武.论产业集群的地理边界与行政边界[J].中央财经大学学报，2009（2）.

[4]吕露光.从分异隔离走向和谐交往—城市社会交往研究[J].学术界，2005（3）.

[5]潘泽泉.社会分类与群体符号边界：以流动农民工为例[J].社会，2004（4）.

[6]方文.群体符号边界如何形成：以北京基督新教群体为例[J].社会学研究，2005（1）.

评语：边缘地区的发展一直是社会调查的热门选题之一，该作品通过多种实地调研方法，发现大吉沙岛同时受地理边界、行政边界和社会边界的隔离，并且探讨了其背后的经济、政治和社会意义，但对三者之间联系的研究略为简单，边界地区的发展模式也阐述不清晰，可继续深化。

借问乡村何处有?
——广州市旧水坑村集体记忆调查(2014)

借问乡村何处有?
广州市旧水坑村集体记忆调查

一、引言

(一)调查背景

在新型城镇化进程中,如何“望得见山,看得见水,记得住乡愁”已成为新的发展议题。乡愁依赖集体记忆而存在。在乡村城市化的过程中,不少村庄面目全非,千村一面,盲目向城市靠拢,失去了乡村传统景观和意象,村民从耕地走上楼房,面对生活环境和生活方式的结构性变化,乡村的集体记忆是否被城市化吞没?还存在多少承载集体记忆的空间?为了解开这些疑问,我们小组决定对乡村集体记忆进行调查。

故乡因为记忆而鲜活,面对人口的激增、土地的拥挤、环境的污染、房价的上涨、人情的冷漠,如何在快速城市化时代中重建一个有活力、有希望的故乡?希望本次的集体记忆调查能给新型城市化发展带来启示。

(二)调查问题

(1)村民在旧水坑村的集体记忆保存有多少?记忆分布在什么空间?

(2)村庄意象的表达要素是什么?与城市意象是否有差异?

(3)旧水坑村记忆空间的时空分布及其时空演化特征

(4)集体记忆的本质特征。

(5)探究在新型城镇化过程中新农村如何强化村民集体记忆。

图 1 旧水坑村地理位置

(三)调查目的

(1)发现旧水坑村村民记忆空间的内涵。

(2)挖掘新农村集体记忆的组成要素和演变。

(3)为新型城镇化中新农村的人文建设提供借鉴案例和建议。

Collective Memory

借问乡村何处有？ 广州市旧水坑村集体记忆调查

二、调研概述

（一）调研地点

本调查以广州市番禺区旧水坑村作为田野点。旧水坑村距今有700余年历史，由朱姓与陈姓先人开创。目前经济繁荣、交通便利，该村目前已成为番禺区远近闻名的富裕村，是广州市番禺区“民富村安”新农村的代表。

（二）调研方法

1.文献分析法

调研准备阶段，查阅了与乡村意象、集体记忆、记忆空间有关的文献以及旧水坑村的历史资料，约25篇，初步了解旧水坑村的历史以及集体记忆研究的现状，确定了具体的调研内容与方法。

调研中后期，主要围绕调研过程中发现的问题，查阅了有关空间生产、怀旧地理学等方面的文献约10篇。

2.观察法与深度访谈法

本组在2014年6月6日和6月8日，来到旧水坑村对村民等进行了深度访谈，了解他们的乡村记忆。同时进行实地走访，观察旧水坑村的历史文物以及设施现状。

3.感知地图分析法

在调查中邀请村民画出了他们记忆中以及现在的旧水坑村印象图，收集到9份感知地图，有效地图4张。后期对感知地图进行分析：先整理有效地图提及的空间，再对空间的功能特性进行分类（本次分成了自然、生产、居住等要素），最后分析要素的变化，总结出乡村意象的特点。

4.Arcgis地图分析法

根据时空事矩阵和访谈录音，提取村民提及的地点位置和次数，按时间序列将集体记忆空间分为旧时期（改革开放前）记忆空间和新时期（改革开放后）记忆空间，利用Arcgis软件定位并赋值，变量为次数，利用空间分析模块生成插值图，进行记忆空间时空变化的分析。

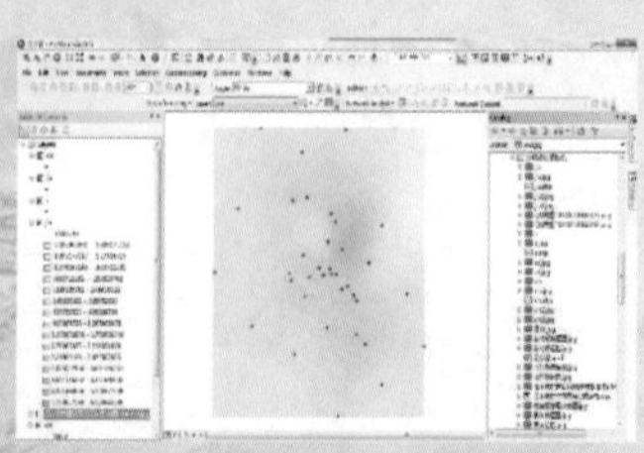

图2　调查方法组图

借问乡村何处有？ 广州市旧水坑村集体记忆调查

（三）调研流程

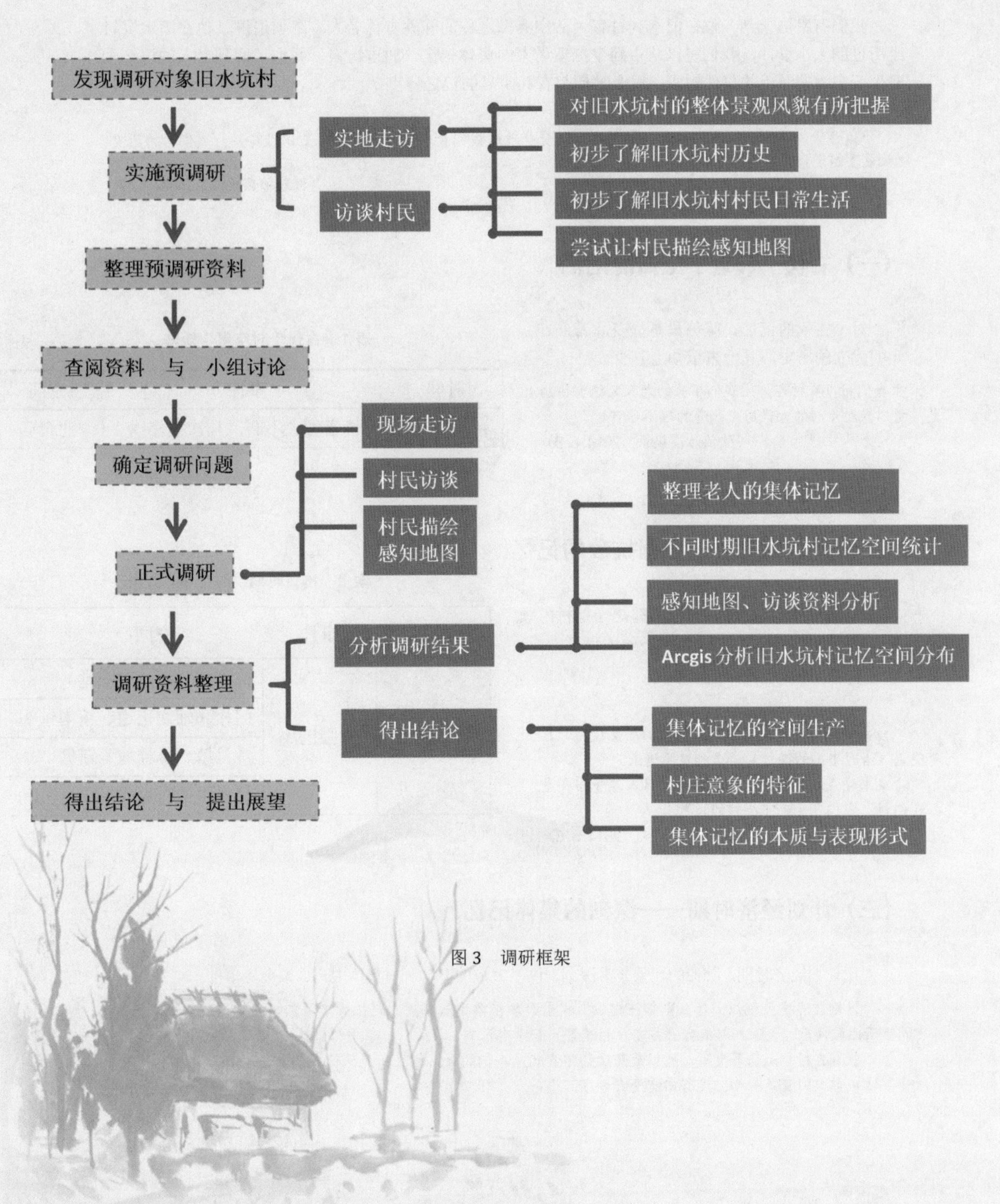

图 3 调研框架

三、从古至今说记忆——旧水坑村古稀老人的集体记忆

我们有幸访谈到一位在旧水坑村有“活字典”之称的陈姓古稀老人。陈伯追溯了他在旧水坑村经历过的大小事件，我们得以从古到今梳理老人的集体记忆。通过访谈，我们了解到老人的记忆主要由五个时期经历的事件构成，每个时期都有其明显的记忆特点。

“这位老人厉害啊，我们村的‘活字典’，食盐多过我们食米（方言，形容见识很广），我们村的历史他就最了解了。”

（村民访谈记录，2014.6.8）

（一）古代——近乎空白的记忆

对于古代的记忆，陈伯只是提及北帝庙在元朝建立的历史，其他表示知之甚少。

“我们村没有村志，比我们年长的老人又很少讲历史，所以我对于村的古代历史知道的确不多啊。”

（陈伯访谈记录，2014.6.8）

表1 古代“时空事”矩阵

时间	事件	空间
元朝	北帝庙香火不断，几次被修缮	北帝庙

（二）抗战时期——顽强抗敌的记忆

对于抗战时期，陈伯的记忆都是当年村内顽强抗敌的事件。

“当年的门楼是铁马功臣呢！抗敌的重要设施啊！李堲鸡（当时番禺的汉奸）怎么都攻不进来。”

“南书堂是我们村最重要的财产，日本鬼子当年袭击我们村，我们可是死守公祠的。”

（陈伯访谈记录，2014.6.8）

表2 抗日时期“时空事”矩阵

时间	事件	空间
抗战时期	顽强抗敌	广声陈公祠（南书堂）
		门楼（辅南正道、镇南锁钥）
		洗马塘、木棉塘、新塘
		村外围的竹篱

（三）计划经济时期——深刻的集体记忆

对于计划经济时期，陈伯的印象非常深刻，讲了大量的旧水坑村集体生产、聚会等事件。

“计划经济吃大锅饭，什么事都一起做，买东西拿粮票排队去买，记忆肯定深刻啦，不过想想还是当时的生活比较快乐，大家一起捱穷（方言，指吃苦）苦中有乐啊。”

“教育在村中是头等大事，所以最开始的学堂就是我们的大宗祠，祖先保佑我们出状元嘛。”

“以前农田就是一切，没有田就没有命了。”

……

（陈伯访谈记录，2014.6.8）

表 3　计划经济时期"时空事"矩阵

时间		事件	空间
计划经济时期	权力变更	旧水坑村设立乡政府	广声陈公祠（南书堂）
		新水坑村与旧水坑村分离	新水坑村
	村内教育	村内儿童集体上课	广声陈公祠（南书堂）
		建立水濂小学继续教育后代工作	水濂小学
	集体聚会	村民在公祠门口进行节庆集会	两山陈公祠
		儿童集中在公祠玩耍	广声陈公祠
		儿童在塘边田间抓鱼嬉戏	东湖（原深水沟大塘）
	集体劳动	村内统一分粮、榨油	广声陈公祠（南书堂）
		村内集体劳动生产	上深畔、下深畔（农田）
		村内视农田为重要资源	
	景观风貌	村有风水宝树	村口木棉古树
		坊为基本单元的居住格局，大部分村民集中居住在坊内	莲堂坊、十格坊、水口坊
		村内东部的门楼有一条石板街	石板街
		若干古榕树被台风吹倒	村内若干榕树

（四）改革开放到21世纪初期——奋斗致富的记忆

对于改革开放前期的记忆，陈伯表示村内开始追求经济发展，建立大片厂房，但是也因为村民的中心都偏向发家致富，集体活动也少，记忆比较淡薄。

"那段时间（改革开放前期）大家都忙着发财啊，村里盖了好多厂房出租。"

"（村民）见面肯定少啦，大家都不种田了，都去打工开厂，都很少讲话了。"

（陈伯访谈记录，2014.6.8）

表 4　改革开放到新世纪初期"时空事"矩阵

时间	事件	空间
改革开放到新世纪初期	村内厂房越办越多经济越来越好	村内厂房
	风水墙建立	旧水坑小学后的风水墙
	村内老人捍卫村口木棉古树	村口木棉古树

（五）21世纪以来——安逸的集体记忆

进入21世纪，陈伯也进入安享晚年之时，加上旧水坑村新农村建设的成功，村内经济发达，公共设施完善，因此陈伯的记忆多与闲暇活动以及村内文物保护方面有关。

"现在经济好了，生活好了，我不用担心生计，平时就到公园啊广场坐坐跟别人聊聊天，还是过得挺舒服的。"

"以前顾着谋生，没时间管村内的文物，但是文物就是村的根，不能丢弃，所以现在要重视。"

（陈伯访谈记录，2014.6.8）

借问乡村何处有？广州市旧水坑村集体记忆调查

表5　新世纪以来“时空事”矩阵

时间		事件	空间
新世纪以来	景观风貌改善	美化风水池	东湖（原深水沟大塘）
		保存老榄树	体能中心（原南坑岗）
		保存古榕树	五金综合厂前大榕树
		重新修葺北帝庙	北帝庙
	集体活动增多	村内老人到体能中心晨运	体能中心（原南坑岗）
		居民散步跳舞闲聊聚会	北帝广场、森林公园
	公共设施增加	村内建酒堂以供村民设宴	酒堂
		旧水坑村小学成立	旧水坑村小学
		新建办公大楼	村委办公大楼
	重视文物保护	村民不满尚书陈公祠关闭	尚书陈公祠
		保存唯一的门楼	镇南锁钥
		村内市级文物保护单位	广声陈公祠
		祠堂环境需要整改	两山陈公祠
		祠堂成为纪念性建筑	村内所有祠堂

借问乡村何处有？

广州市旧水坑村集体记忆调查

图 4　镇南锁钥门楼

图 5　村口木棉树

图 6　尚书陈公祠

图 7　广声陈公祠

图 8　北帝庙

图 9　森林公园

图 10　北帝广场

图 11　旧水坑酒堂

（六）时间维度中旧水坑村集体记忆的特点

（1）通过统计老人的五个时期的记忆的空间和事件，可以得出旧水坑村的集体记忆（见图12），总结出三个特点：

①记忆断层明显，对于抗战时期以前以及改革开放时期记忆淡薄。

记忆断层的原因：一是村内历史记载和流传不全面，村民对古代记忆浅；二是改革开放时期，村民都以工作赚钱为主，集体活动较少。

②计划经济时期的集体记忆深刻，谈及的事件和记忆空间较多。

这与计划经济的时代色彩相关，那段时期内发生了新中国成立、“大跃进”、三年困难时期以及“文化大革命”等关键事件，在该时期的人经历风雨洗礼，而且集体劳作占了生活大部分时间，记忆尤为深刻。

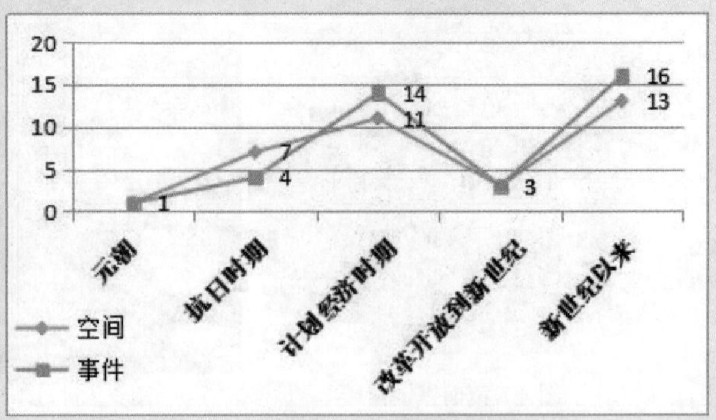

图12 旧水坑村不同时期事件空间统计

③老人对于新世纪以来的集体记忆最深刻，体现出的记忆空间最多。

时间更为接近现在，老人对新世纪的记忆更为丰满，老人的记忆更多是偏向村内改变，对新世纪以来的改善都表示基本满意。

（2）计划经济时期以及新世纪以来的记忆最为丰富，这两个时期的记忆空间分布有什么特点？跟这个时期的集体记忆又有什么联系？我们将这两个时期独立出来，整理各自的记忆空间（见图11和图12），发现以下特点：

①对于计划经济时期，被提及最多的记忆空间是广声陈公祠以及上下深畔（农田），与当时集体劳作和集体聚会的时代氛围密不可分。计划经济时期集体下地、吃“大锅饭”以及集体购买生活用品等集体记忆深深刻在村民心里。广声陈公祠和上下深畔都承载了当时村民公共活动的记忆。

②对于新世纪以来，被提及最多的记忆空间是体能中心、北帝广场和森林公园，与这个时期的村民生活水平提高，村民享受当下生活的现状密不可分。新世纪以来公共活动场所增加，让村民的业余生活丰富起来，社区交往也得到加强，村民安居乐业。同时他们也注重村内祠堂文物的保护，宗亲情结仍在。

③集体活动发生越多的地方，是村民更为深刻的记忆空间。被提及次数多的各祠堂以及体能中心、北帝广场和森林公园都是村民的集体活动场所，由此可知，村民的记忆空间与集体活动是相关的。

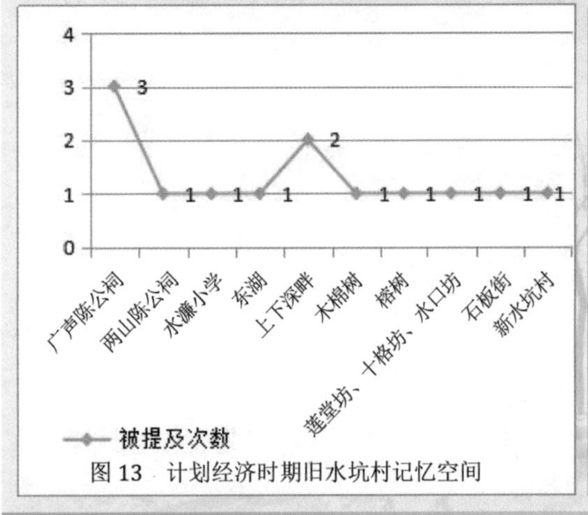

图13 计划经济时期旧水坑村记忆空间

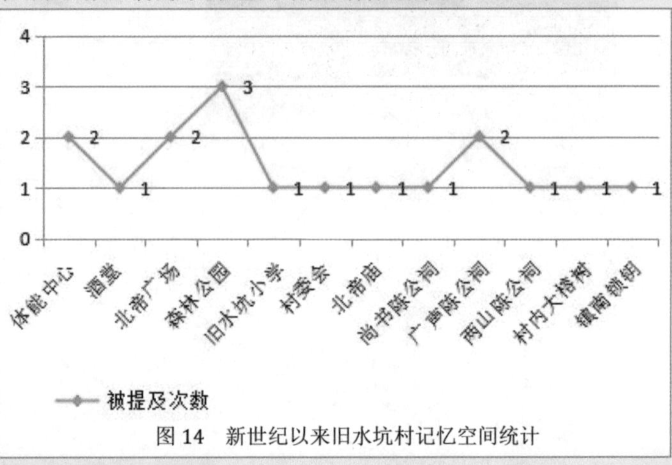

图14 新世纪以来旧水坑村记忆空间统计

四、从表及里说记忆——旧水坑村感知地图空间要素剖析

调查过程中，我们邀请了两大村民群体绘制他们对于旧水坑过去与现在的感知地图，对其涉及的空间要素进行归纳总结，得出旧水坑村的记忆空间组成要素及演变特征。

（一）乡村意象六要素——自然与人文

1.村民群体一

该村民群体由 10 人组成，平均年龄在 50 岁以上，均为男性村民。

将这个群体的感知地图整理成图 15 和图 16，以及将记忆空间组成要素分类成表 6，可以看出：对于以前的记忆空间可分为自然、历史建筑、特殊构件、公共设施四大部分；而对于现在的记忆主要包括自然、生产、历史建筑、特殊构件和公共设施五大部分。

表 6　村民群体一的记忆空间组成要素

时间	类型	空间	时间	类型	空间
以前	自然	深水沟大塘	现在	自然	木棉树一棵
		南坑岗			东湖
	生产	无		生产	五金综合厂
					厂房
	居住区	无		居住区	无
	历史建筑	南书堂		历史建筑	南书堂
					北帝庙
	特殊构件	中轴水泥路		特殊构件	绿色围墙
	公共设施	学堂（1949年前）		公共设施	文化公园
		水濂小学（1949年）			北帝广场
		旧水坑小学（1963年）			文化中心
					酒堂
					体能中心
					旧水坑小学

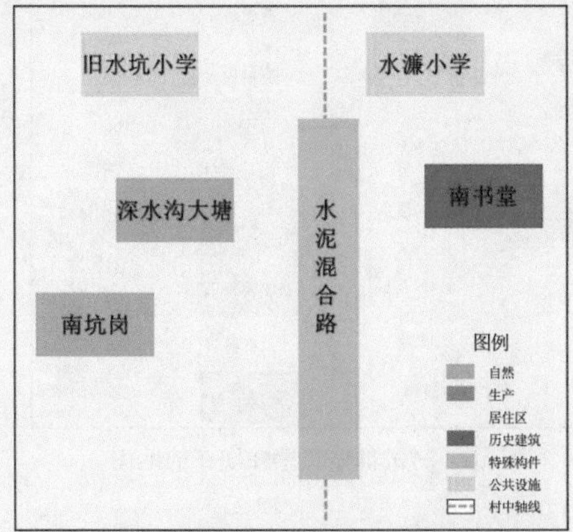

图 15　村民群体一感知以前的地图

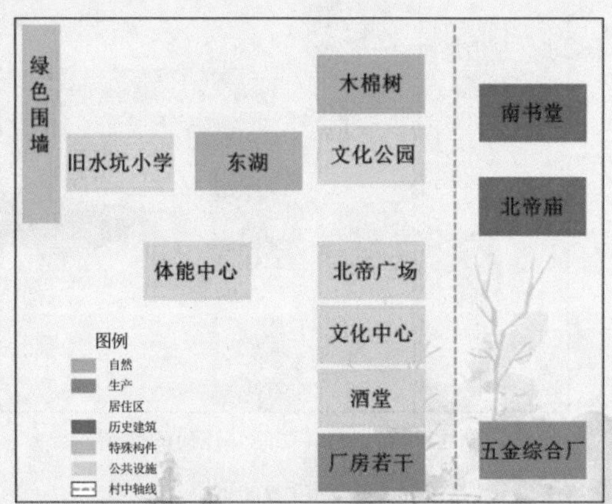

图 16　村民群体一感知现在的地图

2.村民群体二

该村民群体由 15 人组成，平均年龄在 60 岁以上，亦均为男性村民。

将这个群体的感知地图整理成图 17 和图 18，以及将记忆空间组成要素分类成表 7，可以看出：对于过去的记忆空间而言，组成要素可以归结为自然、生产、居住区、历史建筑、特殊构件五个方面；对于现在记忆空间而言，组成要素可归为自然、居住区、历史建筑、特殊构件和公共设施五个方面。

表 7　村民群体二的记忆空间组成要素

时间	类型	空间	时间	类型	空间
过去（50年前）	自然	木棉树两棵	现在	自然	木棉树一棵
		洗马塘			
		木棉塘			
		新塘			
	生产	上深畔		生产	无
		下深畔			
	居住区	莲堂坊		居住区	莲堂坊
		十格坊			十格坊
		水口坊			水口坊
	历史建筑	门楼		历史建筑	广声陈公祠
		广声陈公祠			两山陈公祠
		两山陈公祠			西间陈公祠
		西间陈公祠			尚书陈公祠
		三世祖			
		尚书陈公祠			
	特殊构件	镇南锁钥		特殊构件	镇南锁钥
		辅南正道			绿色围墙
		竹篙（村护墙）			北帝庙
		石板街			
	公共设施	无		公共设施	旧水坑小学
					北帝广场
					市场
					酒楼
					文化公园

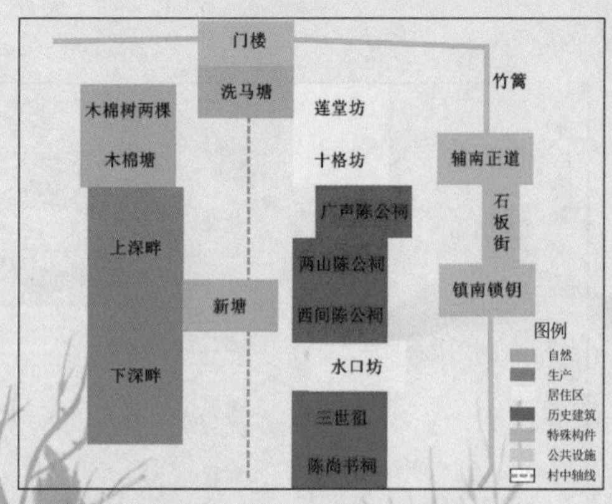

图 17　村民群体二感知以前的地图

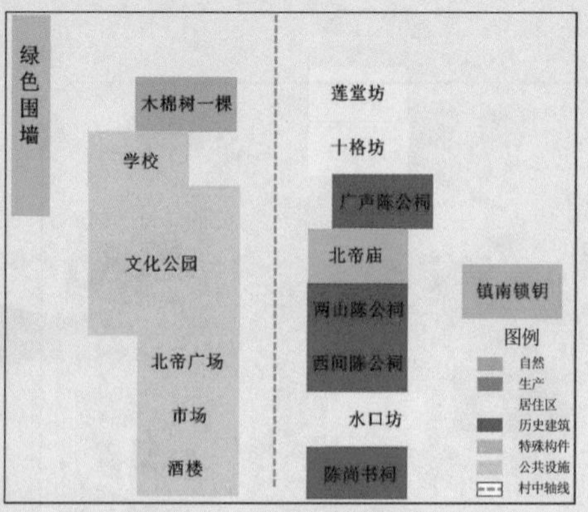

图 18　村民群体二感知现在的地图

借问乡村何处有？

广州市旧水坑村集体记忆调查

（二）六要素演变特征——多样化与差异化

基于上述两组村民群体感知地图组成要素的分类分析，得出旧水坑村记忆空间要素演化的六个特征：

（1）记忆空间可以归结为自然、生产区、居住区、历史建筑、特殊构件、公共设施六个方面。

> “村内建筑方面，最深刻的是南书堂……现在又经历过一次全新的修复。南书堂是一个集合了许多人活动记忆的场所”
>
> （村民群体一访谈记录，2014.6.8）

（2）记忆空间组成要素多为节点性标志物，少边界，无区域。村民的记忆空间多为点状要素组成，有少数边界要素（村边与蔡边相隔的绿色风水围墙和旧时旧水坑外围的绿篱保护带），但没有表现区域要素的特征。

（3）记忆空间组成要素对同一群体而言在时间上有一定延续性。

对于村民群体一，南书堂和旧水坑小学都出现在过去与现在的记忆空间中。对于村民集体二而言，木棉树、居住区、祠堂历史建筑、镇南锁钥门楼也呈现记忆的延续性。

> “村里中轴线上的几个公共设施也是我们发生集体故事的场所。文化公园固然是其每天相聚相识聊天的必到场所……”
>
> （村民群体一访谈记录，2014.6.8）

（4）公共设施作为村民日常生活交往的重要空间，在记忆空间中发挥**越来越重要的作用**。

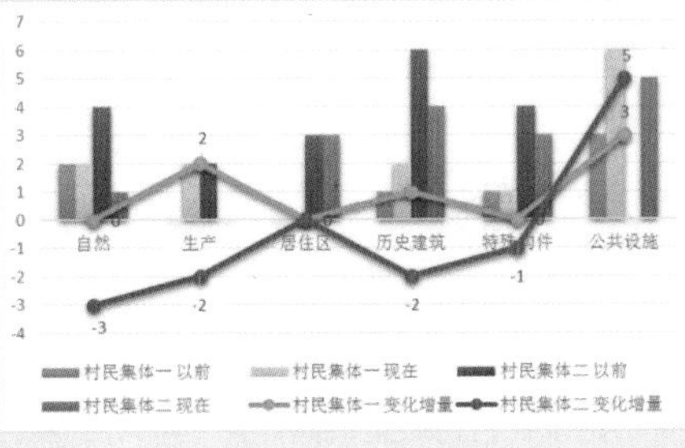

图 19　不同类型要素出现频率及变化增量

（5）不同类型要素在记忆空间中作用强度不同。在记忆空间演化过程中，自然要素、历史建筑、特殊构件是村民过去与现在的重要记忆要素；生产要素有不确定性；居住区有一定延续性，过去有记忆的集体在现在会延续空间记忆，反之则不会记忆；公共设施则体现重要性上升的态势。

（6）城市化过程中，不同要素在记忆空间中有的失去，有的延续，有的新生。失去的有村口的木棉树、池塘、生产农田、水泥路、门楼等自然人文要素；保留的有祠堂、镇南锁钥门楼、居住区、村口剩下的木棉树等；新生的有各种公共设施空间、经济发展中建造的风水绿色围墙、生产部门等。新生或延续的要素可以继续作用于村民的记忆空间，但是失去的要素就只能在过去的记忆中存在，不能产生新的记忆。

> “总的来说，五十多年来旧水坑经历了许多变化与不变……不同岁数的人记忆也不同，没有的就永远没有了，很难有很强的记忆，特别是对年轻一辈来说。”
>
> （村民群体二访谈记录，2014.6.8）

五、从彼及此说记忆——旧水坑村的记忆空间时空演变

（一）空间范围从丰富到萎缩

从图中可看出，旧时期的记忆空间范围较大，除村口木棉树外，有两个地点在现在的村界之外，分别是木棉塘和洗马塘，现已为平地。而新时期的记忆空间相对较集中，在村界之外的有两个地点，为新水坑村和水濂小学。这说明村民的记忆空间的范围随着时间推移而慢慢萎缩，但旧水坑村民对新水坑村仍有一定的念旧情结，产生这种差异的原因主要是新水坑村和旧水坑村过去同属一个村，为了管理方便而使两村分离，但在村民的记忆空间里仍为一体，即使新时期记忆空间集中在森林公园一带，但仍有两个地点在村界之外，反映了村民“故土情深”“新旧一体”的传统宗族思想。

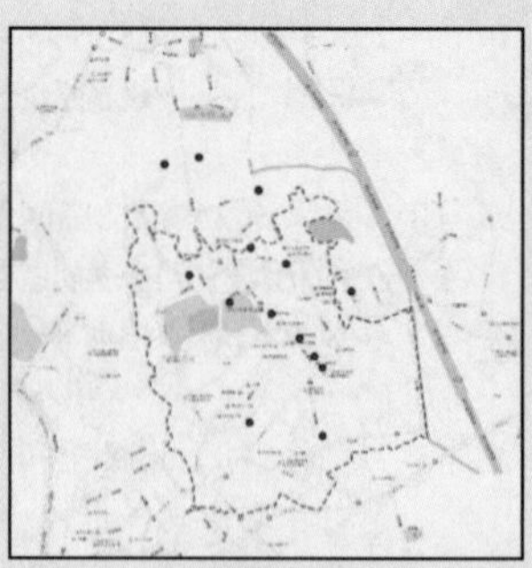

图 20　旧时期丰富的记忆空间

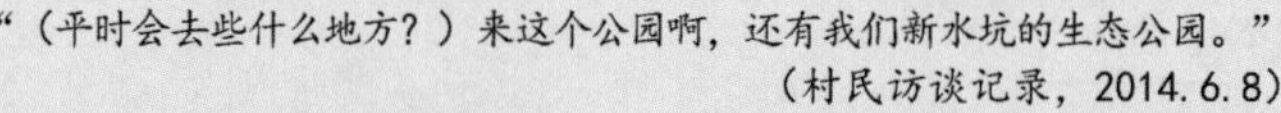

“（平时会去些什么地方？）来这个公园啊，还有我们新水坑的生态公园。”

（村民访谈记录，2014.6.8）

“我的孙子都是去水濂（新水坑小学）上学的，差不多近，都挺方便的，其实和旧水坑小学是一样的。”

（村民访谈记录，2014.6.8）

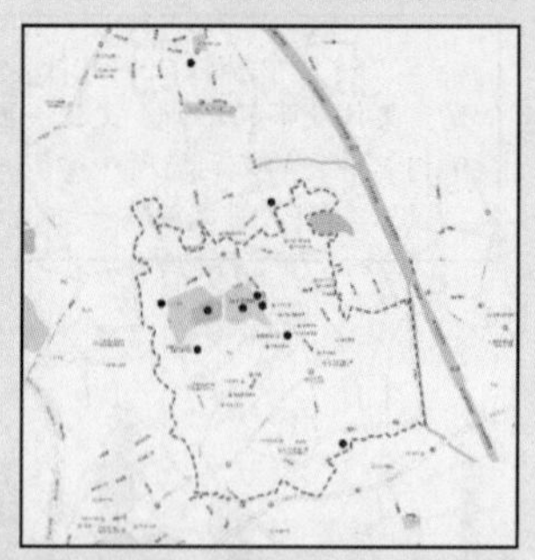

图 21　新时期萎缩的记忆空间

（二）记忆强度从集中到均质

旧时期的集体记忆较为集中，新时期的集体记忆则呈均质化，且旧时期记忆强度比新时期高，这说明村民旧时期记忆空间较为深刻，新时期记忆空间较为薄弱，并且新水坑的分离也产生了影响。

就总体的集体记忆而言，仍以南书堂为中心圈层结构，说明南书堂的地位在村民心里很高，并且有三个次中心（组团），分别是新时期的“森林公园—广场—体能中心”一带，旧时期的“木棉树”一带和新旧混合的“祠堂—老榕树—工厂—酒堂”一带。这说明即使旧水坑村受到城市化的影响，有一定的城市景观（工厂、公园、广场等），并失去了一些乡村景观（农田、水塘、坊等），但得到保存的乡村景观在村民心中地位仍很高，甚至高于城市景观。

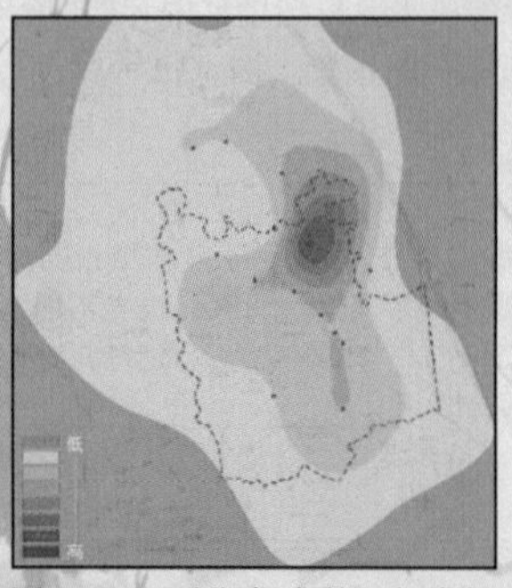

图 22　旧时期集中的记忆空间

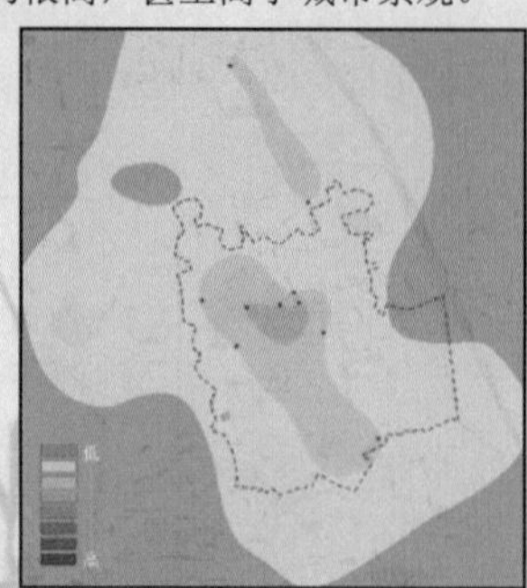

图 23　新时期均质的记忆空间

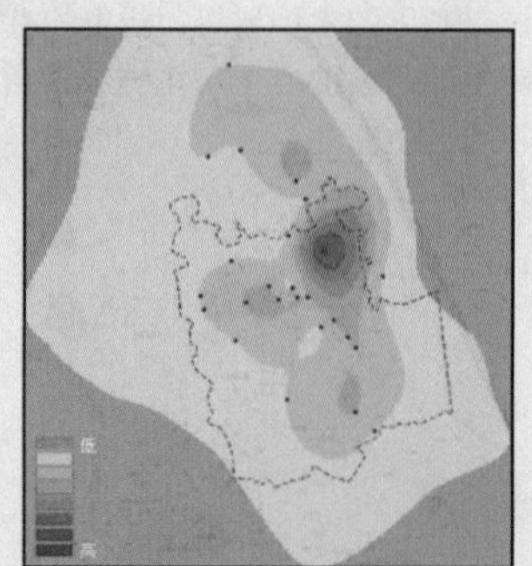

图 24　集体记忆空间插值图

借问乡村何处有？ 广州市旧水坑村集体记忆调查

（三）记忆中心从祠堂到公园

旧时期的记忆空间以南书堂为中心呈圈层结构分布，其他祠堂和坊（居住邻里）的影响也相对明显；新时期的集体记忆以森林公园为中心，祠堂、厂房的影响也较为明显。

虽然新旧记忆空间的中心地点不同，但始终是村民集体活动的空间。如南书堂，在旧时期是老一辈村民读书的书塾、分粮榨油、集体聚会的场所，而森林公园则是新时期村民休闲、锻炼和聚会的场所。因此村民集体活动的空间始终在记忆中居于重要地位。

图 25 新时期村民的集体活动（森林公园）

在旧水坑村城市化过程中，产生了不少半城半乡的“城乡景观”，在城市化冲击下它们失去了原有集体活动功能，缺乏管理，仅仅是“被保护”的文物单位。例如，北帝庙历史悠久，反映村民质朴的保守迷信思想，具有乡村景观的特征，但经过两次改造，现已冠冕堂皇，变成了旅游景点，甚至受到村民的“轻视”；南书堂的旁边就是桌球室；门楼、两山陈公祠、雨洞陈公祠前的空地堆满垃圾；尚书祠的木门更是换成了现代的铁门。从村民集体活动空间的转移，说明村民对被城市化扭曲的乡村空间带有不满，对原真性的乡村空间有集体记忆。

“你去一下我们的北帝庙，去看一下，很多佛像，什么都有，哪有这样的庙的，都变得跟以前不一样了，我们本村人都不去那（北帝庙）的。”

（村民访谈记录，2014.6.8）

“我们的尚书祠修葺完了后，每天都锁着的，很少开放，是用来养老鼠的，你直接写上去，我们旧水坑的祠堂修葺是为了养老鼠的。”

（村民访谈记录，2014.6.8）

图26 南书堂旁的桌球室

图27 尚书祠

图28 门楼前的垃圾堆

借问乡村何处有？ 广州市旧水坑村集体记忆调查

六、调研结论及展望

（一）结论

1. 集体记忆的空间生产同时具有物质性、情感性和社会性

列斐伏尔的空间生产理论认为空间是由社会力量建构而成的，同时具有物质性、情感性和社会性。经过调查发现，这三方面对乡村集体记忆的空间生产同样具有重要作用，是地理想象和地方认知的综合过程：集体记忆的空间与生活和公共活动息息相关，包括生产、上课和聚会聊天的场所；而空间也被赋予各类情感，如祠堂的重视血缘宗亲，宗族观念强，土地从旧时期的生产功能转变为新时期的居住和盈利功能；社会性上主要反映为社会交往场所，维系村民之间熟人社会的信任关系。

2. 不同于城市意象，村庄意象以标志物以及节点要素为主

Lynch K.认为城市居民对城市意象的认知有 5 要素，即道路、边界、区域、节点和标志物。而经过调查发现，城市意象并不完全适用于乡村。就旧水坑情况而言，由于村庄面积小等原因，认知模式以标志物型、节点型为主，记忆空间由单个要素组成；辅以较弱的边界型、道路型——边界只有旧时的绿篱和现在的绿色围墙，并没有围绕村庄形成封闭的边界，道路只涉及村庄的中轴线一条并没有形成线路网络；而区域型的认知并没有明显的体现（见图 29，图 30）。

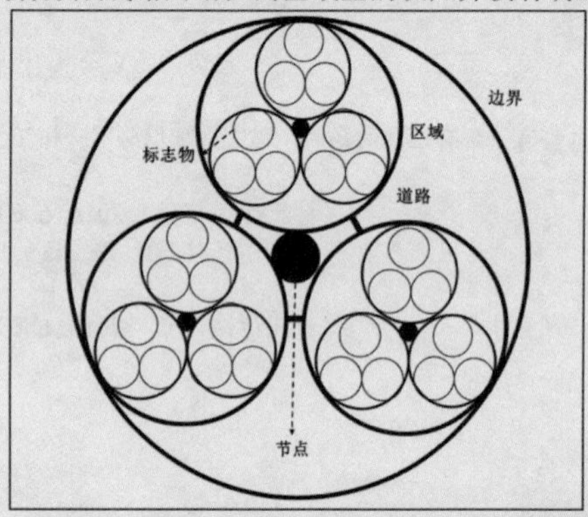

图 29　城市意象模型

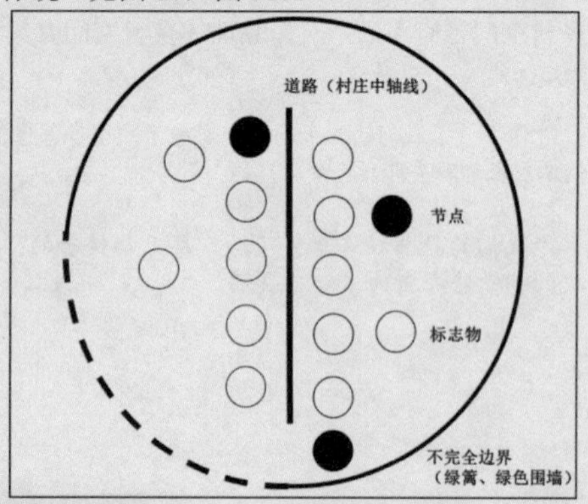

图 30　旧水坑村庄意象模型

3. 集体记忆的形式发生了改变，但是本质依然没变

随着生活方式的改变，集体记忆也会有所变化，从计划经济时期到新世纪时期，集体活动从集体生产劳作到集体晨练闲谈，记忆空间也从农田宗祠等转移到公园广场，其中也伴随着记忆空间范围的缩小和均质化。但是剖析集体记忆的本质就会发现，宗亲血缘依然是维系集体记忆的重要线索，集体活动始终是延续记忆的重要支撑。

借问乡村何处有？ 广州市旧水坑村集体记忆调查

（二）展望

通过村民的集体活动以及记忆空间的存在，才能使村庄集体记忆得以延续，才能使中国乡土文化及其优秀精神价值得以传承。因此，在新型城镇化背景下的新农村建设，为了实现城乡协调，延续乡愁，需要在保护的基础上创造集体记忆——留下有记忆价值的历史文物和公共场所，保住过去的集体记忆；营造有利于促进村民交往的公共空间，使其成为新的记忆空间，创造属于新时代的集体记忆。

参考文献

[1] 费孝通. 乡土中国生育制度[M]. 北京：北京大学出版社，1998.

[2] 费孝通. 江村经济：中国农民的生活[M]. 北京：商务印书馆，2001.

[3] 范建红. 珠江三角洲乡村景观意象空间分析[J]. 安徽农业科学，2010 (3).

[4] 张平. 基于地图叠加法的南宁城市叙事空间研究[D]. 长沙：中南大学，2011.

[5] 夏支平. 熟人社会还是半熟人社会？：乡村人际关系变迁的思考[J].西北农林科技大学学报，2010，10(6).

[6] Lefebvre H. The Production of Space[M]. Oxford: Blackwell Ltd, 1992.

[7] Lynch K. The Image of the City [M]. Cambridge MA, MIT Press, 1960.

评语：该作品是我校首份一等奖作品，有以下几点值得学习：一，抓住了时代背景和社会热点，探讨新型城镇化下的乡村发展；二，做到了以小见大、一叶知秋，以旧水坑村为研究对象，但反映了乡村集体记忆这一共同体的变迁和发展；三，结合了尺度转换、空间分析，该作品分别以时间、空间、元素三个尺度探讨集体记忆变迁，且运用了感知地图、GIS分析等多种新型方法。

足球·地方依恋
——广州客村社区足球场调查（2015）

足球·地方依恋 ——广州客村社区足球场调查

一、引言

（一）调查背景

1.足球发展内应外合

（1）自下而上——足球从乡村社区抓起。

广州足球具有悠久的历史和传统，乡村社区足球遍地开花，深受群众热爱。在社区群众的热烈追捧下，乡村社区足球得到大力推广，现广州小型社区足球场数目高达527个，占全市足球场数目的53.9%。社区足球场作为乡村社区公共体育服务设施的重要组成部分，增强了人们身体素质，推动了乡村社区集体活动的发展。

（2）自上而下——中国足球梦。

近年来国家出台政策振兴足球事业，成立足球发展试点城市，与此同时中国足球突飞猛进，广州恒大淘宝足球俱乐部、北京国安等著名足球俱乐部屡创佳绩。在足球事业发展利好的大环境下，中国足球发展受到举国瞩目，广州、青岛、成都等足球城市的球迷热情不断升温，国人足球梦逐渐复苏，中国足球有望再次冲出亚洲，重燃申办世界杯的希望。

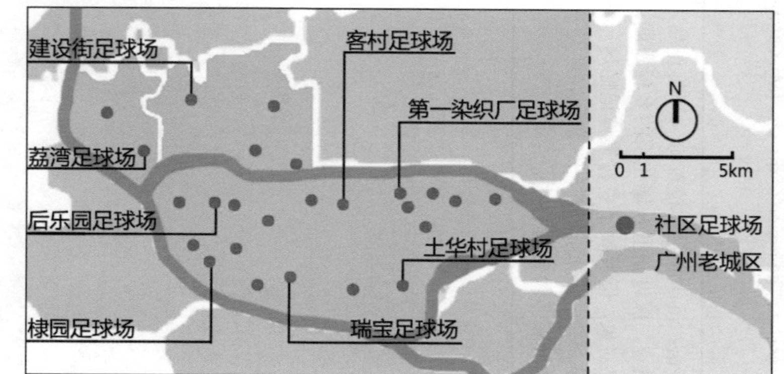

图1　广州市老城区社区足球场分布

2.地方依恋

（1）地方依恋的理论实证缺陷。

段义浮等一大批地理学、社会学学者已对地方依恋理论进行深入研究，形成多维框架体系，许多国外实证案例成果突出，但国内的实证案例大多集中于旅游景点产生的地方依恋，缺乏对具有中国特色的乡村社区的地方依恋的研究。

（2）乡村社区衰弱的地方依恋。

乡村社区传统集体活动在现代化背景下受到冲击，显露出一定的时代不适应性，并随着城镇化进程即将完成，中国传统村落本村人口的流失或外地人口的流入，使得原本作为宗族空间载体的传统村落的社会结构逐渐瓦解，乡村社区文化流失，乡村社区精神内涵遭摒弃。乡村社区人与人之间以及人与地之间的情感联结受到破坏，居民对乡村社区的地方依恋减弱，传统集体活动亟待复兴。

（二）调查问题

- 客村足球经历了怎样的发展历程？
- 客村足球在村民和租客心中分别扮演着怎样的角色？
- 客村足球对村民之间的联系有何影响？
- 村民与客村相互之间有怎样的情感联结？足球从中起到了什么作用？
- 足球运动对村民与租客的地方依恋起到什么作用？

（三）调查目的

- 探讨乡村社区足球文化的演变及其规律。
- 挖掘乡村社区足球文化对地方依恋的作用和影响。
- 为段义浮等学者提出的地方依恋理论找到中国乡村实证案例，并力求有新发现。
- 为推广乡村社区足球及建立乡村社区地方依恋提供借鉴意义。

Place Attachment

足球·地方依恋——广州客村社区足球场调查

二、调研概述

（一）调研地点——“足球村”客村

1.黄金地段的城中村

客村至今有逾 400 年的历史，位于广州市海珠区赤岗街道，地处广州中心城区，交通便利，但由于发展滞后，逐渐演变成一个面积约 0.216 平方千米的城中村。

2.血脉相连的伍氏村

客村村民原以务农为主，20 世纪 80 年代开始村民逐渐转为从事非农生产。如今，村中人口共 30000 多人，其中村民 2000 多人，95%为伍氏，分为七个经济联合社，人均收入每月 3500 元，低于广州市人均水平。客村保留的如客村足球赛、集体祭祖、祠堂庆元旦等传统集体活动，增加了伍氏家族的凝聚力，维系了宗族血缘关系。

3.老少参与的足球村

客村约有 70 年足球历史，根据年龄组建了元老队、中年队、青年队和少年队四支球队，成立有客村足球协会、足球元老基金会，村委每年组织联合社之间的足球联赛，80%的男丁都曾参加。

4.包容和谐的客村人

客村出租屋密集且租价低廉，吸引大量租客涌入。大部分租客学历不高，以技工为主，每月平均工资为 2000～3000 元，大部分在本村居住时间少于一年。租户多来自湖南、湖北等外省地区，生活习惯与本地居民差异大，两者之间仅以房屋租约关系维系，日常交集很少，但房东近年来呈现更加包容接纳的趋势。

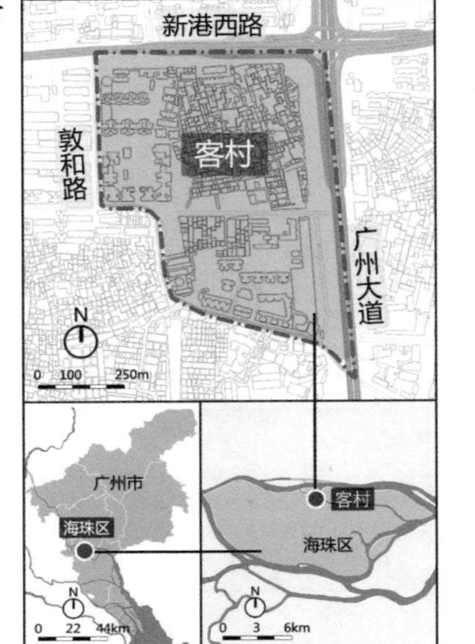

图 2　广州客村区位示意图

图 3　广州客村特点词频图

（二）调研方法

1.访谈类

（1）深度访谈法。

2015 年 5 月至 6 月，对客村村民和租客共进行了 5 次深度访谈。了解足球对双方地方依恋的影响。

（2）双盲访谈法。

为了减少偏见和无意识的暗示对实验结果的影响，对客村村民和租客采用双盲访谈法。两方只知道访谈内容的大致方向，但都不知道报告的最终目的。

2.体验类

（1）跟踪调查法。

对村民一天的行程进行跟踪监视，并进行相关记录，分析对象所处环境、行为习惯、生活方式以及社会交往与客村足球产生的内在联系。

（2）黑箱方法。

客村足球文化开始形成一个系统，但作为调查者并不了解客村足球文化内部要素和结构。在此情况下，通过我们的观测与亲身体验并分析该系统的内部结构。

（3）实地观察法。

2015 年 5 月至 6 月，记录客村公共活动空间，观察村庄足球氛围、各类人群的行为特征和生活轨迹及互动情况。

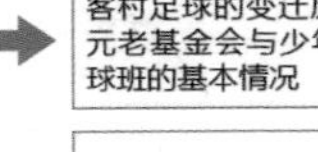
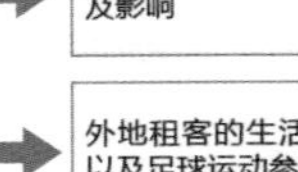
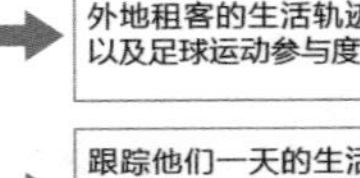
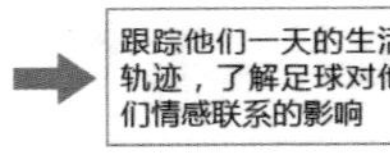

图 4　访谈对象示意图

3.分析类

（1）文献分析法。

通过图书馆以及网络资源，查阅有关“地方依恋”“乡村集体活动”的相关文献，以及搜集客村足球相关新闻资料。

（2）问卷调查法。

将被调查者分为村民与租客两个群体，采用分群随机抽样法，各发放问卷 60 份，共 120 份，120 份有效，有效率为 100%。

（3）GIS 分析法。

利用 GIS 进行频数统计并制作可视化的热力图，从空间维度评析村民地方依恋程度。

Place Attachment

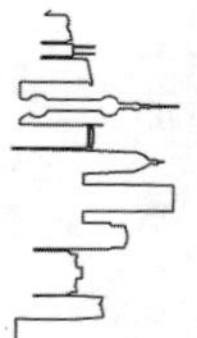

足球·地方依恋 ——广州客村社区足球场调查

表 1　调查过程

调查阶段	调查时间	调查分工	调查内容
基础准备	4 月 22 日—4 月 30 日	2 人搜集客村足球相关新闻资料 2 人搜集关于地方依恋的文献	了解客村基本概况及其乡村社区足球发展状况等信息。 了解地方依恋的概念
深入调研	5 月 15 日—5 月 17 日	客村中调研 1 人记录访谈内容 1 人标记球场设施 1 人拍摄客村环境 1 人翻拍客村足球历史影像资料	观察客村足球给人的直观感受：包括足球氛围、足球设施、足球周边配套；通过对在客村踢球者与不踢球者生活轨迹的观察，了解踢球对人行为特征的影响
	5 月 21 日	在客村足球场管理处， 2 人访谈， 2 人记录并拍摄	了解足球场开放情况、村民足球运动参与度以及对租客的态度
	5 月 31 日	掌握粤语的 2 人对客村伍氏老人进行访谈并记录。 其他 2 人对年轻家长进行访谈并记录	通过多位足球元老的集体记忆，了解客村足球的变迁历史。 通过咨询创办人了解元老基金会与少年足球班的基本情况以及家长对少年足球班的评价等
	6 月 5 日	掌握粤语的 2 人向客村村民派发问卷，其他 2 人向租客派发问卷	了解双方基本情况，发放 60 份问卷，收回 60 份
	6 月 6 日		了解双方基本情况，发放 60 份问卷，收回 60 份
总结分析	6 月 7 日—6 月 28 日	1 人分析问卷数据 2 人整理资料，形成文本 1 人排版设计	通过村民和租客、村民四个年龄层之间的对比，从不同维度分析足球对地方依恋的影响

（三）调研设计

调研内容	调研思路	调研方法	阶段
以广州客村“足球村”为调查对象	确定课题	文献分析	基础准备阶段
客村基本信息 乡村社区足球发展情况	资料搜集	文献分析	基础准备阶段
村中基本活动空间 村中足球发展概况 村民、租客对足球文化的认知	预调研	深度访谈 实地观察	深入调查阶段
足球对村民、租客地方依恋的作用？	发现问题		深入调查阶段
地方依恋的内涵、维度	资料搜集	文献分析	深入调查阶段
对象：村民、租客 内容： 1）双方的生活轨迹 2）双方对地方空间、文化的认知 3）双方的地方情感 4）双方的互动情况	正式调查	问卷调查 深度访谈 实地观察	深入调查阶段
足球对地方依恋的构建	资料整理		总结分析阶段
	完成报告		总结分析阶段

图 5　调研框架

足球·地方依恋 ——广州客村社区足球场调查

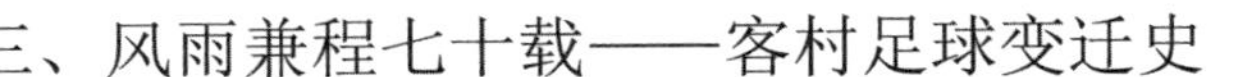

三、风雨兼程七十载——客村足球变迁史

（一）开创期：稻田上的处子秀（20 世纪 40—50 年代）

客村足球起源于 1948 年的秋收稻田，村民白天劳作，夜里利用秋收过后的稻田作为场地摸黑踢球，并在稻草围成的空地上举行了首场客村球赛。

（1）**足球鼻祖：**就读于岭南大学附属中学的客村学生将校园足球引入客村。

（2）**首个球场：**1953 年土地改革，村民在自己的土地上建成了首个客村足球场。

（3）**为踢球赶工：**客村实行工分制集体生产，村民为踢球抢先完成耕种工序。

秋收的喜悦和散发着稻香的足球场成为一代人的记忆。

（二）发迹期：一比一平！荣誉之战（20 世纪 60—70 时代）

20 世纪 70 年代，客村球队与广东省队在越秀山体育场上演了一场焦点战役，首球由客村球员劲射破门摘获，之后省队点球命中扳平比分，最终一比一平。客村球队意气风发、风靡一时。

（1）**三位先驱：**伍振球等三位客村足球先驱入选广州市青年足球队。

（2）**七支盟队：**以七支生产队为单位的客村足球赛成为村内每年盛事。

（3）**加冕三杯：**客村球队取得农村郊区足球杯冠军、新窖杯冠军、凤和杯冠军。

（4）**内部支持：**客村将一个鱼塘的收入用作足球活动开支。

（5）**外部交流：**广东常青队前来辅导，与多支省、市级专业球队举行友谊赛。

足球成为客村的标签与村民的共同荣誉，凝聚了一代人的团结精神。

（三）凋亡期：传空的足球，消失的人与地（20 世纪 80—90 年代）

由于道路扩建，客村球场迁至客村小学内，权属归客村小学所有，村民的使用权受限。之后客村小学将球场用作教学楼用地建设，村内足球活动被迫叫停。

（1）**消失的人：**改革开放后，村民各自外出打工，难有机会一起参与足球活动。

（2）**消失的场地：**球场迁至客村小学内不久后被拆除。

（3）**异己入侵：**外地人在客村租屋落脚，建筑密度激增，土地紧张。人的疏离与球场的拆除，唤醒了元老级球员的足球传承愿望。

（四）回升期：千金捍卫专属场（21 世纪初至今）

村民无法接受没有球场的客村，2004 年 80%的村民提议重建客村足球场，最终以 500 万元的价格重新购回已经转让给私人作为公共停车场用地的地块。

（1）**组织有序化：**村民自发成立客村足球协会与足球元老基金会。

（2）**重整旗鼓：**重邀各地足球名将到客村交流及打友谊赛并举办各类足球活动。

（3）**少年训练班：**村民自筹经费开办公益性质的客村青少年足球训练班。

（4）**客村引力：**社会热心人士投资客村足球，各地足球名将在训练班义务教学。

失而复得的经历使村民更加珍惜客村足球与重视足球传承，足球之情从未退温。

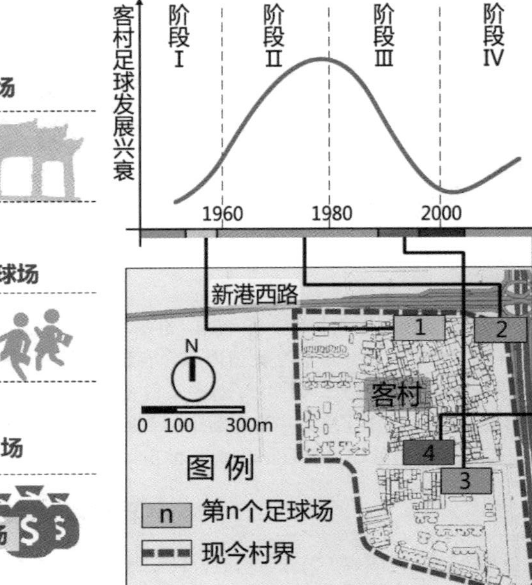

图 6 村足球发展历程及各时期场的空间分布

足球·地方依恋 ——广州客村社区足球场调查

四、足球认知：地方特色·开放包容

（一）足球是公认的客村名片

一年一度的村内足球赛被公认为村中重要的特色文化活动，认可度高达 85%，远高于其余几项传统活动。宗族统一与热爱足球是村民公认的客村特征，村民对客村足球的认可度微弱于姓氏，约为 63%。另外，寸土寸金的客村依然能保留球场用地，从中可看出足球作为客村的一大特色在村民心中颇具分量，球场的存在意义大于这块地本身所能带来的财富收益。

租客群体对客村历史文化了解甚浅，但村民的日常交谈、行为与情感表露，无形中向租客传达了客村足球文化，租客从中感受到村民对足球的热爱与重视，53%的租客认可客村足球为客村一项传统集体活动。

图 7　村民对传统文化活动及足球文化

心目中的集体活动：客村足球赛、元旦舞狮、端午龙舟赛、清明集体祭祖（0–100%；村民、租客）
客村的共同特征：热爱足球、同一姓氏，同一宗族（0–100%；少年、青年、中年、老年）

图 8　认知调查数据分析图

关于足球是客村名片的认可度，村民之间存在着代际差异。客村足球的认可度从少年到老年出现一定的波动性，但总体呈上升趋势。通过访谈发现，这种认可度除了与足球活动的参与程度直接相关外，还与人对客村足球历史文化了解的深入程度有关。

（二）足球是身份界定的方式

与传统乡村社区相似，客村村民与租客群体起初有显著的身份界定（“村里人”与“村外人”）。但近年来村民对租客的排斥态度呈现一定缓和趋势，从足球角度看，以是否喜欢踢球为依据划分“球里人”与“球外人”，形成了较为模糊的身份认知。足球运动带来互动，双方互相选择与接纳，使积极融入的租客更快形成“村里人”的身份意识；对于不热爱足球租客的群体来说，则缺少了与村民交流、相互了解的机会，群体间的隔阂仍未打破。

图 9　足球转换身份认知

少年　老年　中年　青年

图 10　不同年龄层对租客的排斥程度

不同代际的村民对身份界定方式有所不同。78%的老年人先将租客主观地视为异己的存在，对其持排斥或顾虑的态度，最终导致抵触与其一同参加足球活动；60%的中年人有较强的排斥心理，但对于具有相同兴趣爱好的租客表示欢迎，不排斥与其一同参与足球活动，处于被动开放包容的状态；而青少年则是完全包容开放的态度，欢迎甚至带动租客群体中的同龄人一起参与足球活动。

表 2　认知差异

	村民				租客
	少年	青年	中年	元老	
同	1. 村足球赛是重要特色文化活动 2. 从“村里人、村外人”到“球里人、球外人”的身份认知转变				
异	1. 足球是日常活动亦是兴趣 2. 对足球文化了解少 3. 对外包容性强，积极主动	1. 足球是村历史延续，非普遍爱好 2. 对足球文化了解较少 3. 对外包容性较强，积极主动	1. 足球是兴趣、家族聚力 2. 对足球文化了解较多 3. 对外包容性较弱，被动交流	1. 足球是事业、家族荣耀 2. 对足球文化了解充分 3. 对外包容差，少交流	1. 足球是个人爱好 2. 对足球文化了解少 3. 仅有少数积极主动融入本村

Place Attachment 

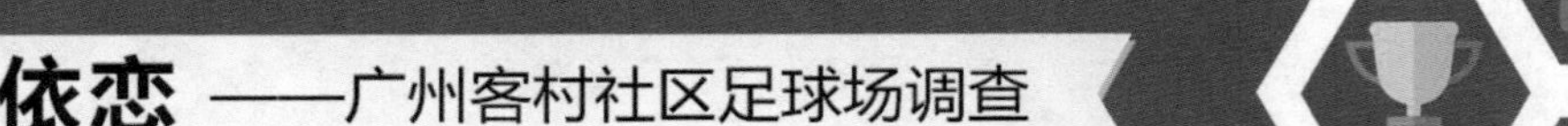

足球·地方依恋——广州客村社区足球场调查

五、足球情感：内聚外斥·波折传承

（一）足球是村民情感的内化

村民参与足球活动的积极性与对集体以及地方的正向情感相辅相成。足球作为一项群体运动加强了村民的团队精神，提高了村民的团结意识。通过参与足球活动所形成的交际网络，将引发客村内部的私人聚会与集体活动，增加村民互相接触的机会，在交往空间中形成地方情感氛围。因球而维系的村内大家庭氛围也成为村民长居客村、留恋客村的重要原因之一。

客村足球发迹期产生的民族荣誉感，凋亡期产生振兴客村足球的理想，衍生出村民对足球文化强烈的传承意愿，统一的传承意愿赋予了村民集体精神与情感上的共通，这种足球传承的共同意识在空间上表现为地方归属感的产生。与此同时，球场作为符号空间，被村民对外侵的抵触思想与足球的地方文化保护主义情感化而产生排他性，从而形成了客村足球封闭性。

图 11　村民意愿调查

图 12　村民足球与地方情感演变

72%的租客表示没有参与客村足球活动，85%的租客认为足球对两种群体之间的交往并没有起到很大作用，客村足球并没消除租客的局外人心理或树立租客对客村的积极印象，反而，因球而形成的足球交际圈对租客而言有一定的排斥力，阻挡租客融入本地圈，难以形成对地方认同感，仅有 30%的租客愿意长居客村。

（二）足球情感出现代际差异

村民普遍对足球有较深的情感，但在代际传递中出现了较为明显的波动与折损。

老年——自发传播：元老辈开创了客村足球历史，积攒了无数荣耀，如今自掏腰包邀请名宿来村里踢球，并每周亲自教少辈踢球。

中年——自觉传承：中青辈承袭父辈对本村足球文化了解深入，把足球当做业余爱好之余，思想上亦继承客村足球传统文化，经常与兄弟村联谊踢球，营造出良好的社区间氛围。

青年——被动继承：青年辈受到足球的熏陶不如中年辈强烈，对客村足球文化的印象亦是被动接受，因此，传承意识薄弱。

少年——纯粹爱好：少辈将足球视为纯粹的兴趣爱好，对客村足球传统认识短浅。但通过参与客村青少年足球训练班，培养出足球兴趣，潜移默化中加深了其对客村足球的理解。

“我们的成绩已经是过去式了，希望现在客村的小孩们能够好好踢足球，继续弘扬我们客村的足球文化，以客村足球为豪，以作为客村人而骄傲！”

——伍振球老人

（2015/5/31 于客村足球场）

“我们就是玩玩足球啦，传承足球的重任就交给老人家认可的‘英雄’吧……有机会的话还是会让孩子多接触足球的。”

——伍世明叔叔

（2015/5/31 于客村足球场）

“我们小学（客村小学）都没有足球课的！……参加这个班（客村青少年足球训练班）让我学到了很多……会一直坚持踢球的，因为我是客村人嘛。”

——伍家杰小朋友

（2015/5/31 于客村足球场）

表 3　情感差异

村民				租客
少年	青年	中年	老年	
1. 停留意愿差 2. 对租客接纳意愿强 3. 纯粹爱好足球	1. 有外迁计划 2. 对租客接纳意愿较强 3. 被动继承足球	1. 扎根本村 2. 对租客接纳意愿弱 3. 自觉传承足球	1. 扎根本村 2. 对租客接纳意愿弱 3. 自发传播足球	1. 停留意愿差 2. 与村民接触意愿弱 3. 较少爱好足球

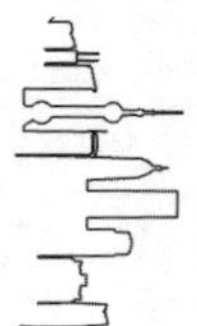

足球·地方依恋——广州客村社区足球场调查

六、足球行为：空间分异·拓展交往

（一）球场是不同功能的异化空间

村民的公共活动空间在代际呈现从传统礼堂向球场的转移趋势，反映出村文化载体从传统符号容器转向一种集体活动的潜在趋势。对于年轻一辈来说，球场相较于沉闷的礼堂要有趣得多，反过来，足球活动的频繁进行又加深了他们对这一新文化符号的认可。

球场也是租客最常去的公共场所之一，随着居住时间变长，在球场活动的偏好明显增强。

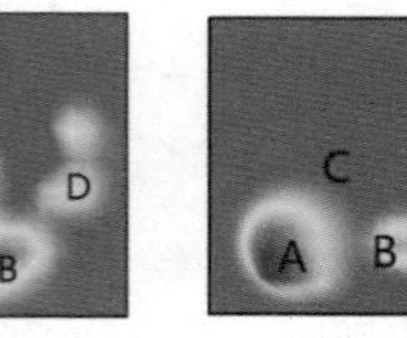

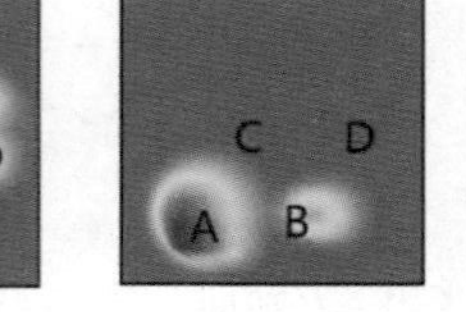

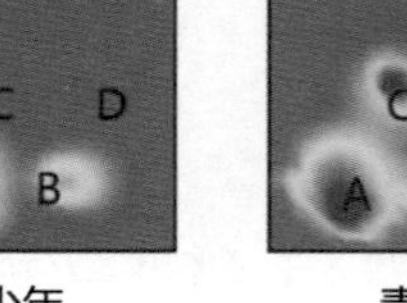

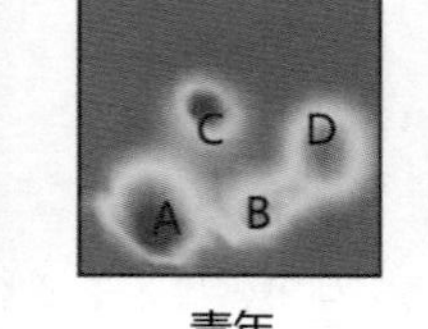

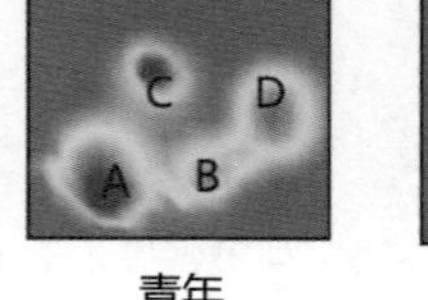

图 13　村民与外地租客常去地方热力图

图 14　客村公共空间分布

租客整体也较常集聚在球场，但村民与租客对球场的利用情况不同。村民多在球场踢球或观赛；而实地走访显示租客进入球场多是围观球赛、闲聊以及使用球场周边的免费器材健身。球场免费对村民开放，对外则收取 250 元/小时的租金，这无形中带有身份划定的自我意识，阻隔了租客对球场的直接使用。其次，独居的特点与狭窄的交友范围也决定了租客难以自成队伍参与群体运动。

居民对球场空间的不同利用情况也能体现出足球的较强内聚力。90%的租客从未参与到客村足球运动中，80%的租客表示每月与村民的交流少于一次，生活轨迹和习惯的差异是阻碍他们与村民互动的主要原因。两种群体的较少交集使双方形成情感隔阂，租客很难产生对地方的情感联结。仅有少数主动与村民踢球交流的租客才对客村有较深的地方情感。

图 15　两群体对球场空间的使用概况

图 16　影响村民与租客互动的因素

Place Attachment

足球·地方依恋——广州客村社区足球场调查

（二）足球是群体互动的良好契机

村民对租客的认知、情感既有拉力也有推力，但实际行为层面上表现出村民与租客的交集也随年龄年轻化而呈现出扩大趋势，即拉力大于推力的趋势。而村民踢球活动的参与者范围边界与其亲疏意识的边界也基本吻合，其中能够达到每周都与租客活动的青少年辈有78%，而元老辈仅为36%。亲疏意识在这样的良性循环中逐渐模糊，必然会导致双方产生更多的互动。

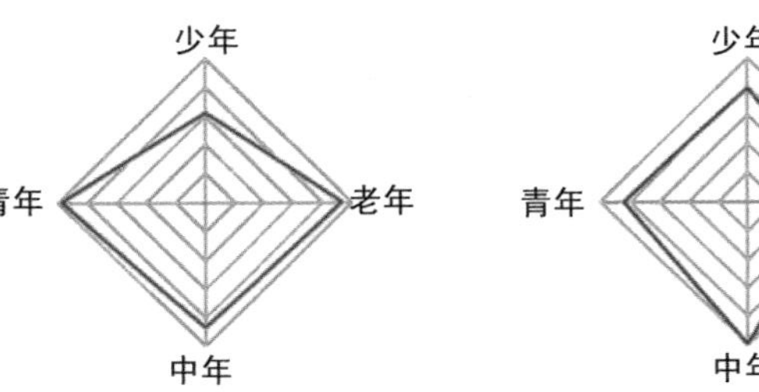

不同年龄层与租客一起活动的频率

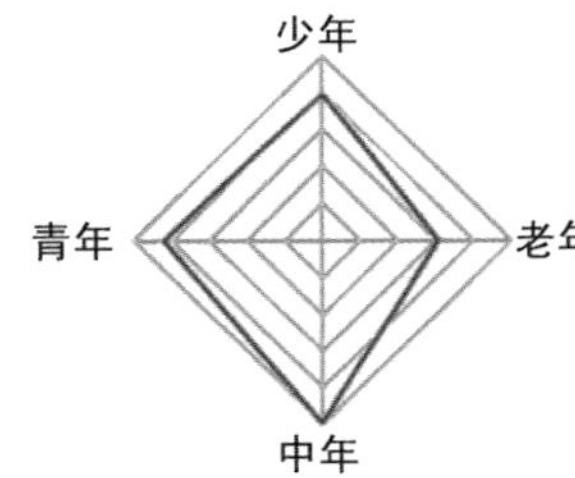

不同年龄层认识租客的数量

图 17　不同年龄层与租客来往差异图

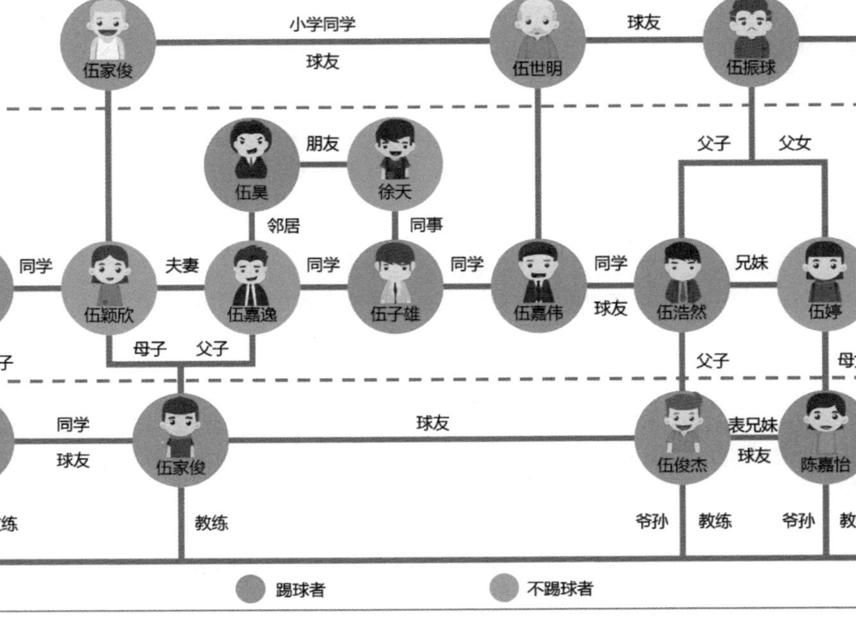

图 18　客村足球关系网络图

足球"以球会友"的精神是产生互动的根源。前面已讲到，老年一辈是对外排斥态度最为明显的一辈人。但是在少年足球班中，这些老人对外地小孩却表现出了不同于对一般外地人的欢迎态度，推动了自己与外地人、本村小孩与外地小孩间积极的互动。这些反差正是对足球的情感打破身份认同壁垒的例证，但这还只是一些零星的个案，比如客村"足球帮"的形成，也能够体现出足球作为良好契机，给予租客、村民积极互动的机会，融入社区活动，扩展朋友圈，形成地方依恋。

注：

"足球帮"：小组通过对伍世明中年男子的深度观察与访谈，发现其有一群固定的球友，因这一群人关系极为密切，球场外多互动，是铁哥儿们，故称之为"足球帮"。他们除经常约球外，每年两次都会带上各自的家人一起出游，使家庭之间产生更浓厚的感情。该"足球帮"人员构成上多数是客村伍家人，也有少数是客村的租客，双方间成功的接纳和互动，能够体现足球对群体交流的贡献，在积极的友好环境下，促进地方依恋的形成。

表 4　情感差异

村民				租客
少年	青年	中年	元老	
1. 球场是主要活动空间 2. 球友集中于学校及少年足球班 3. 与租客积极互动，交友数量多	1. 球场是主要活动空间 2. 球友多是本村人 3. 开始主动互动，交友数量较多	1. 球场和联合社是主要活动空间 2. 球友多是本村人及"兄弟村"人 3. 被动互动，交友数量少，但有形成"足球帮"	1. 球场和礼堂是主要活动空间 2. 球友集中于同宗族人及外延交际圈 3. 整体被动，交友数量少，但积极接纳租客小孩	1. 路边公园和球场是主要活动空间 2. 少数踢球人加入村民中踢球 3. 整体被动，少数主动交流，总体交友数量少

Place Attachment

足球·地方依恋 ——广州客村社区足球场调查

七、结论及展望

（一）结论

1.足球是有向心聚力的集体活动

足球运动面向各年龄层人群，提倡互助，促进家族成员间的互动，使成员活动轨迹有了较大交织，衍生出对足球特定空间的吸附力，强化地方情感。

足球运动无准入门槛，能搭建起租客与村民间互动的平台，以球会友，产生情感共鸣。不仅如此，球场周边场地也衍生出其他相关的公共活动，丰富了村庄的公共空间，有助于群体间的融合，从而对地方产生认同，进而产生依恋。

2.足球是有生命力的文化新载体

相较于传统文化活动，足球明显与现代生活及城市文化更为契合，能为社区居民的情感依托提供一个新的、更具有适应性与生命力的载体。

足球不具备符号意味，但在客村足球上的荣誉激发了村民的自豪感及运动热情，进一步推动足球运动发展，产生正面循环效应，最终得到大家的普遍认同，演变成为村民身份认知的重要符号。

3.足球是乡村社区建设的新动力

首先，足球对村庄不同群体之间的交往有巨大推力，使相互隔离的村民群体与租客群体关系改善，打下足球楔子，促进社区融合。

其次，足球活动能极大地促进社区文化建设，居民通过参与这种集体活动，扩展交际圈、娱乐生活，产生社区认同感，推动社区其他文化活动的举办。

最后，足球带动了村庄之间的来往，有利于促进村庄文化的多元发展，使村庄与外界的联结更加紧密。

图 19　足球是乡村社区建设的新动力

4.足球是地方依恋理论的催化剂

足球在客村引发集体情感，集体情感培养集体认知，最后从认知和情感两方面反过来促进足球运动，并衍生出其他集体行为，形成良性循环。基于此，我们将“地方依恋”的内含进行了丰富与细化。

基于段义孚等人“地方依恋”的理论，我们将“地方依恋”的内含划分为三个部分——“行为”反映物理层面（“地方依赖”），“情感”和“认知”反映精神层面（“地方认同”），构建出一个“情感影响认知，认知决定行为，行为促进情感”三方面相互联结的新的理论框架。

图 20　地方依恋三要素

（二）展望

足球这种集体活动能构建起村民的地方依恋，促进村庄两个主要群体（村民与外地租客）间的交流，也使得中国乡土文化及其优秀精神价值得以传承。因此，在快速城镇化背景下的乡村社区建设中，为保护乡村独特文化精神、促进城乡包容性，以类似于足球等集体活动为借力点，注重乡村社区公共活动设施场所的建设，营造有利于促进村民交往的公共空间，让新的文化载体创造出新时代的地方依恋。

参考文献

[1] 黄向，保继刚，Wall Geoffrey. 场所依赖(place attachment)：一种游憩行为现象的研究框架[J]. 旅游学刊，2006(9).

[2] 朱竑，刘博. 地方感、地方依恋与地方认同等概念的辨析及研究启示[J]. 华南师范大学学报(自然科学版)，2011(1).

[3] 费孝通. 当前城市社区建设一些思考[J]. 社区，2005(13).

[4] 黄瓴，赵万民，许剑峰. 城市文化地图与城市文化规划[J]. 规划师，2008(8).

[5] T.F. Gieryn. A space for place in sociology[J]. Annual Review of Sociology，2000(26).

评语：在经济结构速度双转型，城市规划以存量为主的背景下，微观尺度的社区规划成为热点，该作品以社区足球场为切入点，探讨了社区服务设施的社会文化意义，并且同时使用 GIS、双盲访谈等多种调查与分析方法，较有新意。

城市村落之“死”与“生”

——广州市猎德村村宴调查（2016）

城市村落之“死”與“生”

——广州市猎德村村宴调查

一、调查背景与意义

在快速城市化进程的压迫下，很多城中村面临着村落传统形态消失、“千村一面”、生态和历史人文景观破坏等问题。城中村改造同样也面临重大挑战。全盘重建的改造模式会使村落的传统形态受到破坏，改变传统的街坊关系，那么村落是否真的因改造而“死”？村落改造后还存在哪些“生”的部分？

为了探究这些问题，本次调查关注广州首个全盘重建的城中村——猎德。自 2007 年整体拆迁改造后，村落的传统形态确实被完全破坏，但凭借易地重建的祠堂，猎德村举办村宴的次数、规模和形式都发生了扩张。似乎在这觥筹交错之间，传统村落并没有消失，反而更加“生”动起来。

表 1　2015 年猎德村宴举办情况

摆宴节点	时间	规模		组织者
老人宴	正月	几十围		村委
春茗宴（宗亲宴）	正月	共 1000 多围	300 围	梁氏、麦氏联合
			140 围	林氏
			200 围	西浦李氏
			430 围	南雄珠玑李氏
元宵宴	正月十五	共 400 围		各姓氏
妇女节宴	3 月 8 号	40 围		村经济公司、妇委会
清明宴	清明节	每家 2 到 10 围不等		村经济公司
龙舟宴	五月初一到初五	400 多围		村经济公司联合 4 大姓氏
各家私宴	吉日	几十围到上百围不等		办宴家庭

二、调查概述

（一）调研问题及目的

（1）改造后猎德村举办村宴的场所、人群网络、情感各有什么变化？

——调查村宴的现状及变化特征。

（2）村宴的场所、人群网络、情感怎样反映村落边界的变化？

——分析村宴与村落边界变化之间的联系。

（3）村落的边界变化与村落的“生”“死”有什么关系？

——利用村落边界变化理解村落“生”“死”演进的过程。

（4）改造后的村落是“生”还是“死”？

图 1　猎德村端午宴现场

（二）调查对象

猎德村位于广州市天河区城市新中轴线上。从宋朝开村至今，已有八百多年历史，现已发展至八千余人，以李、梁、林三姓为主。

图2　猎德村区位图

（三）调查方法

1. 文献综述法

调研准备阶段，查阅了与猎德村改造、文化空间、村宴文化有关的文献以及猎德村的历史资料，初步了解猎德村的历史和改造过程。调研中后期，梳理调研中发现的逻辑框架，查阅了有关社区营造、集体活动、社会结构、村庄边界等方面的文献。

2. 观察法与深度访谈法

非参与式观察为进行实地走访，观察猎德村村宴举办的空间结构和周边环境。参与式观察为参加私人宴席（婚宴）1 次，集体宴席（端午宴）1 次，通过观察记录村宴流程、空间使用、组织网络、人群结构等。

访谈时分别对猎德村村长（1 名）、祠堂管理负责人（1 名）、村中父老（九叔、村宴厨师林伯等）、普通村民（10 名，各年龄层）、宾客（5 名）进行访谈，了解村宴有关情况及其对村宴的认识和看法。

3. 问卷调查法

向村民发放问卷 60 份，有效问卷 58 份，主要了解其对村宴的相关看法和感受。

表 2 调研时间安排表

调研阶段	时间	调研对象	调研方法	调研内容
基础准备	5月4日—5月21日	—	文献综述法	初步选定若干选题
				在选题中选定“村宴”
				初定调研地点
预调研	5月22日—5月27日	白云区石马村、天河区猎德村村民	深度访谈法、非参与观察法	前往两类村庄初步了解该村村宴情况，即石马村（城边村）与猎德村（城中村）
				选定猎德村作为深入调研对象
深入调研	5月28日	猎德村村民、猎德祠堂管理负责人	深度访谈法、参与式观察法	参与猎德村村宴的类型之一——私宴（婚宴）中，并向祠堂管理负责人了解村宴基本现状
	6月2日	猎德村村宴总厨、后勤工作人员、猎德村村民	问卷调查法、深度访谈法	在端午龙舟宴准备期间，深入了解不同群体的村宴看法
	6月9日	猎德村村宴总接待、猎德村村民、村宴宾客	深度访谈法、参与式观察法	参与猎德村最大型的村宴——端午龙舟宴中，亲身体验以补充调研对象及内容
总结分析	5月28日—6月29日	—	文献综述法	分析调研结果、深入思考并调整思路，最终排版设计成文

（四）调查框架

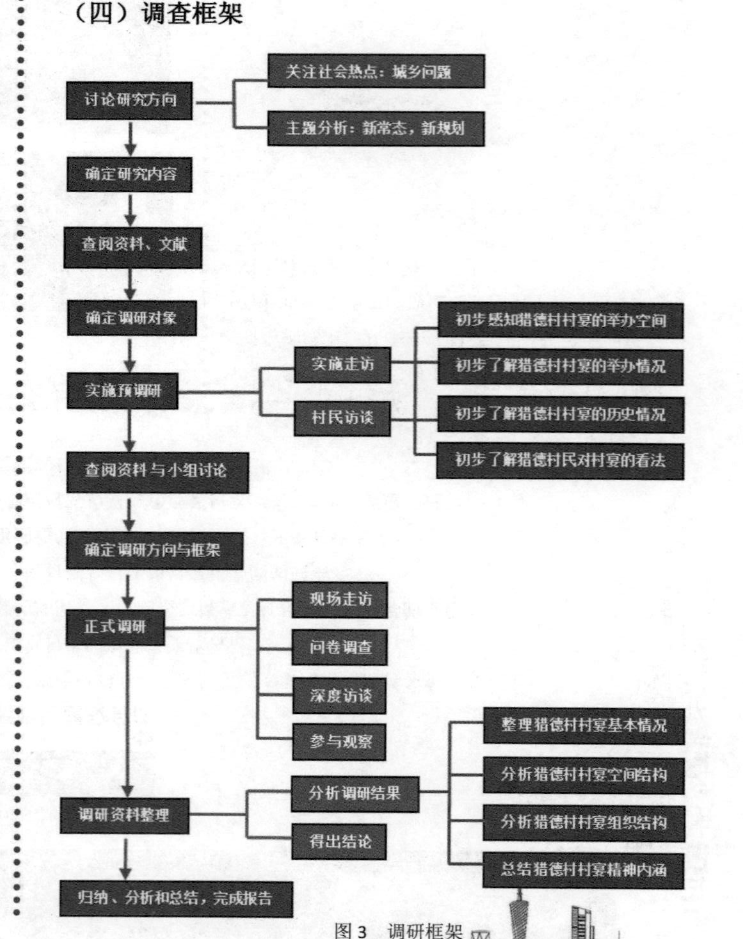

图 3 调研框架

城市村落之“死”與“生”

——广州市猎德村村宴调查

三、村宴场所之“死”与“生”——推到重建下的集中保留

（一）基底图案——由村庄肌理到城市肌理

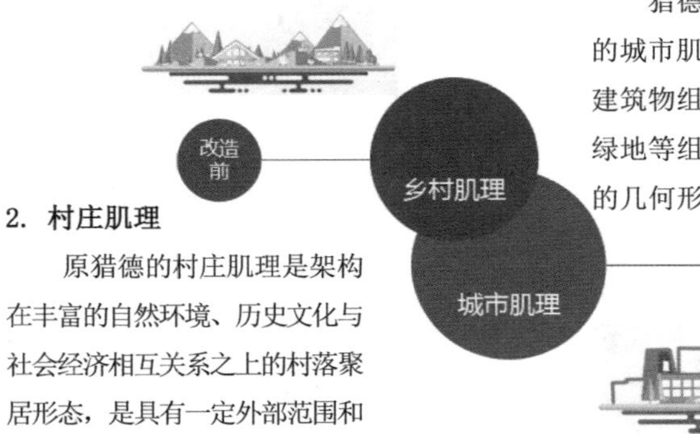

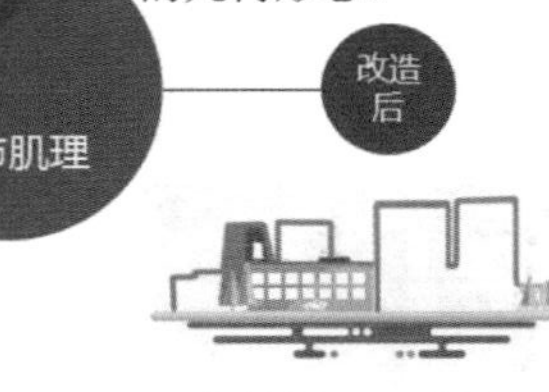

图 4　猎德村庄肌理变化

1. 城市肌理

猎德改造后形成明显的城市肌理，即由街道、建筑物组成的地段和公共绿地等组成规则或不规则的几何形态。

2. 村庄肌理

原猎德的村庄肌理是架构在丰富的自然环境、历史文化与社会经济相互关系之上的村落聚居形态，是具有一定外部范围和内部结构的系统性整体。

原猎德村庄肌理特点
- 年代久远，信息丰富
- 村庄与自然和谐共融
- 空间物质形态保存较完整
- 突出的地缘和血缘特点

现猎德城市肌理特点
- 空间密度的平均
- 空间结构的无等级

（二）场所分布——由多姓氏分散到集聚分布

1. 改造前，多姓氏分散分布

原猎德村是南面向珠江，有一与珠江相连的猎德涌贯穿全村，将村落分为东村、西村两部分。村宴中祠堂扮演起精神核心的角色。在旧村改造前，东西村李氏和林、梁、麦三族都至少各有一座仍在使用的祠堂。

2. 改造后，集聚成片分布

设计改造方案时，祠堂的保留和重建是其中特受重视的内容。重建宗祠五座，分别为东村李氏大宗祠、西村李氏宗祠、林氏大宗祠、梁氏宗祠和麦氏宗祠，全部集中在位于复建小区西侧的宗祠广场。

3. 改造前后对比

村宴主要场所宗氏祠堂在村域范围内的分布由多姓氏分散转变为集聚分布，为村宴规模扩大、环境质量的提升创造了可能性。

图 6　猎德改造前村宴祠堂分布

图 7　猎德改造后村宴祠堂分布

城市村落之“死”與“生”

——广州市猎德村村宴调查

（三）场所功能——由以祭祀为主到以宴席活动为主

与改造前的祠堂相比，祠堂传统的祭祀活动已经逐渐被娱乐活动所取代，村宴成为村民在祠堂中的主要活动事项。

改造前世俗空间与神圣空间的使用频率相差不大，而改造后厨房空间的使用频率甚至高于神圣空间的使用频率，体现出猎德村村宴活动地位上升的变化。

新建祠堂除了空间功能的转变外，由于宴席功能的进一步强化，空间组织上也出现了新的变化，最明显的为厨房功能空间的突出，与厨房相联系的通道使用频率增加。

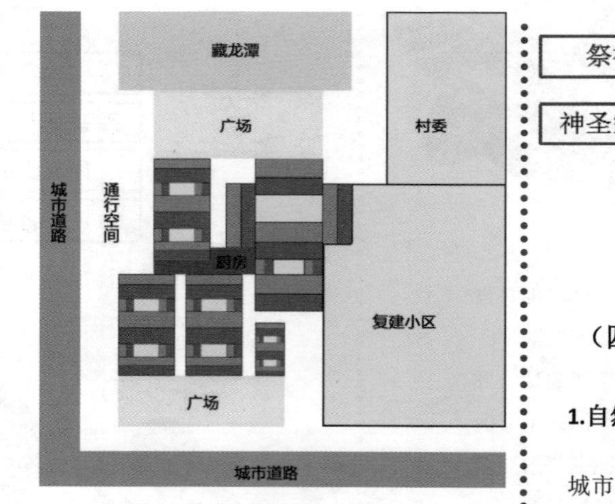

图 8　猎德改造后祠堂组团示意图

表 3　李氏大宗祠空间功能转变

序号	名称	传统功能	现代功能	变化趋势
1	祖堂	摆放祖宗牌位		神圣空间重要性弱化
2	拜台	摆放拜台		
3	小天井	摆放香炉		
4	走廊	通道		功能性空间无明显变化
8	工具房	摆放厨房及日用工具		
6	厨房	族人炊事		
7	外部空间	连接祠堂		
8	中堂	太公支持族内事务	摆放酒席、老年人娱乐	主要行为活动由祭祀转向宴席。
9	过厅	刻画祠堂碑面	摆放酒席、刻画重修碑	
10	大天井	通风通光、四水归源	通风透光	
11	庭院	族人议会	摆放酒席、老年人娱乐	
12	拜厅	供用于族人拜祭	摆放酒席、偶尔用于拜祭	

图 9　村宴场所变化示意图

祭祀 → 宴席 ← 活动功能
神圣空间 → 世俗空间 ← 空间性质 → 村宴场所
以厨房为中心围合形态 ← 空间组织

（四）由村宴看村落

1.自然边界收缩之“死”

从村落的整体布局的改变可以看出，街巷式的布局完全转化为城市小区，那么带有村落特征的区域就由改造前的全村变为集中重建的宗祠区，而其他区域与城市形态无异。自然边界的收缩可谓是村落之“死”。

图 10　村落自然边界变化示意图

2.活动集聚之“生”

村落边界收缩后，这意味着实际的村落区域变成宗祠区。那么全村的集体活动都容易在这个区域集聚。在集聚效应作用下，集体活动的规模和频率受到刺激增加，产生村落活动之“生”。

四、村宴人群网络之“死”与“生”——内向封闭走向多元混合

（一）参宴人群——逐渐强化的外向性

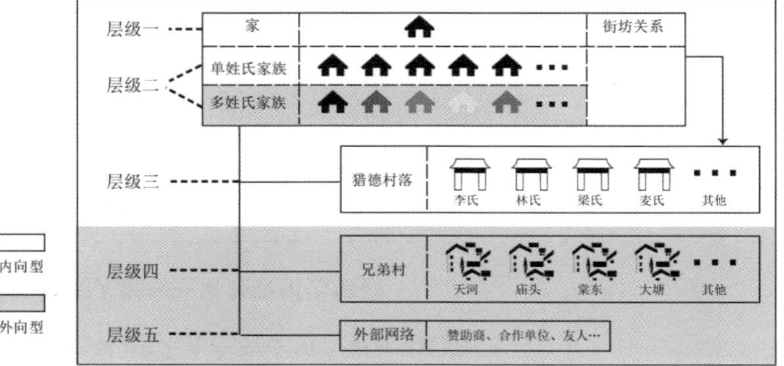

图 11　猎德村村宴参宴人员层级特征

据本次调研所得的情况，我们将村宴背后的参宴人群网络分为五个层级，其中内外关系指的是村落内部及外部的关联性。依据五个层级的关系，归纳村宴类型如表4所示。

表 4　猎德村村宴参宴人员特征

层级	参宴人群	内外关系	范例
层级一	小家庭 小家庭与街坊	内向型，无对外性	小型家宴
层级二	以姓氏为单位的大家族	内向型，有对外性（外包餐厅）	元宵节等村集体宴
	以姻亲关系为基础的若干大家庭	外向型	大型家宴
层级三	以地缘关系为基础的若干大家族	内向型，有对外性（外包餐厅）	老人节、清明节、妇女节等村集体宴
社会边界			
层级四、五	小家庭、友人	外向型	婚宴等
	兄弟村村民、赞助商、合作单位、友人	外向型，有对内性（非完全式外包餐厅）	端午龙舟宴

对比改造前的村宴，我们发现，在现在的猎德村中：

（1）街坊关系在村宴活动中的重要性面临着“死”。

（2）以家庭、家族为组织单位的村宴“生”机有越发旺盛的态势。

（3）外向型村宴不只越发“生”机勃勃，其参宴人员的多元性也越来越丰富。以端午龙舟宴为例，其规模已由原本的几十桌增至目前的三百余桌；另外，参宴人员除原本就有的兄弟村村民和少量赞助商外，增加了合作单位和大量赞助商，同时也允许部分村民/合作单位的友人参与。

	弱化↓	强化↓
层级一	街坊参与家宴的频次	
层级二		规模、频次
层级三		规模、频次、丰富性
层级四、五		规模、频次、丰富性

图 12　猎德村改造前后参宴人员对比

（二）组织人群——组织核心再聚，组织人群多元化

1.组织核心再聚

随着村落被城市逐渐吞并，2002 年末，猎德村撤村改制为街道，猎德经济发展有限公司成立。社会职能本应移交给当地政府，但该公司最终仍成了村中经济和行政管理的机构，其中关键人物就是村中的宗亲望族。

村落管理结构变化后，宗亲望族以另一种形式在发展公司中再聚，原有的乡绅文化表面上“死”了，但其本质仍为“生”。

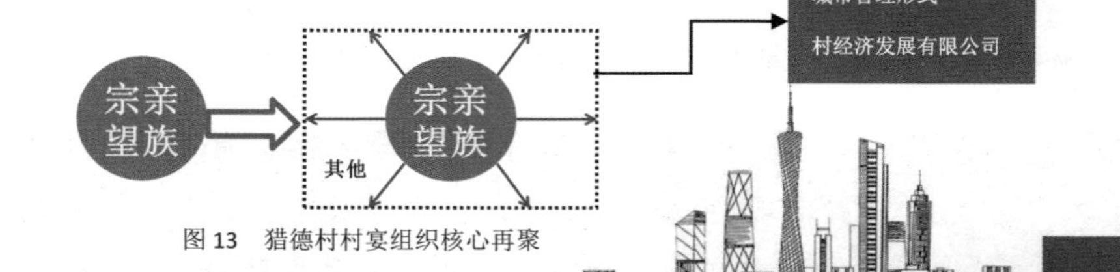

图 13　猎德村村宴组织核心再聚

城市村落之“死”與“生”

——广州市猎德村村宴调查

2.组织人群多元化

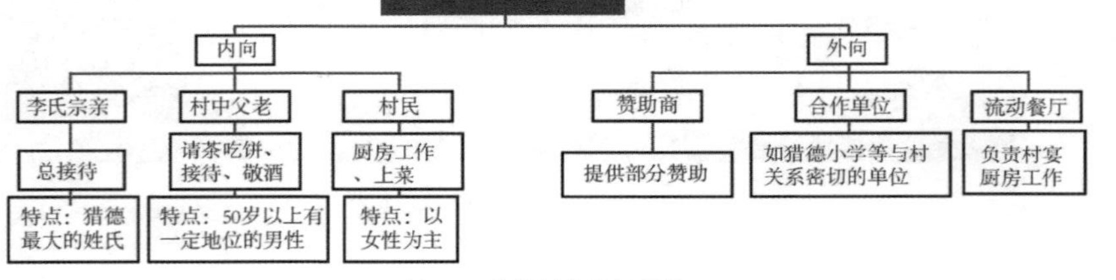

图 14　猎德村宴组织结构

村宴的主要工作仍旧由村落内部社会结构构成，但伴随着城市与现代化的影响，村宴外包流动餐厅的形式越发得到推广。其中，我们发现，村落的组织人群不仅没有“死”，反倒朝着多元化的方向“生”得愈发枝繁叶茂。

（三）旁观人群——对外吸引力增强

端午龙舟宴调研访谈实录

- **某外地游客：**听朋友说猎德村端午节摆村宴，很气派，有空就过来看看呗。
- **某广州市居民：**猎德年年都有这个村宴，我知道的，其他地方好难有这种气氛，就想着带小孩体验下。
- **某媒体人：**见到我拿住相机就知道我要拍照啦，场面那么大，做做新闻资料。

- 外地游客
- 本地市民
- 媒体人
- 学者
- 大学生
- ……

图 15　实地调研一

图 16　实地调研二

近年来，随着社会流通度的增大和现代传媒的发展，猎德村村宴有了更多对外展示的渠道，村宴的名号也越发响亮。因此，一个新“生”的群体——旁观人群，逐渐出现和壮大了。

村宴对外吸引力的增强，其一，体现了其本身“生”之旺盛；其二，旁观人群大大激发了村落内部的亲密性，强化了村民对村落的认同与珍惜感。

（四）由村宴看村落——社会边界虚化之“死”，注入多元活力之“生”

总结以上可以发现，三类人群在改造前后有两项主要特征：

- 村宴不再局限于乡土社会时期的社会边界。
- 村宴相关的人群网络愈发多样化。

	过去	现在
参宴人群	村民及兄弟村为主	变革发展，人群多样化
组织人群	基本内部承包	核心延续，外包成主流
旁观人群	——	突破局限，多元人群现

图 17　人群网络变化总结

1.社会边界虚化之“死”

受到城市的影响，村宴的人群网络不再束缚于乡村内部，而是呈现出一定程度的交错和对外性。在此情形下可知，原始村落的社会边界走向虚化，可以谓之“死”。

图 18　社会边界虚化之“死”

2.注入多元活力之“生”

与此同时，我们发现，在社会边界走向虚化的同时，村落内部的活力在不断向外释放，而城市的活力也以多元的形式注入村落。这为村落带来了两种意义上的“生”：

（1）多元化的村宴富有“生”机。

（2）原本被城市化冲散的人群网络通过村宴活动有了“生”命力。

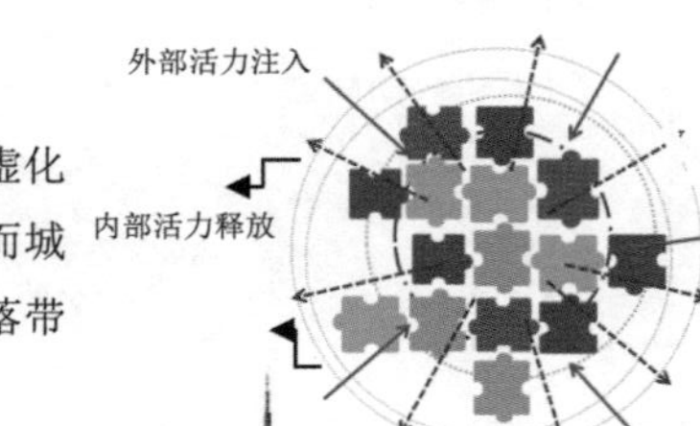

图 19　注入多元活力之“生”

城市村落之“死”與“生”

——广州市猎德村村宴调查

五、村宴情感之生于死——迷失过后的精神觉醒

（一）加倍珍视传统——“以前传下来的东西到我们这不能断了呀”

村民访谈实录

- “很久很久以前就有村宴了，起码年纪大过我。” ——年过 70 的李伯
- “自古以来就有这种传统，所以现在还要继续办村宴是很自然的事情。” ——村经济公司某领导
- “现在大家生活好了，就更想把村宴办得红红火火，虽然都住上新房了，以前传下来的东西到我们这儿不能断了啊。” ——村宴厨师林

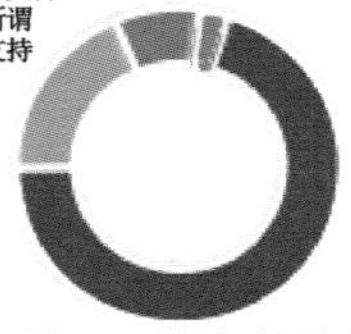

非常支持
一般支持
无所谓
不支持

图 20 村民对保留村宴的支持程度

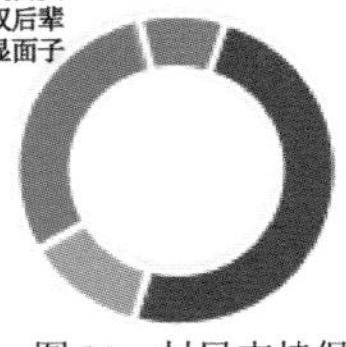

延续传统
社交需要
驾驭后辈
彰显面子

图 21 村民支持保留村宴的原因

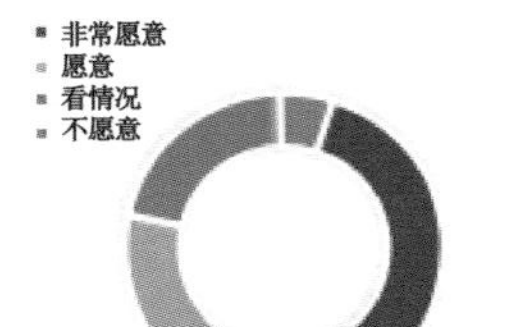
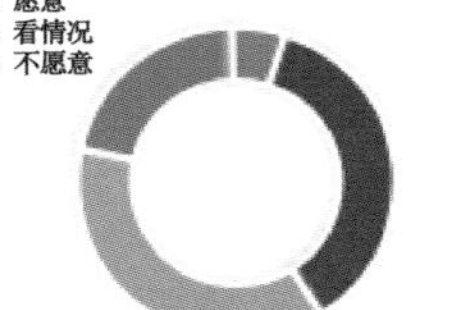

图 22 如被邀请，是否愿意参加村宴

村民对“祖宗传下来的东西”带有一种传承和延续的本能。但也因为这样，本能性的文化传承很容易受到其他因素的动摇。所以，城中村时期村庄无序的城市化过程导致了村落文化让渡于经济收益，也导致了村宴文化在城中村时期的淡化。全盘改造之后，村落整体形态的改变像是一阵惊雷，让村民有感于“今时不同往日”的危机感，重新唤起了对村宴文化的珍视。

在访谈和问卷调查的过程中，我们发现大部分村民表示村宴应该得到保留，原因是希望“延续传统”。同时被调查村民很大部分都愿意参加村宴。

（二）集体身份认同——“我们村的祠堂，我们村的村宴”

村民访谈实录

- “今天能让你们进来看一看已经算是给你们面子啦，我们摆宴的时候都是不接待游客的！” ——村宴厨师林伯
- “我们的祠堂只可以给自己村的人用，那里有贴公告啦。每桌 20 块的场地租用费，需要用的就到村委区报名，先到先得，哪天排了哪家人，都写在村委的小黑板上。” ——祠堂管理人李叔
- “朋友结婚都在酒楼摆酒，只有我们村人能在这么古色古香的祠堂里摆，朋友们觉得新鲜，我自己也觉得骄傲。” ——婚宴新

图 23 村民表情脸谱抓拍

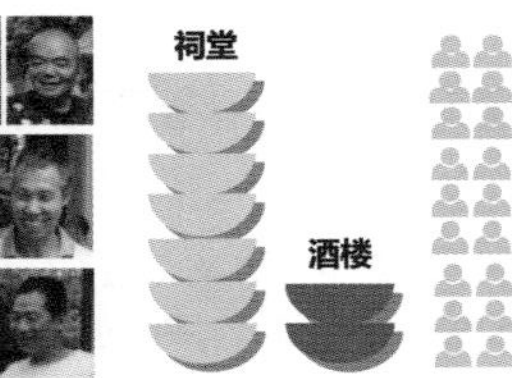

图 24 愿意在祠堂还是酒楼办宴

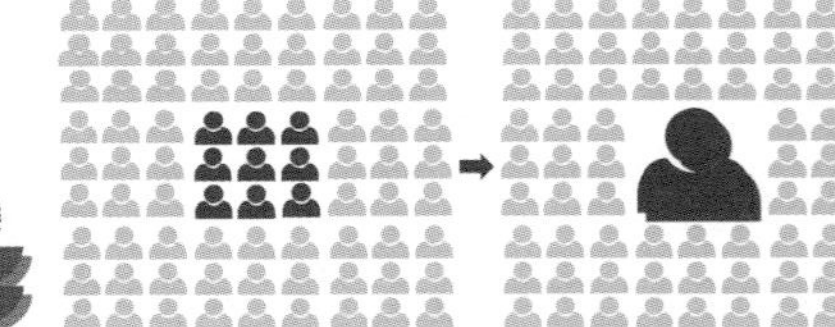

图 25 村民集体身份认同

虽然村宴的参宴人群一直以来都是以本村人为主，但是在城市景观包围、村宴场地的外向性增强、关注人群多样化等原因的共同作用下，村民对村宴有了更加清晰的认知——在心理上认可村宴文化，认可自己的村民身份，并因此而感到骄傲。

调查中发现，祠堂的使用对象限制在村民之中，是一个只属于集体、非营利性质的场所。村民谈起村宴时也很容易表现村宴的专属性。问卷调查结果显示，选择在祠堂办村宴的村民数量是选择在酒楼办村宴的几倍。

城市村落之“死”與“生”

——广州市猎德村村宴调查

（三）由村宴看村落——精神边界显化之“生”

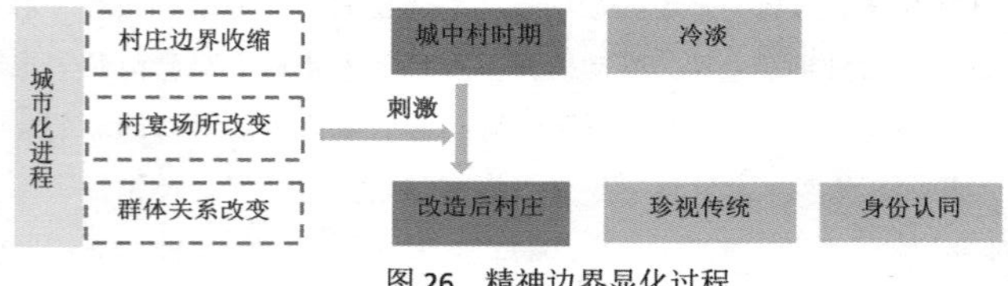

图 26　精神边界显化过程

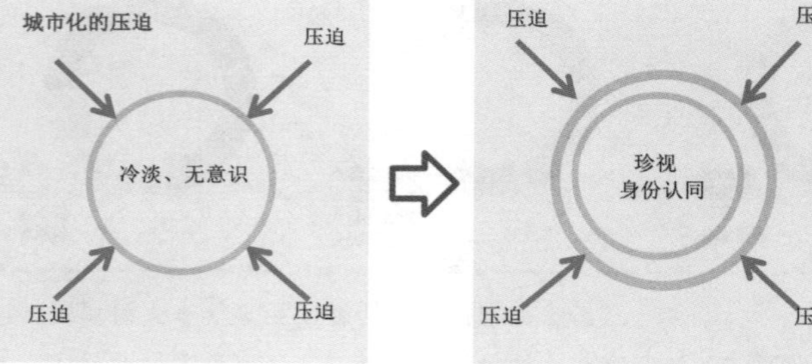

图 27　村落精神边界变化示意图

1.内部刺激，外部压迫

从村落内部来说，村宴场所的收缩与人群网络的虚化，是刺激村民精神觉醒的直接原因；从村落外部来看，城市化的压迫是刺激精神边界显化的根本原因。

2.精神边界显化

在内部外部的双重作用下，村民首先有感于以往熟悉的村落形态已经改变，从而对村落传统文化加倍珍视。其次，村民在与城市文化的对比中，更加明确村落文化的价值所在，并因此产生骄傲以及身份认同，即表现为村落精神边界显化。

六、结论

（一）集体活动的举办情况能够反映村落变化情况

村宴作为村落一项重要的集体活动，其举办的频率、次数、规模，举办的场所，涉及的人群网络，产生的情感和精神都能与村落的某个组成部分相对应。村宴的举办场所的集中与村落整体形态的改变相一致，举办村宴的人群网络的外向性和多元化与村落整体社会网络的变化相一致，村民对村宴产生的情感与村落集体情感的变化相一致。其他集体活动也具有相似性。

（二）　改造后村落的变化实际上是社会边界的变化

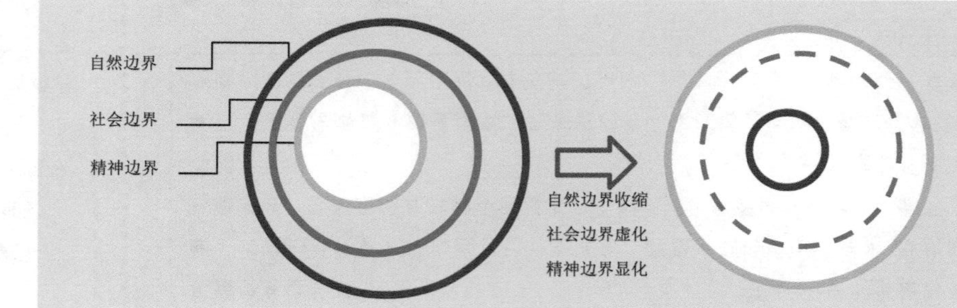

图 28　村落边界变化示意图

城中村改造后，村落边界变化的三个特点为——自然边界收缩、社会边界虚化、精神边界显化。

改造后，猎德村的自然边界收缩于祠堂区，为都市“乡村人”再造了一个熟人社会重现的区域；社会边界的虚化意味着村民与城市人群有更多的接触，同时得到彰显身份、对外展示的机会；精神边界的显化来自于村民对传统的珍视和强化的身份认同。

城市村落之"死"與"生"

——广州市猎德村村宴调查

（三）边界发生变化不等于村落之"死"，村落尚有新"生"

从自然边界来看，改造致使自然边界大范围收缩，有"死亡"的趋势；从社会边界来看，城市化的冲击导致社会边界虚化，多元混合之后有"生"也有"死"；从精神边界来看，自然边界的收缩和社会边界的虚化对村落的精神边界产生正向的刺激，可谓是由"死"而"生"。

所以改造后的城中村并不一定就此走向"死亡"，而是牺牲、改变、新生共存。

小 结

城中村的更新与改造是城市化过程中不可避免的一个两难话题。特别是在"新常态，新规划"的背景下，更需要合理的村落更新方案。一方面需要保证村庄发展的活力和动力，另一方面又必须注意对村落文化和传统的传承和保护。本次调研为以后的村落更新提供了借鉴的思路。

村落的物质基础、群体网络以及集体精神的保护与塑造，将是改造过程中保证村落完整性的三个基础要求，其中物质基础的保护依然是重中之重。此外，尊重改造对象的生活习惯、群体需求，利用村宴之类的集体活动作为激活点，能够高效地达到村落更新与保护的目标。

评语：在快速城镇化的背景之下，研究城中村传统形态的变化这一选题意义重大，以猎德村这一典型城中村作为案例地较为合适，具有代表性，另外该作品的社会调查研究方法较为合理，设计严密。建议在成果的附录部分补充调查问卷的内容，更好地展示问卷设计的情况。

参考文献

[1]陶伟，叶颖．定制化原真性：广州猎德村改造的过程及效果[J]．城市规划，2015(2).
[2]黄文炜，袁振杰．地方、地方性与城中村改造的社会文化考察：以猎德村为例[J]．人文地理，2015(3).
[3]彭伟文．城镇化进程中的非农化社区重构：以广州市猎德村为例[J]．文化遗产，2015(5).
[4]王林盛．广州城中村改造实例研究[D].华南理工大学，2011.
[5]徐璐．从集体记忆视角探究"乡愁"的产生与复现[A]//中国城市规划学会，贵阳市人民政府.新常态：传承与变革：2015 中国城市规划年会论文集(14 乡村规划)，2015.
[6]王海玲，莫琪．浅析莫里斯·哈布瓦赫的集体记忆[J]．重庆科技学院学报(社会科学版)，2008(12).
[7]储冬爱．城市化进程中的都市民间信仰：以广州"城中村"为例[J]．民族艺术，2012(1).
[8]李培林．从"农民的终结"到"村落的终结"[J]．传承，2012(3).
[9]埃米里奥·马丁内斯·古铁雷斯，冯黛梅．无场所的记忆[J]．国际社会科学杂志(中文版)，2012(3).
[10]储冬爱．"城中村"民俗文化嬗变与和谐社会调适[J]．广西民族研究，2009(3).
[11]储冬爱．社会变迁中的节庆、信仰与族群传统重构：以广州珠村端午"扒龙舟"习俗为个案[J]．广西民族研究，2011(4).
[12]李培林．巨变：村落的终结：都市里的村庄研究[J]．中国社会科学，2002(1).
[13]黎云，陈洋，李郇．封闭与开放:城中村空间解析：以广州市车陂村为例[J]．城市问题，2007(7).
[14]陶伟，程明洋，符文颖．城市化进程中广州城中村传统宗族文化的重构[J]．地理学报，2015(12).
[15]贺雪峰.新乡土中国[M].桂林：广西师范大学出版社，2003.

结语

从 20 世纪 70 年代开始，中山大学以雄厚的人文地理学基础，对城乡规划展开了多方面的探索，取得了丰厚的成绩，特别是在基于人文地理学培养城乡规划人才方面做出突出贡献，成为中国以地理学科为背景探索城乡规划问题、革新城乡规划教育的先头部队和主力军。随着对城乡规划人才需求量的不断增加，为充分发挥综合性大学培养复合型人才的优势，2000 年我系开始招收五年制工科城市规划本科专业，2009 年、2013 年两次通过住房建设部评估，获得评估委员的认可与好评，从而使中山大学成为培养理工科双料城乡规划人才的重要基地。

在基于理科的工科复合型规划人才培养过程中，针对课程体系设计、教学方法创新、教学内容拓展方面，中山大学进行了有益的探索。我们较早引入“社会调查研究方法”课程，并结合广州城乡规划中的前沿问题培养学生深入现场实证调查和综合分析能力，这是最有代表性的教学成果。

“社会调查研究方法”是中山大学城市规划专业的一门必修课，本课程系统、全面地介绍社会调查的原理和方法，帮助学生掌握相关的理论知识，培养学生发现问题、调查分析问题和解决问题的能力。课程注重学生研究方法和能力的训练，培养学生勤于观察、善于思考、勇于探索的良好学风。致力于学生的素质教育，使学生初步具有科学思维、严谨作风、务实精神和社会责任感。通过学习和实践，使学生能够熟练掌握和运用社会调查研究的理论和方法，养成自觉、独立地认识社会、钻研问题的良好习惯，提高正确认识问题和解决问题的综合能力，拓展和深化专业领域知识，通过“理论—方法—应用”的教学实践实现学生“知识—能力—素质”的飞跃和完善。

在社会调查中，我们注重引导学生关注和研究与城乡发展相关的社会现实问题，促使学生所学的城乡规划知识能够落到实处，理论与实践融会贯通。每年老师都会精心指导学生该课程的作业，其中的优秀作品通过层层筛选，最终参加全国城市规划专业社会调查报告评优，斩获了丰富的奖项。如前言所述，对过去 11 年获奖作品进行统计，我校共获得 32 项奖项，其中一等奖 1 项，二等奖 7 项，三等奖 10 项，佳作奖 14 项，获奖作品数位列全国第六。我校社会调查报告作品选题多元化，我校传统强项重点集中在城乡问题、交通出行和居住及社区问题上，这类选题逻辑清晰，与专业知识较为贴近。近年来，随着新型城镇化背景下规划对城乡关系、人文关怀方面的重视，研究重点扩展至城乡基础设施、社会群体和现象领域，作品结合社会学、地理学、城乡规划等多学科理论，对城乡中的外来族裔、少数民族和弱势群体进行研究。

获奖作品的选题、调查方法和内容，充分体现并实践了我们培养理工类复合专业人才的教学宗旨。我们还将继续秉承这一特点，致力于培养学生综合调查和分析的能力，以期在中国城乡规划转型背景下，为探索多元化复合型规划人才培养做出一点贡献。